올림포스 유형편

미적분

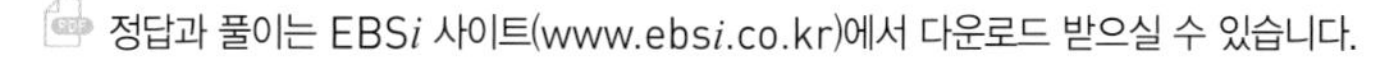
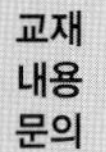

정답과 풀이는 EBS*i* 사이트(www.ebs*i*.co.kr)에서 다운로드 받으실 수 있습니다.

교재 내용 문의	교재 및 강의 내용 문의는 EBS*i* 사이트 (www.ebs*i*.co.kr)의 학습 Q&A 서비스를 이용하시기 바랍니다.	**교 재 정오표 공 지**	발행 이후 발견된 정오 사항을 EBS*i* 사이트 정오표 코너에서 알려 드립니다. **교재 ▶ 교재 자료실 ▶ 교재 정오표**	**교재 정정 신청**	공지된 정오 내용 외에 발견된 정오 사항이 있다면 EBS*i* 사이트를 통해 알려 주세요. **교재 ▶ 교재 정정 신청**

올림포스

유형편

미적분

구성과 특징

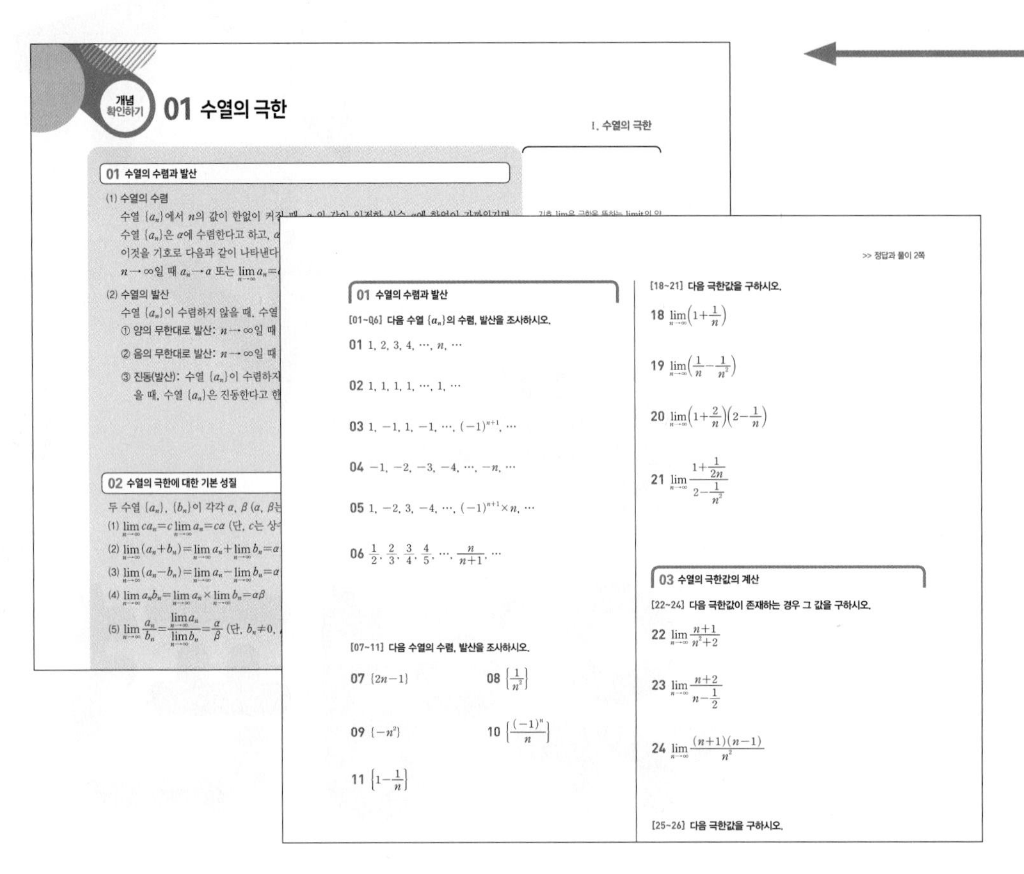

개념 확인하기

핵심 개념 정리

교과서의 내용을 철저히 분석하여 핵심 개념만을 꼼꼼하게 정리하고, 설명, 참고, 예 등의 추가 자료를 제시하였습니다.

개념 확인 문제

학습한 내용을 바로 적용하여 풀 수 있는 기본적인 문제를 제시하여 핵심 개념을 제대로 파악했는지 확인할 수 있도록 구성하였습니다.

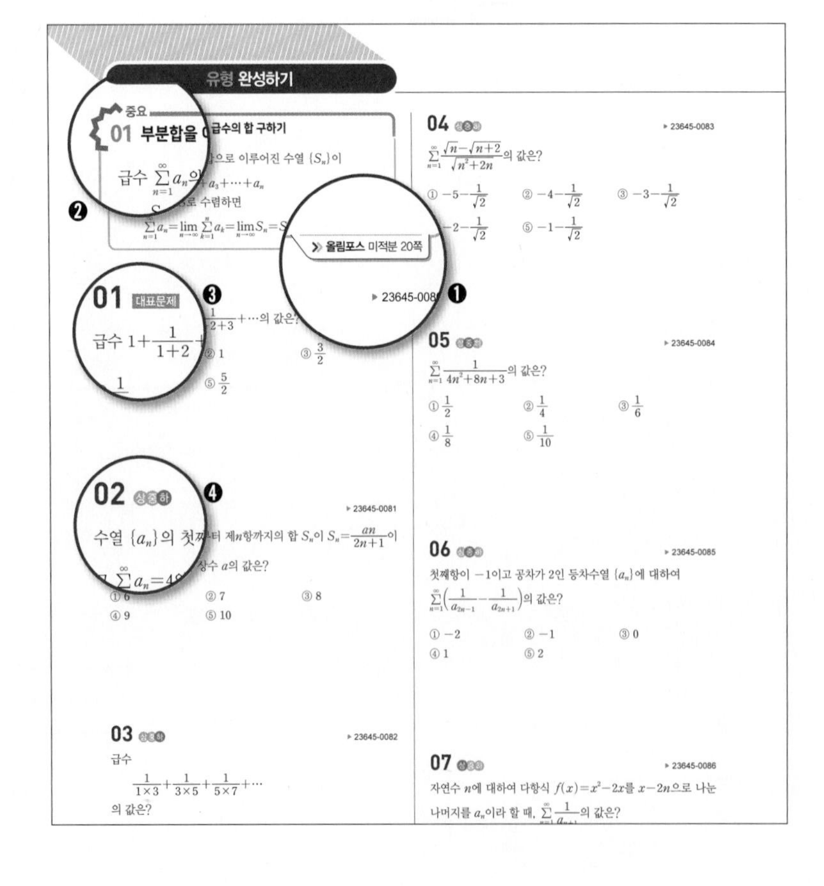

유형 완성하기

핵심 유형 정리

각 유형에 따른 핵심 개념 및 해결 전략을 제시하여 해당 유형을 완벽히 학습할 수 있도록 하였습니다.

❶ 

올림포스의 기본 유형 익히기 쪽수를 제시하였습니다.

❷ 중요

세분화된 유형 중 시험 출제율이 70% 이상인 유형으로 중요 유형은 반드시 익히도록 해야 합니다.

❸ 대표문제

각 유형에서 가장 자주 출제되는 문제를 대표문제로 선정하였습니다.

❹ 상중하

각 문제마다 상, 중, 하 3단계로 난이도를 표시하였습니다.

>> 올림포스 미적분 16쪽

서술형 완성하기

>> 정답과 풀이 14쪽

01 ▸ 23645-0066

수렴하는 수열 $\{a_n\}$에 대하여

$$\lim_{n\to\infty}\frac{2a_{n+1}+3}{a_n+2}=3$$

일 때, $\lim_{n\to\infty}(2a_n+1)$의 값을 구하시오. (단, $a_n\neq-2$)

02 ▸ 23645-0067

두 양의 상수 a, b가 다음 조건을 만족시킨다.

(가) $\lim_{n\to\infty}(\sqrt{n+a}\sqrt{n+b}-n)=2$

(나) $\lim_{n\to\infty}\frac{(a\sqrt{n}-2)(a\sqrt{n}+2)}{n}=9$

ab의 값을 구하시오.

03 내신기출 ▸ 23645-0068

$f(r)=\lim_{n\to\infty}\frac{r^{2n+1}}{r^{2n}+1}$이라 할 때, 집합

$$\{|f(r)|\,|-3\le r\le 3,\ r\text{는 정수}\}$$

의 모든 원소의 합을 구하시오.

04 내신기출 ▸ 23645-0069

수열 $\{a_n\}$은 첫째항이 2, 공차가 3인 등차수열이고, 수열 $\{b_n\}$의 일반항은 $b_n=\frac{a_n+a_{n+1}}{2}$이다. $\lim_{n\to\infty}\frac{b_n}{a_n}$의 값을 구하시오.

05 ▸ 23645-0070

자연수 n에 대하여 다항식 $f(x)=x^2+x$를 $x-3^n$으로 나눈 나머지를 a_n, 다항식 $f(x)$를 $x+2^n$으로 나눈 나머지를 b_n이라 할 때, $\lim_{n\to\infty}\frac{a_n+b_n}{a_{n+1}+b_{n+1}}$의 값을 구하시오.

06 ▸ 23645-0071

수렴하는 수열 $\{a_n\}$이 모든 자연수 n에 대하여

$$a_{n+1}=\frac{(2n-1)(6n+1)}{(n+1)(3n-1)}-2a_n$$

이 성립할 때, $\lim_{n\to\infty}(a_n^2-2)$의 값을 구하시오.

서술형 완성하기

시험에서 비중이 높아지는 서술형 문제를 제시하였습니다. 실제 시험과 유사한 형태의 서술형 문제로 시험을 더욱 완벽하게 대비할 수 있습니다.

▶ >> **올림포스** 미적분 16쪽

올림포스의 서술형 연습장 쪽수를 제시하였습니다.

▶ 내신기출

학교시험에서 출제되고 있는 실제 시험 문제를 엿볼 수 있습니다.

>> 올림포스 미적분 17쪽

내신 + 수능 고난도 도전

01 ▸ 23645-0072

수열

$$3+\frac{1}{3},\ 3+\frac{1}{3+\frac{1}{3}},\ 3+\frac{1}{3+\frac{1}{3+\frac{1}{3}}},\ \cdots$$

의 극한값은?

① $\frac{1+\sqrt{13}}{2}$ ② $\frac{2+\sqrt{13}}{2}$ ③ $\frac{3+\sqrt{13}}{2}$ ④ $\frac{4+\sqrt{13}}{2}$ ⑤ $\frac{5+\sqrt{13}}{2}$

02 ▸ 23645-0073

$\lim_{n\to\infty}\frac{(3n-2)^2-(3n-1)^2}{\sqrt{3n-1}\times\sqrt{3n+1}}$의 값은?

① -2 ② -1 ③ 0 ④ 1 ⑤ 2

03 ▸ 23645-0074

두 수열 $\{a_n\}$, $\{b_n\}$이 모든 자연수 n에 대하여

$$a_n+2b_n=4^n,\ 2a_n-b_n=3^n$$

이 성립할 때, $\lim_{n\to\infty}\frac{b_n}{a_n}$의 값은?

① 1 ② 2 ③ 3 ④ 4 ⑤ 5

04 ▸ 23645-0075

$\lim_{n\to\infty}\frac{a^{n+1}+b^{n+1}}{a^n-b^n}=4$를 만족시키는 서로 다른 두 자연수 a, b에 대하여 $a+b$의 최댓값은?

내신+수능 고난도 도전

수학적 사고력과 문제 해결 능력을 함양할 수 있는 난이도 높은 문제를 풀어 봄으로써 실전에 대비할 수 있습니다.

▶ >> **올림포스** 미적분 17쪽

올림포스의 고난도 문항 쪽수를 제시하였습니다.

차례

미적분

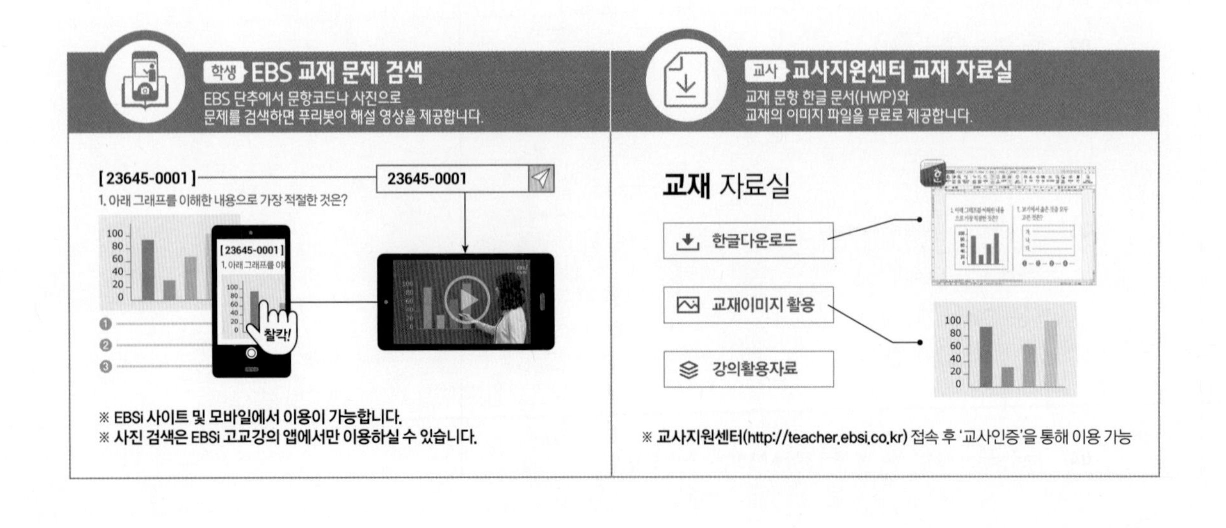

학생 EBS 교재 문제 검색
EBS 단추에서 문항코드나 사진으로
문제를 검색하면 푸리봇이 해설 영상을 제공합니다.
[23645-0001]
1. 아래 그래프를 이해한 내용으로 가장 적절한 것은?
23645-0001
찰칵!
※ EBSi 사이트 및 모바일에서 이용이 가능합니다.
※ 사진 검색은 EBSi 고교강의 앱에서만 이용하실 수 있습니다.
교사 교사지원센터 교재 자료실
교재 문항 한글 문서(HWP)와
교재의 이미지 파일을 무료로 제공합니다.
교재 자료실
한글다운로드
교재이미지 활용
강의활용자료
※ 교사지원센터(http://teacher.ebsi.co.kr) 접속 후 '교사인증'을 통해 이용 가능

I 수열의 극한

01. 수열의 극한

02. 급수

개념 확인하기

01 수열의 극한

01 수열의 수렴과 발산

(1) 수열의 수렴

수열 $\{a_n\}$에서 n의 값이 한없이 커질 때, a_n의 값이 일정한 실수 α에 한없이 가까워지면 수열 $\{a_n\}$은 α에 수렴한다고 하고, α를 수열 $\{a_n\}$의 극한 또는 극한값이라고 한다.

이것을 기호로 다음과 같이 나타낸다.

$n \to \infty$일 때 $a_n \to \alpha$ 또는 $\lim_{n\to\infty} a_n = \alpha$

(2) 수열의 발산

수열 $\{a_n\}$이 수렴하지 않을 때, 수열 $\{a_n\}$은 발산한다고 한다.

① 양의 무한대로 발산: $n \to \infty$일 때 $a_n \to \infty$ 또는 $\lim_{n\to\infty} a_n = \infty$

② 음의 무한대로 발산: $n \to \infty$일 때 $a_n \to -\infty$ 또는 $\lim_{n\to\infty} a_n = -\infty$

③ 진동(발산): 수열 $\{a_n\}$이 수렴하지도 않고 양의 무한대나 음의 무한대로 발산하지도 않을 때, 수열 $\{a_n\}$은 진동한다고 한다.

기호 lim은 극한을 뜻하는 limit의 약자이고, ∞는 수가 아니라 한없이 커지는 상태를 나타내는 기호이다.

$a_n = \frac{1}{n}$이면 $\lim_{n\to\infty} \frac{1}{n} = 0$

$a_n = n$이면 $\lim_{n\to\infty} n = \infty$

$a_n = -n$이면 $\lim_{n\to\infty} (-n) = -\infty$

$a_n = (-1)^n$이면 수열 $\{a_n\}$은 진동한다.

02 수열의 극한에 대한 기본 성질

두 수열 $\{a_n\}$, $\{b_n\}$이 각각 α, β (α, β는 실수)로 수렴할 때,

(1) $\lim_{n\to\infty} ca_n = c\lim_{n\to\infty} a_n = c\alpha$ (단, c는 상수)

(2) $\lim_{n\to\infty} (a_n + b_n) = \lim_{n\to\infty} a_n + \lim_{n\to\infty} b_n = \alpha + \beta$

(3) $\lim_{n\to\infty} (a_n - b_n) = \lim_{n\to\infty} a_n - \lim_{n\to\infty} b_n = \alpha - \beta$

(4) $\lim_{n\to\infty} a_n b_n = \lim_{n\to\infty} a_n \times \lim_{n\to\infty} b_n = \alpha\beta$

(5) $\lim_{n\to\infty} \frac{a_n}{b_n} = \frac{\lim_{n\to\infty} a_n}{\lim_{n\to\infty} b_n} = \frac{\alpha}{\beta}$ (단, $b_n \neq 0$, $\beta \neq 0$)

두 수열 $\{a_n\}$, $\{b_n\}$ 중 어느 하나라도 수렴하지 않으면 수열의 극한에 대한 기본 성질은 성립하지 않을 수 있다.

03 수열의 극한값의 계산

(1) $\frac{\infty}{\infty}$ 꼴의 극한: 분모의 최고차항으로 분모, 분자를 각각 나눈다.

① (분모의 차수)>(분자의 차수): 0으로 수렴한다.

② (분모의 차수)=(분자의 차수): 최고차항의 계수의 비로 수렴한다.

③ (분모의 차수)<(분자의 차수): ∞ 또는 $-\infty$로 발산한다.

(2) $\infty - \infty$ 꼴의 극한

① 무리식은 유리화를 이용하여 극한값을 구한다.

② 다항식은 최고차항으로 묶어 극한값을 구한다.

∞는 수를 나타내는 것이 아니므로 $\frac{\infty}{\infty} = 1$, $\infty - \infty = 0$ 과 같이 계산하지 않도록 한다.

01 수열의 수렴과 발산

[01~06] 다음 수열 $\{a_n\}$의 수렴, 발산을 조사하시오.

01 $1, 2, 3, 4, \cdots, n, \cdots$

02 $1, 1, 1, 1, \cdots, 1, \cdots$

03 $1, -1, 1, -1, \cdots, (-1)^{n+1}, \cdots$

04 $-1, -2, -3, -4, \cdots, -n, \cdots$

05 $1, -2, 3, -4, \cdots, (-1)^{n+1}\times n, \cdots$

06 $\frac{1}{2}, \frac{2}{3}, \frac{3}{4}, \frac{4}{5}, \cdots, \frac{n}{n+1}, \cdots$

[07~11] 다음 수열의 수렴, 발산을 조사하시오.

07 $\{2n-1\}$

08 $\left\{\frac{1}{n^2}\right\}$

09 $\{-n^2\}$

10 $\left\{\frac{(-1)^n}{n}\right\}$

11 $\left\{1-\frac{1}{n}\right\}$

02 수열의 극한에 대한 기본 성질

[12~17] $\lim_{n\to\infty} a_n=2$, $\lim_{n\to\infty} b_n=-1$일 때, 다음 극한값을 구하시오.

12 $\lim_{n\to\infty} 3a_n$

13 $\lim_{n\to\infty} (a_n+b_n)$

14 $\lim_{n\to\infty} (a_n-b_n)$

15 $\lim_{n\to\infty} (3a_n-2b_n)$

16 $\lim_{n\to\infty} a_nb_n$

17 $\lim_{n\to\infty} \frac{a_n}{b_n}$ (단, $b_n\neq 0$)

[18~21] 다음 극한값을 구하시오.

18 $\lim_{n\to\infty}\left(1+\frac{1}{n}\right)$

19 $\lim_{n\to\infty}\left(\frac{1}{n}-\frac{1}{n^2}\right)$

20 $\lim_{n\to\infty}\left(1+\frac{2}{n}\right)\left(2-\frac{1}{n}\right)$

21 $\lim_{n\to\infty}\frac{1+\frac{1}{2n}}{2-\frac{1}{n^2}}$

03 수열의 극한값의 계산

[22~24] 다음 극한값이 존재하는 경우 그 값을 구하시오.

22 $\lim_{n\to\infty}\frac{n+1}{n^2+2}$

23 $\lim_{n\to\infty}\frac{n+2}{n-\frac{1}{2}}$

24 $\lim_{n\to\infty}\frac{(n+1)(n-1)}{n^2}$

[25~26] 다음 극한값을 구하시오.

25 $\lim_{n\to\infty}(\sqrt{n+2}-\sqrt{n})$

26 $\lim_{n\to\infty}\frac{1}{\sqrt{n^2+2n}-n}$

[27~28] 다음 극한값이 존재하는 경우 그 값을 구하시오.

27 $\lim_{n\to\infty}(n^3-9n^2)$

28 $\lim_{n\to\infty}(10n^2-n^4)$

04 수열의 극한의 대소 관계

두 수열 $\{a_n\}$, $\{b_n\}$이 각각 α, β (α, β는 실수)로 수렴할 때,

(1) 모든 자연수 n에 대하여 $a_n \le b_n$이면 $\alpha \le \beta$이다.

(2) 수열 $\{c_n\}$이 모든 자연수 n에 대하여

$a_n \le c_n \le b_n$이고 $\alpha = \beta$이면 $\lim_{n\to\infty} c_n = \alpha$이다.

참고 일반적으로 $a_n < b_n$이면 $\lim_{n\to\infty} a_n \le \lim_{n\to\infty} b_n$이다.

즉, 모든 자연수 n에 대하여 $a_n < b_n$이지만 $\lim_{n\to\infty} a_n = \lim_{n\to\infty} b_n$인 경우도 있음에 유의한다.

수열 $\{a_n\}$이 모든 자연수 n에 대하여

$\frac{1}{n+1} < a_n < \frac{2}{n+1}$

를 만족하면

$\lim_{n\to\infty} \frac{1}{n+1} = 0$,

$\lim_{n\to\infty} \frac{2}{n+1} = 0$

이므로 $\lim_{n\to\infty} a_n = 0$이다.

05 등비수열의 극한

등비수열 $\{r^n\}$의 수렴과 발산은 다음과 같다.

(1) $r>1$일 때, $\lim_{n\to\infty} r^n = \infty$ (발산)

(2) $r=1$일 때, $\lim_{n\to\infty} r^n = 1$ (수렴)

(3) $|r|<1$일 때, $\lim_{n\to\infty} r^n = 0$ (수렴)

(4) $r \le -1$일 때, 등비수열 $\{r^n\}$은 진동한다. (발산)

등비수열 $\{r^n\}$이 수렴할 필요충분조건은 $-1<r\le 1$이다.
수열 $\{ar^{n-1}\}$이 수렴할 필요충분조건은 $a=0$ 또는 $-1<r\le 1$이다.

06 r^n을 포함한 식의 극한

r^n을 포함한 식의 극한은 r의 값을 다음의 경우로 나누어 그 극한값을 구한다.

(i) $-1<r<1$인 경우

(ii) $r=1$인 경우

(iii) $r=-1$인 경우

(iv) $r<-1$ 또는 $r>1$인 경우

분모, 분자가 등비수열 $\{r^n\}$ 꼴의 식으로 나타내어진 수열의 극한값은 분모에 있는 등비수열의 공비의 절댓값이 가장 큰 것으로 분모, 분자를 각각 나누어 극한값을 구한다.

04 수열의 극한의 대소 관계

[29~30] 수열 $\{a_n\}$이 모든 자연수 n에 대하여 다음이 성립할 때, $\lim_{n\to\infty} a_n$의 값을 구하시오.

29 $\frac{n}{n+1}<a_n<\frac{n+2}{n+1}$

30 $\frac{n^2-n}{n^2+n}<a_n<\frac{n^2+2n}{n^2+n}$

05 등비수열의 극한

[31~34] 다음 등비수열의 수렴, 발산을 조사하시오.

31 $1,\ \frac{1}{2},\ \frac{1}{4},\ \frac{1}{8},\ \cdots$

32 $1,\ 2,\ 4,\ 8,\ \cdots$

33 $1,\ -\frac{1}{3},\ \frac{1}{9},\ -\frac{1}{27},\ \cdots$

34 $2,\ -2\sqrt{2},\ 4,\ -4\sqrt{2},\ \cdots$

[35~40] 다음 등비수열의 수렴, 발산을 조사하시오.

35 $\{3^{n-1}\}$

36 $\{-0.1^n\}$

37 $\left\{\frac{1}{2^n}\right\}$

38 $\left\{\left(-\frac{3}{2}\right)^n\right\}$

39 $\{(\sqrt{25})^{n-1}\}$

40 $\left\{\frac{2^n}{3^n}\right\}$

[41~47] 다음 극한값을 조사하고, 극한값이 존재하면 그 값을 구하시오.

41 $\lim_{n\to\infty}\left(2+\frac{1}{2^{-n}}\right)$

42 $\lim_{n\to\infty}(3^{-n}+1)$

43 $\lim_{n\to\infty}(2^n+3^n)$

44 $\lim_{n\to\infty}\frac{1}{3^{n+1}}$

45 $\lim_{n\to\infty}\left\{\left(\frac{1}{\sqrt{2}}\right)^n+1\right\}$

46 $\lim_{n\to\infty}\frac{1}{4^n-3^n}$

47 $\lim_{n\to\infty}\left(2^n+\frac{1}{3^{n-1}}\right)$

[48~50] 다음 등비수열이 수렴하기 위한 실수 r의 값의 범위를 구하시오.

48 $1,\ 2r,\ 4r^2,\ 8r^3,\ \cdots$

49 $1,\ \frac{r}{2},\ \frac{r^2}{4},\ \frac{r^3}{8},\ \cdots$

50 $\{(-2r)^{n-1}\}$

06 r^n을 포함한 식의 극한

[51~53] $r>0$일 때, 다음 극한값을 조사하시오.

51 $\lim_{n\to\infty}\frac{r^n}{r^n+1}$

52 $\lim_{n\to\infty}\frac{r^{n-1}}{r^{n+1}+r^n}$

53 $\lim_{n\to\infty}\frac{r^{n+1}+r^n}{r^n}$

유형 완성하기

01 수열 $\{a_n\}$의 수렴과 발산

(1) **수렴**: n의 값이 한없이 커질 때, a_n의 값이 일정한 실수 α에 한없이 가까워지면 수열 $\{a_n\}$은 α에 수렴한다고 한다.

(2) **발산**: 수열 $\{a_n\}$이 수렴하지 않을 때, 수열 $\{a_n\}$은 발산한다고 한다.

» 올림포스 미적분 8쪽

01 대표문제

▶ 23645-0001

보기의 수열 중 수렴하는 것만을 있는 대로 고른 것은?

보기

ㄱ. 1, 0, 1, 0, 1, 0, ⋯

ㄴ. $1, -\frac{1}{2}, \frac{1}{3}, -\frac{1}{4}, \cdots$

ㄷ. $1, \frac{1}{\sqrt{2}}, \frac{1}{\sqrt{3}}, \frac{1}{\sqrt{4}}, \cdots$

① ㄱ　② ㄴ　③ ㄱ, ㄴ　④ ㄴ, ㄷ　⑤ ㄱ, ㄴ, ㄷ

02 상중하

▶ 23645-0002

보기의 수열 중 수렴하는 것의 개수를 구하시오.

보기

ㄱ. $\{2n+1\}$　ㄴ. $\left\{\frac{\sqrt{n}}{n}\right\}$

ㄷ. $\left\{\frac{n^2}{n+1}\right\}$　ㄹ. $\left\{1+\frac{1}{n+1}\right\}$

03 상중하

▶ 23645-0003

수열 $\{a_n\}$이 $a_n=(-1)^n$일 때, **보기**의 수열 중 수렴하는 것만을 있는 대로 고른 것은?

보기

ㄱ. $\{a_n+a_{n+1}\}$　ㄴ. $\{a_na_{n+1}\}$　ㄷ. $\left\{\frac{a_n}{a_{n+1}}\right\}$

① ㄱ　② ㄷ　③ ㄱ, ㄴ　④ ㄴ, ㄷ　⑤ ㄱ, ㄴ, ㄷ

02 수열의 극한에 대한 기본 성질

두 수열 $\{a_n\}$, $\{b_n\}$이 각각 α, β (α, β는 실수)로 수렴할 때,

(1) $\lim_{n\to\infty} ca_n = c\lim_{n\to\infty} a_n = c\alpha$ (단, c는 상수)

(2) $\lim_{n\to\infty}(a_n+b_n)=\lim_{n\to\infty} a_n+\lim_{n\to\infty} b_n=\alpha+\beta$

(3) $\lim_{n\to\infty}(a_n-b_n)=\lim_{n\to\infty} a_n-\lim_{n\to\infty} b_n=\alpha-\beta$

(4) $\lim_{n\to\infty} a_nb_n=\lim_{n\to\infty} a_n\times\lim_{n\to\infty} b_n=\alpha\beta$

(5) $\lim_{n\to\infty}\frac{a_n}{b_n}=\frac{\lim_{n\to\infty} a_n}{\lim_{n\to\infty} b_n}=\frac{\alpha}{\beta}$ (단, $b_n\neq0$, $\beta\neq0$)

» 올림포스 미적분 8쪽

04 대표문제

▶ 23645-0004

두 수열 $\{a_n\}$, $\{b_n\}$에 대하여 $\lim_{n\to\infty} a_n=2$, $\lim_{n\to\infty} b_n=3$일 때,

$\lim_{n\to\infty}\frac{2a_n-b_n}{a_n+b_n}$의 값은? (단, $a_n+b_n\neq0$)

① 1　② $\frac{1}{2}$　③ $\frac{1}{3}$　④ $\frac{1}{4}$　⑤ $\frac{1}{5}$

05 상중하

▶ 23645-0005

수렴하는 수열 $\{a_n\}$에 대하여 $\lim_{n\to\infty}(a_n-1)=3$일 때,

$\lim_{n\to\infty} a_n(a_n+1)$의 값은?

① 16　② 17　③ 18　④ 19　⑤ 20

06 상중하

▶ 23645-0006

수렴하는 두 수열 $\{a_n\}$, $\{b_n\}$에 대하여

$$\lim_{n\to\infty}(a_n-b_n)=2,\ \lim_{n\to\infty} a_nb_n=3$$

일 때, $\lim_{n\to\infty}(a_n^2+b_n^2)$의 값은?

① 8　② 10　③ 12　④ 14　⑤ 16

07 상중하

▶ 23645-0007

모든 항이 양수이고 수렴하는 수열 $\{a_n\}$에 대하여 $\lim_{n\to\infty} a_n(a_{n+1}-2)=3$일 때, $\lim_{n\to\infty} a_n$의 값은?

① 1　② 2　③ 3　④ 4　⑤ 5

08 상중하

▶ 23645-0008

수렴하는 두 수열 $\{a_n\}$, $\{b_n\}$에 대하여

$$\lim_{n\to\infty}(a_n+b_{n+1})=2,\ \lim_{n\to\infty}({a_{n+1}}^2-{b_n}^2)=8$$

일 때, $\lim_{n\to\infty} a_{n+2}b_{n+2}$의 값은?

① -1　② -2　③ -3　④ -4　⑤ -5

09 상중하

▶ 23645-0009

수렴하는 수열 $\{a_n\}$에 대하여 이차방정식 $x^2-a_nx+a_{2n}-1=0$이 중근을 가질 때, $\lim_{n\to\infty}\sqrt{a_{n+1}}$의 값은?

① 1　② $\sqrt{2}$　③ 2　④ $2\sqrt{2}$　⑤ 4

중요

03 $\frac{\infty}{\infty}$ 꼴의 극한

분모의 최고차항으로 분모, 분자를 각각 나눈다.

① **(분모의 차수)>(분자의 차수):** 0으로 수렴한다.

② **(분모의 차수)=(분자의 차수):** 최고차항의 계수의 비로 수렴한다.

③ **(분모의 차수)<(분자의 차수):** ∞ 또는 $-\infty$로 발산한다.

>> **올림포스** 미적분 9쪽

10 대표문제

▶ 23645-0010

$\lim_{n\to\infty}\frac{1+2+3+\cdots+n}{n(2n+1)}$의 값은?

① $\frac{1}{2}$　② $\frac{1}{3}$　③ $\frac{1}{4}$　④ $\frac{1}{5}$　⑤ $\frac{1}{6}$

11 상중하

▶ 23645-0011

$\lim_{n\to\infty}\frac{2n+1}{n+2}$의 값은?

① 1　② 2　③ 3　④ 4　⑤ 5

12 상중하

▶ 23645-0012

$\lim_{n\to\infty}\frac{(n-1)(2n+1)}{4n^2+2n+1}$의 값은?

① $\frac{1}{2}$　② $\frac{1}{3}$　③ $\frac{1}{4}$　④ $\frac{1}{5}$　⑤ $\frac{1}{6}$

04 극한의 기본 성질을 이용한 $\frac{\infty}{\infty}$ 꼴의 극한

$\lim_{n\to\infty}\frac{b_n}{a_n}=k$, $\lim_{n\to\infty}a_n=l$일 때, $\frac{b_n}{a_n}=c_n$으로 놓으면 $b_n=a_nc_n$이므로 $\lim_{n\to\infty}b_n=\lim_{n\to\infty}a_nc_n=kl$이다.

» 올림포스 미적분 8쪽

13 대표문제 ▸ 23645-0013

수열 $\{a_n\}$에 대하여 $\lim_{n\to\infty}(n+1)a_n=2$일 때, $\lim_{n\to\infty}(2n+1)a_n$의 값은?

① 1 ② 2 ③ 3 ④ 4 ⑤ 5

14 상중하 ▸ 23645-0014

수열 $\{a_n\}$에 대하여 $\lim_{n\to\infty}\frac{a_n+1}{a_n-1}=3$일 때, $\lim_{n\to\infty}a_n^2$의 값은? (단, $a_n\neq1$)

① 2 ② 4 ③ 6 ④ 8 ⑤ 10

15 상중하 ▸ 23645-0015

두 수열 $\{a_n\}$, $\{b_n\}$에 대하여

$$\lim_{n\to\infty}na_n=4,\ \lim_{n\to\infty}\frac{b_n}{n^2+2}=-2$$

일 때, $\lim_{n\to\infty}\frac{n+1}{a_nb_n}$의 값은?

① $-\frac{1}{6}$ ② $-\frac{1}{7}$ ③ $-\frac{1}{8}$ ④ $-\frac{1}{9}$ ⑤ $-\frac{1}{10}$

중요

05 $\frac{\infty}{\infty}$ 꼴의 미정계수의 결정

차수가 각각 k, l인 두 다항식 $f(n)$, $g(n)$에 대하여

(1) $\lim_{n\to\infty}\frac{g(n)}{f(n)}=0$이면 $k>l$

(2) $\lim_{n\to\infty}\frac{g(n)}{f(n)}$이 0이 아닌 값을 가지면 $k=l$

» 올림포스 미적분 9쪽

16 대표문제 ▸ 23645-0016

$\lim_{n\to\infty}\frac{an^2+bn+1}{2n+1}=4$일 때, 두 상수 a, b의 합 $a+b$의 값은?

① 2 ② 4 ③ 6 ④ 8 ⑤ 10

17 상중하 ▸ 23645-0017

$\lim_{n\to\infty}\frac{(a+b)n^2+bn}{cn^3+2n+1}=2$를 만족시키는 세 상수 a, b, c에 대하여 $\lim_{n\to\infty}\frac{(a+c)n+b}{(a-b)n+1}$의 값은?

① $\frac{1}{2}$ ② 1 ③ $\frac{3}{2}$ ④ 2 ⑤ $\frac{5}{2}$

18 상중하 ▸ 23645-0018

자연수 k에 대하여 $\lim_{n\to\infty}\frac{an+\sqrt{9n^2+2}}{bn^2+3n}=k$일 때, $a+b=9$이다. k의 값은? (단, a, b는 상수이다.)

① 1 ② 2 ③ 3 ④ 4 ⑤ 5

중요

06 $\infty-\infty$ 꼴의 극한

무리식은 유리화를 이용하여 극한값을 구한다.

(1) $\sqrt{f(n)}-g(n)=\dfrac{f(n)-\{g(n)\}^2}{\sqrt{f(n)}+g(n)}$

(2) $\sqrt{f(n)}-\sqrt{g(n)}=\dfrac{f(n)-g(n)}{\sqrt{f(n)}+\sqrt{g(n)}}$

>> 올림포스 미적분 9쪽

19 대표문제 ▶ 23645-0019

$\lim_{n\to\infty}(n-\sqrt{n^2+n})$의 값은?

① -1　② $-\frac{1}{2}$　③ 0　④ $\frac{1}{2}$　⑤ 1

20 상중하 ▶ 23645-0020

$\lim_{n\to\infty}(\sqrt{4n^2+3n+2}-2n)$의 값은?

① $\frac{1}{4}$　② $\frac{1}{2}$　③ $\frac{3}{4}$　④ 1　⑤ $\frac{5}{4}$

21 상중하 ▶ 23645-0021

$\lim_{n\to\infty}(\sqrt{n^2+3n+4}-\sqrt{n^2-3n+4})$의 값은?

① 1　② 2　③ 3　④ 4　⑤ 5

22 상중하 ▶ 23645-0022

자연수 n에 대하여 $\sqrt{n^2+2n+3}$의 소수 부분을 a_n이라 할 때, $\lim_{n\to\infty}na_n$의 값을 구하시오.

07 분모가 $\infty-\infty$ 꼴의 극한

분모를 유리화하여 극한값을 구한다.

(1) $\dfrac{1}{\sqrt{f(n)}-g(n)}=\dfrac{\sqrt{f(n)}+g(n)}{f(n)-\{g(n)\}^2}$

(2) $\dfrac{1}{\sqrt{f(n)}-\sqrt{g(n)}}=\dfrac{\sqrt{f(n)}+\sqrt{g(n)}}{f(n)-g(n)}$

>> 올림포스 미적분 9쪽

23 대표문제 ▶ 23645-0023

$\lim_{n\to\infty}\dfrac{2}{n(\sqrt{n^2+2}-n)}$의 값은?

① $\frac{1}{2}$　② 1　③ $\frac{3}{2}$　④ 2　⑤ $\frac{5}{2}$

24 상중하 ▶ 23645-0024

$\lim_{n\to\infty}\dfrac{\sqrt{n+3}-\sqrt{n}}{\sqrt{n+2}-\sqrt{n}}$의 값은?

① $\frac{1}{2}$　② 1　③ $\frac{3}{2}$　④ 2　⑤ $\frac{5}{2}$

25 상중하 ▶ 23645-0025

$\lim_{n\to\infty}\dfrac{\sqrt{n^2+2}-n}{n-\sqrt{n^2+3}}$의 값은?

① $-\frac{1}{3}$　② $-\frac{2}{3}$　③ -1　④ $-\frac{4}{3}$　⑤ $-\frac{5}{3}$

26 상중하 ▶ 23645-0026

수열 $\{a_n\}$의 첫째항부터 제n항까지의 합을 S_n이라 할 때, $S_n=n^2+n$이다. $\lim_{n\to\infty}\dfrac{\sqrt{a_n}-\sqrt{n}}{\sqrt{a_{n+1}}-\sqrt{n}}$의 값을 구하시오.

08 $\infty-\infty$ 꼴의 미정계수의 결정

유리화를 한 후에 $\frac{\infty}{\infty}$ 꼴의 미정계수의 결정을 이용하여 극한값을 구한다.

» 올림포스 미적분 9쪽

27 대표문제

▶ 23645-0027

$\lim_{n\to\infty}(\sqrt{n^2+2n}-an-b)=4$일 때, 두 상수 a, b의 합 $a+b$의 값은?

① -2　② -1　③ 0　④ 1　⑤ 2

28 상중하

▶ 23645-0028

$\lim_{n\to\infty}(\sqrt{9n^2+an}-bn)=\frac{1}{2}$을 만족시키는 두 상수 a, b의 곱 ab의 값은?

① 6　② 7　③ 8　④ 9　⑤ 10

29 상중하

▶ 23645-0029

수렴하는 수열 $\{a_n\}$에 대하여

$$a_n=\frac{1}{\sqrt{(n+1)(2n+1)}-kn}$$

이고 $\lim_{n\to\infty}a_n$이 0이 아닌 값을 가질 때, $\lim_{n\to\infty}a_n^2$의 값은?

(단, k는 상수이다.)

① $\frac{2}{3}$　② $\frac{7}{9}$　③ $\frac{8}{9}$　④ 1　⑤ $\frac{10}{9}$

09 수열의 극한에 대한 합답형 문제

수열의 극한의 기본 성질을 이용하거나 반례를 생각하여 명제의 참, 거짓을 판단한다.

30 대표문제

▶ 23645-0030

두 수열 $\{a_n\}$, $\{b_n\}$에 대하여 **보기**에서 옳은 것만을 있는 대로 고른 것은?

보기

ㄱ. 수열 $\{a_n\}$이 수렴하면 수열 $\{a_n^2\}$도 수렴한다.

ㄴ. $a_n<b_n$이고 $\lim_{n\to\infty}b_n$의 값이 존재하면 $\lim_{n\to\infty}a_n$의 값도 존재한다.

ㄷ. 두 수열 $\{a_n\}$, $\{b_n\}$이 모두 수렴하고 $a_n<b_n$이면 $\lim_{n\to\infty}a_n<\lim_{n\to\infty}b_n$이다.

① ㄱ　② ㄷ　③ ㄱ, ㄴ　④ ㄱ, ㄷ　⑤ ㄱ, ㄴ, ㄷ

31 상중하

▶ 23645-0031

두 수열 $\{a_n\}$, $\{b_n\}$에 대하여 **보기**에서 옳은 것만을 있는 대로 고른 것은?

보기

ㄱ. $\lim_{n\to\infty}a_nb_n=0$이면 $\lim_{n\to\infty}a_n=0$ 또는 $\lim_{n\to\infty}b_n=0$이다.

ㄴ. $\lim_{n\to\infty}\frac{b_n}{a_n}$의 값이 존재하고 $\lim_{n\to\infty}a_n=0$이면 $\lim_{n\to\infty}b_n=0$이다.

ㄷ. $\lim_{n\to\infty}(a_n-b_n)=0$이면 두 수열 $\{a_n\}$, $\{b_n\}$은 극한값을 갖는다.

① ㄱ　② ㄴ　③ ㄷ　④ ㄱ, ㄴ　⑤ ㄴ, ㄷ

32 상중하

▶ 23645-0032

두 수열 $\{a_n\}$, $\{b_n\}$에 대하여 **보기**에서 옳은 것만을 있는 대로 고른 것은?

보기

ㄱ. $\lim_{n\to\infty} a_n=\infty$, $\lim_{n\to\infty} b_n=0$이면 $\lim_{n\to\infty} \frac{b_n}{a_n}=0$이다.

ㄴ. $\lim_{n\to\infty} a_n=\infty$, $\lim_{n\to\infty} b_n=\infty$이면 $\lim_{n\to\infty}(a_n-b_n)=0$이다.

ㄷ. $\lim_{n\to\infty} a_n=\infty$, $\lim_{n\to\infty} b_n$의 값이 존재하면 $\lim_{n\to\infty} a_nb_n$의 값도 존재한다.

① ㄱ ② ㄴ ③ ㄷ
④ ㄱ, ㄴ ⑤ ㄱ, ㄴ, ㄷ

33 상중하

▶ 23645-0033

두 수열 $\{a_n\}$, $\{b_n\}$에 대하여 **보기**에서 옳은 것만을 있는 대로 고른 것은?

보기

ㄱ. $\lim_{n\to\infty} |a_n|=0$이면 $\lim_{n\to\infty} a_n=0$이다.

ㄴ. $\lim_{n\to\infty} a_{2n}$, $\lim_{n\to\infty} a_{2n-1}$의 값이 모두 존재하면 $\lim_{n\to\infty} a_n$의 값도 존재한다.

ㄷ. $\lim_{n\to\infty} a_n^2=k\ (k>0)$이면 $\lim_{n\to\infty} a_n$의 값은 존재한다.

① ㄱ ② ㄷ ③ ㄱ, ㄴ
④ ㄴ, ㄷ ⑤ ㄱ, ㄴ, ㄷ

10 수열의 극한의 대소 관계

두 수열 $\{a_n\}$, $\{b_n\}$이 각각 α, β (α, β는 실수)로 수렴할 때, 수열 $\{c_n\}$이 모든 자연수 n에 대하여
$a_n \le c_n \le b_n$이고 $\alpha=\beta$이면 $\lim_{n\to\infty} c_n=\alpha$이다.

>> 올림포스 미적분 10쪽

34 대표문제

▶ 23645-0034

수열 $\{a_n\}$이 모든 자연수 n에 대하여 부등식

$$n^2-n<a_n<n^2+n$$

을 만족시킬 때, $\lim_{n\to\infty} \frac{a_n}{n^2+1}$의 값은?

① $\frac{1}{2}$ ② 1 ③ $\frac{3}{2}$
④ 2 ⑤ $\frac{5}{2}$

35 상중하

▶ 23645-0035

수열 $\{a_n\}$이 모든 자연수 n에 대하여

$$\sqrt{n^2+n}<na_n<\sqrt{n^2+2n}$$

을 만족시킬 때, $\lim_{n\to\infty} a_{2n}$의 값은?

① 1 ② 2 ③ 3
④ 4 ⑤ 5

36 상중하

▶ 23645-0036

두 수열 $\{a_n\}$, $\{b_n\}$이 모든 자연수 n에 대하여 다음 조건을 만족시킨다.

(가) $a_{n+1}-a_n=2$

(나) $\sum_{k=1}^{n} a_k<b_n<\sum_{k=1}^{n+1} a_k$

$\lim_{n\to\infty} \frac{b_n}{n^2}$의 값은?

① $\frac{1}{2}$ ② 1 ③ $\frac{3}{2}$
④ 2 ⑤ $\frac{5}{2}$

중요
11 등비수열의 극한

등비수열 $\{r^n\}$의 수렴과 발산은 다음과 같다.

(1) $r>1$일 때, $\lim_{n\to\infty} r^n=\infty$ (발산)

(2) $r=1$일 때, $\lim_{n\to\infty} r^n=1$ (수렴)

(3) $|r|<1$일 때, $\lim_{n\to\infty} r^n=0$ (수렴)

(4) $r\le -1$일 때, 수열 $\{r^n\}$은 진동한다. (발산)

» 올림포스 미적분 10쪽

37 대표문제

▶ 23645-0037

$\lim_{n\to\infty}\frac{3^{n+1}}{2^n+3^n}$의 값은?

① 1 ② 2 ③ 3 ④ 4 ⑤ 5

38 상중하

▶ 23645-0038

$\lim_{n\to\infty}\frac{3^{-n+1}+5^{1-n}}{3^{2-n}+5^{2-n}}$의 값은?

① $\frac{1}{2}$ ② $\frac{1}{3}$ ③ $\frac{1}{4}$ ④ $\frac{1}{5}$ ⑤ $\frac{1}{6}$

39 상중하

▶ 23645-0039

$\lim_{n\to\infty}\frac{2^{2n+a}+3^n}{3^n+4^{n+1}}=8$일 때, 상수 a의 값은?

① 1 ② 2 ③ 3 ④ 4 ⑤ 5

40 상중하

▶ 23645-0040

수렴하는 수열 $\{a_n\}$에 대하여 $\lim_{n\to\infty}(3^n+4^n)a_n=5$일 때, $\lim_{n\to\infty}a_n(2^n+4^{n+1})$의 값은?

① 16 ② 17 ③ 18 ④ 19 ⑤ 20

41 상중하

▶ 23645-0041

수열 $\{a_n\}$이 모든 자연수 n에 대하여

$$3^n-2^n<(3^{n+1}+2^{n-1})a_n<3^n+2^n$$

을 만족시킬 때, $\lim_{n\to\infty}a_n$의 값은?

① $\frac{1}{3}$ ② $\frac{1}{6}$ ③ $\frac{1}{9}$ ④ $\frac{1}{12}$ ⑤ $\frac{1}{15}$

42 상중하

▶ 23645-0042

자연수 n에 대하여 직선 $y=n$과 두 곡선 $y=\log_2 x$, $y=\log_3 x$가 만나는 두 점의 x좌표를 각각 a_n, b_n이라 할 때, $\lim_{n\to\infty}\frac{a_{n+1}+b_{n+1}}{a_n+b_n}$의 값은?

① 1 ② 3 ③ 5 ④ 7 ⑤ 9

43 상중하

▶ 23645-0043

자연수 n에 대하여 다항식 $(x^2-x+1)^n$을 $x-2$로 나눈 나머지를 a_n, 다항식 $(x^2+x+1)^n$을 $x+3$으로 나눈 나머지를 b_n이라 할 때, $\lim_{n\to\infty}\frac{a_{2n+1}-b_{n+1}}{a_{2n}+b_n}$의 값은?

① 1 ② 2 ③ 3 ④ 4 ⑤ 5

중요

12 등비수열의 극한이 수렴할 조건

등비수열 $\{r^n\}$이 수렴할 필요충분조건은 $-1<r\leq 1$이다.

44 대표문제

▶ 23645-0044

등비수열 $\left\{\left(\frac{x-2}{8}\right)^{n-1}\right\}$이 수렴하기 위한 모든 정수 x의 개수는?

① 16 ② 17 ③ 18
④ 19 ⑤ 20

45 상중하

▶ 23645-0045

등비수열 $\{(x^2-x-1)^n\}$이 수렴하기 위한 모든 정수 x의 개수는?

① 1 ② 2 ③ 3
④ 4 ⑤ 5

46 상중하

▶ 23645-0046

등비수열 $\{(\log_3 x-1)^n\}$이 수렴하기 위한 모든 자연수 x의 개수는?

① 6 ② 7 ③ 8
④ 9 ⑤ 10

47 상중하

▶ 23645-0047

다음 수열이 수렴하기 위한 모든 정수 x의 값의 합을 구하시오.

$$x-1,\ (x-1)(x+2),\ (x-1)(x+2)^2,\ \cdots,\ (x-1)(x+2)^{n-1},\ \cdots$$

13 등비수열 $\{r^n\}$이 수렴할 때, 수렴하는 등비수열

등비수열 $\{r^n\}$이 수렴할 필요충분조건은 $-1<r\leq 1$이므로 주어진 등비수열의 공비의 범위를 생각한다.

48 대표문제

▶ 23645-0048

등비수열 $\{r^n\}$이 수렴할 때, **보기**의 등비수열 중 항상 수렴하는 것만을 있는 대로 고른 것은?

보기

ㄱ. $\left\{\left(\frac{r}{2}\right)^{n-1}\right\}$ ㄴ. $\{r^{2n}\}$ ㄷ. $\{(|r|-1)^n\}$

① ㄱ ② ㄷ ③ ㄱ, ㄴ
④ ㄴ, ㄷ ⑤ ㄱ, ㄴ, ㄷ

49 상중하

▶ 23645-0049

등비수열 $\{(-r)^n\}$이 수렴할 때, **보기**의 수열 중 항상 수렴하는 것만을 있는 대로 고른 것은?

보기

ㄱ. $\left\{\left(-\frac{1}{r}\right)^n\right\}$ (단, $r\neq 0$)

ㄴ. $\left\{\left(r^2-\frac{1}{2}\right)^{n-1}\right\}$

ㄷ. $\{(r^3+2r+4)^n\}$

① ㄴ ② ㄷ ③ ㄱ, ㄴ
④ ㄴ, ㄷ ⑤ ㄱ, ㄴ, ㄷ

14 r^n을 포함한 수열의 극한

$|r|<1$, $|r|>1$, $r=1$, $r=-1$인 경우로 나누어 극한값을 구한다.

≫ 올림포스 미적분 11쪽

50 대표문제 ▸ 23645-0050

$\lim_{n\to\infty}\frac{r^n+1}{r^{n+1}+r^n}$이 수렴하도록 하는 실수 r의 값의 범위를 구하시오.

51 상중하 ▸ 23645-0051

$-1<r<0$ 또는 $0<r\le1$일 때, 수열 $\left\{\frac{r^n-r}{r^{n+1}+r}\right\}$의 극한값의 최댓값을 M, 최솟값을 m이라 하자. $M-m$의 값은?

① 1 ② 2 ③ 3
④ 4 ⑤ 5

52 상중하 ▸ 23645-0052

수열 $\left\{\frac{r^{2n}+2}{r^{2n}+r^n}\right\}$에 대하여 **보기**에서 옳은 것만을 있는 대로 고른 것은?

보기
ㄱ. $r=1$이면 수렴한다.
ㄴ. 수렴하지 않도록 하는 r의 값의 범위는 $|r|<1$이다.
ㄷ. 서로 다른 모든 극한값의 합은 $\frac{5}{2}$이다.

① ㄱ ② ㄴ ③ ㄱ, ㄷ
④ ㄴ, ㄷ ⑤ ㄱ, ㄴ, ㄷ

15 x^n을 포함하는 함수

$|x|<1$, $|x|>1$, $x=1$, $x=-1$인 경우로 나누어 함수를 결정한다.

≫ 올림포스 미적분 11쪽

53 대표문제 ▸ 23645-0053

함수 $f(x)=\lim_{n\to\infty}\frac{x^{2n}+2x}{x^{2n}+x}$일 때, $f\left(-\frac{1}{2}\right)+f(2)$의 값은?

① 1 ② 2 ③ 3
④ 4 ⑤ 5

54 상중하 ▸ 23645-0054

다음 중 $x\neq-1$인 모든 실수 x에 대하여 함수 $f(x)=\lim_{n\to\infty}\frac{x^n+1}{x^{n+1}+2}$의 치역의 원소가 아닌 것은?

① 1 ② $\frac{2}{3}$ ③ $\frac{1}{2}$
④ $\frac{2}{5}$ ⑤ $\frac{1}{4}$

55 상중하 ▸ 23645-0055

함수 $f(x)=\lim_{n\to\infty}\frac{|x|^{n-1}+2}{|x|^{n+1}+1}$의 그래프와 직선 $y=x$가 만나는 점의 개수는?

① 0 ② 1 ③ 2
④ 3 ⑤ 4

16 귀납적으로 정의된 수열의 극한

$\lim_{n\to\infty} a_n=\alpha$이면 $\lim_{n\to\infty} a_{n+1}=\alpha$이다.

56 대표문제
▶ 23645-0056

수렴하는 수열 $\{a_n\}$이 모든 자연수 n에 대하여 $a_{n+1}=\frac{1}{4}a_n+3$이 성립할 때, $\lim_{n\to\infty} a_n$의 값은?

① 1　② 2　③ 3　④ 4　⑤ 5

57 상중하
▶ 23645-0057

수렴하는 수열 $\{a_n\}$이 모든 자연수 n에 대하여 $a_{n+1}=\frac{1}{2-a_n}$이 성립할 때, $\lim_{n\to\infty} a_n$의 값은? (단, $a_n\neq 2$)

① $\frac{1}{2}$　② 1　③ $\frac{3}{2}$　④ 2　⑤ $\frac{5}{2}$

58 상중하
▶ 23645-0058

수열 $\{a_n\}$이 모든 자연수 n에 대하여

$a_n>0,\ \frac{a_{n+1}}{a_n}\leq\frac{1}{2}$

을 만족시킬 때, $\lim_{n\to\infty} a_n$의 값은?

① $\frac{1}{2}$　② $\frac{1}{3}$　③ $\frac{1}{4}$　④ $\frac{1}{5}$　⑤ 0

중요
17 함수의 그래프와 극한

함수의 그래프 위의 두 점 사이의 거리 또는 선분의 길이 또는 도형의 넓이 등의 일반항을 구하고, 그 일반항의 극한값을 구한다.

59 대표문제
▶ 23645-0059

자연수 n에 대하여 곡선 $f(x)=\sqrt{x+1}$ 위의 두 점 $\mathrm{P}(n,\ f(n))$, $\mathrm{Q}(n+1,\ f(n+1))$ 사이의 거리를 a_n이라 할 때, $\lim_{n\to\infty} a_n^{\ 2}$의 값은?

① 1　② 2　③ 3　④ 4　⑤ 5

60 상중하
▶ 23645-0060

그림과 같이 자연수 n에 대하여 곡선 $y=\frac{1}{4}x^2\ (x\geq 0)$ 위의 점 $\mathrm{P}\left(n,\ \frac{1}{4}n^2\right)$에서 y축에 내린 수선의 발을 H라 하자. 삼각형 OPH의 넓이를 S_n이라 할 때, $\lim_{n\to\infty}\frac{S_n}{n^3+1}$의 값은? (단, O는 원점이다.)

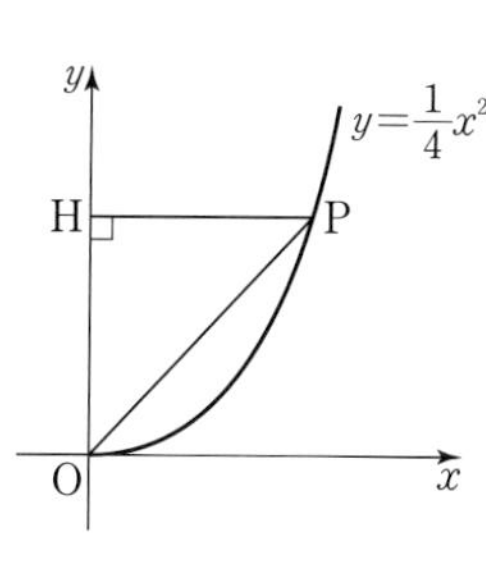

① $\frac{1}{6}$　② $\frac{1}{7}$　③ $\frac{1}{8}$　④ $\frac{1}{9}$　⑤ $\frac{1}{10}$

61 상중하
▶ 23645-0061

자연수 n에 대하여 수직선 위의 점 A_n의 좌표를 a_n이라 할 때, $a_n=2n-1$이다. 선분 $\mathrm{A}_n\mathrm{A}_{n+1}$을 $n:(n+1)$로 내분하는 점의 좌표를 b_n이라 할 때, $\lim_{n\to\infty}\frac{b_n}{a_n}$의 값은?

① 1　② 2　③ 3　④ 4　⑤ 5

62 상중하
▶ 23645-0062

그림과 같이 자연수 n에 대하여 두 지수함수 $y=4^x$, $y=2^x$의 그래프와 직선 $x=n$이 만나는 점을 각각 P_n, Q_n이라 하자. $a_n=\overline{P_nQ_n}$이라 할 때, $\lim_{n\to\infty}\frac{a_n+4^n}{a_{n+1}+4^{n+1}}$의 값은?

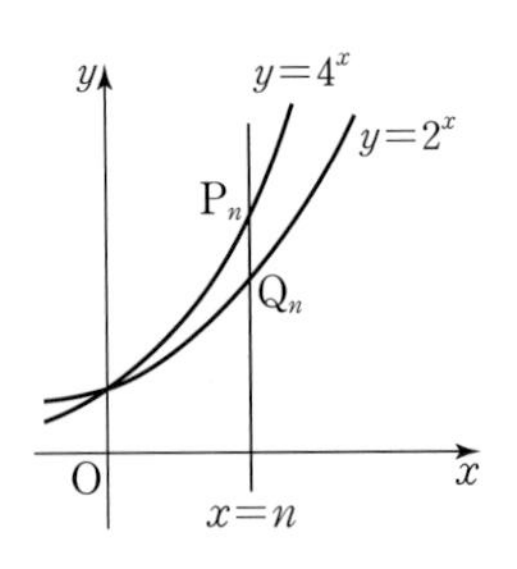

① $\frac{1}{2}$ ② $\frac{1}{4}$ ③ $\frac{1}{8}$
④ $\frac{1}{16}$ ⑤ $\frac{1}{32}$

63 상중하
▶ 23645-0063

그림과 같이 자연수 n에 대하여 한 변의 길이가 1인 정사각형의 각 변을 2^{n-1}등분하는 점들을 각 변에 평행한 선분들로 모두 이을 때 만들어지는 한 변의 길이가 $\frac{1}{2^{n-1}}$인 정사각형의 개수를 a_n이라 할 때, $\lim_{n\to\infty}\frac{a_n}{4^n+2^n}$의 값은?

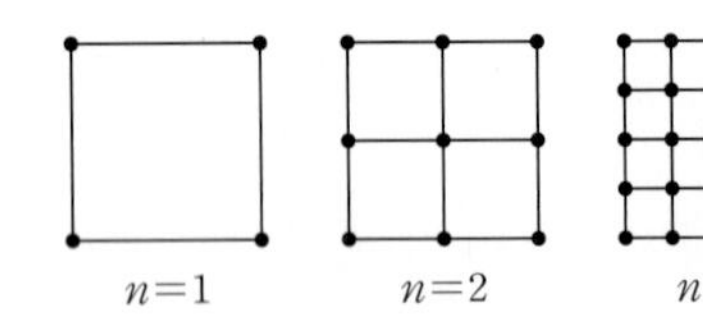

① $\frac{1}{2}$ ② $\frac{1}{3}$ ③ $\frac{1}{4}$
④ $\frac{1}{5}$ ⑤ $\frac{1}{6}$

18 수열의 극한의 실생활에서의 활용

주어진 외적 상황을 수열의 귀납적 정의로 나타낸 후 $\lim_{n\to\infty}a_n=\alpha$이면 $\lim_{n\to\infty}a_{n+1}=\alpha$임을 이용하여 극한값을 구한다.

64 대표문제
▶ 23645-0064

어떤 계산기의 [√] 키를 누르면 바로 직전까지의 구한 수의 양의 제곱근이 구해진다. 처음에 4를 입력하고 [+] [2] [=] [√]의 순서대로 계산기를 한없이 작동하면 어떤 값 α에 가까워진다고 할 때, α의 값은?

① $\frac{1}{2}$ ② 1 ③ $\frac{3}{2}$
④ 2 ⑤ $\frac{5}{2}$

65 상중하
▶ 23645-0065

100 L의 물이 들어 있는 물통에서 물을 10 %만큼 사용하고 5 L의 물을 넣는다. 이와 같은 과정을 n번 반복한 후 물통에 남아 있는 물의 양을 a_n L라 할 때, $\lim_{n\to\infty}a_n$의 값은?

① 10 ② 20 ③ 30
④ 40 ⑤ 50

서술형 완성하기

≫ 정답과 풀이 14쪽

01

▸ 23645-0066

수렴하는 수열 $\{a_n\}$에 대하여

$$\lim_{n\to\infty}\frac{2a_{n+1}+3}{a_n+2}=3$$

일 때, $\lim_{n\to\infty}(2a_n+1)$의 값을 구하시오. (단, $a_n\neq-2$)

02

▸ 23645-0067

두 양의 상수 a, b가 다음 조건을 만족시킨다.

(가) $\lim_{n\to\infty}(\sqrt{n+a}\sqrt{n+b}-n)=2$

(나) $\lim_{n\to\infty}\frac{(a\sqrt{n}-2)(a\sqrt{n}+2)}{n}=9$

ab의 값을 구하시오.

03 내신기출

▸ 23645-0068

$f(r)=\lim_{n\to\infty}\frac{r^{2n+1}}{r^{2n}+1}$이라 할 때, 집합

$$\{|f(r)|\,|\,-3\leq r\leq 3,\ r\text{는 정수}\}$$

의 모든 원소의 합을 구하시오.

04 내신기출

▸ 23645-0069

수열 $\{a_n\}$은 첫째항이 2, 공차가 3인 등차수열이고, 수열 $\{b_n\}$의 일반항은 $b_n=\frac{a_n+a_{n+1}}{2}$이다. $\lim_{n\to\infty}\frac{b_n}{a_n}$의 값을 구하시오.

05

▸ 23645-0070

자연수 n에 대하여 다항식 $f(x)=x^2+x$를 $x-3^n$으로 나눈 나머지를 a_n, 다항식 $f(x)$를 $x+2^n$으로 나눈 나머지를 b_n이라 할 때, $\lim_{n\to\infty}\frac{a_n+b_n}{a_{n+1}+b_{n+1}}$의 값을 구하시오.

06

▸ 23645-0071

수렴하는 수열 $\{a_n\}$이 모든 자연수 n에 대하여

$$a_{n+1}=\frac{(2n-1)(6n+1)}{(n+1)(3n-1)}-2a_n$$

이 성립할 때, $\lim_{n\to\infty}(a_n{}^2-2)$의 값을 구하시오.

내신 + 수능 고난도 도전

▸ 23645-0072

01 수열

$$3+\frac{1}{3},\ 3+\frac{1}{3+\frac{1}{3}},\ 3+\frac{1}{3+\frac{1}{3+\frac{1}{3}}},\ \cdots$$

의 극한값은?

① $\frac{1+\sqrt{13}}{2}$ ② $\frac{2+\sqrt{13}}{2}$ ③ $\frac{3+\sqrt{13}}{2}$ ④ $\frac{4+\sqrt{13}}{2}$ ⑤ $\frac{5+\sqrt{13}}{2}$

▸ 23645-0073

02 $\lim_{n\to\infty}\frac{(3n-2)^2-(3n-1)^2}{\sqrt{3n-1}\times\sqrt{3n+1}}$의 값은?

① -2 ② -1 ③ 0 ④ 1 ⑤ 2

▸ 23645-0074

03 두 수열 $\{a_n\}$, $\{b_n\}$이 모든 자연수 n에 대하여

$$a_n+2b_n=4^n,\ 2a_n-b_n=3^n$$

이 성립할 때, $\lim_{n\to\infty}\frac{b_n}{a_n}$의 값은?

① 1 ② 2 ③ 3 ④ 4 ⑤ 5

▸ 23645-0075

04 $\lim_{n\to\infty}\frac{a^{n+1}+b^{n+1}}{a^n-b^n}=4$를 만족시키는 서로 다른 두 자연수 a, b에 대하여 $a+b$의 최댓값은?

① 6 ② 7 ③ 8 ④ 9 ⑤ 10

▸ 23645-0076

05

등차수열 $\{a_n\}$이 다음 조건을 만족시킨다.

(가) $a_{10}-a_1=18$

(나) $\sum_{k=1}^{n} a_k=n^2+9n$

$\lim_{n\to\infty}\left(\frac{a_n}{2n+1}+a_2\right)$의 값은?

① 11 ② 12 ③ 13 ④ 14 ⑤ 15

▸ 23645-0077

06

수렴하는 수열 $\{a_n\}$에 대하여

$$\lim_{n\to\infty}\left(1+\frac{1}{2}+\frac{1}{4}+\cdots+\frac{1}{2^{n-1}}\right)a_n=10$$

일 때, $\lim_{n\to\infty}(a_n+a_{n+1})$의 값은?

① 6 ② 7 ③ 8 ④ 9 ⑤ 10

▸ 23645-0078

07

수열 $\{a_n\}$이 모든 자연수 n에 대하여 부등식

$$(na_n-n^2-1)(na_n-n^2-2)<0$$

을 만족시킬 때, $\lim_{n\to\infty}\frac{a_{2n}}{n}$의 값은?

① 1 ② 2 ③ 3 ④ 4 ⑤ 5

▸ 23645-0079

08

자연수 n에 대하여 원 $x^2+y^2=n^2$과 직선 $y=x-1$이 만나는 두 점을 각각 P_n, Q_n이라 하자. 삼각형 $\mathrm{OP}_n\mathrm{Q}_n$의 넓이를 S_n이라 할 때, $\lim_{n\to\infty}\frac{S_n}{n}$의 값은? (단, O는 원점이다.)

① $\frac{1}{2}$ ② $\frac{\sqrt{2}}{2}$ ③ 1 ④ $\sqrt{2}$ ⑤ 2

02 급수

01 급수의 수렴과 발산

(1) 급수

수열 $\{a_n\}$의 각 항을 차례대로 합의 기호 $+$를 사용하여 연결한 식

$$a_1+a_2+a_3+\cdots+a_n+\cdots$$

을 급수라 하고, 이를 기호 $\sum$를 사용하여 $\sum_{n=1}^{\infty} a_n$과 같이 나타낸다.

(2) 부분합

급수에서 첫째항부터 제n항까지의 합

$$S_n=a_1+a_2+a_3+\cdots+a_n=\sum_{k=1}^{n} a_k$$

를 이 급수의 제n항까지의 부분합이라고 한다.

(3) 급수의 수렴

급수 $\sum_{n=1}^{\infty} a_n$의 부분합으로 이루어진 수열 $\{S_n\}$이 n이 한없이 커짐에 따라 일정한 값 S에 수렴할 때, 급수 $\sum_{n=1}^{\infty} a_n$은 S에 수렴한다고 하고 S를 이 급수의 합이라고 한다.

즉, $\sum_{n=1}^{\infty} a_n=\lim_{n\to\infty}\sum_{k=1}^{n} a_k=\lim_{n\to\infty} S_n=S$

(4) 급수의 발산

급수 $\sum_{n=1}^{\infty} a_n$의 부분합으로 이루어진 수열 $\{S_n\}$이 발산할 때, 급수 $\sum_{n=1}^{\infty} a_n$은 발산한다고 한다.

급수라는 용어를 처음으로 사용한 사람은 영국의 수학자 그레고리(Gregory, J.; 1638~1675)이다.

급수의 수렴과 발산을 조사할 때에는 부분합 S_n을 구한 다음 부분합의 수열 $\{S_n\}$의 수렴과 발산을 판단한다.

발산하는 급수의 합은 생각하지 않는다.

02 급수와 수열의 극한 사이의 관계

(1) 급수 $\sum_{n=1}^{\infty} a_n$이 수렴하면 $\lim_{n\to\infty} a_n=0$이다.

(2) $\lim_{n\to\infty} a_n\neq 0$이면 급수 $\sum_{n=1}^{\infty} a_n$은 발산한다.

(참고) $\lim_{n\to\infty} a_n=0$은 급수 $\sum_{n=1}^{\infty} a_n$이 수렴하기 위한 필요조건이지만 충분조건은 아니다.

급수 $\sum_{n=1}^{\infty} a_n$이 S에 수렴한다고 할 때, 수열 $\{a_n\}$의 첫째항부터 제n항까지의 합을 S_n이라 하면

$\lim_{n\to\infty} S_n=\lim_{n\to\infty} S_{n-1}=S$이고, $a_n=S_n-S_{n-1}$ $(n\geq 2)$이므로

$$\lim_{n\to\infty} a_n=\lim_{n\to\infty}(S_n-S_{n-1})=\lim_{n\to\infty} S_n-\lim_{n\to\infty} S_{n-1}=0$$

03 급수의 성질

두 급수 $\sum_{n=1}^{\infty} a_n$, $\sum_{n=1}^{\infty} b_n$이 수렴하고 $\sum_{n=1}^{\infty} a_n=S$, $\sum_{n=1}^{\infty} b_n=T$ (S, T는 실수)일 때,

(1) $\sum_{n=1}^{\infty} ca_n=c\sum_{n=1}^{\infty} a_n=cS$ (단, c는 상수)

(2) $\sum_{n=1}^{\infty}(a_n+b_n)=\sum_{n=1}^{\infty} a_n+\sum_{n=1}^{\infty} b_n=S+T$

(3) $\sum_{n=1}^{\infty}(a_n-b_n)=\sum_{n=1}^{\infty} a_n-\sum_{n=1}^{\infty} b_n=S-T$

$\sum_{n=1}^{\infty} a_nb_n\neq\sum_{n=1}^{\infty} a_n\sum_{n=1}^{\infty} b_n$

$\sum_{n=1}^{\infty}\frac{b_n}{a_n}\neq\frac{\sum_{n=1}^{\infty} b_n}{\sum_{n=1}^{\infty} a_n}$

>> 정답과 풀이 17쪽

01 급수의 수렴과 발산

[01~04] 수열 $\{a_n\}$의 첫째항부터 제n항까지의 합 S_n이 다음과 같을 때, 급수 $\sum_{n=1}^{\infty} a_n$의 수렴과 발산을 조사하시오.

01 $S_n=n$

02 $S_n=\frac{n+1}{n}$

03 $S_n=\left(\frac{1}{2}\right)^n$

04 $S_n=2^n$

[05~08] 다음 급수의 수렴, 발산을 조사하고, 수렴하면 그 합을 구하시오.

05 $1+3+5+\cdots+(2n-1)+\cdots$

06 $1+(-1)+1+(-1)+\cdots+(-1)^{n+1}+\cdots$

07 $1+\frac{1}{2}+\frac{1}{4}+\cdots+\left(\frac{1}{2}\right)^{n-1}+\cdots$

08 $2+4+8+\cdots+2^n+\cdots$

[09~11] 다음 급수의 수렴, 발산을 조사하고, 수렴하면 그 합을 구하시오.

09 $\sum_{n=1}^{\infty}\frac{1}{n(n+1)}$

10 $\sum_{n=1}^{\infty}(\sqrt{n+1}-\sqrt{n})$

11 $\sum_{n=1}^{\infty}\frac{1}{\sqrt{n+1}-\sqrt{n}}$

02 급수와 수열의 극한 사이의 관계

[12~15] 다음 급수가 발산함을 보이시오.

12 $2+4+6+\cdots+2n+\cdots$

13 $1+1+1+\cdots$

14 $\frac{1}{2}+1+\frac{3}{2}+2+\cdots$

15 $-2+4-8+16-\cdots$

[16~18] 다음 급수가 발산함을 보이시오.

16 $\sum_{n=1}^{\infty}\frac{n}{2n+1}$

17 $\sum_{n=1}^{\infty}\frac{n+1}{n}$

18 $\sum_{n=1}^{\infty}(\sqrt{n^2+2n}-n)$

03 급수의 성질

[19~22] $\sum_{n=1}^{\infty}a_n=2$, $\sum_{n=1}^{\infty}b_n=1$일 때, 다음 급수의 합을 구하시오.

19 $\sum_{n=1}^{\infty}2a_n$

20 $\sum_{n=1}^{\infty}(a_n+b_n)$

21 $\sum_{n=1}^{\infty}(a_n-b_n)$

22 $\sum_{n=1}^{\infty}(3a_n-2b_n)$

02 급수

04 등비급수의 수렴과 발산

(1) 등비급수의 뜻

첫째항이 a $(a\neq0)$이고 공비가 r인 등비수열 $\{ar^{n-1}\}$에 대하여 급수

$$\sum_{n=1}^{\infty}ar^{n-1}=a+ar+ar^2+\cdots+ar^{n-1}+\cdots$$

을 첫째항이 a이고 공비가 r인 등비급수라고 한다.

(2) 등비급수 $\sum_{n=1}^{\infty}ar^{n-1}$ $(a\neq0)$의 수렴과 발산

① $|r|<1$일 때, 수렴하고 그 합은 $\dfrac{a}{1-r}$이다.

② $|r|\geq1$일 때, 발산한다.

설명 등비급수 $\sum_{n=1}^{\infty}ar^{n-1}$ $(a\neq0)$에서

① $|r|<1$인 경우

등비급수의 제n항까지의 부분합을 S_n이라 하면 $S_n=\dfrac{a(1-r^n)}{1-r}$이고, $\lim_{n\to\infty}r^n=0$이므로

$$\sum_{n=1}^{\infty}ar^{n-1}=\lim_{n\to\infty}S_n=\lim_{n\to\infty}\frac{a(1-r^n)}{1-r}=\frac{a}{1-r}$$

② $|r|\geq1$인 경우

$\lim_{n\to\infty}ar^{n-1}\neq0$이므로 $\sum_{n=1}^{\infty}ar^{n-1}$은 발산한다.

등비급수 $\sum_{n=1}^{\infty}r^{n-1}$의 수렴 조건은 $-1<r<1$이다.
급수 $\sum_{n=1}^{\infty}ar^{n-1}$의 수렴 조건은 $a=0$ 또는 $-1<r<1$이다.

05 등비급수의 활용

(1) 순환소수는 등비급수로 표현이 가능하므로 분수로 나타낼 수 있다.

예 $0.\dot{1}=0.111\cdots$

$$=0.1+0.01+0.001+\cdots$$

$$=\frac{1}{10}+\frac{1}{10^2}+\frac{1}{10^3}+\cdots$$

$$=\frac{\frac{1}{10}}{1-\frac{1}{10}}=\frac{1}{9}$$

(2) 선분의 길이나 도형의 넓이가 일정한 비율로 한없이 작아질 때, 이 모든 선분들의 길이의 합 또는 도형들의 넓이의 합은 등비급수로 표현이 가능하므로 다음과 같은 방법으로 구할 수 있다.

① 주어진 조건을 이용하여 구하고자 하는 선분의 길이 또는 도형의 넓이의 첫째항 a를 구한다.

② 선분의 길이 또는 도형의 넓이의 이웃하는 두 항 사이의 규칙을 찾고, 공비 r의 값을 구한다. (단, $-1<r<1$)

③ 등비급수의 합의 공식 $\dfrac{a}{1-r}$에 대입한다.

처음 주어진 도형에서 일정한 규칙에 따라 새로운 도형을 만들어 나갈 때, 만들어지는 도형의 둘레의 길이 또는 넓이는 등비수열을 이룬다.

04 등비급수의 수렴과 발산

[23~28] 다음 등비급수의 수렴, 발산을 조사하고, 수렴하면 그 합을 구하시오.

23 $1+\frac{1}{2}+\frac{1}{4}+\frac{1}{8}+\cdots$

24 $1-3+9-27+\cdots$

25 $1-\frac{1}{3}+\frac{1}{9}-\frac{1}{27}+\cdots$

26 $1+\sqrt{2}+2+2\sqrt{2}+\cdots$

27 $1-\frac{1}{\sqrt{2}}+\frac{1}{2}-\frac{1}{2\sqrt{2}}+\cdots$

28 $2\times1-2\times1+2\times1-2\times1+\cdots$

[29~32] 다음 등비급수의 합을 구하시오.

29 $\sum_{n=1}^{\infty}\left(-\frac{1}{2}\right)^{n-1}$

30 $\sum_{n=1}^{\infty}\left(\frac{\sqrt{2}}{2}\right)^{n}$

31 $\sum_{n=1}^{\infty}(\sqrt{2}-1)^{n-1}$

32 $\sum_{n=1}^{\infty}\left(\frac{1}{\sqrt{2}+1}\right)^{n+1}$

[33~34] 다음 등비급수가 수렴하도록 하는 실수 x의 값의 범위를 구하시오.

33 $1+2x+4x^2+8x^3+\cdots$

34 $1-\frac{x}{2}+\frac{x^2}{4}-\frac{x^3}{8}+\cdots$

[35~41] 다음 급수의 합을 구하시오.

35 $\sum_{n=1}^{\infty}2\left(\frac{1}{3}\right)^{n-1}$

36 $\sum_{n=1}^{\infty}\left\{\left(\frac{1}{2}\right)^{n-1}+\left(\frac{1}{3}\right)^{n-1}\right\}$

37 $\sum_{n=1}^{\infty}\left(\frac{3}{2^n}-\frac{2}{3^n}\right)$

38 $\sum_{n=1}^{\infty}\frac{2^n+1}{3^n}$

39 $\sum_{n=1}^{\infty}\left(\frac{1}{3^n}\times\frac{1}{4^n}\right)$

40 $\sum_{n=1}^{\infty}\left(\frac{3}{4^{n-1}}+\frac{3^n}{4^n}\right)$

41 $\sum_{n=1}^{\infty}\frac{2^{n+1}+2^{n-1}}{3^{n-1}}$

05 등비급수의 활용

[42~44] 등비급수를 이용하여 다음 순환소수를 기약분수로 나타내시오.

42 $0.\dot{1}2\dot{3}$

43 $0.1\dot{2}$

44 $1.\dot{2}\dot{3}$

유형 완성하기

중요
01 부분합을 이용한 급수의 합 구하기

급수 $\sum_{n=1}^{\infty} a_n$의 부분합으로 이루어진 수열 $\{S_n\}$이

$$S_n=a_1+a_2+a_3+\cdots+a_n$$

일 때, S_n이 S로 수렴하면

$$\sum_{n=1}^{\infty} a_n=\lim_{n\to\infty}\sum_{k=1}^{n} a_k=\lim_{n\to\infty} S_n=S$$

» 올림포스 미적분 20쪽

01 대표문제
▶ 23645-0080

급수 $1+\frac{1}{1+2}+\frac{1}{1+2+3}+\cdots$의 값은?

① $\frac{1}{2}$ ② 1 ③ $\frac{3}{2}$
④ 2 ⑤ $\frac{5}{2}$

02 상중하
▶ 23645-0081

수열 $\{a_n\}$의 첫째항부터 제n항까지의 합 S_n이 $S_n=\frac{an}{2n+1}$이고 $\sum_{n=1}^{\infty} a_n=4$일 때, 상수 a의 값은?

① 6 ② 7 ③ 8
④ 9 ⑤ 10

03 상중하
▶ 23645-0082

급수

$$\frac{1}{1\times3}+\frac{1}{3\times5}+\frac{1}{5\times7}+\cdots$$

의 값은?

① $\frac{1}{2}$ ② $\frac{1}{4}$ ③ $\frac{1}{6}$
④ $\frac{1}{8}$ ⑤ $\frac{1}{10}$

04 상중하
▶ 23645-0083

$\sum_{n=1}^{\infty}\frac{\sqrt{n}-\sqrt{n+2}}{\sqrt{n^2+2n}}$의 값은?

① $-5-\frac{1}{\sqrt{2}}$ ② $-4-\frac{1}{\sqrt{2}}$ ③ $-3-\frac{1}{\sqrt{2}}$
④ $-2-\frac{1}{\sqrt{2}}$ ⑤ $-1-\frac{1}{\sqrt{2}}$

05 상중하
▶ 23645-0084

$\sum_{n=1}^{\infty}\frac{1}{4n^2+8n+3}$의 값은?

① $\frac{1}{2}$ ② $\frac{1}{4}$ ③ $\frac{1}{6}$
④ $\frac{1}{8}$ ⑤ $\frac{1}{10}$

06 상중하
▶ 23645-0085

첫째항이 -1이고 공차가 2인 등차수열 $\{a_n\}$에 대하여 $\sum_{n=1}^{\infty}\left(\frac{1}{a_{2n-1}}-\frac{1}{a_{2n+1}}\right)$의 값은?

① -2 ② -1 ③ 0
④ 1 ⑤ 2

07 상중하
▶ 23645-0086

자연수 n에 대하여 다항식 $f(x)=x^2-2x$를 $x-2n$으로 나눈 나머지를 a_n이라 할 때, $\sum_{n=1}^{\infty}\frac{1}{a_{n+1}}$의 값은?

① $\frac{1}{2}$ ② $\frac{1}{3}$ ③ $\frac{1}{4}$
④ $\frac{1}{5}$ ⑤ $\frac{1}{6}$

02 항의 부호가 교대로 바뀌는 급수

항의 부호가 교대로 바뀌는 급수는 S_{2n}과 S_{2n-1}을 각각 구한 후 $\lim_{n\to\infty} S_{2n}=\lim_{n\to\infty} S_{2n-1}$이면 $\lim_{n\to\infty} S_n$의 값이 존재한다.

08 대표문제

▸ 23645-0087

다음 **보기**의 급수 중 수렴하는 것만을 있는 대로 고른 것은?

보기

ㄱ. $1+\left(-\frac{1}{2}+\frac{1}{2}\right)+\left(-\frac{1}{3}+\frac{1}{3}\right)+\left(-\frac{1}{4}+\frac{1}{4}\right)+\cdots$

ㄴ. $\left(1-\frac{1}{3}\right)+\left(\frac{1}{3}-\frac{1}{5}\right)+\left(\frac{1}{5}-\frac{1}{7}\right)+\cdots$

ㄷ. $-1+\frac{1}{3}-\frac{1}{3}+\frac{1}{5}-\frac{1}{5}+\frac{1}{7}-\cdots$

① ㄱ ② ㄷ ③ ㄱ, ㄴ
④ ㄴ, ㄷ ⑤ ㄱ, ㄴ, ㄷ

09 상중하

▸ 23645-0088

다음 **보기**의 급수 중 수렴하는 것만을 있는 대로 고른 것은?

보기

ㄱ. $1+(1-1)+(1-1)+(1-1)+\cdots$

ㄴ. $(0-1)+(1-0)+(0-1)+(1-0)+\cdots$

ㄷ. $-1+2-3+4-5+6-7+\cdots$

① ㄱ ② ㄷ ③ ㄱ, ㄴ
④ ㄴ, ㄷ ⑤ ㄱ, ㄴ, ㄷ

중요

03 급수와 수열의 극한 사이의 관계

(1) 급수 $\sum_{n=1}^{\infty} a_n$이 수렴하면 $\lim_{n\to\infty} a_n=0$이다.

(2) $\lim_{n\to\infty} a_n \neq 0$이면 급수 $\sum_{n=1}^{\infty} a_n$은 발산한다.

>> 올림포스 미적분 21쪽

10 대표문제

▸ 23645-0089

수열 $\{a_n\}$에 대하여 $\sum_{n=1}^{\infty}\left(a_n-\frac{n^2}{2n^2+1}\right)=\frac{1}{2}$일 때, $\lim_{n\to\infty} a_n$의 값은?

① $\frac{1}{2}$ ② $\frac{1}{3}$ ③ $\frac{1}{4}$
④ $\frac{1}{5}$ ⑤ $\frac{1}{6}$

11 상중하

▸ 23645-0090

급수

$$(a_1-3)+\left(2a_2-\frac{5}{2}\right)+\cdots+\left(na_n-\frac{2n+1}{n}\right)+\cdots=10$$

일 때, $\lim_{n\to\infty}(na_n+5)$의 값은?

① 6 ② 7 ③ 8
④ 9 ⑤ 10

12 상중하

▸ 23645-0091

수열 $\{a_n\}$에 대하여 $\sum_{n=1}^{\infty}\left(\frac{a_n}{2^n}-\frac{1}{4}\right)$이 수렴할 때, $\lim_{n\to\infty}\frac{a_n}{2^{n+1}+1}$의 값은?

① $\frac{1}{2}$ ② $\frac{1}{4}$ ③ $\frac{1}{6}$
④ $\frac{1}{8}$ ⑤ $\frac{1}{10}$

중요

04 급수의 성질

$\sum_{n=1}^{\infty} a_n = S$, $\sum_{n=1}^{\infty} b_n = T$ (S, T는 실수)일 때,

(1) $\sum_{n=1}^{\infty} ca_n = c\sum_{n=1}^{\infty} a_n = cS$ (단, c는 상수)

(2) $\sum_{n=1}^{\infty} (a_n + b_n) = \sum_{n=1}^{\infty} a_n + \sum_{n=1}^{\infty} b_n = S + T$

(3) $\sum_{n=1}^{\infty} (a_n - b_n) = \sum_{n=1}^{\infty} a_n - \sum_{n=1}^{\infty} b_n = S - T$

≫ 올림포스 미적분 21쪽

13 대표문제
▶ 23645-0092

두 급수 $\sum_{n=1}^{\infty} a_n$, $\sum_{n=1}^{\infty} b_n$이 모두 수렴하고

$$\sum_{n=1}^{\infty} (a_n + 2b_n) = 3,\ \sum_{n=1}^{\infty} (a_n - 2b_n) = 5$$

일 때, $\sum_{n=1}^{\infty} (a_n + 4b_n)$의 값은?

① 1 ② 2 ③ 3
④ 4 ⑤ 5

14 상중하
▶ 23645-0093

두 수열 $\{a_n\}$, $\{b_n\}$에 대하여 $\sum_{n=1}^{\infty} a_n = 3$, $\sum_{n=1}^{\infty} (a_n + 3b_n) = 12$일 때, $\sum_{n=1}^{\infty} b_n$의 값은?

① 1 ② 2 ③ 3
④ 4 ⑤ 5

15 상중하
▶ 23645-0094

두 수열 $\{a_n\}$, $\{b_n\}$에 대하여 $\sum_{n=1}^{\infty} a_n = 2$, $\sum_{n=1}^{\infty} b_n = 3$일 때, $\sum_{n=1}^{\infty} (a_n - k^2 b_n) = \sum_{n=1}^{\infty} (ka_n - 2b_n)$이 성립하도록 하는 모든 상수 k의 값의 합은?

① $-\frac{1}{3}$ ② $-\frac{2}{3}$ ③ -1
④ $-\frac{4}{3}$ ⑤ $-\frac{5}{3}$

중요

05 등비급수의 수렴 조건

(1) 등비급수 $\sum_{n=1}^{\infty} r^{n-1}$의 수렴 조건은 $-1 < r < 1$이다.

(2) 급수 $\sum_{n=1}^{\infty} ar^{n-1}$의 수렴 조건은 $a=0$ 또는 $-1 < r < 1$이다.

≫ 올림포스 미적분 22쪽

16 대표문제
▶ 23645-0095

수열 $\{(3x-4)^n\}$이 수렴하고 급수 $\sum_{n=1}^{\infty} (2x-3)^n$이 수렴할 때, 실수 x의 값의 범위는?

① $1 < x \le \frac{5}{3}$ ② $\frac{4}{3} < x \le 2$ ③ $\frac{5}{3} < x \le \frac{7}{3}$
④ $2 < x \le \frac{8}{3}$ ⑤ $\frac{7}{3} < x \le 3$

17 상중하
▶ 23645-0096

급수 $\sum_{n=1}^{\infty} x(x-1)^{n-1}$이 수렴하기 위한 실수 x의 값의 범위는?

① $-2 \le x < 0$ ② $-1 \le x < 1$ ③ $0 \le x < 2$
④ $1 \le x < 3$ ⑤ $2 \le x < 4$

18 상중하
▶ 23645-0097

등비급수 $\sum_{n=1}^{\infty} (2\sin\theta)^{n-1}$이 수렴하기 위한 θ의 값의 범위는 $\alpha < \theta < \beta$이다. $\beta - \alpha$의 값은? $\left(단, -\frac{\pi}{2} < \theta < \frac{\pi}{2}\right)$

① $\frac{\pi}{2}$ ② $\frac{\pi}{3}$ ③ $\frac{\pi}{4}$
④ $\frac{\pi}{5}$ ⑤ $\frac{\pi}{6}$

19 상중하

▶ 23645-0098

급수 $\sum_{n=1}^{\infty}\left(\frac{1}{2}\log_2 x-1\right)^n$이 수렴하도록 하는 모든 정수 x의 개수는?

① 11 ② 12 ③ 13
④ 14 ⑤ 15

20 상중하

▶ 23645-0099

급수 $\sum_{n=1}^{\infty}\frac{(2^a+2)^{n-1}}{4^{an}}$이 수렴하기 위한 실수 a의 값의 범위를 구하시오.

21 상중하

▶ 23645-0100

등비수열 $\{a_n\}$에 대하여 **보기**에서 옳은 것만을 있는 대로 고른 것은?

보기

ㄱ. 수열 $\{a_n\}$이 수렴하면 $\sum_{n=1}^{\infty}a_n$도 수렴한다.

ㄴ. $\sum_{n=1}^{\infty}a_n$이 수렴하면 $\sum_{n=1}^{\infty}a_{2n}$도 수렴한다.

ㄷ. $\sum_{n=1}^{\infty}a_n$이 발산하면 $\sum_{n=1}^{\infty}a_{2n}$도 발산한다.

① ㄱ ② ㄴ ③ ㄷ
④ ㄱ, ㄴ ⑤ ㄴ, ㄷ

중요

06 등비급수의 합

등비급수 $\sum_{n=1}^{\infty}ar^{n-1}$ $(a\neq 0)$이 수렴하면 그 합은 $\frac{a}{1-r}$이다.

>> 올림포스 미적분 22쪽

22 대표문제

▶ 23645-0101

$\sum_{n=1}^{\infty}\frac{3^n+2^{n-1}}{4^n}$의 값은?

① 3 ② $\frac{7}{2}$ ③ 4
④ $\frac{9}{2}$ ⑤ 5

23 상중하

▶ 23645-0102

등비수열 $\{a_n\}$에 대하여 $a_1=2$, $a_3=\frac{1}{2}$이고 $\sum_{n=1}^{\infty}a_{2n}=\frac{4}{3}$일 때, a_2의 값은?

① -2 ② $-\frac{3}{2}$ ③ -1
④ 1 ⑤ $\frac{3}{2}$

24 상중하

▶ 23645-0103

등비수열 $\{a_n\}$에 대하여

$$\sum_{n=1}^{\infty}a_n=3,\ \sum_{n=1}^{\infty}a_n^{\ 2}=6$$

일 때, $\sum_{n=1}^{\infty}a_n^{\ 3}=\frac{q}{p}$이다. $p+q$의 값을 구하시오.

(단, p와 q는 서로소인 자연수이다.)

25 상중하

▶ 23645-0104

등비급수

$$\log_2 \sqrt{2}+\log_2 \sqrt{\sqrt{2}}+\log_2 \sqrt{\sqrt{\sqrt{2}}}+\cdots$$

의 합은?

① $\frac{1}{2}$ ② 1 ③ $\frac{3}{2}$
④ 2 ⑤ $\frac{5}{2}$

26 상중하

▶ 23645-0105

등비급수

$$\sin^2\theta+\sin^2\theta\cos\theta+\sin^2\theta\cos^2\theta+\cdots$$

의 합이 $\frac{3}{2}$일 때, $\tan\theta$의 값은? $\left(단,\ 0<\theta<\frac{\pi}{2}\right)$

① 1 ② $\sqrt{2}$ ③ $\sqrt{3}$
④ 2 ⑤ $\sqrt{5}$

27 상중하

▶ 23645-0106

자연수 n에 대하여 다항식 $f(x)=x^n-2x$를 $x-2$로 나눈 나머지를 a_n이라 할 때, $\sum_{n=1}^{\infty}\frac{1}{a_n+4}$의 값은?

① 1 ② 2 ③ 3
④ 4 ⑤ 5

28 상중하

▶ 23645-0107

수열 $\{a_n\}$의 첫째항부터 제n항까지의 합 S_n이

$$S_n=\frac{3^{n+1}-3}{2}$$

일 때, $\sum_{n=1}^{\infty}\frac{1}{a_n}$의 값은?

① $\frac{1}{2}$ ② 1 ③ $\frac{3}{2}$
④ 2 ⑤ $\frac{5}{2}$

29 상중하

▶ 23645-0108

수열 $\{a_n\}$의 첫째항부터 제n항까지의 합 S_n이

$$\log_5(S_n+1)=n$$

일 때, $\sum_{n=1}^{\infty}\frac{1}{a_na_{n+1}}$의 값은?

① $\frac{1}{384}$ ② $\frac{1}{192}$ ③ $\frac{1}{128}$
④ $\frac{1}{96}$ ⑤ $\frac{5}{384}$

30 상중하

▶ 23645-0109

x에 대한 이차방정식 $x^2+ax+b=0$이 서로 다른 두 실근 α, β를 가질 때, 급수 $\sum_{n=1}^{\infty}\frac{\alpha^n-\beta^n}{\alpha-\beta}$의 값을 a, b로 옳게 나타낸 것은? (단, $|\alpha|<1$, $|\beta|<1$이고 a, b는 서로 다른 상수이다.)

① $\frac{1}{1+a+b}$ ② $\frac{2}{2+a+b}$ ③ $\frac{3}{3+a+b}$
④ $\frac{4}{4+a+b}$ ⑤ $\frac{5}{5+a+b}$

07 귀납적으로 정의된 수열의 합

(1) 공차가 d인 등차수열 $\{a_n\}$에 대하여

$$a_{n+1}-a_n=d\ (n\ge 1)$$

(2) 공비가 r인 등비수열 $\{a_n\}$에 대하여

$$\frac{a_{n+1}}{a_n}=r\ (n\ge 1)$$

31 대표문제

▸ 23645-0110

$a_1=2$이고 수열 $\{a_n\}$이 모든 자연수 n에 대하여

$$a_{n+1}=a_n+2$$

를 만족시킬 때, $\sum_{n=1}^{\infty}\frac{1}{a_na_{n+1}}$의 값은?

① 1 ② $\frac{1}{2}$ ③ $\frac{1}{3}$ ④ $\frac{1}{4}$ ⑤ $\frac{1}{5}$

32 상중하

▸ 23645-0111

$a_1=4$이고 수열 $\{a_n\}$이 모든 자연수 n에 대하여

$$a_{n+1}=\frac{\sqrt{2}}{2}a_n$$

을 만족시킬 때, $\sum_{n=1}^{\infty}\frac{a_{2n}}{a_n}$의 값은?

① $\sqrt{2}+1$ ② $\sqrt{2}+2$ ③ $\sqrt{2}+3$ ④ $\sqrt{2}+4$ ⑤ $\sqrt{2}+5$

33 상중하

▸ 23645-0112

수열 $\{a_n\}$이 모든 자연수 n에 대하여

$$a_{n+1}=\frac{a_{n+2}+a_n}{2}$$

이 성립하고 $a_1=1$, $a_2=3$일 때, $\sum_{n=1}^{\infty}\frac{1}{(2n+1)\times a_n}$의 값은?

① $\frac{1}{2}$ ② 1 ③ $\frac{3}{2}$ ④ 2 ⑤ $\frac{5}{2}$

08 등비급수의 좌표평면에서의 활용

좌표평면에서 무한히 반복되는 좌표, 도형의 길이, 도형의 넓이 등을 등비급수를 이용하여 구한다.

34 대표문제

▸ 23645-0113

그림과 같이 점 P가 원점 O를 출발하여 x축 또는 y축과 평행하게 P_1, P_2, P_3, P_4, $\cdots$로 움직인다. $\overline{OP_1}=1$, $\overline{P_1P_2}=\frac{1}{2}$이고 모든 자연수 n에 대하여

$$\overline{P_{n+2}P_{n+1}}\perp\overline{P_{n+1}P_n},\ \overline{P_{n+2}P_{n+1}}=\frac{1}{2}\overline{P_{n+1}P_n}$$

일 때, 점 P가 한없이 가까워지는 점의 좌표를 구하시오.
(단, $\overline{OP_1}\perp\overline{P_1P_2}$이고, 점 P_n의 x좌표는 점 P_{n+1}의 x좌표보다 크지 않다.)

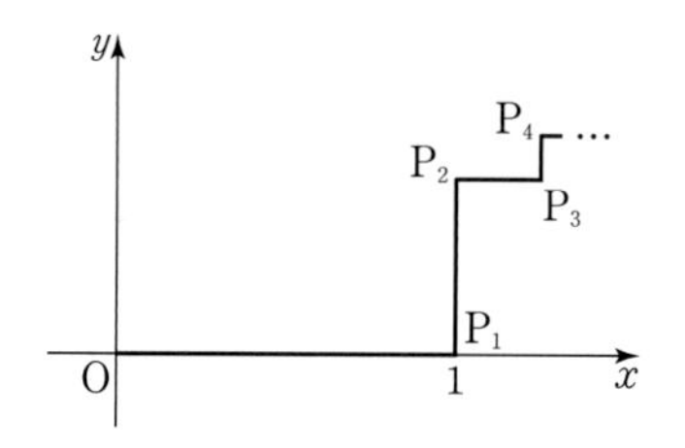

35 상중하

▸ 23645-0114

그림과 같이 자연수 n에 대하여 이차함수 $f(x)=(n^2+n)x^2-2x$의 그래프와 만나는 x축 위의 두 점을 각각 O, P_n이라 하자. $a_n=\overline{OP_n}$일 때, $\sum_{n=1}^{\infty}a_n$의 값을 구하시오.
(단, O는 원점이다.)

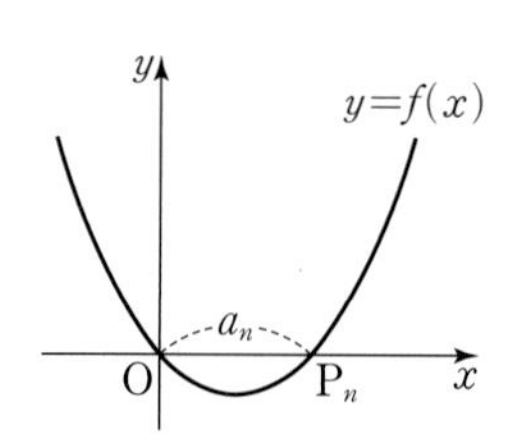

36 상중하

▶ 23645-0115

그림과 같이 자연수 n에 대하여 원 $x^2+y^2=2n^2$ 위의 점 (n, n)에서의 접선이 x축, y축과 만나는 점을 각각 P_n, Q_n이라 하자. 삼각형 OP_nQ_n의 넓이를 S_n이라 할 때, $\sum_{n=1}^{\infty}\frac{1}{\sqrt{S_nS_{n+1}}}$의 값을 구하시오. (단, O는 원점이다.)

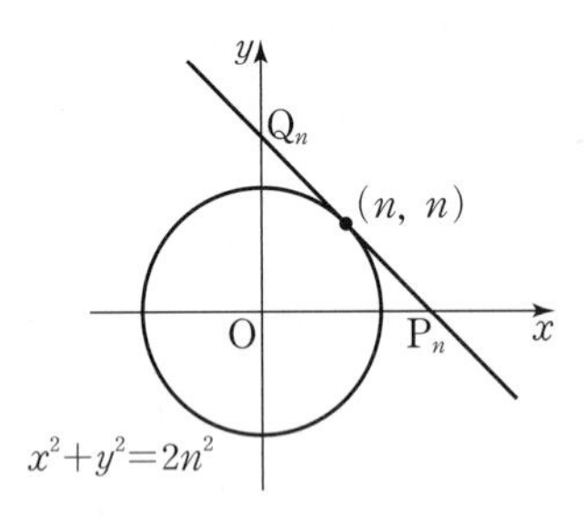

37 상중하

▶ 23645-0116

그림과 같이 점 P가 원점 O를 출발하여 제1사분면에 있는 점 P_1, P_2, P_3, P_4, ⋯로 다음 조건을 만족시키면서 움직일 때, 점 P가 한없이 가까워지는 점의 좌표를 구하시오.
(단, 점 P_0은 x축의 양의 방향 위에 있고, 점 P_n의 y좌표는 점 P_{n+1}의 y좌표보다 크지 않다.)

(가) $\overline{OP_1}=1$, $\overline{P_1P_2}=\frac{3}{4}$
(나) 모든 자연수 n에 대하여 $\overline{P_{n+2}P_{n+1}}=\frac{3}{4}\overline{P_{n+1}P_n}$
(다) 모든 자연수 n에 대하여
$\angle P_0OP_1=30°$, $\angle OP_1P_2=60°$, $\angle P_nP_{n+1}P_{n+2}=60°$

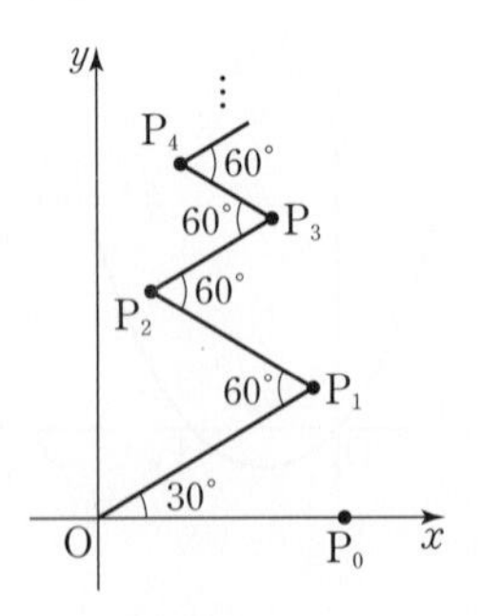

중요

09 등비급수의 도형에서의 활용(1)

평면에서 무한히 반복되는 도형의 길이의 합에 대한 극한값을 등비급수를 이용하여 구한다.

≫ 올림포스 미적분 23쪽

38 대표문제

▶ 23645-0117

그림과 같이 $\overline{OA}=2$, $\overline{OB}=4$이고 $\angle AOB=60°$인 삼각형 OAB가 있다. 두 선분 OA, OB의 중점을 각각 A_1, B_1이라 하고, $a_1=\overline{A_1B_1}$이라 하자. 같은 방법으로 두 선분 OA_1, OB_1의 중점을 각각 A_2, B_2라 하고, $a_2=\overline{A_2B_2}$라 하자. 이와 같은 과정을 계속하여 n번째 얻은 두 점 A_n, B_n에 대하여 $a_n=\overline{A_nB_n}$이라 할 때, $\sum_{n=1}^{\infty}a_n$의 값을 구하시오.

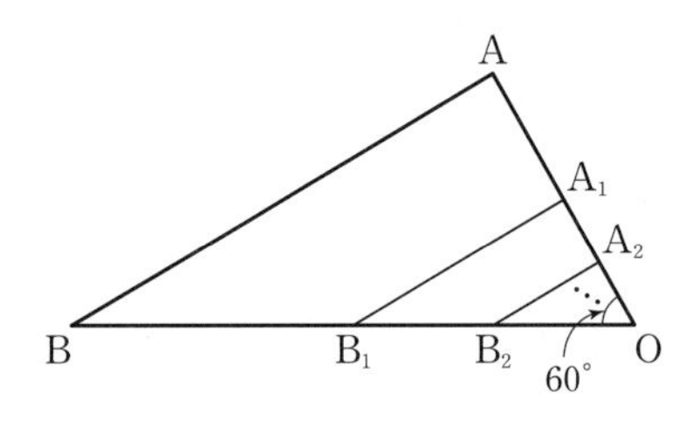

39 상중하

▶ 23645-0118

그림과 같이 직선 l 위에 길이가 2인 선분 A_1A_2가 지름인 반원을 그리고, 이 반원의 호의 길이를 a_1이라 하자. 선분 A_1A_2를 3 : 1로 외분하는 점을 A_3이라 하고, 선분 A_2A_3이 지름인 반원을 그려 이 반원의 호의 길이를 a_2라 하자. 선분 A_2A_3을 3 : 1로 외분하는 점을 A_4라 하고, 선분 A_3A_4가 지름인 반원을 그려 이 반원의 호의 길이를 a_3이라 하자. 이와 같은 과정을 계속하여 선분 A_nA_{n+1}이 지름인 반원을 그린 후 이 반원의 호의 길이를 a_n이라 할 때, $\sum_{n=1}^{\infty}a_n$의 값을 구하시오.

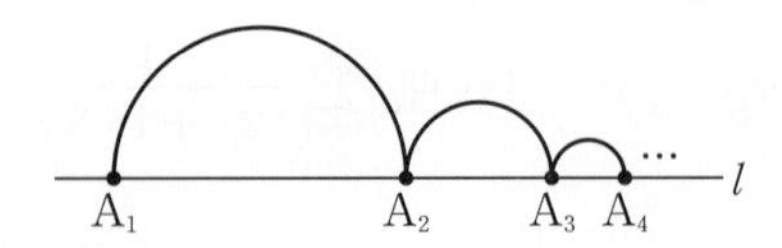

40 상중하

▶ 23645-0119

그림과 같이 한 변의 길이가 4인 정사각형 $A_1B_1C_1D_1$의 둘레의 길이를 a_1이라 하자. 정사각형 $A_1B_1C_1D_1$의 네 변의 중점을 이은 사각형을 $A_2B_2C_2D_2$라 하고, 이 사각형의 둘레의 길이를 a_2라 하자. 이와 같은 과정을 계속하여 n번째 얻은 사각형 $A_nB_nC_nD_n$의 둘레의 길이를 a_n이라 할 때, $\sum_{n=1}^{\infty} a_n$의 값을 구하시오.

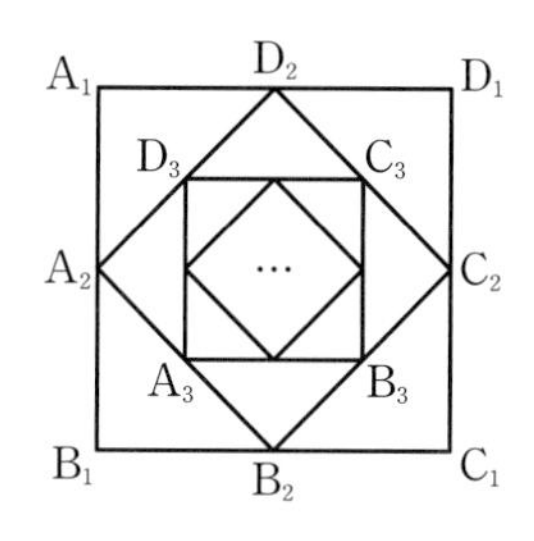

41 상중하

▶ 23645-0120

한 변의 길이가 $2\sqrt{3}$인 정삼각형 $A_1B_1C_1$의 외접원을 C_1이라 하고, 정삼각형 $A_1B_1C_1$에 내접하는 원 C_2를 그린다. 원 C_2에 내접하는 정삼각형 $A_2B_2C_2$를 그린 후 정삼각형 $A_2B_2C_2$에 내접하는 원 C_3을 그린다. 이와 같은 과정을 계속하여 n번째 얻은 원 C_n의 둘레의 길이를 a_n이라 할 때, $\sum_{n=1}^{\infty} a_n$의 값을 구하시오.

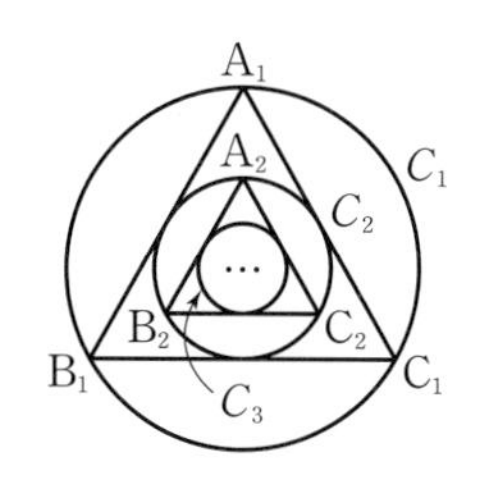

중요

10 등비급수의 도형에서의 활용(2)

평면에서 무한히 반복되는 도형의 넓이의 합에 대한 극한값을 등비급수를 이용하여 구한다.

>> 올림포스 미적분 23쪽

42 대표문제

▶ 23645-0121

그림과 같이 한 변의 길이가 4인 정삼각형 ABC에 내접하는 원을 C_1이라 하고, 두 변 AB, BC에 접하고 원 C_1과 한 점에서만 만나는 원을 C_2라 하자.
이와 같은 과정을 계속하여 n번째 얻은 원 C_n의 넓이를 S_n이라 하자. $\sum_{n=1}^{\infty} S_n$의 값을 구하시오.

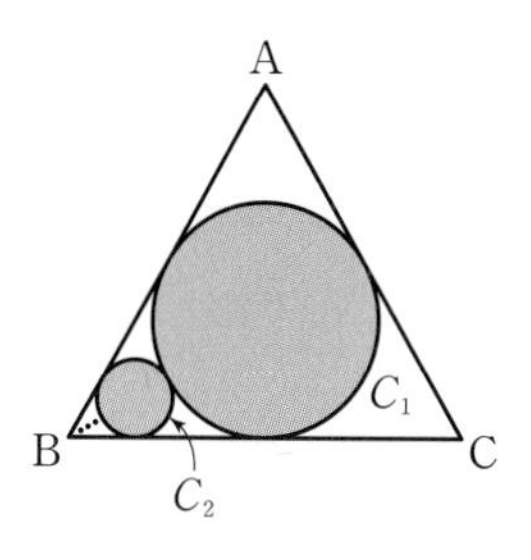

43 상중하

▶ 23645-0122

그림과 같이 한 변의 길이가 1인 정삼각형 $A_1B_1C_1$에 대하여 선분 A_1B_1 위의 점 P_1, 선분 B_1C_1 위의 두 점 Q_1과 R_1, 선분 C_1A_1 위의 점 S_1을 꼭짓점으로 하는 정사각형 $P_1Q_1R_1S_1$을 그린다.
선분 A_1P_1 위의 점 P_2, 선분 P_1S_1 위의 두 점 Q_2와 R_2, 선분 A_1S_1 위의 점 S_2를 꼭짓점으로 하는 정사각형 $P_2Q_2R_2S_2$를 그린다.
이와 같은 과정을 계속하여 n번째 얻은 정사각형 $P_nQ_nR_nS_n$의 넓이를 S_n이라 할 때, $\sum_{n=1}^{\infty} S_n$의 값을 구하시오.

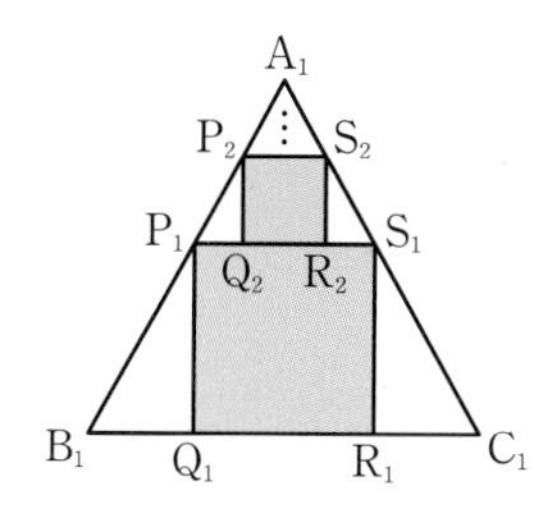

44 상중하

▶ 23645-0123

그림과 같이 빗변의 길이가 4인 직각이등변삼각형 $A_1B_1C_1$에 내접하는 반원을 C_1이라 하고, 삼각형 $A_1B_1C_1$의 내부와 반원 C_1의 외부의 공통부분에 색칠한 그림을 R_1이라 하자.

그림 R_1에서 반원 C_1의 지름의 양 끝점을 B_2, C_2라 하고 빗변이 $\overline{B_2C_2}$인 직각이등변삼각형 $A_2B_2C_2$에 내접하는 반원을 C_2라 할 때, 삼각형 $A_2B_2C_2$의 내부와 반원 C_2의 외부의 공통부분에 색칠한 그림을 R_2라 하자.

이와 같은 과정을 계속하여 n번째 얻은 그림 R_n에 색칠되어 있는 부분의 넓이를 S_n이라 할 때, $\lim_{n\to\infty} S_n$의 값은?

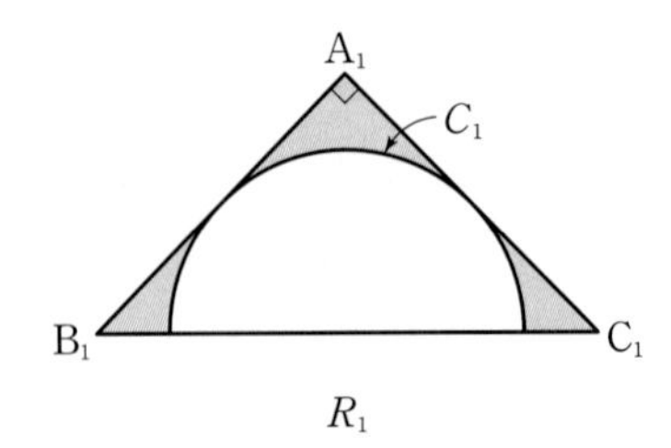

R_1

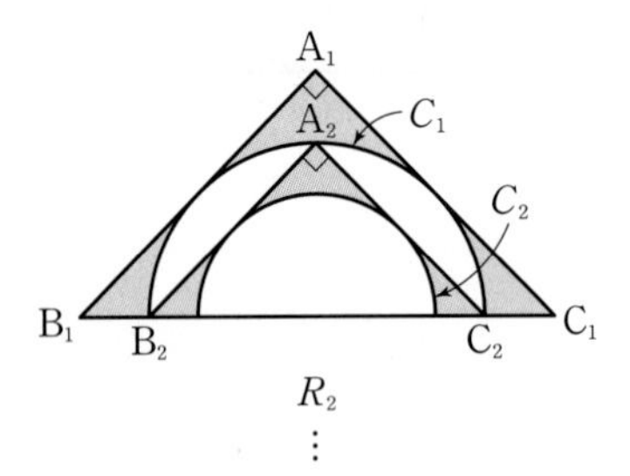

R_2

⋮

① $6-\pi$ ② $7-\pi$ ③ $8-2\pi$
④ $9-2\pi$ ⑤ $10-2\pi$

45 상중하

▶ 23645-0124

그림과 같이 한 변의 길이가 8인 정사각형 $A_1A_2A_3A_4$와 $\angle A_1A_5A_4=120°$인 이등변삼각형 $A_1A_4A_5$를 그린 후 삼각형 $A_1A_4A_5$에 내접하는 원에 색칠한 그림을 R_1이라 하자.

그림 R_1에서 정사각형 $A_4A_7A_6A_5$와 $\angle A_4A_8A_7=120°$인 이등변삼각형 $A_4A_7A_8$을 그린 후 삼각형 $A_4A_7A_8$에 내접하는 원에 색칠한 그림을 R_2라 하자.

이와 같은 과정을 계속하여 n번째 얻은 그림 R_n에 색칠되어 있는 부분의 넓이를 S_n이라 할 때, $\lim_{n\to\infty} S_n$의 값은?

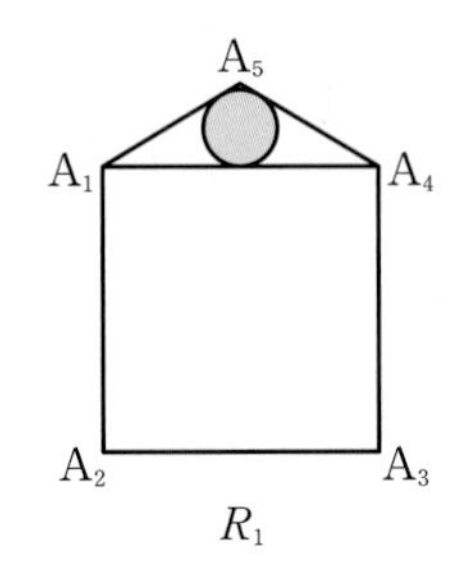

R_1

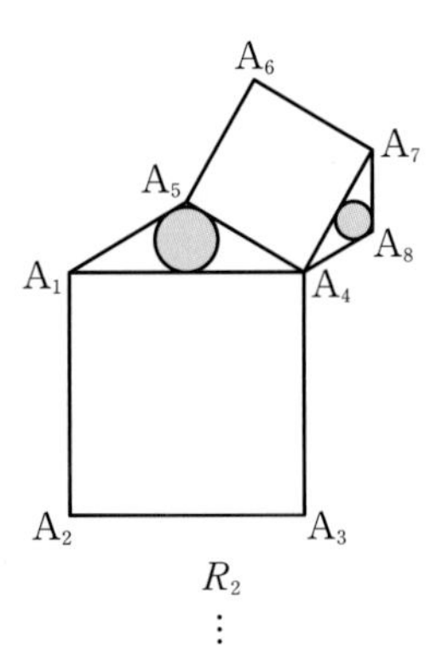

R_2

⋮

① $24(7-4\sqrt{3})\pi$ ② $25(7-4\sqrt{3})\pi$ ③ $26(7-4\sqrt{3})\pi$
④ $27(7-4\sqrt{3})\pi$ ⑤ $28(7-4\sqrt{3})\pi$

11 등비급수의 실생활에서의 활용

무한히 반복되는 상황에서 등비급수를 이용하여 극한값을 구한다.

46 대표문제
▶ 23645-0125

지상으로부터 어떤 높이에서 떨어뜨리면 그 높이의 $\frac{4}{5}$만큼 튀어 오르는 공이 있다. 이 공을 지상으로부터 10 m의 높이에서 떨어뜨렸더니 계속 튀어 오르고 떨어지는 반복 운동을 하였다. 이 공이 이러한 운동을 계속한다고 할 때, 이 공이 운동한 거리는 어떤 값 d에 가까워진다. d의 값은?

① 60 m ② 70 m ③ 80 m
④ 90 m ⑤ 100 m

47 상중하
▶ 23645-0126

어느 장학재단에서 장학금으로 기금 100억 원을 조성한 후 매년 초에 자금을 운용하여 연말까지 10 %의 이익을 내고 남은 기금과 이익을 합한 금액의 30 %를 매년 말에 장학금으로 지급하려고 한다. 그리고 장학금으로 지급하고 남은 금액을 기금으로 하여 기금의 운용과 장학금의 지급을 매년 이와 같은 방법으로 실시할 계획이다. 이 계획대로 해마다 지급하는 장학금의 총액을 S억 원이라 할 때, $23S$의 값은?

① 3100 ② 3200 ③ 3300
④ 3400 ⑤ 3500

12 순환소수와 등비급수

(1) $0.\dot{a}_1a_2\cdots\dot{a}_n=\frac{a_1a_2\cdots a_n}{\underbrace{99\cdots9}_{n\text{개}}}$

(2) $0.b_1b_2\cdots b_m\dot{a}_1a_2\cdots\dot{a}_n=\frac{b_1b_2\cdots b_ma_1a_2\cdots a_n-b_1b_2\cdots b_m}{\underbrace{99\cdots9}_{n\text{개}}\underbrace{00\cdots0}_{m\text{개}}}$

48 대표문제
▶ 23645-0127

$\frac{13}{99}$을 소수로 나타낼 때, 소수점 아래 n번째 자리의 숫자를 a_n이라 하자. $\sum_{n=1}^{\infty}\frac{a_n}{2^n}$의 값은?

① $\frac{1}{3}$ ② $\frac{2}{3}$ ③ 1
④ $\frac{4}{3}$ ⑤ $\frac{5}{3}$

49 상중하
▶ 23645-0128

첫째항이 $0.1\dot{2}$, 제2항이 $0.0\dot{4}$인 등비급수의 합은?

① $\frac{121}{630}$ ② $\frac{61}{315}$ ③ $\frac{41}{210}$
④ $\frac{62}{315}$ ⑤ $\frac{25}{126}$

50 상중하
▶ 23645-0129

자연수 n에 대하여 7^n+1을 5로 나눈 나머지를 a_n이라 할 때, $\sum_{n=1}^{\infty}\frac{a_{2n}}{10^n}$의 값은?

① $\frac{1}{99}$ ② $\frac{2}{99}$ ③ $\frac{1}{33}$
④ $\frac{4}{99}$ ⑤ $\frac{5}{99}$

서술형 완성하기

>> 정답과 풀이 28쪽

01

▶ 23645-0130

급수 $\sum_{n=1}^{\infty}(-2)^{n+1}$에서 첫째항부터 제$2n$항까지의 합을 S_{2n}, 첫째항부터 제$(2n+1)$항까지의 합을 S_{2n+1}이라 할 때, $\lim_{n\to\infty}\frac{3^n+4^n}{S_{2n+1}+S_{2n}}$의 값을 구하시오.

02 내신기출

▶ 23645-0131

급수 $\sum_{n=1}^{\infty}(a_n-1)=2$일 때, $\lim_{n\to\infty}\frac{a_n n^2+n-2}{n^2+2n+1}$의 값을 구하시오.

03

▶ 23645-0132

$\sum_{n=1}^{\infty}\left(\frac{1}{2}\right)^n\left(\cos\frac{n\pi}{2}+\sin\frac{n\pi}{2}\right)$의 값을 구하시오.

04

▶ 23645-0133

첫째항이 2, 공비가 $\frac{1}{2}$인 등비급수 $\sum_{n=1}^{\infty}a_n$의 합 S와 수열 $\{a_n\}$의 첫째항부터 제n항까지의 합 S_n에 대하여 $|S-S_n|<0.004$가 되도록 하는 자연수 n의 최솟값을 구하시오.

05 내신기출

▶ 23645-0134

그림과 같이 점 P가 원점 O를 출발하여 제1사분면에 있는 점 P_1, P_2, P_3, P_4, …로 다음 조건을 만족시키면서 움직인다.

(가) $\overline{OP_1}=3$, $\overline{P_1P_2}=2$, $\angle OP_1P_2=90°$
(나) 모든 자연수 n에 대하여 $\overline{P_{n+2}P_{n+1}}=\frac{2}{3}\overline{P_{n+1}P_n}$
(다) 모든 자연수 n에 대하여 $\angle P_nP_{n+1}P_{n+2}=90°$

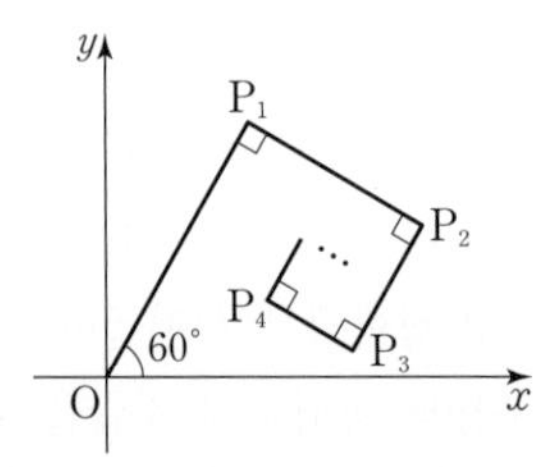

직선 OP_1이 x축의 양의 방향과 이루는 예각의 크기가 $60°$일 때, 점 P가 한없이 가까워지는 점의 좌표를 구하시오.

내신 + 수능 고난도 도전

>> 정답과 풀이 30쪽

▶ 23645-0135

01 수열 $\{a_n\}$에 대하여 $\sum_{n=1}^{\infty}\{(n^2+4n+3)a_n-2\}=3$일 때, $\lim_{n\to\infty}(2+4+6+\cdots+2n)a_n$의 값은?

① 1 ② 2 ③ 3 ④ 4 ⑤ 5

▶ 23645-0136

02 수열 $\{a_n\}$에 대하여 세 급수 $\sum_{n=1}^{\infty}a_n$, $\sum_{n=1}^{\infty}a_n^2$, $\sum_{n=1}^{\infty}a_n^3$이 모두 수렴하고, 다음 조건을 만족시킨다.

(가) $\sum_{n=1}^{\infty}a_n^2(a_n+1)=5$ (나) $\sum_{n=1}^{\infty}a_n(a_n+1)=4$

$\sum_{n=1}^{\infty}a_n(a_n-1)(a_n+1)$의 값은?

① -2 ② -1 ③ 0 ④ 1 ⑤ 2

▶ 23645-0137

03 자연수 n에 대하여 x에 대한 이차방정식 $x^2+kx-n(n+2)=0$의 두 근을 a_n, b_n이라 할 때, $\sum_{n=1}^{\infty}\left(\frac{1}{a_n}+\frac{1}{b_n}\right)=9$이다. 상수 k의 값은?

① 11 ② 12 ③ 13 ④ 14 ⑤ 15

▶ 23645-0138

04 수열 $\{a_n\}$에 대하여 $a_n=\left(\frac{3}{4}\right)^n$이고 곡선 $y=x^2-(a_n^2+a_{n+1})x+a_n^2a_{n+1}$이 x축과 만나는 서로 다른 두 점을 P_n, Q_n이라 할 때, $b_n=\overline{\mathrm{P}_n\mathrm{Q}_n}$이라 하자. $\sum_{n=2}^{\infty}b_n$의 값은?

① $\frac{23}{28}$ ② $\frac{6}{7}$ ③ $\frac{25}{28}$ ④ $\frac{13}{14}$ ⑤ $\frac{27}{28}$

▶ 23645-0139

05

실수 r에 대하여 급수 $\sum_{n=1}^{\infty}(r^2+r+1)^n$이 수렴할 때, **보기**의 급수 중 수렴하는 것만을 있는 대로 고른 것은?

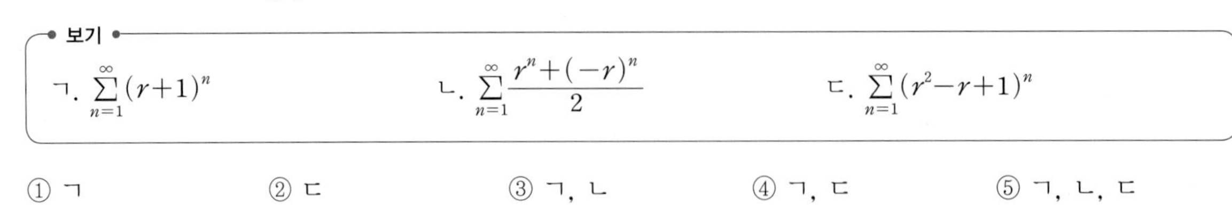

보기

ㄱ. $\sum_{n=1}^{\infty}(r+1)^n$　　ㄴ. $\sum_{n=1}^{\infty}\frac{r^n+(-r)^n}{2}$　　ㄷ. $\sum_{n=1}^{\infty}(r^2-r+1)^n$

① ㄱ　② ㄷ　③ ㄱ, ㄴ　④ ㄱ, ㄷ　⑤ ㄱ, ㄴ, ㄷ

▶ 23645-0140

06

A사의 휴대폰 배터리는 처음 사용 가능 시간이 48시간이고, 이 배터리는 모두 사용한 후 다시 완전히 충전하면 한 번 충전해서 사용할 때마다 사용 가능 시간이 $\frac{1}{100}$씩 줄어든다고 한다. 이 배터리를 계속해서 모두 사용한 후 완전히 충전하여 사용하는 것을 반복할 때, 사용 가능한 총 시간은?

① 4200시간　② 4400시간　③ 4600시간　④ 4800시간　⑤ 5000시간

▶ 23645-0141

07

그림과 같이 한 변의 길이가 4인 정사각형 $\mathrm{A_1B_1C_1D_1}$의 대각선 $\mathrm{A_1C_1}$을 $1:3$으로 내분하는 점을 $\mathrm{P_1}$, $3:1$로 내분하는 점을 $\mathrm{Q_1}$이라 하고, 사각형 $\mathrm{P_1B_1Q_1D_1}$에 내접하는 원을 C_1이라 할 때, 사각형 $\mathrm{P_1B_1Q_1D_1}$의 내부와 원 C_1의 외부의 공통부분에 색칠한 그림을 R_1이라 하자.

그림 R_1에서 원 C_1에 내접하는 정사각형을 $\mathrm{A_2B_2C_2D_2}$라 하고 대각선 $\mathrm{A_2C_2}$를 $1:3$으로 내분하는 점을 $\mathrm{P_2}$, $3:1$로 내분하는 점을 $\mathrm{Q_2}$라 하고, 사각형 $\mathrm{P_2B_2Q_2D_2}$에 내접하는 원을 C_2라 할 때, 사각형 $\mathrm{P_2B_2Q_2D_2}$의 내부와 원 C_2의 외부의 공통부분에 색칠한 그림을 R_2라 하자.

이와 같은 과정을 계속하여 n번째 얻은 그림 R_n에 색칠되어 있는 부분의 넓이를 S_n이라 할 때, $\lim_{n\to\infty}S_n$의 값은?

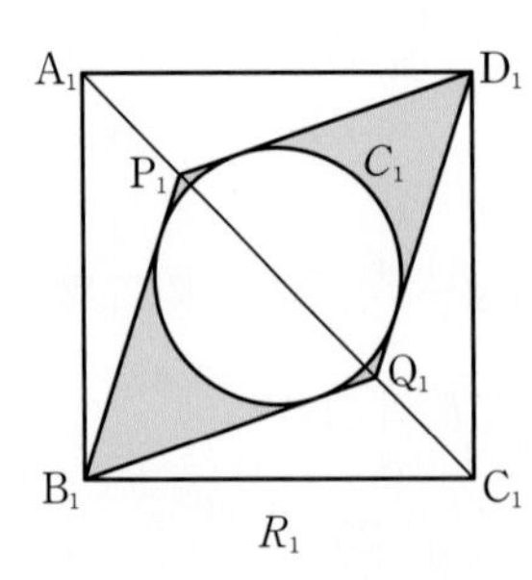

R_1

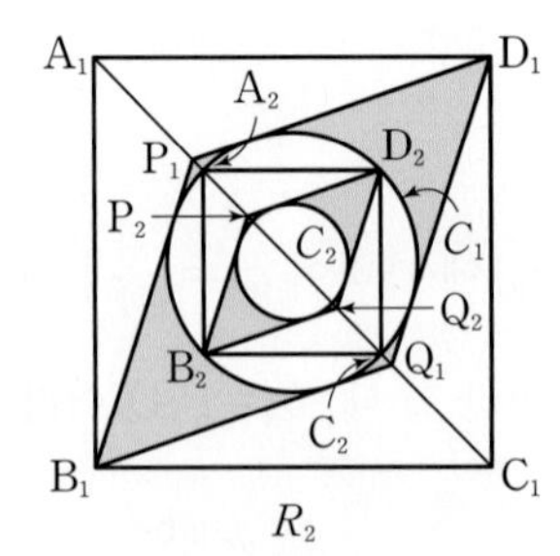

R_2

…

① $10-3\pi$　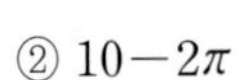② $10-2\pi$　③ $10-\pi$　④ $10+\pi$　⑤ $10+2\pi$

Ⅱ

미분법

03 여러 가지 함수의 미분

01 지수함수 $y=a^x$ $(a>0,\ a\neq 1)$의 극한

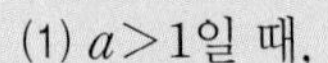
(1) $a>1$일 때,

① $\lim_{x\to 0} a^x=1$ ② $\lim_{x\to 1} a^x=a$

③ $\lim_{x\to\infty} a^x=\infty$ ④ $\lim_{x\to -\infty} a^x=0$

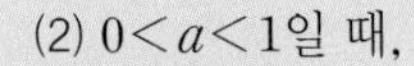
(2) $0<a<1$일 때,

① $\lim_{x\to 0} a^x=1$ ② $\lim_{x\to 1} a^x=a$

③ $\lim_{x\to\infty} a^x=0$ ④ $\lim_{x\to -\infty} a^x=\infty$

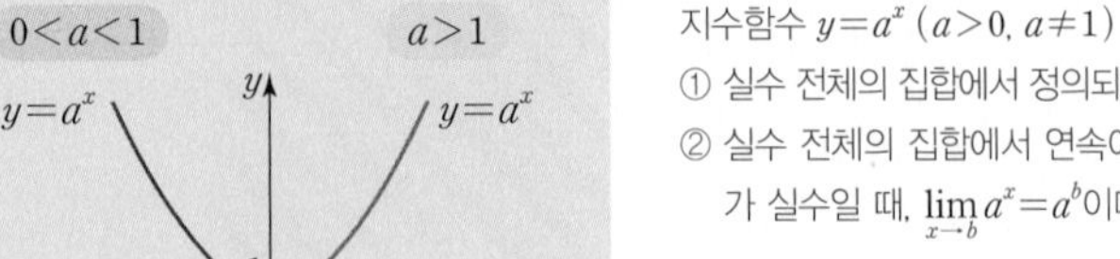

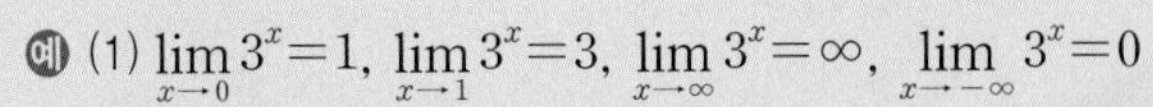
예 (1) $\lim_{x\to 0} 3^x=1,\ \lim_{x\to 1} 3^x=3,\ \lim_{x\to\infty} 3^x=\infty,\ \lim_{x\to -\infty} 3^x=0$

(2) $\lim_{x\to 0}\left(\frac{1}{3}\right)^x=1,\ \lim_{x\to 1}\left(\frac{1}{3}\right)^x=\frac{1}{3},\ \lim_{x\to\infty}\left(\frac{1}{3}\right)^x=0,\ \lim_{x\to -\infty}\left(\frac{1}{3}\right)^x=\infty$

지수함수 $y=a^x$ $(a>0,\ a\neq 1)$
① 실수 전체의 집합에서 정의되어 있다.
② 실수 전체의 집합에서 연속이므로 b가 실수일 때, $\lim_{x\to b} a^x=a^b$이다.

02 로그함수 $y=\log_a x$ $(a>0,\ a\neq 1)$의 극한

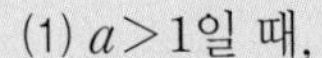
(1) $a>1$일 때,

① $\lim_{x\to 0+} \log_a x=-\infty$ ② $\lim_{x\to 1} \log_a x=0$

③ $\lim_{x\to\infty} \log_a x=\infty$

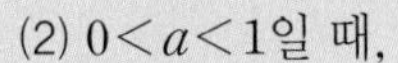
(2) $0<a<1$일 때,

① $\lim_{x\to 0+} \log_a x=\infty$ ② $\lim_{x\to 1} \log_a x=0$

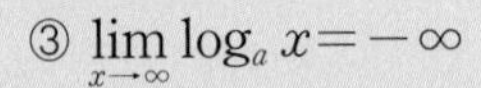
③ $\lim_{x\to\infty} \log_a x=-\infty$

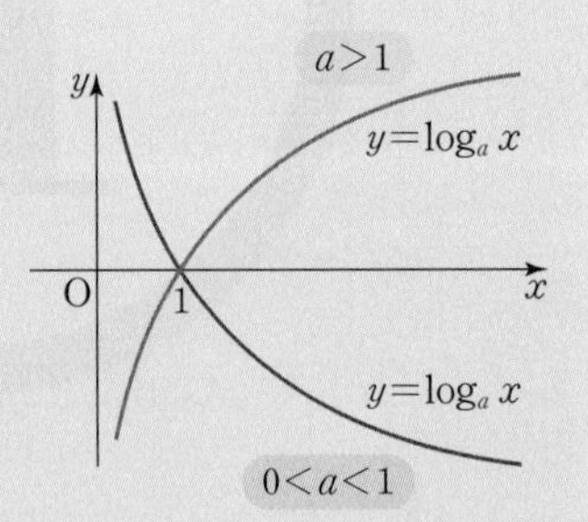

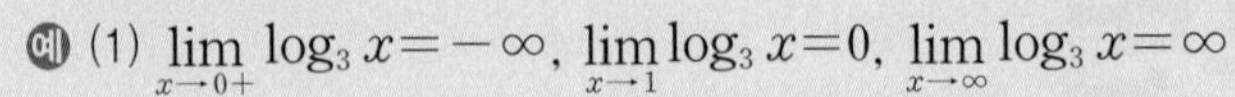
예 (1) $\lim_{x\to 0+} \log_3 x=-\infty,\ \lim_{x\to 1} \log_3 x=0,\ \lim_{x\to\infty} \log_3 x=\infty$

(2) $\lim_{x\to 0+} \log_{\frac{1}{3}} x=\infty,\ \lim_{x\to 1} \log_{\frac{1}{3}} x=0,\ \lim_{x\to\infty} \log_{\frac{1}{3}} x=-\infty$

로그함수 $y=\log_a x$ $(a>0,\ a\neq 1)$
① 양의 실수 전체의 집합에서만 정의되므로 $\lim_{x\to 0-} \log_a x$, $\lim_{x\to -\infty} \log_a x$는 정의되지 않는다.
② 양의 실수 전체의 집합에서 연속이므로 b가 양수일 때, $\lim_{x\to b} \log_a x=\log_a b$이다.

03 무리수 e의 정의와 자연로그

(1) 무리수 e의 정의

① $\lim_{x\to 0}(1+x)^{\frac{1}{x}}=e$ ② $\lim_{x\to\infty}\left(1+\frac{1}{x}\right)^x=e$

(단, $e=2.7182\cdots$이고, e는 무리수이다.)

참고 $y=(1+x)^{\frac{1}{x}}$에서 x의 값이 0에 한없이 가까워질 때, y의 값은 $2.7182\cdots$인 무리수로 수렴함이 알려져 있고, 이 수를 e로 나타낸다.

설명 ② $\lim_{x\to 0}(1+x)^{\frac{1}{x}}=e$에서 $\frac{1}{x}=t$라 하면 $x\to 0+$일 때 $t\to\infty$이고, $x=\frac{1}{t}$이므로

$$\lim_{t\to\infty}\left(1+\frac{1}{t}\right)^t=e$$

(2) 자연로그

무리수 e를 밑으로 하는 로그 $\log_e x$를 자연로그라 하고, 기호로 $\ln x$로 나타낸다. 이때 지수함수 $y=e^x$과 로그함수 $y=\ln x$는 서로 역함수 관계이고, 두 함수의 그래프는 직선 $y=x$에 대하여 대칭이다.

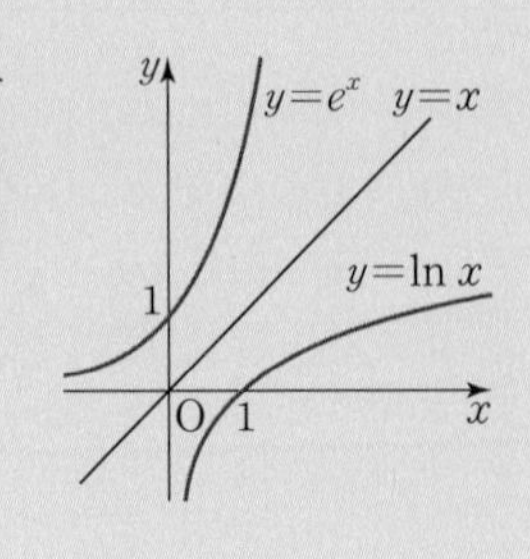

$\lim_{x\to 0}(1+ax)^{\frac{1}{ax}}=e$

$\lim_{x\to\infty}\left(1+\frac{1}{ax}\right)^{ax}=e$

$x>0,\ y>0$일 때,
$\ln 1=0,\ \ln e=1$
$\ln xy=\ln x+\ln y$
$\ln\frac{x}{y}=\ln x-\ln y$
$\ln x^n=n\ln x$ (단, n은 실수)

>> 정답과 풀이 31쪽

01 지수함수 $y=a^x$ $(a>0, a\neq1)$의 극한

[01~08] 다음 극한을 조사하시오.

01 $\lim_{x\to3}\left(\frac{2}{3}\right)^x$

02 $\lim_{x\to0}\frac{3^x}{4^x+1}$

03 $\lim_{x\to\infty}\frac{3^x}{4^x}$

04 $\lim_{x\to\infty}\left\{\left(\frac{1}{4}\right)^x+2\right\}$

05 $\lim_{x\to\infty}\{(\sqrt{7})^{2x}-2^{2x}\}$

06 $\lim_{x\to\infty}\frac{2^x+1}{2^x-1}$

07 $\lim_{x\to\infty}\frac{4^x}{3^x-2^{2x}}$

08 $\lim_{x\to-\infty}\frac{3^x-3^{-x}}{3^x+3^{-x}}$

02 로그함수 $y=\log_a x$ $(a>0, a\neq1)$의 극한

[09~16] 다음 극한을 조사하시오.

09 $\lim_{x\to8}\log_2 x$

10 $\lim_{x\to\frac{1}{2}}\log_6 2x$

11 $\lim_{x\to0+}\log_7 x$

12 $\lim_{x\to0+}\log_{\frac{1}{5}} 5x$

13 $\lim_{x\to\infty}\log_4\frac{1}{x}$

14 $\lim_{x\to-\infty}\log(x^2-1)$

15 $\lim_{x\to1+}\log_5(x-1)$

16 $\lim_{x\to4-}\log_2(16-x^2)$

03 무리수 e의 정의와 자연로그

[17~24] 다음 극한값을 구하시오.

17 $\lim_{x\to0}(1+3x)^{\frac{1}{x}}$

18 $\lim_{x\to0}(1-x)^{\frac{2}{x}}$

19 $\lim_{x\to0}(1+4x)^{\frac{2}{x}}$

20 $\lim_{x\to0}(1-2x)^{-\frac{1}{x}}$

21 $\lim_{x\to\infty}\left(1+\frac{1}{2x}\right)^x$

22 $\lim_{x\to\infty}\left(1+\frac{4}{x}\right)^{3x}$

23 $\lim_{x\to\infty}\left(1-\frac{9}{x}\right)^{\frac{x}{3}}$

24 $\lim_{x\to-\infty}\left(1-\frac{2}{3x}\right)^{-x}$

[25~28] 다음 등식을 만족시키는 x의 값을 구하시오.

25 $\ln x=1$

26 $\ln x=-3$

27 $e^x=5$

28 $e^x=\frac{1}{2}$

[29~32] 다음을 간단히 하시오.

29 $\ln e^6$

30 $\ln\sqrt{e^3}$

31 $\ln\frac{1}{2e}$

32 $\frac{1}{\log_5 e}$

03 여러 가지 함수의 미분

04 무리수 e의 정의를 이용한 지수함수와 로그함수의 극한

(1) $\lim_{x\to 0}\frac{\ln(1+x)}{x}=1$　(2) $\lim_{x\to 0}\frac{e^x-1}{x}=1$

(3) $\lim_{x\to 0}\frac{\log_a(1+x)}{x}=\frac{1}{\ln a}$　(4) $\lim_{x\to 0}\frac{a^x-1}{x}=\ln a$

설명 (1) $\lim_{x\to 0}\frac{\ln(1+x)}{x}=\lim_{x\to 0}\frac{1}{x}\ln(1+x)=\lim_{x\to 0}\ln(1+x)^{\frac{1}{x}}=\ln e=1$

(2) $e^x-1=t$라 하면 $x\to 0$일 때 $t\to 0$이고, $x=\ln(1+t)$이므로

$$\lim_{x\to 0}\frac{e^x-1}{x}=\lim_{t\to 0}\frac{t}{\ln(1+t)}=\lim_{t\to 0}\frac{1}{\frac{\ln(1+t)}{t}}=1$$

(3) $\lim_{x\to 0}\frac{\log_a(1+x)}{x}=\lim_{x\to 0}\frac{1}{x}\log_a(1+x)=\lim_{x\to 0}\log_a(1+x)^{\frac{1}{x}}=\log_a e=\frac{1}{\ln a}$

(4) $a^x-1=t$라 하면 $x\to 0$일 때 $t\to 0$이고, $x=\log_a(1+t)$이므로

$$\lim_{x\to 0}\frac{a^x-1}{x}=\lim_{t\to 0}\frac{t}{\log_a(1+t)}=\lim_{t\to 0}\frac{1}{\frac{\log_a(1+t)}{t}}=\ln a$$

$\lim_{x\to 0}\frac{\ln(1+ax)}{bx}=\frac{a}{b}$

$\lim_{x\to 0}\frac{e^{ax}-1}{bx}=\frac{a}{b}$

(3), (4)에서 $a=e$인 경우가 (1), (2)이다.

05 지수함수의 도함수

(1) 지수함수 $y=e^x$에 대하여 $y'=e^x$

(2) 지수함수 $y=a^x$ $(a>0,\ a\neq 1)$에 대하여 $y'=a^x\ln a$

설명 (1) $y'=\lim_{h\to 0}\frac{e^{x+h}-e^x}{h}=\lim_{h\to 0}\frac{e^x(e^h-1)}{h}=e^x\lim_{h\to 0}\frac{e^h-1}{h}=e^x$

(2) $y'=\lim_{h\to 0}\frac{a^{x+h}-a^x}{h}=\lim_{h\to 0}\frac{a^x(a^h-1)}{h}=a^x\lim_{h\to 0}\frac{a^h-1}{h}=a^x\ln a$

예 (1) $y=3^x$에서 $y'=3^x\ln 3$

(2) $y=e^{x+2}$에서 $y'=(e^{x+2})'=(e^2\times e^x)'=e^2\times(e^x)'=e^2\times e^x=e^{x+2}$

미분가능한 함수 $f(x)$의 도함수는

$f'(x)=\lim_{h\to 0}\frac{f(x+h)-f(x)}{h}$

06 로그함수의 도함수

(1) 로그함수 $y=\ln x$에 대하여 $y'=\frac{1}{x}$

(2) 로그함수 $y=\log_a x$ $(a>0,\ a\neq 1)$에 대하여 $y'=\frac{1}{x\ln a}$

설명 (1) $y'=\lim_{h\to 0}\frac{\ln(x+h)-\ln x}{h}=\lim_{h\to 0}\left(\frac{1}{h}\times\ln\frac{x+h}{x}\right)=\lim_{h\to 0}\left\{\frac{1}{x}\times\frac{x}{h}\ln\left(1+\frac{h}{x}\right)\right\}$

이때 $\frac{h}{x}=t$라 하면 $h\to 0$일 때 $t\to 0$이므로

$$y'=\lim_{t\to 0}\left\{\frac{1}{x}\times\frac{1}{t}\ln(1+t)\right\}=\frac{1}{x}\lim_{t\to 0}\ln(1+t)^{\frac{1}{t}}=\frac{1}{x}$$

(2) $\log_a x=\frac{\ln x}{\ln a}$이므로

$$y'=\left(\frac{\ln x}{\ln a}\right)'=\frac{1}{\ln a}(\ln x)'=\frac{1}{\ln a}\times\frac{1}{x}=\frac{1}{x\ln a}$$

$a>0,\ a\neq 1,\ b>0,\ b\neq 1,\ N>0$일 때,

$\log_a N=\frac{\log_b N}{\log_b a}$

>> 정답과 풀이 33쪽

04 무리수 e의 정의를 이용한 지수함수와 로그함수의 극한

[33~42] 다음 극한값을 구하시오.

33 $\lim_{x \to 0} \frac{\ln(1+3x)}{x}$

34 $\lim_{x \to 0} \frac{\ln(1-2x)}{4x}$

35 $\lim_{x \to 0} \frac{6x}{\ln(1+2x)}$

36 $\lim_{x \to 0} \frac{\ln(1-x)^7}{2x}$

37 $\lim_{x \to 0} \frac{\log_2(1+2x)}{x}$

38 $\lim_{x \to 0} \frac{e^{4x}-1}{x}$

39 $\lim_{x \to 0} \frac{e^{-x}-1}{x}$

40 $\lim_{x \to 0} \frac{2x}{e^{4x}-1}$

41 $\lim_{x \to 0} \frac{e^x-e^{-x}}{2x}$

42 $\lim_{x \to 0} \frac{2^x-1}{6x}$

05 지수함수의 도함수

[43~52] 다음 함수를 미분하시오.

43 $y=-e^x$

44 $y=e^{x+1}$

45 $y=xe^x$

46 $y=(x-1)e^x$

47 $y=x^2e^x$

48 $y=4^x$

49 $y=5^{x-1}$

50 $y=3\times 9^x$

51 $y=x2^x$

52 $y=(x+2)3^x$

06 로그함수의 도함수

[53~62] 다음 함수를 미분하시오.

53 $y=\ln 3x$

54 $y=\ln x^3$

55 $y=x\ln 2x$

56 $y=(x+2)\ln 5x$

57 $y=x^3\ln x^5$

58 $y=\log_2 x$

59 $y=\log_3 9x$

60 $y=x\log_4 x$

61 $y=(x-3)\log 4x$

62 $y=x^2\log_5 x^3$

07 함수 $\csc\theta$, $\sec\theta$, $\cot\theta$와 삼각함수의 덧셈정리

(1) $\csc\theta$, $\sec\theta$, $\cot\theta$의 정의

점 $P(x, y)$에 대한 동경 OP가 나타내는 각 θ에 대하여 $r=\sqrt{x^2+y^2}$일 때,

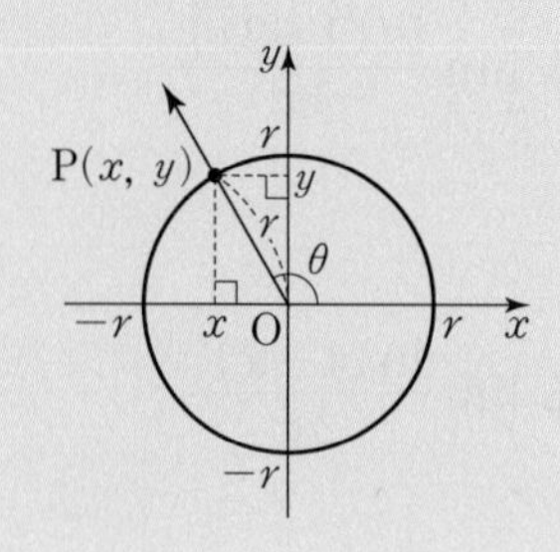

① 코시컨트함수 $\csc\theta=\dfrac{r}{y}\ (y\neq0)$

② 시컨트함수 $\sec\theta=\dfrac{r}{x}\ (x\neq0)$

③ 코탄젠트함수 $\cot\theta=\dfrac{x}{y}\ (y\neq0)$

참고 csc, sec, cot는 각각 cosecant, secant, cotangent의 약자이다.

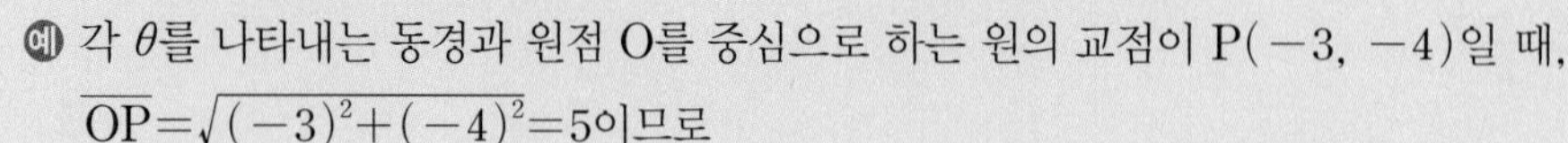

예 각 θ를 나타내는 동경과 원점 O를 중심으로 하는 원의 교점이 $P(-3, -4)$일 때,

$\overline{OP}=\sqrt{(-3)^2+(-4)^2}=5$이므로

$$\csc\theta=-\frac{5}{4},\ \sec\theta=-\frac{5}{3},\ \cot\theta=\frac{3}{4}$$

> $\csc\theta=\dfrac{1}{\sin\theta}$
>
> $\sec\theta=\dfrac{1}{\cos\theta}$
>
> $\cot\theta=\dfrac{1}{\tan\theta}$
>
> $\csc\theta$, $\sec\theta$, $\cot\theta$의 부호는 $\sin\theta$, $\cos\theta$, $\tan\theta$의 부호와 같다. 각 사분면에서 부호가 양수인 것을 나타내면 다음과 같다.
>
> | | |
> |---|---|
> | $\csc\theta$ | $\csc\theta$, $\sec\theta$, $\cot\theta$ |
> | $\cot\theta$ | $\sec\theta$ |

(2) 삼각함수 사이의 관계

① $1+\tan^2\theta=\sec^2\theta$

② $1+\cot^2\theta=\csc^2\theta$

설명 ① $\sin^2\theta+\cos^2\theta=1$의 양변을 $\cos^2\theta\ (\cos\theta\neq0)$으로 나누면

$\dfrac{\sin^2\theta}{\cos^2\theta}+1=\dfrac{1}{\cos^2\theta}$이므로 $\tan^2\theta+1=\sec^2\theta$

② $\sin^2\theta+\cos^2\theta=1$의 양변을 $\sin^2\theta\ (\sin\theta\neq0)$으로 나누면

$1+\dfrac{\cos^2\theta}{\sin^2\theta}=\dfrac{1}{\sin^2\theta}$이므로 $1+\cot^2\theta=\csc^2\theta$

(3) 삼각함수의 덧셈정리

① $\sin(\alpha+\beta)=\sin\alpha\cos\beta+\cos\alpha\sin\beta$

$\sin(\alpha-\beta)=\sin\alpha\cos\beta-\cos\alpha\sin\beta$

② $\cos(\alpha+\beta)=\cos\alpha\cos\beta-\sin\alpha\sin\beta$

$\cos(\alpha-\beta)=\cos\alpha\cos\beta+\sin\alpha\sin\beta$

③ $\tan(\alpha+\beta)=\dfrac{\tan\alpha+\tan\beta}{1-\tan\alpha\tan\beta}$

$\tan(\alpha-\beta)=\dfrac{\tan\alpha-\tan\beta}{1+\tan\alpha\tan\beta}$

> $\alpha=\beta$인 경우
>
> ① $\sin 2\alpha=2\sin\alpha\cos\alpha$
>
> ② $\cos 2\alpha=\cos^2\alpha-\sin^2\alpha$
> $=2\cos^2\alpha-1$
> $=1-2\sin^2\alpha$
>
> ③ $\tan 2\alpha=\dfrac{2\tan\alpha}{1-\tan^2\alpha}$

참고 ③을 이용하여 두 직선이 이루는 예각의 크기를 구할 수 있다.

두 직선 l, m이 x축의 양의 방향과 이루는 각의 크기가 각각 α, β일 때, 두 직선이 이루는 예각의 크기를 θ라 하면

$$\tan\theta=|\tan(\alpha-\beta)|=\left|\frac{\tan\alpha-\tan\beta}{1+\tan\alpha\tan\beta}\right|$$

예 ① $\sin 75^\circ=\sin(45^\circ+30^\circ)$

$=\sin 45^\circ\cos 30^\circ+\cos 45^\circ\sin 30^\circ$

$=\dfrac{\sqrt{2}}{2}\times\dfrac{\sqrt{3}}{2}+\dfrac{\sqrt{2}}{2}\times\dfrac{1}{2}=\dfrac{\sqrt{6}+\sqrt{2}}{4}$

② $\cos 105^\circ=\cos(60^\circ+45^\circ)$

$=\cos 60^\circ\cos 45^\circ-\sin 60^\circ\sin 45^\circ$

$=\dfrac{1}{2}\times\dfrac{\sqrt{2}}{2}-\dfrac{\sqrt{3}}{2}\times\dfrac{\sqrt{2}}{2}=\dfrac{\sqrt{2}-\sqrt{6}}{4}$

> 특수각의 합과 차로 나타낼 수 있는 $15^\circ=45^\circ-30^\circ$, $75^\circ=30^\circ+45^\circ$와 같은 각의 삼각함수의 값은 삼각함수의 덧셈정리를 이용하여 구할 수 있다.

07 함수 $\csc\theta$, $\sec\theta$, $\cot\theta$와 삼각함수의 덧셈정리

[63~65] 각 θ를 나타내는 동경과 원점 O를 중심으로 하는 원의 교점이 $P(-4, 3)$일 때, 다음 값을 구하시오.

63 $\csc\theta$

64 $\sec\theta$

65 $\cot\theta$

[66~69] 각 θ의 크기가 다음과 같을 때, $\csc\theta$, $\sec\theta$, $\cot\theta$의 값을 차례대로 구하시오.

66 $\frac{\pi}{6}$

67 60°

68 $\frac{3}{4}\pi$

69 120°

70 $\tan\theta=-\frac{3}{4}$일 때, 다음 값을 구하시오.

(1) $\sec^2\theta$

(2) $\csc^2\theta$

71 θ가 제3사분면의 각이고 $\sec\theta=-\frac{13}{12}$일 때, 다음 값을 구하시오.

(1) $\cot\theta$

(2) $\csc\theta$

72 $\sin\theta+\cos\theta=-\frac{1}{3}$일 때, $\tan\theta+\cot\theta$의 값을 구하시오.

[73~78] 다음 삼각함수의 값을 구하시오.

73 $\sin 15^\circ$

74 $\cos 75^\circ$

75 $\tan 105^\circ$

76 $\sin\frac{5}{12}\pi$

77 $\cos\frac{\pi}{12}$

78 $\tan\frac{13}{12}\pi$

[79~81] 다음 식의 값을 구하시오.

79 $\sin 75^\circ \cos 15^\circ - \cos 75^\circ \sin 15^\circ$

80 $\cos 15^\circ \cos 45^\circ - \sin 15^\circ \sin 45^\circ$

81 $\frac{\tan 105^\circ - \tan 75^\circ}{1+\tan 105^\circ \tan 75^\circ}$

82 $0<\alpha<\frac{\pi}{2}$, $0<\beta<\frac{\pi}{2}$이고 $\sin\alpha=\frac{4}{5}$, $\cos\beta=\frac{4}{5}$일 때, 다음 값을 구하시오.

(1) $\sin(\alpha+\beta)$

(2) $\cos(\alpha+\beta)$

(3) $\tan(\alpha-\beta)$

83 $0<\alpha<\frac{\pi}{2}$, $\frac{\pi}{2}<\beta<\pi$이고 $\sin\alpha=\frac{5}{13}$, $\cos\beta=-\frac{4}{5}$일 때, 다음 값을 구하시오.

(1) $\sin(\alpha-\beta)$

(2) $\cos(\alpha+\beta)$

(3) $\tan(\alpha-\beta)$

08 삼각함수의 극한

(1) $\lim_{x\to 0}\sin x=0$, $\lim_{x\to \frac{\pi}{2}}\sin x=1$

(2) $\lim_{x\to 0}\cos x=1$, $\lim_{x\to \frac{\pi}{2}}\cos x=0$

(3) $\lim_{x\to 0}\tan x=0$, $\lim_{x\to \frac{\pi}{4}}\tan x=1$

(4) $\lim_{x\to 0}\frac{\sin x}{x}=1$, $\lim_{x\to 0}\frac{\tan x}{x}=1$ (단, x의 단위는 라디안)

참고 (4) $\tan x=\frac{\sin x}{\cos x}$이므로

$$\lim_{x\to 0}\frac{\tan x}{x}=\lim_{x\to 0}\frac{\frac{\sin x}{\cos x}}{x}=\lim_{x\to 0}\left(\frac{\sin x}{x}\times\frac{1}{\cos x}\right)=1\times 1=1$$

예 ① $\lim_{x\to 0}\frac{\sin 5x}{x}=\lim_{x\to 0}\left(\frac{\sin 5x}{5x}\times 5\right)=1\times 5=5$

② $\lim_{x\to 0}\frac{x}{\sin x}=\lim_{x\to 0}\frac{1}{\frac{\sin x}{x}}=\frac{1}{1}=1$

③ $\lim_{x\to 0}\frac{\tan 3x}{x}=\lim_{x\to 0}\left(\frac{\tan 3x}{3x}\times 3\right)=1\times 3=3$

④ $\lim_{x\to 0}\frac{x}{\tan x}=\lim_{x\to 0}\frac{1}{\frac{\tan x}{x}}=\frac{1}{1}=1$

두 함수 $y=\sin x$, $y=\cos x$는 실수 전체의 집합에서 연속이므로
$\lim_{x\to a}\sin x=\sin a$,
$\lim_{x\to a}\cos x=\cos a$

함수 $y=\tan x$는
$x\neq n\pi+\frac{\pi}{2}$ (n은 정수)인 실수 전체의 집합에서 연속이므로
$\lim_{x\to a}\tan x=\tan a\ \left(a\neq n\pi+\frac{\pi}{2}\right)$

$\lim_{x\to 0}\frac{\sin ax}{bx}=\frac{a}{b}$

$\lim_{x\to 0}\frac{\tan ax}{bx}=\frac{a}{b}$

$\lim_{x\to 0}\frac{\cos x}{x}$는 발산한다.

09 사인함수와 코사인함수의 도함수

(1) 삼각함수 $y=\sin x$에 대하여 $y'=\cos x$

(2) 삼각함수 $y=\cos x$에 대하여 $y'=-\sin x$

참고 (1) $y'=\lim_{h\to 0}\frac{\sin(x+h)-\sin x}{h}=\lim_{h\to 0}\frac{\sin x\cos h+\cos x\sin h-\sin x}{h}$

$=\sin x\times\lim_{h\to 0}\frac{\cos h-1}{h}+\cos x\times\lim_{h\to 0}\frac{\sin h}{h}$

$=\sin x\times 0+\cos x\times 1$

$=\cos x$

$$\left(\lim_{h\to 0}\frac{\cos h-1}{h}=\lim_{h\to 0}\frac{-(1-\cos h)(1+\cos h)}{h(1+\cos h)}=\lim_{h\to 0}\frac{-(1-\cos^2 h)}{h(1+\cos h)}\right.$$
$$\left.=\lim_{h\to 0}\frac{-\sin^2 h}{h(1+\cos h)}=-\lim_{h\to 0}\frac{\sin h}{h}\times\lim_{h\to 0}\frac{\sin h}{1+\cos h}=-1\times\frac{0}{2}=0\right)$$

(2) $y'=\lim_{h\to 0}\frac{\cos(x+h)-\cos x}{h}=\lim_{h\to 0}\frac{\cos x\cos h-\sin x\sin h-\cos x}{h}$

$=\cos x\times\lim_{h\to 0}\frac{\cos h-1}{h}-\sin x\times\lim_{h\to 0}\frac{\sin h}{h}$

$=\cos x\times 0-\sin x\times 1$

$=-\sin x$

예 (1) $y=\sin x+\cos x$에서

$y'=(\sin x+\cos x)'=(\sin x)'+(\cos x)'=\cos x-\sin x$

(2) $y=2\sin x$에서

$y'=(2\sin x)'=2(\sin x)'=2\cos x$

두 함수 $y=\sin x$, $y=\cos x$는 실수 전체의 집합에서 미분가능하다.

탄젠트함수의 미분은 다음 단원인 몫의 미분법을 이용하여 구할 수 있다.

>> 정답과 풀이 37쪽

08 삼각함수의 극한

[84~89] 다음 극한값을 구하시오.

84 $\lim_{x \to \frac{\pi}{6}} \sin 2x$

85 $\lim_{x \to \frac{\pi}{3}} 3\cos 3x$

86 $\lim_{x \to \pi} \frac{\sin x - 1}{\cos 2x}$

87 $\lim_{x \to 0} \frac{\tan x}{\cos x}$

88 $\lim_{x \to \frac{\pi}{4}} \tan 3x \sin 2x$

89 $\lim_{x \to \frac{\pi}{6}} \frac{\sin x + \cos 2x}{\tan^2 x}$

[90~99] 다음 극한값을 구하시오.

90 $\lim_{x \to 0} \frac{\sin 3x}{x}$

91 $\lim_{x \to 0} \frac{\tan 2x}{5x}$

92 $\lim_{x \to 0} \frac{\sin 3x}{\sin 6x}$

93 $\lim_{x \to 0} \frac{\sin 6x}{\tan 2x}$

94 $\lim_{x \to 0} \frac{\sin 2x + \tan 3x}{x}$

95 $\lim_{x \to 0} \frac{\tan 4x - x}{\sin 3x}$

96 $\lim_{x \to 0} \frac{\sin^2 4x}{\tan^2 2x}$

97 $\lim_{x \to 0} \frac{1 - \cos^2 x}{\tan^2 x}$

98 $\lim_{x \to 0} \frac{\tan^2 3x}{x \sin 5x}$

99 $\lim_{x \to 0} \frac{\sin 2x \tan x}{3x^2}$

09 사인함수와 코사인함수의 도함수

[100~107] 다음 함수를 미분하시오.

100 $y = -\sin x$

101 $y = 3\cos x$

102 $y = 2x + \sin x$

103 $y = \cos x - 3\sin x$

104 $y = 2\sin x + 3\ln x$

105 $y = -\cos x + e^x$

106 $y = \sin x - \cos x$

107 $y = 3\cos x + \sin x$

[108~115] 다음 함수를 미분하시오.

108 $y = x\cos x$

109 $y = x^2 \sin x$

110 $y = (x+2)\sin x$

111 $y = \sin x \cos x$

112 $y = e^x \sin x$

113 $y = \ln x \cos x$

114 $y = \sin^2 x$

115 $y = \cos^2 x$

유형 완성하기

01 지수함수의 극한

지수함수 $y=a^x$ $(a>0,\ a\neq1)$에서

(1) $a>1$일 때,

① $\lim_{x\to\infty} a^x=\infty$　　② $\lim_{x\to-\infty} a^x=0$

(2) $0<a<1$일 때,

① $\lim_{x\to\infty} a^x=0$　　② $\lim_{x\to-\infty} a^x=\infty$

≫ 올림포스 미적분 37쪽

01 대표문제

▸ 23645-0142

$\lim_{x\to\infty}\frac{3^{x+1}+2^x}{3^x-2^{x+1}}$의 값은?

① 1　② 2　③ 3　④ 4　⑤ 5

02 상중하

▸ 23645-0143

$\lim_{x\to\infty}(4^x-2^x)^{\frac{2}{x}}$의 값은?

① 1　② 2　③ 4　④ 8　⑤ 16

03 상중하

▸ 23645-0144

극한값이 존재하는 것만을 **보기**에서 있는 대로 고른 것은?

보기

ㄱ. $\lim_{x\to\infty}\frac{5^x}{5^x+5^{-x}}$　　ㄴ. $\lim_{x\to\infty}\frac{1}{2^{\frac{1}{x}}-1}$

ㄷ. $\lim_{x\to0+}\frac{3^{\frac{1}{x}}-3^{-\frac{1}{x}}}{3^{\frac{1}{x}}+3^{-\frac{1}{x}}}$　　ㄹ. $\lim_{x\to-\infty}\frac{3^x}{4^x}$

① ㄱ, ㄴ　② ㄱ, ㄷ　③ ㄴ, ㄷ　④ ㄴ, ㄹ　⑤ ㄷ, ㄹ

02 로그함수의 극한

로그함수 $y=\log_a x$ $(a>0,\ a\neq1)$에서

(1) $a>1$일 때,

① $\lim_{x\to0+}\log_a x=-\infty$　　② $\lim_{x\to\infty}\log_a x=\infty$

(2) $0<a<1$일 때,

① $\lim_{x\to0+}\log_a x=\infty$　　② $\lim_{x\to\infty}\log_a x=-\infty$

≫ 올림포스 미적분 37쪽

04 대표문제

▸ 23645-0145

$\lim_{x\to\infty}\{\log_2(3x^2+1)-2\log_2(x-5)\}$의 값은?

① 0　② 1　③ $\log_2 3$　④ 2　⑤ $\log_2 5$

05 상중하

▸ 23645-0146

$\lim_{x\to1}(\log_3|x^3-1|-\log_3|x^2-1|)$의 값은?

① $1-\log_3 5$　② $1-\log_3 4$　③ 0　④ $1-\log_3 2$　⑤ 1

06 상중하

▸ 23645-0147

$\lim_{x\to\infty}\frac{1}{x}\log_5(a^x+2^x)=2$를 만족시키는 2보다 큰 양수 a의 값을 구하시오.

>> 정답과 풀이 39쪽

중요

03 $\lim_{x\to0}(1+x)^{\frac{1}{x}}$ 꼴의 극한

(1) $\lim_{x\to0}(1+x)^{\frac{1}{x}}=e$ (2) $\lim_{x\to0}(1+ax)^{\frac{1}{ax}}=e$

>> 올림포스 미적분 38쪽

07 대표문제

▶ 23645-0148

$\lim_{x\to0}(1+2x)^{\frac{3}{x}}+\lim_{x\to0}(1-4x)^{\frac{2}{x}}$의 값은?

① $e^4+\frac{1}{e^8}$ ② $e^4+\frac{1}{e^4}$ ③ $e^6+\frac{1}{e^8}$
④ $e^6+\frac{1}{e^4}$ ⑤ $e^8+\frac{1}{e^8}$

08 상중하

▶ 23645-0149

$\lim_{x\to1}x^{\frac{x+1}{x^2-1}}$의 값은?

① $\frac{1}{e^2}$ ② $\frac{1}{e}$ ③ 1
④ e ⑤ e^2

09 상중하

▶ 23645-0150

$\lim_{x\to0}\left\{(1+ax)\left(1-\frac{2x}{a}\right)\right\}^{\frac{1}{x}}=e$를 만족시키는 자연수 a의 값을 구하시오.

중요

04 $\lim_{x\to\infty}\left(1+\frac{1}{x}\right)^x$ 꼴의 극한

(1) $\lim_{x\to\infty}\left(1+\frac{1}{x}\right)^x=e$ (2) $\lim_{x\to\infty}\left(1+\frac{1}{ax}\right)^{ax}=e$

>> 올림포스 미적분 38쪽

10 대표문제

▶ 23645-0151

$\lim_{x\to\infty}\left\{\frac{2}{3}\left(1+\frac{1}{2x}\right)\left(1+\frac{1}{2x+1}\right)\left(1+\frac{1}{2x+2}\right)\cdots\left(1+\frac{1}{3x}\right)\right\}^x$
의 값은?

① $e^{\frac{1}{3}}$ ② $e^{\frac{2}{3}}$ ③ e
④ $e^{\frac{4}{3}}$ ⑤ $e^{\frac{5}{3}}$

11 상중하

▶ 23645-0152

$\lim_{x\to\infty}\left(\frac{x+a}{x-a}\right)^{2x}=e^{20}$일 때, 상수 a의 값을 구하시오.

12 상중하

▶ 23645-0153

극한값이 e인 것만을 **보기**에서 있는 대로 고른 것은?

보기

ㄱ. $\lim_{x\to\infty}\left(1+\frac{2}{x}\right)^{\frac{x}{2}}$ ㄴ. $\lim_{x\to-\infty}\left(1-\frac{1}{x}\right)^x$

ㄷ. $\lim_{x\to\infty}\left(\frac{x}{x-1}\right)^x$ ㄹ. $\lim_{x\to1}x^{\frac{2}{x-1}}$

① ㄱ, ㄴ ② ㄱ, ㄷ ③ ㄴ, ㄷ
④ ㄴ, ㄹ ⑤ ㄷ, ㄹ

중요

05 $\lim_{x \to 0} \frac{\ln(1+x)}{x}$ 꼴의 극한

(1) $\lim_{x \to 0} \frac{\ln(1+x)}{x} = 1$

(2) $\lim_{x \to 0} \frac{\ln(1+ax)}{bx} = \frac{a}{b}$

» 올림포스 미적분 38쪽

13 대표문제

▸ 23645-0154

$\lim_{x \to 0} \frac{\ln(e+2x) - \ln e}{x}$의 값은?

① $\frac{1}{e}$　② $\frac{2}{e}$　③ $\frac{3}{e}$　④ $\frac{4}{e}$　⑤ $\frac{5}{e}$

14 상중하

▸ 23645-0155

함수 $f(x) = 1 - e^{2x}$의 역함수를 $g(x)$라 할 때, $\lim_{x \to 0} \frac{g(x)}{x}$의 값은?

① $-\frac{5}{2}$　② $-\frac{3}{2}$　③ $-\frac{1}{2}$　④ $\frac{1}{2}$　⑤ $\frac{3}{2}$

15 상중하

▸ 23645-0156

$\lim_{x \to 1} \frac{1}{x-1} \ln \frac{1-a+ax}{2-x} = 3$일 때, $\lim_{x \to 0} \frac{\ln(1+x)}{ax}$의 값은?
(단, a는 상수이다.)

① $\frac{1}{2}$　② $\frac{1}{3}$　③ $\frac{1}{4}$　④ $\frac{1}{5}$　⑤ $\frac{1}{6}$

06 $\lim_{x \to 0} \frac{\log_a(1+x)}{x}$ 꼴의 극한

$\lim_{x \to 0} \frac{\log_a(1+x)}{x} = \frac{1}{\ln a}$ (단, $a>0$, $a \neq 1$)

» 올림포스 미적분 38쪽

16 대표문제

▸ 23645-0157

$\lim_{x \to 0} \frac{\log_3(1+5x)}{\log_5(1+3x)}$의 값은?

① $\frac{1}{3}\log_3 5$　② $\frac{2}{3}\log_3 4$　③ $\frac{2}{3}\log_3 5$　④ $\frac{5}{3}\log_3 4$　⑤ $\frac{5}{3}\log_3 5$

17 상중하

▸ 23645-0158

함수 $f(x) = 2x+1$에 대하여 $\lim_{x \to 0} \frac{\log_3 f(x)}{xf(x)}$의 값은?

① $\frac{1}{2\ln 3}$　② $\frac{1}{\ln 3}$　③ $\frac{3}{2\ln 3}$　④ $\frac{2}{\ln 3}$　⑤ $\frac{5}{2\ln 3}$

18 상중하

▸ 23645-0159

$\lim_{x \to \infty} x \log_4 \left\{2 - \left(1+\frac{6}{x}\right)^2\right\}$의 값은?

① $-\frac{13}{\ln 4}$　② $-\frac{6}{\ln 2}$　③ $-\frac{11}{\ln 4}$　④ $-\frac{5}{\ln 2}$　⑤ $-\frac{9}{\ln 4}$

중요

07 $\lim_{x\to 0}\frac{e^x-1}{x}$ 꼴의 극한

(1) $\lim_{x\to 0}\frac{e^x-1}{x}=1$

(2) $\lim_{x\to 0}\frac{e^{ax}-1}{bx}=\frac{a}{b}$

>> 올림포스 미적분 38쪽

19 대표문제

▸ 23645-0160

$\lim_{x\to 0}\frac{e^{2x}-1}{\ln(1+3x)}$의 값은?

① $\frac{1}{3}$　② $\frac{2}{3}$　③ 1　④ $\frac{4}{3}$　⑤ $\frac{5}{3}$

20 상중하

▸ 23645-0161

$\lim_{x\to 0}\frac{e^{3x}-\sqrt{e^x}}{x}$의 값은?

① $\frac{1}{2}$　② 1　③ $\frac{3}{2}$　④ 2　⑤ $\frac{5}{2}$

21 상중하

▸ 23645-0162

$\lim_{x\to -1}\frac{e^{x+1}-x^2}{x+1}$의 값을 구하시오.

08 $\lim_{x\to 0}\frac{a^x-1}{x}$ 꼴의 극한

$\lim_{x\to 0}\frac{a^x-1}{x}=\ln a$ (단, $a>0$, $a\neq 1$)

>> 올림포스 미적분 38쪽

22 대표문제

▸ 23645-0163

$\lim_{x\to 0}\frac{3^x+6^x-2}{2x}$의 값은?

① $\frac{1}{2}\ln 12$　② $\frac{1}{2}\ln 15$　③ $\frac{1}{2}\ln 18$　④ $\frac{3}{2}\ln 12$　⑤ $\frac{3}{2}\ln 15$

23 상중하

▸ 23645-0164

$\lim_{x\to 0}\frac{(2^x-1)\log_2\{(1+3x)(1+2x)\}}{x^2}$의 값을 구하시오.

24 상중하

▸ 23645-0165

$\lim_{x\to 0}\frac{2^{2x+1}-2^x-1}{x}$의 값은?

① $\ln 2$　② $2\ln 2$　③ $3\ln 2$　④ $4\ln 2$　⑤ $5\ln 2$

09 지수함수와 로그함수의 극한

$\lim_{x\to a}\frac{f(x)}{g(x)}=\alpha$ (α는 실수)일 때,

(1) $\lim_{x\to a}g(x)=0$이면 $\lim_{x\to a}f(x)=0$

(2) $\lim_{x\to a}f(x)=0$, $\alpha\neq0$이면 $\lim_{x\to a}g(x)=0$

25 대표문제

▸ 23645-0166

$\lim_{x\to0}\frac{e^{ax}-b}{x}=2$를 만족시키는 두 상수 a, b에 대하여 $a+b$의 값을 구하시오.

26 상중하

▸ 23645-0167

$\lim_{x\to0}\frac{\log_2(1+ax)}{x^2+a^2x}=\frac{1}{\ln 8}$을 만족시키는 상수 a의 값은?

① -3　② -1　③ 0　④ 1　⑤ 3

27 상중하

▸ 23645-0168

$\lim_{x\to1}\frac{(a+2)^{x-1}-a^{x-1}}{\ln(x+b+1)}=1$일 때, 두 상수 a, b에 대하여 ab의 값은? (단, $a>0$, $a\neq1$)

① $-\frac{1}{e-1}$　② $-\frac{2}{e-1}$　③ $-\frac{3}{e-1}$　④ $-\frac{4}{e-1}$　⑤ $-\frac{5}{e-1}$

10 지수함수와 로그함수의 연속

함수 $f(x)=\begin{cases}g(x) & (x\neq a)\\ k & (x=a)\end{cases}$가 $x=a$에서 연속이면

$\lim_{x\to a}g(x)=k$

28 대표문제

▸ 23645-0169

함수 $f(x)=\begin{cases}\frac{2x}{\ln(1+ax)} & (x\neq0)\\ b & (x=0)\end{cases}$이 $x=0$에서 연속이 되도록 하는 두 실수 a, b에 대하여 ab의 값은?

① 1　② 2　③ 3　④ 4　⑤ 5

29 상중하

▸ 23645-0170

함수 $f(x)$가 모든 실수 x에서 연속이고 $(x-2)f(x)=3^{x-2}-1$을 만족시킬 때, $f(2)$의 값은?

① $\ln 3$　② $2\ln 3$　③ $3\ln 3$　④ $4\ln 3$　⑤ $5\ln 3$

30 상중하

▸ 23645-0171

함수 $f(x)$가 실수 전체의 집합에서 연속이고 $x\neq0$인 모든 실수 x에서

$$f(x)=\begin{cases}\frac{ax^2}{\ln(1+x^2)} & (x<0)\\ \frac{e^{3x}-1}{x} & (x>0)\end{cases}$$

을 만족시킬 때, 상수 a의 값을 구하시오.

중요
11 지수함수와 로그함수의 극한의 활용

선분의 길이, 도형의 넓이 등을 지수함수 또는 로그함수로 나타낸 후 극한의 성질을 이용하여 극한값을 구한다.

31 대표문제 ▸ 23645-0172

그림과 같이 곡선 $y=\ln(1+x)$ 위의 점 P와 두 점 O(0, 0), A(2, 0)에 대하여 점 P의 x좌표가 t일 때, 삼각형 OAP의 넓이를 $S(t)$라 하자. $\lim_{t \to 0+} \frac{S(t)}{t}$의 값은? (단, $t>0$)

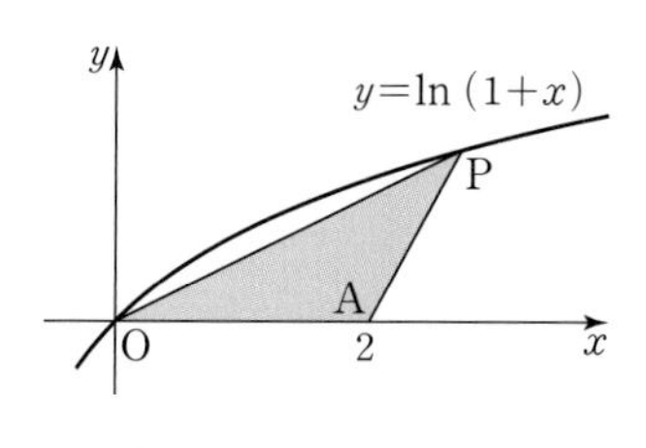

① 1 ② 2 ③ 3 ④ 4 ⑤ 5

32 상중하 ▸ 23645-0173

그림과 같이 곡선 $y=e^x$ 위의 점 $P(t, e^t)$에서 x축에 내린 수선의 발을 Q라 하고, y축에 내린 수선의 발을 R라 하자.

$\lim_{t \to 0+} \frac{\overline{PR}}{\overline{PQ}-1}$의 값을 구하시오. (단, $t>0$)

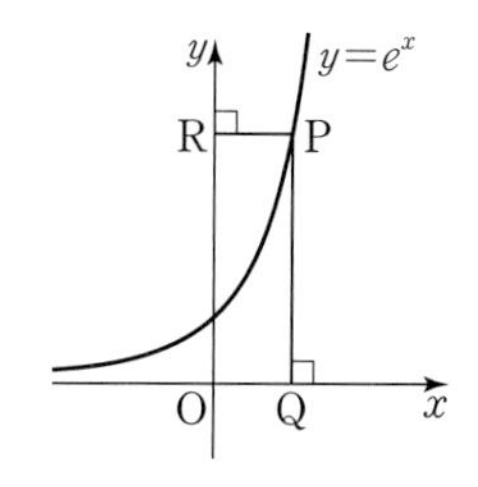

33 상중하 ▸ 23645-0174

그림과 같이 함수 $y=\left(\frac{1}{2}\right)^x$의 그래프와 두 직선 $x=-t$, $x=t$가 만나는 점을 각각 P, Q라 하고, 점 P에서 점 Q를 지나고 x축과 평행한 직선에 내린 수선의 발을 R라 하자.

$\lim_{t \to 0+} \frac{\overline{PR}}{\overline{QR}}$의 값은? (단, $t>0$)

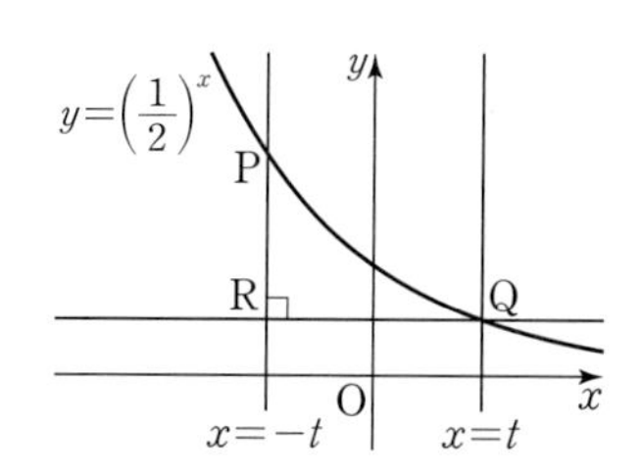

① $\frac{1}{2}\ln 2$ ② $\ln 2$ ③ $\frac{3}{2}\ln 2$ ④ $2\ln 2$ ⑤ $\frac{5}{2}\ln 2$

34 상중하 ▸ 23645-0175

그림과 같이 두 곡선 $y=\log_2(1+x)$, $y=\log_{\frac{1}{4}}(1+x)$와 직선 $x=t$가 만나는 서로 다른 두 점을 각각 A, B라 하고, 이 두 곡선과 직선 $x=4t$가 만나는 서로 다른 두 점을 각각 C, D라 하자. 사각형 ABDC의 넓이를 $S(t)$라 하면 $\lim_{t \to 0+} \frac{S(t)}{t^2}$의 값은? (단, $t>0$이고, 두 점 A, C의 y좌표는 모두 양수이다.)

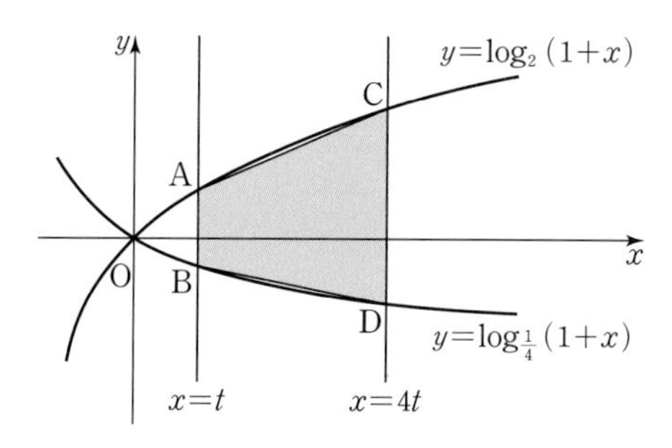

① $\frac{10}{\ln 2}$ ② $\frac{21}{2\ln 2}$ ③ $\frac{43}{4\ln 2}$ ④ $\frac{11}{\ln 2}$ ⑤ $\frac{45}{4\ln 2}$

중요
12 지수함수의 도함수

(1) 지수함수 $y=e^x$에 대하여 $y'=e^x$
(2) 지수함수 $y=a^x$ $(a>0,\ a\neq1)$에 대하여 $y'=a^x \ln a$

≫ 올림포스 미적분 39쪽

35 대표문제
▸ 23645-0176

함수 $f(x)=(3x-x^2)e^x$에 대하여 $f'(-1)$의 값은?

① $\frac{1}{e}$ ② $\frac{2}{e}$ ③ $\frac{3}{e}$
④ $\frac{4}{e}$ ⑤ $\frac{5}{e}$

36 상중하
▸ 23645-0177

함수 $f(x)=e^{x+1}-e^{x-1}$에 대하여 곡선 $y=f(x)$ 위의 점 $(-1,\ f(-1))$에서의 접선의 기울기는?

① $1-\frac{1}{e}$ ② $1-\frac{2}{e}$ ③ $1-\frac{1}{e^2}$
④ $1-\frac{2}{e^2}$ ⑤ $1-\frac{3}{e^2}$

37 상중하
▸ 23645-0178

함수 $f(x)=4^x-2^x$에 대하여 $f'(a)=\ln 2$일 때, 상수 a의 값을 구하시오.

중요
13 로그함수의 도함수

(1) 로그함수 $y=\ln x$에 대하여 $y'=\frac{1}{x}$
(2) 로그함수 $y=\log_a x$ $(a>0,\ a\neq1)$에 대하여
$y'=\frac{1}{x\ln a}$

≫ 올림포스 미적분 39쪽

38 대표문제
▸ 23645-0179

함수 $f(x)=(x-2)(\ln x+2)$에 대하여 $f'(1)$의 값은?

① 1 ② 2 ③ 3
④ 4 ⑤ 5

39 상중하
▸ 23645-0180

곡선 $y=x\ln x$ 위의 서로 다른 두 점 $(1,\ 0)$, $(a,\ a\ln a)$에서의 접선이 서로 수직일 때, 상수 a의 값은?

① $\frac{1}{e^2}$ ② $\frac{2}{e^2}$ ③ $\frac{3}{e^2}$
④ $\frac{4}{e^2}$ ⑤ $\frac{5}{e^2}$

40 상중하
▸ 23645-0181

함수 $f(x)=(\log_2 x-\log_8 x)e^x$에 대하여
$\frac{f'(2)}{f'(1)}=\frac{e}{2}(a+b\ln 2)$일 때, 두 자연수 a, b의 합 $a+b$의 값을 구하시오. (단, $\ln 2$는 무리수이다.)

>> 정답과 풀이 42쪽

14 미분계수의 정의를 이용한 극한값 구하기

$$f'(a)=\lim_{h\to 0}\frac{f(a+h)-f(a)}{h}$$
$$=\lim_{x\to a}\frac{f(x)-f(a)}{x-a}$$

41 대표문제 ▸ 23645-0182

함수 $f(x)=e^{x+2}\ln x$에 대하여

$$\lim_{h\to 0}\frac{f(1+2h)-f(1-3h)}{h}$$

의 값은?

① e^3 ② $2e^3$ ③ $3e^3$
④ $4e^3$ ⑤ $5e^3$

42 상중하 ▸ 23645-0183

함수 $f(x)=2^x+3^x$에 대하여 $\lim_{x\to 1}\frac{f(x)-f(1)}{x^2-1}$의 값은?

① $\ln 3\sqrt{3}$ ② $\ln 4\sqrt{3}$ ③ $\ln 5\sqrt{3}$
④ $\ln 6\sqrt{3}$ ⑤ $\ln 7\sqrt{3}$

43 상중하 ▸ 23645-0184

실수 전체의 집합에서 미분가능한 함수 $f(x)$에 대하여
$\lim_{x\to e}\frac{f(x)-\ln x}{x-e}=\frac{3}{e}$일 때, $f'(e)$의 값은?

① $\frac{1}{e}$ ② $\frac{2}{e}$ ③ $\frac{3}{e}$
④ $\frac{4}{e}$ ⑤ $\frac{5}{e}$

15 지수함수와 로그함수의 미분가능성

함수 $f(x)=\begin{cases} g(x) & (x<a) \\ h(x) & (x\geq a)\end{cases}$가 $x=a$에서 미분가능하면

(1) $\lim_{x\to a-}g(x)=\lim_{x\to a+}h(x)=h(a)$

(2) $\lim_{x\to a-}\frac{g(x)-h(a)}{x-a}=\lim_{x\to a+}\frac{h(x)-h(a)}{x-a}$

44 대표문제 ▸ 23645-0185

함수 $f(x)=\begin{cases} ae^{x-1} & (x<0) \\ bx+1 & (x\geq 0)\end{cases}$이 $x=0$에서 미분가능할 때, 0이 아닌 두 상수 a, b에 대하여 ab의 값은?

① e ② $2e$ ③ $3e$
④ $4e$ ⑤ $5e$

45 상중하 ▸ 23645-0186

함수 $f(x)=\begin{cases} a^{x-1}+b & (x<1) \\ \ln x^2+1 & (x\geq 1)\end{cases}$이 실수 전체의 집합에서 미분가능할 때, 두 상수 a, b에 대하여 $a+b$의 값을 구하시오.
(단, $a>0$, $a\neq 1$)

46 상중하 ▸ 23645-0187

함수 $f(x)=\begin{cases} x^3-x & (x<0) \\ a\ln(bx+1) & (x\geq 0)\end{cases}$이 실수 전체의 집합에서 미분가능하다. $f\left(-\frac{1}{b}\right)=3a$일 때, $f(6)$의 값은?
(단, a, b는 상수이다.)

① $-\ln 2$ ② $-2\ln 2$ ③ $-3\ln 2$
④ $-4\ln 2$ ⑤ $-5\ln 2$

16 삼각함수 $\csc\theta$, $\sec\theta$, $\cot\theta$와 삼각함수 사이의 관계

점 $\mathrm{P}(x, y)$에 대한 동경 OP가 나타내는 각 θ에 대하여 $r=\sqrt{x^2+y^2}$일 때,

(1) $\csc\theta=\dfrac{r}{y}$, $\sec\theta=\dfrac{r}{x}$, $\cot\theta=\dfrac{x}{y}$

$\csc\theta=\dfrac{1}{\sin\theta}$, $\sec\theta=\dfrac{1}{\cos\theta}$, $\cot\theta=\dfrac{1}{\tan\theta}$

(2) $1+\tan^2\theta=\sec^2\theta$, $1+\cot^2\theta=\csc^2\theta$

47 대표문제 ▸ 23645-0188

이차방정식 $9x^2-3x-4=0$의 두 근이 $\sin\theta$, $\cos\theta$일 때, $\sec\theta+\csc\theta$의 값은?

① -1 ② $-\dfrac{7}{8}$ ③ $-\dfrac{3}{4}$
④ $-\dfrac{5}{8}$ ⑤ $-\dfrac{1}{2}$

48 상중하 ▸ 23645-0189

각 θ가 제4사분면의 각이고 $\sin\theta=-\dfrac{4}{5}$일 때, $\cot\theta\times\cos\theta$의 값은?

① $-\dfrac{2}{5}$ ② $-\dfrac{9}{20}$ ③ $-\dfrac{1}{2}$
④ $-\dfrac{11}{20}$ ⑤ $-\dfrac{3}{5}$

49 상중하 ▸ 23645-0190

원점 O와 점 $\mathrm{P}(-5, -12)$에 대하여 동경 OP가 나타내는 각의 크기를 θ라 할 때, $\sec\theta\cot\theta+\csc\theta$의 값은?

① $-\dfrac{5}{2}$ ② $-\dfrac{7}{3}$ ③ $-\dfrac{13}{6}$
④ -2 ⑤ $-\dfrac{11}{6}$

50 상중하 ▸ 23645-0191

직선 $\sqrt{3}x-y+1=0$이 x축의 양의 방향과 이루는 각의 크기를 θ라 할 때, $\sec\theta\csc\theta$의 값은? (단, $0<\theta<\pi$)

① $\dfrac{\sqrt{3}}{3}$ ② $\dfrac{2\sqrt{3}}{3}$ ③ $\sqrt{3}$
④ $\dfrac{4\sqrt{3}}{3}$ ⑤ $\dfrac{5\sqrt{3}}{3}$

51 상중하 ▸ 23645-0192

$\dfrac{3\sin\theta+4\cos\theta}{\sin\theta+3\cos\theta}=2$일 때, $\sec^2\theta+\csc^2\theta$의 값을 구하시오.

52 상중하 ▸ 23645-0193

다음 **보기**에서 옳은 것만을 있는 대로 고른 것은?

보기

ㄱ. $\dfrac{\csc^2\theta-1}{\sec^2\theta-1}=\cot^4\theta$

ㄴ. $\dfrac{1}{1-\sin\theta}+\dfrac{1}{1+\sin\theta}=\sec^2\theta$

ㄷ. $\dfrac{\sin\theta}{\csc\theta+\cot\theta}+\dfrac{\sin\theta}{\csc\theta-\cot\theta}=1$

① ㄱ ② ㄴ ③ ㄱ, ㄴ
④ ㄴ, ㄷ ⑤ ㄱ, ㄴ, ㄷ

중요
17 삼각함수의 덧셈정리

① $\sin(\alpha+\beta)=\sin\alpha\cos\beta+\cos\alpha\sin\beta$
$\sin(\alpha-\beta)=\sin\alpha\cos\beta-\cos\alpha\sin\beta$
② $\cos(\alpha+\beta)=\cos\alpha\cos\beta-\sin\alpha\sin\beta$
$\cos(\alpha-\beta)=\cos\alpha\cos\beta+\sin\alpha\sin\beta$
③ $\tan(\alpha+\beta)=\dfrac{\tan\alpha+\tan\beta}{1-\tan\alpha\tan\beta}$
$\tan(\alpha-\beta)=\dfrac{\tan\alpha-\tan\beta}{1+\tan\alpha\tan\beta}$

>> 올림포스 미적분 40쪽

53 대표문제
▸ 23645-0194

$0<\alpha-\beta<\frac{\pi}{2}$이고, $\sin(\alpha-\beta)=\frac{\sqrt{7}}{4}$, $\cos\alpha\cos\beta=\frac{1}{2}$일 때, $\sin\alpha\sin\beta$의 값은?

① $\frac{1}{8}$ ② $\frac{1}{4}$ ③ $\frac{3}{8}$
④ $\frac{1}{2}$ ⑤ $\frac{5}{8}$

54 상중하
▸ 23645-0195

제2사분면의 두 각 α, β에 대하여 $\sin\alpha=\frac{1}{5}$, $\cos\beta=-\frac{5}{7}$일 때, $\sin(\alpha-\beta)$의 값은?

① $\frac{1}{5}$ ② $\frac{2}{7}$ ③ $\frac{13}{35}$
④ $\frac{16}{35}$ ⑤ $\frac{19}{35}$

55 상중하
▸ 23645-0196

$\sin\left(\frac{\pi}{4}+\theta\right)=\frac{\sqrt{2}}{4}$일 때, $\sin 2\theta$의 값은?

① -1 ② $-\frac{7}{8}$ ③ $-\frac{3}{4}$
④ $-\frac{5}{8}$ ⑤ $-\frac{1}{2}$

56 상중하
▸ 23645-0197

제4사분면의 각 θ에 대하여 $\sec\theta=\sqrt{13}$일 때, $\tan\left(\theta-\frac{\pi}{3}\right)$의 값은?

① $\frac{\sqrt{3}}{5}$ ② $\frac{2\sqrt{3}}{5}$ ③ $\frac{3\sqrt{3}}{5}$
④ $\frac{4\sqrt{3}}{5}$ ⑤ $\sqrt{3}$

57 상중하
▸ 23645-0198

$\sin\alpha-\sin\beta=\frac{4}{5}$, $\cos\alpha-\cos\beta=\frac{3}{5}$일 때, $\cos(\alpha-\beta)$의 값을 구하시오.

58 상중하
▸ 23645-0199

$0\le x<\frac{\pi}{2}$에서 정의된 함수 $f(x)=\tan x$의 역함수 $f^{-1}(x)$에 대하여 $f\left(f^{-1}\left(\frac{1}{3}\right)+f^{-1}\left(\frac{2}{3}\right)\right)$의 값을 구하시오.

18 삼각함수의 덧셈정리의 활용(이차방정식)

이차방정식 $ax^2+bx+c=0$의 두 근이 α, β일 때,

$$\alpha+\beta=-\frac{b}{a},\ \alpha\beta=\frac{c}{a}$$

임을 이용한다.

59 대표문제

▸ 23645-0200

이차방정식 $x^2-4x+2=0$의 두 근이 $\tan\alpha$, $\tan\beta$일 때, $\sec^2(\alpha+\beta)$의 값을 구하시오.

60 상중하

▸ 23645-0201

이차방정식 $3x^2+ax-2=0$의 두 근이 $\tan\alpha$, $\tan\beta$이고 $\tan(\alpha+\beta)=2$일 때, 상수 a의 값은?

① -12 ② -10 ③ -8
④ -6 ⑤ -4

61 상중하

▸ 23645-0202

이차방정식 $x^2-2x-4=0$의 두 근이 $\sec\alpha$, $\sec\beta$일 때, 이차방정식 $x^2+ax+b=0$의 두 근은 $\tan^2\alpha$, $\tan^2\beta$이다. 두 상수 a, b에 대하여 ab의 값을 구하시오.

중요

19 삼각함수의 덧셈정리의 활용(두 직선이 이루는 각의 크기)

두 직선 l, m이 x축의 양의 방향과 이루는 각의 크기가 각각 α, β일 때, 두 직선이 이루는 예각의 크기를 θ라 하면

$$\tan\theta=|\tan(\alpha-\beta)|=\left|\frac{\tan\alpha-\tan\beta}{1+\tan\alpha\tan\beta}\right|$$

62 대표문제

▸ 23645-0203

두 직선 $y=3x-1$, $y=-x+2$가 이루는 예각의 크기를 θ라 할 때, $\tan\theta$의 값은?

① 1 ② 2 ③ 3
④ 4 ⑤ 5

63 상중하

▸ 23645-0204

두 직선 $ax-y+2=0$, $2x-3y+1=0$이 이루는 예각의 크기를 θ라 할 때, $\cos\theta=\frac{\sqrt{5}}{5}$이다. 정수 a의 값은?

① -6 ② -7 ③ -8
④ -9 ⑤ -10

64 상중하

▸ 23645-0205

원 $x^2+y^2=25$ 위의 점 $(4, 3)$에서의 접선 l_1과 이 원 위의 점 (x_1, y_1)에서의 접선 l_2가 이루는 예각의 크기가 $\frac{\pi}{4}$일 때, x_1+y_1의 값은? (단, $x_1>0$이고, 직선 l_2의 기울기는 양수이다.)

① $\sqrt{2}$ ② $2\sqrt{2}$ ③ $3\sqrt{2}$
④ $4\sqrt{2}$ ⑤ $5\sqrt{2}$

중요

20 삼각함수의 덧셈정리의 활용(도형)

주어진 도형에서 삼각함수로 표현할 수 있는 적당한 각을 문자로 놓고 삼각함수의 덧셈정리를 이용한다.

65 대표문제

▶ 23645-0206

그림과 같이 $\overline{AB}=2$, $\overline{BC}=4$인 직사각형 ABCD에서 점 E는 선분 AD를 1 : 3으로 내분하는 점이다. $\angle EBD=\theta$라 할 때, $\tan\theta$의 값은?

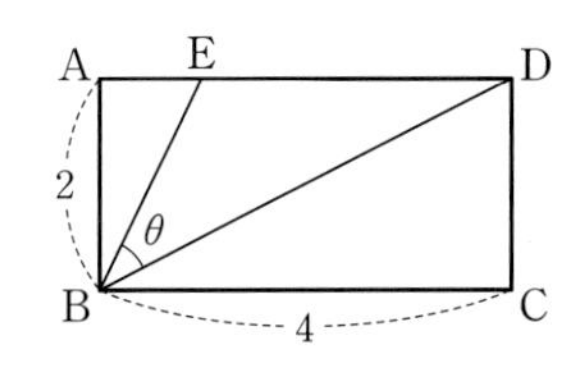

① $\frac{1}{4}$ ② $\frac{1}{2}$ ③ $\frac{3}{4}$
④ 1 ⑤ $\frac{5}{4}$

66 상중하

▶ 23645-0207

그림과 같이 $\overline{BC}=4$인 삼각형 ABC의 꼭짓점 A에서 선분 BC에 내린 수선의 발을 D라 하자. $\angle BAC=\theta$라 할 때, $\tan\theta=8$이고 $3\overline{BD}=\overline{CD}$이다. 선분 AD의 길이를 구하시오.

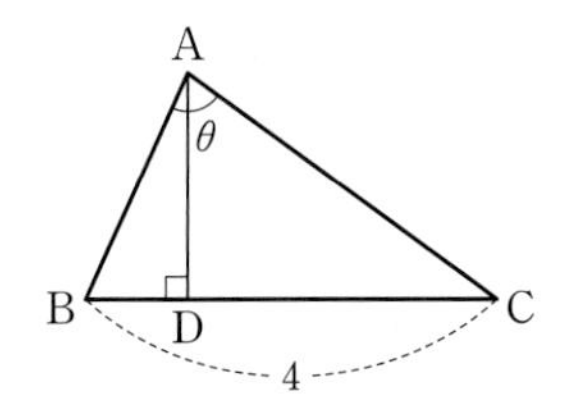

67 상중하

▶ 23645-0208

그림과 같이 $\overline{AB}=5$, $\overline{BC}=4$인 직사각형 ABCD에서 선분 AD 위의 점 E와 선분 CD 위의 점 F를 $\overline{AE}=\overline{EF}$이고, $\angle BFE=\frac{\pi}{2}$가 되도록 잡는다. $\angle ABE=\theta$라 할 때, $\cos\theta$의 값은?

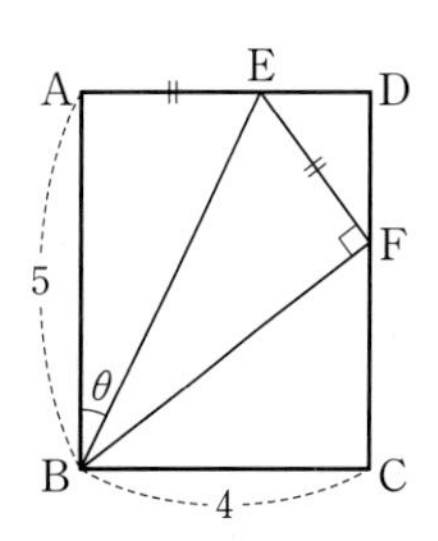

① $\frac{\sqrt{5}}{2}$ ② $\frac{2\sqrt{5}}{5}$ ③ $\frac{3\sqrt{5}}{10}$
④ $\frac{\sqrt{5}}{5}$ ⑤ $\frac{\sqrt{5}}{10}$

68 상중하

▶ 23645-0209

그림과 같이 곡선 $y=\sqrt{1-x^2}\ (0\le x\le 1)$ 위의 점 P에서 x축에 내린 수선의 발을 H라 하고, 점 A(1, 0)에 대하여 $\angle APH=\theta_1$, $\angle OPH=\theta_2$라 하자. $\tan\theta_1=\frac{1}{3}$일 때, $\tan(\theta_1+\theta_2)$의 값을 구하시오. (단, O는 원점이다.)

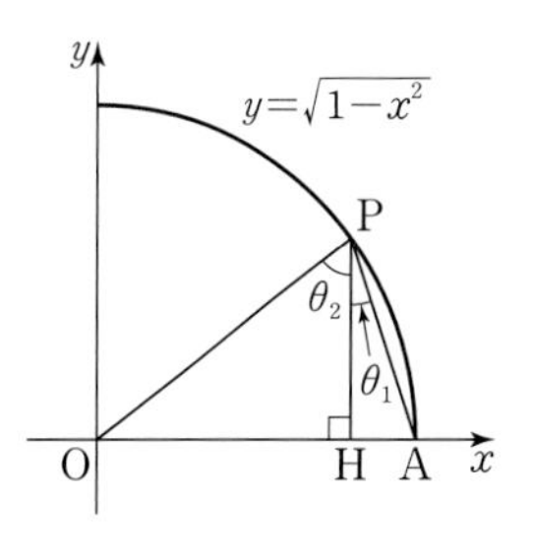

21 삼각함수의 극한

(1) $\lim_{x\to a}\sin x=\sin a$

(2) $\lim_{x\to a}\cos x=\cos a$

(3) $\lim_{x\to a}\tan x=\tan a\left(a\neq n\pi+\frac{\pi}{2}\right)$

》 올림포스 미적분 40쪽

69 대표문제
▸ 23645-0210

$\lim_{x\to\pi}\frac{1+\cos x}{\sin^2 x}$의 값은?

① $\frac{1}{4}$ ② $\frac{1}{2}$ ③ $\frac{3}{4}$
④ 1 ⑤ $\frac{5}{4}$

70 상중하
▸ 23645-0211

$\lim_{x\to\frac{\pi}{4}}\frac{\sin x-\cos x}{\tan^2 x-1}$의 값은?

① $\frac{\sqrt{2}}{8}$ ② $\frac{\sqrt{2}}{4}$ ③ $\frac{3\sqrt{2}}{8}$
④ $\frac{\sqrt{2}}{2}$ ⑤ $\frac{5\sqrt{2}}{8}$

71 상중하
▸ 23645-0212

$\lim_{x\to\frac{\pi}{2}}\frac{1}{(\sin x-1)\csc^2 2x}$의 값은?

① -4 ② -5 ③ -6
④ -7 ⑤ -8

중요

22 $\lim_{x\to 0}\frac{\sin x}{x}$ 꼴의 극한

(1) $\lim_{x\to 0}\frac{\sin x}{x}=1$

(2) $\lim_{x\to 0}\frac{\sin ax}{bx}=\frac{a}{b}$

》 올림포스 미적분 40쪽

72 대표문제
▸ 23645-0213

$\lim_{x\to 0}\frac{\sin 3x+\sin 4x}{x^2+2x}$의 값은?

① 2 ② $\frac{5}{2}$ ③ 3
④ $\frac{7}{2}$ ⑤ 4

73 상중하
▸ 23645-0214

$\lim_{x\to 0}\frac{\sin(\sin ax)}{\sin 2x}=5$일 때, 상수 a의 값을 구하시오.

74 상중하
▸ 23645-0215

함수 $f(x)=\sin^2 x$에 대하여 $\lim_{x\to 0}\frac{f(x^2+2x)}{\sin f(x)}$의 값을 구하시오.

중요
23 $\lim_{x\to 0}\frac{\tan x}{x}$ 꼴의 극한

(1) $\lim_{x\to 0}\frac{\tan x}{x}=1$

(2) $\lim_{x\to 0}\frac{\tan ax}{bx}=\frac{a}{b}$

>> 올림포스 미적분 40쪽

75 대표문제

▸ 23645-0216

$\lim_{x\to 0}\frac{\tan 6x-\tan 3x}{\sin x}$의 값은?

① $\frac{5}{2}$　② 3　③ $\frac{7}{2}$　④ 4　⑤ $\frac{9}{2}$

76 상중하

▸ 23645-0217

$\lim_{x\to 0}\frac{e^{4x}-1}{\tan(2x^2+x)}$의 값을 구하시오.

77 상중하

▸ 23645-0218

$\lim_{x\to 0}\frac{\sin^2 x+\sin^2 2x+\cdots+\sin^2 nx}{n(\sec^2 x-1)}=11$을 만족시키는 자연수 n의 값을 구하시오.

중요
24 $\lim_{x\to 0}\frac{1-\cos x}{x^2}$ 꼴의 극한

분자와 분모에 $1+\cos x$를 각각 곱한 후 $1-\cos^2 x=\sin^2 x$임을 이용하여 극한값을 구한다.

>> 올림포스 미적분 41쪽

78 대표문제

▸ 23645-0219

$\lim_{x\to 0}\frac{1-\cos x}{\sin x\tan x}$의 값은?

① $\frac{1}{4}$　② $\frac{1}{2}$　③ $\frac{3}{4}$　④ 1　⑤ $\frac{5}{4}$

79 상중하

▸ 23645-0220

$\lim_{x\to 0}\frac{\tan x-\sin x}{x^3}$의 값은?

① $\frac{1}{4}$　② $\frac{1}{2}$　③ $\frac{3}{4}$　④ 1　⑤ $\frac{5}{4}$

80 상중하

▸ 23645-0221

다음 **보기**에서 옳은 것만을 있는 대로 고른 것은?

보기

ㄱ. $\lim_{x\to 0}\frac{\cos x-1}{\sec^2 x-1}=-\frac{1}{2}$

ㄴ. $\lim_{x\to 0}\frac{1-\cos x}{1-\cos 3x}=\frac{1}{3}$

ㄷ. $\lim_{x\to 0}\frac{\cos^4 x-1}{x^2}=-2$

① ㄱ　② ㄴ　③ ㄱ, ㄴ　④ ㄱ, ㄷ　⑤ ㄱ, ㄴ, ㄷ

25 치환을 이용한 삼각함수의 극한 ($x \to a$)

삼각함수의 극한에서 0이 아닌 실수 a에 대하여 $x \to a$인 경우 $x-a=t$로 치환하여 $t \to 0$ 꼴로 식을 변형한 후 극한값을 구한다.

81 대표문제 ▶ 23645-0222

$\lim_{x \to \frac{\pi}{2}} \frac{\cos x}{2x-\pi}$의 값은?

① 0 ② $-\frac{1}{4}$ ③ $-\frac{1}{2}$
④ $-\frac{3}{4}$ ⑤ -1

82 상중하 ▶ 23645-0223

$\lim_{x \to \pi} \frac{\tan x}{x^2-\pi^2}$의 값은?

① $\frac{1}{5\pi}$ ② $\frac{1}{4\pi}$ ③ $\frac{1}{3\pi}$
④ $\frac{1}{2\pi}$ ⑤ $\frac{1}{\pi}$

83 상중하 ▶ 23645-0224

$\lim_{x \to \frac{\pi}{2}} \frac{1-\sin^2 x}{\left(x-\frac{\pi}{2}\right)(e^{2x-\pi}-1)}$의 값을 구하시오.

84 상중하 ▶ 23645-0225

$\lim_{x \to 2} \frac{\sin\left(\cos \frac{\pi}{4}x\right)}{x-2}$의 값은?

① $-\frac{\pi}{8}$ ② $-\frac{\pi}{4}$ ③ $-\frac{3}{8}\pi$
④ $-\frac{\pi}{2}$ ⑤ $-\frac{5}{8}\pi$

85 상중하 ▶ 23645-0226

함수 $f(x)=\tan x$에 대하여 $\lim_{x \to \pi} f(x^2-\pi^2)f\left(x-\frac{\pi}{2}\right)$의 값은?

① $-\pi$ ② -2π ③ -3π
④ -4π ⑤ -5π

86 상중하 ▶ 23645-0227

$\lim_{x \to \frac{3}{2}\pi} \frac{(e^{\cos x}-1)\ln(\sin^2 x)}{\left(x-\frac{3}{2}\pi\right)^n}$가 0이 아닌 값으로 수렴할 때, 자연수 n의 값을 구하시오.

26 치환을 이용한 삼각함수의 극한 ($x\to\infty$)

삼각함수의 극한에서 $x\to\infty$인 경우 $\frac{1}{x}=t$로 치환하여 $t\to 0+$ 꼴로 식을 변형한 후 극한값을 구한다.

87 대표문제 ▸ 23645-0228

$\lim_{x\to\infty} x^2 \sin\frac{3}{x^2}$의 값을 구하시오.

88 상중하 ▸ 23645-0229

$\lim_{x\to\infty}\frac{2x+1}{3}\tan\frac{1}{x}$의 값은?

① $\frac{1}{6}$ ② $\frac{1}{3}$ ③ $\frac{1}{2}$
④ $\frac{2}{3}$ ⑤ 1

89 상중하 ▸ 23645-0230

$\lim_{x\to\infty} x\sin\left(\frac{\sin x}{x^2}\right)$의 값은?

① $-\frac{2}{3}$ ② $-\frac{1}{3}$ ③ 0
④ $\frac{1}{3}$ ⑤ $\frac{2}{3}$

27 삼각함수의 극한의 활용 (미정계수)

$\lim_{x\to a}\frac{f(x)}{g(x)}=\alpha$ (α는 실수)일 때,
(1) $\lim_{x\to a} g(x)=0$이면 $\lim_{x\to a} f(x)=0$
(2) $\lim_{x\to a} f(x)=0$, $\alpha\neq 0$이면 $\lim_{x\to a} g(x)=0$

90 대표문제 ▸ 23645-0231

$\lim_{x\to 0}\frac{e^{3x}-a}{\sin bx}=2$를 만족시키는 두 상수 a, b에 대하여 $a+b$의 값은?

① 2 ② $\frac{5}{2}$ ③ 3
④ $\frac{7}{2}$ ⑤ 4

91 상중하 ▸ 23645-0232

$\lim_{x\to 0}\frac{1-\cos x}{\sqrt{ax^2+b}-1}=5$를 만족시키는 두 상수 a, b에 대하여 $a-b$의 값은?

① $-\frac{2}{5}$ ② $-\frac{1}{2}$ ③ $-\frac{3}{5}$
④ $-\frac{7}{10}$ ⑤ $-\frac{4}{5}$

92 상중하 ▸ 23645-0233

$\lim_{x\to 1}\frac{\tan(ax+b)}{\cos\frac{\pi}{2}x}=1$을 만족시키는 두 상수 a, b에 대하여 ab의 값은? (단, $0<b<\pi$)

① $-\frac{5\pi^2}{4}$ ② $-\pi^2$ ③ $-\frac{3\pi^2}{4}$
④ $-\frac{\pi^2}{2}$ ⑤ $-\frac{\pi^2}{4}$

28 삼각함수의 연속

함수 $f(x)=\begin{cases} g(x) & (x\neq a) \\ k & (x=a) \end{cases}$ 가 $x=a$에서 연속이면

$\lim\limits_{x\to a} g(x)=k$

93 대표문제 ▶ 23645-0234

함수 $f(x)=\begin{cases} \dfrac{1-\cos 2x}{x^2} & (x\neq 0) \\ a & (x=0) \end{cases}$ 이 $x=0$에서 연속이 되도록 하는 상수 a의 값을 구하시오.

94 상중하 ▶ 23645-0235

양의 실수 전체의 집합에서 정의된 함수 $f(x)$가 $x\neq\pi$에서

$f(x)=\begin{cases} \dfrac{e^{x-a}-1}{\sin x} & (x<\pi) \\ \dfrac{b\tan x}{cx-1} & (x\geq\pi) \end{cases}$ 를 만족시킨다. 함수 $f(x)$가 $x=\pi$에서 연속이 되도록 하는 세 상수 a, b, c에 대하여 $a+b+c$의 값을 구하시오.

95 상중하 ▶ 23645-0236

열린구간 $\left(-\dfrac{\pi}{6}, \dfrac{\pi}{6}\right)$에서 연속인 함수 $f(x)$가 열린구간 $\left(-\dfrac{\pi}{6}, \dfrac{\pi}{6}\right)$의 모든 실수 x에서

$$x^2 f(x)=\begin{cases} -\tan^2 2x & (x<0) \\ \ln(\cos ax) & (x>0) \end{cases}$$

을 만족시킬 때, 양수 a의 값은?

① 2 ② $2\sqrt{2}$ ③ 4 ④ $4\sqrt{2}$ ⑤ 8

중요
29 삼각함수의 극한의 활용 (도형)

선분의 길이, 도형의 넓이 등을 삼각함수로 나타낸 후 극한의 성질을 이용하여 극한값을 구한다.

96 대표문제 ▶ 23645-0237

그림과 같이 반지름의 길이가 1이고 중심각의 크기가 $\dfrac{\pi}{2}$인 부채꼴 OAB가 있다. 호 AB 위의 점 P에서 선분 OB에 내린 수선의 발을 H라 하고 $\angle$POH$=\theta$라 할 때, $\lim\limits_{\theta\to 0+}\dfrac{\overline{\text{BH}}}{\overline{\text{PH}}^2}$의 값은? $\left(\text{단, } 0<\theta<\dfrac{\pi}{2}\right)$

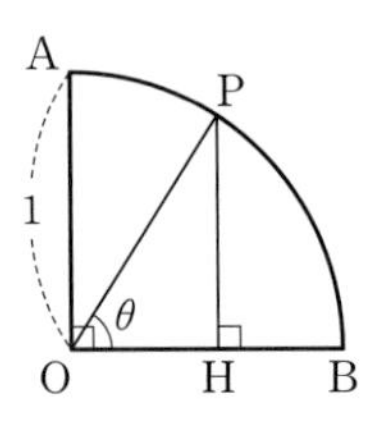

① $\dfrac{1}{8}$ ② $\dfrac{1}{4}$ ③ $\dfrac{3}{8}$ ④ $\dfrac{1}{2}$ ⑤ $\dfrac{5}{8}$

97 상중하 ▶ 23645-0238

그림과 같이 $\overline{\text{AB}}=2$이고 $\angle$BAC$=\dfrac{\pi}{2}$인 직각삼각형 ABC의 꼭짓점 A에서 선분 BC에 내린 수선의 발을 H라 하자. $\angle$ABC$=\theta$라 하고 삼각형 AHC의 넓이를 $S(\theta)$라 할 때, $\lim\limits_{\theta\to 0+}\dfrac{S(\theta)}{\theta^3}$의 값을 구하시오. $\left(\text{단, } 0<\theta<\dfrac{\pi}{2}\right)$

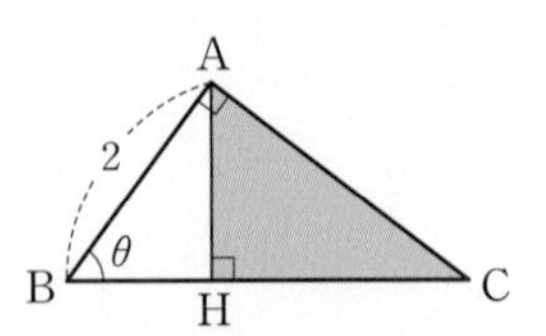

98 상중하

▶ 23645-0239

그림과 같이 중심이 점 O이고, 길이가 2인 선분 AB를 지름으로 하는 반원의 호 위의 점 P와 선분 OB 위의 점 C에 대하여 $\angle APO=\angle CPO$이다. $\angle CPO=\theta$일 때, $\lim_{\theta \to 0+} \overline{CP}$의 값은? $\left(단,\ 0<\theta<\frac{\pi}{4}\right)$

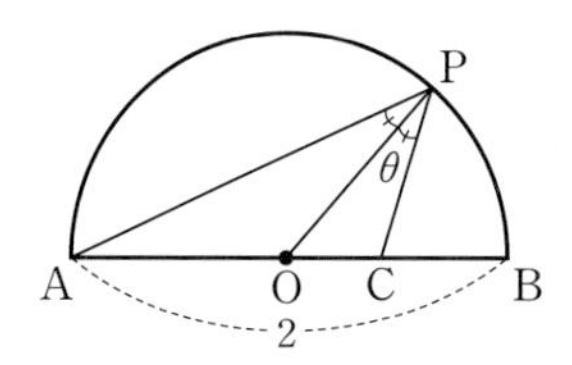

① $\frac{1}{3}$ ② $\frac{1}{2}$ ③ $\frac{2}{3}$
④ $\frac{5}{6}$ ⑤ 1

99 상중하

▶ 23645-0240

그림과 같이 $\overline{AB}=2$, $\overline{AC}=\overline{BC}$인 이등변삼각형 ABC의 꼭짓점 C에서 선분 AB에 내린 수선의 발을 H라 하고, 선분 AB 위의 점 D를 $\overline{AC}=\overline{AD}$가 되도록 잡자. $\angle CAB=\theta$라 하고, 삼각형 CHD의 넓이를 $S(\theta)$라 할 때, $\lim_{\theta \to 0+} \frac{S(\theta)}{\theta^3}$의 값은? $\left(단,\ 0<\theta<\frac{\pi}{3}\right)$

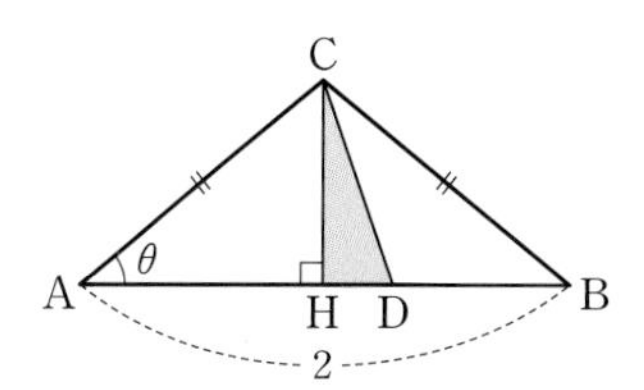

① $\frac{1}{8}$ ② $\frac{1}{4}$ ③ $\frac{3}{8}$
④ $\frac{1}{2}$ ⑤ $\frac{5}{8}$

중요
30 삼각함수의 도함수

(1) $y=\sin x$에 대하여 $y'=\cos x$
(2) $y=\cos x$에 대하여 $y'=-\sin x$

>> 올림포스 미적분 41쪽

100 대표문제

▶ 23645-0241

함수 $f(x)=e^x(3\sin x+1)$에 대하여 $f'(0)$의 값을 구하시오.

101 상중하

▶ 23645-0242

함수 $f(x)=\sqrt{3}\sin x+\cos x$에 대하여 $f'(\alpha)=0$을 만족시키는 모든 α의 값의 합은? (단, $-\pi<\alpha<\pi$)

① $-\frac{\pi}{6}$ ② $-\frac{\pi}{3}$ ③ $-\frac{\pi}{2}$
④ $-\frac{2}{3}\pi$ ⑤ $-\frac{5}{6}\pi$

102 상중하

▶ 23645-0243

함수 $f(x)=3\cos x+x\sin x$와 실수 전체의 집합에서 미분가능한 함수 $g(x)$에 대하여 $h(x)=f(x)g(x)$라 하자.
$g'(0)=4$일 때, $h'(0)$의 값을 구하시오.

31 미분계수의 정의를 이용한 극한값 구하기

$$f'(a)=\lim_{h\to 0}\frac{f(a+h)-f(a)}{h}=\lim_{x\to a}\frac{f(x)-f(a)}{x-a}$$

103 대표문제 ▶ 23645-0244

함수 $f(x)=(x^2-2x)\sin x$에 대하여

$\lim_{h\to 0}\frac{f(\pi-h)-f(\pi+2h)}{h}$의 값은?

① $3\pi^2-6\pi$ ② $3\pi^2-3\pi$ ③ $2\pi^2-6\pi$
④ $2\pi^2-3\pi$ ⑤ $\pi^2-6\pi$

104 상중하 ▶ 23645-0245

함수 $f(x)=\lim_{h\to 0}\frac{e^{x+h}\sin(x+h)-e^x\sin x}{h}$에 대하여 $f(\pi)$의 값은?

① $-e^\pi$ ② $-2e^\pi$ ③ $-3e^\pi$
④ $-4e^\pi$ ⑤ $-5e^\pi$

105 상중하 ▶ 23645-0246

함수 $f(x)=\sin x\cos x$에 대하여

$\lim_{x\to 0}\frac{f(\pi+\tan x)-f(\pi-\tan x)}{ax}=4$를 만족시키는 상수 a의 값을 구하시오.

32 삼각함수의 미분가능성

함수 $f(x)=\begin{cases} g(x) & (x<a) \\ h(x) & (x\ge a)\end{cases}$가 $x=a$에서 미분가능하면

(1) $\lim_{x\to a-}g(x)=\lim_{x\to a+}h(x)=h(a)$

(2) $\lim_{x\to a-}\frac{g(x)-h(a)}{x-a}=\lim_{x\to a+}\frac{h(x)-h(a)}{x-a}$

106 대표문제 ▶ 23645-0247

함수 $f(x)=\begin{cases} \cos x+a & (x<0) \\ x^2+bx & (x\ge 0)\end{cases}$이 $x=0$에서 미분가능하도록 하는 두 상수 a, b에 대하여 $a+b$의 값을 구하시오.

107 상중하 ▶ 23645-0248

함수 $f(x)=\begin{cases} a\sin x\cos x & (x<\pi) \\ \ln x+b & (x\ge \pi)\end{cases}$가 모든 실수 x에 대하여 미분가능하도록 하는 두 상수 a, b에 대하여 $\frac{b}{a}$의 값은?

① $-\pi^2\ln\pi$ ② $-\pi^2\ln 2\pi$ ③ $-\pi^2\ln 3\pi$
④ $-\pi\ln\pi$ ⑤ $-\pi\ln 2\pi$

108 상중하 ▶ 23645-0249

함수 $f(x)=\begin{cases} \sin x+a(x+2) & (x<0) \\ be^x\cos x+1 & (x\ge 0)\end{cases}$이 모든 실수 x에 대하여 미분가능할 때, $f(\pi)$의 값은? (단, a, b는 상수이다.)

① $-5e^\pi+1$ ② $-4e^\pi+1$ ③ $-3e^\pi+1$
④ $-2e^\pi+1$ ⑤ $-e^\pi+1$

서술형 완성하기

>> 정답과 풀이 53쪽

01

▶ 23645-0250

$\lim_{x \to 0} \frac{e^{ax}-(x+1)^2}{\sqrt{x+b}-2}=4$를 만족시키는 두 상수 a, b에 대하여 $a+b$의 값을 구하시오.

02

▶ 23645-0251

$\lim_{x \to 0} \frac{\ln(x^2+ax+1)}{e^{ax}-e^x}=\frac{3}{2}$일 때, 1보다 큰 상수 a의 값을 구하시오.

03 내신기출

▶ 23645-0252

함수 $f(x)=\begin{cases} \frac{\ln(x^2+2)-\ln a}{bx^2} & (x<0) \\ x^2-1 & (x \geq 0) \end{cases}$이 $x=0$에서 연속일 때, $f(-\sqrt{2})$의 값을 구하시오. (단, a, b는 상수이다.)

04 내신기출

▶ 23645-0253

두 함수 $f(x)=\frac{\tan^2 x}{\cos(\sin ax)-1}$, $g(x)=x-8$에 대하여 함수 $h(x)=\begin{cases} f(x) & (x<0) \\ g(x) & (x \geq 0) \end{cases}$이 $x=0$에서 연속일 때, 양수 a의 값을 구하시오.

05

▶ 23645-0254

최고차항의 계수가 1인 이차함수 $f(x)$에 대하여 함수 $g(x)$를

$$g(x)=f(x)e^x$$

이라 하자. $\lim_{x \to 1} \frac{g(x)}{x-1}=3e$일 때, $f(-1)$의 값을 구하시오.

06

▶ 23645-0255

함수 $f(x)=\ln x \times \sin x$에 대하여 함수 $g(x)$를

$$g(x)=f'(x)-\frac{f(x)}{\tan x}$$

라 하자. $\lim_{x \to 0} g(x)$의 값을 구하시오.

내신 + 수능 고난도 도전

▶ 23645-0256

01 두 함수 $f(x)=\begin{cases} \dfrac{\ln(x^2-2x+2)}{x-1} & (x<1) \\ e & (x=1) \\ \dfrac{e^x-e}{\ln x} & (x>1) \end{cases}$, $g(x)=x^2-ax$에 대하여 함수 $(g\circ f)(x)$는 실수 전체의 집합에서 연속일 때, 상수 a의 값은?

① $\frac{1}{e^2}$　② $\frac{1}{e}$　③ 1　④ e　⑤ e^2

▶ 23645-0257

02 함수 $f(x)$는 $0<x<\pi$에서

$$f(x)=\begin{cases} \dfrac{1}{ax-1} & \left(0<x\le\dfrac{\pi}{2}\right) \\ \dfrac{\sin bx}{x-\pi} & \left(\dfrac{\pi}{2}<x<\pi\right) \end{cases}$$

이고, 모든 실수 x에 대하여 $f(x)=f(x+\pi)$이다. 함수 $f(x)$가 실수 전체의 집합에서 연속일 때, 두 상수 a, b에 대하여 $a+b$의 값은? (단, $b>0$)

① $\frac{1}{\pi}$　② $\frac{2}{\pi}$　③ $\frac{3}{\pi}$　④ $\frac{4}{\pi}$　⑤ $\frac{5}{\pi}$

▶ 23645-0258

03 함수 $f(x)=\sin x\cos x-\frac{1}{2}$에 대하여 함수 $g(x)=\lim_{h\to 0}\frac{f(x+\sin h)-f(x-\tan h)}{h}$일 때, $\lim_{x\to\frac{\pi}{4}}\frac{f(x)}{\left(x-\frac{\pi}{4}\right)g(x)}=\frac{q}{p}$라 하자. $p+q$의 값을 구하시오. (단, p와 q는 서로소인 자연수이다.)

▶ 23645-0259

04 0이 아닌 두 상수 a, b에 대하여 함수 $f(x)=a\ln x+x+b$라 하자. $\lim_{x\to 1}f(x^2)f'(x-1)=-\frac{1}{2}$일 때, $f(e)$의 값은?

① $e-\frac{3}{2}$　② $e-\frac{1}{2}$　③ $e+\frac{1}{2}$　④ $e+\frac{3}{2}$　⑤ $e+\frac{5}{2}$

▶ 23645-0260

05 그림과 같이 함수 $f(x)=\ln x$에 대하여 곡선 $y=f(x)$를 y축에 대하여 대칭이동한 뒤 x축의 방향으로 a만큼, y축의 방향으로 $h(a)$만큼 평행이동한 곡선을 $y=g(x)$라 할 때, 곡선 $y=g(x)$는 원점을 지난다. x축과 두 곡선 $y=f(x)$, $y=g(x)$가 만나는 점을 각각 A, B라 하고, 두 곡선 $y=f(x)$, $y=g(x)$가 만나는 점을 C라 하자. 삼각형 ABC의 넓이를 $S(a)$라 할 때, $\lim_{a \to 0+} \frac{h(a)-2S(a)}{a}$의 값은?

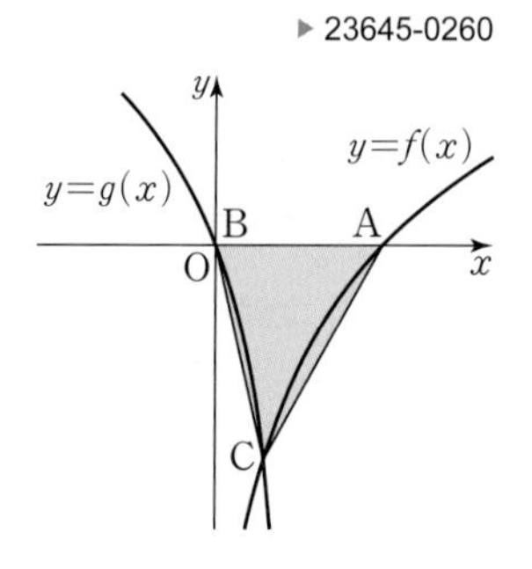

① -5 ② -4 ③ -3
④ -2 ⑤ -1

▶ 23645-0261

06 그림과 같이 $\overline{AB}=4$, $\overline{BC}=6$, $\overline{CA}=2\sqrt{7}$인 삼각형 ABC의 꼭짓점 A에서 선분 BC에 내린 수선의 발을 H라 하고, $\angle ABC$의 이등분선이 선분 AH와 만나는 점을 D라 하자. $\angle DBH=\alpha$, $\angle ACD=\beta$라 할 때, $\tan(\alpha-\beta)$의 값은?

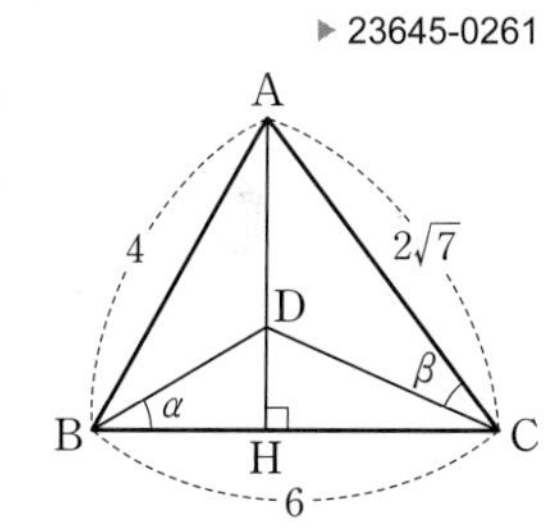

① $\frac{\sqrt{3}}{13}$ ② $\frac{\sqrt{3}}{15}$ ③ $\frac{\sqrt{3}}{17}$
④ $\frac{\sqrt{3}}{19}$ ⑤ $\frac{\sqrt{3}}{21}$

▶ 23645-0262

07 그림과 같이 반지름의 길이가 1이고 중심각의 크기가 θ인 부채꼴 OAB가 있다. 선분 OA 위의 점 C는 $\overline{AB}=\overline{AC}$가 되도록 잡고, 선분 OB 위의 점 D는 $\overline{OC}=\overline{OD}$가 되도록 잡자. 삼각형 ABC의 넓이를 $f(\theta)$, 부채꼴 OCD의 넓이를 $g(\theta)$라 할 때, $\lim_{\theta \to 0+} \frac{f(\theta)}{\theta \times g(\theta)}$의 값은? $\left(\text{단, } 0<\theta<\frac{\pi}{3}\right)$

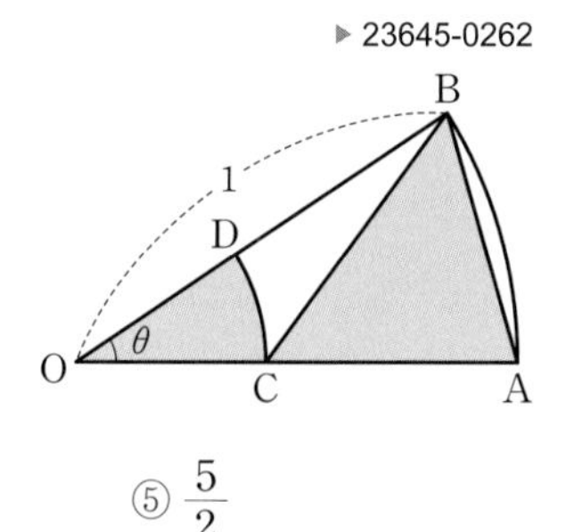

① $\frac{1}{2}$ ② 1 ③ $\frac{3}{2}$ ④ 2 ⑤ $\frac{5}{2}$

04 여러 가지 미분법

01 함수의 몫의 미분법

(1) 두 함수 $f(x)$, $g(x)$가 미분가능하고 $g(x)\neq0$일 때,

① $y=\dfrac{1}{g(x)}$이면 $y'=-\dfrac{g'(x)}{\{g(x)\}^2}$

② $y=\dfrac{f(x)}{g(x)}$이면 $y'=\dfrac{f'(x)g(x)-f(x)g'(x)}{\{g(x)\}^2}$

(2) 함수 $y=x^n$ (n은 정수)의 도함수

n이 정수일 때, $y=x^n$이면 $y'=nx^{n-1}$

(3) 삼각함수의 도함수

① $y=\tan x$이면 $y'=\sec^2 x$　② $y=\sec x$이면 $y'=\sec x\tan x$

③ $y=\csc x$이면 $y'=-\csc x\cot x$　④ $y=\cot x$이면 $y'=-\csc^2 x$

예 (1) $y=\dfrac{1}{x+1}$이면 $y'=-\dfrac{(x+1)'}{(x+1)^2}=-\dfrac{1}{(x+1)^2}$

(2) $y=x^{-2}$이면 $y'=-2x^{-2-1}=-2x^{-3}$

(3) $y=\tan x+\sec x$이면

$y'=(\tan x+\sec x)'=(\tan x)'+(\sec x)'=\sec^2 x+\sec x\tan x$

함수 $y=x^n$ (n은 정수)의 정의역은 0을 제외한 실수 전체의 집합이다.

02 합성함수의 미분법

두 함수 $y=f(u)$, $u=g(x)$가 미분가능할 때, 합성함수 $y=f(g(x))$의 도함수는

$$\frac{dy}{dx}=\frac{dy}{du}\times\frac{du}{dx} \text{ 또는 } \{f(g(x))\}'=f'(g(x))g'(x)$$

설명 $u=g(x)$에서 x의 증분 Δx에 대한 u의 증분을 Δu라 하고, $y=f(u)$에서 u의 증분 Δu에 대한 y의 증분을 Δy라 하면

$$\frac{\Delta y}{\Delta x}=\frac{\Delta y}{\Delta u}\times\frac{\Delta u}{\Delta x} \text{ (단, } \Delta u\neq0)$$

이때 두 함수 $y=f(u)$, $u=g(x)$가 미분가능하므로

$$\frac{dy}{dx}=\lim_{\Delta x\to0}\frac{\Delta y}{\Delta x}=\lim_{\Delta x\to0}\left(\frac{\Delta y}{\Delta u}\times\frac{\Delta u}{\Delta x}\right)=\lim_{\Delta u\to0}\frac{\Delta y}{\Delta u}\times\lim_{\Delta x\to0}\frac{\Delta u}{\Delta x}=\frac{dy}{du}\times\frac{du}{dx}$$

예 $y=(2x+1)^3$에서 $y'=3(2x+1)^2(2x+1)'=6(2x+1)^2$

함수 $f(x)$가 미분가능할 때,
① $y=f(ax+b)$이면
$y'=af'(ax+b)$
② $y=\{f(x)\}^n$이면
$y'=n\{f(x)\}^{n-1}f'(x)$
(단, n은 정수)

03 로그함수, 지수함수와 $y=x^a$ (a는 실수)의 도함수

(1) 절댓값을 갖는 로그함수의 도함수

① $y=\ln|x|$이면 $y'=\dfrac{1}{x}$

② $y=\log_a|x|$이면 $y'=\dfrac{1}{x\ln a}$ (단, $a>0$, $a\neq1$)

③ $y=\ln|f(x)|$이면 $y'=\dfrac{f'(x)}{f(x)}$ (단, $f(x)$는 미분가능한 함수이고, $f(x)\neq0$이다.)

(2) 지수함수의 도함수

$a>0$, $a\neq1$이고, 함수 $f(x)$가 미분가능할 때,

① $y=e^{f(x)}$이면 $y'=e^{f(x)}f'(x)$

② $y=a^{f(x)}$이면 $y'=a^{f(x)}f'(x)\ln a$

(3) 함수 $y=x^a$ (a는 실수, $x>0$)의 도함수

$y=x^a$이면 $y'=ax^{a-1}$

함수 $f(x)$가 미분가능할 때, $y=\log_a|f(x)|$이면 $y'=\dfrac{f'(x)}{f(x)\ln a}$

로그함수의 도함수는 이전 단원에서 구했고, 여기서는 절댓값을 갖는 로그함수의 도함수를 합성함수의 미분법을 이용하여 구한다.

$x<0$인 경우에도 함수 $y=x^a$ (a는 실수)의 도함수가 존재하면 $y'=ax^{a-1}$이 성립함이 알려져 있다.

>> 정답과 풀이 57쪽

01 함수의 몫의 미분법

[01~08] 다음 함수를 미분하시오.

01 $y=\dfrac{1}{x-1}$

02 $y=\dfrac{1}{x^2-2}$

03 $y=\dfrac{1}{e^x-1}$

04 $y=-\dfrac{1}{x-\cos x}$

05 $y=\dfrac{2x+3}{3x-1}$

06 $y=\dfrac{x^2+1}{x-3}$

07 $y=\dfrac{\sin x}{x^2+1}$

08 $y=\dfrac{\ln x}{e^x+1}$

[09~12] 다음 함수를 미분하시오.

09 $y=x^{-1}$

10 $y=-\dfrac{1}{x^4}$

11 $y=x^3-x^{-5}$

12 $y=\dfrac{x^2+3}{x^3}$

[13~16] 다음 함수를 미분하시오.

13 $y=\sec x+2\tan x$

14 $y=3\cot x-\csc x$

15 $y=\sec x\tan x$

16 $y=\dfrac{x}{\cot x}$

02 합성함수의 미분법

[17~22] 다음 함수를 미분하시오.

17 $y=(3x+1)^2$

18 $y=(x+2)^2(x-1)^2$

19 $y=\dfrac{1}{(2x-1)^2}$

20 $y=\sin^3 x$

21 $y=\tan(2x^3-x)$

22 $y=\cos(\sin^2 x)$

03 로그함수, 지수함수와 $y=x^a$ (a는 실수)의 도함수

[23~26] 다음 함수를 미분하시오.

23 $y=\ln|2x+1|$

24 $y=\ln|\cos x|$

25 $y=\log_2|3x^2-1|$

26 $y=\log_3|e^x+1|$

[27~30] 다음 함수를 미분하시오.

27 $y=e^{4x+1}$

28 $y=e^{x^2-2x}$

29 $y=3^{-2x+5}$

30 $y=2^{\sin x}$

[31~34] 다음 함수를 미분하시오.

31 $y=x^{\frac{2}{3}}$

32 $y=\dfrac{1}{\sqrt[3]{x^4}}$

33 $y=x^{\sqrt{2}}$

34 $y=\sqrt{3x+1}$

04 여러 가지 미분법

04 매개변수로 나타낸 함수의 미분법

(1) 매개변수로 나타낸 함수

두 변수 x, y 사이의 관계를 변수 t를 매개로 하여

$x=f(t)$, $y=g(t)$

와 같이 나타낼 때, 변수 t를 매개변수라 하고, $x=f(t)$, $y=g(t)$를 매개변수로 나타낸 함수라고 한다.

(2) 매개변수로 나타낸 함수의 미분법

두 함수 $x=f(t)$, $y=g(t)$가 미분가능하고 $f'(t)\neq0$이면

$$\frac{dy}{dx}=\frac{\frac{dy}{dt}}{\frac{dx}{dt}}=\frac{g'(t)}{f'(t)}$$

05 음함수의 미분법

(1) 음함수

방정식 $f(x, y)=0$이 주어졌을 때, x와 y의 값의 범위를 적당히 정하면 y는 x에 대한 함수가 된다. 이와 같이 x에 대한 함수 y가 방정식

$f(x, y)=0$

의 꼴로 주어졌을 때, 이 방정식을 y의 x에 대한 음함수 표현이라고 한다.

(2) 음함수의 미분법

음함수 $f(x, y)=0$에서 y를 x에 대한 함수로 보고, 양변의 각 항을 x에 대하여 미분한 후에 $\frac{dy}{dx}$를 구한다.

음함수의 미분법은 $f(x, y)=0$을 $y=g(x)$로 나타내기 어려운 함수를 미분할 때 편리하다.

06 역함수의 미분법

미분가능한 함수 $f(x)$의 역함수 $g(x)$가 존재하고 이 역함수가 미분가능할 때,

$$g'(x)=\frac{1}{f'(g(x))} \text{ 또는 } \frac{dy}{dx}=\frac{1}{\frac{dx}{dy}} \left(\text{단, } f'(g(x))\neq0,\ \frac{dx}{dy}\neq0\right)$$

설명 함수 $f(x)$의 역함수가 $g(x)$이므로 $f(g(x))=x$

이 식의 양변을 x에 대하여 미분하면 $f'(g(x))g'(x)=1$

따라서 $g'(x)=\frac{1}{f'(g(x))}$ (단, $f'(g(x))\neq0$)

역함수의 미분법은 역함수를 직접 구하기 어려운 경우 이용하면 편리하다.

$f'(g(a))=0$을 만족시키는 a에 대하여 $x=a$에서 미분가능하지 않음이 알려져 있다.

도함수를 여러 가지 방법으로 구할 수도 있다.

예를 들어, $y=\sqrt[3]{x}$를

① 합성함수의 미분법

② $x-y^3=0$으로 변형하여 음함수의 미분법

③ $x=y^3$으로 변형하여 역함수의 미분법

으로 도함수를 구할 수 있다.

07 이계도함수

함수 $y=f(x)$의 도함수 $f'(x)$가 미분가능할 때, 함수 $f'(x)$의 도함수

$$\lim_{\Delta x\to0}\frac{f'(x+\Delta x)-f'(x)}{\Delta x}$$

를 함수 $f(x)$의 이계도함수라 하고, 이것을 기호로 $f''(x)$, y'', $\frac{d^2y}{dx^2}$, $\frac{d^2}{dx^2}f(x)$와 같이 나타낸다.

04 매개변수로 나타낸 함수의 미분법

[35~39] 다음 매개변수로 나타낸 함수에서 $\frac{dy}{dx}$를 구하시오.

35 $x=2t$, $y=-t^2+3$

36 $x=t^2+1$, $y=t^3-2t$

37 $x=\frac{1}{t}$, $y=\sqrt{2t+1}$

38 $x=e^{2t}$, $y=\ln(t^2+1)$

39 $x=\sec t$, $y=\cot t$

05 음함수의 미분법

[40~46] 다음 음함수에서 $\frac{dy}{dx}$를 구하시오.

40 $x+y^2=1$

41 $x^2+y^2=4$

42 $xy=1$

43 $x^2(y-1)=3$

44 $x^2+y^3-4xy+1=0$

45 $x\sin y+y\cos x=2$

46 $2x^3-\frac{x}{y}+y^2-1=0$

06 역함수의 미분법

[47~50] 역함수의 미분법을 이용하여 다음 함수에서 $\frac{dy}{dx}$를 구하시오.

47 $x=y^5$ $(x\neq 0)$

48 $x=y^3$ $(x\neq 0)$

49 $y=\sqrt[3]{x-3}$ $(x\neq 3)$

50 $y=\sqrt[4]{x+1}$ $(x>-1)$

51 함수 $f(x)=x^3+1$의 역함수를 $g(x)$라 할 때, 다음 값을 구하시오.

(1) $g'(0)$　　(2) $g'(9)$

07 이계도함수

[52~56] 다음 함수의 이계도함수를 구하시오.

52 $y=x^3-2x^2+1$

53 $y=\frac{1}{x-1}$

54 $y=e^{3x}$

55 $y=\ln x$

56 $y=\sin 3x$

유형 완성하기

01 함수의 몫의 미분법 $\left(\frac{1}{g(x)}\right)$

함수 $g(x)$가 미분가능하고 $g(x)\neq0$일 때,

$y=\frac{1}{g(x)}$이면 $y'=-\frac{g'(x)}{\{g(x)\}^2}$

» 올림포스 미적분 53쪽

01 대표문제 ▸ 23645-0263

함수 $f(x)=\frac{1}{e^x-2}-\frac{1}{3x+1}$에 대하여 $f'(0)$의 값을 구하시오.

02 상중하 ▸ 23645-0264

함수 $f(x)=\frac{1}{x+2}$에 대하여 방정식 $f'(x)=-1$을 만족시키는 모든 실수 x의 값의 합은?

① -1　② -2　③ -3　④ -4　⑤ -5

03 상중하 ▸ 23645-0265

함수 $f(x)=\frac{1}{2x^n+(n+1)x}$에 대하여 $f'(1)=-\frac{1}{4}$이 되도록 하는 모든 자연수 n의 값의 합을 구하시오.

중요

02 함수의 몫의 미분법 $\left(\frac{f(x)}{g(x)}\right)$

두 함수 $f(x)$, $g(x)$가 미분가능하고 $g(x)\neq0$일 때,

$y=\frac{f(x)}{g(x)}$이면 $y'=\frac{f'(x)g(x)-f(x)g'(x)}{\{g(x)\}^2}$

» 올림포스 미적분 53쪽

04 대표문제 ▸ 23645-0266

함수 $f(x)=\frac{x-1}{x^2+3x+1}$에 대하여

$\lim_{h\to0}\frac{f(1+2h)-f(1-3h)}{h}$의 값은?

① $\frac{1}{25}$　② $\frac{1}{5}$　③ 1　④ 5　⑤ 25

05 상중하 ▸ 23645-0267

함수 $f(x)=\frac{e^x}{x^3+ax^2}$에 대하여 $2f'(1)+f(1)=0$일 때, 상수 a의 값은? (단, $a\neq-1$)

① -3　② $-\frac{5}{2}$　③ -2　④ $-\frac{3}{2}$　⑤ -1

06 상중하 ▸ 23645-0268

실수 전체의 집합에서 미분가능한 함수 $f(x)$에 대하여 $f'(2)-f(2)=e^2+4$이고 $g(x)=\frac{f(x)}{e^x+x^2}$일 때, $g'(2)$의 값은?

① 1　② 2　③ 3　④ 4　⑤ 5

03 $y=x^n$의 도함수

n이 정수일 때, $y=x^n$이면 $y'=nx^{n-1}$

>> 올림포스 미적분 53쪽

07 대표문제

▸ 23645-0269

함수 $f(x)=\dfrac{x^4-2x^3+x}{x^2}$에 대하여 $f'(2)$의 값은?

① 1 ② $\dfrac{7}{4}$ ③ $\dfrac{5}{2}$
④ $\dfrac{13}{4}$ ⑤ 4

08 상중하

▸ 23645-0270

함수 $f(x)=\dfrac{(x-3)(x+3)}{x}$에 대하여 방정식 $f'(x)=2$를 만족시키는 모든 실수 x의 값의 곱을 구하시오.

09 상중하

▸ 23645-0271

함수 $f(x)=\sum_{k=1}^{10}\dfrac{1}{x^k}$에 대하여 $f'(1)$의 값은?

① -55 ② -50 ③ -45
④ -40 ⑤ -35

중요

04 삼각함수의 도함수

(1) $y=\tan x$이면 $y'=\sec^2 x$
(2) $y=\sec x$이면 $y'=\sec x\tan x$
(3) $y=\csc x$이면 $y'=-\csc x\cot x$
(4) $y=\cot x$이면 $y'=-\csc^2 x$

>> 올림포스 미적분 54쪽

10 대표문제

▸ 23645-0272

함수 $f(x)=\tan x\sec x$의 그래프 위의 점 $\left(\dfrac{\pi}{3}, f\left(\dfrac{\pi}{3}\right)\right)$에서의 접선의 기울기를 구하시오.

11 상중하

▸ 23645-0273

함수 $f(x)=\dfrac{1+2\cos x}{\sin x}$에 대하여 $f'\left(\dfrac{\pi}{4}\right)$의 값은?

① $-4-3\sqrt{2}$ ② $-4-\sqrt{2}$ ③ $4-3\sqrt{2}$
④ $4+\sqrt{2}$ ⑤ $4+3\sqrt{2}$

12 상중하

▸ 23645-0274

함수 $f(x)=a\cot x-\csc x$에 대하여 $f'\left(\dfrac{\pi}{6}\right)=\sqrt{3}$일 때, 상수 a의 값은?

① $\dfrac{\sqrt{3}}{8}$ ② $\dfrac{\sqrt{3}}{4}$ ③ $\dfrac{3\sqrt{3}}{8}$
④ $\dfrac{\sqrt{3}}{2}$ ⑤ $\dfrac{5\sqrt{3}}{8}$

13 상중하

▶ 23645-0275

$\lim_{x \to \frac{\pi}{4}} \frac{\sin x \sec x - 1}{x - \frac{\pi}{4}}$의 값은?

① $\frac{\sqrt{2}}{2}$ ② $\sqrt{2}$ ③ 2
④ $2\sqrt{2}$ ⑤ 4

14 상중하

▶ 23645-0276

함수 $f(x) = \frac{\csc x}{1 + \cot x}$에 대하여 $\lim_{x \to \frac{\pi}{4}} \frac{f(x) - f\left(\frac{\pi}{4}\right)}{4x - \pi}$의 값은?

① -2 ② -1 ③ 0
④ 1 ⑤ 2

15 상중하

▶ 23645-0277

구간 $\left(-\frac{\pi}{2}, \infty\right)$에서 정의된 함수

$$f(x) = \begin{cases} a \tan x + b & \left(-\frac{\pi}{2} < x < 0\right) \\ xe^x + 2 & (x \geq 0) \end{cases}$$

이 $x=0$에서 미분가능할 때, 두 상수 a, b에 대하여 $a+b$의 값을 구하시오.

중요

05 합성함수의 미분법

두 함수 $y=f(u)$, $u=g(x)$가 미분가능할 때, 합성함수 $y=f(g(x))$의 도함수는

$\frac{dy}{dx} = \frac{dy}{du} \times \frac{du}{dx}$ 또는 $\{f(g(x))\}' = f'(g(x))g'(x)$

≫ 올림포스 미적분 53쪽

16 대표문제

▶ 23645-0278

함수 $f(x) = (x^2 + 2x - 2)^3$에 대하여 $\lim_{h \to 0} \frac{f(1+h) - f(1)}{h}$의 값을 구하시오.

17 상중하

▶ 23645-0279

함수 $f(x) = \left(\frac{1}{x^2 + a}\right)^2$에 대하여 $f'(1) = 4$일 때, $f'(2)$의 값은? (단, a는 실수이다.)

① -1 ② -2 ③ -3
④ -4 ⑤ -5

18 상중하

▶ 23645-0280

실수 전체의 집합에서 미분가능한 두 함수 $f(x)$, $g(x)$에 대하여 $f'(2) = 3$, $g(1) = g'(1) = 2$일 때, $\lim_{x \to 1} \frac{f(g(x)) - 1}{x - 1} = k$이다. 상수 k의 값은?

① 2 ② 3 ③ 4
④ 5 ⑤ 6

19 상중하

▶ 23645-0281

실수 전체의 집합에서 미분가능한 두 함수 $f(x)$, $g(x)$에 대하여 함수 $h(x)$를 $h(x)=(f\circ g)(x)$라 하자.

$$\lim_{x\to 1}\frac{g(x)-3}{x-1}=2,\ \lim_{x\to 0}\frac{h(1+x)-3}{x}=4$$

라 할 때, $f(3)\times f'(3)$의 값은?

① 3 ② 6 ③ 9 ④ 12 ⑤ 15

20 상중하

▶ 23645-0282

실수 전체의 집합에서 미분가능한 함수 $f(x)$가 $f(3x-1)=(x^3-x)^2$을 만족시킬 때, $f'(5)$의 값을 구하시오.

21 상중하

▶ 23645-0283

양의 실수 전체의 집합에서 미분가능한 함수 $f(x)$가 $\{f(x)\}^4=x^2+4x+4$를 만족시킬 때, $f'(2)$의 값은? (단, $f(2)>0$)

① $\frac{1}{4}$ ② $\frac{1}{2}$ ③ $\frac{3}{4}$ ④ 1 ⑤ $\frac{5}{4}$

06 합성함수의 미분법 (삼각함수)

함수 $f(x)$가 미분가능할 때,

(1) $y=\sin f(x)$이면 $y'=\cos f(x)\times f'(x)$

(2) $y=\cos f(x)$이면 $y'=-\sin f(x)\times f'(x)$

>> 올림포스 미적분 54쪽

22 대표문제

▶ 23645-0284

함수 $f(x)=\tan^2\left(2x+\frac{\pi}{6}\right)$에 대하여 $f'\left(\frac{\pi}{3}\right)$의 값은?

① $-\frac{16\sqrt{3}}{9}$ ② $-\frac{4\sqrt{3}}{9}$ ③ 0 ④ $\frac{4\sqrt{3}}{9}$ ⑤ $\frac{16\sqrt{3}}{9}$

23 상중하

▶ 23645-0285

함수 $f(x)=ax+\sec 3x$에 대하여 $f'\left(\frac{\pi}{12}\right)=\sqrt{2}$일 때, 상수 a의 값은?

① $-\frac{\sqrt{2}}{2}$ ② $-\sqrt{2}$ ③ $-\frac{3\sqrt{2}}{2}$ ④ $-2\sqrt{2}$ ⑤ $-\frac{5\sqrt{2}}{2}$

24 상중하

▶ 23645-0286

함수 $g(x)=\frac{1}{\sin f(x)}$에 대하여 $f(0)=\frac{\pi}{4}$, $f'(0)=\sqrt{2}$일 때, $g'(0)$의 값은?

① $-\frac{1}{2}$ ② $-\frac{\sqrt{2}}{2}$ ③ -1 ④ $-\sqrt{2}$ ⑤ -2

07 합성함수의 미분법 (지수함수)

$a>0$, $a\neq1$이고 함수 $f(x)$가 미분가능할 때,

(1) $y=e^{f(x)}$이면 $y'=e^{f(x)}f'(x)$

(2) $y=a^{f(x)}$이면 $y'=a^{f(x)}f'(x)\ln a$

» 올림포스 미적분 54쪽

25 대표문제

▸ 23645-0287

두 함수 $f(x)=e^{3x}$, $g(x)=x^3-x$에 대하여 함수 $h(x)=(f\circ g)(x)$라 할 때, $h'(1)$의 값을 구하시오.

26 상중하

▸ 23645-0288

함수 $f(x)=e^{a\sin ax}$에 대하여 $f'(0)=9$일 때, $f'\left(\frac{\pi}{2}\right)$의 값은? (단, a는 양수이다.)

① 0　② $\frac{1}{e}$　③ $\frac{2}{e}$　④ $\frac{3}{e}$　⑤ $\frac{4}{e}$

27 상중하

▸ 23645-0289

실수 전체의 집합에서 미분가능한 함수 $f(x)$가 모든 실수 x에 대하여 $f(2^x+1)=\frac{x}{2^x}$가 성립할 때, $f'(2)$의 값은?

① $-\frac{3}{\ln 2}$　② $-\frac{1}{\ln 2}$　③ $\frac{1}{\ln 2}$　④ $\frac{3}{\ln 2}$　⑤ $\frac{5}{\ln 2}$

08 합성함수의 미분법 (로그함수)

(1) $y=\ln|x|$이면 $y'=\frac{1}{x}$

(2) $y=\log_a|x|$이면 $y'=\frac{1}{x\ln a}$ (단, $a>0$, $a\neq1$)

(3) $y=\ln|f(x)|$이면 $y'=\frac{f'(x)}{f(x)}$

(단, $f(x)$는 미분가능한 함수이고, $f(x)\neq0$이다.)

» 올림포스 미적분 54쪽

28 대표문제

▸ 23645-0290

함수 $f(x)=\ln\left|\frac{x^2-1}{x^2+a}\right|$에 대하여 $f'(2)=\frac{1}{3}$을 만족시키는 상수 a의 값은?

① 0　② 1　③ 2　④ 3　⑤ 4

29 상중하

▸ 23645-0291

함수 $f(x)=\log_2(2^x+4^x)$에 대하여 $\lim_{x\to\infty}f'(x)$의 값을 구하시오.

30 상중하

▸ 23645-0292

함수 $f(x)=\ln x^2$에 대하여 $\lim_{x\to-e}\frac{f(f(x))-\ln 4}{x+e}$의 값은?

① $-\frac{1}{e}$　② $-\frac{2}{e}$　③ $-\frac{3}{e}$　④ $-\frac{4}{e}$　⑤ $-\frac{5}{e}$

09 로그함수의 도함수의 활용

$y=\frac{f(x)}{g(x)}$, $y=\{f(x)\}^{g(x)}$ 꼴의 복잡한 함수의 도함수

① 주어진 식의 양변의 절댓값에 자연로그를 취한다.
② 음함수의 미분법을 이용하여 양변을 미분한다.
③ ②에서 구한 식을 y'에 대하여 정리한다.

31 대표문제 ▸ 23645-0293

함수 $f(x)=\frac{(x+1)^2}{x^3(x-2)}$에 대하여 $f'(1)$의 값을 구하시오.

32 상중하 ▸ 23645-0294

함수 $f(x)=\frac{x^2}{(x+2)^3(x+1)^2}$에 대하여 $g(x)=\frac{f'(x)}{f(x)}$라 하자. $g'(1)$의 값은?

① $-\frac{1}{6}$ ② $-\frac{1}{2}$ ③ $-\frac{5}{6}$
④ $-\frac{7}{6}$ ⑤ $-\frac{3}{2}$

33 상중하 ▸ 23645-0295

곡선 $y=\sqrt{\frac{x^4e^x}{3x-2}}$ 위의 점 $(2, 2e)$에서의 접선의 기울기는?

① $\frac{3}{2}e$ ② $\frac{7}{4}e$ ③ $2e$
④ $\frac{9}{4}e$ ⑤ $\frac{5}{2}e$

34 상중하 ▸ 23645-0296

함수 $f(x)=x^{\frac{x}{2}}$에 대하여 $\lim_{x\to e}\frac{f(x)-f(e)}{x-e}$의 값은?

(단, $x>0$)

① $e^{\frac{e}{2}}$ ② $2e^{\frac{e}{2}}$ ③ $3e^{\frac{e}{2}}$
④ e^e ⑤ e^{2e}

35 상중하 ▸ 23645-0297

함수 $y=x^{\ln x}$의 $x=e$에서의 미분계수를 구하시오.

36 상중하 ▸ 23645-0298

함수 $f(x)=\lim_{h\to 0}\frac{(x+h)^{\cos(x+h)}-x^{\cos x}}{h}$에 대하여 $f(\pi)$의 값은? (단, $x>0$)

① $-\frac{3}{\pi^2}$ ② $-\frac{1}{\pi^2}$ ③ $\frac{1}{\pi^2}$
④ $\frac{3}{\pi^2}$ ⑤ $\frac{5}{\pi^2}$

10 $y=x^a$ (a는 실수)의 도함수

a가 실수일 때, $y=x^a$이면 $y'=ax^{a-1}$

37 대표문제 ▶ 23645-0299

함수 $y=\sqrt[3]{(3x^2-4x)^4}$의 $x=2$에서의 미분계수는?

① $\frac{2}{3}\sqrt[3]{4}$ ② $\frac{4}{3}\sqrt[3]{4}$ ③ $\frac{8}{3}\sqrt[3]{4}$
④ $\frac{16}{3}\sqrt[3]{4}$ ⑤ $\frac{32}{3}\sqrt[3]{4}$

38 상중하 ▶ 23645-0300

두 함수 $f(x)=x^5$, $g(x)=x-\sqrt{x^3+3}$에 대하여 $h(x)=(f\circ g)(x)$라 하자. $h'(1)$의 값은?

① $\frac{1}{4}$ ② $\frac{1}{2}$ ③ $\frac{3}{4}$
④ 1 ⑤ $\frac{5}{4}$

39 상중하 ▶ 23645-0301

함수 $f(x)=\sqrt{x+4}-2$에 대하여 $\lim_{x\to 0}\frac{x}{f(\tan 2x)}$의 값은?

① $\frac{1}{4}$ ② $\frac{1}{2}$ ③ 1
④ 2 ⑤ 4

중요
11 매개변수로 나타낸 함수의 미분법

두 함수 $x=f(t)$, $y=g(t)$가 미분가능하고, $f'(t)\neq 0$이면

$$\frac{dy}{dx}=\frac{\frac{dy}{dt}}{\frac{dx}{dt}}=\frac{g'(t)}{f'(t)}$$

≫ 올림포스 미적분 55쪽

40 대표문제 ▶ 23645-0302

매개변수 t로 나타낸 함수 $x=at^3+t^2$, $y=\frac{t^2+4}{t}$에 대하여 $t=1$일 때, $\frac{dy}{dx}$의 값이 3이 되도록 하는 상수 a의 값을 구하시오.

41 상중하 ▶ 23645-0303

매개변수 t로 나타낸 함수 $x=\sqrt{t}+\frac{1}{t}$, $y=\frac{1}{t-2}$에 대하여 $\lim_{t\to 4}\frac{dy}{dx}$의 값은?

① $-\frac{1}{3}$ ② $-\frac{2}{3}$ ③ -1
④ $-\frac{4}{3}$ ⑤ $-\frac{5}{3}$

42 상중하 ▶ 23645-0304

매개변수 t로 나타낸 곡선

$x=\ln(t+1)-t^2$, $y=te^{2t}$

에 대하여 $t=1$에 대응하는 곡선 위의 점에서의 접선의 기울기는?

① $-2e^2$ ② $-e^2$ ③ 0
④ e^2 ⑤ $2e^2$

43 상중하

▸ 23645-0305

매개변수 θ로 나타낸 함수

$$x=\frac{1}{1+\sin\theta},\ y=\sec^2\theta\tan\theta$$

에 대하여 $\theta=\pi$에서의 미분계수는?

① 1 ② 2 ③ 3 ④ 4 ⑤ 5

44 상중하

▸ 23645-0306

매개변수 θ로 나타낸 함수

$$x=\theta-\sin\theta,\ y=1+2\sin^3\theta$$

에 대하여 $\lim\limits_{\theta\to0}\frac{dy}{dx}$의 값을 구하시오.

45 상중하

▸ 23645-0307

매개변수 t로 나타낸 함수 $x=3^t-3^{-t}$, $y=\ln(9^t+9^{-t})$에 대하여 $y=f(x)$로 나타낼 때, $f'(4)$의 값은?

① $\frac{1}{3}$ ② $\frac{4}{9}$ ③ $\frac{5}{9}$ ④ $\frac{2}{3}$ ⑤ $\frac{7}{9}$

중요

12 음함수의 미분법

음함수 $f(x, y)=0$에서 y를 x에 대한 함수로 보고 양변의 각 항을 x에 대하여 미분한 후에 $\frac{dy}{dx}$를 구한다.

>> 올림포스 미적분 55쪽

46 대표문제

▸ 23645-0308

곡선 $x^3+y^2-3xy-5=0$ 위의 점 $(1, -1)$에서의 접선과 수직인 직선의 기울기는?

① $-\frac{1}{6}$ ② $-\frac{1}{3}$ ③ $-\frac{1}{2}$ ④ $-\frac{2}{3}$ ⑤ $-\frac{5}{6}$

47 상중하

▸ 23645-0309

곡선 $ax-y^2+bxy-5=0$ 위의 점 $(2, 1)$에서의 접선의 기울기가 -3일 때, 두 상수 a, b에 대하여 ab의 값은?

① $\frac{3}{4}$ ② $\frac{3}{2}$ ③ $\frac{9}{4}$ ④ 3 ⑤ $\frac{15}{4}$

48 상중하

▸ 23645-0310

곡선 $\sqrt{x}+\sqrt{2y}-x+2=0$ 위의 점 $(9, 8)$에서의 $\frac{dy}{dx}$의 값은?

① $\frac{2}{3}$ ② $\frac{4}{3}$ ③ 2 ④ $\frac{8}{3}$ ⑤ $\frac{10}{3}$

49 상중하

▸ 23645-0311

곡선 $e^y+\ln(\cos x)-x-1=0$ 위의 점 $(0, 0)$에서의 접선의 기울기는?

① $-e$　② -1　③ 0　④ 1　⑤ e

50 상중하

▸ 23645-0312

곡선 $a\sin x+bx\sin y-2y-\pi=0$ 위의 점 $\left(\frac{\pi}{2}, 0\right)$에서 $\frac{dy}{dx}$의 값이 2일 때, 두 상수 a, b에 대하여 ab의 값을 구하시오.

51 상중하

▸ 23645-0313

곡선 $e^{x-1}+a(x-1)e^y+by=0$ 위의 점 $(1, 1)$에서의 접선의 기울기가 $1-e$일 때, 두 상수 a, b에 대하여 $a+b$의 값은?

① -1　② -2　③ -3　④ -4　⑤ -5

13 역함수의 미분법

미분가능한 함수 $f(x)$의 역함수 $g(x)$가 존재하고 이 역함수가 미분가능할 때,

$$g'(x)=\frac{1}{f'(g(x))} \text{ 또는 } \frac{dy}{dx}=\frac{1}{\frac{dx}{dy}}$$

$\left(\text{단, } f'(g(x))\neq 0, \frac{dx}{dy}\neq 0\right)$

≫ 올림포스 미적분 56쪽

52 대표문제

▸ 23645-0314

함수 $x=\sqrt{y^3+1}$에 대하여 $y=2$일 때의 $\frac{dy}{dx}$의 값은?

① 2　② 1　③ $\frac{1}{2}$　④ $\frac{1}{4}$　⑤ $\frac{1}{8}$

53 상중하

▸ 23645-0315

곡선 $x=\sin 2y\left(-\frac{\pi}{4}<y<\frac{\pi}{4}\right)$ 위의 점 $\left(\frac{1}{2}, \frac{\pi}{12}\right)$에서의 접선의 기울기는?

① $\frac{1}{3}$　② $\frac{\sqrt{3}}{3}$　③ 1　④ $\sqrt{3}$　⑤ 3

54 상중하

▸ 23645-0316

함수 $x=\frac{3y}{y^2+2}\ (-\sqrt{2}<y<\sqrt{2})$에 대하여 $x=a$일 때, $\frac{dy}{dx}=3$이다. 모든 실수 a의 값의 곱은?

① -4　② -1　③ 2　④ 5　⑤ 8

중요
14 역함수의 미분법의 활용

미분가능한 함수 $f(x)$의 역함수 $f^{-1}(x)$가 존재하고 미분가능할 때, $f^{-1}(b)=a$이면

$$(f^{-1})'(b)=\frac{1}{f'(a)} \text{ (단, } f'(a)\neq 0)$$

55 대표문제 ▸ 23645-0317

정의역이 $\left\{x \,\middle|\, 0<x<\frac{\pi}{2}\right\}$인 함수 $f(x)=\cos 2x$의 역함수를 $g(x)$라 할 때, $g'\left(\frac{1}{2}\right)$의 값은?

① -2 ② $-\sqrt{3}$ ③ -1
④ $-\frac{\sqrt{3}}{3}$ ⑤ $-\frac{1}{2}$

56 상중하 ▸ 23645-0318

함수 $f(x)=x^3+2x+1$의 역함수를 $g(x)$라 할 때, $\lim_{x\to 1}\frac{g(x)-a}{x-1}=b$를 만족시키는 두 상수 a, b에 대하여 $a+b$의 값은?

① $\frac{1}{4}$ ② $\frac{1}{2}$ ③ 1
④ 2 ⑤ 4

57 상중하 ▸ 23645-0319

양의 실수 전체의 집합에서 정의된 함수 $f(x)=x^3e^{x-1}$의 역함수를 $g(x)$라 하자. 곡선 $y=g(x)$ 위의 점 $(a, 1)$에서의 접선의 기울기를 b라 할 때, $a+b$의 값은?

① $\frac{1}{4}$ ② $\frac{1}{2}$ ③ $\frac{3}{4}$
④ 1 ⑤ $\frac{5}{4}$

58 상중하 ▸ 23645-0320

미분가능한 함수 $f(x)$에 대하여 $f(x)$의 역함수를 $g(x)$라 할 때, $\lim_{x\to 2}\frac{g(x)-3}{x-2}=4$를 만족시킨다. $f'(3)$의 값은?

① $\frac{1}{4}$ ② $\frac{1}{2}$ ③ 1
④ 2 ⑤ 4

59 상중하 ▸ 23645-0321

실수 전체의 집합에서 미분가능한 함수 $f(x)$에 대하여 $f(x)$의 역함수를 $g(x)$라 하자. 함수 $g(x)$도 실수 전체의 집합에서 미분가능하고, $g(3)=g'(3)=3$이다. 함수 $h(x)=f(x)g(x)$일 때, $h'(3)$의 값을 구하시오.

60 상중하 ▸ 23645-0322

$x>\frac{e}{2}$에서 정의된 함수 $f(x)=\ln(2x^2-ex)$의 역함수를 $g(x)$라 할 때, $\lim_{h\to 0}\frac{(2+h)g(2+h)-2g(2)}{h}$의 값은?

① $\frac{e}{3}$ ② $\frac{2}{3}e$ ③ e
④ $\frac{4}{3}e$ ⑤ $\frac{5}{3}e$

중요
15 이계도함수

함수 $y=f(x)$의 도함수 $f'(x)$가 미분가능할 때, 함수 $f'(x)$의 도함수는

$$f''(x)=\lim_{\Delta x\to 0}\frac{f'(x+\Delta x)-f'(x)}{\Delta x}$$

>> 올림포스 미적분 56쪽

61 대표문제
▶ 23645-0323

함수 $f(x)=x^2e^x$에 대하여 방정식 $f'(x)=f''(x)$의 해는?

① -2 ② -1 ③ 0
④ 1 ⑤ 2

62 상중하
▶ 23645-0324

함수 $f(x)=x^2-x-\ln x$에 대하여 $\lim_{x\to 1}\frac{f'(x)}{x-1}$의 값을 구하시오.

63 상중하
▶ 23645-0325

함수 $f(x)=\ln(\ln x)^2$에 대하여 $f''(e)$의 값은?

① $-\frac{4}{e^2}$ ② $-\frac{2}{e^2}$ ③ 0
④ $\frac{2}{e^2}$ ⑤ $\frac{4}{e^2}$

64 상중하
▶ 23645-0326

두 함수 $f(x)=x\ln x-x$, $g(x)=2e^x-1$에 대하여 $\lim_{x\to 0}\frac{f'(g(x))}{x}$의 값은?

① 0 ② 1 ③ 2
④ e ⑤ $2e$

65 상중하
▶ 23645-0327

함수 $f(x)=\sin(\sin x)$에 대하여 $\lim_{x\to 0}\frac{f''(x)}{x}$의 값은?

① -2 ② -1 ③ 0
④ 1 ⑤ 2

66 상중하
▶ 23645-0328

함수 $f(x)=e^{ax}\cos ax$가 모든 실수 x에 대하여

$$\{f(x)\}^2+\{f''(x)\}^2=e^{2ax}$$

을 만족시킬 때, 양수 a의 값은?

① $\frac{1}{2}$ ② $\frac{\sqrt{2}}{2}$ ③ 1
④ $\sqrt{2}$ ⑤ 2

서술형 완성하기

>> 정답과 풀이 68쪽

01

▶ 23645-0329

함수 $f(x)=2\sqrt{x-1}$에 대하여 함수 $g(x)$는

$$g(x)=\frac{1}{xf(x)+2}$$

이다. $g'(2)$의 값을 구하시오.

02 내신기출

▶ 23645-0330

함수 $f(x)=\cos\left(x+\frac{\pi}{2}\right)$에 대하여 $\lim_{x\to\pi}\frac{f(f(x))}{x-\pi}$의 값을 구하시오.

03

▶ 23645-0331

매개변수 t로 나타낸 함수 $x=\frac{t^2}{4t+1}$, $y=\frac{2t^2-1}{4t+1}$에 대하여 $\lim_{t\to\infty}\frac{dy}{dx}$의 값을 구하시오.

04 내신기출

▶ 23645-0332

곡선 $x^2-y^3-2x+xy+a=0$ 위의 y좌표가 2인 점에서의 미분계수가 1일 때, 상수 a의 값을 구하시오.

05

▶ 23645-0333

함수 $f(x)=\ln(\ln x)$의 역함수를 $g(x)$라 하자. 함수 $h(x)$가

$$h(x)=\ln\{g(x)\}^2$$

일 때, $h'(0)$의 값을 구하시오.

06

▶ 23645-0334

두 함수 $f(x)=\tan 2x$, $g(x)=2\ln x$에 대하여

$$\lim_{x\to\frac{\pi}{8}}\frac{g(f'(x))-4\ln 2}{x-\frac{\pi}{8}}$$의 값을 구하시오.

내신 + 수능 고난도 도전

▶ 23645-0335

01 실수 전체의 집합에서 미분가능한 함수 $f(x)$는 $x\leq0$에서 $f(x)=\frac{e^{ax}}{x^2+1}$이고, $0<x_1<x_2$인 모든 실수 x_1, x_2에 대하여 $\left|\frac{f(x_1)-f(x_2)}{x_1-x_2}\right|\leq2$를 만족시킨다. $|f(3)|$의 최댓값을 M이라 하고 이때의 상수 a의 값을 p라 할 때, $p+M$의 값을 구하시오.

▶ 23645-0336

02 함수 $f(x)=e^{2(x-1)}+e^x-1$에 대하여 함수 $f(2x)$의 역함수를 $g(x)$라 할 때, $\lim_{x\to e}\frac{x-e}{g(x)-g(e)}$의 값은?

① $4+e$ ② $4+2e$ ③ $4+3e$ ④ $4+4e$ ⑤ $4+5e$

▶ 23645-0337

03 $t>0$인 실수 t에 대하여 함수 $f(x)=\ln(x^2+1)$의 그래프와 직선 $y=t$가 만나는 점의 x좌표 중 크지 않은 값을 $g(t)$라 하자. $\lim_{h\to0}\frac{g(\ln 5+h)-a}{h}=b$를 만족시키는 두 실수 a, b에 대하여 $a+b$의 값은?

① $-\frac{13}{4}$ ② $-\frac{7}{2}$ ③ $-\frac{15}{4}$ ④ -4 ⑤ $-\frac{17}{4}$

▶ 23645-0338

04 함수 $f(x)=(x+1)e^x$에 대하여 실수 전체의 집합에서 미분가능한 함수 $g(x)$는 $\lim_{x\to1}\frac{f(g(x))}{x-1}=1$을 만족시킨다. 함수 $\{g(x)\}^2$의 $x=1$에서의 미분계수는?

① $-5e$ ② $-4e$ ③ $-3e$ ④ $-2e$ ⑤ $-e$

▶ 23645-0339

05 함수 $f(x)$와 $f(x)$의 역함수 $g(x)$, 함수 $h(x)$는 실수 전체의 집합에서 미분가능하다. 세 함수 $f(x)$, $g(x)$, $h(x)$가 다음 조건을 만족시킨다.

(가) $\lim_{x\to 2}\frac{g(x)-1}{x-2}=\frac{1}{4}$
(나) 모든 실수 x에 대하여 $f(x-1)\{1-h(x)\}=g(x)$이다.

$h'(2)$의 값은?

① $\frac{5}{8}$ ② $\frac{11}{16}$ ③ $\frac{3}{4}$ ④ $\frac{13}{16}$ ⑤ $\frac{7}{8}$

▶ 23645-0340

06 매개변수 $\theta\left(-\frac{\pi}{2}<\theta<\frac{\pi}{2}\right)$로 나타낸 곡선 $x=\sin\theta$, $y=3\theta+\sin 2\theta$ 위의 점 중에서 접선의 기울기가 최소인 두 점을 각각 P, Q라 하자. $\overline{\mathrm{PQ}}^2=a+b\sqrt{3}\pi+c\pi^2$이라 할 때, $a+b+c$의 값을 구하시오.
(단, a, b, c는 유리수이고, $\sqrt{3}\pi$, π^2은 무리수이다.)

▶ 23645-0341

07 두 곡선 $y=\ln(2x^2+x)+1\ (x>0)$, $ax-y-xy+b=0$이 만나는 점 A의 x좌표는 $\frac{1}{2}$이다. 곡선 $y=\ln(2x^2+x)+1\ (x>0)$ 위의 점 A에서의 접선이 x축과 만나는 점을 B, 곡선 $ax-y-xy+b=0$ 위의 점 A에서의 접선이 x축과 만나는 점을 C라 하자. 점 A가 선분 BC를 지름으로 하는 원 위에 있을 때, $a+b$의 값은? (단, a, b는 상수이다.)

① $\frac{7}{4}$ ② 2 ③ $\frac{9}{4}$ ④ $\frac{5}{2}$ ⑤ $\frac{11}{4}$

개념 확인하기

05 도함수의 활용

01 접선의 방정식

(1) 곡선 위의 한 점에서의 접선의 방정식

함수 $f(x)$가 $x=a$에서 미분가능할 때, $x=a$에서의 미분계수 $f'(a)$는 곡선 $y=f(x)$ 위의 점 $\mathrm{P}(a,\ f(a))$에서의 접선의 기울기와 같으므로 곡선 $y=f(x)$ 위의 점 $\mathrm{P}(a,\ f(a))$에서의 접선의 방정식은

$$y-f(a)=f'(a)(x-a),\ \text{즉 } y=f'(a)(x-a)+f(a)$$

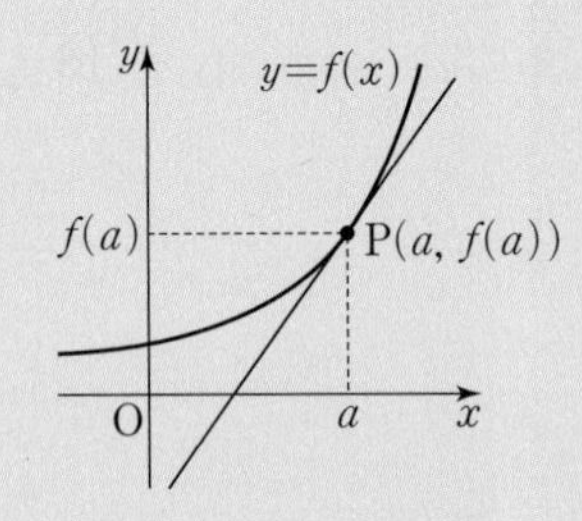

접선의 방정식을 구할 때는 접점이 주어진 경우인지 또는 기울기가 주어진 경우인지 또는 곡선 위에 있지 않은 점이 주어진 경우인지를 파악하는 것이 중요하다.

(2) 곡선 $y=f(x)$에 접하고 기울기가 m인 접선의 방정식을 구하는 방법

① 접점의 좌표를 $(a,\ f(a))$로 놓는다.

② $f'(a)=m$임을 이용하여 접점의 좌표를 구한다.

③ $y-f(a)=m(x-a)$를 이용하여 접선의 방정식을 구한다.

(3) 곡선 $y=f(x)$ 위에 있지 않은 한 점 $(x_1,\ y_1)$에서 그은 접선의 방정식을 구하는 방법

① 접점의 좌표를 $(a,\ f(a))$로 놓는다.

② $y-f(a)=f'(a)(x-a)$에 점 $(x_1,\ y_1)$의 좌표를 대입하여 a의 값을 구한다.

③ $y-f(a)=f'(a)(x-a)$를 이용하여 접선의 방정식을 구한다.

예 곡선 $f(x)=e^x$ 위의 점 $(0,\ 1)$에서의 접선의 방정식은 $f'(x)=e^x$이므로

$$f'(0)=e^0=1$$

따라서 접선의 기울기가 1이므로 접선의 방정식은

$$y-1=1\times(x-0),\ \text{즉 } y=x+1$$

02 접선의 방정식의 활용

(1) 두 곡선 $y=f(x)$, $y=g(x)$가 만나고, 그 점에서 동시에 접하는 접선의 방정식

두 곡선 $y=f(x)$, $y=g(x)$가 $x=a$에서 그림과 같이 만나고 공통인 접선을 가지면

$$f(a)=g(a),\ f'(a)=g'(a)$$

임을 이용하여 접선의 방정식을 구한다.

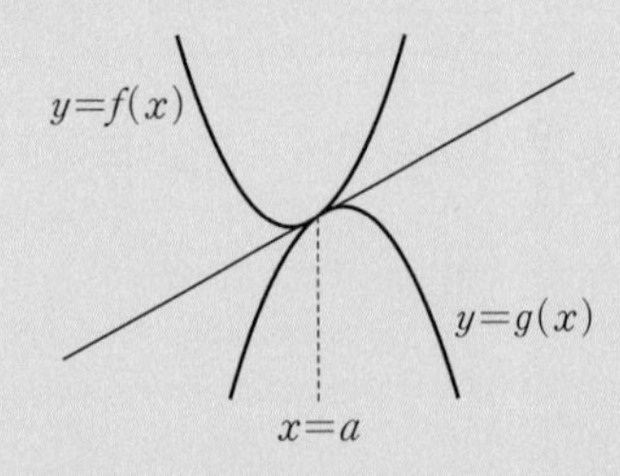

(2) 접점을 지나고 접선에 수직인 직선의 방정식

곡선 $y=f(x)$ 위의 점 $(a,\ f(a))$를 지나고, 이 점에서의 접선에 수직인 직선의 방정식은

$$y-f(a)=-\frac{1}{f'(a)}(x-a)\ (\text{단, } f'(a)\neq 0)$$

두 직선이 수직이면 두 직선의 기울기의 곱은 -1이다.

>> 정답과 풀이 72쪽

01 접선의 방정식

[01~07] 다음 곡선 위의 점에서의 접선의 방정식을 구하시오.

01 $y=\sqrt{x}$, $(1, 1)$

02 $y=\sin x$, $\left(\frac{\pi}{6}, \frac{1}{2}\right)$

03 $y=2\cos x$, $\left(\frac{\pi}{3}, 1\right)$

04 $y=\tan x$, $(\pi, 0)$

05 $y=e^x$, $(1, e)$

06 $y=\ln x$, $(1, 0)$

07 $x^2+xy=2$, $(1, 1)$

[08~12] 주어진 곡선에 접하고 기울기 m이 다음과 같은 접선의 방정식을 구하시오.

08 $y=x\sqrt{x}$, $m=1$

09 $y=2\sin x\left(0\le x\le\frac{\pi}{2}\right)$, $m=\sqrt{3}$

10 $y=2\cos x\left(-\frac{\pi}{2}\le x\le\frac{\pi}{2}\right)$, $m=\sqrt{3}$

11 $y=e^{2x}$, $m=2$

12 $y=\ln(x+1)$, $m=1$

[13~16] 다음과 같이 주어진 점에서 곡선에 그은 접선의 방정식을 구하시오.

13 $y=\sqrt{x-1}$, $(0, 0)$

14 $y=\frac{1}{x}$, $(1, 0)$

15 $y=e^x$, $(0, 0)$

16 $y=2\ln x$, $(0, 0)$

02 접선의 방정식의 활용

17 다음 두 곡선에 동시에 접하는 접선의 방정식을 구하시오.

$$f(x)=x^2,\ g(x)=-(x-2)^2+2$$

[18~22] 다음 곡선 위의 점 P에서의 접선과 수직이고, 점 P를 지나는 직선의 방정식을 구하시오.

18 $y=\frac{1}{x-1}$, $\mathrm{P}(2, 1)$

19 $y=\sin x$, $\mathrm{P}\left(\frac{\pi}{4}, \frac{\sqrt{2}}{2}\right)$

20 $y=e^{x+1}$, $\mathrm{P}(1, e^2)$

21 $y=\ln x$, $\mathrm{P}(1, 0)$

22 $x=t^{\frac{3}{2}}$, $y=\sqrt{t}$, $\mathrm{P}(1, 1)$

05 도함수의 활용

03 함수의 증가와 감소

(1) 함수의 증가와 감소

함수 $f(x)$가 어떤 구간에 속하는 임의의 두 실수 x_1, x_2에 대하여

① $x_1 < x_2$일 때 $f(x_1) < f(x_2)$이면 함수 $f(x)$는 이 구간에서 증가한다고 한다.

② $x_1 < x_2$일 때 $f(x_1) > f(x_2)$이면 함수 $f(x)$는 이 구간에서 감소한다고 한다.

(2) 미분가능한 함수의 증가와 감소의 판정

함수 $f(x)$가 열린구간 (a, b)에서 미분가능하고, 이 구간의 모든 x에 대하여

① $f'(x) > 0$이면 함수 $f(x)$는 이 구간에서 증가한다.

② $f'(x) < 0$이면 함수 $f(x)$는 이 구간에서 감소한다.

주의 역은 일반적으로 성립하지 않음에 주의해야 한다.
예를 들어 함수 $f(x)=x^3$은 실수 전체의 집합에서 증가하지만 $f'(0)=0$이다.

예 열린구간 $(0, \pi)$에서 정의된 함수 $f(x)=\sin x$에 대하여

$f'(x)=\cos x$이고 $f'(x)=0$에서 $x=\frac{\pi}{2}$

따라서 열린구간 $\left(0, \frac{\pi}{2}\right)$에서 $f'(x)>0$이므로 함수 $f(x)$는 이 구간에서 증가한다.

또 열린구간 $\left(\frac{\pi}{2}, \pi\right)$에서 $f'(x)<0$이므로 함수 $f(x)$는 이 구간에서 감소한다.

참고
함수 $f(x)$에서 충분히 작은 양수 h에 대하여
$f(a-h)<f(a)<f(a+h)$
일 때 함수 $f(x)$는 $x=a$에서 증가상태에 있다고 하고,
$f(a-h)>f(a)>f(a+h)$
일 때 함수 $f(x)$는 $x=a$에서 감소상태에 있다고 한다.

함수 $f(x)$가 어떤 구간에서 미분가능하고, 이 구간에서
(1) $f(x)$가 증가함수이면
$f'(x) \geq 0$
(2) $f(x)$가 감소함수이면
$f'(x) \leq 0$

04 함수의 극대와 극소

(1) 함수의 극대와 극소

함수 $f(x)$가 $x=a$를 포함하는 어떤 열린구간에 속하는 모든 x에 대하여

① $f(x) \leq f(a)$이면 함수 $f(x)$는 $x=a$에서 극대라 하고, $f(a)$를 극댓값이라고 한다.

② $f(x) \geq f(a)$이면 함수 $f(x)$는 $x=a$에서 극소라 하고, $f(a)$를 극솟값이라고 한다.

(2) 도함수를 이용한 함수의 극대와 극소의 판정

미분가능한 함수 $f(x)$에 대하여 $f'(a)=0$이고 $x=a$의 좌우에서

① $f'(x)$의 부호가 양에서 음으로 바뀌면 함수 $f(x)$는 $x=a$에서 극대이고, 극댓값은 $f(a)$이다.

② $f'(x)$의 부호가 음에서 양으로 바뀌면 함수 $f(x)$는 $x=a$에서 극소이고, 극솟값은 $f(a)$이다.

(3) 이계도함수를 이용한 함수의 극대와 극소의 판정

이계도함수를 갖는 함수 $f(x)$에 대하여 $f'(a)=0$이고

① $f''(a)<0$이면 함수 $f(x)$는 $x=a$에서 극대이고, 극댓값은 $f(a)$이다.

② $f''(a)>0$이면 함수 $f(x)$는 $x=a$에서 극소이고, 극솟값은 $f(a)$이다.

주의 일반적으로 위의 성질의 역은 성립하지 않는다. 예를 들면 함수 $f(x)=x^4$은 $f'(0)=0$이고 $x=0$에서 극소이지만 $f''(0)=0$이다.

극댓값과 극솟값을 통틀어 극값이라고 한다.

함수 $f(x)$가 $x=a$에서 미분가능하고 $x=a$에서 극값을 가지면 $f'(a)=0$이다.

03 함수의 증가와 감소

[23~30] 주어진 구간에서 다음 함수의 증가와 감소를 조사하시오.

23 $f(x)=\frac{1}{x}$, $(0,\ \infty)$

24 $f(x)=\sqrt{x}$, $(0,\ \infty)$

25 $f(x)=\sin x$, $\left(0,\ \frac{\pi}{2}\right)$

26 $f(x)=\cos x$, $\left(0,\ \frac{\pi}{2}\right)$

27 $f(x)=\tan x$, $\left(0,\ \frac{\pi}{2}\right)$

28 $f(x)=e^x$, $(-\infty,\ \infty)$

29 $f(x)=\ln x$, $(0,\ \infty)$

30 $f(x)=x-\ln x$, $(1,\ \infty)$

[31~33] 다음 함수의 증가와 감소를 조사하시오.

31 $f(x)=x+\frac{1}{x}$

32 $f(x)=\sqrt[3]{x}$

33 $f(x)=x+e^x$

04 함수의 극대와 극소

[34~38] 증감표를 이용하여 다음 함수의 극값을 구하시오.

34 $f(x)=\frac{x}{x^2+1}$

35 $f(x)=\frac{1}{2}x+\sin x$ $(0<x<2\pi)$

36 $f(x)=xe^x$

37 $f(x)=x^2e^{-x}$

38 $f(x)=2x-\ln x$

[39~41] 이계도함수를 이용하여 다음 함수의 극값을 구하시오.

39 $f(x)=\frac{2}{x}-x^2$

40 $f(x)=xe^{-x}$

41 $f(x)=x^2\ln x$

05 도함수의 활용

05 곡선의 오목과 볼록

(1) 곡선의 오목과 볼록

닫힌구간 $[a, b]$에서 곡선 $y=f(x)$ 위의 임의의 서로 다른 두 점 P, Q에 대하여 두 점 P, Q를 잇는 곡선 부분이

① 선분 PQ보다 아래쪽에 있으면 곡선 $y=f(x)$는 이 구간에서 아래로 볼록(또는 위로 오목)하다고 한다.

② 선분 PQ보다 위쪽에 있으면 곡선 $y=f(x)$는 이 구간에서 위로 볼록(또는 아래로 오목)하다고 한다.

(2) 이계도함수를 이용한 곡선의 오목과 볼록

이계도함수를 가지는 함수 $y=f(x)$가 어떤 구간에서

① $f''(x)>0$이면 곡선 $y=f(x)$는 이 구간에서 아래로 볼록(또는 위로 오목)하다.

② $f''(x)<0$이면 곡선 $y=f(x)$는 이 구간에서 위로 볼록(또는 아래로 오목)하다.

함수 $f(x)$가 어떤 구간에서 $f''(x)>0$이면 $f'(x)$는 증가하므로 곡선 $y=f(x)$의 접선의 기울기는 이 구간에서 증가한다.
따라서 곡선 $y=f(x)$는 이 구간에서 아래로 볼록하다.

06 곡선의 변곡점

(1) 변곡점

곡선 $y=f(x)$ 위의 점 $\mathrm{P}(a, f(a))$에 대하여 $x=a$의 좌우에서 곡선의 모양이 아래로 볼록에서 위로 볼록으로 바뀌거나 위로 볼록에서 아래로 볼록으로 바뀔 때, 이 점 P를 곡선 $y=f(x)$의 변곡점이라고 한다.

(2) 이계도함수를 이용한 곡선의 변곡점의 판정

이계도함수를 가지는 함수 $f(x)$에 대하여 $f''(a)=0$이고 $x=a$의 좌우에서 $f''(x)$의 부호가 바뀌면 점 $(a, f(a))$는 곡선 $y=f(x)$의 변곡점이다.

$f''(a)=0$이어도 $x=a$의 좌우에서 $f''(x)$의 부호가 바뀌지 않으면 그 점은 변곡점이 아니다.

07 함수의 그래프의 최대, 최소

(1) 함수의 그래프

함수 $y=f(x)$의 그래프의 개형은 다음과 같은 사항을 조사하여 그릴 수 있다.

① 함수의 정의역과 치역
② 곡선의 대칭성
③ 곡선과 좌표축과의 교점
④ 함수의 증가와 감소
⑤ 함수의 극대와 극소
⑥ 곡선의 오목과 볼록
⑦ 변곡점
⑧ $\lim_{x \to \infty} f(x)$, $\lim_{x \to -\infty} f(x)$, 점근선

(2) 함수의 최대, 최소

함수 $f(x)$가 닫힌구간 $[a, b]$에서 연속이면 함수 $f(x)$는 이 구간에서 반드시 최댓값과 최솟값을 갖는다. 이때 함수 $f(x)$의 최댓값과 최솟값은 다음과 같은 순서로 구한다.

① 주어진 구간에서 함수 $f(x)$의 모든 극댓값과 극솟값을 구한다.

② 주어진 구간의 양 끝점에서의 함숫값 $f(a)$, $f(b)$를 구한다.

③ ①, ②에서 구한 극댓값, 극솟값, $f(a)$, $f(b)$ 중에서 가장 큰 값이 최댓값이고, 가장 작은 값이 최솟값이다.

05 곡선의 오목과 볼록

[42~47] 다음 곡선의 오목과 볼록을 조사하시오.

42 $y=x^3-4x$

43 $y=e^x$

44 $y=xe^x$

45 $y=\ln x$

46 $y=x+2\sin x$ $(0<x<2\pi)$

47 $y=x^2+\frac{1}{x}$

06 곡선의 변곡점

[48~50] 다음 곡선의 변곡점의 좌표를 구하시오.

48 $y=\frac{1}{4}x^4-x^3$

49 $y=\frac{2}{x^2+1}$

50 $y=\cos 2x$ $(0\le x\le\pi)$

07 함수의 그래프의 최대, 최소

[51~54] 다음 함수의 그래프를 그리시오.

51 $f(x)=\frac{x}{x^2+1}$

52 $f(x)=e^x-x$

53 $f(x)=x+\cos x$ $(0\le x\le 2\pi)$

54 $f(x)=x\ln x$

[55~58] 주어진 구간에서 다음 함수의 최댓값과 최솟값을 구하시오.

55 $f(x)=x-\frac{1}{x}$, $[1, 2]$

56 $f(x)=\frac{x^2+x}{x-1}$, $[2, 3]$

57 $f(x)=x+2\sin x$, $[0, \pi]$

58 $f(x)=x-2\ln x$, $[1, e]$

05 도함수의 활용

08 방정식에의 활용

(1) 방정식 $f(x)=0$의 서로 다른 실근의 개수

방정식 $f(x)=0$의 실근은 함수 $y=f(x)$의 그래프와 x축이 만나는 점의 x좌표이다. 따라서 방정식 $f(x)=0$의 서로 다른 실근의 개수는 함수 $y=f(x)$의 그래프가 x축과 만나는 점의 개수와 같다.

(2) 방정식 $f(x)=g(x)$의 서로 다른 실근의 개수

방정식 $f(x)=g(x)$의 실근은 두 함수 $y=f(x)$, $y=g(x)$의 그래프의 교점의 x좌표이다. 따라서 방정식 $f(x)=g(x)$의 서로 다른 실근의 개수는 두 함수 $y=f(x)$, $y=g(x)$의 그래프의 교점의 개수와 같다.

방정식 $f(x)=0$의 실근의 개수는 함수 $y=f(x)$의 그래프를 미분법을 이용하여 그린 후에 x축과 만나는 점의 개수를 통하여 구한다.

09 부등식에의 활용

(1) 모든 실수 x에 대하여 부등식 $f(x)\geq 0$이 성립함을 보이려면

$(f(x)$의 최솟값$)\geq 0$

임을 보인다.

(2) 어떤 구간에서 부등식 $f(x)\geq 0$이 성립함을 보이려면 주어진 구간에서

$(f(x)$의 최솟값$)\geq 0$

임을 보인다.

두 함수 $f(x)$, $g(x)$에 대하여 어떤 구간에서 부등식 $f(x)\geq g(x)$가 성립함을 보이려면 $h(x)=f(x)-g(x)$로 놓고, 주어진 구간에서 $h(x)\geq 0$임을 보이면 된다.

10 속도와 가속도

(1) 수직선 위를 움직이는 점 P의 시각 t에서의 위치 $x(t)$가 $x(t)=f(t)$일 때,

① 점 P의 시각 t에서의 속도 $v(t)$는

$$v(t)=\frac{dx}{dt}=f'(t)$$

② 점 P의 시각 t에서의 가속도 $a(t)$는

$$a(t)=\frac{dv}{dt}=f''(t)$$

(2) 좌표평면 위를 움직이는 점 P의 시각 t에서의 위치 (x, y)가 $x=f(t)$, $y=g(t)$일 때,

① 점 P의 시각 t에서의 속도는

$$\left(\frac{dx}{dt}, \frac{dy}{dt}\right)=(f'(t), g'(t))$$

② 점 P의 시각 t에서의 속력은

$$\sqrt{\left(\frac{dx}{dt}\right)^2+\left(\frac{dy}{dt}\right)^2}=\sqrt{\{f'(t)\}^2+\{g'(t)\}^2}$$

③ 점 P의 시각 t에서의 가속도는

$$\left(\frac{d^2x}{dt^2}, \frac{d^2y}{dt^2}\right)=(f''(t), g''(t))$$

④ 점 P의 시각 t에서의 가속도의 크기는

$$\sqrt{\left(\frac{d^2x}{dt^2}\right)^2+\left(\frac{d^2y}{dt^2}\right)^2}=\sqrt{\{f''(t)\}^2+\{g''(t)\}^2}$$

위치를 미분하면 속도이고, 속도를 미분하면 가속도이다.

참고

좌표평면에서 속도는 벡터로 생각하면 이해하기가 쉽다.

08 방정식에의 활용

[59~60] 다음 방정식의 서로 다른 실근의 개수를 구하시오.

59 $e^x - 2x = 0$

60 $x - \sin x = \frac{1}{2}$

09 부등식에의 활용

61 다음은 $x>0$일 때, 부등식 $e^x > \frac{1}{2}x^2 + x + 1$이 성립함을 증명하는 과정이다. □ 안에 알맞은 식이나 내용을 써넣으시오.

> $f(x) = e^x - \frac{1}{2}x^2 - x - 1$이라 하면
> $f'(x) =$ □, $f''(x) =$ □
> 이때 $x>0$에서 $e^x > 1$이므로
> $x>0$일 때 $f''(x) > 0$
> 따라서 $x>0$일 때 $f'(x)$는 □한다.
> 또한 $f'(x) \geq 0$이므로 $x>0$일 때 $f(x)$는 □한다.
> 그런데 $f(0)=0$, $f(x)$가 □하므로 $x>0$일 때 $f(x)>0$
> 즉, $x>0$일 때 $f(x) = e^x - \frac{1}{2}x^2 - x - 1 > 0$이므로
> $x>0$일 때, 부등식 $e^x > \frac{1}{2}x^2 + x + 1$이 성립한다.

62 $x>0$일 때, 부등식 $\ln(x+1) > -\frac{1}{2}x^2 + x$가 성립함을 증명하시오.

10 속도와 가속도

[63~66] 수직선 위를 움직이는 점 P의 시각 t에서의 위치 $x(t)$가 다음과 같을 때, 시각 t에서의 점 P의 속도와 가속도를 각각 구하시오.

63 $x(t) = e^t + t\ (t=2)$

64 $x(t) = \ln t - t\ (t=e)$

65 $x(t) = 2\cos\frac{\pi}{6}t\ (t=3)$

66 $x(t) = \sin t - \cos t\ \left(t=\frac{\pi}{2}\right)$

[67~69] 좌표평면 위를 움직이는 점 $P(x, y)$의 시각 t에서의 위치가 다음과 같을 때, 시각 t에서의 점 P의 속도와 가속도를 각각 구하시오.

67 $x = t^2$, $y = t^3 + 1\ (t=1)$

68 $x = t^2 - 4t + 1$, $y = e^{t^2+t}\ (t=3)$

69 $x = \cos 2t$, $y = \sin 2t\ \left(t=\frac{\pi}{2}\right)$

70 좌표평면 위를 움직이는 점 P의 시각 t에서의 좌표 (x, y)가

$$x = t - \sin t,\ y = \cos t$$

로 주어질 때, $t=\frac{\pi}{2}$에서의 점 P의 속력과 가속도의 크기를 각각 구하시오.

유형 완성하기

중요

01 접선의 방정식(곡선 위의 점)

곡선 $y=f(x)$ 위의 점 $(a,\ f(a))$에서의 접선의 방정식은

$$y-f(a)=f'(a)(x-a)$$

≫ 올림포스 미적분 69쪽

01 대표문제 ▸ 23645-0342

곡선 $y=xe^{2x}$ 위의 점 $(1,\ e^2)$에서의 접선의 y절편은?

① $-e^2$　② $-2e^2$　③ $-3e^2$
④ $-4e^2$　⑤ $-5e^2$

02 상중하 ▸ 23645-0343

함수 $f(x)=\sin x+x\cos x$의 그래프 위의 점 $(\pi,\ -\pi)$에서의 접선이 점 $(-\pi,\ a\pi)$를 지날 때, 상수 a의 값은?

① 3　② 4　③ 5
④ 6　⑤ 7

03 상중하 ▸ 23645-0344

곡선 $y=\ln(x^2-3)-2x$ 위의 점 $(2,\ -4)$에서의 접선과 x축 및 y축으로 둘러싸인 도형의 넓이를 구하시오.

02 접선과 수직인 직선의 방정식

곡선 $y=f(x)$ 위의 점 $(a,\ f(a))$를 지나고 이 점에서의 접선과 수직인 직선의 방정식은

$$y-f(a)=-\frac{1}{f'(a)}(x-a)\ (\text{단, } f'(a)\neq 0)$$

04 대표문제 ▸ 23645-0345

곡선 $y=\dfrac{x^2+1}{x+1}$ 위의 점 $(1,\ 1)$을 지나고 이 점에서의 접선과 수직인 직선의 방정식이 $y=ax+b$일 때, 두 상수 a, b에 대하여 a^2+b^2의 값을 구하시오.

05 상중하 ▸ 23645-0346

함수 $f(x)=(x+1)\ln(x+1)-x$의 그래프 위의 점 $(t,\ f(t))$를 지나고 이 점에서의 접선과 수직인 직선의 y절편을 $g(t)$라 하자. $\lim_{t\to 0} g(t)$의 값은?

① $\frac{1}{4}$　② $\frac{1}{2}$　③ $\frac{3}{4}$
④ 1　⑤ $\frac{5}{4}$

06 상중하 ▸ 23645-0347

두 함수 $f(x)=e^{x-1}+a$, $g(x)=\dfrac{1}{x^4-b}$의 그래프의 교점이 $\mathrm{P}(1,\ f(1))$이다. 두 곡선 $y=f(x)$, $y=g(x)$ 위의 점 P에서의 각각의 접선이 서로 수직일 때, 두 상수 a, b에 대하여 $a+b$의 값은? (단, $b>0$)

① $\frac{1}{2}$　② 1　③ $\frac{3}{2}$
④ 2　⑤ $\frac{5}{2}$

중요

03 접선의 방정식(기울기가 주어진 경우)

곡선 $y=f(x)$에 접하고 기울기가 m인 접선의 방정식은
① 접점의 좌표를 $(a,\ f(a))$로 놓는다.
② 방정식 $f'(a)=m$을 만족시키는 실수 a의 값을 구한다.
③ 접선의 방정식 $y-f(a)=m(x-a)$를 구한다.

07 대표문제

▸ 23645-0348

곡선 $y=\sin 4x\left(0\le x\le\frac{\pi}{4}\right)$에 접하고 직선 $2x-y+1=0$과 평행한 직선의 방정식이 $y=ax+b$일 때, 두 상수 a, b에 대하여 ab의 값은?

① $\sqrt{3}-\frac{\pi}{3}$ ② $\sqrt{3}-\frac{\pi}{4}$ ③ $\sqrt{3}-\frac{\pi}{6}$
④ $\sqrt{2}-\frac{\pi}{3}$ ⑤ $\sqrt{2}-\frac{\pi}{4}$

08 상중하

▸ 23645-0349

함수 $f(x)=2\ln x-x$의 그래프에 접하고 직선 $2x+6y-1=0$과 수직인 직선이 점 $(4,\ a)$를 지날 때, a의 값은?

① $5-\ln 2$ ② $5-2\ln 2$ ③ $5-3\ln 2$
④ $10-\ln 2$ ⑤ $10-2\ln 2$

09 상중하

▸ 23645-0350

곡선 $y=\cos(\ln x)$를 y축의 방향으로 a만큼 평행이동하면 x축에 접할 때, 양수 a의 값을 구하시오.

10 상중하

▸ 23645-0351

곡선 $y=(x-1)e^{x^2+x}$이 서로 다른 두 직선 $y=a$, $y=b$에 접할 때, 두 상수 a, b에 대하여 ab의 값은?

① $\frac{1}{4}e^{\frac{3}{4}}$ ② $\frac{1}{4}e$ ③ $\frac{1}{4}e^{\frac{5}{4}}$
④ $\frac{1}{2}e^{\frac{3}{4}}$ ⑤ $\frac{1}{2}e$

11 상중하

▸ 23645-0352

곡선 $y=\frac{9x}{\sqrt{x^2+3}}$에 접하고 x축의 양의 방향과 이루는 각의 크기가 $45°$인 두 직선 사이의 거리는?

① $\sqrt{3}$ ② $2\sqrt{3}$ ③ $3\sqrt{3}$
④ $4\sqrt{3}$ ⑤ $5\sqrt{3}$

12 상중하

▸ 23645-0353

곡선 $y=\frac{2x+10}{x^2+2}$에 접하고 이 곡선 위의 점 $(0,\ 5)$에서의 접선 l과 기울기가 같은 직선 중 직선 l이 아닌 직선의 방정식을 $y=ax+b$라 하자. 두 상수 a, b에 대하여 $a+b$의 값을 구하시오.

중요

04 접선의 방정식(곡선 위에 있지 않은 점)

곡선 $y=f(x)$ 위에 있지 않은 한 점 (x_1, y_1)에서 곡선에 그은 접선의 방정식은

① 접점의 좌표를 $(a, f(a))$로 놓는다.

② 곡선 위의 점 $(a, f(a))$에서의 접선의 방정식 $y-f(a)=f'(a)(x-a)$에 $x=x_1$, $y=y_1$을 대입하여 실수 a의 값을 구한다.

③ ②에서 구한 a의 값을 $y-f(a)=f'(a)(x-a)$에 대입하여 접선의 방정식을 구한다.

13 대표문제

▸ 23645-0354

원점에서 곡선 $y=e^x+x$에 그은 접선이 점 (a, e^2-1)을 지날 때, a의 값은?

① $e-1$　② $e-2$　③ $e-3$　④ $e-4$　⑤ $e-5$

14 상중하

▸ 23645-0355

점 $(4, 0)$에서 함수 $f(x)=\frac{1}{\sqrt{2x+1}}$의 그래프에 그은 접선의 방정식을 $y=ax+b$라 할 때, 두 상수 a, b에 대하여 ab의 값은?

① $-\frac{2}{27}$　② $-\frac{1}{9}$　③ $-\frac{4}{27}$　④ $-\frac{5}{27}$　⑤ $-\frac{2}{9}$

15 상중하

▸ 23645-0356

원점에서 두 곡선 $y=\ln x$, $y=e^{x-2}+a$에 그은 접선이 일치할 때, 상수 a의 값은?

① $-2e$　② $-e$　③ 0　④ e　⑤ $2e$

16 상중하

▸ 23645-0357

점 $(0, 2)$에서 곡선 $y=\frac{1}{\ln x}$에 그은 서로 다른 두 접선 및 x축으로 둘러싸인 부분의 넓이는?

① $e-\frac{1}{\sqrt{e}}$　② $e-\frac{1}{2\sqrt{e}}$　③ $2e-\frac{1}{\sqrt{e}}$　④ $2e-\frac{1}{2\sqrt{e}}$　⑤ $3e-\frac{1}{\sqrt{e}}$

17 상중하

▸ 23645-0358

점 $(0, 1)$에서 곡선 $y=\frac{4x}{x-1}$에 그은 접선의 개수를 구하시오.

18 상중하

▸ 23645-0359

점 $(a, 0)$에서 함수 $f(x)=(x+1)e^x$의 그래프에 그은 접선의 개수가 1이 되도록 하는 모든 실수 a의 값의 곱을 구하시오.

05 두 곡선의 공통인 접선

두 곡선 $y=f(x)$, $y=g(x)$가 $x=a$인 점에서 공통인 접선을 가지면
$f(a)=g(a)$, $f'(a)=g'(a)$

19 대표문제 ▸ 23645-0360

두 곡선 $y=e^x$, $y=\sqrt{x-a}+b$에 대하여 점 $(0, 1)$에서 공통인 접선을 가질 때, 두 상수 a, b에 대하여 $a+b$의 값은?

① $\frac{1}{8}$ ② $\frac{1}{4}$ ③ $\frac{3}{8}$
④ $\frac{1}{2}$ ⑤ $\frac{5}{8}$

20 상중하 ▸ 23645-0361

두 곡선 $y=\ln x$, $y=ax^2+bx$ $(a\neq0)$에 대하여 한 점에서 공통인 접선을 가질 때, 그 접선의 기울기가 1이다. 두 상수 a, b에 대하여 a^2+b^2의 값을 구하시오.

21 상중하 ▸ 23645-0362

두 함수 $f(x)=\ln(x+1)$, $g(x)=\frac{a}{x+1}$ $(a\neq0)$의 그래프가 점 (α, β)에서 공통인 접선을 가질 때, $a+\alpha+\beta$의 값은? (단, a는 상수이다.)

① -1 ② -2 ③ -3
④ -4 ⑤ -5

06 역함수의 그래프의 접선의 방정식

함수 $f(x)$의 역함수 $g(x)$에 대하여 곡선 $y=g(x)$ 위의 점 (a, b)에서의 접선의 방정식은
① $f(b)=a$를 만족시키는 b의 값을 구한다.
② $g'(a)=\frac{1}{f'(b)}$임을 이용하여 접선의 기울기를 구한다.
③ 접선의 방정식 $y-b=g'(a)(x-a)$를 구한다.

22 대표문제 ▸ 23645-0363

함수 $f(x)=x^3+x-2$의 역함수를 $g(x)$라 할 때, 함수 $y=g(x)$의 그래프 위의 $x=-2$인 점에서의 접선과 x축 및 y축으로 둘러싸인 부분의 넓이를 구하시오.

23 상중하 ▸ 23645-0364

함수 $f(x)=\ln x+\frac{x}{e}$의 역함수를 $g(x)$라 할 때, 곡선 $y=g(x)$ 위의 점 $(2, e)$에서의 접선이 점 $(4, a)$를 지난다. 실수 a의 값은?

① e ② $2e$ ③ $3e$
④ $4e$ ⑤ $5e$

24 상중하 ▸ 23645-0365

함수 $f(x)=\sin x\left(-\frac{\pi}{2}\leq x\leq\frac{\pi}{2}\right)$의 역함수를 $g(x)$라 할 때, 곡선 $y=g(x)$ 위의 점 $(t, g(t))$에서의 접선의 기울기가 2가 되도록 하는 모든 t의 값의 곱은?

① $-\frac{1}{4}$ ② $-\frac{1}{2}$ ③ $-\frac{3}{4}$
④ -1 ⑤ $-\frac{5}{4}$

07 매개변수로 나타낸 곡선의 접선의 방정식

매개변수로 나타낸 곡선 $x=f(t)$, $y=g(t)$에서 $t=a$에 대응하는 점에서의 접선의 방정식은

① $\frac{dy}{dx}=\frac{g'(t)}{f'(t)}$를 구한다.

② $f(a)$, $g(a)$, $\frac{g'(a)}{f'(a)}$를 구한다.

③ 접선의 방정식 $y-g(a)=\frac{g'(a)}{f'(a)}\{x-f(a)\}$를 구한다.

25 대표문제 ▸ 23645-0366

매개변수 θ로 나타낸 곡선 $x=1-\sin\theta$, $y=\cos\theta-\theta$에 대하여 $\theta=\frac{\pi}{6}$에 대응하는 점에서의 접선의 y절편은?

① $-\frac{\pi}{3}$ ② $-\frac{\pi}{6}$ ③ 0
④ $\frac{\pi}{6}$ ⑤ $\frac{\pi}{3}$

26 상중하 ▸ 23645-0367

매개변수 t로 나타낸 곡선 $x=t^2-\frac{1}{t}$, $y=1+\frac{1}{t}$에 대하여 기울기가 $-\frac{1}{3}$인 접선의 x절편은?

① 3 ② 4 ③ 5
④ 6 ⑤ 7

27 상중하 ▸ 23645-0368

매개변수 t로 나타낸 곡선 $x=2t-\ln(t-2)$, $y=3e^{t-3}$에 대하여 $t=3$에 대응하는 점에서의 접선의 방정식이 $ax+by-15=0$일 때, 두 상수 a, b에 대하여 a^2+b^2의 값을 구하시오.

08 음함수로 나타낸 곡선의 접선의 방정식

곡선 $f(x, y)=0$ 위의 점 (a, b)에서의 접선의 방정식은

① 음함수의 미분법을 이용하여 $\frac{dy}{dx}$를 구한다.

② $\frac{dy}{dx}$에 $x=a$, $y=b$를 대입하여 접선의 기울기 m을 구한다.

③ 접선의 방정식 $y-b=m(x-a)$를 구한다.

28 대표문제 ▸ 23645-0369

곡선 $\ln(x+4)-e^y+e=0$ 위의 점 $(-3, 1)$에서의 접선이 점 $(-e, a)$를 지날 때, a의 값은?

① $\frac{1}{e}$ ② $\frac{2}{e}$ ③ $\frac{3}{e}$
④ $\frac{4}{e}$ ⑤ $\frac{5}{e}$

29 상중하 ▸ 23645-0370

곡선 $x^2y-2x+2=0$ 위의 점 $(1, 0)$에서의 접선을 l_1, 점 $\left(-2, -\frac{3}{2}\right)$에서의 접선을 l_2라 하자. 두 직선 l_1, l_2가 이루는 예각의 크기를 θ라 할 때, $\tan\theta$의 값을 구하시오.

30 상중하 ▸ 23645-0371

곡선 $\sqrt{x}+y^2-xy-3=0$에 접하고 기울기가 $\frac{1}{2}$인 서로 다른 두 접선 사이의 거리는?

① $\frac{2\sqrt{5}}{5}$ ② $\frac{3\sqrt{5}}{5}$ ③ $\frac{4\sqrt{5}}{5}$
④ $\sqrt{5}$ ⑤ $\frac{6\sqrt{5}}{5}$

>> 정답과 풀이 82쪽

09 함수의 증가와 감소

함수 $f(x)$가 열린구간 (a, b)에서 미분가능하고, 이 구간의 모든 x에 대하여

(1) $f'(x)>0$이면 함수 $f(x)$는 이 구간에서 증가한다.

(2) $f'(x)<0$이면 함수 $f(x)$는 이 구간에서 감소한다.

>> 올림포스 미적분 69쪽

31 대표문제

▸ 23645-0372

함수 $f(x)=\frac{x}{x^2+4}$가 닫힌구간 $[a, b]$에서 증가할 때, 두 실수 a, b에 대하여 $b-a$의 최댓값은?

① 1 ② 2 ③ 3 ④ 4 ⑤ 5

32 상중하

▸ 23645-0373

함수 $f(x)=e^x-ex$가 구간 $(-\infty, a]$에서 감소할 때, 실수 a의 최댓값은?

① 1 ② e ③ e^2 ④ e^3 ⑤ e^4

33 상중하

▸ 23645-0374

함수 $f(x)=x^2-a\ln(x+2)$가 구간 $(-2, 2]$에서 감소하고 구간 $[2, \infty)$에서 증가할 때, 상수 a의 값을 구하시오.

중요

10 함수가 증가 또는 감소하기 위한 조건

함수 $f(x)$가 어떤 구간에서 미분가능하고 이 구간에서

(1) 증가하면 $f'(x)\ge 0$이다.

(2) 감소하면 $f'(x)\le 0$이다.

>> 올림포스 미적분 69쪽

34 대표문제

▸ 23645-0375

함수 $f(x)=(x^2+ax+5)e^x$이 실수 전체의 집합에서 증가하도록 하는 실수 a의 최댓값을 M, 최솟값을 m이라 할 때, Mm의 값은?

① -20 ② -16 ③ -12 ④ -8 ⑤ -4

35 상중하

▸ 23645-0376

함수 $f(x)=\ln(ax^2+1)-x$가 구간 $(-\infty, \infty)$에서 감소하도록 하는 양수 a의 최댓값은?

① $\frac{1}{4}$ ② $\frac{1}{2}$ ③ 1 ④ 2 ⑤ 4

36 상중하

▸ 23645-0377

함수 $f(x)=6x+a\sin 3x$가 역함수가 존재하도록 하는 정수 a의 개수를 구하시오.

37 상중하

▸ 23645-0378

함수 $f(x)=\frac{x^2+a}{x-2}$가 열린구간 $(0,\ 1)$에서 증가하도록 하는 실수 a의 최댓값은?

① -1 ② -2 ③ -3
④ -4 ⑤ -5

38 상중하

▸ 23645-0379

함수 $f(x)=ax+6\ln x$가 열린구간 $(3,\ 5)$에서 감소하도록 하는 실수 a의 최댓값은?

① -1 ② -2 ③ -3
④ -4 ⑤ -5

39 상중하

▸ 23645-0380

함수 $f(x)=x+\sqrt{a^2-x^2}$이 열린구간 $(-a+1,\ a-1)$에서 증가하도록 하는 1보다 큰 실수 a의 최댓값은?

① $1+\sqrt{2}$ ② $1+\sqrt{3}$ ③ $2+\sqrt{2}$
④ $2+\sqrt{3}$ ⑤ $3+\sqrt{2}$

11 유리함수의 극대와 극소

유리함수의 극값은
유리함수의 정의역에 유의하여 $f'(x)=0$을 만족시키는 x의 값 a를 구한 후 $x=a$의 좌우에서 $f'(x)$의 부호를 조사하여
(1) $f'(x)$의 부호가 양에서 음으로 바뀌면 $x=a$에서 극대
(2) $f'(x)$의 부호가 음에서 양으로 바뀌면 $x=a$에서 극소

» 올림포스 미적분 70쪽

40 대표문제

▸ 23645-0381

함수 $f(x)=\frac{x+1}{x^2+3}$의 극댓값을 a, 극솟값을 b라 할 때, $a+b$의 값은?

① $\frac{1}{3}$ ② $\frac{2}{3}$ ③ 1
④ $\frac{4}{3}$ ⑤ $\frac{5}{3}$

41 상중하

▸ 23645-0382

함수 $f(x)=\frac{x^2+ax+b}{x^2+1}$가 $x=3$에서 극댓값 $\frac{3}{2}$을 가질 때, 두 상수 a, b에 대하여 a^2+b^2의 값을 구하시오.

42 상중하

▸ 23645-0383

$x>2$에서 정의된 함수 $f(x)=\frac{x^2+ax+3}{x-2}$이 극값을 갖도록 하는 정수 a의 최솟값을 구하시오.

12 무리함수의 극대와 극소

무리함수의 극값은
무리함수의 정의역에 유의하여 $f'(x)=0$을 만족시키는 x의 값 a를 구한 후 $x=a$의 좌우에서 $f'(x)$의 부호를 조사하여
(1) $f'(x)$의 부호가 양에서 음으로 바뀌면 $x=a$에서 극대
(2) $f'(x)$의 부호가 음에서 양으로 바뀌면 $x=a$에서 극소

43 대표문제

▶ 23645-0384

함수 $f(x)=x-2\sqrt{x-3}$이 $x=a$에서 극값 b를 가질 때, $a+b$의 값은?

① 2 ② 4 ③ 6
④ 8 ⑤ 10

44 상중하

▶ 23645-0385

함수 $f(x)=\sqrt{x+3a}+\sqrt{a-x}$가 $x=-1$에서 극값을 가질 때, 극댓값은? (단, a는 $a>0$인 상수이다.)

① $\sqrt{5}$ ② $\sqrt{6}$ ③ $\sqrt{7}$
④ $2\sqrt{2}$ ⑤ 3

45 상중하

▶ 23645-0386

함수 $f(x)=x^2\sqrt{x+a}$의 극댓값이 16일 때, 상수 a의 값을 구하시오.

13 지수함수의 극대와 극소

지수함수의 극값은
$f'(x)=0$을 만족시키는 x의 값 a를 구한 후 $x=a$의 좌우에서 $f'(x)$의 부호를 조사하여
(1) $f'(x)$의 부호가 양에서 음으로 바뀌면 $x=a$에서 극대
(2) $f'(x)$의 부호가 음에서 양으로 바뀌면 $x=a$에서 극소

46 대표문제

▶ 23645-0387

함수 $f(x)=(x+1)^3e^x$의 극솟값을 구하시오.

47 상중하

▶ 23645-0388

함수 $f(x)=e^{ax}+e^{(a-1)x}$이 $x=2$에서 극값을 가질 때, 상수 a의 값은?

① $\frac{1}{e^2+1}$ ② $\frac{2}{e^2+1}$ ③ $\frac{3}{e^2+1}$
④ $\frac{4}{e^2+1}$ ⑤ $\frac{5}{e^2+1}$

48 상중하

▶ 23645-0389

함수 $f(x)=(ax+2)e^{bx}$에 대하여 함수 $f(x)$가 $x=2$에서 극값을 갖고 함수 $f'(x)$는 $x=3$에서 극값을 가질 때, 두 상수 a, b에 대하여 ab의 값을 구하시오. (단, $ab\neq0$)

14 로그함수의 극대와 극소

로그함수의 극값은
로그함수의 정의역에 유의하여 $f'(x)=0$을 만족시키는 x의 값 a를 구한 후 $x=a$의 좌우에서 $f'(x)$의 부호를 조사하여
(1) $f'(x)$의 부호가 양에서 음으로 바뀌면 $x=a$에서 극대
(2) $f'(x)$의 부호가 음에서 양으로 바뀌면 $x=a$에서 극소

» 올림포스 미적분 70쪽

49 대표문제 ▸ 23645-0390

함수 $f(x)=ax+\ln\sqrt{x+a}$가 $x=\frac{3}{2}$에서 극값을 갖도록 하는 모든 실수 a의 값의 곱은?

① $\frac{1}{4}$ ② $\frac{1}{2}$ ③ 1
④ 2 ⑤ 4

50 상중하 ▸ 23645-0391

함수 $f(x)=\ln(3-ax)+x^2$이 $x=\frac{1}{2}$에서 극소일 때, 극댓값을 구하시오. (단, a는 상수이다.)

51 상중하 ▸ 23645-0392

함수 $f(x)=\left\{\ln\left(x^2+\frac{a}{5}\right)\right\}^2$이 극댓값을 갖도록 하는 정수 a의 개수를 구하시오.

15 삼각함수의 극대와 극소

삼각함수의 극값은
삼각함수의 정의역 및 주기에 유의하여 $f'(x)=0$을 만족시키는 x의 값 a를 구한 후 $x=a$의 좌우에서 $f'(x)$의 부호를 조사하여
(1) $f'(x)$의 부호가 양에서 음으로 바뀌면 $x=a$에서 극대
(2) $f'(x)$의 부호가 음에서 양으로 바뀌면 $x=a$에서 극소

52 대표문제 ▸ 23645-0393

$0<x<\pi$에서 정의된 함수 $f(x)=2\sin^2 x-\cos 2x+1$이 $x=a$에서 극댓값 b를 가질 때, ab의 값은?

① $\frac{\pi}{2}$ ② π ③ $\frac{3\pi}{2}$
④ 2π ⑤ $\frac{5\pi}{2}$

53 상중하 ▸ 23645-0394

$0<x<2\pi$에서 정의된 함수 $f(x)=e^x\cos x$의 극댓값을 a, 극솟값을 b라 할 때, $\frac{b}{a}$의 값은?

① $-e^{\pi}$ ② $-2e^{\pi}$ ③ $-3e^{\pi}$
④ $-4e^{\pi}$ ⑤ $-5e^{\pi}$

54 상중하 ▸ 23645-0395

열린구간 $(0, 2\pi)$에서 함수 $f(x)=\sin x(\cos x+a)$가 $x=\frac{\pi}{3}$에서 극값을 가질 때, $f'(b)=0$이고 함수 $f(x)$가 $x=b$에서 극값을 갖지 않도록 하는 b의 값은? (단, a는 상수이다.)

① $\frac{\pi}{4}$ ② $\frac{\pi}{2}$ ③ $\frac{3\pi}{4}$
④ π ⑤ $\frac{5\pi}{4}$

>> 정답과 풀이 86쪽

중요

16 극값을 가질 조건

미분가능한 함수 $f(x)$에 대하여

(1) $f(x)$가 극값을 갖는 경우
방정식 $f'(x)=0$이 실근을 갖고, 이 실근의 좌우에서 $f'(x)$의 부호가 바뀐다.

(2) $f(x)$가 극값을 갖지 않는 경우
정의역의 모든 실수 x에 대하여
$f'(x)\le 0$ 또는 $f'(x)\ge 0$

55 대표문제 ▸ 23645-0396

함수 $f(x)=(x^2+6x+a)e^x$이 극값을 갖도록 하는 정수 a의 최댓값은?

① 5 ② 6 ③ 7
④ 8 ⑤ 9

56 상중하 ▸ 23645-0397

$x>0$에서 정의된 함수 $f(x)=x^2-4x+a\ln x$가 극값을 갖도록 하는 정수 a의 최댓값을 구하시오.

57 상중하 ▸ 23645-0398

함수 $f(x)=\dfrac{2x+a}{x^2-1}$가 극값을 갖지 않도록 하는 실수 a의 최솟값은?

① -1 ② -2 ③ -3
④ -4 ⑤ -5

58 상중하 ▸ 23645-0399

$x<0$에서 정의된 함수 $f(x)=(x^3+a)e^x$이 극댓값과 극솟값을 모두 갖도록 하는 정수 a의 최솟값은?

① -7 ② -6 ③ -5
④ -4 ⑤ -3

59 상중하 ▸ 23645-0400

함수 $f(x)=3x+a\sin^2 x$가 극값을 갖지 않도록 하는 양수 a의 최댓값을 구하시오.

60 상중하 ▸ 23645-0401

함수 $f(x)=x\ln x-ax^2$이 극값을 갖도록 하는 정수 a의 최댓값은?

① 0 ② 2 ③ 4
④ 6 ⑤ 8

17 곡선의 오목과 볼록

이계도함수가 존재하는 함수 $f(x)$가 어떤 구간의 모든 x에 대하여

(1) $f''(x)>0$이면 곡선 $y=f(x)$는 그 구간에서 아래로 볼록하다.

(2) $f''(x)<0$이면 곡선 $y=f(x)$는 그 구간에서 위로 볼록하다.

» 올림포스 미적분 70쪽

61 대표문제 ▸ 23645-0402

곡선 $y=x^4-2x^2-1$이 위로 볼록한 구간에 속하는 정수 x는?

① -2 ② -1 ③ 0 ④ 1 ⑤ 2

62 상중하 ▸ 23645-0403

곡선 $y=x^3+ax^2+6x$가 아래로 볼록한 x의 값의 범위가 $x>\frac{2}{3}$일 때, 상수 a의 값은?

① -4 ② -2 ③ 0 ④ 2 ⑤ 4

63 상중하 ▸ 23645-0404

함수 $f(x)=\ln x+\frac{1}{x}-1$이 구간 $(0,\ a)$에 속하는 임의의 서로 다른 두 실수 $x_1,\ x_2$에 대하여 부등식 $\frac{f(x_1)+f(x_2)}{2}>f\left(\frac{x_1+x_2}{2}\right)$가 성립한다. 실수 a의 최댓값을 k라 할 때, 곡선 $y=f(x)$ 위의 점 $(k,\ f(k))$에서의 접선의 기울기는?

① $\frac{1}{4}$ ② $\frac{1}{2}$ ③ $\frac{3}{4}$ ④ 1 ⑤ $\frac{5}{4}$

중요

18 변곡점

이계도함수가 존재하는 함수 $f(x)$에 대하여 $f''(a)=0$이고, $x=a$의 좌우에서 $f''(x)$의 부호가 바뀌면 점 $(a,\ f(a))$는 곡선 $y=f(x)$의 변곡점이다.

64 대표문제 ▸ 23645-0405

곡선 $y=\frac{2x}{x^2+1}$의 변곡점 중 원점이 아닌 두 변곡점 사이의 거리는?

① $\sqrt{10}$ ② $\sqrt{15}$ ③ 5 ④ $\sqrt{35}$ ⑤ $2\sqrt{10}$

65 상중하 ▸ 23645-0406

곡선 $y=-x^3+ax^2+b$의 변곡점의 좌표가 $(1,\ 0)$일 때, $a-b$의 값은? (단, $a,\ b$는 상수이다.)

① 1 ② 2 ③ 3 ④ 4 ⑤ 5

66 상중하 ▸ 23645-0407

그림과 같이 곡선 $y=e^{-x^2}$의 두 변곡점을 각각 A, B라 할 때, 삼각형 OAB의 넓이는?

(단, O는 원점이고, 점 A의 x좌표는 양수이다.)

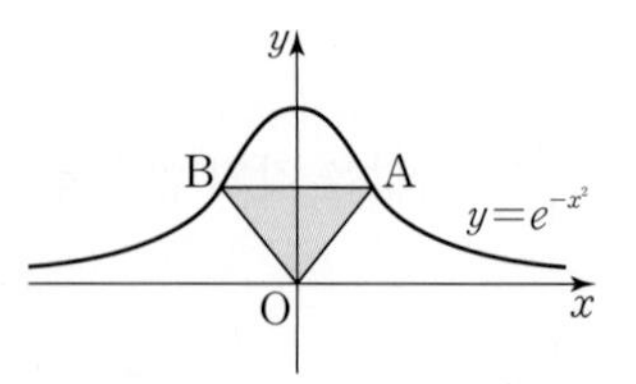

① $\frac{1}{\sqrt{5e}}$ ② $\frac{1}{2\sqrt{e}}$ ③ $\frac{1}{\sqrt{3e}}$ ④ $\frac{1}{\sqrt{2e}}$ ⑤ $\frac{1}{\sqrt{e}}$

67 상중하

▶ 23645-0408

곡선 $y=2x^2+a\ln x+b$의 변곡점의 좌표가 $\left(\frac{1}{2}, \frac{1}{2}\right)$일 때, 두 상수 a, b에 대하여 ab의 값은? (단, $a>0$)

① $\frac{\ln 2}{4}$ ② $\frac{\ln 2}{2}$ ③ $\frac{3\ln 2}{4}$
④ $\ln 2$ ⑤ $\frac{5\ln 2}{4}$

68 상중하

▶ 23645-0409

함수 $f(x)=x^2+ax+b\ln x$가 $x=1$과 $x=2$에서 극값을 갖고, 곡선 $y=f(x)$의 변곡점의 x좌표가 c일 때, $a+b+c^2$의 값은? (단, a, b, c는 상수이다.)

① -2 ② -1 ③ 0
④ 1 ⑤ 2

69 상중하

▶ 23645-0410

그림과 같이 함수 $f(x)=xe^x$에 대하여 곡선 $y=f(x)$의 변곡점에서 그은 접선이 x축, y축과 만나는 점을 각각 A, B라 할 때, 삼각형 OAB의 넓이는? (단, O는 원점이다.)

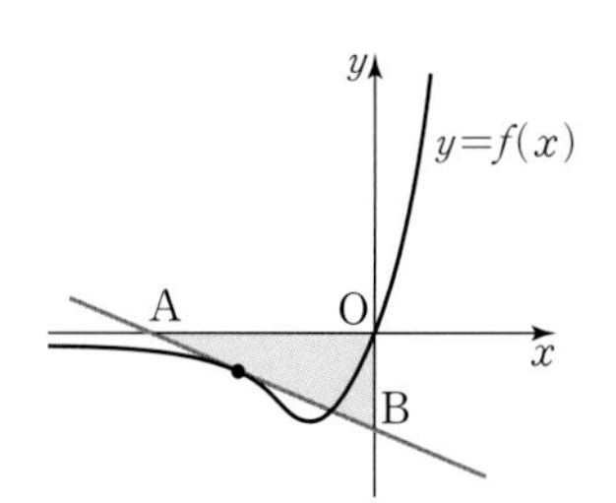

① $\frac{2}{e^2}$ ② $\frac{4}{e^2}$ ③ $\frac{6}{e^2}$
④ $\frac{8}{e^2}$ ⑤ $\frac{10}{e^2}$

70 상중하

▶ 23645-0411

함수 $f(x)=(x^2+ax+b)e^{2x}$이 $x=-2$와 $x=3$에서 극값을 가질 때, 곡선 $y=f(x)$의 두 변곡점의 x좌표가 각각 p, q이다. p^2+q^2의 값은? (단, a, b는 상수이다.)

① 5 ② 7 ③ 9
④ 11 ⑤ 13

71 상중하

▶ 23645-0412

$-2\pi<x<2\pi$에서 정의된 함수 $f(x)=x+\sin x$에 대하여 곡선 $y=f(x)$의 서로 다른 세 변곡점을 지나는 최고차항의 계수가 1인 삼차함수를 $g(x)$라 할 때, $g'(0)$의 값은?

① $-\pi^2$ ② $1-\pi^2$ ③ $2-\pi^2$
④ $3-\pi^2$ ⑤ $4-\pi^2$

72 상중하

▶ 23645-0413

그림과 같이 함수 $f(x)=\frac{1}{1+x^2}$에 대하여 곡선 $y=f(x)$의 두 변곡점을 각각 A, B라 할 때, 점 A에서 그은 접선과 점 B에서 그은 접선이 만나는 점을 C라 하자. 점 C의 y좌표는?

(단, 점 A는 제1사분면 위에 있다.)

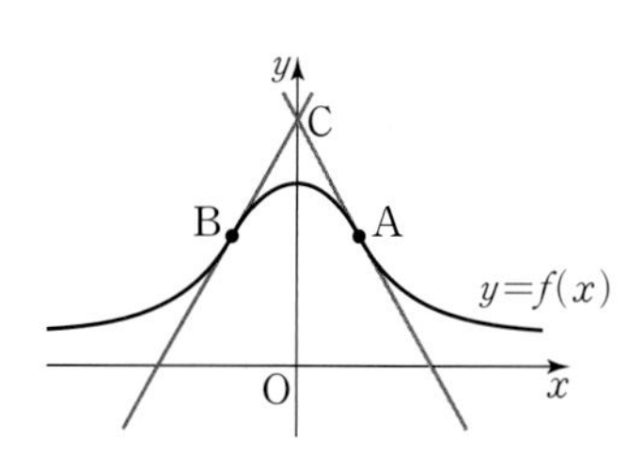

① $\frac{1}{2}$ ② $\frac{5}{8}$ ③ $\frac{3}{4}$
④ $\frac{7}{8}$ ⑤ $\frac{9}{8}$

73 상중하

▶ 23645-0414

그림과 같이 $x>0$인 모든 실수에서 정의된 함수 $f(x)=\sqrt{x}+\frac{1}{\sqrt{x}}$에 대하여 곡선 $y=f(x)$의 변곡점에서의 접선이 x축, y축과 만나는 점을 각각 A, B라 할 때, 삼각형 OAB의 넓이는? (단, O는 원점이다.)

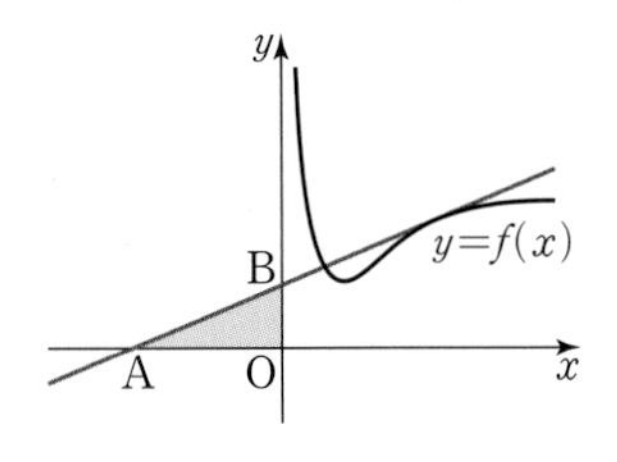

① $4\sqrt{3}$ ② $\frac{9\sqrt{3}}{2}$ ③ $5\sqrt{3}$
④ $\frac{11\sqrt{3}}{2}$ ⑤ $6\sqrt{3}$

74 상중하

▶ 23645-0415

두 함수 $f(x)=(x+1)e^{-x}$, $g(x)=ax+b\ (a\neq0)$에 대하여 곡선 $y=f(x)$의 변곡점의 x좌표가 p이고 함수 $h(x)$를

$$h(x)=\begin{cases} g(x) & (x<p) \\ f(x) & (x\geq p) \end{cases}$$

라 할 때, 함수 $h(x)$는 실수 전체의 집합에서 미분가능하다. $h(0)$의 값은? (단, a, b는 상수이다.)

① $\frac{1}{e}$ ② $\frac{2}{e}$ ③ $\frac{3}{e}$
④ $\frac{4}{e}$ ⑤ $\frac{5}{e}$

19 함수의 최대와 최소

함수 $f(x)$가 닫힌구간 $[a, b]$에서 연속이면 함수 $f(x)$의 최댓값과 최솟값은

① 닫힌구간 $[a, b]$에서 함수 $f(x)$의 극댓값과 극솟값을 구한다.
② 함숫값 $f(a)$와 $f(b)$를 구한다.
③ ①, ②에서 구한 값 중에서 가장 큰 값이 최댓값, 가장 작은 값이 최솟값이다.

» 올림포스 미적분 71쪽

75 대표문제

▶ 23645-0416

닫힌구간 $[2, 6]$에서 함수 $f(x)=\frac{x^2-7x+10}{x-1}$의 최댓값을 M, 최솟값을 m이라 할 때, $M+m$의 값은?

① -1 ② $-\frac{4}{5}$ ③ $-\frac{3}{5}$
④ $-\frac{2}{5}$ ⑤ $-\frac{1}{5}$

76 상중하

▶ 23645-0417

닫힌구간 $[-e, 1]$에서 함수 $f(x)=\sqrt{4e^2-3x^2}$의 최댓값을 M, 최솟값을 m이라 할 때, $M+m$의 값은?

① e ② $2e$ ③ $3e$
④ $4e$ ⑤ $5e$

77 상중하

▶ 23645-0418

닫힌구간 $[-1, \sqrt{2}]$에서 함수 $f(x)=\sqrt{2-x^2}e^x$의 최댓값을 M, 최솟값을 m이라 할 때, $M+m$의 값은?

① e ② $2e$ ③ $3e$
④ $4e$ ⑤ $5e$

78 상중하

▶ 23645-0419

닫힌구간 $\left[-1,\ \frac{1}{2}\right]$에서 함수 $f(x)=e^{-2x^2}$의 최댓값을 M, 최솟값을 m이라 할 때, $M \times m$의 값은?

① $\frac{1}{e^2}$ ② $\frac{2}{e^2}$ ③ $\frac{3}{e^2}$
④ $\frac{4}{e^2}$ ⑤ $\frac{5}{e^2}$

79 상중하

▶ 23645-0420

닫힌구간 $\left[\frac{1}{e},\ e\sqrt{e}\right]$에서 함수 $f(x)=\frac{\ln x}{x^2}$의 최댓값을 M, 최솟값을 m이라 할 때, $M^2 \times m$의 값은? (단, $\lim_{x \to \infty} f(x)=0$)

① $-\frac{5}{4}$ ② -1 ③ $-\frac{3}{4}$
④ $-\frac{1}{2}$ ⑤ $-\frac{1}{4}$

80 상중하

▶ 23645-0421

닫힌구간 $[-1,\ 1]$에서 함수 $f(x)=\begin{cases} x\ln x^2 & (x \neq 0) \\ 0 & (x=0) \end{cases}$의 최댓값을 M, 최솟값을 m이라 할 때, $M \times m$의 값은?

① $-\frac{1}{e^2}$ ② $-\frac{2}{e^2}$ ③ $-\frac{3}{e^2}$
④ $-\frac{4}{e^2}$ ⑤ $-\frac{5}{e^2}$

81 상중하

▶ 23645-0422

닫힌구간 $[0,\ 2\pi]$에서 함수 $f(x)=\frac{\cos x}{\sin x+2}$의 최댓값을 M, 최솟값을 m이라 할 때, $M \times m$의 값은?

① $-\frac{5}{3}$ ② $-\frac{4}{3}$ ③ -1
④ $-\frac{2}{3}$ ⑤ $-\frac{1}{3}$

82 상중하

▶ 23645-0423

닫힌구간 $\left[-\frac{\pi}{2},\ \pi\right]$에서 함수 $f(x)=e^x \sin x$의 최댓값을 M, 최솟값을 m이라 할 때, $M \times m$의 값은?

① $-\frac{1}{6}e^{\frac{\pi}{2}}$ ② $-\frac{1}{3}e^{\frac{\pi}{2}}$ ③ $-\frac{1}{2}e^{\frac{\pi}{2}}$
④ $-\frac{2}{3}e^{\frac{\pi}{2}}$ ⑤ $-\frac{5}{6}e^{\frac{\pi}{2}}$

83 상중하

▶ 23645-0424

두 함수 $f(x)=\frac{x}{x^2+1}$, $g(x)=ax+b$ $(a<0,\ b>0)$에 대하여 함수 $h(x)$를

$$h(x)=\begin{cases} g(x) & (f(x)<g(x)) \\ f(x) & (f(x) \geq g(x)) \end{cases}$$

라 할 때, 함수 $h(x)$는 실수 전체의 집합에서 미분가능하다. 닫힌구간 $[-\sqrt{3},\ 2\sqrt{3}]$에서 함수 $h(x)$의 최댓값을 M, 최솟값을 m이라 할 때, $M \times m$의 값은?

① $\frac{1}{13}$ ② $\frac{2}{13}$ ③ $\frac{3}{13}$
④ $\frac{4}{13}$ ⑤ $\frac{5}{13}$

중요

20 방정식의 실근의 개수

방정식 $f(x)=0$의 서로 다른 실근의 개수는 함수 $y=f(x)$의 그래프가 x축과 만나는 점의 개수와 같다.

» 올림포스 미적분 72쪽

84 대표문제
▶ 23645-0425

방정식 $(x^2+3x+3)e^x=k$가 서로 다른 세 실근을 갖도록 하는 실수 k의 값의 범위가 $a<k<b$일 때, $\frac{a}{b}$의 값은? (단, $ab\neq0$)

① e ② $\frac{e}{2}$ ③ $\frac{e}{3}$
④ $\frac{e}{4}$ ⑤ $\frac{e}{5}$

85 상중하
▶ 23645-0426

$x>0$에서 정의된 함수 $f(x)=\frac{\ln x}{x}$에 대하여 곡선 $y=f(x)$와 직선 $y=k$가 만나는 점의 개수가 1일 때, 상수 k의 값은? (단, $k>0$)

① $\frac{1}{e}$ ② $\frac{2}{e}$ ③ $\frac{3}{e}$
④ $\frac{4}{e}$ ⑤ $\frac{5}{e}$

86 상중하
▶ 23645-0427

정의역이 $\{x|x\neq0$인 모든 실수$\}$인 두 함수 $f(x)=\frac{1}{x}$, $g(x)=-x+k$에 대하여 방정식 $f(x)=g(x)$의 실근이 존재하기 위한 자연수 k의 최솟값은?

① 1 ② 2 ③ 3
④ 4 ⑤ 5

87 상중하
▶ 23645-0428

두 함수 $f(x)=\frac{e^x+e^{-x}}{2}$, $g(x)=\frac{e^x-e^{-x}}{2}$에 대하여 함수 $h(x)$를

$$h(x)=\begin{cases} f(x)-g(x) & (x<0) \\ f(x)+g(x) & (x\geq0) \end{cases}$$

이라 할 때, 두 함수 $y=h(x)$, $y=m|x|$ $(m>0)$의 그래프가 만나는 점의 개수가 2이다. 상수 m의 값은?

① $\frac{e}{4}$ ② $\frac{e}{2}$ ③ e
④ $2e$ ⑤ $4e$

88 상중하
▶ 23645-0429

열린구간 $(0, 2\pi)$에서 방정식 $e^x(\sin x+\cos x)=k$가 서로 다른 세 실근을 갖도록 하는 실수 k의 값의 범위가 $a<k<b$일 때, ab의 값은?

① $e^{\frac{\pi}{2}}$ ② $\sqrt{2}e^{\frac{\pi}{2}}$ ③ $\sqrt{3}e^{\frac{\pi}{2}}$
④ $2e^{\frac{\pi}{2}}$ ⑤ $\sqrt{5}e^{\frac{\pi}{2}}$

89 상중하
▶ 23645-0430

$x\neq0$인 모든 실수에서 정의된 함수 $f(x)=\ln|x|$와 정의역이 실수 전체의 집합인 일차함수 $g(x)=mx$ $(m>0)$에 대하여 방정식 $f(x)=g(x)$가 서로 다른 세 실근을 갖도록 하는 실수 m의 값의 범위가 $a<m<b$이다. $a+b$의 값은?

① $\frac{1}{e}$ ② $\frac{2}{e}$ ③ $\frac{3}{e}$
④ $\frac{4}{e}$ ⑤ $\frac{5}{e}$

90 상중하

▸ 23645-0431

방정식 $x^2(1+\ln x)=k$가 서로 다른 두 실근을 갖도록 하는 실수 k의 값의 범위가 $a<k<b$일 때, $b-\frac{1}{a}$의 값은?

① e^3 ② $2e^3$ ③ $3e^3$
④ $4e^3$ ⑤ $5e^3$

91 상중하

▸ 23645-0432

방정식 $x^2-1=k(x^2+1)^2$이 서로 다른 네 실근을 갖도록 하는 실수 k의 값이 될 수 있는 것은?

① $-\frac{1}{8}$ ② $-\frac{1}{16}$ ③ 0
④ $\frac{1}{16}$ ⑤ $\frac{1}{8}$

92 상중하

▸ 23645-0433

방정식 $x^2-2x-2=ke^{-x}$이 서로 다른 세 실근을 갖도록 하는 실수 k의 값의 범위가 $a<k<b$일 때, $a+b$의 값은?

① $\frac{2}{e^2}$ ② $\frac{4}{e^2}$ ③ $\frac{6}{e^2}$
④ $\frac{8}{e^2}$ ⑤ $\frac{10}{e^2}$

93 상중하

▸ 23645-0434

함수 $f(x)=\frac{2|x|}{x^2+1}$에 대하여 **보기**에서 옳은 것만을 있는 대로 고른 것은?

보기

ㄱ. 함수 $y=f(x)$의 그래프의 점근선은 x축이다.
ㄴ. 함수 $f(x)$의 극솟값은 없다.
ㄷ. 방정식 $f(x)=1$의 서로 다른 실근의 개수는 2이다.

① ㄱ ② ㄴ ③ ㄱ, ㄷ
④ ㄴ, ㄷ ⑤ ㄱ, ㄴ, ㄷ

94 상중하

▸ 23645-0435

$-2\pi<x<2\pi$에서 정의된 함수 $f(x)=\frac{1}{2}\cos 2x+\cos x$에 대하여 함수 $y=|f(x)|$의 그래프와 직선 $y=k$가 서로 다른 8개의 점에서 만날 때, 상수 k의 값은? $\left(\text{단, } k>\frac{1}{2}\right)$

① $\frac{5}{8}$ ② $\frac{11}{16}$ ③ $\frac{3}{4}$
④ $\frac{13}{16}$ ⑤ $\frac{7}{8}$

95 상중하

▸ 23645-0436

함수 $f(x)=\begin{cases} x^2(\ln x^2-1) & (x\neq 0) \\ 0 & (x=0) \end{cases}$에 대하여 함수 $y=|f(x)|$의 그래프와 직선 $y=k$의 서로 다른 교점의 개수를 $g(k)$라 하자. 최고차항의 계수가 1인 이차함수 $h(x)$에 대하여 함수 $g(x)h(x)$가 모든 실수에서 연속일 때, $h(3)$의 값은? (단, k는 실수이다.)

① 3 ② 4 ③ 5
④ 6 ⑤ 7

중요
21 부등식에의 활용

어떤 구간에서 부등식 $f(x)>0$이 성립함을 보이려면 이 구간에서 함수 $y=f(x)$의 그래프가 x축보다 위쪽에 있음을 보이면 된다.

» 올림포스 미적분 73쪽

96 대표문제
▸ 23645-0437

$x>0$인 모든 실수 x에 대하여 부등식 $x-2\ln x\geq k$가 성립하도록 하는 실수 k의 최댓값은?

① $1-2\ln 2$ ② $2-2\ln 2$ ③ $3-2\ln 2$
④ $4-2\ln 2$ ⑤ $5-2\ln 2$

97 상중하
▸ 23645-0438

모든 실수 x에 대하여 부등식 $(x^2-3)e^x\geq k$가 성립하도록 하는 실수 k의 최댓값은?

① $-5e$ ② $-4e$ ③ $-3e$
④ $-2e$ ⑤ $-e$

98 상중하
▸ 23645-0439

$x>0$인 모든 실수 x에 대하여 부등식 $4\ln x-x^4+k\leq 0$이 성립하도록 하는 실수 k의 최댓값은?

① 1 ② 2 ③ 3
④ 4 ⑤ 5

99 상중하
▸ 23645-0440

$x>0$에서 정의된 두 함수 $f(x)=x^2+x$, $g(x)=\ln x+k$에 대하여 부등식 $f(x)\geq g(x)$가 항상 성립하도록 하는 실수 k의 최댓값은?

① $\ln 2$ ② $\frac{1}{4}+\ln 2$ ③ $\frac{1}{2}+\ln 2$
④ $\frac{3}{4}+\ln 2$ ⑤ $1+\ln 2$

100 상중하
▸ 23645-0441

$x>0$인 모든 실수 x에 대하여 부등식 $x-4+\frac{k}{x}\geq 0$이 성립하도록 하는 실수 k의 최솟값은?

① 1 ② 2 ③ 3
④ 4 ⑤ 5

101 상중하
▸ 23645-0442

$x>0$인 모든 실수 x에 대하여 부등식 $1-2\ln x\leq \frac{k}{x^2}$가 성립하도록 하는 실수 k의 최솟값은?

① $\frac{1}{5}$ ② $\frac{2}{5}$ ③ $\frac{3}{5}$
④ $\frac{4}{5}$ ⑤ 1

102 상중하

▸ 23645-0443

$0 \le x \le 2\pi$인 모든 실수 x에 대하여 부등식 $2\sin x \ge x-k$가 성립하도록 하는 실수 k의 최솟값은?

① $\frac{5}{3}\pi$ ② $1+\frac{5}{3}\pi$ ③ $\sqrt{2}+\frac{5}{3}\pi$
④ $\sqrt{3}+\frac{5}{3}\pi$ ⑤ $2+\frac{5}{3}\pi$

103 상중하

▸ 23645-0444

$-1<x<1$인 모든 실수 x에 대하여 부등식 $\sqrt{1-x^2} \le -x+k$가 성립하도록 하는 실수 k의 최솟값은?

① 1 ② $\sqrt{2}$ ③ $\sqrt{3}$
④ 2 ⑤ $\sqrt{5}$

104 상중하

▸ 23645-0445

$x>0$인 모든 실수 x에 대하여 부등식 $e^x-kx \ge 0$이 성립하도록 하는 실수 k의 최댓값은?

① $\frac{e}{5}$ ② $\frac{2e}{5}$ ③ $\frac{3e}{5}$
④ $\frac{4e}{5}$ ⑤ e

105 상중하

▸ 23645-0446

$x>0$인 모든 실수 x에 대하여 부등식 $2+\ln x \ge \frac{k}{x}$가 성립하도록 하는 실수 k의 최댓값은?

① $-\frac{1}{e^3}$ ② $-\frac{2}{e^3}$ ③ $-\frac{3}{e^3}$
④ $-\frac{4}{e^3}$ ⑤ $-\frac{5}{e^3}$

106 상중하

▸ 23645-0447

$x>1$인 모든 실수 x에 대하여 부등식 $x-k\sqrt{x-1} \ge 0$이 성립하도록 하는 실수 k의 최댓값은?

① 1 ② 2 ③ 3
④ 4 ⑤ 5

107 상중하

▸ 23645-0448

모든 실수 x에 대하여 부등식 $8^x-6\times 4^x \ge k$가 성립하도록 하는 실수 k의 최댓값은?

① -64 ② -32 ③ -16
④ -8 ⑤ -4

22 직선 운동에서의 속도와 가속도

수직선 위를 움직이는 점 P의 시각 t에서의 위치 x가 $x=f(t)$일 때, 시각 t에서의 점 P의 속도 v와 가속도 a는

(1) $v=\dfrac{dx}{dt}=f'(t)$　　(2) $a=\dfrac{dv}{dt}=f''(t)$

≫ 올림포스 미적분 74쪽

108 대표문제　▶ 23645-0449

수직선 위를 움직이는 점 P의 시각 $t\ (t>0)$에서의 위치 x가 $x=t+2\sqrt{t}$이다. 점 P의 속도가 2일 때, 점 P의 가속도는?

① -1　② $-\dfrac{1}{2}$　③ 0　④ $\dfrac{1}{2}$　⑤ 1

109 상중하　▶ 23645-0450

수직선 위를 움직이는 점 P의 시각 $t\ (t>0)$에서의 위치 x가 $x=\dfrac{1}{2}t+\cos t$일 때, 점 P가 운동 방향을 바꾸는 시각을 t_1이라 하자. 시각 $t=t_1$에서의 가속도는? $\left(\text{단, } 0<t_1<\dfrac{\pi}{2}\right)$

① -2　② $-\dfrac{\sqrt{3}}{2}$　③ $-\dfrac{\sqrt{2}}{2}$　④ $-\dfrac{1}{2}$　⑤ 0

110 상중하　▶ 23645-0451

수직선 위를 움직이는 점 P의 시각 $t\ (t>0)$에서의 위치 x가 $x=2\sin t+3\cos t$이다. 점 P가 운동 방향을 바꾸는 시각을 t_1이라 할 때, $\sec^2 t_1$의 값은? $\left(\text{단, } 0<t_1<\dfrac{\pi}{2}\right)$

① $\dfrac{7}{9}$　② 1　③ $\dfrac{11}{9}$　④ $\dfrac{13}{9}$　⑤ $\dfrac{5}{3}$

111 상중하　▶ 23645-0452

수직선 위를 움직이는 점 P의 시각 $t\ (t>0)$에서의 위치 x가 $x=\dfrac{e^{2t}+e^2}{2e^{t+1}}$이다. 점 P의 가속도의 크기가 최소일 때의 시각을 t_1이라 하자. 시각 $t=t_1$에서의 점 P의 속도는?

① -1　② $-\dfrac{1}{2}$　③ 0　④ $\dfrac{1}{2}$　⑤ 1

112 상중하　▶ 23645-0453

수직선 위를 움직이는 점 P의 시각 $t\ (t\ge 0)$에서의 위치 x가 $x=e^{2t}-4e^t+3$이다. 점 P가 원점을 출발하여 운동 방향을 바꿀 때의 시각을 t_1이라 할 때, 시각 $t=t_1$에서의 점 P의 위치를 p, 가속도를 q라 하자. $p+q$의 값은? (단, p, q는 상수이다.)

① 1　② 3　③ 5　④ 7　⑤ 9

113 상중하　▶ 23645-0454

수직선 위를 움직이는 점 P의 시각 $t\ (t>0)$에서의 위치 x가 $x=k\sin\left(\pi t-\dfrac{\pi}{4}\right)$일 때, 점 P가 운동 방향을 바꾸는 시각을 t_1이라 하자. 시각 $t=t_1$에서 점 P의 가속도가 π^2일 때, 시각 $t=t_1$에서의 점 P의 위치는?

(단, k는 상수이고, $0<t_1<1$이다.)

① -1　② $-\dfrac{\sqrt{3}}{2}$　③ $-\dfrac{\sqrt{2}}{2}$　④ $-\dfrac{1}{2}$　⑤ 0

중요

23 평면 운동에서의 속도와 가속도

좌표평면 위를 움직이는 점 P의 시각 t에서의 위치 (x, y)가 $x=f(t)$, $y=g(t)$일 때,

(1) 시각 t에서의 점 P의 속도와 속력

① 속도: $\left(\frac{dx}{dt}, \frac{dy}{dt}\right)$ 또는 $(f'(t), g'(t))$

② 속력: $\sqrt{\left(\frac{dx}{dt}\right)^2+\left(\frac{dy}{dt}\right)^2}=\sqrt{\{f'(t)\}^2+\{g'(t)\}^2}$

(2) 시각 t에서의 점 P의 가속도와 가속도의 크기

① 가속도: $\left(\frac{d^2x}{dt^2}, \frac{d^2y}{dt^2}\right)$ 또는 $(f''(t), g''(t))$

② 가속도의 크기:

$\sqrt{\left(\frac{d^2x}{dt^2}\right)^2+\left(\frac{d^2y}{dt^2}\right)^2}=\sqrt{\{f''(t)\}^2+\{g''(t)\}^2}$

>> 올림포스 미적분 74쪽

114 대표문제

▶ 23645-0455

좌표평면 위를 움직이는 점 P의 시각 t $(t>0)$에서의 위치 (x, y)가 $x=2\cos t$, $y=3\sin t$이다. 시각 $t=\frac{\pi}{6}$에서의 점 P의 속력은?

① $\frac{5}{2}$　② $\sqrt{7}$　③ $\frac{\sqrt{31}}{2}$
④ $\frac{\sqrt{34}}{2}$　⑤ $\frac{\sqrt{37}}{2}$

115 상중하

▶ 23645-0456

좌표평면 위를 움직이는 점 P의 시각 t $(t>0)$에서의 위치 (x, y)가 $x=2t-1$, $y=-t^2+4t$이다. 시각 $t=a$에서 점 P의 속력이 최소이고 점 P의 속력의 최솟값이 m일 때, $a+m$의 값은? (단, a는 양의 상수이다.)

① 1　② 2　③ 3
④ 4　⑤ 5

116 상중하

▶ 23645-0457

좌표평면 위를 움직이는 점 P의 시각 t $(t>0)$에서의 위치 (x, y)가 $x=t-\sin t$, $y=\cos t$이다. 점 P의 속력의 최댓값은?

① 1　② 2　③ 3
④ 4　⑤ 5

117 상중하

▶ 23645-0458

좌표평면 위를 움직이는 점 P의 시각 t $(t>0)$에서의 위치 (x, y)가 $x=e^t\cos t$, $y=e^t\sin t$이다. 점 P의 속력이 $\sqrt{2}e^{\frac{\pi}{2}}$일 때, 가속도의 크기는?

① $\frac{1}{2}e^{\frac{\pi}{2}}$　② $e^{\frac{\pi}{2}}$　③ $\frac{3}{2}e^{\frac{\pi}{2}}$
④ $2e^{\frac{\pi}{2}}$　⑤ $\frac{5}{2}e^{\frac{\pi}{2}}$

118 상중하

▶ 23645-0459

좌표평면 위를 움직이는 점 P의 시각 t $(t>0)$에서의 위치 (x, y)가 $x=\cos^3 t$, $y=\sin^3 t$이다. 시각 $t=t_1$에서 점 P의 속력이 최대일 때, 시각 $t=t_1$에서의 점 P의 가속도의 크기는?

① $\frac{1}{2}$　② 1　③ $\frac{3}{2}$
④ 2　⑤ $\frac{5}{2}$

서술형 완성하기

>> 정답과 풀이 101쪽

01

▸ 23645-0460

곡선 $y=\sin x$ 위의 점 $\left(\frac{\pi}{6}, \frac{1}{2}\right)$에서의 접선이 곡선 $y=x^2+a$에 접할 때, 상수 a의 값을 구하시오.

02

▸ 23645-0461

곡선 $y=\ln x-\ln\frac{1}{x}$ 위의 점 (a, b)에서의 접선이 직선 $2x+y-3=0$과 수직일 때, $a+b$의 값을 구하시오.

03 내신기출

▸ 23645-0462

함수 $f(x)=(x^2+ax+a+8)e^x$이 극값을 갖지 않도록 하는 모든 정수 a의 값의 합을 구하시오.

04

▸ 23645-0463

곡선 $y=(1+\cos x)^2$의 변곡점에서의 접선의 x절편을 a, y절편을 b라 할 때, $\frac{b}{a}$의 값을 구하시오. (단, $0<x<\pi$)

05 내신기출

▸ 23645-0464

$x\geq 0$에서 자연수 n에 대하여 함수 $f(x)=\left(\frac{x}{8}\right)^n e^{n-x}$의 최댓값이 존재할 때, 그 최댓값을 a_n이라 하자. $a_1+a_2+a_3+a_4$의 값을 구하시오.

06

▸ 23645-0465

좌표평면 위를 움직이는 점 P의 시각 $t\left(\frac{\pi}{2}\leq t\leq\frac{3}{2}\pi\right)$에서의 점 P의 위치 (x, y)가

$x=2\sin t$, $y=\cos t$

이다. 점 P의 속력이 최대일 때, 점 P의 좌표를 구하시오.

내신 + 수능 고난도 도전

>> 정답과 풀이 102쪽

▶ 23645-0466

01 점 $(0, a)$에서 곡선 $y=(x+1)e^x$에 그은 접선의 개수가 3이 되도록 하는 a의 값의 범위가 $\alpha<a<\beta$일 때, $\beta-\alpha$의 값은? (단, $\lim_{x\to-\infty}(-x^2-x+1)e^x=0$)

① $\frac{1}{e^3}$ ② $\frac{2}{e^3}$ ③ $\frac{3}{e^3}$ ④ $\frac{4}{e^3}$ ⑤ $\frac{5}{e^3}$

▶ 23645-0467

02 곡선 $y=\frac{1}{x^2}$ 위의 점 $\mathrm{P}\left(a, \frac{1}{a^2}\right)$에서의 접선과 x축, y축으로 둘러싸인 부분의 넓이가 $\frac{9}{16}$일 때, 양수 a의 값은?

① 1 ② 2 ③ 3 ④ 4 ⑤ 5

▶ 23645-0468

03 $0<a<1$일 때, 함수 $f(x)=x\ln(x^2+a)$라 하자. 방정식 $f'(x)=0$의 서로 다른 실근의 개수는?

① 1 ② 2 ③ 3 ④ 4 ⑤ 5

▶ 23645-0469

04 수직선 위를 움직이는 점 P의 시각 t $(t\geq0)$에서의 속도 $v(t)$가

$$v(t)=\frac{t}{(t+1)^3}$$

이다. 시각 $t=k$에서 점 P의 속력이 최대일 때, 시각 $t=2k$에서의 점 P의 가속도의 크기는?

① $\frac{1}{16}$ ② $\frac{1}{8}$ ③ $\frac{3}{16}$ ④ $\frac{1}{4}$ ⑤ $\frac{5}{16}$

▶ 23645-0470

05 곡선 $y=x^2-2ax+a^2-a+2$와 직선 $y=2x-1$이 만나는 서로 다른 두 점 중 x좌표가 작은 점을 P라 하자. 점 P의 x좌표는 $a=k$일 때, 최솟값 l을 갖는다. $k+l$의 값은? (단, a는 상수이다.)

① 2　② $\frac{7}{3}$　③ $\frac{8}{3}$　④ 3　⑤ $\frac{10}{3}$

▶ 23645-0471

06 상수 a에 대하여 함수 $f(x)=\ln(ae^{-x}+e^{2x})+e^{-x}$이 $x=\ln 2$에서 극솟값을 가질 때, **보기**에서 옳은 것만을 있는 대로 고른 것은?

보기

ㄱ. $a=8$

ㄴ. 곡선 $y=f(x)$ 위의 점 $(0, f(0))$에서의 접선의 x절편은 $\frac{3}{5}+\frac{6}{5}\ln 3$이다.

ㄷ. $\lim_{x\to\infty}\{f(x)-2x\}=0$

① ㄱ　② ㄷ　③ ㄱ, ㄴ　④ ㄴ, ㄷ　⑤ ㄱ, ㄴ, ㄷ

▶ 23645-0472

07 함수 $f(x)=xe^{-\frac{x}{2}}$의 그래프의 변곡점의 좌표는 $(k, f(k))$이다. 곡선 $y=f(x)$와 직선 $y=ax$가 $0<x<k$에서 만나도록 하는 실수 a의 값의 범위는 $\alpha<a<\beta$이다. $\frac{\beta}{\alpha}$의 값은?

① e　② $2e$　③ e^2　④ $2e^2$　⑤ e^4

▶ 23645-0473

08 $\overline{AB}=\overline{AC}$, $\angle BAC=2\theta$인 이등변삼각형 ABC의 내접원의 반지름의 길이가 1이다. 선분 AC의 길이가 최솟값을 가질 때, $\sin\theta$의 값은? $\left(\text{단, } 0<\theta<\frac{\pi}{2}\right)$

① $\frac{-1+\sqrt{6}}{2}$　② $\frac{-1+\sqrt{5}}{2}$　③ $\frac{1}{2}$　④ $\frac{-1+\sqrt{3}}{2}$　⑤ $\frac{-1+\sqrt{2}}{2}$

III 적분법

개념 확인하기

06 여러 가지 적분법

01 함수 $y=x^n$ (n은 실수)의 부정적분

① $n\neq-1$일 때, $\int x^n\,dx=\frac{1}{n+1}x^{n+1}+C$ (단, C는 적분상수)

② $n=-1$일 때, $\int x^{-1}\,dx=\int\frac{1}{x}\,dx=\ln|x|+C$ (단, C는 적분상수)

02 지수함수의 부정적분

① $\int a^x\,dx=\frac{a^x}{\ln a}+C$ (단, $a>0$, $a\neq1$)

② $\int e^x\,dx=e^x+C$

03 삼각함수의 부정적분

① $\int \sin x\,dx=-\cos x+C$

② $\int \cos x\,dx=\sin x+C$

③ $\int \sec^2 x\,dx=\tan x+C$

④ $\int \csc^2 x\,dx=-\cot x+C$

⑤ $\int \sec x\tan x\,dx=\sec x+C$

⑥ $\int \csc x\cot x\,dx=-\csc x+C$

04 치환적분법

(1) 치환적분법: 미분가능한 함수 $g(x)$에 대하여 $g(x)=t$로 놓으면

$$\int f(g(x))g'(x)dx=\int f(t)dt$$

(2) $\int\frac{f'(x)}{f(x)}dx$ 꼴의 부정적분

$$\int\frac{f'(x)}{f(x)}dx=\ln|f(x)|+C$$

05 유리함수의 부정적분

(1) (분자의 차수)≥(분모의 차수)인 경우

분자를 분모로 나누어 몫과 나머지의 꼴로 나타낸 후 부정적분을 구한다.

(2) (분자의 차수)<(분모의 차수)인 경우

분모를 인수분해하고, 부분분수를 이용하여 분모를 일차식으로 변형한 후 부정적분을 구한다.

06 부분적분법

부분적분법: 두 함수 $f(x)$, $g(x)$가 미분가능할 때,

$$\int f(x)g'(x)dx=f(x)g(x)-\int f'(x)g(x)dx$$

로그함수	다항함수	삼각함수	지수함수
$f(x)$ ⟵			⟶ $g'(x)$

예 ① $\int\sqrt{x}\,dx=\int x^{\frac{1}{2}}\,dx$

$=\frac{1}{\frac{1}{2}+1}x^{\frac{1}{2}+1}+C$

$=\frac{2}{3}x^{\frac{3}{2}}+C$

(단, C는 적분상수)

② $\int\frac{3}{x}\,dx=3\int\frac{1}{x}\,dx$

$=3\ln|x|+C$

(단, C는 적분상수)

$(e^x)'=e^x$이므로

$\int e^x\,dx=e^x+C$ (단, C는 적분상수)

$(a^x)'=a^x\ln a$에서

$a^x=\frac{(a^x)'}{\ln a}=\left(\frac{a^x}{\ln a}\right)'$이므로

$\int a^x\,dx=\frac{a^x}{\ln a}+C$

(단, $a>0$, $a\neq1$, C는 적분상수)

$(\cos x)'=-\sin x$,
$(\sin x)'=\cos x$,
$(\tan x)'=\sec^2 x$,
$(\cot x)'=-\csc^2 x$,
$(\sec x)'=\sec x\tan x$,
$(\csc x)'=-\csc x\cot x$
임을 이용하여 삼각함수의 부정적분 공식을 유도할 수 있다.

(분자의 차수)<(분모의 차수)인 경우 부분분수

$\frac{1}{AB}=\frac{1}{B-A}\left(\frac{1}{A}-\frac{1}{B}\right)$ $(A\neq B)$

를 이용할 수 있다.

부분적분법을 이용할 때는 미분한 결과가 간단해지는 것을 $f(x)$로, 적분하기 쉬운 것을 $g'(x)$로 두면 편리하다. 일반적으로 로그함수, 다항함수를 $f(x)$로 놓고 삼각함수, 지수함수를 $g'(x)$로 놓고 부분적분법을 이용한다.

>> 정답과 풀이 104쪽

01 함수 $y=x^n$ (n은 실수)의 부정적분

[01~04] 다음 부정적분을 구하시오.

01 $\int \frac{2}{x}\,dx$

02 $\int \frac{1}{x^3}\,dx$

03 $\int \left(x\sqrt{x}-\frac{1}{x^2}\right)dx$

04 $\int \left(\frac{1}{x}+\sqrt[3]{x^2}\right)dx$

02 지수함수의 부정적분

[05~08] 다음 부정적분을 구하시오.

05 $\int 2e^x\,dx$

06 $\int 9^x\,dx$

07 $\int (e^x+3^x)\,dx$

08 $\int \frac{e^{3x}+1}{e^x+1}\,dx$

03 삼각함수의 부정적분

[09~12] 다음 부정적분을 구하시오.

09 $\int (\sin x-\cos x)dx$

10 $\int \frac{2}{\sin^2 x}\,dx$

11 $\int (1+\cot x)\sin x\,dx$

12 $\int \frac{2+\cos^3 x}{\cos^2 x}\,dx$

04 치환적분법

[13~16] 다음 부정적분을 구하시오.

13 $\int \frac{2x}{x^2+1}\,dx$

14 $\int \frac{e^x}{e^x+1}\,dx$

15 $\int \frac{x-2}{x^2-4x+5}\,dx$

16 $\int \cot x\,dx$

05 유리함수의 부정적분

[17~18] 다음 부정적분을 구하시오.

17 $\int \frac{x+2}{x+1}\,dx$

18 $\int \frac{1}{x(x+2)}\,dx$

06 부분적분법

[19~22] 다음 부정적분을 구하시오.

19 $\int xe^x\,dx$

20 $\int \ln x\,dx$

21 $\int x\ln x\,dx$

22 $\int x\cos x\,dx$

07 정적분

닫힌구간 $[a, b]$에서 연속인 함수 $f(x)$의 한 부정적분을 $F(x)$라 할 때, 함수 $f(x)$의 a에서 b까지의 정적분은

$$\int_a^b f(x)dx=\Big[F(x)\Big]_a^b=F(b)-F(a)$$

$\int_a^b f(x)dx$
$=\Big[F(x)\Big]_a^b$
$=\Big[F(x)+C\Big]_a^b$
$=\{F(b)+C\}-\{F(a)+C\}$
$=F(b)-F(a)$
가 성립하므로 적분상수 C는 생각하지 않는다.

08 정적분의 성질

두 함수 $f(x)$, $g(x)$가 세 실수 a, b, c를 포함하는 구간에서 연속일 때,

① $\int_a^b kf(x)dx=k\int_a^b f(x)dx$ (단, k는 상수)

② $\int_a^b \{f(x)+g(x)\}dx=\int_a^b f(x)dx+\int_a^b g(x)dx$

③ $\int_a^b \{f(x)-g(x)\}dx=\int_a^b f(x)dx-\int_a^b g(x)dx$

④ $\int_a^c f(x)dx+\int_c^b f(x)dx=\int_a^b f(x)dx$

$\int_a^a f(x)dx=0$
$\int_a^b f(x)dx=-\int_b^a f(x)dx$

정적분의 성질 중에서
$\int_a^c f(x)dx+\int_c^b f(x)dx$
$=\int_a^b f(x)dx$
는 a, b, c의 대소에 관계없이 항상 성립한다.

09 y축에 대칭인 함수와 원점에 대칭인 함수의 정적분

(1) 함수 $f(x)$가 모든 실수 x에 대하여 $f(-x)=f(x)$를 만족시킬 때,

$$\int_{-a}^a f(x)dx=2\int_0^a f(x)dx$$

(2) 함수 $f(x)$가 모든 실수 x에 대하여 $f(-x)=-f(x)$를 만족시킬 때,

$$\int_{-a}^a f(x)dx=0$$

모든 실수 x에 대하여 $f(-x)=f(x)$를 만족시키는 함수 $y=f(x)$의 그래프는 y축에 대하여 대칭이다.

모든 실수 x에 대하여 $f(-x)=-f(x)$를 만족시키는 함수 $y=f(x)$의 그래프는 원점에 대하여 대칭이다.

10 주기함수의 정적분

주기가 p $(p>0)$인 연속함수 $f(x)$에 대하여

(1) $\int_a^b f(x)dx=\int_{a+p}^{b+p} f(x)dx$

(2) $\int_a^{a+p} f(x)dx=\int_b^{b+p} f(x)dx$

주기가 양수 p인 함수는 모든 실수 x에 대하여 $f(x+p)=f(x)$가 성립한다.

07 정적분

[23~30] 다음 정적분의 값을 구하시오.

23 $\int_{1}^{e} \frac{1}{x}\,dx$

24 $\int_{0}^{1} \sqrt{x}\,dx$

25 $\int_{0}^{2} e^{x}\,dx$

26 $\int_{0}^{1} 5^{x}\,dx$

27 $\int_{0}^{\frac{\pi}{2}} \sin x\,dx$

28 $\int_{0}^{\frac{\pi}{2}} \cos x\,dx$

29 $\int_{0}^{\frac{\pi}{4}} \sec^{2} x\,dx$

30 $\int_{0}^{\frac{\pi}{4}} \sec x \tan x\,dx$

08 정적분의 성질

[31~38] 다음 정적분의 값을 구하시오.

31 $\int_{0}^{1} (e^{x}+e^{2x})dx$

32 $\int_{0}^{\frac{\pi}{2}} (1-2\sin x)dx$

33 $\int_{1}^{3} \left(\sqrt{x}-\frac{1}{x}\right)dx-\int_{4}^{3} \left(\sqrt{x}-\frac{1}{x}\right)dx$

34 $\int_{1}^{2} \frac{x+x^{2}}{\sqrt{x}}\,dx+\int_{2}^{4} \frac{x+x^{2}}{\sqrt{x}}\,dx$

35 $\int_{0}^{\frac{\pi}{2}} (\sin x+1)dx-\int_{0}^{\frac{\pi}{2}} (\cos x+1)dx$

36 $\int_{0}^{\frac{\pi}{4}} \frac{\sin^{2} x}{1+\cos x}\,dx+\int_{\frac{\pi}{4}}^{\frac{\pi}{2}} \frac{\sin^{2} x}{1+\cos x}\,dx$

37 $\int_{-\frac{\pi}{2}}^{0} \sin x\,dx+\int_{0}^{\frac{\pi}{2}} \sin x\,dx$

38 $\int_{-\frac{\pi}{4}}^{0} (\cos x-\tan x)dx-\int_{\frac{\pi}{4}}^{0} (\cos x-\tan x)dx$

09 y축에 대칭인 함수와 원점에 대칭인 함수의 정적분

[39~43] 다음 정적분의 값을 구하시오.

39 $\int_{-\frac{\pi}{2}}^{\frac{\pi}{2}} \cos x\,dx$

40 $\int_{-\frac{\pi}{4}}^{\frac{\pi}{4}} \tan x\,dx$

41 $\int_{-1}^{1} (e^{x}+e^{-x})dx$

42 $\int_{-\ln 2}^{\ln 2} (2^{x}-2^{-x})dx$

43 $\int_{-3}^{3} (x^{2}+\sin x)dx-\int_{3}^{-3} (x^{2}-\sin x)dx$

10 주기함수의 정적분

[44~45] 실수 전체의 집합에서 연속인 함수 $f(x)$가 모든 실수 x에 대하여 $f(x+3)=f(x)$를 만족시키고 $\int_{1}^{4} f(x)dx=2$일 때, 다음 정적분의 값을 구하시오.

44 $\int_{1}^{10} f(x)dx$

45 $\int_{-8}^{4} f(x)dx$

06 여러 가지 적분법

11 치환적분법을 이용한 정적분

미분가능한 함수 $g(x)$의 도함수 $g'(x)$가 닫힌구간 $[a, b]$에서 연속이고
$g(a)=\alpha$, $g(b)=\beta$일 때, 함수 $f(t)$가 α, β를 포함하는 구간에서 연속이면

$$\int_a^b f(g(x))g'(x)dx=\int_\alpha^\beta f(t)dt$$

예 $\int_2^3 (2x-3)^3\,dx$에서 $2x-3=t$로 놓으면 $\frac{dt}{dx}=2$이고,
$x=2$일 때 $t=1$, $x=3$일 때 $t=3$이므로

$$\int_2^3 (2x-3)^3\,dx=\int_1^3 \frac{1}{2}t^3\,dt=\left[\frac{1}{8}t^4\right]_1^3=\frac{1}{8}\times(81-1)=10$$

$\int_a^b f(g(x))g'(x)dx$에서
$g(x)=t$로 놓으면
$\frac{dt}{dx}=g'(x)$이고,
$x=a$일 때 $t=g(a)=\alpha$,
$x=b$일 때 $t=g(b)=\beta$
이므로
$\int_a^b f(g(x))g'(x)dx=\int_\alpha^\beta f(t)dt$
가 성립한다.

12 부분적분법을 이용한 정적분

두 함수 $f(x)$, $g(x)$가 미분가능하고 $f'(x)$, $g'(x)$가 닫힌구간 $[a, b]$에서 연속일 때,

$$\int_a^b f(x)g'(x)dx=\Big[f(x)g(x)\Big]_a^b-\int_a^b f'(x)g(x)dx$$

예 $\int_{-1}^0 (x-1)e^{-x}\,dx$에서
$f(x)=x-1$, $g'(x)=e^{-x}$으로 놓으면 $f'(x)=1$, $g(x)=-e^{-x}$이므로

$$\int_{-1}^0 (x-1)e^{-x}\,dx=\Big[-(x-1)e^{-x}\Big]_{-1}^0-\int_{-1}^0 1\times(-e^{-x})dx$$

$$=\{1+(-2e)\}+\Big[-e^{-x}\Big]_{-1}^0=(1-2e)+(-1+e)=-e$$

$\{f(x)g(x)\}'$
$=f'(x)g(x)+f(x)g'(x)$
임을 이용하여
$f(x)g'(x)$
$=\{f(x)g(x)\}'-f'(x)g(x)$
양변을 적분하면
$\int f(x)g'(x)dx$
$=f(x)g(x)-\int f'(x)g(x)dx$
가 성립한다.

13 정적분으로 표시된 함수의 미분

연속함수 $f(x)$에 대하여

① $\frac{d}{dx}\int_a^x f(t)dt=f(x)$ (단, a는 상수)

② $\frac{d}{dx}\int_x^{x+a} f(t)dt=f(x+a)-f(x)$ (단, a는 상수)

설명 함수 $f(x)$의 한 부정적분을 $F(x)$라 하면

① $\frac{d}{dx}\int_a^x f(t)dt=\frac{d}{dx}\Big[F(t)\Big]_a^x=\frac{d}{dx}\{F(x)-F(a)\}=F'(x)=f(x)$

② $\frac{d}{dx}\int_x^{x+a} f(t)dt=\frac{d}{dx}\{F(x+a)-F(x)\}=F'(x+a)-F'(x)=f(x+a)-f(x)$

예 상수 a에 대하여
$\int_0^x f(t)dt=e^x+a$가 성립할 때,
$f(a)$의 값을 구해 보자.
먼저, $x=0$을 대입하면
(좌변)$=0$, (우변)$=1+a$에서
$1+a=0$, $a=-1$
$\int_0^x f(t)dt=e^x-1$에서
양변을 x에 대하여 미분하면
$f(x)=e^x$이므로
$f(a)=f(-1)=\frac{1}{e}$

14 정적분으로 표시된 함수의 극한

연속함수 $f(x)$에 대하여

① $\lim_{x\to 0}\frac{1}{x}\int_a^{x+a} f(t)dt=f(a)$ (단, a는 상수)

② $\lim_{x\to a}\frac{1}{x-a}\int_a^x f(t)dt=f(a)$ (단, a는 상수)

설명 함수 $f(x)$의 한 부정적분을 $F(x)$라 하면

① $\lim_{x\to 0}\frac{1}{x}\int_a^{x+a} f(t)dt=\lim_{x\to 0}\frac{1}{x}\Big[F(t)\Big]_a^{x+a}=\lim_{x\to 0}\frac{F(x+a)-F(a)}{x}=F'(a)=f(a)$

② $\lim_{x\to a}\frac{1}{x-a}\int_a^x f(t)dt=\lim_{x\to a}\frac{1}{x-a}\Big[F(t)\Big]_a^x=\lim_{x\to a}\frac{F(x)-F(a)}{x-a}=F'(a)=f(a)$

예 $f(x)=\ln(x+1)$일 때,
$\lim_{h\to 0}\frac{1}{h}\int_1^{1+h} f(x)dx$를 구해 보자.
$F'(x)=f(x)$로 놓으면
$\lim_{h\to 0}\frac{1}{h}\int_1^{1+h} f(x)dx$
$=\lim_{h\to 0}\frac{F(1+h)-F(1)}{h}$
$=F'(1)=f(1)=\ln 2$

>> 정답과 풀이 108쪽

11 치환적분법을 이용한 정적분

[46~53] 다음 정적분의 값을 구하시오.

46 $\int_0^1 (x+2)^3 dx$

47 $\int_1^e \frac{\ln x}{x} dx$

48 $\int_0^{\frac{\pi}{2}} \sin x \cos x \, dx$

49 $\int_0^{\frac{\pi}{4}} \tan x \sec^2 x \, dx$

50 $\int_0^1 \frac{2x}{x^2+1} dx$

51 $\int_0^{\frac{\pi}{3}} \frac{\sin x}{1+\cos x} dx$

52 $\int_0^{\ln 2} \frac{2e^{2x}}{e^{2x}+1} dx$

53 $\int_0^{\frac{\pi}{3}} \tan x \, dx$

12 부분적분법을 이용한 정적분

[54~57] 다음 정적분의 값을 구하시오.

54 $\int_0^1 xe^x \, dx$

55 $\int_2^e \ln x \, dx$

56 $\int_0^{\frac{\pi}{3}} x \sec^2 x \, dx$

57 $\int_0^{\frac{\pi}{2}} x \cos x \, dx$

13 정적분으로 표시된 함수의 미분

[58~61] 임의의 실수 x에 대하여 다음 등식이 성립할 때, 함수 $f(x)$를 구하시오.

58 $\int_1^x f(t)dt = e^x - e$

59 $\int_{\frac{\pi}{2}}^x f(t)dt = \sin x + \cos x - 1$

60 $\int_1^x f(t)dt = \ln x + x - 1 \ (x>0)$

61 $\int_0^x f(t)dt = \frac{e^{2x}}{2} - e^x + \frac{1}{2}$

14 정적분으로 표시된 함수의 극한

[62~65] 다음 극한값을 구하시오.

62 $\lim_{x \to 0} \frac{1}{x} \int_1^{x+1} (\ln t + 1) dt$

63 $\lim_{x \to 0} \frac{1}{x} \int_0^x (1+\sqrt[3]{t}) dt$

64 $\lim_{x \to 2} \frac{1}{x-2} \int_2^x (e^t - 1) dt$

65 $\lim_{x \to \frac{\pi}{4}} \frac{1}{x-\frac{\pi}{4}} \int_{\frac{\pi}{4}}^x (\sin t - \cos t) dt$

유형 완성하기

01 함수 $y=x^n$ (n은 실수)의 부정적분

① $n\neq-1$일 때, $\int x^n\,dx=\frac{1}{n+1}x^{n+1}+C$

(단, C는 적분상수)

② $n=-1$일 때, $\int x^{-1}\,dx=\int\frac{1}{x}\,dx=\ln|x|+C$

(단, C는 적분상수)

» 올림포스 미적분 89쪽

01 대표문제

▸ 23645-0474

함수 $f(x)$에 대하여 $f'(x)=\frac{\sqrt{x}-2}{x}$이고 곡선 $y=f(x)$가 점 $(1, 0)$을 지날 때, $f(4)$의 값은?

① $-2-4\ln 2$ ② $-1-4\ln 2$ ③ $-4\ln 2$
④ $1-4\ln 2$ ⑤ $2-4\ln 2$

02 상중하

▸ 23645-0475

함수 $f(x)$에 대하여 $f'(x)=\frac{1}{x}$이고 곡선 $y=f(x)$가 점 $(1, 0)$을 지날 때, $f(e)$의 값은?

① -2 ② -1 ③ 0
④ 1 ⑤ 2

03 상중하

▸ 23645-0476

함수 $f(x)$에 대하여 $f'(x)=\frac{2x^2-x+4}{x}$이고 $f(1)=-4\ln 2$일 때, $f(2)$의 값은?

① 1 ② 2 ③ 3
④ 4 ⑤ 5

04 상중하

▸ 23645-0477

함수 $f(x)$에 대하여 $f'(x)=\frac{x-4}{\sqrt{x}+2}$이고 $f(1)=0$일 때, $f(4)$의 값은?

① $-\frac{1}{3}$ ② $-\frac{2}{3}$ ③ -1
④ $-\frac{4}{3}$ ⑤ $-\frac{5}{3}$

05 상중하

▸ 23645-0478

함수 $f(x)$에 대하여 $f'(x)=\left(\frac{1}{x}-1\right)\left(\frac{1}{x^2}+\frac{1}{x}+1\right)$이고 $f(1)=0$일 때, $f\left(\frac{1}{2}\right)$의 값은?

① -3 ② -1 ③ 1
④ 3 ⑤ 5

06 상중하

▸ 23645-0479

곡선 $y=f(x)$ 위의 점 (x, y)에서의 접선의 기울기가 $\left(\sqrt{x}-\frac{1}{\sqrt{x}}\right)^2$이고, 곡선 $y=f(x)$가 x축과 만나는 점의 x좌표가 1이다. $f(3)$의 값은?

① 0 ② $\ln 2$ ③ $\ln 3$
④ $2\ln 2$ ⑤ $\ln 5$

02 지수함수의 부정적분

① $\int a^x\,dx=\frac{a^x}{\ln a}+C$ (단, $a>0$, $a\neq1$)

② $\int e^x\,dx=e^x+C$

>> 올림포스 미적분 89쪽

07 대표문제
▸ 23645-0480

함수 $f(x)$에 대하여 $f'(x)=\frac{e^{3x}+1}{e^x+1}$이고 $f(0)=-\frac{1}{2}$일 때, $f(\ln 2)$의 값은?

① $\frac{\ln 2}{2}$　② $\ln 2$　③ $\frac{3\ln 2}{2}$　④ $2\ln 2$　⑤ $\frac{5\ln 2}{2}$

08 상중하
▸ 23645-0481

함수 $f(x)$에 대하여 $f'(x)=4^x\ln 2$이고 $f(0)=0$일 때, $f(1)$의 값은?

① $\frac{1}{2}$　② 1　③ $\frac{3}{2}$　④ 2　⑤ $\frac{5}{2}$

09 상중하
▸ 23645-0482

모든 실수 x에 대하여 $\int 16^{2x}\,dx=\frac{1}{k}\times2^{8x}+C$ (C는 적분상수)가 성립할 때, 상수 k의 값은?

① $\ln 2$　② $2\ln 2$　③ $4\ln 2$　④ $6\ln 2$　⑤ $8\ln 2$

10 상중하
▸ 23645-0483

함수 $f(x)$에 대하여 $f'(x)=2e^{2x}+e^x+1$이고 $f(0)=-e^2+1$일 때, $f(1)$의 값은?

① $\frac{e}{4}$　② $\frac{e}{2}$　③ $\frac{3}{4}e$　④ e　⑤ $\frac{5}{4}e$

11 상중하
▸ 23645-0484

함수 $f(x)$에 대하여 $f'(x)=2^x(2^x+1)$이고 $f(0)=0$일 때, $f(1)$의 값은?

① $\frac{1}{2\ln 2}$　② $\frac{1}{\ln 2}$　③ $\frac{3}{2\ln 2}$　④ $\frac{2}{\ln 2}$　⑤ $\frac{5}{2\ln 2}$

12 상중하
▸ 23645-0485

곡선 $y=f(x)$ 위의 점 (x, y)에서의 접선의 기울기가 $(e^x+e^{-x})^2$이고 곡선 $y=f(x)$가 점 $(0, -2\ln 2)$를 지날 때, $f(\ln 2)$의 값은?

① $\frac{9}{8}$　② $\frac{3}{2}$　③ $\frac{15}{8}$　④ $\frac{9}{4}$　⑤ $\frac{21}{8}$

중요

03 삼각함수의 부정적분

① $\int \sin x\,dx = -\cos x + C$

② $\int \cos x\,dx = \sin x + C$

③ $\int \sec^2 x\,dx = \tan x + C$

④ $\int \csc^2 x\,dx = -\cot x + C$

⑤ $\int \sec x \tan x\,dx = \sec x + C$

⑥ $\int \csc x \cot x\,dx = -\csc x + C$

» 올림포스 미적분 90쪽

13 대표문제
▸ 23645-0486

함수 $f(x)$에 대하여 $f'(x)=2\sin x$이고 함수 $f(x)$의 최댓값이 3일 때, $f\left(\frac{\pi}{2}\right)$의 값은?

① -1 ② $-\frac{1}{2}$ ③ 0
④ $\frac{1}{2}$ ⑤ 1

14 상중하
▸ 23645-0487

함수 $f(x)$에 대하여 $f'(x)=\frac{\sin^2 x}{1-\cos x}$이고 $f(0)=0$일 때, $f(\pi)$의 값은?

① $\frac{\pi}{4}$ ② $\frac{\pi}{2}$ ③ $\frac{3}{4}\pi$
④ π ⑤ $\frac{5}{4}\pi$

15 상중하
▸ 23645-0488

곡선 $y=f(x)$ 위의 점 (x, y)에서의 접선의 기울기가 $\cos x-\sin x$일 때, $f(0)-f(\pi)$의 값은?

① -2 ② -1 ③ 0
④ 1 ⑤ 2

16 상중하
▸ 23645-0489

함수 $f(x)$에 대하여 $f'(x)=1-\tan^2 x$이고 곡선 $y=f(x)$가 y축과 만나는 점의 y좌표가 1일 때, $f\left(\frac{\pi}{4}\right)$의 값은?

① $-\frac{\pi}{2}$ ② $-\frac{\pi}{4}$ ③ 0
④ $\frac{\pi}{4}$ ⑤ $\frac{\pi}{2}$

17 상중하
▸ 23645-0490

함수 $f(x)$에 대하여 $f'(x)=\frac{1}{\sin^2 x\cos^2 x}$이고 $f\left(\frac{\pi}{4}\right)=0$일 때, $f\left(-\frac{\pi}{4}\right)$의 값은?

① -2 ② -1 ③ 0
④ 1 ⑤ 2

18 상중하
▸ 23645-0491

곡선 $y=f(x)$ 위의 점 (x, y)에서의 접선의 기울기가 $\frac{1}{1+\sin x}$이고 곡선 $y=f(x)$가 점 $(0, \sqrt{2})$를 지날 때, $f\left(\frac{\pi}{4}\right)$의 값은?

① $\frac{1}{2}$ ② 1 ③ $\frac{3}{2}$
④ 2 ⑤ $\frac{5}{2}$

19 상중하

▶ 23645-0492

함수 $f(x)$에 대하여 $f'(x)=\dfrac{1}{1+\cos x}$이고 $f\left(\dfrac{\pi}{4}\right)=\sqrt{2}$일 때, $f\left(\dfrac{\pi}{6}\right)$의 값은?

① $1-\sqrt{3}$ ② $2-\sqrt{3}$ ③ $3-\sqrt{3}$
④ $4-\sqrt{3}$ ⑤ $5-\sqrt{3}$

20 상중하

▶ 23645-0493

함수 $f(x)$에 대하여 $f'(x)=\dfrac{(\cos x+1)(\cos x-1)}{\cos^2 x}$이고 $f(0)=1$일 때, $f\left(\dfrac{\pi}{4}\right)$의 값은?

① $\dfrac{\pi}{16}$ ② $\dfrac{\pi}{8}$ ③ $\dfrac{3}{16}\pi$
④ $\dfrac{\pi}{4}$ ⑤ $\dfrac{5}{16}\pi$

21 상중하

▶ 23645-0494

$0<x<\dfrac{\pi}{2}$에서 정의된 두 함수 $f(x)=\sin x$, $g(x)=\cos x$에 대하여 함수 $\dfrac{f(x)}{\{g(x)\}^2}$의 한 부정적분을 $F(x)$라 하자. $F(0)=0$일 때, $F\left(\dfrac{\pi}{4}\right)$의 값은?

① $\sqrt{2}-2$ ② $\sqrt{2}-1$ ③ $\sqrt{2}$
④ $\sqrt{2}+1$ ⑤ $\sqrt{2}+2$

22 상중하

▶ 23645-0495

실수 전체의 집합에서 연속인 함수 $f(x)$의 도함수 $f'(x)$가

$$f'(x)=\begin{cases}\cos x & (x<0)\\ x & (x>0)\end{cases}$$

이고 $f(1)=1$일 때, $f\left(-\dfrac{\pi}{6}\right)$의 값은?

① -1 ② $-\dfrac{1}{2}$ ③ 0
④ $\dfrac{1}{2}$ ⑤ 1

23 상중하

▶ 23645-0496

$0<x<\dfrac{\pi}{2}$에서 정의된 두 함수 $f(x)$, $g(x)$에 대하여

$$f(x)-g(x)=\tan^2 x-\cot^2 x,\ f(x)\times g(x)=1$$

일 때, 함수 $h(x)$에 대하여 $h'(x)=f(x)+g(x)$라 하자. $f\left(\dfrac{\pi}{4}\right)+g\left(\dfrac{\pi}{4}\right)=2$이고 $h\left(\dfrac{\pi}{4}\right)=\dfrac{\pi}{6}$일 때, $h\left(\dfrac{\pi}{3}\right)$의 값은?

① $\dfrac{\sqrt{3}}{3}$ ② $\dfrac{2\sqrt{3}}{3}$ ③ $\sqrt{3}$
④ $\dfrac{4\sqrt{3}}{3}$ ⑤ $\dfrac{5\sqrt{3}}{3}$

24 상중하

▶ 23645-0497

실수 전체의 집합에서 정의된 함수 $f(x)$를

$$f(x)=\begin{cases}\cos x+1 & (x<\pi)\\ \sin x & (x\geq\pi)\end{cases}$$

라 할 때, 실수 전체의 집합에서 연속인 함수 $g(x)$를 $g(x)=\int f(x)dx$라 하자. $g(2\pi)=0$일 때, $g(0)$의 값은?

① $-1-\pi$ ② $-\pi$ ③ $1-\pi$
④ $2-\pi$ ⑤ $3-\pi$

04 치환적분법: 유리함수, 무리함수

미분가능한 함수 $g(x)$에 대하여 $g(x)=t$로 놓으면

$$\int f(g(x))g'(x)dx=\int f(t)dt$$

» 올림포스 미적분 90쪽

25 대표문제
▶ 23645-0498

함수 $f(x)$에 대하여 $f'(x)=(2x+1)^3$이고 $f(0)=\frac{1}{4}$일 때, $f(1)$의 값은?

① $\frac{41}{4}$　② 11　③ $\frac{47}{4}$　④ $\frac{25}{2}$　⑤ $\frac{53}{4}$

26 상중하
▶ 23645-0499

함수 $f(x)$에 대하여 $f'(x)=6x(x^2-1)^2$일 때, $f(\sqrt{2})-f(0)$의 값은?

① 1　② 2　③ 3　④ 4　⑤ 5

27 상중하
▶ 23645-0500

$x\geq-\frac{1}{2}$인 모든 실수 x에 대하여

$$\int\sqrt{2x+1}\,dx=\frac{1}{n}(2x+1)^m+C\text{ (}C\text{는 적분상수)}$$

가 성립할 때, $m+n$의 값은? (단, m, n은 상수이다.)

① 3　② $\frac{7}{2}$　③ 4　④ $\frac{9}{2}$　⑤ 5

28 상중하
▶ 23645-0501

함수 $f(x)$에 대하여 $f'(x)=8x(4x^2-2)^2$이고 $f(1)=3$일 때, $f(0)$의 값은?

① $-\frac{7}{3}$　② -1　③ $\frac{1}{3}$　④ $\frac{5}{3}$　⑤ 3

29 상중하
▶ 23645-0502

함수 $f(x)$에 대하여 $f'(x)=\frac{x}{\sqrt{x^2+1}}$이고 $f(0)=1$일 때, $f(\sqrt{3})$의 값은?

① 1　② 2　③ 3　④ 4　⑤ 5

30 상중하
▶ 23645-0503

실수 전체의 집합에서 미분가능한 함수 $f(x)$에 대하여 곡선 $y=f(x)$ 위의 점 (x, y)에서의 접선의 기울기가 $6x\sqrt{x^2+1}$이고 곡선 $y=f(x)$는 점 $(0, 2)$를 지날 때, $f(1)$의 값은?

① $\sqrt{2}$　② $2\sqrt{2}$　③ $3\sqrt{2}$　④ $4\sqrt{2}$　⑤ $5\sqrt{2}$

05 치환적분법: 지수함수, 로그함수

미분가능한 함수 $g(x)$에 대하여 $g(x)=t$로 놓으면

$$\int f(g(x))g'(x)dx=\int f(t)dt$$

>> 올림포스 미적분 90쪽

31 대표문제
▶ 23645-0504

함수 $f(x)$에 대하여 $f'(x)=xe^{x^2}$이고 $f(0)=\frac{1}{2}$일 때, $f(1)$의 값은?

① $\frac{e}{4}$ ② $\frac{e}{2}$ ③ $\frac{3e}{4}$
④ e ⑤ $\frac{5e}{4}$

32 상중하
▶ 23645-0505

함수 $f(x)$에 대하여 $f'(x)=5^{2x-1}$이고 $f(0)=\frac{1}{10\ln 5}$일 때, $f(1)$의 값은?

① $\frac{1}{2\ln 5}$ ② $\frac{1}{\ln 5}$ ③ $\frac{3}{2\ln 5}$
④ $\frac{2}{\ln 5}$ ⑤ $\frac{5}{2\ln 5}$

33 상중하
▶ 23645-0506

함수 $f(x)$에 대하여 $f'(x)=\frac{a\cos(\ln x)}{x}$이고 $f(1)=0$, $f(e)=3\sin 1$일 때, 상수 a의 값은?

① 1 ② 2 ③ 3
④ 4 ⑤ 5

34 상중하
▶ 23645-0507

곡선 $y=f(x)$ 위의 임의의 점 (x, y)에서의 접선의 기울기가 $\frac{\sqrt{\ln x+1}}{x}$이고 이 곡선이 점 $\left(\frac{1}{e}, 0\right)$을 지날 때, $f(1)$의 값은?

① $\frac{1}{3}$ ② $\frac{2}{3}$ ③ 1
④ $\frac{4}{3}$ ⑤ $\frac{5}{3}$

35 상중하
▶ 23645-0508

함수 $f(x)$에 대하여 $f'(x)=e^x\sqrt{e^x+1}$이고 닫힌구간 $[0, \ln 2]$에서 함수 $f(x)$의 최솟값이 $\frac{4\sqrt{2}}{3}$일 때, 이 구간에서 함수 $f(x)$의 최댓값은?

① 2 ② $2\sqrt{2}$ ③ $2\sqrt{3}$
④ 4 ⑤ $2\sqrt{5}$

36 상중하
▶ 23645-0509

$x>0$에서 미분가능한 함수 $f(x)$에 대하여

$$\lim_{h\to 0}\frac{f(x+h)-f(x)}{h}=\frac{1}{x(\ln x)^3}$$

이고 $f(e)=\frac{1}{2}$일 때, $f(e^2)$의 값은?

① $\frac{7}{8}$ ② $\frac{29}{32}$ ③ $\frac{15}{16}$
④ $\frac{31}{32}$ ⑤ 1

06 치환적분법: 삼각함수

미분가능한 함수 $g(x)$에 대하여 $g(x)=t$로 놓으면

$$\int f(g(x))g'(x)dx=\int f(t)dt$$

≫ 올림포스 미적분 90쪽

37 대표문제

▸ 23645-0510

함수 $f(x)$에 대하여 $f'(x)=\sin x\cos^2 x$이고 $f\left(\frac{\pi}{2}\right)=0$일 때, $f(0)$의 값은?

① $-\frac{1}{3}$ ② $-\frac{2}{3}$ ③ -1
④ $-\frac{4}{3}$ ⑤ $-\frac{5}{3}$

38 상중하

▸ 23645-0511

함수 $f(x)$에 대하여 $f'(x)=\sin x(\cos x-1)$이고 $f(0)=0$일 때, $f\left(\frac{\pi}{2}\right)$의 값은?

① -1 ② $-\frac{1}{2}$ ③ 0
④ $\frac{1}{2}$ ⑤ 1

39 상중하

▸ 23645-0512

함수 $f(x)$에 대하여 $f'(x)=\cos^3 x$이고 $f(0)=\frac{4}{3}$일 때, $f\left(\frac{\pi}{2}\right)$의 값은?

① -2 ② -1 ③ 0
④ 1 ⑤ 2

40 상중하

▸ 23645-0513

함수 $f(x)$에 대하여 $f'(x)=k\csc^2 x\cot x$이다. $f\left(\frac{\pi}{2}\right)=1$, $f\left(\frac{\pi}{4}\right)=0$일 때, 상수 k의 값은?

① -2 ② -1 ③ 0
④ 1 ⑤ 2

41 상중하

▸ 23645-0514

두 점 $\mathrm{P}(0, -e)$, $\mathrm{Q}\left(\frac{\pi}{2}, k\right)$를 지나는 곡선 $y=f(x)$ 위의 임의의 점 (x, y)에서의 접선의 기울기가 $e^{\cos x}\sin x$일 때, k의 값은?

① -2 ② -1 ③ 0
④ 1 ⑤ 2

42 상중하

▸ 23645-0515

곡선 $y=f(x)$ 위의 점 (x, y)에서의 접선의 기울기가 $\frac{\cos^3 x}{1+\sin x}$이고 곡선 $y=f(x)$가 원점을 지날 때, $f\left(-\frac{\pi}{2}\right)$의 값은?

① $-\frac{3}{2}$ ② $-\frac{1}{2}$ ③ $\frac{1}{2}$
④ $\frac{3}{2}$ ⑤ $\frac{5}{2}$

중요

07 $\int \frac{f'(x)}{f(x)}dx$ 꼴의 부정적분

$\int \frac{f'(x)}{f(x)}dx=\ln|f(x)|+C$

43 대표문제 ▸ 23645-0516

함수 $f(x)$에 대하여 $f'(x)=\frac{2x}{x^2+1}$이고 $f(0)=0$일 때, $f(1)$의 값은?

① $-2\ln 2$ ② $-\ln 2$ ③ 0
④ $\ln 2$ ⑤ $2\ln 2$

44 상중하 ▸ 23645-0517

함수 $f(x)=\int \frac{x^2-1}{x^3-3x}dx$에 대하여 $f(1)=0$일 때, $f(2)$의 값은?

① -2 ② -1 ③ 0
④ 1 ⑤ 2

45 상중하 ▸ 23645-0518

함수 $f(x)$에 대하여 $f'(x)=\frac{e^x(2e^x-1)}{e^{2x}-e^x+1}$이고 $f(0)=0$일 때, $f(\ln 2)$의 값은?

① 0 ② $\ln 2$ ③ $\ln 3$
④ $2\ln 2$ ⑤ $\ln 5$

46 상중하 ▸ 23645-0519

곡선 $y=f(x)$ 위의 점 (x, y)에서의 접선의 기울기가 $\frac{e^x-e^{-x}}{e^x+e^{-x}}$이고 곡선 $y=f(x)$가 원점을 지날 때, $f(\ln 2)$의 값은?

① $\ln 2$ ② $\ln\frac{3}{2}$ ③ $\ln\frac{4}{3}$
④ $\ln\frac{5}{4}$ ⑤ $\ln\frac{6}{5}$

47 상중하 ▸ 23645-0520

함수 $f(x)$에 대하여 $f'(x)=\frac{x+1}{(x+1)^2+1}$이고 $f(-1)=-\frac{\ln 2}{2}$일 때, $f(-2)$의 값은?

① -2 ② -1 ③ 0
④ 1 ⑤ 2

48 상중하 ▸ 23645-0521

함수 $f(x)$에 대하여 $f'(x)=\frac{\cos(\pi-x)}{e+\sin x}$이고 $f(0)=-1$일 때, $f(\pi)$의 값은?

① -2 ② -1 ③ 0
④ 1 ⑤ 2

49 상중하 ▸ 23645-0522

함수 $f(x)=\int \cot x\,dx$에 대하여 $f\left(\frac{\pi}{2}\right)=0$일 때, 열린구간 $(-\pi, \pi)$에서 방정식 $e^{f(x)}=1$을 만족시키는 모든 x의 값의 합은?

① $-\frac{\pi}{3}$ ② $-\frac{\pi}{6}$ ③ 0
④ $\frac{\pi}{6}$ ⑤ $\frac{\pi}{3}$

08 유리함수의 부정적분

(1) **(분자의 차수)≥(분모의 차수)인 경우**
분자를 분모로 나누어 몫과 나머지의 꼴로 나타낸 후 부정적분을 구한다.

(2) **(분자의 차수)<(분모의 차수)인 경우**
분모를 인수분해하고, 부분분수를 이용하여 분모를 일차식으로 변형한 후 부정적분을 구한다.

50 대표문제

▶ 23645-0523

함수 $f(x)=\int \frac{-x+1}{x+2}dx$에 대하여 $f(-1)=-4$일 때, $f(e-2)$의 값은?

① $-2e$　② $-e$　③ 0
④ e　⑤ $2e$

51 상중하

▶ 23645-0524

함수 $f(x)=\int \frac{8}{x^2-4}dx$에 대하여 $f(-1)=2\ln 3$일 때, $f(0)$의 값은?

① -2　② -1　③ 0
④ 1　⑤ 2

52 상중하

▶ 23645-0525

함수 $f(x)$에 대하여 $f'(x)=\frac{x^3-x-2}{x^2-1}$이고 $f(0)=-2$일 때, $f(2)$의 값은?

① 0　② $\ln 2$　③ $\ln 3$
④ $2\ln 2$　⑤ $\ln 5$

53 상중하

▶ 23645-0526

함수 $f(x)$에 대하여 $f'(x)=\frac{x+4}{x^2+3x+2}$이고 $f\left(-\frac{3}{2}\right)=\ln 2$일 때, $f(0)$의 값은?

① $-2\ln 2$　② $-\ln 2$　③ 0
④ $\ln 2$　⑤ $2\ln 2$

54 상중하

▶ 23645-0527

함수 $f(x)=\int \frac{3x-1}{x^2-1}dx+\int \frac{2(x-2)}{1-x^2}dx$에 대하여 $f(0)=5$일 때, $f(3)$의 값은?

① 1　② 3　③ 5
④ 7　⑤ 9

55 상중하

▶ 23645-0528

함수 $f(x)=\frac{2x+3}{x+1}$의 역함수 $f^{-1}(x)$에 대하여 함수 $g(x)$를 $g(x)=\int f^{-1}(x)dx$라 할 때, $g(1)=6$이다. $g(3)$의 값은?

① 1　② 2　③ 3
④ 4　⑤ 5

중요

09 부분적분법

두 함수 $f(x)$, $g(x)$가 미분가능할 때,

$$\int f(x)g'(x)dx=f(x)g(x)-\int f'(x)g(x)dx$$

>> 올림포스 미적분 91쪽

56 대표문제

▶ 23645-0529

함수 $f(x)=\int x\ln x\,dx$에 대하여 $f(1)=-\frac{1}{4}$일 때, $f(e)$의 값은?

① $\frac{e^2}{8}$　② $\frac{e^2}{4}$　③ $\frac{e^2}{2}$
④ e^2　⑤ $2e^2$

57 상중하

▶ 23645-0530

부정적분 $\int (x-1)e^x\,dx$를 구하였더니 $(x+k)e^x+C$ (C는 적분상수)가 되었다. 상수 k의 값은?

① -2　② -1　③ 0
④ 1　⑤ 2

58 상중하

▶ 23645-0531

함수 $f(x)=\int \ln\frac{x}{e}\,dx$에 대하여 $f(e)=e$일 때, $f(1)$의 값은?

① $2(e-2)$　② $2(e-1)$　③ $2e$
④ $2(e+1)$　⑤ $2(e+2)$

59 상중하

▶ 23645-0532

실수 전체의 집합에서 미분가능한 함수 $f(x)$에 대하여 곡선 $y=f(x)$ 위의 점 (x, y)에서의 접선의 기울기가 $x\sin x$이고 곡선 $y=f(x)$는 원점을 지날 때, $f\left(\frac{\pi}{2}\right)$의 값은?

① $\frac{1}{3}$　② $\frac{2}{3}$　③ 1
④ $\frac{4}{3}$　⑤ $\frac{5}{3}$

60 상중하

▶ 23645-0533

함수 $f(x)$의 도함수 $f'(x)$가 $f'(x)=e^x\cos x$이고 $f(0)=\frac{1}{2}$일 때, $f\left(\frac{\pi}{2}\right)$의 값은?

① $\frac{1}{4}e^{\frac{\pi}{2}}$　② $\frac{1}{2}e^{\frac{\pi}{2}}$　③ $\frac{3}{4}e^{\frac{\pi}{2}}$
④ $e^{\frac{\pi}{2}}$　⑤ $\frac{5}{4}e^{\frac{\pi}{2}}$

61 상중하

▶ 23645-0534

$x>0$에서 정의된 미분가능한 함수 $g(x)$에 대하여 함수 $f(x)$는

$$f(x)=x^2g(x)$$

이다. $f'(x)=2xg(x)+x$, $g(1)=0$이고, 두 점 $\mathrm{P}\left(1, -\frac{1}{9}\right)$, $\mathrm{Q}(e, k)$를 지나는 곡선 $y=h(x)$ 위의 점 (x, y)에서의 접선의 기울기가 $f(x)$일 때, k의 값은?

① $\frac{e^3}{9}$　② $\frac{2e^3}{9}$　③ $\frac{e^3}{3}$
④ $\frac{4e^3}{9}$　⑤ $\frac{5e^3}{9}$

10 정적분

닫힌구간 $[a, b]$에서 연속인 함수 $f(x)$의 한 부정적분을 $F(x)$라 할 때, 함수 $f(x)$의 a에서 b까지의 정적분은

$$\int_a^b f(x)dx=\Big[F(x)\Big]_a^b=F(b)-F(a)$$

62 대표문제

▸ 23645-0535

$\int_0^{\frac{\pi}{2}}(1+\cos 2x)dx=k$일 때, $\sin k$의 값은?

① 0 ② $\frac{1}{2}$ ③ $\frac{\sqrt{2}}{2}$
④ $\frac{\sqrt{3}}{2}$ ⑤ 1

63 상중하

▸ 23645-0536

$\int_0^k e^{3x}\,dx=\frac{1}{3}(e^3-1)$일 때, 상수 k의 값은?

① $\frac{1}{2}$ ② 1 ③ $\frac{3}{2}$
④ 2 ⑤ $\frac{5}{2}$

64 상중하

▸ 23645-0537

$\int_1^k \sqrt[3]{x}\,dx=60$일 때, 상수 k의 값은? (단, $k>1$)

① 24 ② 27 ③ 30
④ 33 ⑤ 36

11 정적분의 성질

두 함수 $f(x)$, $g(x)$가 세 실수 a, b, c를 포함하는 구간에서 연속일 때,

① $\int_a^b kf(x)dx=k\int_a^b f(x)dx$ (단, k는 상수)

② $\int_a^b \{f(x)+g(x)\}dx=\int_a^b f(x)dx+\int_a^b g(x)dx$

③ $\int_a^b \{f(x)-g(x)\}dx=\int_a^b f(x)dx-\int_a^b g(x)dx$

④ $\int_a^c f(x)dx+\int_c^b f(x)dx=\int_a^b f(x)dx$

65 대표문제

▸ 23645-0538

$\int_0^2 (e^x+x)dx+\int_2^4 (e^x+x)dx$의 값은?

① e^4+1 ② e^4+3 ③ e^4+5
④ e^4+7 ⑤ e^4+9

66 상중하

▸ 23645-0539

$\int_0^1 (\sqrt{x}+x)dx-\int_1^0 (\sqrt{x}-x)dx$의 값은?

① $\frac{1}{3}$ ② $\frac{2}{3}$ ③ 1
④ $\frac{4}{3}$ ⑤ $\frac{5}{3}$

67 상중하

▸ 23645-0540

$\int_0^{\pi}(\sin x+x)dx+\int_{\pi}^{2\pi}(\sin x+x)dx$의 값은?

① 0 ② $\frac{\pi^2}{2}$ ③ π^2
④ $\frac{3}{2}\pi^2$ ⑤ $2\pi^2$

중요

12 y축에 대칭인 함수와 원점에 대칭인 함수의 정적분

함수 $f(x)$가 모든 실수 x에 대하여

(1) $f(-x)=f(x)$를 만족시킬 때,

$$\int_{-a}^{a} f(x)dx=2\int_{0}^{a} f(x)dx$$

(2) $f(-x)=-f(x)$를 만족시킬 때,

$$\int_{-a}^{a} f(x)dx=0$$

68 대표문제

▸ 23645-0541

$\int_{-2}^{2} \frac{e^x+e^{-x}}{k} dx=e^2-e^{-2}$ $(k\neq0)$을 만족시키는 상수 k의 값은?

① 1 ② 2 ③ 3 ④ 4 ⑤ 5

69 상중하

▸ 23645-0542

$\int_{-5}^{5} \frac{e^x-e^{-x}}{e^x+e^{-x}} dx$의 값은?

① -10 ② -5 ③ 0 ④ 5 ⑤ 10

70 상중하

▸ 23645-0543

$\int_{-\pi}^{\pi} x\cos x\, dx$의 값은?

① -2π ② $-\pi$ ③ 0 ④ π ⑤ 2π

71 상중하

▸ 23645-0544

$\int_{0}^{\frac{\pi}{2}} (\sin x+\cos x)dx-\int_{0}^{-\frac{\pi}{2}} (\sin x+\cos x)dx$의 값은?

① -2 ② -1 ③ 0 ④ 1 ⑤ 2

72 상중하

▸ 23645-0545

함수 $f(x)=\frac{2^x-2^{-x}}{2}$에 대하여 $\int_{-2\pi}^{2\pi} \sin f(x)dx$의 값은?

① -2π ② $-\pi$ ③ 0 ④ π ⑤ 2π

73 상중하

▸ 23645-0546

$\int_{0}^{\pi} (\sin^2 x+2\cos x-1)\sin x\, dx$의 값은?

① $-\frac{2}{3}$ ② $-\frac{1}{3}$ ③ 0 ④ $\frac{1}{3}$ ⑤ $\frac{2}{3}$

중요

13 주기함수의 정적분

주기가 $p\ (p>0)$인 연속함수 $f(x)$에 대하여

① $\int_{a}^{b} f(x)dx=\int_{a+p}^{b+p} f(x)dx$

② $\int_{a}^{a+p} f(x)dx=\int_{b}^{b+p} f(x)dx$

74 대표문제

▶ 23645-0547

$\int_{0}^{3\pi} |\sin x| dx$의 값은?

① 2 ② 4 ③ 6 ④ 8 ⑤ 10

75 상중하

▶ 23645-0548

실수 전체의 집합에서 정의된 함수 $f(x)$가 다음 조건을 만족시킨다.

(가) $-1\le x<1$일 때, $f(x)=\sqrt{1-x^2}$이다.
(나) 모든 실수 x에 대하여 $f(x+2)=f(x)$이다.

자연수 k에 대하여 $\int_{0}^{k} f(x)dx=25\pi$일 때, k의 값은?

① 25 ② 50 ③ 75 ④ 100 ⑤ 125

76 상중하

▶ 23645-0549

실수 전체의 집합에서 정의된 함수 $f(x)$가 다음 조건을 만족시킨다.

(가) $0\le x<2$일 때, $f(x)=x$이다.
(나) 모든 실수 x에 대하여 $f(x+2)=f(x)$이다.

함수 $g(x)$를 $g(x)=k\times|f(x)-1|$이라 할 때, $\int_{-3}^{5} g(x)dx=8$이다. 자연수 k의 값은?

① 1 ② 2 ③ 3 ④ 4 ⑤ 5

14 치환적분법을 이용한 정적분: 다항함수, 무리함수

미분가능한 함수 $g(x)$의 도함수 $g'(x)$가 닫힌구간 $[a, b]$에서 연속이고 $g(a)=\alpha$, $g(b)=\beta$일 때, 함수 $f(t)$가 α, β를 포함하는 구간에서 연속이면

$$\int_{a}^{b} f(g(x))g'(x)dx=\int_{\alpha}^{\beta} f(t)dt$$

77 대표문제

▶ 23645-0550

실수 전체의 집합에서 연속인 함수 $f(x)$에 대하여 $\int_{0}^{1} f(x)dx=3$일 때, $\int_{0}^{1} x^2f(x^3)dx$의 값은?

① 1 ② 2 ③ 3 ④ 4 ⑤ 5

78 상중하

▶ 23645-0551

$\int_{0}^{1} (x^2-2x+2)^4(1-x)dx$의 값은?

① $\frac{23}{10}$ ② $\frac{5}{2}$ ③ $\frac{27}{10}$ ④ $\frac{29}{10}$ ⑤ $\frac{31}{10}$

79 상중하

▶ 23645-0552

$\int_{0}^{1} x\sqrt{x^2+1}\, dx$의 값은?

① $\frac{2\sqrt{2}-1}{6}$ ② $\frac{2\sqrt{2}-1}{3}$ ③ $\frac{2\sqrt{2}-1}{2}$ ④ $\frac{2(2\sqrt{2}-1)}{3}$ ⑤ $\frac{5(2\sqrt{2}-1)}{3}$

15 치환적분법을 이용한 정적분: 지수함수, 로그함수

미분가능한 함수 $g(x)$의 도함수 $g'(x)$가 닫힌구간 $[a, b]$에서 연속이고 $g(a)=\alpha$, $g(b)=\beta$일 때, 함수 $f(t)$가 α, β를 포함하는 구간에서 연속이면

$$\int_a^b f(g(x))g'(x)dx=\int_\alpha^\beta f(t)dt$$

80 대표문제 ▸ 23645-0553

$\int_0^1 3^x(3^x+1)dx$의 값은?

① $\frac{2}{\ln 3}$ ② $\frac{4}{\ln 3}$ ③ $\frac{6}{\ln 3}$
④ $\frac{8}{\ln 3}$ ⑤ $\frac{10}{\ln 3}$

81 상중하 ▸ 23645-0554

$\int_0^1 (x+1)^2e^{x^2}dx+\int_1^0 (x^2+1)e^{x^2}dx$의 값은?

① $\frac{e-1}{4}$ ② $\frac{e-1}{2}$ ③ $\frac{3(e-1)}{4}$
④ $e-1$ ⑤ $\frac{5(e-1)}{4}$

82 상중하 ▸ 23645-0555

$\int_1^e \frac{(\ln x)^2}{x}dx$의 값은?

① $\frac{1}{6}$ ② $\frac{1}{3}$ ③ $\frac{1}{2}$
④ $\frac{2}{3}$ ⑤ $\frac{5}{6}$

83 상중하 ▸ 23645-0556

1보다 큰 자연수 n에 대하여 $\int_1^e \frac{1}{x(\ln x)^n}dx=-\frac{1}{4}$이 성립할 때, n의 값은?

① 2 ② 3 ③ 4
④ 5 ⑤ 6

84 상중하 ▸ 23645-0557

1보다 큰 상수 k에 대하여 $\int_1^k \frac{\sqrt{\ln x}}{x}dx=\frac{16}{3}$일 때, k의 값은?

① e ② e^2 ③ e^3
④ e^4 ⑤ e^5

85 상중하 ▸ 23645-0558

$\int_k^{e^6} \frac{1}{x(\ln x-2)^4}dx=\frac{7}{192}$일 때, 상수 k의 값은?

(단, $k>0$)

① e ② e^2 ③ e^3
④ e^4 ⑤ e^5

16 치환적분법을 이용한 정적분: 삼각함수

미분가능한 함수 $g(x)$의 도함수 $g'(x)$가 닫힌구간 $[a,\ b]$에서 연속이고 $g(a)=\alpha$, $g(b)=\beta$일 때, 함수 $f(t)$가 α, β를 포함하는 구간에서 연속이면

$$\int_a^b f(g(x))g'(x)dx=\int_\alpha^\beta f(t)dt$$

86 대표문제

▶ 23645-0559

$\int_0^{\frac{\pi}{2}}(1+\cos x)^3\sin x\,dx$의 값은?

① 3　② $\frac{13}{4}$　③ $\frac{7}{2}$　④ $\frac{15}{4}$　⑤ 4

87 상중하

▶ 23645-0560

$\int_0^{\sqrt{\pi}}x\sin x^2\,dx$의 값은?

① $\frac{1}{2}$　② 1　③ $\frac{3}{2}$　④ 2　⑤ $\frac{5}{2}$

88 상중하

▶ 23645-0561

$\int_0^{\frac{\pi}{4}}\sec^2 x\,e^{\tan x}\,dx$의 값은?

① $\frac{1}{2}(e-1)$　② $e-1$　③ $\frac{3}{2}(e-1)$　④ $2(e-1)$　⑤ $\frac{5}{2}(e-1)$

89 상중하

▶ 23645-0562

함수 $f(x)=\ln x$에 대하여 $\int_{\frac{\pi}{6}}^{\frac{\pi}{2}}f'(\sin x)\cos x\,dx$의 값은?

① $\ln 2$　② $\ln 3$　③ $2\ln 2$　④ $\ln 5$　⑤ $\ln 6$

90 상중하

▶ 23645-0563

$\int_{\frac{\pi}{6}}^{\frac{\pi}{4}}\frac{\sqrt{\cot x}}{\sin^2 x}dx=\frac{2}{3}(p-1)$일 때, p^4의 값은?

(단, p는 상수이다.)

① 17　② 19　③ 21　④ 24　⑤ 27

91 상중하

▶ 23645-0564

$\int_0^{\frac{\pi}{6}}\frac{\sin 2x}{\sin^2 x+1}dx$의 값은?

① $\ln 2$　② $\ln\frac{3}{2}$　③ $\ln\frac{4}{3}$　④ $\ln\frac{5}{4}$　⑤ $\ln\frac{6}{5}$

중요

17 부분적분법을 이용한 정적분

두 함수 $f(x)$, $g(x)$가 미분가능하고 $f'(x)$, $g'(x)$가 닫힌구간 $[a, b]$에서 연속일 때,

$$\int_a^b f(x)g'(x)dx=\Big[f(x)g(x)\Big]_a^b-\int_a^b f'(x)g(x)dx$$

92 대표문제

▸ 23645-0565

$\int_0^1 kxe^x\,dx=6$일 때, 상수 k의 값은?

① 4 ② 6 ③ 8 ④ 10 ⑤ 12

93 상중하

▸ 23645-0566

$\int_0^{\frac{\pi}{2}} x\sin x\,dx$의 값은?

① $\frac{1}{4}$ ② $\frac{1}{2}$ ③ $\frac{3}{4}$ ④ 1 ⑤ $\frac{5}{4}$

94 상중하

▸ 23645-0567

$\int_1^e x\ln x\,dx=k$일 때, $\ln(4k-1)$의 값은?

① 1 ② 2 ③ 3 ④ 4 ⑤ 5

95 상중하

▸ 23645-0568

$\int_0^{\frac{\pi}{2}} (x+1)(\sin x+\cos x)dx$의 값은?

① $\frac{\pi}{2}-2$ ② $\frac{\pi}{2}-1$ ③ $\frac{\pi}{2}$ ④ $\frac{\pi}{2}+1$ ⑤ $\frac{\pi}{2}+2$

96 상중하

▸ 23645-0569

$\int_0^{\frac{\pi}{2}} e^x\sin x\,dx=k$일 때, $\ln(2k-1)$의 값은?

① 0 ② $\frac{\pi}{6}$ ③ $\frac{\pi}{4}$ ④ $\frac{\pi}{3}$ ⑤ $\frac{\pi}{2}$

97 상중하

▸ 23645-0570

$\int_{-1}^1 |x|e^{2x}\,dx$의 값은?

① $\frac{1}{4}e^2-\frac{3}{4}e^{-2}$ ② $\frac{1}{4}e^2-\frac{3}{4}e^{-2}+\frac{1}{2}$ ③ $\frac{1}{4}e^2-\frac{3}{4}e^{-2}+1$ ④ $\frac{1}{4}e^2-\frac{1}{4}e^{-2}+\frac{1}{2}$ ⑤ $\frac{1}{4}e^2-\frac{1}{4}e^{-2}+1$

중요

18 정적분으로 표시된 함수의 미분

① $\frac{d}{dx}\int_a^x f(t)dt=f(x)$ (단, a는 상수)

② $\frac{d}{dx}\int_x^{x+a} f(t)dt=f(x+a)-f(x)$ (단, a는 상수)

>> 올림포스 미적분 91쪽

98 대표문제
▶ 23645-0571

실수 전체의 집합에서 미분가능한 함수 $f(x)$가 모든 실수 x에 대하여

$$f(x)=2(\sin 2x-1)+\int_\pi^x f(t)dt$$

를 만족시킬 때, $f'(\pi)$의 값은?

① 2 ② 4 ③ 6
④ 8 ⑤ 10

99 상중하
▶ 23645-0572

실수 전체의 집합에서 미분가능한 함수 $f(x)$가 모든 실수 x에 대하여

$$f(x)=e^{2x+1}-1+\int_0^x f(t)dt$$

를 만족시킬 때, $f'(0)$의 값은?

① $e-1$ ② $2e-1$ ③ $3e-1$
④ $4e-1$ ⑤ $5e-1$

100 상중하
▶ 23645-0573

모든 실수 x에 대하여 함수 $f(x)$가

$$\int_0^x (x-t)f'(t)dt=e^x-x-1$$

을 만족시킨다. $f(0)=0$일 때, $f(\ln 2)$의 값은?

① 1 ② 2 ③ 3
④ 4 ⑤ 5

19 정적분으로 표시된 함수의 극한

① $\lim_{x\to 0}\frac{1}{x}\int_a^{x+a} f(t)dt=f(a)$ (단, a는 상수)

② $\lim_{x\to a}\frac{1}{x-a}\int_a^x f(t)dt=f(a)$ (단, a는 상수)

>> 올림포스 미적분 91쪽

101 대표문제
▶ 23645-0574

함수 $f(x)=\sin x$에 대하여 $\lim_{x\to 0}\frac{1}{x}\int_0^x f(t)dt$의 값은?

① -1 ② $-\frac{1}{2}$ ③ 0
④ $\frac{1}{2}$ ⑤ 1

102 상중하
▶ 23645-0575

함수 $f(x)=\int_x^{2x} e^t\,dt$에 대하여 $\lim_{x\to 0}\frac{1}{x}\int_1^{x+1} f(t)dt$의 값은?

① e^2-2e ② e^2-e ③ e^2
④ e^2+e ⑤ e^2+2e

103 상중하
▶ 23645-0576

함수 $f(x)=\int_x^{2x}\ln(t+1)dt$에 대하여 $\lim_{h\to 0}\frac{f(h)}{h}$의 값은?

① -4 ② -3 ③ -2
④ -1 ⑤ 0

서술형 완성하기

» 정답과 풀이 127쪽

01

▶ 23645-0577

$x>0$에서 미분가능한 함수 $f(x)$에 대하여 곡선 $y=f(x)$ 위의 점 (x, y)에서의 접선의 기울기가 $\frac{x+1}{\sqrt{x}}$이고 곡선 $y=f(x)$는 점 $\left(1, \frac{5}{3}\right)$를 지날 때, $f(4)$의 값을 구하시오.

02 내신기출

▶ 23645-0578

실수 전체의 집합에서 미분가능한 함수 $f(x)$에 대하여 $\lim_{h \to 0} \frac{f(x+3h)-f(x)}{h}=3^{x+1}$이다. 곡선 $y=f(x)$가 원점을 지날 때, $f(1)$의 값을 구하시오.

03

▶ 23645-0579

$\int_0^1 \frac{e^{3x}}{e^x+1}\,dx-\int_1^0 \frac{1}{e^x+1}\,dx$의 값을 구하시오.

04

▶ 23645-0580

일차함수 $f(x)$가 $\int_{-\pi}^{\pi} f(x)\sin x\,dx=4\pi$를 만족시킨다. $f(1)=3$일 때, $f(3)$의 값을 구하시오.

05 내신기출

▶ 23645-0581

$x>0$에서 정의된 연속함수 $f(x)$가 모든 양수 x에 대하여

$$f(x)-\frac{2}{x^2}f\left(\frac{1}{x}\right)=\frac{1}{x^2}-2$$

를 만족시킬 때, $\int_1^2 f(x)dx$의 값을 구하시오.

06

▶ 23645-0582

그림과 같이 중심이 원점 O이고, 반지름의 길이가 2인 원 C 위에 점 P가 있다. 직선 OP가 x축의 양의 방향과 이루는 각의 크기를 θ라 할 때, 점 P에서 그은 접선이 x축과 만나는 점의 x좌표를 $f(\theta)$라 하자.

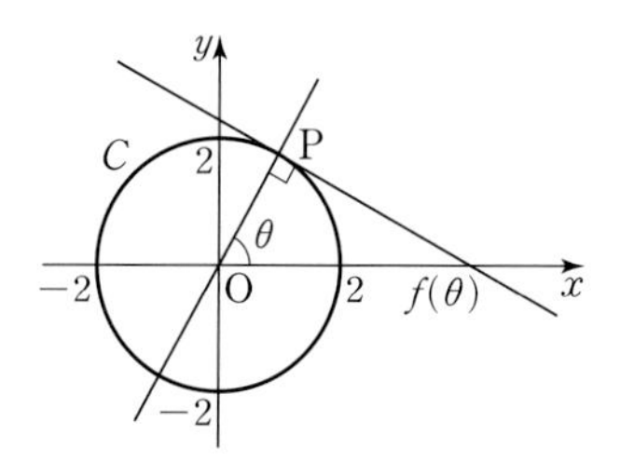

$\int_{\frac{\pi}{6}}^{\frac{\pi}{4}} \{f(x)\}^2\,dx$의 값을 구하시오.

(단, 점 P는 제1사분면에 있다.)

내신 + 수능 고난도 도전

▶ 23645-0583

01 함수 $f(x)$가 $f(x)=x^2-\int_1^e \frac{f(t)}{t^3}dt$를 만족시킬 때, $f(0)$의 값은?

① $-\frac{e^2}{3e^2-1}$ ② $-\frac{2e^2}{3e^2-1}$ ③ $-\frac{3e^2}{3e^2-1}$ ④ $-\frac{4e^2}{3e^2-1}$ ⑤ $-\frac{5e^2}{3e^2-1}$

▶ 23645-0584

02 실수 전체의 집합에서 도함수와 이계도함수가 존재하는 함수 $f(x)$에 대하여 $\lim_{x\to 0}\frac{f(x)}{x}=3$이 성립하고 $f''(x)=4e^{2x}+e^x$일 때, $f(\ln 3)$의 값은?

① 6 ② 8 ③ 10 ④ 12 ⑤ 14

▶ 23645-0585

03 미분가능한 함수 $f(x)$에 대하여 $\lim_{h\to 0}\frac{f(x+3h)-f(x)}{h}=\tan x\sec^2 x$이고 $f\left(\frac{\pi}{4}\right)=\frac{1}{6}$일 때, $f\left(\frac{\pi}{3}\right)$의 값은?

① $\frac{1}{6}$ ② $\frac{1}{4}$ ③ $\frac{1}{3}$ ④ $\frac{5}{12}$ ⑤ $\frac{1}{2}$

▶ 23645-0586

04 함수 $f(x)$가 모든 실수 x에 대하여 $f(x)>0$, $f'(x)=f(x)$를 만족시킨다. $f(0)=e$일 때, $\int_{-1}^1 (x+1)f(x)dx$의 값은?

① e ② $2e$ ③ e^2-1 ④ e^2 ⑤ e^2+1

▶ 23645-0587

05 실수 전체의 집합에서 미분가능한 함수 $f(x)$에 대하여 $f(x)=x^2+1+\int_0^x f(t)\sin(x-t)dt$라 할 때, $f(2)$의 값은?

① 8 ② $\frac{25}{3}$ ③ $\frac{26}{3}$ ④ 9 ⑤ $\frac{28}{3}$

▶ 23645-0588

06 최고차항의 계수가 1인 이차함수 $f(x)$가 다음 조건을 만족시킨다.

(가) $f'(-1)=0$

(나) $2\int_0^1 f(x)dx=\int_0^1 (x+1)f'(x)dx$

$\int_0^1 \frac{f'(x)}{2f(x)}dx$의 값은?

① $\ln 2$ ② 1 ③ $\ln 3$ ④ $2\ln 2$ ⑤ 2

▶ 23645-0589

07 실수 전체의 집합에서 미분가능한 함수 $f(x)$에 대하여 곡선 $y=f(x)$ 위의 점 (x, y)에서의 접선의 기울기가 x^2e^x이다. 곡선 $y=f(x)$ 위의 두 점 $A(1, e)$, $B(0, f(0))$에 대하여 삼각형 OAB의 넓이는?

(단, O는 원점이다.)

① $\frac{1}{2}$ ② 1 ③ $\frac{3}{2}$ ④ 2 ⑤ $\frac{5}{2}$

▶ 23645-0590

08 함수 $f(x)=e^x$에 대하여 함수 $g(x)$를 $g(x)=k\left\{f(x)+\frac{1}{f(x)}+\left|f(x)-\frac{1}{f(x)}\right|\right\}$이라 하자.

$\int_{-\ln 2}^{\ln 2} g(x)dx=8$일 때, 상수 k의 값을 구하시오.

▶ 23645-0591

09 모든 실수 x에 대하여 미분가능한 함수 $f(x)$와 일차함수 $g(x)$가 다음 조건을 만족시킨다.

(가) 실수 전체의 집합에서 $f(x)>0$이고, $f(0)=1$이다.

(나) $\int_0^x f(t)dt=\int_0^x (x-t)f(t)dt+g(x)$

$f(\ln 3)+g(7)$의 값을 구하시오.

▶ 23645-0592

10 모든 실수 x에 대하여 연속인 함수 $f(x)$가 다음 조건을 만족시킨다.

(가) 모든 실수 x에 대하여 $f(x)=f(x-1)+1$이다.

(나) $0\leq x<1$일 때, $f(x)=\sin\frac{\pi}{2}x$이다.

$\int_0^{10} f(x)dx$의 값을 구하시오.

개념 확인하기

07 정적분의 활용

01 정적분과 급수의 합 사이의 관계

(1) 구분구적법

어떤 도형의 넓이 또는 부피를 구할 때, 주어진 도형을 잘게 나누어 이미 알고 있는 간단한 도형의 넓이 또는 부피의 합을 구하고, 그 합의 극한값을 이용하여 처음 도형의 넓이 또는 부피를 구하는 방법

(2) 정적분과 급수의 합 사이의 관계

함수 $f(x)$가 닫힌구간 $[a, b]$에서 연속일 때,

$$\int_a^b f(x)dx=\lim_{n\to\infty}\sum_{k=1}^{n} f(x_k)\Delta x$$

$$\left(\text{단, } \Delta x=\frac{b-a}{n},\ x_k=a+k\Delta x\right)$$

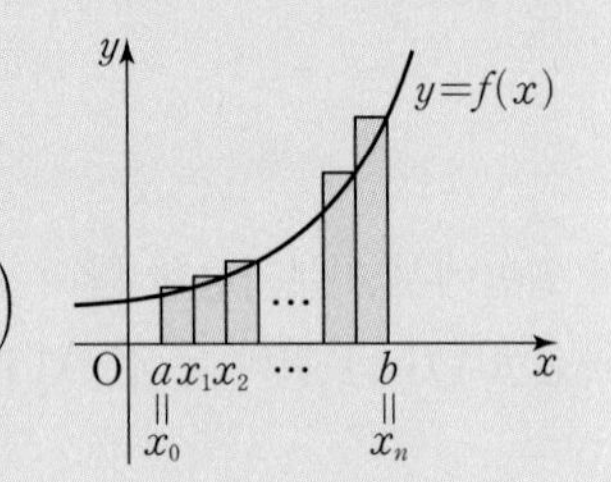

함수 $f(x)$가 닫힌구간 $[a, b]$에서 연속일 때,

$\lim_{n\to\infty}\sum_{k=1}^{n} f\left(a+\frac{p}{n}k\right)\frac{p}{n}$

$=\int_a^{a+p} f(x)dx$

$=\int_0^{p} f(a+x)dx$ (단, $a\le p\le b$)

02 곡선과 좌표축 사이의 넓이

(1) 곡선과 x축 사이의 넓이

함수 $f(x)$가 닫힌구간 $[a, b]$에서 연속일 때, 곡선 $y=f(x)$와 x축 및 두 직선 $x=a$, $x=b$로 둘러싸인 부분의 넓이 S는

$$S=\int_a^b |f(x)|dx$$

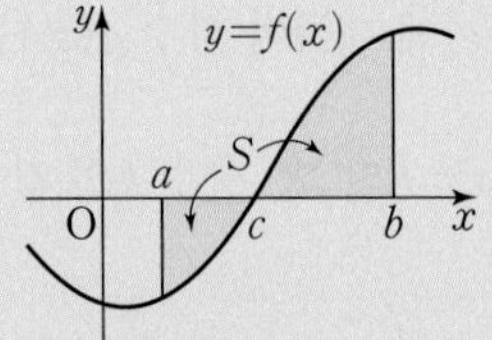

닫힌구간 $[a, c]$에서 $f(x)\ge 0$, 닫힌구간 $[c, b]$에서 $f(x)\le 0$일 때, 곡선 $y=f(x)$와 x축 및 두 직선 $x=a$, $x=b$로 둘러싸인 부분의 넓이 S는

$S=\int_a^b |f(x)|dx$

$=\int_a^c f(x)dx+\int_c^b \{-f(x)\}dx$

(2) 곡선과 y축 사이의 넓이

함수 $g(y)$가 y축 위의 닫힌구간 $[c, d]$에서 연속일 때, 곡선 $x=g(y)$와 y축 및 두 직선 $y=c$, $y=d$로 둘러싸인 부분의 넓이 S는

$$S=\int_c^d |g(y)|dy$$

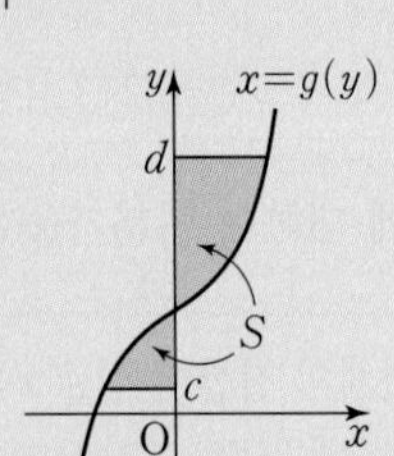

03 두 곡선 사이의 넓이

(1) 두 함수 $y=f(x)$와 $y=g(x)$가 닫힌구간 $[a, b]$에서 연속일 때, 두 곡선 $y=f(x)$, $y=g(x)$ 및 두 직선 $x=a$, $x=b$로 둘러싸인 부분의 넓이 S는

$$S=\int_a^b |f(x)-g(x)|dx$$

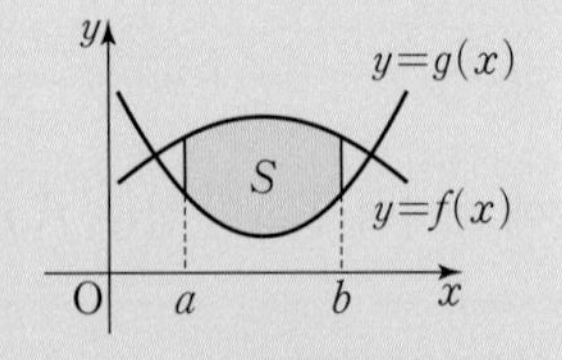

$S=\int_a^b |f(x)-g(x)|dx$는

$\int_a^b$ {(위쪽의 식)−(아래쪽의 식)}dx

를 이용한다.

(2) 두 함수 $x=f(y)$와 $x=g(y)$가 닫힌구간 $[c, d]$에서 연속일 때, 두 곡선 $x=f(y)$, $x=g(y)$ 및 두 직선 $y=c$, $y=d$로 둘러싸인 부분의 넓이 S는

$$S=\int_c^d |f(y)-g(y)|dy$$

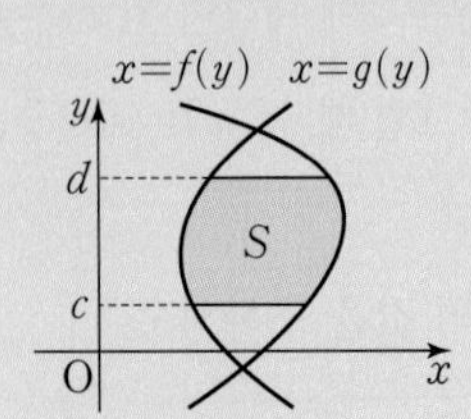

$S=\int_c^d |f(y)-g(y)|dy$는

$\int_c^d$ {(오른쪽의 식)−(왼쪽의 식)}dy

를 이용한다.

>> 정답과 풀이 131쪽

01 정적분과 급수의 합 사이의 관계

[01~04] 정적분을 이용하여 다음 극한값을 구하시오.

01 $\lim_{n\to\infty}\frac{1}{n}\left\{\left(\frac{1}{n}\right)^2+\left(\frac{2}{n}\right)^2+\left(\frac{3}{n}\right)^2+\cdots+\left(\frac{n}{n}\right)^2\right\}$

02 $\lim_{n\to\infty}\frac{1}{n}\left\{\left(\frac{1}{n}\right)^3+\left(\frac{2}{n}\right)^3+\left(\frac{3}{n}\right)^3+\cdots+\left(\frac{n}{n}\right)^3\right\}$

03 $\lim_{n\to\infty}\frac{1}{n^3}\{2^2+4^2+6^2+\cdots+(2n)^2\}$

04 $\lim_{n\to\infty}\frac{1}{n}\left(\frac{n+1}{n}+\frac{n+2}{n}+\frac{n+3}{n}+\cdots+\frac{2n}{n}\right)$

[05~08] 정적분을 이용하여 다음 극한값을 구하시오.

05 $\lim_{n\to\infty}\sum_{k=1}^{n}\left(\frac{k}{n}\right)^4\frac{1}{n}$

06 $\lim_{n\to\infty}\sum_{k=1}^{n}\left(1+\frac{k}{n}\right)^3\frac{1}{n}$

07 $\lim_{n\to\infty}\sum_{k=1}^{n}\left(3+\frac{2k}{n}\right)^3\frac{1}{n}$

08 $\lim_{n\to\infty}\sum_{k=1}^{n}\left(-2+\frac{3k}{n}\right)^2\frac{1}{n}$

02 곡선과 좌표축 사이의 넓이

[09~12] 다음 곡선과 직선으로 둘러싸인 도형의 넓이를 구하시오.

09 $y=e^x$, x축, $x=0$, $x=1$

10 $y=\ln x$, x축, $x=e$

11 $y=\sin x\left(0\le x\le\frac{\pi}{2}\right)$, x축, $x=\frac{\pi}{2}$

12 $y=\cos x\left(0\le x\le\frac{\pi}{2}\right)$, x축, $x=0$

[13~16] 다음 곡선과 직선으로 둘러싸인 도형의 넓이를 구하시오.

13 $y=x^2\ (x\ge 0)$, y축, $y=1$

14 $y=\frac{1}{x}$, y축, $y=1$, $y=e$

15 $y=\ln x$, y축, $y=0$, $y=1$

16 $y=e^{-x}$, y축, $y=e$

03 두 곡선 사이의 넓이

[17~20] 다음 두 곡선 또는 두 곡선과 직선으로 둘러싸인 부분의 넓이를 구하시오.

17 $y=x^2$, $y=\sqrt{x}$

18 $y=\frac{1}{x}$, $y=\frac{1}{x^2}$, $x=\frac{1}{2}$, $x=2$

19 $y=e^x$, $y=e^{-x}$, $y=4$

20 $y=\sin x$, $y=\cos x\ (0\le x\le 2\pi)$

04 입체도형의 부피

닫힌구간 $[a, b]$의 임의의 점 x에서 x축에 수직인 평면으로 자른 단면의 넓이가 $S(x)$인 입체도형의 부피 V는

$$V=\int_a^b S(x)dx$$

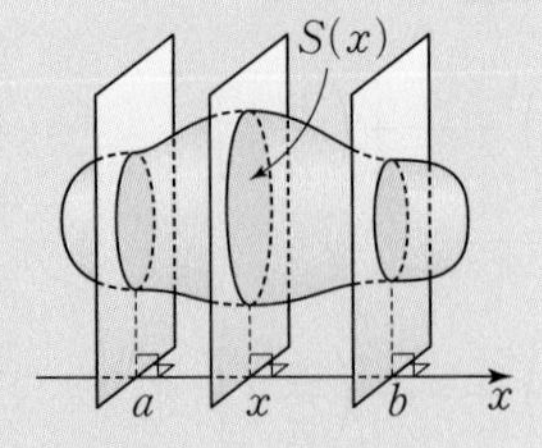

예 $0\le x\le 5$이고, 단면의 넓이가 $S(x)=2x+2$인 입체도형의 부피 V는

$$V=\int_0^5 S(x)dx$$
$$=\int_0^5 (2x+2)dx$$
$$=\Big[x^2+2x\Big]_0^5=35$$

05 속도와 거리

수직선 위를 움직이는 점 P의 시각 t에서의 속도를 $v(t)$, $t=t_0$에서의 점 P의 위치를 x_0이라 할 때,

(1) 시각 t에서의 점 P의 위치 x는

$$x=x_0+\int_{t_0}^t v(t)dt$$

(2) 시각 $t=a$에서 $t=b$ $(a\le b)$까지 점 P의 위치의 변화량은

$$\int_a^b v(t)dt$$

(3) 시각 $t=a$에서 $t=b$ $(a\le b)$까지 점 P가 움직인 거리 s는

$$s=\int_a^b |v(t)|dt$$

위치를 미분하면 속도가 되고, 속도를 적분하면 위치가 된다.

예 원점을 출발하여 수직선 위를 움직이는 점 P의 시각 t에서의 속도가 $v(t)=\cos t$일 때,

(1) 시각 $t=0$에서 $t=\pi$까지 점 P가 움직인 거리는

$$\int_0^\pi |v(t)|dt$$
$$=\int_0^{\frac{\pi}{2}} \cos t\,dt+\int_{\frac{\pi}{2}}^\pi (-\cos t)dt$$
$$=\Big[\sin t\Big]_0^{\frac{\pi}{2}}+\Big[-\sin t\Big]_{\frac{\pi}{2}}^\pi$$
$$=1+1=2$$

(2) 시각 $t=0$에서 $t=\pi$까지 점 P의 위치의 변화량은

$$\int_0^\pi v(t)dt=\int_0^\pi \cos t\,dt$$
$$=\Big[\sin t\Big]_0^\pi=0-0=0$$

06 평면 위를 움직이는 점이 움직인 거리

좌표평면 위를 움직이는 점 P의 시각 t에서의 위치 (x, y)가 $x=f(t)$, $y=g(t)$일 때, 시각 $t=a$에서 $t=b$까지 점 P가 움직인 거리 s는

$$s=\int_a^b \sqrt{\left(\frac{dx}{dt}\right)^2+\left(\frac{dy}{dt}\right)^2}\,dt$$
$$=\int_a^b \sqrt{\{f'(t)\}^2+\{g'(t)\}^2}\,dt$$

07 곡선의 길이

(1) 매개변수 t로 나타내어진 곡선 $x=f(t)$, $y=g(t)$ $(a\le t\le b)$의 길이 l은

$$l=\int_a^b \sqrt{\left(\frac{dx}{dt}\right)^2+\left(\frac{dy}{dt}\right)^2}\,dt$$

(2) $a\le x\le b$에서 곡선 $y=f(x)$의 길이 l은

$$l=\int_a^b \sqrt{1+\{f'(x)\}^2}\,dx$$
$$=\int_a^b \sqrt{1+\left(\frac{dy}{dx}\right)^2}\,dx$$

예 매개변수로 나타내어진 곡선 $x=t-1$, $y=\sqrt{3}t+3$ $(1\le t\le 4)$의 길이 l은

$\frac{dx}{dt}=1$, $\frac{dy}{dt}=\sqrt{3}$에서

$$l=\int_1^4 \sqrt{\left(\frac{dx}{dt}\right)^2+\left(\frac{dy}{dt}\right)^2}\,dt$$
$$=\int_1^4 \sqrt{1^2+(\sqrt{3})^2}\,dt$$
$$=\int_1^4 2\,dt=\Big[2t\Big]_1^4$$
$$=8-2=6$$

>> 정답과 풀이 134쪽

04 입체도형의 부피

21 높이가 3인 입체도형을 밑면으로부터 x인 지점에서 밑면에 평행한 평면으로 자른 단면의 넓이가 $\sqrt{x+1}$일 때, 이 입체도형의 부피를 구하시오.

22 높이가 $\frac{\pi}{2}$인 입체도형을 밑면으로부터 x인 지점에서 밑면에 평행한 평면으로 자른 단면의 넓이가 $\cos x$일 때, 이 입체도형의 부피를 구하시오.

05 속도와 거리

23 원점을 출발하여 수직선 위를 움직이는 점 P의 시각 t에서의 속도 $v(t)$가 $v(t)=\sqrt{t}$일 때, 다음을 구하시오.

(1) 시각 $t=1$에서의 점 P의 위치

(2) 시각 $t=0$에서 $t=4$까지 점 P가 움직인 거리

24 원점을 출발하여 수직선 위를 움직이는 점 P의 시각 t에서의 속도 $v(t)$가 $v(t)=1-\cos \pi t$일 때, 다음을 구하시오.

(1) 시각 t에서의 점 P의 위치

(2) 시각 $t=0$에서 $t=2$까지 점 P가 움직인 거리

06 평면 위를 움직이는 점이 움직인 거리

25 좌표평면 위를 움직이는 점 P의 시각 t $(t\geq 0)$에서의 위치 (x, y)가

$x=t+1$, $y=3-2t$

일 때, 시각 $t=0$에서 $t=1$까지 점 P가 움직인 거리를 구하시오.

26 좌표평면 위를 움직이는 점 P의 시각 t $(t\geq 0)$에서의 위치 (x, y)가

$x=\frac{2}{3}t^3-2t$, $y=2t^2$

일 때, 시각 $t=0$에서 $t=3$까지 점 P가 움직인 거리를 구하시오.

27 좌표평면 위를 움직이는 점 P의 시각 t $(t\geq 0)$에서의 위치 (x, y)가

$x=\cos t$, $y=2-\sin t$

일 때, 시각 $t=0$에서 $t=\pi$까지 점 P가 움직인 거리를 구하시오.

07 곡선의 길이

28 매개변수 t로 나타낸 곡선 $x=3t^2$, $y=3t-t^3$에 대하여 $0\leq t\leq 1$에서 이 곡선의 길이를 구하시오.

29 매개변수 t로 나타낸 곡선 $x=2(t-\sin t)$, $y=2(1-\cos t)$에 대하여 $0\leq t\leq 2\pi$에서 이 곡선의 길이를 구하시오.

30 $x=0$에서 $x=\ln 2$까지의 곡선 $f(x)=\int_0^x \sqrt{e^{2t}-1}\,dt$의 길이를 구하시오.

유형 완성하기

01 정적분과 급수의 합 사이의 관계

함수 $f(x)$가 닫힌구간 $[a, b]$에서 연속일 때,

$$\int_a^b f(x)dx=\lim_{n\to\infty}\sum_{k=1}^{n} f(x_k)\Delta x$$

$$\left(\text{단, } \Delta x=\frac{b-a}{n},\ x_k=a+k\Delta x\right)$$

» 올림포스 미적분 100쪽

01 대표문제 ▸ 23645-0593

다음 극한값이 가장 큰 것은?

① $\lim_{n\to\infty}\sum_{k=1}^{n}\frac{k}{n^2}$

② $\lim_{n\to\infty}\sum_{k=1}^{n}\frac{k^2}{n^3}$

③ $\lim_{n\to\infty}\sum_{k=1}^{n}\left(1+\frac{3k}{n}\right)^2\frac{1}{n}$

④ $\lim_{n\to\infty}\frac{1}{n}\left\{\left(1+\frac{2}{n}\right)^2+\left(1+\frac{4}{n}\right)^2+\cdots+\left(1+\frac{2n}{n}\right)^2\right\}$

⑤ $\lim_{n\to\infty}\frac{\pi}{n}\left\{\sin\left(\frac{\pi}{3}+\frac{\pi}{6n}\right)+\sin\left(\frac{\pi}{3}+\frac{2\pi}{6n}\right)+\cdots+\sin\left(\frac{\pi}{3}+\frac{n\pi}{6n}\right)\right\}$

02 상중하 ▸ 23645-0594

함수 $f(x)=x^2+c$에 대하여 $\lim_{n\to\infty}\sum_{k=1}^{n}\frac{1}{n}f\left(\frac{3k}{n}\right)=4$를 만족시킬 때, 상수 c의 값은?

① 1　② 2　③ 3　④ 4　⑤ 5

03 상중하 ▸ 23645-0595

$\lim_{n\to\infty}\frac{1}{n}\sum_{k=1}^{n}e^{1+\frac{2k}{n}}$의 값은?

① $\frac{1}{4}(e^3-e)$　② $\frac{1}{2}(e^3-e)$　③ e^3-e　④ $2(e^3-e)$　⑤ $4(e^3-e)$

04 상중하 ▸ 23645-0596

함수 $f(x)=\cos x$에 대하여

$\lim_{n\to\infty}\sum_{k=1}^{n}f\left(\frac{\pi}{6}+\frac{k\pi}{6n}\right)\frac{\pi}{n}=p+q\sqrt{3}$이다. $q-p$의 값은?

(단, p, q는 유리수이다.)

① 0　② 2　③ 4　④ 6　⑤ 8

05 상중하 ▸ 23645-0597

함수 $f(x)=e^x$에 대하여 $\lim_{n\to\infty}\sum_{k=1}^{n}\frac{c}{n}f\left(\frac{2k}{n}\right)=e^2-1$을 만족시킬 때, 상수 c의 값은?

① 1　② 2　③ 3　④ 4　⑤ 5

06 상중하 ▸ 23645-0598

함수 $f(x)=\ln x$에 대하여 $\lim_{n\to\infty}\sum_{k=1}^{n}f\left(1+\frac{3k}{n}\right)\frac{1}{n}$의 값은?

① $\frac{5\ln 2}{3}-1$　② $2\ln 2-1$　③ $\frac{7\ln 2}{3}-1$　④ $\frac{8\ln 2}{3}-1$　⑤ $3\ln 2-1$

중요

02 곡선과 x축 사이의 넓이

함수 $f(x)$가 닫힌구간 $[a, b]$에서 연속일 때, 곡선 $y=f(x)$와 x축 및 두 직선 $x=a$, $x=b$로 둘러싸인 부분의 넓이 S는

$$S=\int_{a}^{b}|f(x)|dx$$

>> 올림포스 미적분 100쪽

07 대표문제

▸ 23645-0599

그림과 같이 곡선 $y=\frac{2}{x-1}$와 x축 및 두 직선 $x=2$, $x=4$로 둘러싸인 부분의 넓이는?

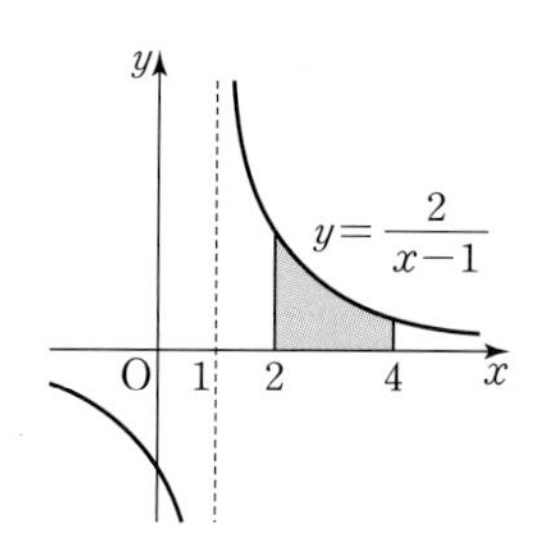

① $\frac{\ln 3}{2}$ ② $\ln 3$ ③ $\frac{3\ln 3}{2}$

④ $2\ln 3$ ⑤ $\frac{5\ln 3}{2}$

08 상중하

▸ 23645-0600

그림과 같이 자연수 n에 대하여 곡선 $y=\frac{1}{x}$과 x축 및 두 직선 $x=n$, $x=n+1$로 둘러싸인 부분의 넓이를 $S(n)$이라 할 때, $S(5)-S(3)$의 값은?

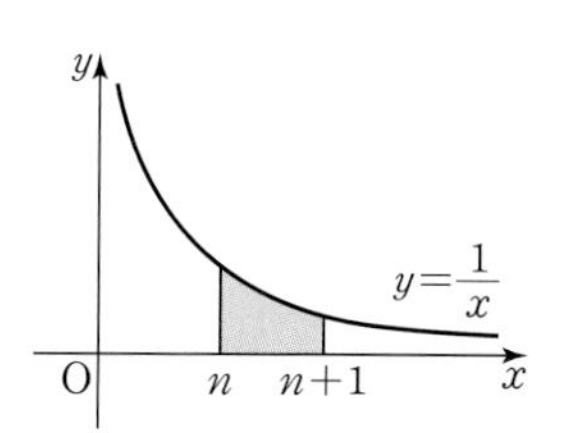

① $\ln\frac{3}{10}$ ② $\ln\frac{1}{2}$ ③ $\ln\frac{7}{10}$

④ $\ln\frac{9}{10}$ ⑤ $\ln\frac{11}{10}$

09 상중하

▸ 23645-0601

그림과 같이 곡선 $y=2xe^{x^2}$과 x축 및 직선 $x=1$로 둘러싸인 부분의 넓이는?

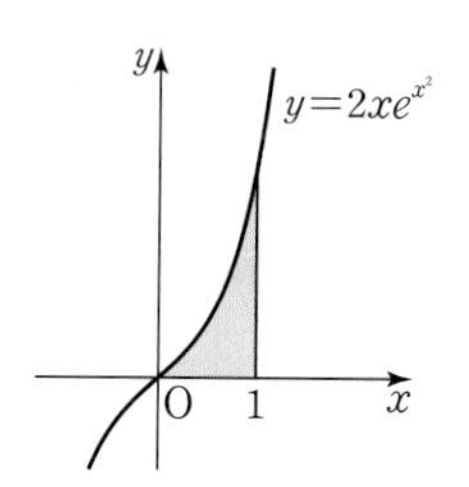

① $e-\frac{1}{5}$ ② $e-\frac{1}{4}$ ③ $e-\frac{1}{3}$

④ $e-\frac{1}{2}$ ⑤ $e-1$

10 상중하

▸ 23645-0602

그림과 같이 $\frac{\pi}{6}\le x\le\frac{5}{3}\pi$에서 곡선 $y=\sin x$와 x축 및 두 직선 $x=\frac{\pi}{6}$, $x=\frac{5}{3}\pi$로 둘러싸인 부분의 넓이는?

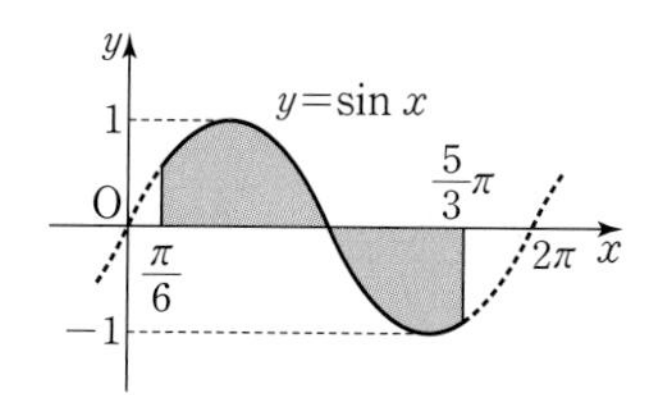

① $\frac{1+\sqrt{3}}{2}$ ② $\frac{2+\sqrt{3}}{2}$ ③ $\frac{3+\sqrt{3}}{2}$

④ $\frac{4+\sqrt{3}}{2}$ ⑤ $\frac{5+\sqrt{3}}{2}$

11 상중하

▸ 23645-0603

그림과 같이 $x>0$에서 정의된 함수 $f(x)=x\ln x$에 대하여 곡선 $y=f(x)$와 x축 및 직선 $x=e$로 둘러싸인 부분의 넓이는?

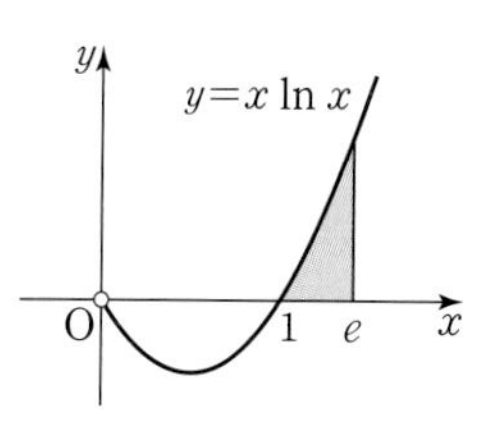

① $\frac{e^2+1}{4}$ ② $\frac{e^2+2}{4}$ ③ $\frac{e^2+3}{4}$

④ $\frac{e^2+4}{4}$ ⑤ $\frac{e^2+5}{4}$

12 상중하

▶ 23645-0604

그림과 같이 곡선 $y=\frac{x}{x^2+1}$와 x축 및 두 직선 $x=-1$, $x=1$로 둘러싸인 부분의 넓이는?

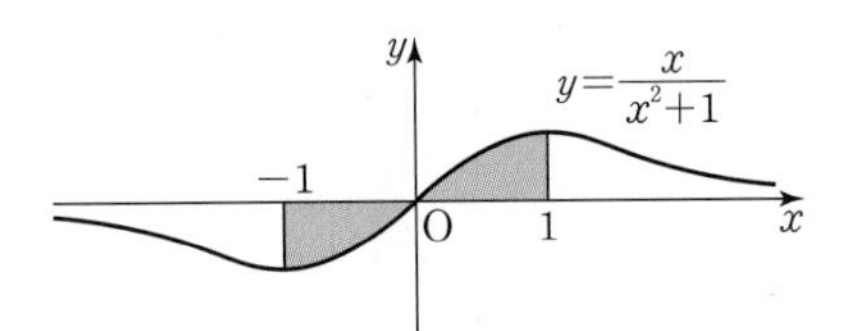

① $\frac{\ln 2}{2}$　② $\ln 2$　③ $\frac{3\ln 2}{2}$　④ $2\ln 2$　⑤ $\frac{5\ln 2}{2}$

13 상중하

▶ 23645-0605

그림과 같이 곡선 $y=\frac{e^x}{e^x+1}$과 x축 및 두 직선 $x=-1$, $x=1$로 둘러싸인 부분의 넓이는?

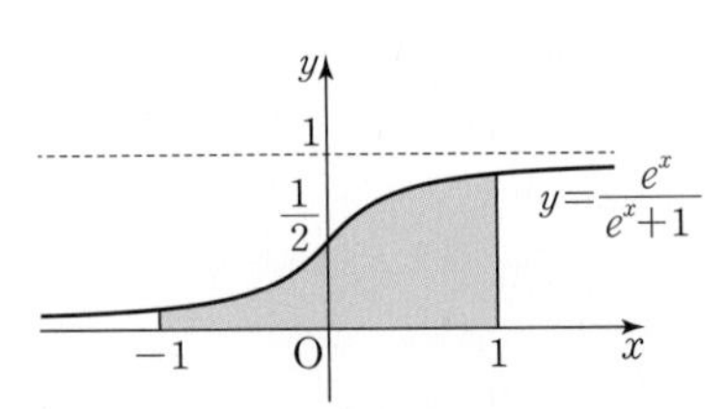

① $\frac{1}{4}$　② $\frac{1}{2}$　③ $\frac{3}{4}$　④ 1　⑤ $\frac{5}{4}$

14 상중하

▶ 23645-0606

그림과 같이 곡선 $y=\ln\frac{x}{e}$와 x축 및 두 직선 $x=1$, $x=2e$로 둘러싸인 부분의 넓이는?

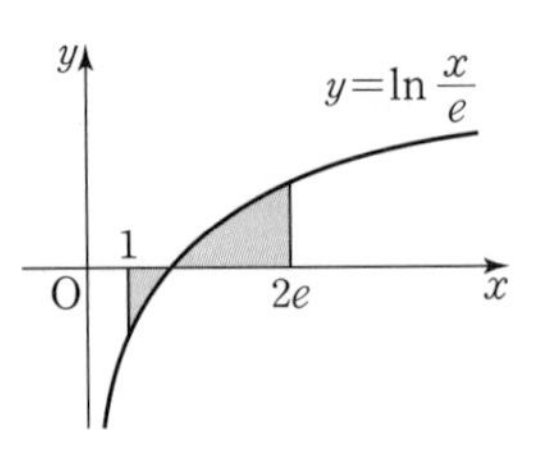

① $\frac{1}{2}(e\ln 2-1)$　② $e\ln 2-1$　③ $\frac{3}{2}(e\ln 2-1)$　④ $2(e\ln 2-1)$　⑤ $\frac{5}{2}(e\ln 2-1)$

15 상중하

▶ 23645-0607

함수 $f(x)=x+1$에 대하여 함수 $g(x)$가

$$g(x)=\begin{cases}\{f(x)\}^2 & (x<0)\\ f(x)\cos x & (x\geq 0)\end{cases}$$

일 때, 함수 $y=g(x)$의 그래프와 x축 및 두 직선 $x=-2$, $x=\pi$로 둘러싸인 부분의 넓이는?

① $\pi+\frac{2}{3}$　② $\pi+\frac{4}{3}$　③ $\pi+2$　④ $\pi+\frac{8}{3}$　⑤ $\pi+\frac{10}{3}$

16 상중하

▶ 23645-0608

곡선 $y=\sin x\cos^2 x$와 x축 및 두 직선 $x=-\frac{\pi}{4}$, $x=\frac{\pi}{2}$로 둘러싸인 부분의 넓이는?

① $\frac{2-\sqrt{2}}{12}$　② $\frac{4-\sqrt{2}}{12}$　③ $\frac{6-\sqrt{2}}{12}$　④ $\frac{8-\sqrt{2}}{12}$　⑤ $\frac{10-\sqrt{2}}{12}$

03 곡선과 y축 사이의 넓이

함수 $g(y)$가 y축 위의 닫힌구간 $[c, d]$에서 연속일 때, 곡선 $x=g(y)$와 y축 및 두 직선 $y=c$, $y=d$로 둘러싸인 부분의 넓이 S는

$$S=\int_c^d |g(y)|dy$$

17 대표문제 ▸ 23645-0609

그림과 같이 곡선 $y=\ln(x+1)$과 y축 및 직선 $y=2$로 둘러싸인 부분의 넓이는?

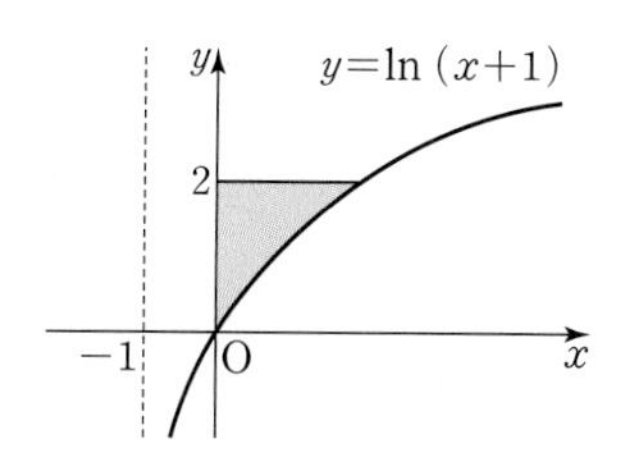

① e^2-1　② e^2-2　③ e^2-3
④ e^2-4　⑤ e^2-5

18 상중하 ▸ 23645-0610

그림과 같이 곡선 $y=\ln x$와 x축, y축 및 직선 $y=k$로 둘러싸인 부분의 넓이가 e^3-1일 때, 상수 k의 값은? (단, $k>0$)

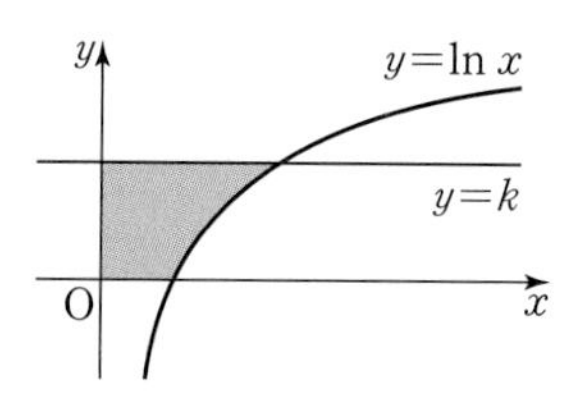

① 1　② 2　③ 3
④ 4　⑤ 5

19 상중하 ▸ 23645-0611

그림과 같이 곡선 $y=(x+1)^2\,(x\geq-1)$과 y축 및 직선 $y=4$로 둘러싸인 부분의 넓이는?

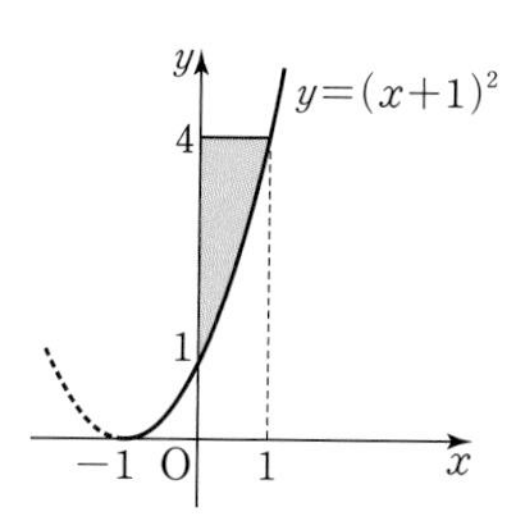

① $\frac{1}{3}$　② $\frac{2}{3}$　③ 1
④ $\frac{4}{3}$　⑤ $\frac{5}{3}$

20 상중하 ▸ 23645-0612

그림과 같이 곡선 $y=\frac{1}{x+1}$과 y축 및 두 직선 $y=\frac{1}{2}$, $y=2$로 둘러싸인 부분의 넓이는?

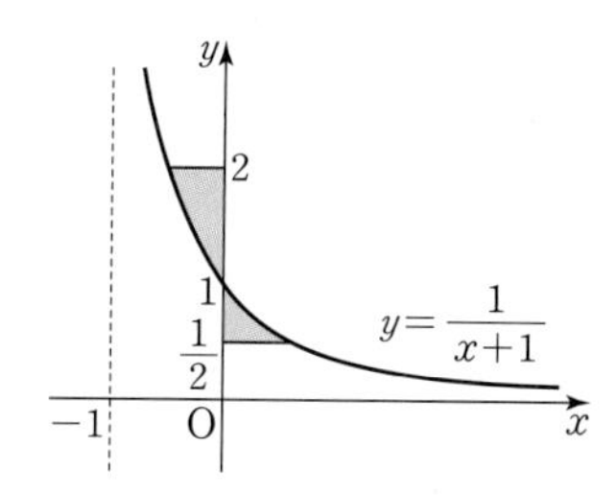

① $\frac{1}{2}$　② 1　③ $\frac{3}{2}$
④ 2　⑤ $\frac{5}{2}$

21 상중하 ▸ 23645-0613

그림과 같이 곡선 $y=e^x-1$과 y축 및 두 직선 $y=-\frac{1}{2}$, $y=1$로 둘러싸인 부분의 넓이는?

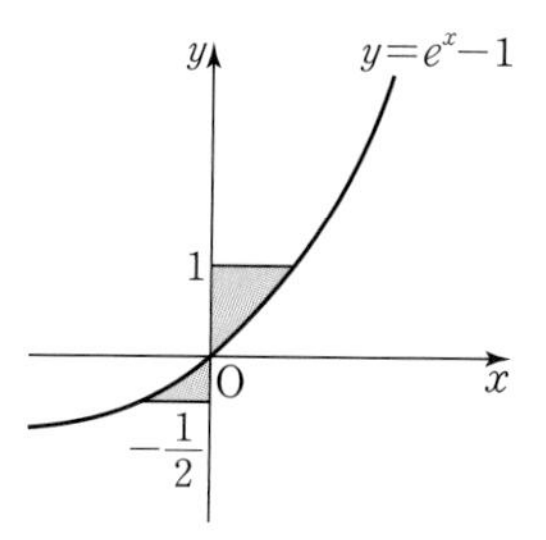

① $\frac{12\ln 2-1}{8}$　② $\frac{6\ln 2-1}{4}$　③ $\frac{12\ln 2-3}{8}$
④ $\frac{3\ln 2-1}{2}$　⑤ $\frac{12\ln 2-5}{8}$

중요

04 두 도형의 넓이가 같을 조건

$y=f(x)$, $y=g(x)$, S_1, S_2, a, c, b, x

$S_1=S_2$이면 $\int_a^b \{f(x)-g(x)\}dx=0$

22 대표문제

▸ 23645-0614

그림과 같이 곡선 $y=\frac{1}{x}$과 x축 및 두 직선 $x=1$, $x=4$로 둘러싸인 부분의 넓이가 직선 $x=k$에 의하여 이등분될 때, 상수 k의 값은? (단, $1<k<4$)

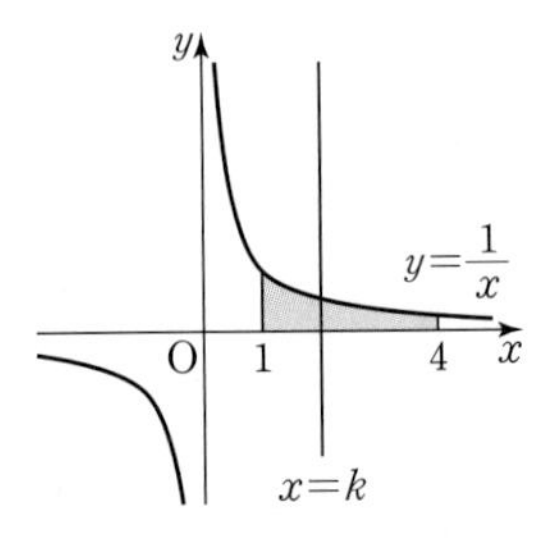

① $\frac{4}{3}$ ② $\frac{5}{3}$ ③ 2
④ $\frac{7}{3}$ ⑤ $\frac{8}{3}$

23 상중하

▸ 23645-0615

그림과 같이 곡선 $y=a\sqrt{x}$와 x축 및 직선 $x=1$로 둘러싸인 부분의 넓이를 직선 $y=x$가 이등분할 때, 상수 a의 값은?

(단, $a>1$)

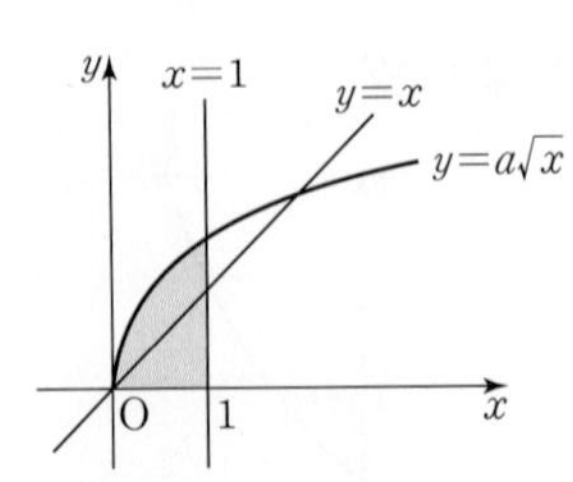

① $\frac{7}{6}$ ② $\frac{4}{3}$ ③ $\frac{3}{2}$
④ $\frac{5}{3}$ ⑤ $\frac{11}{6}$

24 상중하

▸ 23645-0616

그림과 같이 함수 $f(x)=\frac{e^x+e^{-x}}{2}$에 대하여 곡선 $y=f(x)$와 x축 및 두 직선 $x=-1$, $x=1$로 둘러싸인 부분의 넓이를 직선 $y=k$가 이등분할 때, 상수 k의 값은? (단, $0<k<1$)

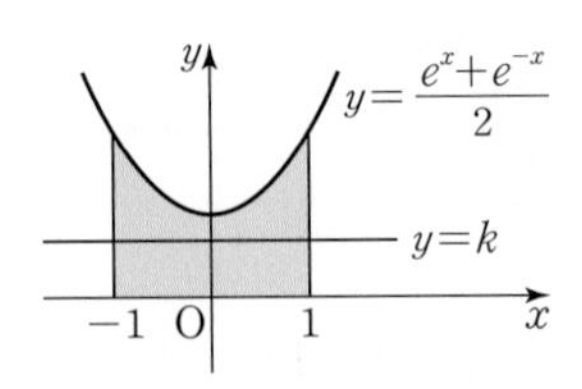

① $\frac{1}{5}\left(e-\frac{1}{e}\right)$ ② $\frac{1}{4}\left(e-\frac{1}{e}\right)$ ③ $\frac{3}{10}\left(e-\frac{1}{e}\right)$
④ $\frac{7}{20}\left(e-\frac{1}{e}\right)$ ⑤ $\frac{2}{5}\left(e-\frac{1}{e}\right)$

25 상중하

▸ 23645-0617

그림과 같이 곡선 $y=e^x$과 y축 및 두 직선 $x=3\ln 2$, $y=a$로 둘러싸인 두 부분의 넓이가 서로 같을 때, 상수 a의 값은?

(단, $1<a<8$)

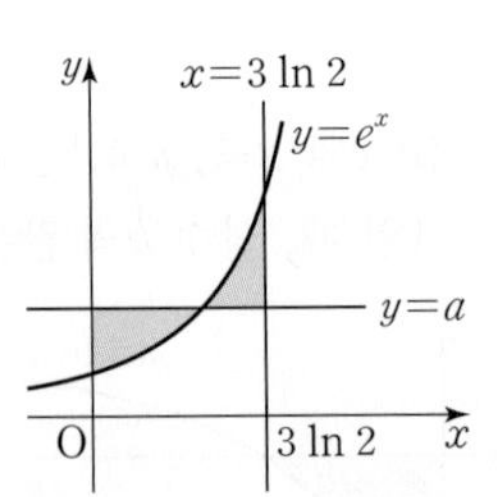

① $\frac{1}{\ln 2}$ ② $\frac{4}{3\ln 2}$ ③ $\frac{5}{3\ln 2}$
④ $\frac{2}{\ln 2}$ ⑤ $\frac{7}{3\ln 2}$

26 상중하

▸ 23645-0618

그림과 같이 $0 \le x \le \pi$에서 곡선 $y=\sin x$와 직선 $y=ax$가 만나는 점의 x좌표를 p라 하자. $0 \le x \le p$에서 곡선 $y=\sin x$와 직선 $y=ax$로 둘러싸인 부분의 넓이를 S_1이라 하고, $p \le x \le \pi$에서 곡선 $y=\sin x$와 두 직선 $y=ax$, $x=\pi$로 둘러싸인 부분의 넓이를 S_2라 하자. $S_1=S_2$일 때, 상수 a의 값은?

(단, $0<a<1$이고, $0<p<\pi$)

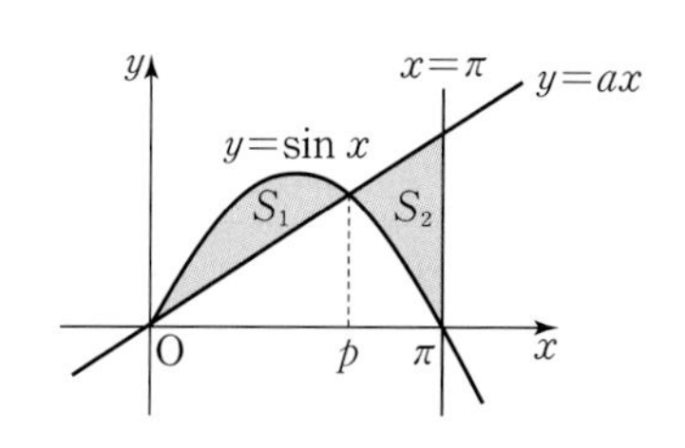

① $\frac{1}{\pi^2}$　② $\frac{2}{\pi^2}$　③ $\frac{3}{\pi^2}$　④ $\frac{4}{\pi^2}$　⑤ $\frac{5}{\pi^2}$

27 상중하

▸ 23645-0619

그림과 같이 곡선 $y=2\ln(x+1)$과 두 직선 $x=0$, $y=a$로 둘러싸인 부분의 넓이를 S_1, 곡선 $y=2\ln(x+1)$과 두 직선 $x=e-1$, $y=a$로 둘러싸인 부분의 넓이를 S_2라 하자. $\frac{S_2}{S_1}=1$일 때, 상수 a의 값은? (단, $0<a<2$)

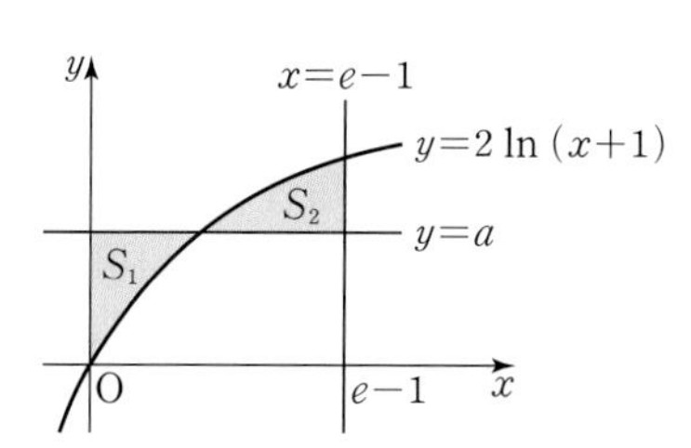

① $\frac{12}{5(e-1)}$　② $\frac{2}{e-1}$　③ $\frac{8}{5(e-1)}$　④ $\frac{6}{5(e-1)}$　⑤ $\frac{4}{5(e-1)}$

05 두 곡선 사이의 넓이의 활용

두 함수 $y=f(x)$와 $y=g(x)$가 닫힌구간 $[a, b]$에서 연속일 때, 두 곡선 $y=f(x)$, $y=g(x)$ 및 두 직선 $x=a$, $x=b$로 둘러싸인 부분의 넓이 S는

$$S=\int_a^b |f(x)-g(x)|dx$$

28 대표문제

▸ 23645-0620

그림과 같이 $x \ge 0$에서 두 곡선 $y=x^2$, $y=\sqrt{x}$의 교점 중 원점이 아닌 점 A에서 x축과 y축에 내린 수선의 발을 각각 B, C라 하자. 직사각형 OBAC의 내부를 두 곡선 $y=x^2$, $y=\sqrt{x}$로 나눈 세 부분의 넓이를 각각 S_1, S_2, S_3이라 할 때, $\frac{S_1+S_3}{S_2}$의 값은? (단, O는 원점이다.)

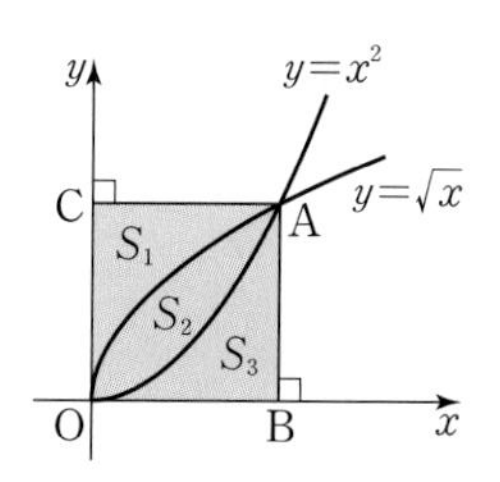

① $\frac{1}{2}$　② 1　③ $\frac{3}{2}$　④ 2　⑤ $\frac{5}{2}$

29 상중하

▸ 23645-0621

곡선 $y=\sqrt{kx}$ $(k>0)$과 직선 $y=x$로 둘러싸인 부분의 넓이를 $S(k)$라 하고, 곡선 $y=\sqrt{kx}$ $(k>0)$과 직선 $y=x$의 교점 중 원점이 아닌 점 P에서 x축에 내린 수선의 발을 H라 하자. 삼각형 OHP의 넓이를 $T(k)$라 할 때, $\frac{T(k)}{S(k)}$의 값은?

(단, O는 원점이다.)

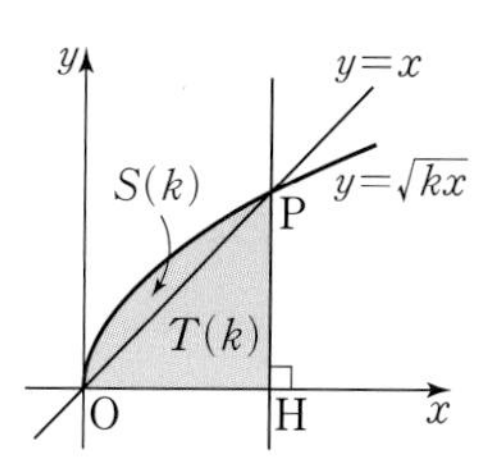

① 1　② 2　③ 3　④ 4　⑤ 5

06 함수와 그 역함수의 그래프로 둘러싸인 도형의 넓이

함수 $y=f(x)$와 그 역함수 $y=f^{-1}(x)$의 그래프의 교점의 x좌표가 a, b일 때, 두 곡선으로 둘러싸인 부분의 넓이 S는

$$S=\int_a^b |f(x)-f^{-1}(x)|dx=2\int_a^b |x-f(x)|dx$$

30 대표문제

▸ 23645-0622

그림과 같이 함수 $f(x)=e^x$의 역함수를 $g(x)$라 할 때, 두 곡선 $y=f(x)$, $y=g(x)$와 x축, y축 및 두 직선 $x=e^2$, $y=e^2$으로 둘러싸인 부분의 넓이는?

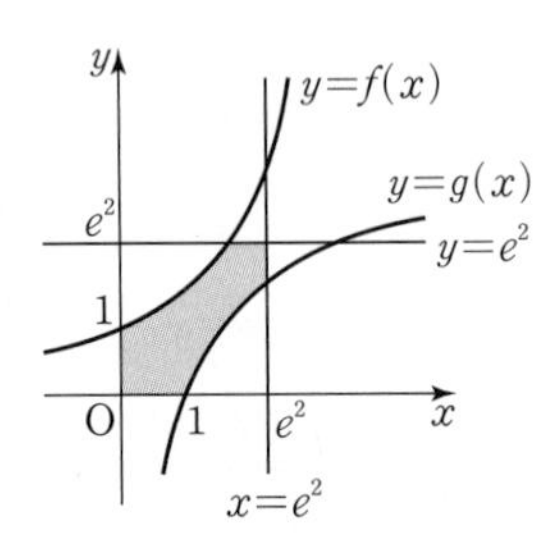

① e^4-e^2-2 ② e^4-2e^2 ③ e^4-2e^2-2
④ e^4-3e^2 ⑤ e^4-3e^2-2

31 상중하

▸ 23645-0623

그림과 같이 $x\ge0$에서 정의된 함수 $y=f(x)$와 그 역함수 $y=g(x)$에 대하여 두 곡선 $y=f(x)$, $y=g(x)$가 만나는 두 점의 x좌표가 각각 0, 5이고, $0\le k\le5$인 임의의 실수 k에 대하여 $g(k)\ge f(k)\ge0$이다. 곡선 $y=g(x)$와 y축 및 직선 $y=5$로 둘러싸인 부분의 넓이가 곡선 $y=f(x)$와 직선 $y=x$로 둘러싸인 부분의 넓이의 2배와 같을 때, 곡선 $y=f(x)$와 x축 및 직선 $x=5$로 둘러싸인 부분의 넓이는?

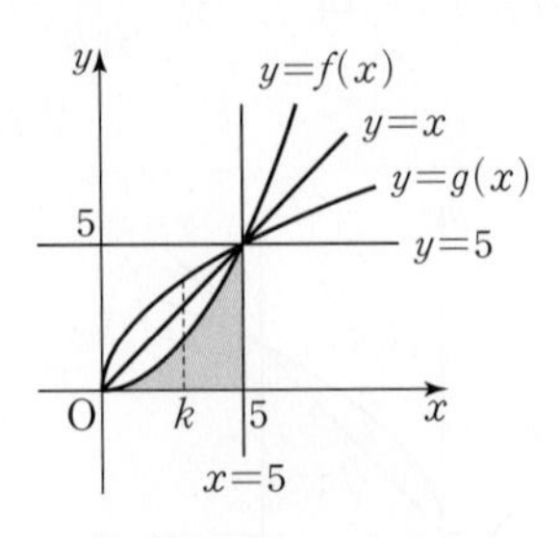

① 7 ② $\frac{22}{3}$ ③ $\frac{23}{3}$
④ 8 ⑤ $\frac{25}{3}$

중요 07 입체도형의 부피

닫힌구간 $[a, b]$의 임의의 점 x에서의 x축에 수직인 평면으로 입체도형을 자른 단면의 넓이가 $S(x)$일 때, 이 입체도형의 부피 V는

$$V=\int_a^b S(x)dx$$

임을 이용하여 문제를 해결한다.

» 올림포스 미적분 101쪽

32 대표문제

▸ 23645-0624

높이가 5인 입체도형을 밑면으로부터 x인 지점에서 밑면에 평행한 평면으로 자른 단면이 한 변의 길이가 e^x인 정사각형일 때, 이 입체도형의 부피는?

① $\frac{e^{10}-1}{2}$ ② $\frac{e^{10}-2}{2}$ ③ $\frac{e^{10}-3}{2}$
④ $\frac{e^{10}-4}{2}$ ⑤ $\frac{e^{10}-5}{2}$

33 상중하

▸ 23645-0625

물이 담겨 있는 어떤 그릇에서 깊이가 x일 때의 물의 부피가 $V=4x^3+3x^2+12x$이다. 수면의 넓이가 72일 때, 물의 깊이는?

① 1 ② 2 ③ 3
④ 4 ⑤ 5

34 상중하

▸ 23645-0626

그림과 같이 높이가 e인 입체도형을 밑면으로부터 높이가 x인 지점에서 밑면에 평행한 평면으로 자른 단면이 반지름의 길이가 $\sqrt{\ln(x+e)}$인 원이라 할 때, 이 입체도형의 부피는?

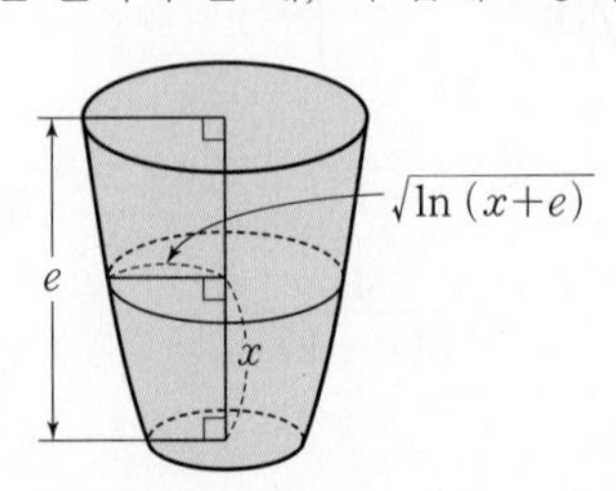

① $e\pi\times\ln 2$ ② $2e\pi\times\ln 2$ ③ $3e\pi\times\ln 2$
④ $4e\pi\times\ln 2$ ⑤ $5e\pi\times\ln 2$

35 상중하

▸ 23645-0627

그림과 같이 곡선 $y=e^x$ $(0\le x\le \ln 2)$와 x축 및 두 직선 $x=0$, $x=\ln 2$로 둘러싸인 도형을 밑면으로 하는 입체도형이 있다. 이 입체도형을 x축에 수직인 평면으로 자른 단면이 모두 정삼각형일 때, 이 입체도형의 부피는?

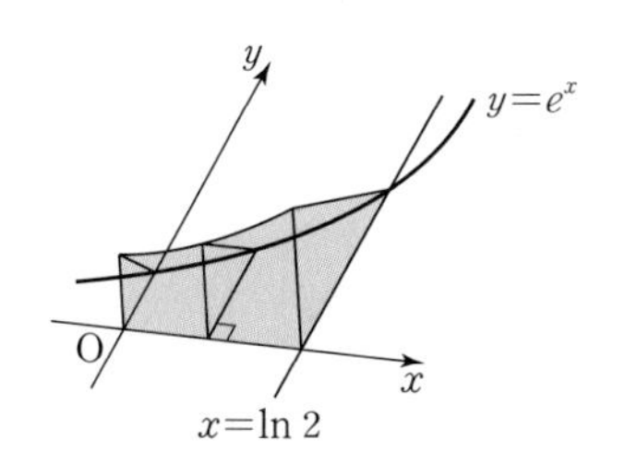

① $\frac{\sqrt{3}}{8}$ ② $\frac{\sqrt{3}}{4}$ ③ $\frac{3\sqrt{3}}{8}$
④ $\frac{\sqrt{3}}{2}$ ⑤ $\frac{5\sqrt{3}}{8}$

36 상중하

▸ 23645-0628

그림과 같이 좌표평면 위에 중심이 원점이고, 반지름의 길이가 2인 원이 있다. 이 원을 밑면으로 하는 입체도형을 x축에 수직인 평면으로 자른 단면이 모두 정사각형일 때, 이 입체도형의 부피는?

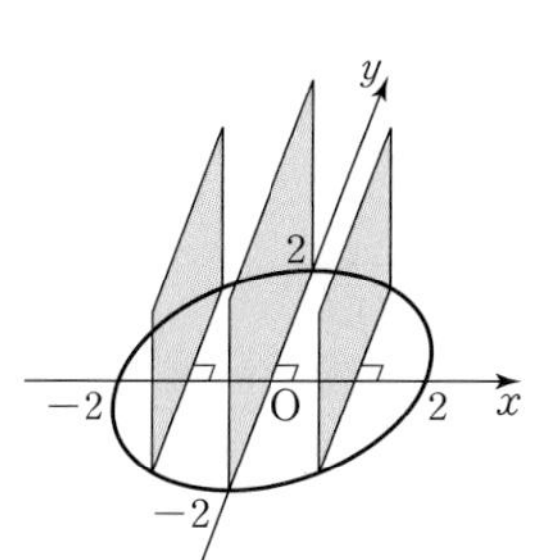

① $\frac{122}{3}$ ② $\frac{124}{3}$ ③ 42
④ $\frac{128}{3}$ ⑤ $\frac{130}{3}$

37 상중하

▸ 23645-0629

그림과 같이 곡선 $y=\frac{2}{x+1}-1$ $(0\le x\le 1)$과 x축 및 y축으로 둘러싸인 부분을 밑면으로 하는 입체도형이 있다. 이 입체도형을 x축에 수직인 평면으로 자른 단면이 모두 반원일 때, 이 입체도형의 부피는?

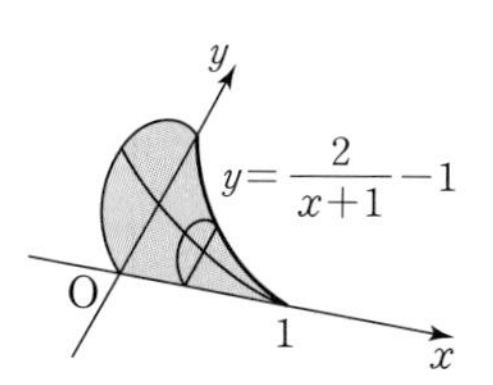

① $\frac{(3-4\ln 2)\pi}{16}$ ② $\frac{(3-4\ln 2)\pi}{14}$ ③ $\frac{(3-4\ln 2)\pi}{12}$
④ $\frac{(3-4\ln 2)\pi}{10}$ ⑤ $\frac{(3-4\ln 2)\pi}{8}$

38 상중하

▸ 23645-0630

그림과 같이 밑면으로부터의 높이가 x $\left(0\le x\le \frac{\pi}{2}\right)$일 때, 밑면에 평행한 평면으로 자른 단면은 한 변의 길이가 $\sqrt{x\cos x}$인 정사각형이다. 이 입체도형의 부피는?

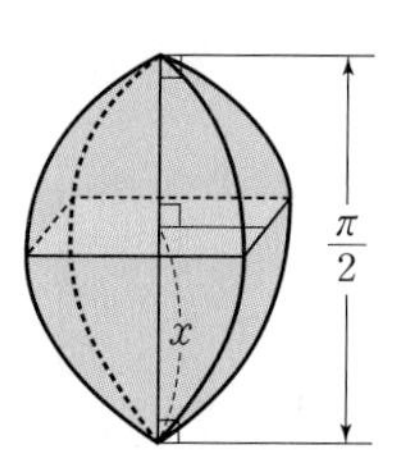

① $\pi-\frac{1}{2}$ ② $\pi-1$ ③ $\pi-\frac{3}{2}$
④ $\frac{\pi}{2}-1$ ⑤ $\frac{\pi}{2}-\frac{1}{2}$

39 상중하

▸ 23645-0631

그림과 같이 두 곡선 $y=\sqrt{x}$, $y=2\sqrt{x}+2$와 y축 및 직선 $x=4$로 둘러싸인 도형을 밑면으로 하는 입체도형이 있다. 이 입체도형을 x축에 수직인 평면으로 자른 단면이 모두 정삼각형일 때, 이 입체도형의 부피는?

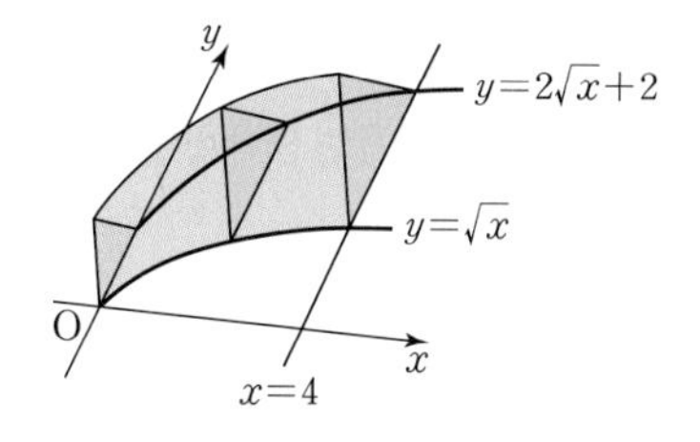

① $10\sqrt{3}$ ② $\frac{32\sqrt{3}}{3}$ ③ $\frac{34\sqrt{3}}{3}$
④ $12\sqrt{3}$ ⑤ $\frac{38\sqrt{3}}{3}$

40 상중하

▶ 23645-0632

그림과 같이 밑면의 반지름의 길이가 3, 높이가 6인 원기둥이 있다. 이 원기둥을 밑면의 중심을 지나고 밑면과 이루는 각의 크기가 $60°$인 평면으로 자를 때 생기는 두 입체도형 중에서 작은 쪽의 부피는?

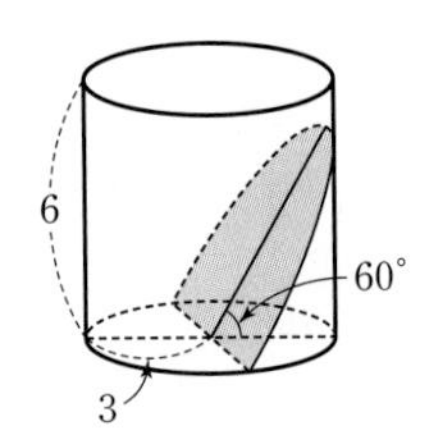

① $18\sqrt{3}$ ② $20\sqrt{3}$ ③ $22\sqrt{3}$
④ $24\sqrt{3}$ ⑤ $26\sqrt{3}$

41 상중하

▶ 23645-0633

그림과 같이 곡선 $y=e^x\sqrt{x}$ $(0\le x\le \ln 2)$와 x축 및 직선 $x=\ln 2$로 둘러싸인 도형을 밑면으로 하는 입체도형이 있다. 이 입체도형을 x축에 수직인 평면으로 자른 단면이 모두 직각이등변삼각형일 때, 이 입체도형의 부피는?

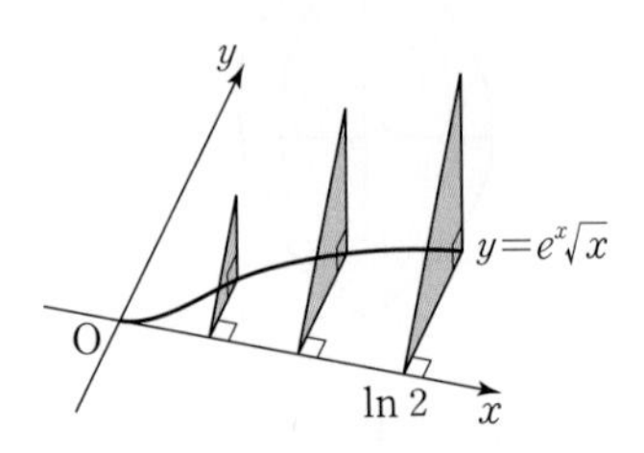

① $\ln 2-\frac{1}{8}$ ② $\ln 2-\frac{3}{16}$ ③ $\ln 2-\frac{1}{4}$
④ $\ln 2-\frac{5}{16}$ ⑤ $\ln 2-\frac{3}{8}$

42 상중하

▶ 23645-0634

높이가 e^2-1인 어떤 입체도형을 높이가 x $(0\le x\le e^2-1)$인 지점에서 밑면과 평행한 평면으로 자른 단면이 모두 빗변의 길이가 $\frac{2\ln(x+1)}{\sqrt{x+1}}$인 직각이등변삼각형일 때, 이 입체도형의 부피는?

① $\frac{2}{3}$ ② $\frac{4}{3}$ ③ 2
④ $\frac{8}{3}$ ⑤ $\frac{10}{3}$

43 상중하

▶ 23645-0635

반지름의 길이가 4인 반구 모양의 그릇에 물이 가득 채워져 있다. 그림과 같이 이 그릇을 $45°$만큼 기울였을 때 남아 있는 물의 부피는 $\frac{p+q\sqrt{2}}{3}\pi$이다. $p+q$의 값을 구하시오.

(단, p, q는 정수이다.)

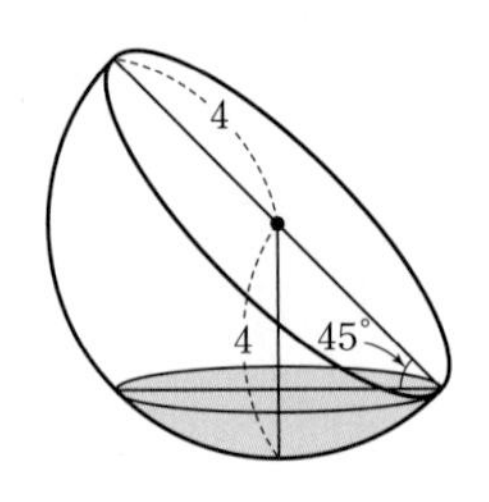

44 상중하

▶ 23645-0636

[그림 1]과 같이 좌표평면 위의 곡선 $y=1-x^2$과 x축으로 둘러싸인 부분을 밑면으로 하는 입체도형을 x축에 수직인 평면으로 자른 단면이 모두 정삼각형일 때, 이 입체도형의 부피를 V_1이라 하자. [그림 2]와 같이 좌표평면 위의 곡선 $y=1-x^2$과 x축으로 둘러싸인 부분을 밑면으로 하는 입체도형을 y축에 수직인 평면으로 자른 단면이 모두 정삼각형일 때, 이 입체도형의 부피를 V_2라 하자. $\frac{V_1}{V_2}$의 값은?

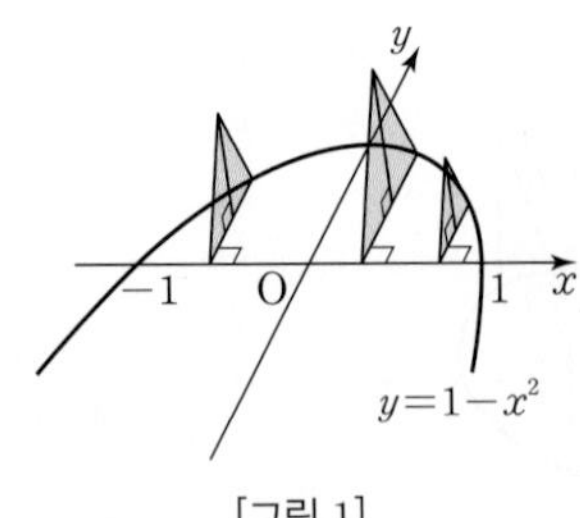

[그림 1]

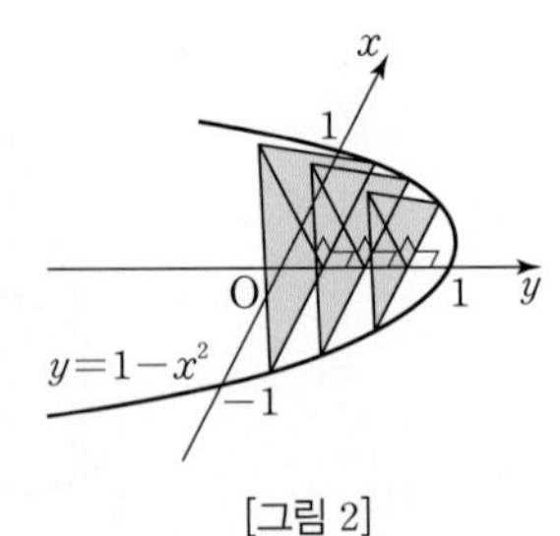

[그림 2]

① $\frac{2}{15}$ ② $\frac{4}{15}$ ③ $\frac{2}{5}$
④ $\frac{8}{15}$ ⑤ $\frac{2}{3}$

45 상중하

▸ 23645-0637

그림과 같이 두 곡선 $y=\ln x$, $y=-\ln x$와 직선 $x=\frac{1}{e}$로 둘러싸인 부분에서 직선 $x=k\left(\frac{1}{e}\le k\le 1\right)$과 두 곡선 $y=\ln x$, $y=-\ln x$가 만나는 점을 각각 A, B라 하자. 선분 AB를 한 변으로 하는 정사각형을 x축과 수직인 평면 위에 그릴 때, 이 정사각형이 그리는 입체도형의 부피를 V_1이라 하자. 두 곡선 $y=\ln x$, $y=-\ln x$와 직선 $x=e$로 둘러싸인 부분에서 직선 $x=s\ (1\le s\le e)$와 두 곡선 $y=\ln x$, $y=-\ln x$가 만나는 점을 각각 C, D라 하자. 선분 CD를 한 변으로 하는 정사각형을 x축과 수직인 평면 위에 그릴 때, 이 정사각형이 그리는 입체도형의 부피를 V_2라 하자. V_1+V_2의 값은?

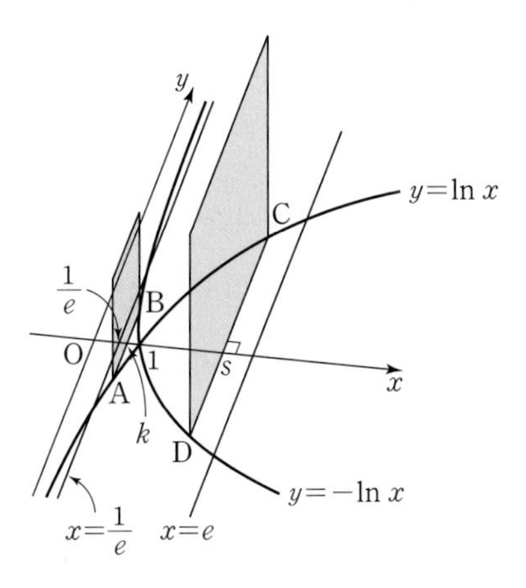

① $e-\frac{5}{e}$ ② $2\left(e-\frac{5}{e}\right)$ ③ $3\left(e-\frac{5}{e}\right)$
④ $4\left(e-\frac{5}{e}\right)$ ⑤ $5\left(e-\frac{5}{e}\right)$

46 상중하

▸ 23645-0638

가로, 세로, 높이가 각각 4, 5, 8인 직육면체 모양의 용기 A에 물이 가득 차 있다. 높이가 10인 용기 B를 밑면으로부터 높이가 x인 지점에서 밑면에 평행한 평면으로 자른 단면은 한 변의 길이가 $\sqrt{16+x}$인 정사각형이다. 용기 A의 물을 흘리지 않고 용기 B에 모두 부었을 때, 채워진 물의 높이는?

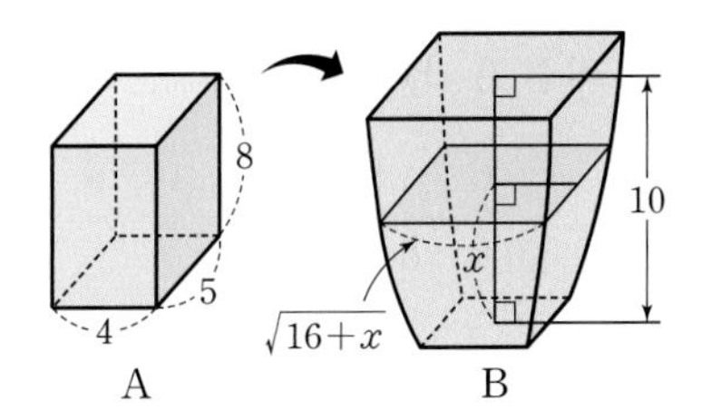

① 5 ② 6 ③ 7
④ 8 ⑤ 9

47 상중하

▸ 23645-0639

자연수 n에 대하여 곡선 $y=\sqrt{x}$와 x축 및 두 직선 $x=n$, $x=n+1$로 둘러싸인 부분을 밑면으로 하는 입체도형이 있다. 이 입체도형을 x축에 수직인 평면으로 자른 단면이 모두 정사각형일 때, 이 입체도형의 부피를 V_n이라 하자.

$\sum_{n=1}^{\infty}\frac{1}{V_nV_{n+1}}$의 값은?

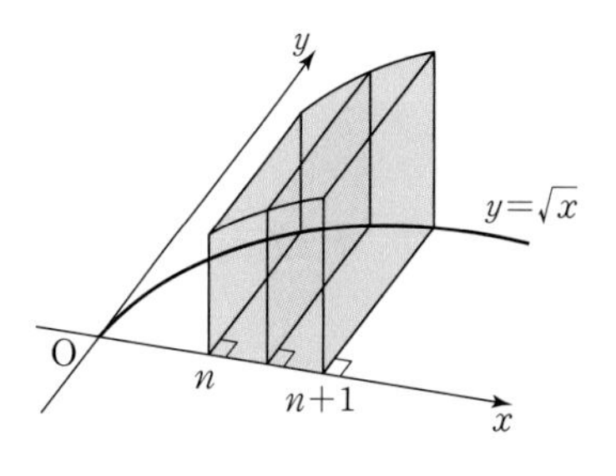

① $\frac{1}{3}$ ② $\frac{2}{3}$ ③ 1
④ $\frac{4}{3}$ ⑤ $\frac{5}{3}$

48 상중하

▸ 23645-0640

그림과 같이 $0\le x\le\frac{\pi}{2}$에서 정의된 함수 $f(x)=\sqrt{\sin x\cos x}$의 그래프 위의 점 $\mathrm{P}(x, f(x))$에서 x축에 내린 수선의 발을 H라 하자. 중심이 H, 반지름의 길이가 $\overline{\mathrm{PH}}$이고, 중심각의 크기가 $\frac{\pi}{4}$인 부채꼴을 x축에 수직인 평면 위에 그린다. 점 P의 x좌표가 $x=0$에서 $x=\frac{\pi}{2}$까지 변할 때, 이 부채꼴이 만드는 입체도형의 부피는?

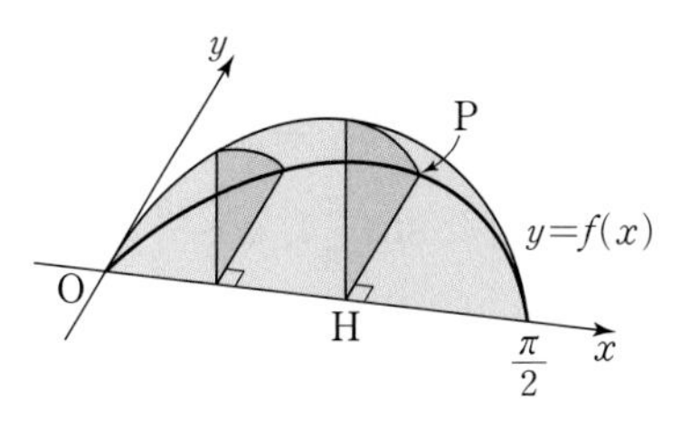

① $\frac{\pi}{16}$ ② $\frac{\pi}{8}$ ③ $\frac{3}{16}\pi$
④ $\frac{\pi}{4}$ ⑤ $\frac{5}{16}\pi$

08 속도와 거리

수직선 위를 움직이는 점 P의 시각 t에서의 속도를 $v(t)$, $t=t_0$에서의 점 P의 위치를 x_0이라 할 때,

① 시각 t에서의 점 P의 위치 x는

$$x=x_0+\int_{t_0}^{t} v(t)dt$$

② 시각 $t=a$에서 $t=b$ $(a\leq b)$까지 점 P의 위치의 변화량은

$$\int_a^b v(t)dt$$

③ 시각 $t=a$에서 $t=b$ $(a\leq b)$까지 점 P가 움직인 거리 s는

$$s=\int_a^b |v(t)|dt$$

올림포스 미적분 102쪽

49 대표문제 ▸ 23645-0641

수직선 위를 움직이는 점 P의 시각 t에서의 속도가 $v(t)=e^t+1$이다. $t=0$에서의 점 P의 위치가 2일 때, 시각 $t=1$에서의 점 P의 위치를 a라 하고, 시각 $t=0$에서 $t=3$까지의 점 P의 위치의 변화량을 b라 하자. $b-a$의 값은? (단, a, b는 상수이다.)

① $e^3-\frac{e}{4}$ ② $e^3-\frac{e}{2}$ ③ $e^3-\frac{3e}{4}$
④ e^3-e ⑤ $e^3-\frac{5e}{4}$

50 상중하 ▸ 23645-0642

원점을 동시에 출발하여 수직선 위를 움직이는 두 점 P, Q의 시각 t에서의 속도가 각각 $\sin\frac{\pi}{4}t$, $\cos\frac{\pi}{4}t$일 때, $t=4$에서 두 점 P, Q 사이의 거리는?

① $\frac{4}{\pi}$ ② $\frac{5}{\pi}$ ③ $\frac{6}{\pi}$
④ $\frac{7}{\pi}$ ⑤ $\frac{8}{\pi}$

51 상중하 ▸ 23645-0643

수직선 위를 움직이는 점 P의 시각 t $(t>0)$에서의 속도가 $v(t)=\ln t$일 때, 시각 $t=\frac{1}{e}$에서 $t=e$까지 점 P가 움직인 거리는?

① $2-\frac{1}{e}$ ② $2-\frac{2}{e}$ ③ $2-\frac{3}{e}$
④ $2-\frac{4}{e}$ ⑤ $2-\frac{5}{e}$

52 상중하 ▸ 23645-0644

수직선 위를 움직이는 점 P의 시각 t $(0\leq t\leq 10)$에서의 속도가 $v(t)=\sin\frac{\pi}{4}t$이다. 점 P가 원점을 출발한 후 시각 $t=a$에서 처음으로 운동 방향이 바뀐다. 처음 운동 방향이 바뀐 시각 $t=a$에서 $t=6$까지 점 P가 움직인 거리는? (단, a는 $0<a<6$인 상수이다.)

① $\frac{1}{\pi}$ ② $\frac{2}{\pi}$ ③ $\frac{3}{\pi}$
④ $\frac{4}{\pi}$ ⑤ $\frac{5}{\pi}$

53 상중하 ▸ 23645-0645

수직선 위를 움직이는 점 P의 시각 t $(t\geq 0)$에서의 속도가 $v(t)=e^{2t}-6e^t+8$이다. 점 P가 원점을 출발한 후 첫 번째로 운동 방향을 바꾼 지점을 A, 두 번째로 운동 방향을 바꾼 지점을 B라 할 때, 두 지점 A, B 사이의 거리는?

① $6-3\ln 2$ ② $6-4\ln 2$ ③ $6-5\ln 2$
④ $6-7\ln 2$ ⑤ $6-8\ln 2$

중요
09 평면 위를 움직이는 점이 움직인 거리

좌표평면 위를 움직이는 점 P의 시각 t에서의 위치 (x, y)가 $x=f(t)$, $y=g(t)$일 때, 시각 $t=a$에서 $t=b$까지 점 P가 움직인 거리 s는

$$s=\int_a^b \sqrt{\left(\frac{dx}{dt}\right)^2+\left(\frac{dy}{dt}\right)^2}\,dt$$
$$=\int_a^b \sqrt{\{f'(t)\}^2+\{g'(t)\}^2}\,dt$$

>> 올림포스 미적분 102쪽

54 대표문제
▸ 23645-0646

좌표평면 위를 움직이는 점 P의 시각 $t\ (t>0)$에서의 위치 (x, y)가

$x=e^t+e^{-t}$, $y=2t$

일 때, 시각 $t=1$에서 $t=2\ln 2$까지 점 P가 움직인 거리는?

① $-e+\frac{1}{e}+\frac{15}{4}$ ② $-e+\frac{1}{e}+5$ ③ $-e+\frac{2}{e}+5$
④ $-e+\frac{1}{e}+\frac{25}{4}$ ⑤ $-e+\frac{2}{e}+\frac{25}{4}$

55 상중하
▸ 23645-0647

좌표평면 위를 움직이는 점 P의 시각 $t\ (t>0)$에서의 위치 (x, y)가

$x=1+\cos \pi t$, $y=1+\sin \pi t$

일 때, 시각 $t=1$에서 $t=a$까지 점 P가 움직인 거리는 4π이다. 상수 a의 값은? (단, $a>1$)

① 3 ② 4 ③ 5
④ 6 ⑤ 7

56 상중하
▸ 23645-0648

좌표평면 위를 움직이는 점 P의 시각 $t\ (t\geq 1)$에서의 위치 (x, y)가

$x=\frac{1}{2}\left(t+\frac{1}{t}\right)$, $y=\ln t$

일 때, 시각 $t=1$에서 $t=a$까지 점 P가 움직인 거리가 $\frac{15}{8}$이다. 상수 a의 값은? (단, $a>1$)

① 3 ② $\frac{13}{4}$ ③ $\frac{7}{2}$
④ $\frac{15}{4}$ ⑤ 4

57 상중하
▸ 23645-0649

$0\leq t<\frac{\pi}{2}$에서 정의된 함수 $f(t)=\tan t$에 대하여 좌표평면 위를 움직이는 점 P의 시각 $t\ \left(0\leq t<\frac{\pi}{2}\right)$에서의 위치 (x, y)가

$x=\int_0^t f(\theta)\cos\theta\,d\theta$, $y=\int_0^t f(\theta)\sin\theta\,d\theta$

이다. 시각 $t=0$에서 $t=\frac{\pi}{3}$까지 점 P가 움직인 거리는?

① $\ln 2$ ② $\ln 3$ ③ $2\ln 2$
④ $\ln 5$ ⑤ $\ln 6$

58 상중하
▸ 23645-0650

두 상수 a, b에 대하여 좌표평면 위를 움직이는 점 P의 시각 $t\ (t>0)$에서의 위치 (x, y)가

$x=t^3-3t$, $y=at^2$

이고, 시각 $t=b$일 때의 점 P의 위치가 $(-2, 3)$이다. 시각 $t=b$에서 $t=2$까지 점 P가 움직인 거리는? (단, $b>0$)

① 8 ② 10 ③ 12
④ 14 ⑤ 16

중요
10 곡선의 길이

① 매개변수 t로 나타내어진 곡선
$x=f(t)$, $y=g(t)$ $(a\le t\le b)$의 길이 l은
$$l=\int_a^b \sqrt{\left(\frac{dx}{dt}\right)^2+\left(\frac{dy}{dt}\right)^2}\,dt$$
② $a\le x\le b$에서 곡선 $y=f(x)$의 길이 l은
$$l=\int_a^b \sqrt{1+\{f'(x)\}^2}\,dx$$
$$=\int_a^b \sqrt{1+\left(\frac{dy}{dx}\right)^2}\,dx$$

59 대표문제
▸ 23645-0651

$0\le t\le \ln 2$일 때, 곡선 $x=e^{-t}\cos t$, $y=e^{-t}\sin t$의 길이는?

① $\frac{1}{2}$ ② $\frac{\sqrt{2}}{2}$ ③ $\frac{\sqrt{3}}{2}$
④ 1 ⑤ $\frac{\sqrt{5}}{2}$

60 상중하
▸ 23645-0652

$x=\sqrt{3}$에서 $x=2\sqrt{2}$까지의 곡선 $f(x)=\ln x$의 길이는?

① $\frac{1+\ln 2-\ln 3}{2}$ ② $\frac{1+\ln 3-\ln 2}{2}$
③ $\frac{2+\ln 2-\ln 3}{2}$ ④ $\frac{2+\ln 3-\ln 2}{2}$
⑤ $\frac{3+\ln 2-\ln 3}{2}$

61 상중하
▸ 23645-0653

$x=0$에서 $x=\frac{\pi}{6}$까지의 곡선 $f(x)=\ln(\cos x)$의 길이는?

① $\frac{1}{10}\ln 3$ ② $\frac{1}{5}\ln 3$ ③ $\frac{3}{10}\ln 3$
④ $\frac{2}{5}\ln 3$ ⑤ $\frac{1}{2}\ln 3$

62 상중하
▸ 23645-0654

$0\le t\le 5$일 때, 곡선 $x=2t+1$, $y=\frac{2}{3}t\sqrt{t}+1$의 길이는?

① 12 ② $\frac{38}{3}$ ③ $\frac{40}{3}$
④ 14 ⑤ $\frac{44}{3}$

63 상중하
▸ 23645-0655

$0\le t\le a$일 때, 곡선 $x=\cos t+t\sin t$, $y=\sin t-t\cos t$의 길이가 8이다. 상수 a의 값은? (단, $a>0$)

① 1 ② 2 ③ 3
④ 4 ⑤ 5

64 상중하
▸ 23645-0656

$0\le t\le a$일 때, 곡선 $x=(1-t^2)\cos t$, $y=(1-t^2)\sin t$의 길이가 12이다. 상수 a의 값은? (단, $a>0$)

① 1 ② 2 ③ 3
④ 4 ⑤ 5

서술형 완성하기

≫ 정답과 풀이 148쪽

01

▶ 23645-0657

그림과 같이 곡선 $y=\sqrt{3x-1}$과 x축 및 두 직선 $x=1$, $x=3$으로 둘러싸인 부분의 넓이를 구하시오.

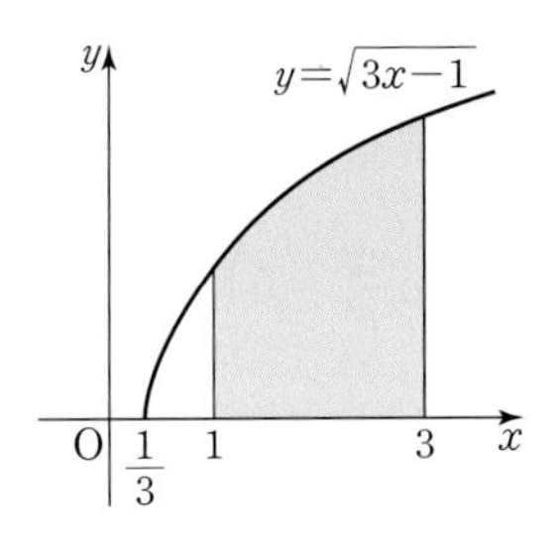

02

▶ 23645-0658

그림과 같이 두 곡선 $y=\sqrt{x}$, $y=\sqrt{4-x}$와 x축으로 둘러싸인 부분의 넓이를 구하시오.

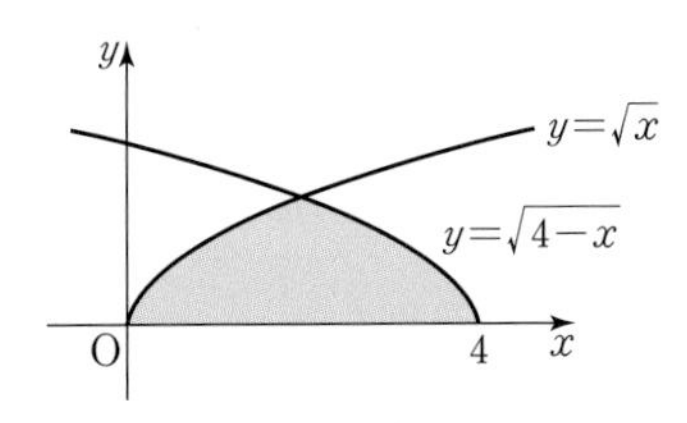

03

▶ 23645-0659

그림과 같은 모양의 컵에 채워진 물의 높이가 밑면으로부터 x일 때, 수면은 한 변의 길이가 $\sqrt{3x+1}$인 정사각형이다. 이 컵의 높이가 8이고 물이 가득 채워져 있을 때, 물의 부피를 구하시오.

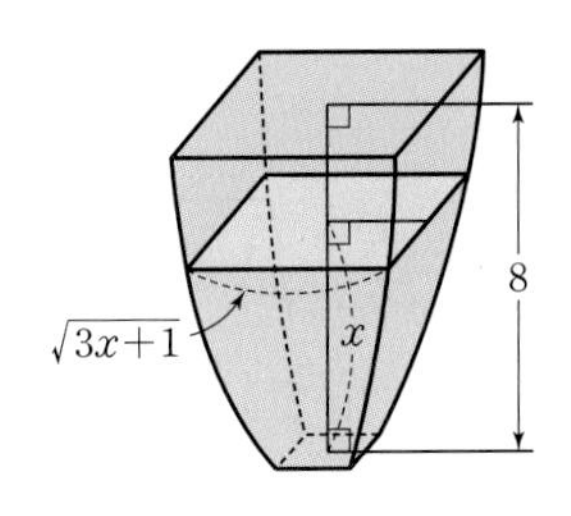

04

▶ 23645-0660

함수 $f(x)=\ln x$에 대하여 곡선 $y=f(x)$ 위의 점 P에서 그은 접선 l이 원점 O를 지날 때, 직선 l과 곡선 $y=f(x)$ 및 x축으로 둘러싸인 부분의 넓이를 구하시오.

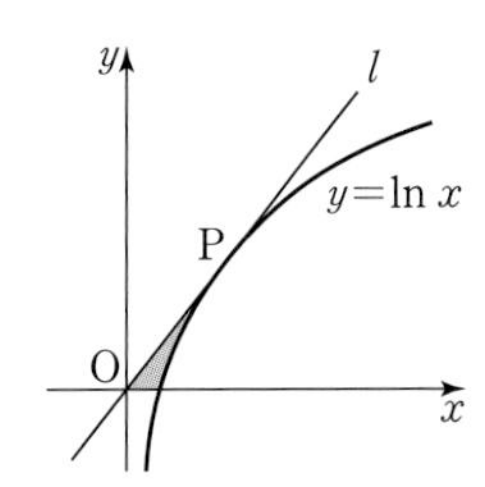

05 내신기출

▶ 23645-0661

그림과 같이 곡선 $y=\sqrt{\cos x}\left(0\le x\le\frac{\pi}{2}\right)$와 x축 및 y축으로 둘러싸인 도형을 밑면으로 하는 입체도형이 있다. 이 입체도형을 x축에 수직인 평면으로 자른 단면이 정삼각형일 때, 이 입체도형의 부피를 구하시오.

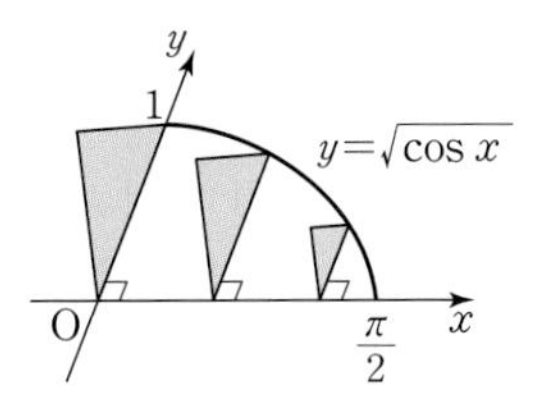

06 내신기출

▶ 23645-0662

함수 $f(x)=e^{\frac{x}{2}}$에 대하여 $-2\le x\le 2$에서 곡선 $y=f(x)+\frac{1}{f(x)}$의 길이를 구하시오.

내신 + 수능 고난도 도전

▶ 23645-0663

01 그림과 같이 자연수 n에 대하여 네 꼭짓점의 좌표가 $\mathrm{O}(0,\ 0)$, $\mathrm{A}(e^n,\ 0)$, $\mathrm{B}(e^n,\ e^n)$, $\mathrm{C}(0,\ e^n)$인 정사각형 OABC는 두 곡선 $y=\ln x$, $y=e^x$에 의하여 세 부분으로 나뉜다. 곡선 $y=\ln x$와 두 선분 OA, AB로 둘러싸인 부분의 넓이를 $S(n)$, 곡선 $y=e^x$과 두 선분 BC, CO로 둘러싸인 부분의 넓이를 $T(n)$이라 하고, 정사각형 OABC 중 나머지 부분의 넓이를 $R(n)$이라 하자. $\lim\limits_{n\to\infty}\dfrac{n^2R(n)}{S(n)\times T(n)}$의 값은? $\left(\text{단, } \lim\limits_{x\to\infty}\dfrac{x}{e^x}=0\right)$

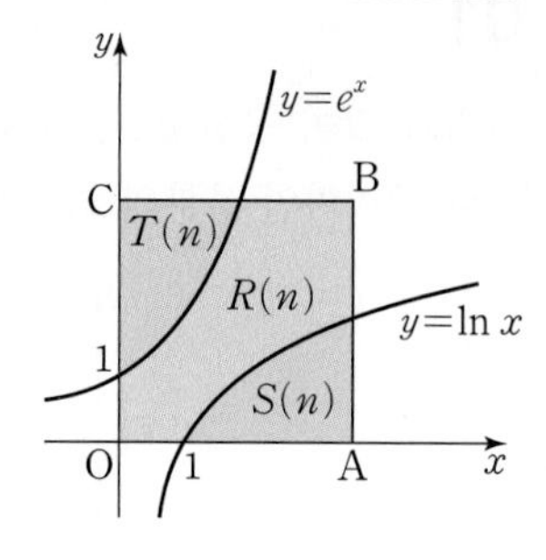

① $\dfrac{1}{4}$　② $\dfrac{1}{2}$　③ 1　④ 2　⑤ 4

▶ 23645-0664

02 그림과 같이 자연수 n에 대하여 곡선 $y=\ln x$와 x축 및 두 직선 $x=n$, $x=n+1$로 둘러싸인 부분의 넓이를 $S(n)$이라 할 때, $\sum\limits_{k=1}^{99}S(k)$의 값은?

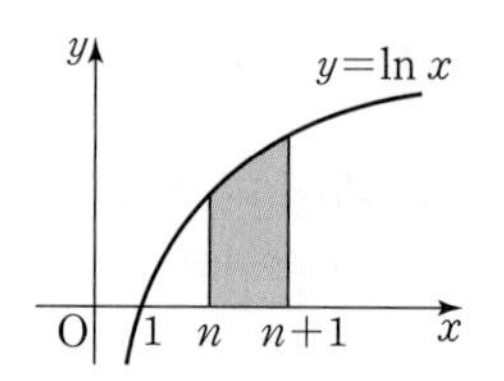

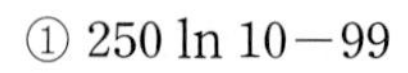
① $250\ln 10-99$　② $200\ln 10-99$　③ $150\ln 10-99$
④ $100\ln 10-99$　⑤ $50\ln 10-99$

▶ 23645-0665

03 그림과 같이 곡선 $y=\sqrt{x}\ln x\ (1\le x\le e)$와 두 직선 $y=0$, $x=e$로 둘러싸인 도형을 밑면으로 하는 입체도형이 있다. 이 입체도형을 x축에 수직인 평면으로 자른 단면이 모두 정사각형일 때, 이 입체도형의 부피는?

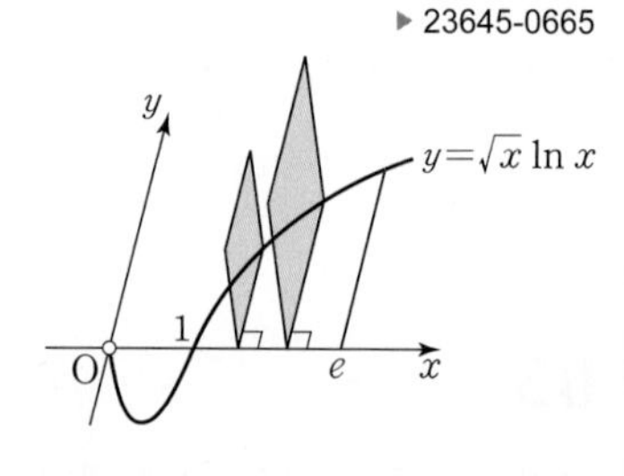

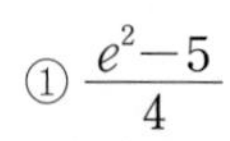
① $\dfrac{e^2-5}{4}$　② $\dfrac{e^2-4}{4}$　③ $\dfrac{e^2-3}{4}$

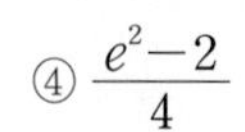
④ $\dfrac{e^2-2}{4}$　⑤ $\dfrac{e^2-1}{4}$

▶ 23645-0666

04 $x>0$에서 미분가능한 함수 $f(x)$의 도함수가 $f'(x)=\dfrac{x^2-4}{4x}$일 때, $\lim\limits_{n\to\infty}\sum\limits_{k=1}^{n}\dfrac{1}{n}\sqrt{1+\left\{f'\left(2+\dfrac{2k}{n}\right)\right\}^2}$의 값은?

① $\dfrac{3+\ln 2}{4}$　② $\dfrac{3+2\ln 2}{4}$　③ $\dfrac{3+3\ln 2}{4}$　④ $\dfrac{3+4\ln 2}{4}$　⑤ $\dfrac{3+5\ln 2}{4}$

▶ 23645-0667

05

그림과 같이 곡선 $y=e^x$과 직선 $y=x$ 및 두 직선 $x=0$, $x=1$로 둘러싸인 도형을 밑면으로 하는 입체도형이 있다. 이 입체도형을 x축에 수직인 평면으로 자른 단면이 모두 정사각형일 때, 이 입체도형의 부피는?

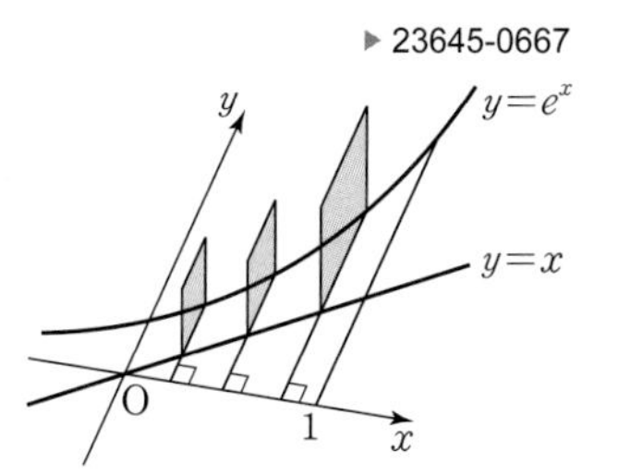

① $\frac{3e^2-16}{6}$ ② $\frac{3e^2-13}{6}$ ③ $\frac{3e^2-10}{6}$

④ $\frac{3e^2-7}{6}$ ⑤ $\frac{3e^2-4}{6}$

▶ 23645-0668

06

그림과 같이 직선 $y=ax\left(a>\frac{1}{e}\right)$과 x축 및 직선 $x=e$로 둘러싸인 부분의 넓이가 곡선 $y=\ln x$에 의하여 이등분될 때, 상수 a의 값은?

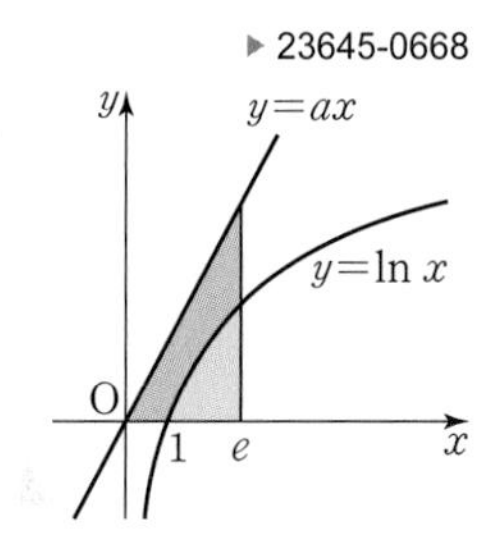

① $\frac{3}{e^2}$ ② $\frac{7}{2e^2}$ ③ $\frac{4}{e^2}$

④ $\frac{9}{2e^2}$ ⑤ $\frac{5}{e^2}$

▶ 23645-0669

07

그림과 같이 곡선 $\sqrt{x}+\sqrt{y}=k$와 x축 및 y축으로 둘러싸인 부분의 넓이를 $S(k)$라 할 때, $\sum_{k=1}^{8}\sqrt{6\times S(k)}$의 값은? (단, k는 자연수이다.)

① 204 ② 208 ③ 212

④ 216 ⑤ 220

▶ 23645-0670

08

두 곡선 $y=\frac{1}{6}x^2$, $y=6-\sqrt{36-x^2}$으로 둘러싸인 부분의 넓이는?

① 18π ② $18\pi-12$ ③ $18\pi-24$ ④ $18\pi-36$ ⑤ $18\pi-48$

▶ 23645-0671

09 함수 $f(x)=4e^x-e^{2x}$은 $x=a$에서 극값을 갖는다. 곡선 $y=f(x)$의 변곡점의 x좌표를 b라 할 때, 곡선 $y=f(x)$와 x축 및 두 직선 $x=a$, $x=b$로 둘러싸인 부분의 넓이는?

① $\frac{1}{2}$ ② 1 ③ $\frac{3}{2}$ ④ 2 ⑤ $\frac{5}{2}$

▶ 23645-0672

10 좌표평면 위를 움직이는 점 P의 시각 t에서의 위치 (x, y)가

$$x=1+\frac{5}{4}t^2,\ y=1+t^{\frac{5}{2}}$$

일 때, 시각 $t=0$에서 $t=1$까지 점 P가 움직인 거리는?

① $\frac{\sqrt{2}+1}{6}$ ② $\frac{\sqrt{2}+1}{3}$ ③ $\frac{\sqrt{2}+1}{2}$ ④ $\frac{2(\sqrt{2}+1)}{3}$ ⑤ $\frac{5(\sqrt{2}+1)}{6}$

▶ 23645-0673

11 그림과 같이 두 직선 $y=x$, $y=ax$와 곡선 $y=\sqrt{x}$로 둘러싸인 부분의 넓이가 $\frac{7}{6}$일 때, 상수 a의 값은?

(단, $0<a<1$)

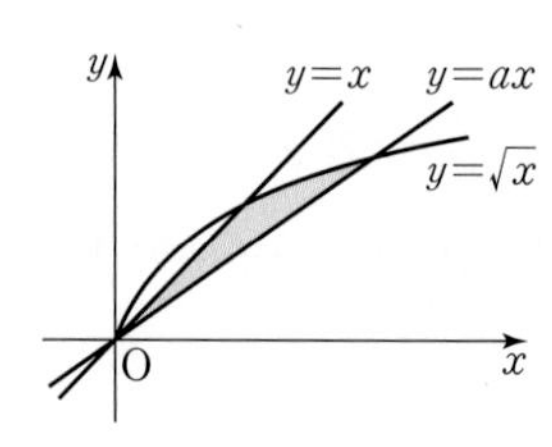

① $\frac{1}{6}$ ② $\frac{1}{3}$ ③ $\frac{1}{2}$ ④ $\frac{2}{3}$ ⑤ $\frac{5}{6}$

▶ 23645-0674

12 $e\le x\le e^2$에서 곡선 $y=\int_e^x \sqrt{k\times(\ln t)^2-1}\,dt$의 길이가 $3e^2$일 때, 상수 k의 값은? (단, $k>0$)

① 5 ② 6 ③ 7 ④ 8 ⑤ 9

01 수열의 극한

개념 확인하기 본문 7~9쪽

01 발산 02 수렴 03 발산 04 발산 05 발산 06 수렴
07 발산 08 수렴 09 발산 10 수렴 11 수렴 12 6
13 1 14 3 15 8 16 -2 17 -2 18 1
19 0 20 2 21 $\frac{1}{2}$ 22 0 23 1 24 1
25 0 26 1 27 발산 28 발산 29 1 30 1
31 수렴 32 발산 33 수렴 34 발산 35 발산 36 수렴
37 수렴 38 발산 39 발산 40 수렴 41 발산 42 1
43 발산 44 0 45 1 46 0 47 발산
48 $-\frac{1}{2}<r\le\frac{1}{2}$ 49 $-2<r\le2$ 50 $-\frac{1}{2}\le r<\frac{1}{2}$
51 풀이참조 52 $\frac{1}{r(r+1)}$ 53 $r+1$

유형 완성하기 본문 10~20쪽

01 ④ 02 2 03 ⑤ 04 ⑤ 05 ⑤ 06 ② 07 ③ 08 ③
09 ② 10 ③ 11 ② 12 ① 13 ④ 14 ② 15 ③ 16 ④
17 ① 18 ④ 19 ② 20 ③ 21 ③ 22 1 23 ④ 24 ③
25 ② 26 1 27 ① 28 ④ 29 ③ 30 ① 31 ② 32 ①
33 ① 34 ② 35 ① 36 ② 37 ③ 38 ② 39 ⑤ 40 ⑤
41 ① 42 ② 43 ③ 44 ① 45 ② 46 ③ 47 -2 48 ③
49 ① 50 $r<-1$ 또는 $r\ge1$ 51 ① 52 ③ 53 ③ 54 ①
55 ① 56 ④ 57 ② 58 ⑤ 59 ① 60 ③ 61 ① 62 ②
63 ③ 64 ④ 65 ⑤

서술형 완성하기 본문 21쪽

01 -5 02 3 03 $\frac{11}{2}$ 04 1 05 $\frac{1}{9}$ 06 $-\frac{2}{9}$

내신 + 수능 고난도 도전 본문 22~23쪽

01 ③ 02 ① 03 ② 04 ② 05 ③ 06 ⑤ 07 ② 08 ②

02 급수

개념 확인하기 본문 25~27쪽

01 발산 02 수렴 03 수렴 04 발산 05 발산 06 발산
07 2 08 발산 09 1 10 발산 11 발산 12 풀이참조
13 풀이참조 14 풀이참조 15 풀이참조 16 풀이참조 17 풀이참조 18 풀이참조
19 4 20 3 21 1 22 4 23 2 24 발산
25 $\frac{3}{4}$ 26 발산 27 $2-\sqrt{2}$ 28 발산 29 $\frac{2}{3}$ 30 $\sqrt{2}+1$
31 $\frac{2+\sqrt{2}}{2}$ 32 $\frac{2-\sqrt{2}}{2}$ 33 $-\frac{1}{2}<x<\frac{1}{2}$
34 $-2<x<2$ 35 3 36 $\frac{7}{2}$ 37 2 38 $\frac{5}{2}$
39 $\frac{1}{11}$ 40 7 41 15 42 $\frac{41}{333}$ 43 $\frac{11}{90}$ 44 $\frac{122}{99}$

유형 완성하기 본문 28~37쪽

01 ④ 02 ③ 03 ① 04 ⑤ 05 ③ 06 ② 07 ③ 08 ⑤
09 ① 10 ① 11 ② 12 ④ 13 ② 14 ③ 15 ② 16 ①
17 ③ 18 ② 19 ④ 20 $a>1$ 21 ⑤ 22 ② 23 ④ 24 463
25 ② 26 ③ 27 ① 28 ① 29 ⑤ 30 ① 31 ④ 32 ①
33 ① 34 $\left(\frac{4}{3}, \frac{2}{3}\right)$ 35 2 36 $\frac{1}{2}$ 37 $\left(\frac{2\sqrt{3}}{7}, 2\right)$ 38 $2\sqrt{3}$
39 2π 40 $16(2+\sqrt{2})$ 41 8π 42 $\frac{3}{2}\pi$ 43 $\frac{3(\sqrt{3}-1)}{8}$ 44 ③
45 ① 46 ④ 47 ③ 48 ⑤ 49 ① 50 ②

서술형 완성하기 본문 38쪽

01 $\frac{3}{4}$ 02 1 03 $\frac{1}{5}$ 04 10
05 $\left(\frac{27+18\sqrt{3}}{26}, \frac{27\sqrt{3}-18}{26}\right)$

내신 + 수능 고난도 도전 본문 39~40쪽

01 ② 02 ④ 03 ② 04 ⑤ 05 ③ 06 ④ 07 ②

03 여러 가지 함수의 미분

개념 확인하기 본문 43~49쪽

01 $\frac{8}{27}$ 02 $\frac{1}{2}$ 03 0 04 2 05 ∞ 06 1
07 -1 08 -1 09 3 10 0 11 $-\infty$ 12 ∞
13 $-\infty$ 14 ∞ 15 $-\infty$ 16 $-\infty$ 17 e^3 18 $\frac{1}{e^2}$
19 e^8 20 e^2 21 $e^{\frac{1}{2}}$ 22 e^{12} 23 $\frac{1}{e^3}$ 24 $e^{\frac{2}{3}}$
25 e 26 $\frac{1}{e^3}$ 27 $\ln 5$ 28 $-\ln 2$ 29 6 30 $\frac{3}{2}$
31 $-\ln 2-1$ 32 $\ln 5$ 33 3 34 $-\frac{1}{2}$ 35 3
36 $-\frac{7}{2}$ 37 $\frac{2}{\ln 2}$ 38 4 39 -1 40 $\frac{1}{2}$ 41 1
42 $\frac{\ln 2}{6}$ 43 $y'=-e^x$ 44 $y'=e^{x+1}$
45 $y'=(x+1)e^x$ 46 $y'=xe^x$ 47 $y'=(x^2+2x)e^x$
48 $y'=4^x\ln 4$ 49 $y'=5^{x-1}\ln 5$ 50 $y'=6\ln 3\cdot 9^x$
51 $y'=(x\ln 2+1)2^x$ 52 $y'=(x\ln 3+2\ln 3+1)3^x$
53 $y'=\frac{1}{x}$ 54 $y'=\frac{3}{x}$ 55 $y'=\ln 2x+1$ 56 $y'=\ln 5x+\frac{2}{x}+1$

57 $y'=15x^2\ln x+5x^2$ **58** $y'=\frac{1}{x\ln 2}$ **59** $y'=\frac{1}{x\ln 3}$

60 $y'=\log_4 x+\frac{1}{\ln 4}$ **61** $y'=\log 4x-\frac{3}{x\ln 10}+\frac{1}{\ln 10}$

62 $y'=6x\log_5 x+\frac{3x}{\ln 5}$ **63** $\frac{5}{3}$ **64** $-\frac{5}{4}$ **65** $-\frac{4}{3}$

66 $2,\ \frac{2\sqrt{3}}{3},\ \sqrt{3}$ **67** $\frac{2\sqrt{3}}{3},\ 2,\ \frac{\sqrt{3}}{3}$ **68** $\sqrt{2},\ -\sqrt{2},\ -1$

69 $\frac{2\sqrt{3}}{3},\ -2,\ -\frac{\sqrt{3}}{3}$ **70** (1) $\frac{25}{16}$ (2) $\frac{25}{9}$ **71** (1) $\frac{12}{5}$ (2) $-\frac{13}{5}$

72 $-\frac{9}{4}$ **73** $\frac{\sqrt{6}-\sqrt{2}}{4}$ **74** $\frac{\sqrt{6}-\sqrt{2}}{4}$

75 $-2-\sqrt{3}$ **76** $\frac{\sqrt{6}+\sqrt{2}}{4}$ **77** $\frac{\sqrt{6}+\sqrt{2}}{4}$

78 $2-\sqrt{3}$ **79** $\frac{\sqrt{3}}{2}$ **80** $\frac{1}{2}$ **81** $\frac{\sqrt{3}}{3}$

82 (1) 1 (2) 0 (3) $\frac{7}{24}$ **83** (1) $-\frac{56}{65}$ (2) $-\frac{63}{65}$ (3) $\frac{56}{33}$

84 $\frac{\sqrt{3}}{2}$ **85** -3 **86** -1 **87** 0 **88** -1 **89** 3

90 3 **91** $\frac{2}{5}$ **92** $\frac{1}{2}$ **93** 3 **94** 5 **95** 1

96 4 **97** 1 **98** $\frac{9}{5}$ **99** $\frac{2}{3}$ **100** $y'=-\cos x$

101 $y'=-3\sin x$ **102** $y'=2+\cos x$

103 $y'=-\sin x-3\cos x$ **104** $y'=2\cos x+\frac{3}{x}$

105 $y'=\sin x+e^x$ **106** $y'=\cos x+\sin x$

107 $y'=-3\sin x+\cos x$ **108** $y'=\cos x-x\sin x$

109 $y'=2x\sin x+x^2\cos x$ **110** $y'=\sin x+(x+2)\cos x$

111 $y'=\cos^2 x-\sin^2 x$ **112** $y'=e^x(\sin x+\cos x)$

113 $y'=\frac{\cos x}{x}-\ln x\times\sin x$ **114** $y'=2\sin x\cos x$

115 $y'=-2\sin x\cos x$

유형 완성하기 본문 50~68쪽

01 ③ **02** ⑤ **03** ② **04** ③ **05** ④ **06** 25 **07** ③ **08** ④
09 2 **10** ① **11** 5 **12** ② **13** ② **14** ③ **15** ① **16** ⑤
17 ④ **18** ② **19** ② **20** ⑤ **21** 3 **22** ③ **23** 5 **24** ③
25 3 **26** ⑤ **27** ② **28** ② **29** ① **30** 3 **31** ① **32** 1
33 ② **34** ⑤ **35** ① **36** ③ **37** 0 **38** ① **39** ① **40** 3
41 ⑤ **42** ④ **43** ④ **44** ① **45** e^2 **46** ④ **47** ③ **48** ②
49 ③ **50** ④ **51** $\frac{25}{4}$ **52** ① **53** ② **54** ⑤ **55** ③ **56** ③
57 $\frac{1}{2}$ **58** $\frac{9}{7}$ **59** 17 **60** ② **61** -50 **62** ② **63** ③ **64** ③
65 ③ **66** 2 **67** ② **68** 3 **69** ② **70** ② **71** ⑤ **72** ④
73 10 **74** 4 **75** ② **76** 4 **77** 5 **78** ② **79** ② **80** ④
81 ③ **82** ④ **83** $\frac{1}{2}$ **84** ② **85** ② **86** 3 **87** 3 **88** ④
89 ③ **90** ② **91** ⑤ **92** ⑤ **93** 2 **94** π **95** ② **96** ④
97 2 **98** ③ **99** ② **100** 4 **101** ② **102** 12 **103** ① **104** ①
105 $\frac{1}{2}$ **106** -1 **107** ④ **108** ③

서술형 완성하기 본문 69쪽

01 7 **02** 3 **03** $-\ln 2$ **04** $\frac{1}{2}$ **05** -2 **06** 1

내신 + 수능 고난도 도전 본문 70~71쪽

01 ④ **02** ② **03** 5 **04** ① **05** ⑤ **06** ④ **07** ②

04 여러 가지 미분법

개념 확인하기 본문 73~75쪽

01 $y'=-\frac{1}{(x-1)^2}$ **02** $y'=-\frac{2x}{(x^2-2)^2}$ **03** $y'=-\frac{e^x}{(e^x-1)^2}$

04 $y'=\frac{1+\sin x}{(x-\cos x)^2}$ **05** $y'=-\frac{11}{(3x-1)^2}$ **06** $y'=\frac{x^2-6x-1}{(x-3)^2}$

07 $y'=\frac{x^2\cos x-2x\sin x+\cos x}{(x^2+1)^2}$

08 $y'=\frac{e^x+1-xe^x\ln x}{x(e^x+1)^2}$ **09** $y'=-x^{-2}$

10 $y'=\frac{4}{x^5}$ **11** $y'=3x^2+5x^{-6}$ **12** $y'=-\frac{x^2+9}{x^4}$

13 $y'=\sec x\tan x+2\sec^2 x$ **14** $y'=-3\csc^2 x+\csc x\cot x$

15 $y'=\sec x\tan^2 x+\sec^3 x$ **16** $y'=\tan x+x\sec^2 x$

17 $y'=18x+6$ **18** $y'=2(x+2)(x-1)(2x+1)$

19 $y'=-\frac{4}{(2x-1)^3}$ **20** $y'=3\sin^2 x\cos x$

21 $y'=(6x^2-1)\sec^2(2x^3-x)$

22 $y'=-2\sin x\cos x\sin(\sin^2 x)$ **23** $y'=\frac{2}{2x+1}$

24 $y'=-\tan x$ **25** $y'=\frac{6x}{(3x^2-1)\ln 2}$ **26** $y'=\frac{e^x}{(e^x+1)\ln 3}$

27 $y'=4e^{4x+1}$ **28** $y'=(2x-2)e^{x^2-2x}$

29 $y'=-2\times 3^{-2x+5}\ln 3$ **30** $y'=\ln 2\times 2^{\sin x}\cos x$

31 $y'=\frac{2}{3}x^{-\frac{1}{3}}$ **32** $y'=-\frac{4}{3x^2\cdot\sqrt[3]{x}}$ **33** $y'=\sqrt{2}x^{\sqrt{2}-1}$

34 $y'=\frac{3}{2\sqrt{3x+1}}$ **35** $\frac{dy}{dx}=-t$ **36** $\frac{dy}{dx}=\frac{3t^2-2}{2t}$

37 $\frac{dy}{dx}=-\frac{t^2}{\sqrt{2t+1}}$ **38** $\frac{dy}{dx}=\frac{t}{e^{2t}(t^2+1)}$ **39** $\frac{dy}{dx}=-\frac{\cos^2 t}{\sin^3 t}$

40 $\frac{dy}{dx}=-\frac{1}{2y}\ (y\neq 0)$ **41** $\frac{dy}{dx}=-\frac{x}{y}\ (y\neq 0)$

42 $\frac{dy}{dx}=-\frac{y}{x}\ (x\neq 0)$ **43** $\frac{dy}{dx}=-\frac{2y-2}{x}\ (x\neq 0)$

44 $\frac{dy}{dx}=\frac{4y-2x}{3y^2-4x}\ (3y^2\neq 4x)$

45 $\frac{dy}{dx}=\frac{y\sin x-\sin y}{x\cos y+\cos x}\ (x\cos y\neq -\cos x)$

46 $\frac{dy}{dx}=\frac{y-6x^2y^2}{x+2y^3}\ (x\neq -2y^3)$ **47** $\frac{dy}{dx}=\frac{1}{5\sqrt[5]{x^4}}$

48 $\frac{dy}{dx}=\frac{1}{3\sqrt[3]{x^2}}$ 49 $\frac{dy}{dx}=\frac{1}{3\sqrt[3]{(x-3)^2}}$ 50 $\frac{dy}{dx}=\frac{1}{4\sqrt[4]{(x+1)^3}}$

51 (1) $\frac{1}{3}$ (2) $\frac{1}{12}$ 52 $y''=6x-4$ 53 $y''=\frac{2}{(x-1)^3}$

54 $y''=9e^{3x}$ 55 $y''=-\frac{1}{x^2}$ 56 $y''=-9\sin 3x$

유형 완성하기 본문 76~86쪽

01 2 02 ④ 03 6 04 ③ 05 ① 06 ① 07 ② 08 −9
09 ① 10 14 11 ② 12 ② 13 ③ 14 ③ 15 3 16 12
17 ① 18 ⑤ 19 ② 20 44 21 ① 22 ① 23 ④ 24 ⑤
25 6 26 ① 27 ③ 28 ① 29 2 30 ② 31 4 32 ④
33 ④ 34 ① 35 2 36 ② 37 ⑤ 38 ⑤ 39 ④ 40 −1
41 ④ 42 ① 43 ① 44 12 45 ② 46 ⑤ 47 ③ 48 ⑤
49 ④ 50 4 51 ② 52 ③ 53 ② 54 ② 55 ④ 56 ②
57 ⑤ 58 ① 59 10 60 ⑤ 61 ② 62 3 63 ① 64 ③
65 ① 66 ②

서술형 완성하기 본문 87쪽

01 $-\frac{1}{9}$ 02 −1 03 2 04 −8 05 2 06 8

내신 + 수능 고난도 도전 본문 88~89쪽

01 9 02 ② 03 ① 04 ④ 05 ⑤ 06 14 07 ①

05 도함수의 활용

개념 확인하기 본문 91~97쪽

01 $y=\frac{1}{2}x+\frac{1}{2}$ 02 $y=\frac{\sqrt{3}}{2}x+\frac{1}{2}-\frac{\sqrt{3}}{12}\pi$

03 $y=-\sqrt{3}x+1+\frac{\sqrt{3}}{3}\pi$ 04 $y=x-\pi$

05 $y=ex$ 06 $y=x-1$ 07 $y=-3x+4$

08 $y=x-\frac{4}{27}$ 09 $y=\sqrt{3}x-\frac{\sqrt{3}}{6}\pi+1$ 10 $y=\sqrt{3}x+\frac{\sqrt{3}}{3}\pi+1$

11 $y=2x+1$ 12 $y=x$ 13 $y=\frac{1}{2}x$ 14 $y=-4x+4$

15 $y=ex$ 16 $y=\frac{2}{e}x$ 17 $y=2x-1$ 18 $y=x-1$

19 $y=-\sqrt{2}x+\frac{\sqrt{2}}{4}\pi+\frac{\sqrt{2}}{2}$ 20 $y=-\frac{1}{e^2}x+\frac{1}{e^2}+e^2$

21 $y=-x+1$ 22 $y=-3x+4$ 23 감소 24 증가

25 증가 26 감소 27 증가 28 증가 29 증가 30 증가

31 $-1\le x<0$ 또는 $0<x\le 1$일 때 감소, $x\le -1$ 또는 $x\ge 1$일 때 증가

32 실수 전체의 집합에서 증가 33 실수 전체의 집합에서 증가

34 극솟값 $-\frac{1}{2}$, 극댓값 $\frac{1}{2}$

35 극솟값 $\frac{2}{3}\pi-\frac{\sqrt{3}}{2}$, 극댓값 $\frac{\pi}{3}+\frac{\sqrt{3}}{2}$ 36 극솟값 $-\frac{1}{e}$

37 극솟값 0, 극댓값 $\frac{4}{e^2}$ 38 극솟값 $1+\ln 2$ 39 극댓값 -3

40 극댓값 $\frac{1}{e}$ 41 극솟값 $-\frac{1}{2e}$ 42 풀이참조 43 아래로 볼록

44 풀이참조 45 위로 볼록 46 풀이참조 47 풀이참조

48 $(0, 0)$, $(2, -4)$ 49 $\left(-\frac{\sqrt{3}}{3}, \frac{3}{2}\right)$, $\left(\frac{\sqrt{3}}{3}, \frac{3}{2}\right)$

50 $\left(\frac{\pi}{4}, 0\right)$, $\left(\frac{3}{4}\pi, 0\right)$ 51 풀이참조 52 풀이참조

53 풀이참조 54 풀이참조 55 최댓값 $\frac{3}{2}$, 최솟값 0

56 최댓값 6, 최솟값 $3+2\sqrt{2}$ 57 최댓값 $\frac{2}{3}\pi+\sqrt{3}$, 최솟값 0

58 최댓값 1, 최솟값 $2-2\ln 2$ 59 0 60 1

61 풀이참조 62 풀이참조 63 e^2+1, e^2 64 $\frac{1-e}{e}$, $-\frac{1}{e^2}$

65 $-\frac{\pi}{3}$, 0 66 1, −1 67 $(2, 3)$, $(2, 6)$

68 $(2, 7e^{12})$, $(2, 51e^{12})$ 69 $(0, -2)$, $(4, 0)$ 70 $\sqrt{2}$, 1

유형 완성하기 본문 98~117쪽

01 ② 02 ① 03 16 04 13 05 ④ 06 ③ 07 ① 08 ⑤
09 1 10 ④ 11 ④ 12 4 13 ① 14 ③ 15 ③ 16 ④
17 2 18 5 19 ② 20 2 21 ② 22 2 23 ② 24 ③
25 ② 26 ④ 27 10 28 ③ 29 3 30 ⑤ 31 ④ 32 ①
33 16 34 ② 35 ③ 36 5 37 ③ 38 ② 39 ③ 40 ①
41 18 42 −3 43 ③ 44 ④ 45 5 46 $-\frac{27}{e^4}$ 47 ①
48 2 49 ② 50 1 51 4 52 ④ 53 ① 54 ④ 55 ⑤
56 1 57 ② 58 ⑤ 59 3 60 ① 61 ③ 62 ② 63 ①
64 ② 65 ⑤ 66 ④ 67 ④ 68 ③ 69 ④ 70 ⑤ 71 ②
72 ⑤ 73 ② 74 ③ 75 ⑤ 76 ③ 77 ① 78 ① 79 ⑤
80 ④ 81 ⑤ 82 ③ 83 ③ 84 ③ 85 ① 86 ② 87 ③
88 ① 89 ① 90 ② 91 ④ 92 ③ 93 ③ 94 ③ 95 ④
96 ② 97 ④ 98 ① 99 ④ 100 ④ 101 ⑤ 102 ④ 103 ②
104 ⑤ 105 ① 106 ② 107 ② 108 ② 109 ② 110 ④ 111 ③
112 ④ 113 ① 114 ③ 115 ④ 116 ② 117 ④ 118 ③

서술형 완성하기 본문 118쪽

01 $\frac{11}{16}-\frac{\sqrt{3}}{12}\pi$ 02 $4+4\ln 2$ 03 22 04 $\frac{6\sqrt{3}\pi+27}{4\pi+6\sqrt{3}}$

05 $\frac{155}{512}$ 06 $(0, -1)$

내신 + 수능 고난도 도전 본문 119~120쪽

01 ⑤ 02 ④ 03 ② 04 ① 05 ② 06 ⑤ 07 ③ 08 ②

06 여러 가지 적분법

개념 확인하기 본문 123~127쪽

01 $2\ln|x|+C$ 02 $-\frac{1}{2x^2}+C$ 03 $\frac{2}{5}x^{\frac{5}{2}}+\frac{1}{x}+C$
04 $\ln|x|+\frac{3}{5}x^{\frac{5}{3}}+C$ 05 $2e^x+C$ 06 $\frac{9^x}{2\ln 3}+C$
07 $e^x+\frac{3^x}{\ln 3}+C$ 08 $\frac{1}{2}e^{2x}-e^x+x+C$ 09 $-\cos x-\sin x+C$
10 $-2\cot x+C$ 11 $-\cos x+\sin x+C$
12 $2\tan x+\sin x+C$ 13 $\ln(x^2+1)+C$
14 $\ln(e^x+1)+C$ 15 $\frac{1}{2}\ln(x^2-4x+5)+C$
16 $\ln|\sin x|+C$ 17 $x+\ln|x+1|+C$
18 $\frac{1}{2}\ln\left|\frac{x}{x+2}\right|+C$ 19 xe^x-e^x+C
20 $x\ln x-x+C$ 21 $\frac{1}{2}x^2\ln x-\frac{1}{4}x^2+C$
22 $x\sin x+\cos x+C$ 23 1 24 $\frac{2}{3}$
25 e^2-1 26 $\frac{4}{\ln 5}$ 27 1 28 1 29 1 30 $\sqrt{2}-1$
31 $e+\frac{e^2}{2}-\frac{3}{2}$ 32 $\frac{\pi}{2}-2$ 33 $\frac{14}{3}-2\ln 2$ 34 $\frac{256}{15}$
35 0 36 $\frac{\pi}{2}-1$ 37 0 38 $\sqrt{2}$ 39 2 40 0
41 $2\left(e-\frac{1}{e}\right)$ 42 0 43 36 44 6 45 8
46 $\frac{65}{4}$ 47 $\frac{1}{2}$ 48 $\frac{1}{2}$ 49 $\frac{1}{2}$ 50 $\ln 2$ 51 $\ln\frac{4}{3}$
52 $\ln\frac{5}{2}$ 53 $\ln 2$ 54 1 55 $2-2\ln 2$
56 $\frac{\sqrt{3}}{3}\pi-\ln 2$ 57 $\frac{\pi}{2}-1$ 58 $f(x)=e^x$
59 $f(x)=\cos x-\sin x$ 60 $f(x)=\frac{1}{x}+1$
61 $f(x)=e^{2x}-e^x$ 62 1 63 1 64 e^2-1 65 0

유형 완성하기 본문 128~144쪽

01 ⑤ 02 ④ 03 ② 04 ④ 05 ② 06 ③ 07 ② 08 ③
09 ⑤ 10 ④ 11 ⑤ 12 ③ 13 ⑤ 14 ④ 15 ⑤ 16 ⑤
17 ③ 18 ④ 19 ③ 20 ④ 21 ② 22 ③ 23 ② 24 ④
25 ① 26 ② 27 ④ 28 ① 29 ② 30 ④ 31 ② 32 ⑤
33 ③ 34 ② 35 ③ 36 ① 37 ① 38 ② 39 ⑤ 40 ⑤
41 ② 42 ① 43 ④ 44 ③ 45 ③ 46 ④ 47 ③ 48 ②
49 ③ 50 ② 51 ③ 52 ③ 53 ③ 54 ③ 55 ④ 56 ②
57 ① 58 ② 59 ③ 60 ② 61 ② 62 ⑤ 63 ② 64 ②
65 ④ 66 ④ 67 ⑤ 68 ② 69 ③ 70 ③ 71 ⑤ 72 ③
73 ① 74 ③ 75 ④ 76 ② 77 ① 78 ⑤ 79 ② 80 ③
81 ④ 82 ② 83 ④ 84 ④ 85 ④ 86 ④ 87 ② 88 ②
89 ① 90 ⑤ 91 ④ 92 ② 93 ④ 94 ② 95 ⑤ 96 ⑤
97 ② 98 ① 99 ③ 100 ① 101 ③ 102 ② 103 ⑤

서술형 완성하기 본문 145쪽

01 $\frac{25}{3}$ 02 $\frac{2}{\ln 3}$ 03 $\frac{e^2}{2}-e+\frac{3}{2}$ 04 7 05 $\frac{1}{2}$
06 $4-\frac{4\sqrt{3}}{3}$

내신 + 수능 고난도 도전 본문 146~147쪽

01 ② 02 ③ 03 ⑤ 04 ⑤ 05 ② 06 ① 07 ② 08 2
09 10 10 $\frac{20}{\pi}+45$

07 정적분의 활용

개념 확인하기 본문 149~151쪽

01 $\frac{1}{3}$ 02 $\frac{1}{4}$ 03 $\frac{4}{3}$ 04 $\frac{3}{2}$ 05 $\frac{1}{5}$ 06 $\frac{15}{4}$
07 68 08 1 09 $e-1$ 10 1 11 1 12 1
13 $\frac{2}{3}$ 14 1 15 $e-1$ 16 1 17 $\frac{1}{3}$ 18 $\frac{1}{2}$
19 $16\ln 2-6$ 20 $2\sqrt{2}$ 21 $\frac{14}{3}$ 22 1
23 (1) $\frac{2}{3}$ (2) $\frac{16}{3}$ 24 (1) $t-\frac{1}{\pi}\sin \pi t$ (2) 2 25 $\sqrt{5}$
26 24 27 π 28 4 29 16 30 1

유형 완성하기 본문 152~164쪽

01 ③ 02 ① 03 ② 04 ④ 05 ② 06 ④ 07 ④ 08 ④
09 ⑤ 10 ⑤ 11 ① 12 ② 13 ④ 14 ④ 15 ④ 16 ④
17 ③ 18 ③ 19 ⑤ 20 ① 21 ④ 22 ③ 23 ③ 24 ②
25 ⑤ 26 ④ 27 ② 28 ④ 29 ③ 30 ③ 31 ⑤ 32 ①
33 ② 34 ② 35 ③ 36 ④ 37 ⑤ 38 ④ 39 ③ 40 ①
41 ⑤ 42 ④ 43 48 44 ④ 45 ④ 46 ④ 47 ② 48 ①
49 ④ 50 ⑤ 51 ② 52 ④ 53 ⑤ 54 ① 55 ③ 56 ⑤
57 ① 58 ② 59 ② 60 ④ 61 ⑤ 62 ② 63 ④ 64 ③

서술형 완성하기 본문 165쪽

01 $\frac{28\sqrt{2}}{9}$ 02 $\frac{8\sqrt{2}}{3}$ 03 104 04 $\frac{e}{2}-1$ 05 $\frac{\sqrt{3}}{4}$ 06 $2\left(e-\frac{1}{e}\right)$

내신 + 수능 고난도 도전 본문 166~168쪽

01 ③ 02 ② 03 ⑤ 04 ② 05 ② 06 ③ 07 ① 08 ⑤
09 ⑤ 10 ④ 11 ③ 12 ⑤

올림포스 유형편

학교 시험을 완벽하게 대비하는 유형 기본서

미적분
정답과 풀이

올림포스 유형편

미적분
정답과 풀이

I. 수열의 극한

01 수열의 극한

개념 확인하기

본문 7~9쪽

01 발산	02 수렴	03 발산	04 발산	05 발산
06 수렴	07 발산	08 수렴	09 발산	10 수렴
11 수렴	12 6	13 1	14 3	15 8
16 -2	17 -2	18 1	19 0	20 2
21 $\frac{1}{2}$	22 0	23 1	24 1	25 0
26 1	27 발산	28 발산	29 1	30 1
31 수렴	32 발산	33 수렴	34 발산	35 발산
36 수렴	37 수렴	38 발산	39 발산	40 수렴
41 발산	42 1	43 발산	44 0	45 1
46 0	47 발산	48 $-\frac{1}{2}<r\le\frac{1}{2}$		
49 $-2<r\le2$		50 $-\frac{1}{2}\le r<\frac{1}{2}$		51 풀이참조
52 $\frac{1}{r(r+1)}$		53 $r+1$		

01 수열 $\{a_n\}$은 ∞로 발산한다.

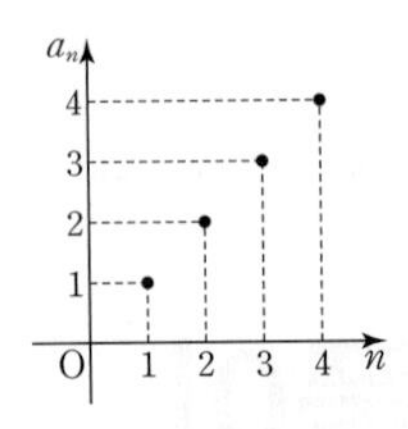

답 발산

02 수열 $\{a_n\}$은 1로 수렴한다.

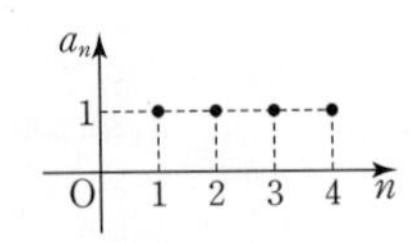

답 수렴

03 수열 $\{a_n\}$은 진동(발산)한다.

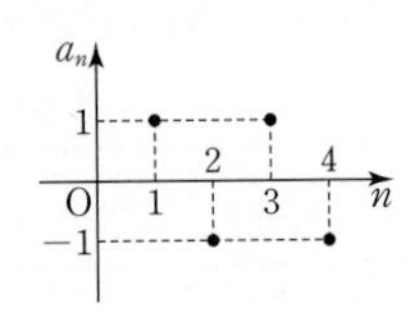

답 발산

04 수열 $\{a_n\}$은 $-\infty$로 발산한다.

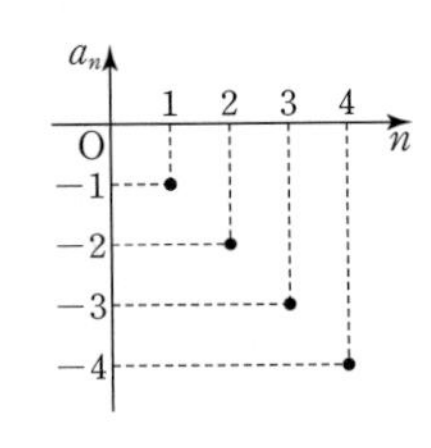

답 발산

05 수열 $\{a_n\}$은 진동(발산)한다.

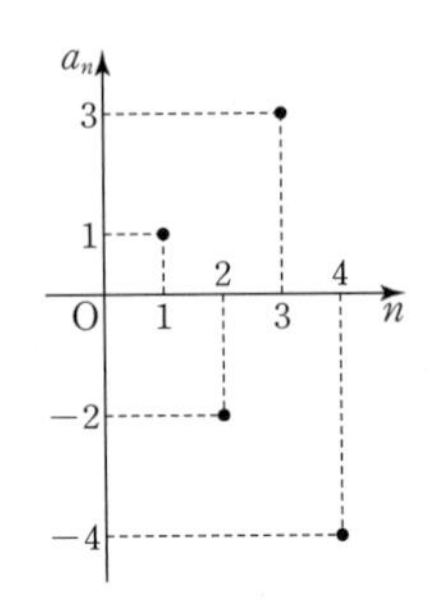

답 발산

06 수열 $\{a_n\}$은 1로 수렴한다.

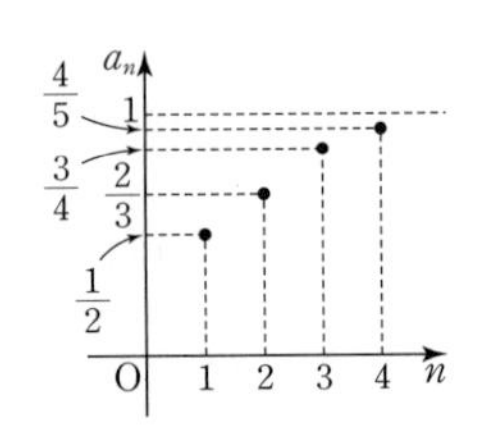

답 수렴

07 수열 $\{2n-1\}$의 각 항을 나열해 보면

$1, 3, 5, 7, 9, \cdots$

이므로 수열 $\{2n-1\}$은 ∞로 발산한다.

답 발산

08 수열 $\left\{\frac{1}{n^2}\right\}$의 각 항을 나열해 보면

$1, \frac{1}{4}, \frac{1}{9}, \frac{1}{16}, \cdots$

이므로 수열 $\left\{\frac{1}{n^2}\right\}$은 0으로 수렴한다.

답 수렴

09 수열 $\{-n^2\}$의 각 항을 나열해 보면

$-1, -4, -9, -16, \cdots$

이므로 수열 $\{-n^2\}$은 $-\infty$로 발산한다.

답 발산

10 수열 $\left\{\frac{(-1)^n}{n}\right\}$의 각 항을 나열해 보면

$-1, \frac{1}{2}, -\frac{1}{3}, \frac{1}{4}, \cdots$

이므로 수열 $\left\{\frac{(-1)^n}{n}\right\}$은 0으로 수렴한다.

답 수렴

11 수열 $\left\{1-\frac{1}{n}\right\}$의 각 항을 나열해 보면

$0, \frac{1}{2}, \frac{2}{3}, \frac{3}{4}, \frac{4}{5}, \cdots$

이므로 수열 $\left\{1-\frac{1}{n}\right\}$은 1로 수렴한다.

답 수렴

12 $\lim_{n\to\infty}3a_n=3\lim_{n\to\infty}a_n=3\times2=6$

답 6

13 $\lim_{n\to\infty}(a_n+b_n)=\lim_{n\to\infty}a_n+\lim_{n\to\infty}b_n=2+(-1)=1$

답 1

14 $\lim_{n\to\infty}(a_n-b_n)=\lim_{n\to\infty}a_n-\lim_{n\to\infty}b_n$
$=2-(-1)=3$

답 3

15 $\lim_{n\to\infty}(3a_n-2b_n)=3\lim_{n\to\infty}a_n-2\lim_{n\to\infty}b_n$
$=3\times2-2\times(-1)=8$

답 8

16 $\lim_{n\to\infty}a_nb_n=\lim_{n\to\infty}a_n\times\lim_{n\to\infty}b_n=2\times(-1)=-2$

답 -2

17 $\lim_{n\to\infty}\frac{a_n}{b_n}=\frac{\lim_{n\to\infty}a_n}{\lim_{n\to\infty}b_n}=\frac{2}{-1}=-2$

답 -2

18 $\lim_{n\to\infty}\left(1+\frac{1}{n}\right)=\lim_{n\to\infty}1+\lim_{n\to\infty}\frac{1}{n}=1+0=1$

답 1

19 $\lim_{n\to\infty}\left(\frac{1}{n}-\frac{1}{n^2}\right)=\lim_{n\to\infty}\frac{1}{n}-\lim_{n\to\infty}\frac{1}{n^2}$
$=0-0=0$

답 0

20 $\lim_{n\to\infty}\left(1+\frac{2}{n}\right)\left(2-\frac{1}{n}\right)=\lim_{n\to\infty}\left(1+\frac{2}{n}\right)\times\lim_{n\to\infty}\left(2-\frac{1}{n}\right)$
$=(1+0)\times(2-0)=2$

답 2

21 $\lim_{n\to\infty}\frac{1+\frac{1}{2n}}{2-\frac{1}{n^2}}=\frac{\lim_{n\to\infty}\left(1+\frac{1}{2n}\right)}{\lim_{n\to\infty}\left(2-\frac{1}{n^2}\right)}$
$=\frac{1+0}{2-0}=\frac{1}{2}$

답 $\frac{1}{2}$

22 $\lim_{n\to\infty}\frac{n+1}{n^2+2}=\lim_{n\to\infty}\frac{\frac{1}{n}+\frac{1}{n^2}}{1+\frac{2}{n^2}}=\frac{0+0}{1+0}=0$

답 0

23 $\lim_{n\to\infty}\frac{n+2}{n-\frac{1}{2}}=\lim_{n\to\infty}\frac{1+\frac{2}{n}}{1-\frac{1}{2n}}=\frac{1+0}{1-0}=1$

답 1

24 $\lim_{n\to\infty}\frac{(n+1)(n-1)}{n^2}=\lim_{n\to\infty}\frac{n^2-1}{n^2}$
$=\lim_{n\to\infty}\left(1-\frac{1}{n^2}\right)=1-0=1$

답 1

25 $\lim_{n\to\infty}(\sqrt{n+2}-\sqrt{n})$
$=\lim_{n\to\infty}\frac{(\sqrt{n+2}-\sqrt{n})(\sqrt{n+2}+\sqrt{n})}{\sqrt{n+2}+\sqrt{n}}$
$=\lim_{n\to\infty}\frac{(n+2)-n}{\sqrt{n+2}+\sqrt{n}}$
$=\lim_{n\to\infty}\frac{2}{\sqrt{n+2}+\sqrt{n}}=0$

답 0

26 $\lim_{n\to\infty}\frac{1}{\sqrt{n^2+2n}-n}$
$=\lim_{n\to\infty}\frac{\sqrt{n^2+2n}+n}{(\sqrt{n^2+2n}-n)(\sqrt{n^2+2n}+n)}$
$=\lim_{n\to\infty}\frac{\sqrt{n^2+2n}+n}{(n^2+2n)-n^2}$
$=\lim_{n\to\infty}\frac{\sqrt{n^2+2n}+n}{2n}$
$=\lim_{n\to\infty}\frac{\sqrt{1+\frac{2}{n}}+1}{2}$
$=\frac{1+1}{2}=1$

답 1

27 $\lim_{n\to\infty}(n^3-9n^2)=\lim_{n\to\infty}n^3\left(1-\frac{9}{n}\right)=\infty$

답 발산

28 $\lim_{n\to\infty}(10n^2-n^4)=\lim_{n\to\infty}n^4\left(\frac{10}{n^2}-1\right)=-\infty$

답 발산

29 $\lim_{n\to\infty}\frac{n}{n+1}=\lim_{n\to\infty}\frac{1}{1+\frac{1}{n}}=\frac{1}{1+0}=1$

$\lim_{n\to\infty}\frac{n+2}{n+1}=\lim_{n\to\infty}\frac{1+\frac{2}{n}}{1+\frac{1}{n}}=\frac{1+0}{1+0}=1$

따라서 수열의 극한의 대소 관계에 의하여

$\lim_{n\to\infty} a_n=1$

답 1

30 $\lim_{n\to\infty}\frac{n^2-n}{n^2+n}=\lim_{n\to\infty}\frac{1-\frac{1}{n}}{1+\frac{1}{n}}=\frac{1-0}{1+0}=1$

$\lim_{n\to\infty}\frac{n^2+2n}{n^2+n}=\lim_{n\to\infty}\frac{1+\frac{2}{n}}{1+\frac{1}{n}}=\frac{1+0}{1+0}=1$

따라서 수열의 극한의 대소 관계에 의하여

$\lim_{n\to\infty} a_n=1$

답 1

31 주어진 등비수열의 공비는 $\frac{1}{2}$로 $-1<\frac{1}{2}<1$이므로 0으로 수렴한다.

답 수렴

32 주어진 등비수열의 공비는 2로 $2>1$이므로 양의 무한대로 발산한다.

답 발산

33 주어진 등비수열의 공비는 $-\frac{1}{3}$로 $-1<-\frac{1}{3}<1$이므로 0으로 수렴한다.

답 수렴

34 주어진 등비수열의 공비는 $-\sqrt{2}$로 $-\sqrt{2}<-1$이므로 진동(발산)한다.

답 발산

35 주어진 수열의 공비는 3으로 $3>1$이므로 양의 무한대로 발산한다.

답 발산

36 주어진 수열의 공비는 0.1로 $-1<0.1<1$이므로 0으로 수렴한다.

답 수렴

37 주어진 수열의 공비는 $\frac{1}{2}$로 $-1<\frac{1}{2}<1$이므로 0으로 수렴한다.

답 수렴

38 주어진 수열의 공비는 $-\frac{3}{2}$으로 $-\frac{3}{2}<-1$이므로 진동(발산)한다.

답 발산

39 주어진 수열의 공비는 5로 $5>1$이므로 양의 무한대로 발산한다.

답 발산

40 주어진 수열의 공비는 $\frac{2}{3}$로 $-1<\frac{2}{3}<1$이므로 0으로 수렴한다.

답 수렴

41 $\lim_{n\to\infty}\left(2+\frac{1}{2^{-n}}\right)=\lim_{n\to\infty}(2+2^n)$이므로 양의 무한대로 발산한다.

답 발산

42 $\lim_{n\to\infty}(3^{-n}+1)=\lim_{n\to\infty}\left\{\left(\frac{1}{3}\right)^n+1\right\}=1$

답 1

43 $\lim_{n\to\infty}2^n=\infty$, $\lim_{n\to\infty}3^n=\infty$이므로 양의 무한대로 발산한다.

답 발산

44 $\lim_{n\to\infty}\frac{1}{3^{n+1}}=\lim_{n\to\infty}\left(\frac{1}{3}\right)^{n+1}=0$

답 0

45 $\lim_{n\to\infty}\left\{\left(\frac{1}{\sqrt{2}}\right)^n+1\right\}=1$

답 1

46 $\lim_{n\to\infty}\frac{1}{4^n-3^n}=\lim_{n\to\infty}\frac{\frac{1}{4^n}}{1-\left(\frac{3}{4}\right)^n}=\frac{0}{1-0}=0$

답 0

47 $\lim_{n\to\infty}2^n=\infty$, $\lim_{n\to\infty}\frac{1}{3^{n-1}}=0$이므로

$\lim_{n\to\infty}\left(2^n+\frac{1}{3^{n-1}}\right)$은 양의 무한대로 발산한다.

답 발산

48 공비가 $2r$이므로 $-1<2r\le1$에서

$-\frac{1}{2}<r\le\frac{1}{2}$

답 $-\frac{1}{2}<r\le\frac{1}{2}$

49 공비가 $\frac{r}{2}$이므로 $-1<\frac{r}{2}\le1$에서

$-2<r\le2$

답 $-2<r\le2$

50 공비가 $-2r$이므로 $-1<-2r\le1$에서

$-\frac{1}{2}\le r<\frac{1}{2}$

답 $-\frac{1}{2}\le r<\frac{1}{2}$

51 (i) $0<r<1$일 때, $\lim_{n\to\infty}r^n=0$이므로

$\lim_{n\to\infty}\frac{r^n}{r^n+1}=\frac{0}{0+1}=0$

(ii) $r=1$일 때, $\lim_{n\to\infty} r^n=1$이므로

$$\lim_{n\to\infty}\frac{r^n}{r^n+1}=\frac{1}{1+1}=\frac{1}{2}$$

(iii) $r>1$일 때, $\lim_{n\to\infty} r^n=\infty$이므로

$$\lim_{n\to\infty}\frac{r^n}{r^n+1}=\lim_{n\to\infty}\frac{1}{1+\frac{1}{r^n}}=\frac{1}{1+0}=1$$

답 풀이참조

52 $\lim_{n\to\infty}\frac{r^{n-1}}{r^{n+1}+r^n}=\lim_{n\to\infty}\frac{\frac{1}{r}}{r+1}=\frac{1}{r(r+1)}$

답 $\frac{1}{r(r+1)}$

53 $\lim_{n\to\infty}\frac{r^{n+1}+r^n}{r^n}=\lim_{n\to\infty}(r+1)=r+1$

답 $r+1$

유형 완성하기

본문 10~20쪽

01 ④	02 2	03 ⑤	04 ⑤	05 ⑤
06 ②	07 ③	08 ③	09 ②	10 ③
11 ②	12 ①	13 ④	14 ②	15 ③
16 ④	17 ①	18 ④	19 ②	20 ③
21 ③	22 1	23 ④	24 ③	25 ②
26 1	27 ①	28 ④	29 ③	30 ①
31 ②	32 ①	33 ①	34 ②	35 ①
36 ②	37 ③	38 ②	39 ⑤	40 ⑤
41 ①	42 ②	43 ③	44 ①	45 ②
46 ③	47 -2	48 ③	49 ①	
50 $r<-1$ 또는 $r\geq 1$	51 ①	52 ③	53 ③	
54 ①	55 ①	56 ④	57 ②	58 ⑤
59 ①	60 ③	61 ①	62 ②	63 ③
64 ④	65 ⑤			

01 ㄱ. 주어진 수열은 진동(발산)한다.

ㄴ. 주어진 수열은 0으로 수렴한다.

ㄷ. 주어진 수열은 0으로 수렴한다.

이상에서 수렴하는 것은 ㄴ, ㄷ이다.

답 ④

02 ㄱ. 수열 $\{2n+1\}$의 각 항을 나열하면

$3, 5, 7, 9, \cdots$

이므로 수열 $\{2n+1\}$은 양의 무한대로 발산한다.

ㄴ. $\frac{\sqrt{n}}{n}=\frac{1}{\sqrt{n}}$이므로 수열 $\left\{\frac{\sqrt{n}}{n}\right\}$은 0으로 수렴한다.

ㄷ. 수열 $\left\{\frac{n^2}{n+1}\right\}$의 각 항을 나열하면

$\frac{1}{2}, \frac{4}{3}, \frac{9}{4}, \frac{16}{5}, \cdots$

이므로 수열 $\left\{\frac{n^2}{n+1}\right\}$은 양의 무한대로 발산한다.

ㄹ. 수열 $\left\{1+\frac{1}{n+1}\right\}$의 각 항을 나열하면

$1+\frac{1}{2}, 1+\frac{1}{3}, 1+\frac{1}{4}, 1+\frac{1}{5}, \cdots$

이므로 수열 $\left\{1+\frac{1}{n+1}\right\}$은 1로 수렴한다.

이상에서 수렴하는 것의 개수는 ㄴ, ㄹ의 2이다.

답 2

03 ㄱ. $a_n+a_{n+1}=(-1)^n+(-1)^{n+1}$
$=(-1)^n-(-1)^n=0$

따라서 수열 $\{a_n+a_{n+1}\}$은 0으로 수렴한다.

ㄴ. $a_na_{n+1}=(-1)^n\times(-1)^{n+1}$
$=-(-1)^{2n}$
$=-1$

따라서 수열 $\{a_na_{n+1}\}$은 -1로 수렴한다.

ㄷ. $\frac{a_n}{a_{n+1}}=\frac{(-1)^n}{(-1)^{n+1}}=\frac{1}{-1}=-1$

따라서 수열 $\left\{\frac{a_n}{a_{n+1}}\right\}$은 -1로 수렴한다.

이상에서 수렴하는 것은 ㄱ, ㄴ, ㄷ이다.

답 ⑤

04
$$\lim_{n\to\infty}\frac{2a_n-b_n}{a_n+b_n}=\frac{\lim_{n\to\infty}(2a_n-b_n)}{\lim_{n\to\infty}(a_n+b_n)}=\frac{2\lim_{n\to\infty}a_n-\lim_{n\to\infty}b_n}{\lim_{n\to\infty}a_n+\lim_{n\to\infty}b_n}=\frac{2\times2-3}{2+3}=\frac{1}{5}$$

답 ⑤

05 $\lim_{n\to\infty}(a_n-1)=\lim_{n\to\infty}a_n-1=3$에서

$\lim_{n\to\infty}a_n=4$

$$\lim_{n\to\infty}a_n(a_n+1)=\lim_{n\to\infty}a_n\times\lim_{n\to\infty}(a_n+1)=\lim_{n\to\infty}a_n\times(\lim_{n\to\infty}a_n+1)=4\times(4+1)=20$$

답 ⑤

06 $\lim_{n\to\infty}a_n=p$, $\lim_{n\to\infty}b_n=q$라 하면

$$\lim_{n\to\infty}(a_n-b_n)=\lim_{n\to\infty}a_n-\lim_{n\to\infty}b_n=p-q=2$$

$$\lim_{n\to\infty}a_nb_n=\lim_{n\to\infty}a_n\times\lim_{n\to\infty}b_n=pq=3$$

따라서

$$\begin{aligned}\lim_{n\to\infty}(a_n^2+b_n^2)&=\lim_{n\to\infty}a_n^2+\lim_{n\to\infty}b_n^2\\&=\lim_{n\to\infty}a_n\times\lim_{n\to\infty}a_n+\lim_{n\to\infty}b_n\times\lim_{n\to\infty}b_n\\&=p^2+q^2\\&=(p-q)^2+2pq\\&=2^2+2\times3=10\end{aligned}$$

답 ②

07 $\lim_{n\to\infty}a_n=p$라 하면 $\lim_{n\to\infty}a_{n+1}=p$이므로

$$\begin{aligned}\lim_{n\to\infty}a_n(a_{n+1}-2)&=\lim_{n\to\infty}a_n\times\lim_{n\to\infty}(a_{n+1}-2)\\&=p(p-2)\\&=p^2-2p=3\end{aligned}$$

$p^2-2p-3=0$, $(p-3)(p+1)=0$

이때 $a_n>0$이므로 $p\geq0$에서 $p=3$

즉, $\lim_{n\to\infty}a_n=3$

답 ③

08 $\lim_{n\to\infty}a_n=p$라 하면

$\lim_{n\to\infty}a_{n+1}=p$, $\lim_{n\to\infty}a_{n+2}=p$

이고, $\lim_{n\to\infty}b_n=q$라 하면

$\lim_{n\to\infty}b_{n+1}=q$, $\lim_{n\to\infty}b_{n+2}=q$

이므로

$\lim_{n\to\infty}(a_n+b_{n+1})=p+q=2$ ...... ㉠

$\lim_{n\to\infty}(a_{n+1}^2-b_n^2)=p^2-q^2=8$

따라서

$p^2-q^2=(p-q)(p+q)=2(p-q)=8$

이므로

$p-q=4$ ...... ㉡

㉠, ㉡에서 $p=3$, $q=-1$이므로

$\lim_{n\to\infty}a_{n+2}b_{n+2}=pq=-3$

답 ③

09 이차방정식 $x^2-a_nx+a_{2n}-1=0$의 판별식을 D라 하면 중근을 가지므로

$$\begin{aligned}D&=(-a_n)^2-4(a_{2n}-1)\\&=a_n^2-4a_{2n}+4=0\end{aligned}$$

이때 $\lim_{n\to\infty}a_n=\alpha$라 하면 $\lim_{n\to\infty}a_{2n}=\alpha$이므로

$\lim_{n\to\infty}(a_n^2-4a_{2n}+4)=\alpha^2-4\alpha+4=0$

$(\alpha-2)^2=0$에서 $\alpha=2$

즉, $\lim_{n\to\infty}a_n=2$이므로

$\lim_{n\to\infty}\sqrt{a_{n+1}}=\sqrt{2}$

답 ②

10

$$\begin{aligned}\lim_{n\to\infty}\frac{1+2+3+\cdots+n}{n(2n+1)}&=\lim_{n\to\infty}\frac{\frac{n(n+1)}{2}}{n(2n+1)}\\&=\lim_{n\to\infty}\frac{n+1}{4n+2}\\&=\lim_{n\to\infty}\frac{1+\frac{1}{n}}{4+\frac{2}{n}}\\&=\frac{1+0}{4+0}=\frac{1}{4}\end{aligned}$$

답 ③

11

$$\begin{aligned}\lim_{n\to\infty}\frac{2n+1}{n+2}&=\lim_{n\to\infty}\frac{2+\frac{1}{n}}{1+\frac{2}{n}}\\&=\frac{2+0}{1+0}=2\end{aligned}$$

답 ②

12

$$\begin{aligned}\lim_{n\to\infty}\frac{(n-1)(2n+1)}{4n^2+2n+1}&=\lim_{n\to\infty}\frac{2n^2-n-1}{4n^2+2n+1}\\&=\lim_{n\to\infty}\frac{2-\frac{1}{n}-\frac{1}{n^2}}{4+\frac{2}{n}+\frac{1}{n^2}}\\&=\frac{2-0-0}{4+0+0}=\frac{1}{2}\end{aligned}$$

답 ①

13 $\lim_{n\to\infty}(n+1)a_n=2$에서 $b_n=(n+1)a_n$이라 하면

$a_n=\frac{b_n}{n+1}$

이고, $\lim_{n\to\infty}b_n=2$이므로

$$\begin{aligned}\lim_{n\to\infty}(2n+1)a_n&=\lim_{n\to\infty}\left(\frac{2n+1}{n+1}\times b_n\right)\\&=\lim_{n\to\infty}\frac{2n+1}{n+1}\times\lim_{n\to\infty}b_n\\&=2\times2=4\end{aligned}$$

답 ④

14 $\lim_{n\to\infty}\frac{a_n+1}{a_n-1}=3$에서 $b_n=\frac{a_n+1}{a_n-1}$이라 하면

$a_nb_n-b_n=a_n+1$, $(b_n-1)a_n=b_n+1$

$a_n=\frac{b_n+1}{b_n-1}$

이고, $\lim_{n\to\infty}b_n=3$이므로

$\lim_{n\to\infty}a_n=\lim_{n\to\infty}\frac{b_n+1}{b_n-1}=\frac{3+1}{3-1}=2$

따라서 $\lim_{n\to\infty}a_n^2=2^2=4$

답 ②

15 $\lim_{n\to\infty}na_n=4$에서 $na_n=c_n$이라 하면

$a_n=\frac{c_n}{n}$이고, $\lim_{n\to\infty}c_n=4$

$\lim_{n\to\infty}\frac{b_n}{n^2+2}=-2$에서 $\frac{b_n}{n^2+2}=d_n$이라 하면

$b_n=(n^2+2)d_n$이고, $\lim_{n\to\infty}d_n=-2$

따라서

$$\begin{aligned}\lim_{n\to\infty}\frac{n+1}{a_nb_n}&=\lim_{n\to\infty}\frac{n+1}{\frac{c_n}{n}\times(n^2+2)d_n}\\&=\lim_{n\to\infty}\left(\frac{n^2+n}{n^2+2}\times\frac{1}{c_n}\times\frac{1}{d_n}\right)\\&=\lim_{n\to\infty}\frac{n^2+n}{n^2+2}\times\lim_{n\to\infty}\frac{1}{c_n}\times\lim_{n\to\infty}\frac{1}{d_n}\\&=\lim_{n\to\infty}\frac{1+\frac{1}{n}}{1+\frac{2}{n^2}}\times\lim_{n\to\infty}\frac{1}{c_n}\times\lim_{n\to\infty}\frac{1}{d_n}\\&=1\times\frac{1}{4}\times\frac{1}{-2}=-\frac{1}{8}\end{aligned}$$

답 ③

16 0이 아닌 극한값이 존재하므로 분모와 분자의 차수가 같아야 한다. 즉, $a=0$

$$\begin{aligned}\lim_{n\to\infty}\frac{an^2+bn+1}{2n+1}&=\lim_{n\to\infty}\frac{bn+1}{2n+1}\\&=\lim_{n\to\infty}\frac{b+\frac{1}{n}}{2+\frac{1}{n}}\\&=\frac{b}{2}=4\end{aligned}$$

에서 $b=8$

따라서 $a+b=8$

답 ④

17 0이 아닌 극한값이 존재하므로 분모와 분자의 차수가 같아야 한다. 즉, $c=0$

$$\lim_{n\to\infty}\frac{(a+b)n^2+bn}{cn^3+2n+1}=\lim_{n\to\infty}\frac{(a+b)n^2+bn}{2n+1}=2$$

이와 같은 방법으로 $a+b=0$

$$\begin{aligned}\lim_{n\to\infty}\frac{(a+b)n^2+bn}{cn^3+2n+1}&=\lim_{n\to\infty}\frac{bn}{2n+1}\\&=\lim_{n\to\infty}\frac{b}{2+\frac{1}{n}}\\&=\frac{b}{2}=2\end{aligned}$$

에서 $b=4$이므로 $a=-4$

따라서

$$\begin{aligned}\lim_{n\to\infty}\frac{(a+c)n+b}{(a-b)n+1}&=\lim_{n\to\infty}\frac{-4n+4}{-8n+1}\\&=\lim_{n\to\infty}\frac{-4+\frac{4}{n}}{-8+\frac{1}{n}}=\frac{1}{2}\end{aligned}$$

답 ①

18 $\lim_{n\to\infty}\frac{an+\sqrt{9n^2+2}}{bn^2+3n}=\lim_{n\to\infty}\frac{a+\sqrt{9+\frac{2}{n^2}}}{bn+3}$

이고, 0이 아닌 극한값이 존재하므로

$b=0$

따라서

$$\begin{aligned}\lim_{n\to\infty}\frac{a+\sqrt{9+\frac{2}{n^2}}}{bn+3}&=\lim_{n\to\infty}\frac{a+\sqrt{9+\frac{2}{n^2}}}{3}\\&=\frac{a+3}{3}=k\end{aligned}$$

즉, $a=3k-3$이므로

$a+b=(3k-3)+0=3k-3$

따라서 $3k-3=9$이므로

$k=4$

답 ④

19 $\lim_{n\to\infty}(n-\sqrt{n^2+n})$

$$\begin{aligned}&=\lim_{n\to\infty}\frac{(n-\sqrt{n^2+n})(n+\sqrt{n^2+n})}{n+\sqrt{n^2+n}}\\&=\lim_{n\to\infty}\frac{n^2-(n^2+n)}{n+\sqrt{n^2+n}}\\&=\lim_{n\to\infty}\frac{-n}{n+\sqrt{n^2+n}}\\&=\lim_{n\to\infty}\frac{-1}{1+\sqrt{1+\frac{1}{n}}}\\&=\frac{-1}{1+1}=-\frac{1}{2}\end{aligned}$$

답 ②

20 $\lim_{n\to\infty}(\sqrt{4n^2+3n+2}-2n)$

$$\begin{aligned}&=\lim_{n\to\infty}\frac{(\sqrt{4n^2+3n+2}-2n)(\sqrt{4n^2+3n+2}+2n)}{\sqrt{4n^2+3n+2}+2n}\\&=\lim_{n\to\infty}\frac{(\sqrt{4n^2+3n+2})^2-(2n)^2}{\sqrt{4n^2+3n+2}+2n}\\&=\lim_{n\to\infty}\frac{3n+2}{\sqrt{4n^2+3n+2}+2n}\\&=\lim_{n\to\infty}\frac{3+\frac{2}{n}}{\sqrt{4+\frac{3}{n}+\frac{2}{n^2}}+2}\\&=\frac{3+0}{2+2}=\frac{3}{4}\end{aligned}$$

답 ③

21 $\lim_{n\to\infty}(\sqrt{n^2+3n+4}-\sqrt{n^2-3n+4})$

$$\begin{aligned}&=\lim_{n\to\infty}\frac{(\sqrt{n^2+3n+4}-\sqrt{n^2-3n+4})(\sqrt{n^2+3n+4}+\sqrt{n^2-3n+4})}{\sqrt{n^2+3n+4}+\sqrt{n^2-3n+4}}\\&=\lim_{n\to\infty}\frac{(\sqrt{n^2+3n+4})^2-(\sqrt{n^2-3n+4})^2}{\sqrt{n^2+3n+4}+\sqrt{n^2-3n+4}}\end{aligned}$$

$$=\lim_{n\to\infty}\frac{6n}{\sqrt{n^2+3n+4}+\sqrt{n^2-3n+4}}$$
$$=\lim_{n\to\infty}\frac{6}{\sqrt{1+\frac{3}{n}+\frac{4}{n^2}}+\sqrt{1-\frac{3}{n}+\frac{4}{n^2}}}$$
$$=\frac{6}{1+1}=3$$

답 ③

22 $n^2+2n+3=(n+1)^2+2$이므로

$n+1<\sqrt{n^2+2n+3}<n+2$

따라서 $a_n=\sqrt{n^2+2n+3}-(n+1)$이므로

$$\lim_{n\to\infty}na_n$$
$$=\lim_{n\to\infty}n\{\sqrt{n^2+2n+3}-(n+1)\}$$
$$=\lim_{n\to\infty}\frac{n\{\sqrt{n^2+2n+3}-(n+1)\}\{\sqrt{n^2+2n+3}+(n+1)\}}{\sqrt{n^2+2n+3}+n+1}$$
$$=\lim_{n\to\infty}\frac{n\{(\sqrt{n^2+2n+3})^2-(n+1)^2\}}{\sqrt{n^2+2n+3}+n+1}$$
$$=\lim_{n\to\infty}\frac{2n}{\sqrt{n^2+2n+3}+n+1}$$
$$=\lim_{n\to\infty}\frac{2}{\sqrt{1+\frac{2}{n}+\frac{3}{n^2}}+1+\frac{1}{n}}$$
$$=\frac{2}{1+1}=1$$

답 1

23 $$\lim_{n\to\infty}\frac{2}{n(\sqrt{n^2+2}-n)}$$
$$=\lim_{n\to\infty}\frac{2(\sqrt{n^2+2}+n)}{n(\sqrt{n^2+2}-n)(\sqrt{n^2+2}+n)}$$
$$=\lim_{n\to\infty}\frac{2(\sqrt{n^2+2}+n)}{2n}$$
$$=\lim_{n\to\infty}\left(\sqrt{1+\frac{2}{n^2}}+1\right)$$
$$=1+1=2$$

답 ④

24 $$\lim_{n\to\infty}\frac{\sqrt{n+3}-\sqrt{n}}{\sqrt{n+2}-\sqrt{n}}$$
$$=\lim_{n\to\infty}\frac{(\sqrt{n+3}-\sqrt{n})(\sqrt{n+3}+\sqrt{n})(\sqrt{n+2}+\sqrt{n})}{(\sqrt{n+2}-\sqrt{n})(\sqrt{n+2}+\sqrt{n})(\sqrt{n+3}+\sqrt{n})}$$
$$=\lim_{n\to\infty}\frac{3(\sqrt{n+2}+\sqrt{n})}{2(\sqrt{n+3}+\sqrt{n})}$$
$$=\frac{3}{2}\lim_{n\to\infty}\frac{\sqrt{1+\frac{2}{n}}+1}{\sqrt{1+\frac{3}{n}}+1}$$
$$=\frac{3}{2}\times\frac{1+1}{1+1}=\frac{3}{2}$$

답 ③

25 $$\lim_{n\to\infty}\frac{\sqrt{n^2+2}-n}{n-\sqrt{n^2+3}}$$
$$=\lim_{n\to\infty}\frac{(\sqrt{n^2+2}-n)(\sqrt{n^2+2}+n)(n+\sqrt{n^2+3})}{(n-\sqrt{n^2+3})(n+\sqrt{n^2+3})(\sqrt{n^2+2}+n)}$$
$$=\lim_{n\to\infty}\frac{2(n+\sqrt{n^2+3})}{-3(\sqrt{n^2+2}+n)}$$
$$=-\frac{2}{3}\lim_{n\to\infty}\frac{1+\sqrt{1+\frac{3}{n^2}}}{\sqrt{1+\frac{2}{n^2}}+1}$$
$$=-\frac{2}{3}\times\frac{1+1}{1+1}=-\frac{2}{3}$$

답 ②

26 $a_n=S_n-S_{n-1}$
$$=n^2+n-\{(n-1)^2+(n-1)\}$$
$$=n^2+n-(n^2-n)$$
$$=2n\ (n\geq 2)$$

$a_1=S_1=2$이므로 $a_n=2n\ (n\geq 1)$

따라서

$$\lim_{n\to\infty}\frac{\sqrt{a_n}-\sqrt{n}}{\sqrt{a_{n+1}}-\sqrt{n}}=\lim_{n\to\infty}\frac{\sqrt{2n}-\sqrt{n}}{\sqrt{2(n+1)}-\sqrt{n}}$$
$$=\lim_{n\to\infty}\frac{\sqrt{2}-1}{\sqrt{2+\frac{2}{n}}-1}$$
$$=\frac{\sqrt{2}-1}{\sqrt{2}-1}=1$$

답 1

27 $$\lim_{n\to\infty}(\sqrt{n^2+2n}-an-b)$$
$$=\lim_{n\to\infty}\frac{(\sqrt{n^2+2n}-an-b)(\sqrt{n^2+2n}+an+b)}{\sqrt{n^2+2n}+an+b}$$
$$=\lim_{n\to\infty}\frac{(n^2+2n)-(an+b)^2}{\sqrt{n^2+2n}+an+b}$$
$$=\lim_{n\to\infty}\frac{(1-a^2)n^2+(2-2ab)n-b^2}{\sqrt{n^2+2n}+an+b}$$

이때 극한값이 존재하려면 분자의 차수가 1이어야 하므로

$1-a^2=0,\ a^2=1$

따라서 $a=-1$ 또는 $a=1$

(i) $a=-1$일 때,

$\lim_{n\to\infty}(\sqrt{n^2+2n}-an-b)=\lim_{n\to\infty}(\sqrt{n^2+2n}+n-b)$

이므로 양의 무한대로 발산한다.

(ii) $a=1$일 때,

$$\lim_{n\to\infty}(\sqrt{n^2+2n}-an-b)$$
$$=\lim_{n\to\infty}(\sqrt{n^2+2n}-n-b)=\lim_{n\to\infty}\frac{(2-2b)n-b^2}{\sqrt{n^2+2n}+n+b}$$
$$=\lim_{n\to\infty}\frac{2-2b-\frac{b^2}{n}}{\sqrt{1+\frac{2}{n}}+1+\frac{b}{n}}=\frac{2-2b}{1+1}$$
$$=1-b=4$$

따라서 $b=-3$

(i), (ii)에 의하여 $a=1$, $b=-3$이므로

$a+b=-2$

답 ①

28 $\lim_{n\to\infty}(\sqrt{9n^2+an}-bn)$

$$=\lim_{n\to\infty}\frac{(\sqrt{9n^2+an}-bn)(\sqrt{9n^2+an}+bn)}{\sqrt{9n^2+an}+bn}$$

$$=\lim_{n\to\infty}\frac{(9-b^2)n^2+an}{\sqrt{9n^2+an}+bn}$$

이때 극한값이 존재하려면 분자의 차수가 1이어야 하므로

$9-b^2=0$, $b^2=9$

따라서 $b=-3$ 또는 $b=3$

(i) $b=-3$일 때,

$\lim_{n\to\infty}(\sqrt{9n^2+an}-bn)=\lim_{n\to\infty}(\sqrt{9n^2+an}+3n)$

이므로 양의 무한대로 발산한다.

(ii) $b=3$일 때,

$$\lim_{n\to\infty}(\sqrt{9n^2+an}-3n)=\lim_{n\to\infty}\frac{an}{\sqrt{9n^2+an}+3n}=\lim_{n\to\infty}\frac{a}{\sqrt{9+\frac{a}{n}}+3}=\frac{a}{3+3}=\frac{a}{6}=\frac{1}{2}$$

이므로 $a=3$

(i), (ii)에 의하여 $a=3$, $b=3$이므로

$ab=9$

답 ④

29 $\lim_{n\to\infty}a_n$

$$=\lim_{n\to\infty}\frac{1}{\sqrt{(n+1)(2n+1)}-kn}$$

$$=\lim_{n\to\infty}\frac{\sqrt{(n+1)(2n+1)}+kn}{\{\sqrt{(n+1)(2n+1)}-kn\}\{\sqrt{(n+1)(2n+1)}+kn\}}$$

$$=\lim_{n\to\infty}\frac{\sqrt{(n+1)(2n+1)}+kn}{(2-k^2)n^2+3n+1}$$

이때 0이 아닌 극한값이 존재하려면 분모의 차수가 1이어야 하므로

$2-k^2=0$, $k^2=2$

따라서 $k=-\sqrt{2}$ 또는 $k=\sqrt{2}$

(i) $k=-\sqrt{2}$일 때,

$$a_n=\frac{1}{\sqrt{(n+1)(2n+1)}-kn}=\frac{1}{\sqrt{(n+1)(2n+1)}+\sqrt{2}n}$$

이므로

$\lim_{n\to\infty}a_n=0$

따라서 조건을 만족시키지 못한다.

(ii) $k=\sqrt{2}$일 때,

$$\lim_{n\to\infty}a_n=\lim_{n\to\infty}\frac{1}{\sqrt{(n+1)(2n+1)}-\sqrt{2}n}=\lim_{n\to\infty}\frac{\sqrt{(n+1)(2n+1)}+\sqrt{2}n}{3n+1}=\lim_{n\to\infty}\frac{\sqrt{\left(1+\frac{1}{n}\right)\left(2+\frac{1}{n}\right)}+\sqrt{2}}{3+\frac{1}{n}}=\frac{\sqrt{2}+\sqrt{2}}{3}=\frac{2\sqrt{2}}{3}$$

(i), (ii)에 의하여 $\lim_{n\to\infty}a_n=\frac{2\sqrt{2}}{3}$이므로

$\lim_{n\to\infty}a_n^2=\left(\frac{2\sqrt{2}}{3}\right)^2=\frac{8}{9}$

답 ③

30 ㄱ. $\lim_{n\to\infty}a_n=k$라 하면

$\lim_{n\to\infty}a_n^2=\lim_{n\to\infty}a_n\times\lim_{n\to\infty}a_n=k^2$

이므로 수열 $\{a_n\}$이 수렴하면 수열 $\{a_n^2\}$도 수렴한다. (참)

ㄴ. (반례) $a_n=(-1)^n$, $b_n=2+\frac{1}{n}$이라 하면 $a_n<b_n$이고

$\lim_{n\to\infty}b_n=2$이지만 수열 $\{a_n\}$은 진동하므로 $\lim_{n\to\infty}a_n$의 값은 존재하지 않는다. (거짓)

ㄷ. (반례) $a_n=1+\frac{1}{n}$, $b_n=1+\frac{2}{n}$이면 $a_n<b_n$이지만

$\lim_{n\to\infty}a_n=\lim_{n\to\infty}b_n$이다. (거짓)

이상에서 옳은 것은 ㄱ이다.

답 ①

31 ㄱ. (반례)

$\{a_n\}$: 1, 0, 1, 0, ⋯

$\{b_n\}$: 0, 1, 0, 1, ⋯

이라 하면 $\lim_{n\to\infty}a_nb_n=0$이지만 $\lim_{n\to\infty}a_n\neq0$, $\lim_{n\to\infty}b_n\neq0$이다. (거짓)

ㄴ. $\frac{b_n}{a_n}=c_n$이라 하면 $b_n=a_nc_n$이고,

$\lim_{n\to\infty}b_n=\lim_{n\to\infty}a_nc_n=\lim_{n\to\infty}a_n\times\lim_{n\to\infty}c_n=0$ (참)

ㄷ. (반례) $a_n=n$, $b_n=n+\frac{1}{n}$이라 하면 $\lim_{n\to\infty}(a_n-b_n)=0$이지만 두 수열 $\{a_n\}$, $\{b_n\}$의 극한값이 존재하지 않는다. (거짓)

이상에서 옳은 것은 ㄴ이다.

답 ②

32 ㄱ. $\lim_{n\to\infty}a_n=\infty$, $\lim_{n\to\infty}b_n=0$이면 $\lim_{n\to\infty}\frac{b_n}{a_n}=0$이다. (참)

ㄴ. (반례) $a_n=2n$, $b_n=n$이라 하면

$\lim_{n\to\infty}a_n=\infty$, $\lim_{n\to\infty}b_n=\infty$이지만

$\lim_{n\to\infty}(a_n-b_n)=\lim_{n\to\infty}n=\infty$ (거짓)

ㄷ. (반례) $a_n=n^2$, $b_n=\frac{1}{n}$이면 $\lim_{n\to\infty}a_n=\infty$, $\lim_{n\to\infty}b_n$의 값이 존재하지만 $\lim_{n\to\infty}a_nb_n=\lim_{n\to\infty}n=\infty$ (거짓)

이상에서 옳은 것은 ㄱ이다.

답 ①

33 ㄱ. $\lim_{n\to\infty}|a_n|=0$이므로 $a_n>0$이거나 $a_n<0$이어도 $\lim_{n\to\infty}a_n=0$ (참)

ㄴ. (반례) $a_n=(-1)^n$이라 하면 $a_{2n}=1$, $a_{2n-1}=-1$이므로 $\lim_{n\to\infty}a_{2n}$, $\lim_{n\to\infty}a_{2n-1}$의 값이 모두 존재하지만 $\lim_{n\to\infty}a_n$의 값은 존재하지 않는다. (거짓)

ㄷ. (반례) $a_n=(-1)^n$이라 하면 $a_n^2=(-1)^{2n}=1$이므로 $\lim_{n\to\infty}a_n^2=1$이지만 $\lim_{n\to\infty}a_n$의 값은 존재하지 않는다. (거짓)

이상에서 옳은 것은 ㄱ이다.

답 ①

34 $n^2-n<a_n<n^2+n$에서 $n^2+1>0$이므로

$$\frac{n^2-n}{n^2+1}<\frac{a_n}{n^2+1}<\frac{n^2+n}{n^2+1}$$

이때

$$\lim_{n\to\infty}\frac{n^2-n}{n^2+1}=1,\ \lim_{n\to\infty}\frac{n^2+n}{n^2+1}=1$$

이므로 수열의 극한의 대소 관계에 의하여

$$\lim_{n\to\infty}\frac{a_n}{n^2+1}=1$$

답 ②

35 $\sqrt{n^2+n}<na_n<\sqrt{n^2+2n}$에서

$$\frac{\sqrt{n^2+n}}{n}<a_n<\frac{\sqrt{n^2+2n}}{n}$$이므로

$$\frac{\sqrt{4n^2+2n}}{2n}<a_{2n}<\frac{\sqrt{4n^2+4n}}{2n}$$

이때

$$\lim_{n\to\infty}\frac{\sqrt{4n^2+2n}}{2n}=\lim_{n\to\infty}\sqrt{\frac{4n^2+2n}{4n^2}}=\lim_{n\to\infty}\sqrt{1+\frac{1}{2n}}=1$$

$$\lim_{n\to\infty}\frac{\sqrt{4n^2+4n}}{2n}=\lim_{n\to\infty}\sqrt{\frac{4n^2+4n}{4n^2}}=\lim_{n\to\infty}\sqrt{1+\frac{1}{n}}=1$$

이므로 수열의 극한의 대소 관계에 의하여

$$\lim_{n\to\infty}a_{2n}=1$$

답 ①

36 조건 (가)에 의하여 수열 $\{a_n\}$은 공차가 2인 등차수열이므로

$$\sum_{k=1}^{n}a_k=\frac{n\{2a_1+(n-1)\times2\}}{2}=\frac{n(2n+2a_1-2)}{2}=n(n+a_1-1)$$

$$\sum_{k=1}^{n+1}a_k=\frac{(n+1)(2a_1+n\times2)}{2}=(n+1)(n+a_1)$$

즉, 조건 (나)에서

$n(n+a_1-1)<b_n<(n+1)(n+a_1)$이므로

$$\frac{n(n+a_1-1)}{n^2}<\frac{b_n}{n^2}<\frac{(n+1)(n+a_1)}{n^2}$$

이때

$$\lim_{n\to\infty}\frac{n(n+a_1-1)}{n^2}=1,\ \lim_{n\to\infty}\frac{(n+1)(n+a_1)}{n^2}=1$$

이므로 수열의 극한의 대소 관계에 의하여

$$\lim_{n\to\infty}\frac{b_n}{n^2}=1$$

답 ②

37 $\lim_{n\to\infty}\frac{3^{n+1}}{2^n+3^n}=\lim_{n\to\infty}\frac{3}{\left(\frac{2}{3}\right)^n+1}=\frac{3}{0+1}=3$

답 ③

38 $$\lim_{n\to\infty}\frac{3^{-n+1}+5^{1-n}}{3^{2-n}+5^{2-n}}=\lim_{n\to\infty}\frac{3\times\frac{1}{3^n}+5\times\frac{1}{5^n}}{9\times\frac{1}{3^n}+25\times\frac{1}{5^n}}=\lim_{n\to\infty}\frac{3+5\times\left(\frac{3}{5}\right)^n}{9+25\times\left(\frac{3}{5}\right)^n}=\frac{3+0}{9+0}=\frac{1}{3}$$

답 ②

39 $$\lim_{n\to\infty}\frac{2^{2n+a}+3^n}{3^n+4^{n+1}}=\lim_{n\to\infty}\frac{2^a\times4^n+3^n}{3^n+4\times4^n}=\lim_{n\to\infty}\frac{2^a+\left(\frac{3}{4}\right)^n}{\left(\frac{3}{4}\right)^n+4}=\frac{2^a}{4}=8$$

이므로 $2^a=32=2^5$

따라서 $a=5$

답 ⑤

40 $b_n=(3^n+4^n)a_n$이라 하면

$$a_n=\frac{b_n}{3^n+4^n}$$

따라서

$$\lim_{n\to\infty}a_n(2^n+4^{n+1})=\lim_{n\to\infty}\left\{\frac{b_n}{3^n+4^n}\times(2^n+4^{n+1})\right\}=\lim_{n\to\infty}b_n\times\lim_{n\to\infty}\frac{\left(\frac{1}{2}\right)^n+4}{\left(\frac{3}{4}\right)^n+1}=5\times4=20$$

답 ⑤

41 $3^{n+1}+2^{n-1}>0$이므로
$3^n-2^n<(3^{n+1}+2^{n-1})a_n<3^n+2^n$에서
$\dfrac{3^n-2^n}{3^{n+1}+2^{n-1}}<a_n<\dfrac{3^n+2^n}{3^{n+1}+2^{n-1}}$
이때
$$\lim_{n\to\infty}\frac{3^n-2^n}{3^{n+1}+2^{n-1}}=\lim_{n\to\infty}\frac{1-\left(\frac{2}{3}\right)^n}{3+\frac{1}{2}\times\left(\frac{2}{3}\right)^n}=\frac{1}{3},$$
$$\lim_{n\to\infty}\frac{3^n+2^n}{3^{n+1}+2^{n-1}}=\lim_{n\to\infty}\frac{1+\left(\frac{2}{3}\right)^n}{3+\frac{1}{2}\times\left(\frac{2}{3}\right)^n}=\frac{1}{3}$$
이므로 수열의 극한의 대소 관계에 의하여
$\lim_{n\to\infty}a_n=\dfrac{1}{3}$

답 ①

42 $\log_2 x=n$에서 $x=2^n$이므로 $a_n=2^n$
$\log_3 x=n$에서 $x=3^n$이므로 $b_n=3^n$
따라서
$$\lim_{n\to\infty}\frac{a_{n+1}+b_{n+1}}{a_n+b_n}=\lim_{n\to\infty}\frac{2^{n+1}+3^{n+1}}{2^n+3^n}=\lim_{n\to\infty}\frac{2\times\left(\frac{2}{3}\right)^n+3}{\left(\frac{2}{3}\right)^n+1}=3$$

답 ②

43 다항식 $(x^2-x+1)^n$을 $x-2$로 나눈 나머지는
$a_n=(2^2-2+1)^n=3^n$
다항식 $(x^2+x+1)^n$을 $x+3$으로 나눈 나머지는
$b_n=\{(-3)^2+(-3)+1\}^n=7^n$
따라서
$$\lim_{n\to\infty}\frac{a_{2n+1}-b_{n+1}}{a_{2n}+b_n}=\lim_{n\to\infty}\frac{3^{2n+1}-7^{n+1}}{3^{2n}+7^n}=\lim_{n\to\infty}\frac{3\times9^n-7\times7^n}{9^n+7^n}=\lim_{n\to\infty}\frac{3-7\times\left(\frac{7}{9}\right)^n}{1+\left(\frac{7}{9}\right)^n}=3$$

답 ③

44 공비가 $\dfrac{x-2}{8}$이므로
$-1<\dfrac{x-2}{8}\le1$, $-8<x-2\le8$
$-6<x\le10$
따라서 정수 x의 개수는
$-5, -4, -3, \cdots, -1, 0, 1, \cdots, 10$에서
$5+1+10=16$

답 ①

45 공비가 x^2-x-1이므로
$-1<x^2-x-1\le1$
(i) $-1<x^2-x-1$에서 $x^2-x>0$
$x(x-1)>0$
$x<0$ 또는 $x>1$
(ii) $x^2-x-1\le1$에서 $x^2-x-2\le0$
$(x+1)(x-2)\le0$
$-1\le x\le2$
(i), (ii)에 의하여
$-1\le x<0$ 또는 $1<x\le2$
이므로 정수 x의 개수는 -1, 2의 2이다.

답 ②

46 공비가 $\log_3 x-1$이므로
$-1<\log_3 x-1\le1$
$0<\log_3 x\le2$
$3^0<x\le3^2$
즉, $1<x\le9$이므로 자연수 x의 개수는
2, 3, 4, $\cdots$, 8, 9의 8이다.

답 ③

47 주어진 수열의 일반항은
$(x-1)(x+2)^{n-1}$이므로
(i) $x=1$일 때, 0으로 수렴한다.
(ii) $x\ne1$일 때, 공비가 $x+2$인 등비수열이므로 수렴하기 위해서는
$-1<x+2\le1$, $-3<x\le-1$
따라서 정수 x는 -2, -1, 1이므로 모든 정수 x의 값의 합은
$-2+(-1)+1=-2$

답 -2

48 등비수열 $\{r^n\}$이 수렴하므로
$-1<r\le1$
ㄱ. $-\dfrac{1}{2}<\dfrac{r}{2}\le\dfrac{1}{2}$이므로 등비수열 $\left\{\left(\dfrac{r}{2}\right)^{n-1}\right\}$은 수렴한다.
ㄴ. $0\le r^2\le1$이므로 등비수열 $\{r^{2n}\}$은 수렴한다.
ㄷ. $0\le|r|\le1$에서 $-1\le|r|-1\le0$이므로 등비수열
$\{(|r|-1)^n\}$은 $r=0$일 때 발산한다.
이상에서 항상 수렴하는 등비수열은 ㄱ, ㄴ이다.

답 ③

49 등비수열 $\{(-r)^n\}$이 수렴하므로
$-1<-r\le1$에서 $-1\le r<1$
ㄱ. $r\ne0$일 때, $-\dfrac{1}{r}\ge1$ 또는 $-\dfrac{1}{r}<-1$이므로 등비수열
$\left\{\left(-\dfrac{1}{r}\right)^n\right\}$은 발산한다.
ㄴ. $-1\le r<1$에서 $-\dfrac{1}{2}\le r^2-\dfrac{1}{2}\le\dfrac{1}{2}$이므로
등비수열 $\left\{\left(r^2-\dfrac{1}{2}\right)^{n-1}\right\}$은 수렴한다.

ㄷ. $f(r)=r^3+2r+4$라 하면

$f'(r)=3r^2+2$이므로 $f(r)$는 증가하는 함수이다.

$f(-1)=-1-2+4=1$이므로

$r^3+2r+4\geq 1$

따라서 등비수열 $\{(r^3+2r+4)^n\}$은 $r>-1$일 때 발산한다.

이상에서 항상 수렴하는 수열은 ㄴ이다.

답 ①

50 (i) $|r|<1$일 때,

$\lim_{n\to\infty} r^n=\lim_{n\to\infty} r^{n+1}=0$이므로 발산한다.

(ii) $|r|>1$일 때,

$\lim_{n\to\infty}|r^n|=\lim_{n\to\infty}|r^{n+1}|=\infty$이므로

$$\lim_{n\to\infty}\frac{r^n+1}{r^{n+1}+r^n}=\lim_{n\to\infty}\frac{1+\frac{1}{r^n}}{r+1}=\frac{1}{r+1}$$

(iii) $r=1$일 때,

$$\lim_{n\to\infty}\frac{r^n+1}{r^{n+1}+r^n}=\frac{1+1}{1+1}=1$$

(iv) $r=-1$일 때,

$r^{n+1}+r^n=0$이므로 발산한다.

따라서 $\lim_{n\to\infty}\frac{r^n+1}{r^{n+1}+r^n}$이 수렴하도록 하는 실수 r의 값의 범위는

$r<-1$ 또는 $r\geq 1$

답 $r<-1$ 또는 $r\geq 1$

51 (i) $-1<r<0$ 또는 $0<r<1$일 때,

$\lim_{n\to\infty} r^n=\lim_{n\to\infty} r^{n+1}=0$이므로

$$\lim_{n\to\infty}\frac{r^n-r}{r^{n+1}+r}=\frac{-r}{r}=-1$$

(ii) $r=1$일 때,

$$\lim_{n\to\infty}\frac{r^n-r}{r^{n+1}+r}=\frac{1-1}{1+1}=0$$

따라서 $M=0$, $m=-1$이므로 $M-m=1$

답 ①

52 ㄱ. $r=1$일 때,

$\lim_{n\to\infty}\frac{r^{2n}+2}{r^{2n}+r^n}=\frac{1+2}{1+1}=\frac{3}{2}$이므로 수렴한다. (참)

ㄴ. (i) $|r|>1$일 때,

$$\lim_{n\to\infty}\frac{r^{2n}+2}{r^{2n}+r^n}=\lim_{n\to\infty}\frac{1+\frac{2}{r^{2n}}}{1+\frac{1}{r^n}}=\frac{1+0}{1+0}=1$$

(ii) $|r|<1$일 때,

$\lim_{n\to\infty} r^n=\lim_{n\to\infty} r^{2n}=0$이므로 발산한다.

(iii) $r=-1$일 때,

$\lim_{n\to\infty}\frac{r^{2n}+2}{r^{2n}+r^n}=\lim_{n\to\infty}\frac{1+2}{1+(-1)^n}$이므로 발산한다.

따라서 수렴하지 않도록 하는 r의 값의 범위는

$|r|<1$ 또는 $r=-1$이다. (거짓)

ㄷ. ㄱ, ㄴ에서 극한값은 $\frac{3}{2}$, 1이므로 서로 다른 모든 극한값의 합은

$\frac{3}{2}+1=\frac{5}{2}$ (참)

이상에서 옳은 것은 ㄱ, ㄷ이다.

답 ③

53 $$f\left(-\frac{1}{2}\right)=\lim_{n\to\infty}\frac{\left(\frac{1}{4}\right)^n-1}{\left(\frac{1}{4}\right)^n-\frac{1}{2}}=\frac{-1}{-\frac{1}{2}}=2$$

$$f(2)=\lim_{n\to\infty}\frac{4^n+4}{4^n+2}=\lim_{n\to\infty}\frac{1+\frac{4}{4^n}}{1+\frac{2}{4^n}}=1$$

따라서 $f\left(-\frac{1}{2}\right)+f(2)=2+1=3$

답 ③

54 (i) $|x|<1$일 때,

$$f(x)=\lim_{n\to\infty}\frac{x^n+1}{x^{n+1}+2}=\frac{0+1}{0+2}=\frac{1}{2}$$

(ii) $|x|>1$일 때,

$$f(x)=\lim_{n\to\infty}\frac{x^n+1}{x^{n+1}+2}=\lim_{n\to\infty}\frac{1+\frac{1}{x^n}}{x+\frac{2}{x^n}}=\frac{1}{x}$$

(iii) $x=1$일 때,

$$f(x)=\frac{1+1}{1+2}=\frac{2}{3}$$

따라서 함수 $f(x)$의 치역은

$\{y\,|\,-1<y<0$ 또는 $0<y<1\}$

이므로 1은 치역의 원소가 아니다.

답 ①

55 (i) $|x|<1$일 때,

$$f(x)=\lim_{n\to\infty}\frac{|x|^{n-1}+2}{|x|^{n+1}+1}=\frac{0+2}{0+1}=2$$

(ii) $|x|>1$일 때,

$$f(x)=\lim_{n\to\infty}\frac{|x|^{n-1}+2}{|x|^{n+1}+1}=\lim_{n\to\infty}\frac{|x|^{-1}+\frac{2}{|x|^n}}{|x|+\frac{1}{|x|^n}}=\frac{1}{x^2}$$

(iii) $x=1$일 때,

$$f(x)=\lim_{n\to\infty}\frac{|x|^{n-1}+2}{|x|^{n+1}+1}=\frac{1+2}{1+1}=\frac{3}{2}$$

(iv) $x=-1$일 때,

$$f(x)=\lim_{n\to\infty}\frac{|x|^{n-1}+2}{|x|^{n+1}+1}=\frac{1+2}{1+1}=\frac{3}{2}$$

따라서 함수 $y=f(x)$의 그래프와 직선 $y=x$가 만나는 점의 개수는 그림과 같이 0이다.

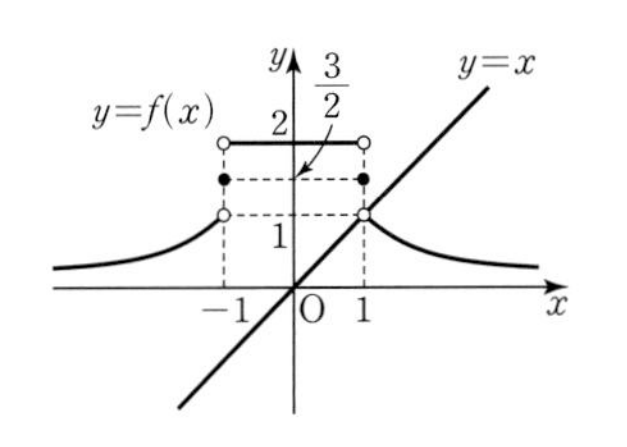

답 ①

56 수열 $\{a_n\}$은 수렴하므로 $\lim_{n\to\infty} a_n=\alpha$라 하면 $\lim_{n\to\infty} a_{n+1}=\alpha$

따라서

$$\lim_{n\to\infty} a_{n+1}=\lim_{n\to\infty}\left(\frac{1}{4}a_n+3\right)=\frac{1}{4}\lim_{n\to\infty} a_n+3$$

에서 $\alpha=\frac{1}{4}\alpha+3$

$4\alpha=\alpha+12$, $\alpha=4$

즉, $\lim_{n\to\infty} a_n=4$

답 ④

57 수열 $\{a_n\}$은 수렴하므로 $\lim_{n\to\infty} a_n=\alpha$라 하면

$\lim_{n\to\infty} a_{n+1}=\alpha$

따라서

$$\lim_{n\to\infty} a_{n+1}=\lim_{n\to\infty}\frac{1}{2-a_n}=\frac{1}{2-\lim_{n\to\infty} a_n}$$

에서 $\alpha=\frac{1}{2-\alpha}$, $\alpha^2-2\alpha+1=0$

$(\alpha-1)^2=0$, $\alpha=1$

즉, $\lim_{n\to\infty} a_n=1$

답 ②

58 $\frac{a_{n+1}}{a_n}\le\frac{1}{2}$에서 $a_n>0$이므로 $a_{n+1}\le\frac{1}{2}a_n$

즉,

$a_2\le\frac{1}{2}a_1$,

$a_3\le\frac{1}{2}a_2$,

$\vdots$

$a_n\le\frac{1}{2}a_{n-1}$

이므로 좌변과 우변의 식을 각각 곱하여 정리하면

$a_n\le\left(\frac{1}{2}\right)^{n-1}a_1$

즉, $0<a_n\le\left(\frac{1}{2}\right)^{n-1}a_1$이고, $\lim_{n\to\infty}\left(\frac{1}{2}\right)^{n-1}a_1=0$이므로 수열의 극한의 대소 관계에 의하여

$\lim_{n\to\infty} a_n=0$

답 ⑤

59 $a_n^2=\{(n+1)-n\}^2+(\sqrt{n+2}-\sqrt{n+1})^2$

$=1+(2n+3-2\sqrt{n^2+3n+2})$

$=2n+4-2\sqrt{n^2+3n+2}$

이므로

$$\begin{aligned}
&\lim_{n\to\infty} a_n^2\\
&=\lim_{n\to\infty}(2n+4-2\sqrt{n^2+3n+2})\\
&=2\lim_{n\to\infty}\frac{(n+2-\sqrt{n^2+3n+2})(n+2+\sqrt{n^2+3n+2})}{n+2+\sqrt{n^2+3n+2}}\\
&=2\lim_{n\to\infty}\frac{n+2}{n+2+\sqrt{n^2+3n+2}}\\
&=2\lim_{n\to\infty}\frac{1+\frac{2}{n}}{1+\frac{2}{n}+\sqrt{1+\frac{3}{n}+\frac{2}{n^2}}}\\
&=2\times\frac{1+0}{1+0+1}=1
\end{aligned}$$

답 ①

60 점 H의 좌표는 $\left(0, \frac{1}{4}n^2\right)$이므로

$S_n=\frac{1}{2}\times\frac{1}{4}n^2\times n=\frac{n^3}{8}$

따라서

$$\lim_{n\to\infty}\frac{S_n}{n^3+1}=\lim_{n\to\infty}\frac{\frac{n^3}{8}}{n^3+1}=\lim_{n\to\infty}\frac{\frac{1}{8}}{1+\frac{1}{n^3}}=\frac{1}{8}$$

답 ③

61 점 A_{n+1}의 좌표는

$a_{n+1}=2(n+1)-1=2n+1$

이므로

$$b_n=\frac{n(2n+1)+(n+1)(2n-1)}{n+(n+1)}=\frac{4n^2+2n-1}{2n+1}$$

따라서

$$\begin{aligned}
\lim_{n\to\infty}\frac{b_n}{a_n}&=\lim_{n\to\infty}\frac{\frac{4n^2+2n-1}{2n+1}}{2n-1}\\
&=\lim_{n\to\infty}\frac{4n^2+2n-1}{4n^2-1}\\
&=\lim_{n\to\infty}\frac{4+\frac{2}{n}-\frac{1}{n^2}}{4-\frac{1}{n^2}}\\
&=\frac{4+0-0}{4-0}=1
\end{aligned}$$

답 ①

62 $P_n(n, 4^n)$, $Q_n(n, 2^n)$이므로

$a_n=4^n-2^n$

따라서

$$\lim_{n\to\infty}\frac{a_n+4^n}{a_{n+1}+4^{n+1}}=\lim_{n\to\infty}\frac{(4^n-2^n)+4^n}{(4^{n+1}-2^{n+1})+4^{n+1}}$$
$$=\lim_{n\to\infty}\frac{2\times4^n-2^n}{2\times4^{n+1}-2^{n+1}}$$
$$=\lim_{n\to\infty}\frac{2-\left(\frac{1}{2}\right)^n}{8-2\times\left(\frac{1}{2}\right)^n}$$
$$=\frac{2-0}{8-0}=\frac{1}{4}$$

답 ②

63 $a_1=2^0\times2^0=2^0$,

$a_2=2^1\times2^1=2^2$,

$a_3=2^2\times2^2=2^4$,

$a_4=2^3\times2^3=2^6$,

⋮

$a_n=2^{n-1}\times2^{n-1}=2^{2n-2}$

이므로

$$\lim_{n\to\infty}\frac{a_n}{4^n+2^n}=\lim_{n\to\infty}\frac{2^{2n-2}}{4^n+2^n}=\lim_{n\to\infty}\frac{4^{n-1}}{4^n+2^n}$$
$$=\lim_{n\to\infty}\frac{\frac{1}{4}}{1+\left(\frac{1}{2}\right)^n}=\frac{1}{4}$$

답 ③

64 n번의 입력 후 계산된 수를 a_n이라 하면

$a_{n+1}=\sqrt{a_n+2}$

즉, ${a_{n+1}}^2=a_n+2$이고, $\lim_{n\to\infty}a_n=\alpha\ (\alpha\ge0)$이므로

$\lim_{n\to\infty}{a_{n+1}}^2=\lim_{n\to\infty}(a_n+2)$

$\alpha^2=\alpha+2$, $\alpha^2-\alpha-2=0$

$(\alpha-2)(\alpha+1)=0$

따라서 $\alpha=2$

답 ④

65 주어진 조건에 의하여

$a_{n+1}=\frac{9}{10}a_n+5$

이고, $\lim_{n\to\infty}a_n=\alpha$라 하면

$\lim_{n\to\infty}a_{n+1}=\lim_{n\to\infty}\left(\frac{9}{10}a_n+5\right)$

$\alpha=\frac{9}{10}\alpha+5$, $\frac{1}{10}\alpha=5$

따라서 $\lim_{n\to\infty}a_n=\alpha=50$

답 ⑤

서술형 완성하기

본문 21쪽

01 -5 **02** 3 **03** $\frac{11}{2}$ **04** 1 **05** $\frac{1}{9}$ **06** $-\frac{2}{9}$

01 $\lim_{n\to\infty}a_n=\alpha$라 하면 $\lim_{n\to\infty}a_{n+1}=\alpha$ …… ❶

$$\lim_{n\to\infty}\frac{2a_{n+1}+3}{a_n+2}=\frac{\lim_{n\to\infty}(2a_{n+1}+3)}{\lim_{n\to\infty}(a_n+2)}=\frac{2\lim_{n\to\infty}a_{n+1}+3}{\lim_{n\to\infty}a_n+2}$$
$$=\frac{2\alpha+3}{\alpha+2}=3$$

$2\alpha+3=3\alpha+6$

$\alpha=-3$

즉, $\lim_{n\to\infty}a_n=-3$이므로 …… ❷

$\lim_{n\to\infty}(2a_n+1)=2\lim_{n\to\infty}a_n+1$

$=2\times(-3)+1=-5$ …… ❸

답 -5

단계	채점 기준	비율
❶	$\lim_{n\to\infty}a_n$, $\lim_{n\to\infty}a_{n+1}$이 같음을 보인 경우	20 %
❷	$\lim_{n\to\infty}a_n$의 값을 구한 경우	60 %
❸	$\lim_{n\to\infty}(2a_n+1)$의 값을 구한 경우	20 %

02 조건 (가)에서

$\lim_{n\to\infty}(\sqrt{n+a}\sqrt{n+b}-n)$

$$=\lim_{n\to\infty}\frac{(\sqrt{n+a}\sqrt{n+b}-n)(\sqrt{n+a}\sqrt{n+b}+n)}{\sqrt{n+a}\sqrt{n+b}+n}$$
$$=\lim_{n\to\infty}\frac{(a+b)n+ab}{\sqrt{n+a}\sqrt{n+b}+n}$$
$$=\lim_{n\to\infty}\frac{a+b+\frac{ab}{n}}{\sqrt{1+\frac{a}{n}}\sqrt{1+\frac{b}{n}}+1}$$
$$=\frac{a+b}{2}=2$$

이므로 $a+b=4$ …… ㉠ …… ❶

조건 (나)에서

$$\lim_{n\to\infty}\frac{(a\sqrt{n}-2)(a\sqrt{n}+2)}{n}=\lim_{n\to\infty}\frac{a^2n-4}{n}=\lim_{n\to\infty}\left(a^2-\frac{4}{n}\right)$$
$$=a^2=9$$

이때 $a>0$이므로 $a=3$ …… ❷

㉠에 $a=3$을 대입하면 $b=1$

따라서 $ab=3$ …… ❸

답 3

단계	채점 기준	비율
❶	$a+b$의 값을 구한 경우	50 %
❷	a의 값을 구한 경우	30 %
❸	ab의 값을 구한 경우	20 %

03 (i) $|r|<1$일 때,

$\lim_{n\to\infty} r^{2n}=\lim_{n\to\infty} r^{2n+1}=0$이므로

$$f(r)=\lim_{n\to\infty}\frac{r^{2n+1}}{r^{2n}+1}=\frac{0}{0+1}=0 \quad \cdots\cdots ❶$$

(ii) $|r|>1$일 때,

$\lim_{n\to\infty} r^{2n}=\infty$이므로

$$f(r)=\lim_{n\to\infty}\frac{r^{2n+1}}{r^{2n}+1}=\lim_{n\to\infty}\frac{r}{1+\frac{1}{r^{2n}}}=r \quad \cdots\cdots ❷$$

(iii) $r=1$일 때,

$$f(1)=\lim_{n\to\infty}\frac{1^{2n+1}}{1^{2n}+1}=\frac{1}{2} \quad \cdots\cdots ❸$$

(iv) $r=-1$일 때,

$$f(-1)=\lim_{n\to\infty}\frac{(-1)^{2n+1}}{(-1)^{2n}+1}=-\frac{1}{2} \quad \cdots\cdots ❹$$

따라서 $-3\le r\le 3$인 정수 r의 값은

$-3, -2, -1, 0, 1, 2, 3$

이므로 집합 $\{|f(r)|\,|-3\le r\le 3, r$는 정수$\}$의 모든 원소의 합은

$$3+2+\frac{1}{2}+0=\frac{11}{2} \quad \cdots\cdots ❺$$

답 $\frac{11}{2}$

단계	채점 기준	비율
❶	$\|r\|<1$일 때, $f(r)$의 값을 구한 경우	20 %
❷	$\|r\|>1$일 때, $f(r)$의 값을 구한 경우	20 %
❸	$r=1$일 때, $f(r)$의 값을 구한 경우	10 %
❹	$r=-1$일 때, $f(r)$의 값을 구한 경우	10 %
❺	집합의 모든 원소의 합을 구한 경우	40 %

04 수열 $\{a_n\}$의 일반항은

$$a_n=2+3(n-1)=3n-1 \quad \cdots\cdots ❶$$

이므로

$$b_n=\frac{a_n+a_{n+1}}{2}=\frac{(3n-1)+3(n+1)-1}{2}=\frac{6n+1}{2}=3n+\frac{1}{2} \quad \cdots\cdots ❷$$

따라서

$$\lim_{n\to\infty}\frac{b_n}{a_n}=\lim_{n\to\infty}\frac{3n+\frac{1}{2}}{3n-1}=\lim_{n\to\infty}\frac{3+\frac{1}{2n}}{3-\frac{1}{n}}=1 \quad \cdots\cdots ❸$$

답 1

단계	채점 기준	비율
❶	a_n을 구한 경우	30 %
❷	b_n을 구한 경우	30 %
❸	극한값을 구한 경우	40 %

05 다항식 $f(x)=x^2+x$를 $x-3^n$으로 나눈 나머지가 a_n이므로

$$a_n=f(3^n)=(3^n)^2+3^n=9^n+3^n \quad \cdots\cdots ❶$$

다항식 $f(x)$를 $x+2^n$으로 나눈 나머지가 b_n이므로

$$b_n=f(-2^n)=(-2^n)^2+(-2^n)=4^n-2^n \quad \cdots\cdots ❷$$

따라서

$$\lim_{n\to\infty}\frac{a_n+b_n}{a_{n+1}+b_{n+1}}=\lim_{n\to\infty}\frac{(9^n+3^n)+(4^n-2^n)}{(9^{n+1}+3^{n+1})+(4^{n+1}-2^{n+1})}$$

$$=\lim_{n\to\infty}\frac{1+\left(\frac{1}{3}\right)^n+\left(\frac{4}{9}\right)^n-\left(\frac{2}{9}\right)^n}{9+3\times\left(\frac{1}{3}\right)^n+4\times\left(\frac{4}{9}\right)^n-2\times\left(\frac{2}{9}\right)^n}$$

$$=\frac{1}{9} \quad \cdots\cdots ❸$$

답 $\frac{1}{9}$

단계	채점 기준	비율
❶	a_n을 구한 경우	30 %
❷	b_n을 구한 경우	30 %
❸	극한값을 구한 경우	40 %

06
$$\lim_{n\to\infty}\frac{(2n-1)(6n+1)}{(n+1)(3n-1)}=\lim_{n\to\infty}\frac{12n^2-4n-1}{3n^2+2n-1}=\lim_{n\to\infty}\frac{12-\frac{4}{n}-\frac{1}{n^2}}{3+\frac{2}{n}-\frac{1}{n^2}}=4 \quad \cdots\cdots ❶$$

이고, 수열 $\{a_n\}$은 수렴하므로

$\lim_{n\to\infty}a_n=\alpha$라 하면 $\lim_{n\to\infty}a_{n+1}=\alpha$

$$\lim_{n\to\infty}a_{n+1}=\lim_{n\to\infty}\left\{\frac{(2n-1)(6n+1)}{(n+1)(3n-1)}-2a_n\right\}=\lim_{n\to\infty}\frac{(2n-1)(6n+1)}{(n+1)(3n-1)}-\lim_{n\to\infty}2a_n$$

이므로

$\alpha=4-2\alpha,\ \alpha=\frac{4}{3}$

$$\lim_{n\to\infty}a_n=\alpha=\frac{4}{3} \quad \cdots\cdots ❷$$

따라서

$$\lim_{n\to\infty}(a_n{}^2-2)=\lim_{n\to\infty}a_n{}^2-2=\left(\frac{4}{3}\right)^2-2=\frac{16}{9}-2=-\frac{2}{9} \quad \cdots\cdots ❸$$

답 $-\frac{2}{9}$

단계	채점 기준	비율
❶	$\lim_{n\to\infty}\frac{(2n-1)(6n+1)}{(n+1)(3n-1)}$의 값을 구한 경우	40 %
❷	$\lim_{n\to\infty}a_n$의 값을 구한 경우	40 %
❸	$\lim_{n\to\infty}(a_n{}^2-2)$의 값을 구한 경우	20 %

내신 + 수능 고난도 도전

본문 22~23쪽

01 ③	02 ①	03 ②	04 ②	05 ③
06 ⑤	07 ②	08 ②		

01 $a_1=3+\frac{1}{3}$이라 하면

$a_{n+1}=3+\frac{1}{a_n}$

이고, $\lim_{n\to\infty}a_n=\alpha$라 하면 $\lim_{n\to\infty}a_{n+1}=\alpha$이므로

$\lim_{n\to\infty}a_{n+1}=\lim_{n\to\infty}\left(3+\frac{1}{a_n}\right)$

$\alpha=3+\frac{1}{\alpha}$, $\alpha^2=3\alpha+1$

$\alpha^2-3\alpha-1=0$

이때 모든 자연수 n에 대하여 $a_n>0$이므로

$\alpha=\frac{3+\sqrt{(-3)^2-4\times1\times(-1)}}{2}=\frac{3+\sqrt{13}}{2}$

따라서 구하는 극한값은 $\lim_{n\to\infty}a_n=\alpha=\frac{3+\sqrt{13}}{2}$

답 ③

02 $(3n-2)^2-(3n-1)^2$

$=(9n^2-12n+4)-(9n^2-6n+1)$

$=-6n+3$

이므로

$\lim_{n\to\infty}\frac{(3n-2)^2-(3n-1)^2}{\sqrt{3n-1}\times\sqrt{3n+1}}$

$=\lim_{n\to\infty}\frac{-6n+3}{\sqrt{9n^2-1}}=\lim_{n\to\infty}\frac{-6+\frac{3}{n}}{\sqrt{9-\frac{1}{n^2}}}$

$=\frac{-6}{3}=-2$

답 ①

03 $a_n+2b_n=4^n$ ...... ㉠, $2a_n-b_n=3^n$ ...... ㉡

이라 하면 ㉠+㉡×2에서 $5a_n=4^n+2\times3^n$

$a_n=\frac{1}{5}\times4^n+\frac{2}{5}\times3^n$

㉡에서

$b_n=2a_n-3^n=2\left(\frac{1}{5}\times4^n+\frac{2}{5}\times3^n\right)-3^n$

$=\frac{2}{5}\times4^n-\frac{1}{5}\times3^n$

따라서

$\lim_{n\to\infty}\frac{b_n}{a_n}=\lim_{n\to\infty}\frac{\frac{2}{5}\times4^n-\frac{1}{5}\times3^n}{\frac{1}{5}\times4^n+\frac{2}{5}\times3^n}$

$=\lim_{n\to\infty}\frac{\frac{2}{5}-\frac{1}{5}\times\left(\frac{3}{4}\right)^n}{\frac{1}{5}+\frac{2}{5}\times\left(\frac{3}{4}\right)^n}=\frac{\frac{2}{5}}{\frac{1}{5}}=2$

답 ②

04 (i) $a<b$일 때,

$\lim_{n\to\infty}\frac{a^{n+1}+b^{n+1}}{a^n-b^n}=\lim_{n\to\infty}\frac{a\times\left(\frac{a}{b}\right)^n+b}{\left(\frac{a}{b}\right)^n-1}$

$=-b=4$

따라서 $b=-4$이므로 모순이다.

(ii) $a>b$일 때,

$\lim_{n\to\infty}\frac{a^{n+1}+b^{n+1}}{a^n-b^n}=\lim_{n\to\infty}\frac{a+b\times\left(\frac{b}{a}\right)^n}{1-\left(\frac{b}{a}\right)^n}$

$=a=4$

따라서 $b=1,\ 2,\ 3$이므로 $a+b$의 최댓값은

$a=4$, $b=3$일 때, $4+3=7$

답 ②

05 등차수열 $\{a_n\}$의 공차를 d라 하면 조건 (가)에서

$a_{10}-a_1=9d=18$

$d=2$

또한 조건 (나)에서 $n=1$을 대입하면

$a_1=10$이므로

$a_n=10+(n-1)\times2$

$=2n+8$

따라서

$\lim_{n\to\infty}\left(\frac{a_n}{2n+1}+a_2\right)=\lim_{n\to\infty}\left(\frac{2n+8}{2n+1}+12\right)$

$=\lim_{n\to\infty}\left(\frac{2+\frac{8}{n}}{2+\frac{1}{n}}+12\right)$

$=1+12$

$=13$

답 ③

06 $\lim_{n\to\infty}\left(1+\frac{1}{2}+\frac{1}{4}+\cdots+\frac{1}{2^{n-1}}\right)a_n$

$=\lim_{n\to\infty}\left\{\frac{1-\left(\frac{1}{2}\right)^n}{1-\frac{1}{2}}\times a_n\right\}$

$=\lim_{n\to\infty}\left[2\left\{1-\left(\frac{1}{2}\right)^n\right\}\times a_n\right]$

$=\lim_{n\to\infty}2\left\{1-\left(\frac{1}{2}\right)^n\right\}\times\lim_{n\to\infty}a_n$

$=2\times\lim_{n\to\infty}a_n=10$

따라서 $\lim_{n\to\infty}a_n=5$이므로

$\lim_{n\to\infty}(a_n+a_{n+1})=\lim_{n\to\infty}a_n+\lim_{n\to\infty}a_{n+1}$

$=5+5=10$

답 ⑤

07 $n^2+1<n^2+2$이므로

$n^2+1<na_n<n^2+2$

따라서 각각의 식을 n^2으로 나누면

$\frac{n^2+1}{n^2}<\frac{a_n}{n}<\frac{n^2+2}{n^2}$

이므로

$\frac{(2n)^2+1}{(2n)^2}<\frac{a_{2n}}{2n}<\frac{(2n)^2+2}{(2n)^2}$

$\frac{4n^2+1}{4n^2}<\frac{a_{2n}}{2n}<\frac{4n^2+2}{4n^2}$

$\frac{8n^2+2}{4n^2}<\frac{a_{2n}}{n}<\frac{8n^2+4}{4n^2}$

이때

$\lim_{n\to\infty}\frac{8n^2+2}{4n^2}=2$, $\lim_{n\to\infty}\frac{8n^2+4}{4n^2}=2$

이므로 수열의 극한의 대소 관계에 의하여

$\lim_{n\to\infty}\frac{a_{2n}}{n}=2$

답 ②

08 원 $x^2+y^2=n^2$과 직선 $y=x-1$이 만나는 점의 x좌표는

$x^2+(x-1)^2=n^2$

$2x^2-2x+1-n^2=0$

$x=\frac{1\pm\sqrt{(-1)^2-2(1-n^2)}}{2}$

$=\frac{1\pm\sqrt{2n^2-1}}{2}$

따라서

$P_n\left(\frac{1-\sqrt{2n^2-1}}{2}, \frac{-1-\sqrt{2n^2-1}}{2}\right)$,

$Q_n\left(\frac{1+\sqrt{2n^2-1}}{2}, \frac{-1+\sqrt{2n^2-1}}{2}\right)$

이라 하면

$\overline{P_nQ_n}=\sqrt{(\sqrt{2n^2-1})^2+(\sqrt{2n^2-1})^2}$

$=\sqrt{4n^2-2}$

이고, 원점 O와 직선 $y=x-1$, 즉 $x-y-1=0$ 사이의 거리를 d라 하면

$d=\frac{|-1|}{\sqrt{1^2+(-1)^2}}=\frac{\sqrt{2}}{2}$

이므로

$S_n=\frac{1}{2}\times\overline{P_nQ_n}\times d=\frac{1}{2}\times\sqrt{4n^2-2}\times\frac{\sqrt{2}}{2}$

$=\frac{\sqrt{2}}{4}\times\sqrt{4n^2-2}$

따라서

$\lim_{n\to\infty}\frac{S_n}{n}=\lim_{n\to\infty}\frac{\frac{\sqrt{2}}{4}\times\sqrt{4n^2-2}}{n}=\lim_{n\to\infty}\left(\frac{\sqrt{2}}{4}\times\sqrt{4-\frac{2}{n^2}}\right)$

$=\frac{\sqrt{2}}{4}\times2=\frac{\sqrt{2}}{2}$

답 ②

02 급수

개념 확인하기

본문 25~27쪽

01 발산	02 수렴	03 수렴	04 발산	05 발산
06 발산	07 2	08 발산	09 1	10 발산
11 발산	12 풀이참조	13 풀이참조	14 풀이참조	15 풀이참조
16 풀이참조	17 풀이참조	18 풀이참조	19 4	20 3
21 1	22 4	23 2	24 발산	25 $\frac{3}{4}$
26 발산	27 $2-\sqrt{2}$	28 발산	29 $\frac{2}{3}$	30 $\sqrt{2}+1$
31 $\frac{2+\sqrt{2}}{2}$	32 $\frac{2-\sqrt{2}}{2}$	33 $-\frac{1}{2}<x<\frac{1}{2}$		
34 $-2<x<2$		35 3	36 $\frac{7}{2}$	37 2
38 $\frac{5}{2}$	39 $\frac{1}{11}$	40 7	41 15	42 $\frac{41}{333}$
43 $\frac{11}{90}$	44 $\frac{122}{99}$			

01 $\sum_{n=1}^{\infty}a_n=\lim_{n\to\infty}S_n=\lim_{n\to\infty}n=\infty$

답 발산

02 $\sum_{n=1}^{\infty}a_n=\lim_{n\to\infty}S_n=\lim_{n\to\infty}\frac{n+1}{n}=1$

답 수렴

03 $\sum_{n=1}^{\infty}a_n=\lim_{n\to\infty}S_n=\lim_{n\to\infty}\left(\frac{1}{2}\right)^n=0$

답 수렴

04 $\sum_{n=1}^{\infty}a_n=\lim_{n\to\infty}S_n=\lim_{n\to\infty}2^n=\infty$

답 발산

05 $S_n=n^2$이므로

$\sum_{n=1}^{\infty}a_n=\lim_{n\to\infty}S_n=\lim_{n\to\infty}n^2=\infty$

답 발산

06 $S_{2n-1}=1$, $S_{2n}=0$이므로 $\lim_{n\to\infty}S_n$은 발산한다.

답 발산

07 $S_n=\frac{1-\left(\frac{1}{2}\right)^n}{1-\frac{1}{2}}=2\left\{1-\left(\frac{1}{2}\right)^n\right\}$에서

$\sum_{n=1}^{\infty}a_n=\lim_{n\to\infty}S_n=\lim_{n\to\infty}2\left\{1-\left(\frac{1}{2}\right)^n\right\}=2$

답 2

08 $S_n=\frac{2(2^n-1)}{2-1}=2(2^n-1)$이므로

$\sum_{n=1}^{\infty}a_n=\lim_{n\to\infty}S_n=\lim_{n\to\infty}2(2^n-1)=\infty$

답 발산

09 $S_n=\sum_{k=1}^{n}\frac{1}{k(k+1)}$

$=\sum_{k=1}^{n}\left(\frac{1}{k}-\frac{1}{k+1}\right)$

$=1-\frac{1}{n+1}$

이므로

$\sum_{n=1}^{\infty}\frac{1}{n(n+1)}=\lim_{n\to\infty}S_n$

$=\lim_{n\to\infty}\left(1-\frac{1}{n+1}\right)=1$

답 1

10 $S_n=\sum_{k=1}^{n}(\sqrt{k+1}-\sqrt{k})$

$=\sqrt{n+1}-1$

이므로

$\sum_{n=1}^{\infty}(\sqrt{n+1}-\sqrt{n})=\lim_{n\to\infty}S_n$

$=\lim_{n\to\infty}(\sqrt{n+1}-1)=\infty$

답 발산

11 $S_n=\sum_{k=1}^{n}\frac{1}{\sqrt{k+1}-\sqrt{k}}$

$=\sum_{k=1}^{n}(\sqrt{k+1}+\sqrt{k})$

$=1+2(\sqrt{2}+\sqrt{3}+\cdots+\sqrt{n})+\sqrt{n+1}$

이므로

$\sum_{n=1}^{\infty}\frac{1}{\sqrt{n+1}-\sqrt{n}}=\lim_{n\to\infty}S_n=\infty$

답 발산

12 $a_n=2n$이므로 $\lim_{n\to\infty}a_n=\lim_{n\to\infty}2n=\infty$

따라서 발산한다.

답 풀이참조

13 $a_n=1$이므로 $\lim_{n\to\infty}a_n=\lim_{n\to\infty}1=1\neq0$

따라서 발산한다.

답 풀이참조

14 $a_n=\frac{n}{2}$이므로 $\lim_{n\to\infty}a_n=\lim_{n\to\infty}\frac{n}{2}=\infty$

따라서 발산한다.

답 풀이참조

15 $a_n=(-2)^n$이므로

$\lim_{n\to\infty}a_n=\lim_{n\to\infty}(-2)^n\neq0$

따라서 발산한다.

답 풀이참조

16 $\lim_{n\to\infty}\frac{n}{2n+1}=\frac{1}{2}\neq0$

따라서 발산한다.

답 풀이참조

17 $\lim_{n\to\infty}\frac{n+1}{n}=1\neq0$

따라서 발산한다.

답 풀이참조

18 $\lim_{n\to\infty}(\sqrt{n^2+2n}-n)$

$=\lim_{n\to\infty}\frac{(\sqrt{n^2+2n}-n)(\sqrt{n^2+2n}+n)}{\sqrt{n^2+2n}+n}$

$=\lim_{n\to\infty}\frac{2n}{\sqrt{n^2+2n}+n}$

$=\lim_{n\to\infty}\frac{2}{\sqrt{1+\frac{2}{n}}+1}$

$=\frac{2}{1+1}=1\neq0$

따라서 발산한다.

답 풀이참조

19 $\sum_{n=1}^{\infty}2a_n=2\sum_{n=1}^{\infty}a_n=2\times2=4$

답 4

20 $\sum_{n=1}^{\infty}(a_n+b_n)=\sum_{n=1}^{\infty}a_n+\sum_{n=1}^{\infty}b_n$

$=2+1=3$

답 3

21 $\sum_{n=1}^{\infty}(a_n-b_n)=\sum_{n=1}^{\infty}a_n-\sum_{n=1}^{\infty}b_n$

$=2-1=1$

답 1

22 $\sum_{n=1}^{\infty}(3a_n-2b_n)=3\sum_{n=1}^{\infty}a_n-2\sum_{n=1}^{\infty}b_n$

$=3\times2-2\times1=4$

답 4

23 $\frac{1}{1-\frac{1}{2}}=2$

답 2

24 공비가 -3이므로 $-3<-1$

따라서 발산한다.

답 발산

25 $\frac{1}{1-\left(-\frac{1}{3}\right)}=\frac{3}{4}$

답 $\frac{3}{4}$

26 공비가 $\sqrt{2}$이므로 $\sqrt{2}>1$
따라서 발산한다.

답 발산

27 $\dfrac{1}{1-\left(-\dfrac{1}{\sqrt{2}}\right)}=\dfrac{1}{1+\dfrac{1}{\sqrt{2}}}=\dfrac{\sqrt{2}}{\sqrt{2}+1}$
$=\sqrt{2}(\sqrt{2}-1)$
$=2-\sqrt{2}$

답 $2-\sqrt{2}$

28 공비가 -1이므로 발산한다.

답 발산

29 $\displaystyle\sum_{n=1}^{\infty}\left(-\frac{1}{2}\right)^{n-1}=\frac{1}{1-\left(-\frac{1}{2}\right)}=\frac{2}{3}$

답 $\dfrac{2}{3}$

30 $\displaystyle\sum_{n=1}^{\infty}\left(\frac{\sqrt{2}}{2}\right)^{n}=\frac{\frac{\sqrt{2}}{2}}{1-\frac{\sqrt{2}}{2}}=\frac{\sqrt{2}}{2-\sqrt{2}}$
$=\dfrac{\sqrt{2}(2+\sqrt{2})}{(2-\sqrt{2})(2+\sqrt{2})}$
$=\dfrac{\sqrt{2}(2+\sqrt{2})}{2}$
$=\sqrt{2}+1$

답 $\sqrt{2}+1$

31 $\displaystyle\sum_{n=1}^{\infty}(\sqrt{2}-1)^{n-1}=\frac{1}{1-(\sqrt{2}-1)}$
$=\dfrac{1}{2-\sqrt{2}}$
$=\dfrac{2+\sqrt{2}}{(2-\sqrt{2})(2+\sqrt{2})}$
$=\dfrac{2+\sqrt{2}}{2}$

답 $\dfrac{2+\sqrt{2}}{2}$

32 $\displaystyle\sum_{n=1}^{\infty}\left(\frac{1}{\sqrt{2}+1}\right)^{n+1}=\sum_{n=1}^{\infty}(\sqrt{2}-1)^{n+1}$
$=\dfrac{(\sqrt{2}-1)^2}{1-(\sqrt{2}-1)}$
$=\dfrac{3-2\sqrt{2}}{2-\sqrt{2}}$
$=\dfrac{(3-2\sqrt{2})(2+\sqrt{2})}{(2-\sqrt{2})(2+\sqrt{2})}$
$=\dfrac{2-\sqrt{2}}{2}$

답 $\dfrac{2-\sqrt{2}}{2}$

33 공비가 $2x$이므로 수렴하기 위해서는
$-1<2x<1$
따라서 $-\dfrac{1}{2}<x<\dfrac{1}{2}$

답 $-\dfrac{1}{2}<x<\dfrac{1}{2}$

34 공비가 $-\dfrac{x}{2}$이므로 수렴하기 위해서는
$-1<-\dfrac{x}{2}<1$
따라서 $-2<x<2$

답 $-2<x<2$

35 $\displaystyle\sum_{n=1}^{\infty}2\left(\frac{1}{3}\right)^{n-1}=\frac{2}{1-\frac{1}{3}}=3$

답 3

36 $\displaystyle\sum_{n=1}^{\infty}\left\{\left(\frac{1}{2}\right)^{n-1}+\left(\frac{1}{3}\right)^{n-1}\right\}$
$\displaystyle=\sum_{n=1}^{\infty}\left(\frac{1}{2}\right)^{n-1}+\sum_{n=1}^{\infty}\left(\frac{1}{3}\right)^{n-1}$
$=\dfrac{1}{1-\frac{1}{2}}+\dfrac{1}{1-\frac{1}{3}}$
$=2+\dfrac{3}{2}=\dfrac{7}{2}$

답 $\dfrac{7}{2}$

37 $\displaystyle\sum_{n=1}^{\infty}\left(\frac{3}{2^n}-\frac{2}{3^n}\right)=\sum_{n=1}^{\infty}\left\{3\times\left(\frac{1}{2}\right)^n-2\times\left(\frac{1}{3}\right)^n\right\}$
$=\dfrac{\frac{3}{2}}{1-\frac{1}{2}}-\dfrac{\frac{2}{3}}{1-\frac{1}{3}}$
$=3-1=2$

답 2

38 $\displaystyle\sum_{n=1}^{\infty}\frac{2^n+1}{3^n}=\sum_{n=1}^{\infty}\left(\frac{2}{3}\right)^n+\sum_{n=1}^{\infty}\left(\frac{1}{3}\right)^n$
$=\dfrac{\frac{2}{3}}{1-\frac{2}{3}}+\dfrac{\frac{1}{3}}{1-\frac{1}{3}}$
$=2+\dfrac{1}{2}=\dfrac{5}{2}$

답 $\dfrac{5}{2}$

39 $\displaystyle\sum_{n=1}^{\infty}\left(\frac{1}{3^n}\times\frac{1}{4^n}\right)=\sum_{n=1}^{\infty}\left(\frac{1}{12}\right)^n$
$=\dfrac{\frac{1}{12}}{1-\frac{1}{12}}=\dfrac{1}{11}$

답 $\dfrac{1}{11}$

40 $\sum_{n=1}^{\infty}\left(\frac{3}{4^{n-1}}+\frac{3^n}{4^n}\right)=\sum_{n=1}^{\infty}\frac{3}{4^{n-1}}+\sum_{n=1}^{\infty}\frac{3^n}{4^n}$

$=3\sum_{n=1}^{\infty}\left(\frac{1}{4}\right)^{n-1}+\sum_{n=1}^{\infty}\left(\frac{3}{4}\right)^n$

$=\frac{3}{1-\frac{1}{4}}+\frac{\frac{3}{4}}{1-\frac{3}{4}}$

$=4+3=7$

답 7

41 $\sum_{n=1}^{\infty}\frac{2^{n+1}+2^{n-1}}{3^{n-1}}=\sum_{n=1}^{\infty}\frac{2^{n+1}}{3^{n-1}}+\sum_{n=1}^{\infty}\frac{2^{n-1}}{3^{n-1}}$

$=6\sum_{n=1}^{\infty}\left(\frac{2}{3}\right)^n+\sum_{n=1}^{\infty}\left(\frac{2}{3}\right)^{n-1}$

$=\frac{4}{1-\frac{2}{3}}+\frac{1}{1-\frac{2}{3}}$

$=12+3=15$

답 15

42 $0.\dot{1}2\dot{3}=0.123123123\cdots$

$=0.123+0.000123+\cdots$

$=\frac{0.123}{1-\frac{1}{1000}}$

$=\frac{123}{999}=\frac{41}{333}$

답 $\frac{41}{333}$

43 $0.1\dot{2}=0.12222\cdots$

$=0.1+0.02+0.002+\cdots$

$=0.1+\frac{0.02}{1-\frac{1}{10}}$

$=0.1+\frac{0.2}{9}$

$=\frac{1.1}{9}=\frac{11}{90}$

답 $\frac{11}{90}$

44 $1.\dot{2}\dot{3}=1.232323\cdots$

$=1+0.23+0.0023+0.000023+\cdots$

$=1+\frac{0.23}{1-\frac{1}{100}}$

$=1+\frac{23}{99}$

$=\frac{122}{99}$

답 $\frac{122}{99}$

유형 완성하기

본문 28~37쪽

01 ④	02 ③	03 ①	04 ⑤	05 ③
06 ②	07 ③	08 ⑤	09 ①	10 ①
11 ②	12 ④	13 ②	14 ③	15 ②
16 ①	17 ③	18 ②	19 ④	20 $a>1$
21 ⑤	22 ②	23 ④	24 463	25 ②
26 ③	27 ①	28 ①	29 ⑤	30 ①
31 ④	32 ①	33 ①	34 $\left(\frac{4}{3}, \frac{2}{3}\right)$	35 2
36 $\frac{1}{2}$	37 $\left(\frac{2\sqrt{3}}{7}, 2\right)$		38 $2\sqrt{3}$	39 2π
40 $16(2+\sqrt{2})$		41 8π	42 $\frac{3}{2}\pi$	
43 $\frac{3(\sqrt{3}-1)}{8}$		44 ③	45 ①	46 ④
47 ③	48 ⑤	49 ①	50 ②	

01 $1+\frac{1}{1+2}+\frac{1}{1+2+3}+\cdots$의 일반항을 a_n이라 하면

$a_n=\frac{1}{1+2+3+\cdots+n}=\frac{2}{n(n+1)}$

이므로 부분합을 S_n이라 하면

$S_n=\sum_{k=1}^{n}\frac{2}{k(k+1)}$

$=\sum_{k=1}^{n}2\left(\frac{1}{k}-\frac{1}{k+1}\right)$

$=2\left(1-\frac{1}{n+1}\right)$

따라서

$1+\frac{1}{1+2}+\frac{1}{1+2+3}+\cdots=\lim_{n\to\infty}2\left(1-\frac{1}{n+1}\right)=2$

답 ④

02 $\sum_{n=1}^{\infty}a_n=\lim_{n\to\infty}\frac{an}{2n+1}=\frac{a}{2}=4$

따라서 $a=8$

답 ③

03 $\frac{1}{1\times3}+\frac{1}{3\times5}+\frac{1}{5\times7}+\cdots$의 일반항을 a_n이라 하면

$a_n=\frac{1}{(2n-1)(2n+1)}$

이므로 부분합을 S_n이라 하면

$S_n=\sum_{k=1}^{n}\frac{1}{(2k-1)(2k+1)}$

$=\sum_{k=1}^{n}\frac{1}{2}\left(\frac{1}{2k-1}-\frac{1}{2k+1}\right)$

$=\frac{1}{2}\left(1-\frac{1}{2n+1}\right)$

따라서

$\frac{1}{1\times3}+\frac{1}{3\times5}+\frac{1}{5\times7}+\cdots=\lim_{n\to\infty}\frac{1}{2}\left(1-\frac{1}{2n+1}\right)=\frac{1}{2}$

답 ①

04 $\sum_{n=1}^{\infty}\frac{\sqrt{n}-\sqrt{n+2}}{\sqrt{n^2+2n}}$

$=\sum_{n=1}^{\infty}\frac{\sqrt{n}-\sqrt{n+2}}{\sqrt{n(n+2)}}$

$=\sum_{n=1}^{\infty}\left(\frac{1}{\sqrt{n+2}}-\frac{1}{\sqrt{n}}\right)$

$=\lim_{n\to\infty}\sum_{k=1}^{n}\left(\frac{1}{\sqrt{k+2}}-\frac{1}{\sqrt{k}}\right)$

$=\lim_{n\to\infty}\left(-1-\frac{1}{\sqrt{2}}+\frac{1}{\sqrt{n+1}}+\frac{1}{\sqrt{n+2}}\right)$

$=-1-\frac{1}{\sqrt{2}}$

답 ⑤

05 $\sum_{n=1}^{\infty}\frac{1}{4n^2+8n+3}$

$=\sum_{n=1}^{\infty}\frac{1}{(2n+1)(2n+3)}$

$=\sum_{n=1}^{\infty}\frac{1}{2}\left(\frac{1}{2n+1}-\frac{1}{2n+3}\right)$

$=\lim_{n\to\infty}\sum_{k=1}^{n}\frac{1}{2}\left(\frac{1}{2k+1}-\frac{1}{2k+3}\right)$

$=\lim_{n\to\infty}\frac{1}{2}\left(\frac{1}{3}-\frac{1}{2n+3}\right)$

$=\frac{1}{2}\times\frac{1}{3}=\frac{1}{6}$

답 ③

06 $a_n=-1+(n-1)\times 2=2n-3$이므로

$\sum_{n=1}^{\infty}\left(\frac{1}{a_{2n-1}}-\frac{1}{a_{2n+1}}\right)=\sum_{n=1}^{\infty}\left(\frac{1}{4n-5}-\frac{1}{4n-1}\right)$

$=\lim_{n\to\infty}\left(-1-\frac{1}{4n-1}\right)$

$=-1$

답 ②

07 $a_n=f(2n)=(2n)^2-2\times 2n$

$=4n^2-4n$

따라서

$\sum_{n=1}^{\infty}\frac{1}{a_{n+1}}=\sum_{n=1}^{\infty}\frac{1}{4(n+1)^2-4(n+1)}$

$=\sum_{n=1}^{\infty}\frac{1}{4n^2+4n}$

$=\frac{1}{4}\sum_{n=1}^{\infty}\frac{1}{n(n+1)}$

$=\frac{1}{4}\sum_{n=1}^{\infty}\left(\frac{1}{n}-\frac{1}{n+1}\right)$

$=\frac{1}{4}\lim_{n\to\infty}\left(1-\frac{1}{n+1}\right)$

$=\frac{1}{4}$

답 ③

08 ㄱ. $1+\left(-\frac{1}{2}+\frac{1}{2}\right)+\left(-\frac{1}{3}+\frac{1}{3}\right)+\left(-\frac{1}{4}+\frac{1}{4}\right)+\cdots$

$=1+0+0+0+\cdots=1$ (수렴)

ㄴ. $\left(1-\frac{1}{3}\right)+\left(\frac{1}{3}-\frac{1}{5}\right)+\left(\frac{1}{5}-\frac{1}{7}\right)+\cdots$

$=\sum_{n=1}^{\infty}\left(\frac{1}{2n-1}-\frac{1}{2n+1}\right)$

$=\lim_{n\to\infty}\sum_{k=1}^{n}\left(\frac{1}{2k-1}-\frac{1}{2k+1}\right)$

$=\lim_{n\to\infty}\left(1-\frac{1}{2n+1}\right)=1$ (수렴)

ㄷ. $n\ge 2$일 때,

$S_{2n-1}=-1+\left(\frac{1}{3}-\frac{1}{3}\right)+\left(\frac{1}{5}-\frac{1}{5}\right)+\cdots+\left(\frac{1}{2n-1}-\frac{1}{2n-1}\right)$

$=-1$

이므로 $\lim_{n\to\infty}S_{2n-1}=-1$

$S_{2n}=\left(-1+\frac{1}{3}\right)+\left(-\frac{1}{3}+\frac{1}{5}\right)+\cdots+\left(-\frac{1}{2n-1}+\frac{1}{2n+1}\right)$

$=-1+\frac{1}{2n+1}$

이므로 $\lim_{n\to\infty}S_{2n}=-1$

따라서 $\lim_{n\to\infty}S_n=-1$로 수렴한다.

이상에서 수렴하는 것은 ㄱ, ㄴ, ㄷ이다.

답 ⑤

09 ㄱ. $1+(1-1)+(1-1)+(1-1)+\cdots$

$=1+0+0+0+\cdots=1$ (수렴)

ㄴ. $(0-1)+(1-0)+(0-1)+(1-0)+\cdots$

$=-1+1-1+1-\cdots$

이므로

$S_{2n-1}=-1+(1-1)+\cdots+(1-1)=-1$

따라서 $\lim_{n\to\infty}S_{2n-1}=-1$

$S_{2n}=(-1+1)+(-1+1)+\cdots+(-1+1)=0$

따라서 $\lim_{n\to\infty}S_{2n}=0$

즉, $\lim_{n\to\infty}S_{2n-1}\ne\lim_{n\to\infty}S_{2n}$이므로 수렴하지 않는다.

ㄷ. $S_{2n-1}=-1+(2-3)+(4-5)+\cdots+\{2(n-1)-(2n-1)\}$

$=-n$

이므로 $\lim_{n\to\infty}S_{2n-1}=-\infty$

따라서 수렴하지 않는다.

이상에서 수렴하는 것은 ㄱ이다.

답 ①

10 $\sum_{n=1}^{\infty}\left(a_n-\frac{n^2}{2n^2+1}\right)=\frac{1}{2}$이므로

$\lim_{n\to\infty}\left(a_n-\frac{n^2}{2n^2+1}\right)=0$

그런데 $\lim_{n\to\infty}\frac{n^2}{2n^2+1}=\frac{1}{2}$이므로

$\lim_{n\to\infty}a_n=\frac{1}{2}$

답 ①

11 $\lim_{n\to\infty}\left(na_n-\frac{2n+1}{n}\right)=0$이고, $\lim_{n\to\infty}\frac{2n+1}{n}=2$이므로

$\lim_{n\to\infty} na_n=2$

따라서 $\lim_{n\to\infty}(na_n+5)=2+5=7$

답 ②

12 $\sum_{n=1}^{\infty}\left(\frac{a_n}{2^n}-\frac{1}{4}\right)$이 수렴하므로

$\lim_{n\to\infty}\left(\frac{a_n}{2^n}-\frac{1}{4}\right)=0$

따라서 $\lim_{n\to\infty}\frac{a_n}{2^n}=\frac{1}{4}$이므로

$$\lim_{n\to\infty}\frac{a_n}{2^{n+1}+1}=\lim_{n\to\infty}\frac{\frac{a_n}{2^n}}{2+\frac{1}{2^n}}=\frac{\frac{1}{4}}{2+0}=\frac{1}{8}$$

답 ④

13 $\sum_{n=1}^{\infty}(a_n+2b_n)=\sum_{n=1}^{\infty}a_n+2\sum_{n=1}^{\infty}b_n=3$ …… ㉠

$\sum_{n=1}^{\infty}(a_n-2b_n)=\sum_{n=1}^{\infty}a_n-2\sum_{n=1}^{\infty}b_n=5$ …… ㉡

㉠+㉡을 하면

$2\sum_{n=1}^{\infty}a_n=8$, $\sum_{n=1}^{\infty}a_n=4$

㉠에 대입하면

$4+2\sum_{n=1}^{\infty}b_n=3$이므로 $\sum_{n=1}^{\infty}b_n=-\frac{1}{2}$

따라서

$$\sum_{n=1}^{\infty}(a_n+4b_n)=\sum_{n=1}^{\infty}a_n+4\sum_{n=1}^{\infty}b_n=4+4\times\left(-\frac{1}{2}\right)=2$$

답 ②

14 $\sum_{n=1}^{\infty}a_n=3$이고 $\sum_{n=1}^{\infty}(a_n+3b_n)=12$이므로 $\sum_{n=1}^{\infty}b_n$의 값도 존재해야 한다.

$$\sum_{n=1}^{\infty}(a_n+3b_n)=\sum_{n=1}^{\infty}a_n+3\sum_{n=1}^{\infty}b_n=3+3\sum_{n=1}^{\infty}b_n=12$$

에서 $3\sum_{n=1}^{\infty}b_n=9$

따라서 $\sum_{n=1}^{\infty}b_n=3$

답 ③

15 두 급수 $\sum_{n=1}^{\infty}a_n$, $\sum_{n=1}^{\infty}b_n$은 모두 수렴하므로

$\sum_{n=1}^{\infty}(a_n-k^2b_n)=\sum_{n=1}^{\infty}(ka_n-2b_n)$

$\sum_{n=1}^{\infty}a_n-k^2\sum_{n=1}^{\infty}b_n=k\sum_{n=1}^{\infty}a_n-2\sum_{n=1}^{\infty}b_n$

$2-3k^2=2k-6$

$3k^2+2k-8=0$, $(k+2)(3k-4)=0$

$k=-2$ 또는 $k=\frac{4}{3}$

따라서 모든 상수 k의 값의 합은

$-2+\frac{4}{3}=-\frac{2}{3}$

답 ②

16 수열 $\{(3x-4)^n\}$이 수렴하므로

$-1<3x-4\le1$, $3<3x\le5$

$1<x\le\frac{5}{3}$ …… ㉠

또한 급수 $\sum_{n=1}^{\infty}(2x-3)^n$이 수렴하므로

$-1<2x-3<1$

$2<2x<4$, $1<x<2$ …… ㉡

㉠, ㉡에서 $1<x\le\frac{5}{3}$

답 ①

17 (i) $x=0$이면

$\sum_{n=1}^{\infty}x(x-1)^{n-1}=0$ (수렴)

(ii) $x\ne0$이면 공비가 $x-1$인 등비급수이므로 수렴할 조건은

$-1<x-1<1$, $0<x<2$

(i), (ii)에 의하여 실수 x의 값의 범위는

$0\le x<2$

답 ③

18 등비급수 $\sum_{n=1}^{\infty}(2\sin\theta)^{n-1}$이 수렴하려면

$-1<2\sin\theta<1$

$-\frac{1}{2}<\sin\theta<\frac{1}{2}$

이때 $-\frac{\pi}{2}<\theta<\frac{\pi}{2}$이므로

$-\frac{\pi}{6}<\theta<\frac{\pi}{6}$

따라서 $\beta-\alpha=\frac{\pi}{6}-\left(-\frac{\pi}{6}\right)=\frac{\pi}{3}$

답 ②

19 급수 $\sum_{n=1}^{\infty}\left(\frac{1}{2}\log_2 x-1\right)^n$이 수렴하기 위해서는

$-1<\frac{1}{2}\log_2 x-1<1$, $0<\frac{1}{2}\log_2 x<2$

$0<\log_2 x<4$

즉, $2^0<x<2^4$에서 $1<x<16$이므로 정수 x의 개수는

$16-2=14$

답 ④

20 $\sum_{n=1}^{\infty}\frac{(2^a+2)^{n-1}}{4^{an}}=\sum_{n=1}^{\infty}(2^a+2)^{-1}\left(\frac{2^a+2}{4^a}\right)^n$

이고, $2^a+2\neq0$이므로 수렴하기 위해서는

$$-1<\frac{2^a+2}{4^a}<1$$

그런데 $2^a+2>0$, $4^a>0$이므로

$\frac{2^a+2}{4^a}<1$, $2^a+2<4^a$

$4^a-2^a-2>0$

$(2^a-2)(2^a+1)>0$

이때 $2^a+1>0$이므로 $2^a-2>0$

즉, $2^a>2$에서 $a>1$

답 $a>1$

21 ㄱ. (반례) $a_n=1^n$이라 하면

$\lim_{n\to\infty}a_n=\lim_{n\to\infty}1^n=1$로 수렴하지만

$\sum_{n=1}^{\infty}a_n=\sum_{n=1}^{\infty}1^n=\infty$이다. (거짓)

ㄴ. 등비수열 $\{a_n\}$의 공비를 r라 하면

$\sum_{n=1}^{\infty}a_n$이 수렴하면 $-1<r<1$이다.

이때 a_{2n}의 공비는 r^2이고 $0\le r^2<1$이므로 $\sum_{n=1}^{\infty}a_{2n}$도 수렴한다. (참)

ㄷ. 명제 '$\sum_{n=1}^{\infty}a_n$이 발산하면 $\sum_{n=1}^{\infty}a_{2n}$도 발산한다.'의 대우는 '$\sum_{n=1}^{\infty}a_{2n}$이 수렴하면 $\sum_{n=1}^{\infty}a_n$도 수렴한다.'이다. 등비수열 $\{a_n\}$의 공비를 r라 하면 등비수열 $\{a_{2n}\}$의 공비는 r^2이고 $\sum_{n=1}^{\infty}a_{2n}$이 수렴하므로 $0\le r^2<1$이다.

따라서 $-1<r<1$이므로 $\sum_{n=1}^{\infty}a_n$도 수렴한다. (참)

이상에서 옳은 것은 ㄴ, ㄷ이다.

답 ⑤

22 $\sum_{n=1}^{\infty}\frac{3^n+2^{n-1}}{4^n}$

$$=\sum_{n=1}^{\infty}\left(\frac{3}{4}\right)^n+\sum_{n=1}^{\infty}\left\{\frac{1}{2}\times\left(\frac{1}{2}\right)^n\right\}$$

$$=\frac{\frac{3}{4}}{1-\frac{3}{4}}+\frac{\frac{1}{4}}{1-\frac{1}{2}}$$

$$=3+\frac{1}{2}=\frac{7}{2}$$

답 ②

23 등비수열 $\{a_n\}$의 공비를 r라 하면

$a_3=a_1r^2=2r^2=\frac{1}{2}$

$r^2=\frac{1}{4}$

또한 등비수열 $\{a_{2n}\}$의 공비는 $r^2=\frac{1}{4}$이므로

$$\sum_{n=1}^{\infty}a_{2n}=\frac{a_2}{1-\frac{1}{4}}=\frac{4}{3}a_2=\frac{4}{3}$$

따라서 $a_2=1$

답 ④

24 등비수열 $\{a_n\}$의 공비를 r라 하면 수열 $\{a_n^2\}$은 첫째항이 a_1^2이고 공비가 r^2인 등비수열이고, 수열 $\{a_n^3\}$은 첫째항이 a_1^3이고 공비가 r^3인 등비수열이다.

$\sum_{n=1}^{\infty}a_n=\frac{a_1}{1-r}=3$ …… ㉠

$\sum_{n=1}^{\infty}a_n^2=\frac{a_1^2}{1-r^2}=6$

$\frac{a_1^2}{1-r^2}=6$에서 $\frac{a_1}{1-r}\times\frac{a_1}{1+r}=6$이므로

$3\times\frac{a_1}{1+r}=6$, $\frac{a_1}{1+r}=2$ …… ㉡

㉠, ㉡에서 $a_1+3r=3$, $a_1-2r=2$이므로

$a_1=\frac{12}{5}$, $r=\frac{1}{5}$

$$\sum_{n=1}^{\infty}a_n^3=\frac{\left(\frac{12}{5}\right)^3}{1-\left(\frac{1}{5}\right)^3}=\frac{\frac{1728}{125}}{1-\frac{1}{125}}=\frac{432}{31}$$

따라서 $p=31$, $q=432$이므로

$p+q=463$

답 463

25 급수의 부분합을 S_n이라 하면

$$S_n=\log_2\sqrt{2}+\log_2\sqrt{\sqrt{2}}+\log_2\sqrt{\sqrt{\sqrt{2}}}+\cdots+\log_2\sqrt{\sqrt{\cdots\sqrt{2}}}$$

$$=\log_2 2^{\frac{1}{2}}+\log_2 2^{\frac{1}{4}}+\log_2 2^{\frac{1}{8}}+\cdots+\log_2 2^{\frac{1}{2^n}}$$

$$=\log_2\{2^{\frac{1}{2}}\times2^{\frac{1}{4}}\times2^{\frac{1}{8}}\times\cdots\times2^{\left(\frac{1}{2}\right)^n}\}$$

$$=\log_2 2^{\frac{1}{2}+\frac{1}{4}+\frac{1}{8}+\cdots+\left(\frac{1}{2}\right)^n}$$

$$=\frac{1}{2}+\frac{1}{4}+\frac{1}{8}+\cdots+\left(\frac{1}{2}\right)^n$$

따라서

$\log_2\sqrt{2}+\log_2\sqrt{\sqrt{2}}+\log_2\sqrt{\sqrt{\sqrt{2}}}+\cdots$

$$=\frac{1}{2}+\frac{1}{4}+\frac{1}{8}+\cdots+\left(\frac{1}{2}\right)^n+\cdots$$

$$=\frac{\frac{1}{2}}{1-\frac{1}{2}}=1$$

답 ②

26 주어진 등비급수는 첫째항이 $\sin^2\theta$, 공비는 $\cos\theta$이므로

$\sin^2\theta+\sin^2\theta\cos\theta+\sin^2\theta\cos^2\theta+\cdots$

$$=\frac{\sin^2\theta}{1-\cos\theta}=\frac{3}{2}$$

$2\sin^2\theta=3-3\cos\theta$, $2(1-\cos^2\theta)=3-3\cos\theta$

$2\cos^2\theta-3\cos\theta+1=0$

$(2\cos\theta-1)(\cos\theta-1)=0$

그러므로 $0<\theta<\frac{\pi}{2}$에서 $\cos\theta=\frac{1}{2}$이므로

$\theta=\frac{\pi}{3}$

따라서 $\tan\theta=\tan\frac{\pi}{3}=\sqrt{3}$

답 ③

27 다항식 $f(x)=x^n-2x$를 $x-2$로 나눈 나머지가 a_n이므로

$a_n=f(2)=2^n-4$

즉, $a_n+4=2^n$이므로

$$\sum_{n=1}^{\infty}\frac{1}{a_n+4}=\sum_{n=1}^{\infty}\frac{1}{2^n}=\frac{\frac{1}{2}}{1-\frac{1}{2}}=1$$

답 ①

28 $S_n=\frac{3^{n+1}-3}{2}$에서

$n=1$일 때, $a_1=S_1=3$

$n\geq2$일 때,

$$a_n=S_n-S_{n-1}=\frac{3^{n+1}-3}{2}-\frac{3^n-3}{2}=3^n$$

따라서 $a_n=3^n$ $(n\geq1)$이므로

$$\sum_{n=1}^{\infty}\frac{1}{a_n}=\sum_{n=1}^{\infty}\left(\frac{1}{3}\right)^n=\frac{\frac{1}{3}}{1-\frac{1}{3}}=\frac{1}{2}$$

답 ①

29 $\log_5(S_n+1)=n$에서

$S_n+1=5^n$이므로

$S_n=5^n-1$

$n=1$일 때, $a_1=S_1=4$

$n\geq2$일 때,

$$\begin{aligned}a_n&=S_n-S_{n-1}\\&=(5^n-1)-(5^{n-1}-1)\\&=4\times5^{n-1}\end{aligned}$$

$a_n=4\times5^{n-1}$ $(n\geq1)$이므로

$$\begin{aligned}a_na_{n+1}&=(4\times5^{n-1})\times(4\times5^n)\\&=16\times5^{2n-1}\end{aligned}$$

따라서

$$\begin{aligned}\sum_{n=1}^{\infty}\frac{1}{a_na_{n+1}}&=\sum_{n=1}^{\infty}\frac{1}{16\times5^{2n-1}}\\&=\sum_{n=1}^{\infty}\left\{\frac{5}{16}\times\left(\frac{1}{25}\right)^n\right\}\\&=\frac{\frac{1}{80}}{1-\frac{1}{25}}=\frac{5}{384}\end{aligned}$$

답 ⑤

30 이차방정식 $x^2+ax+b=0$의 서로 다른 두 실근이 α, β이므로 이차방정식의 근과 계수의 관계에 의하여

$\alpha+\beta=-a$, $\alpha\beta=b$

또한 $|\alpha|<1$, $|\beta|<1$이므로

$$\begin{aligned}&\sum_{n=1}^{\infty}\frac{\alpha^n-\beta^n}{\alpha-\beta}\\&=\frac{1}{\alpha-\beta}\sum_{n=1}^{\infty}(\alpha^n-\beta^n)\\&=\frac{1}{\alpha-\beta}\left(\sum_{n=1}^{\infty}\alpha^n-\sum_{n=1}^{\infty}\beta^n\right)\\&=\frac{1}{\alpha-\beta}\left(\frac{\alpha}{1-\alpha}-\frac{\beta}{1-\beta}\right)\\&=\frac{1}{\alpha-\beta}\times\frac{\alpha(1-\beta)-\beta(1-\alpha)}{(1-\alpha)(1-\beta)}\\&=\frac{1}{\alpha-\beta}\times\frac{\alpha-\beta}{1-\alpha-\beta+\alpha\beta}\\&=\frac{1}{1-(\alpha+\beta)+\alpha\beta}\\&=\frac{1}{1+a+b}\end{aligned}$$

답 ①

31 $a_{n+1}=a_n+2$에서 $a_{n+1}-a_n=2$이므로 수열 $\{a_n\}$은 첫째항이 2이고 공차가 2인 등차수열이다.

따라서 $a_n=2+(n-1)\times2=2n$이므로

$$\begin{aligned}\sum_{n=1}^{\infty}\frac{1}{a_na_{n+1}}&=\sum_{n=1}^{\infty}\frac{1}{2n\times2(n+1)}\\&=\frac{1}{4}\sum_{n=1}^{\infty}\frac{1}{n(n+1)}\\&=\frac{1}{4}\sum_{n=1}^{\infty}\left(\frac{1}{n}-\frac{1}{n+1}\right)\\&=\frac{1}{4}\lim_{n\to\infty}\left(1-\frac{1}{n+1}\right)=\frac{1}{4}\end{aligned}$$

답 ④

32 수열 $\{a_n\}$은 첫째항이 4이고 공비가 $\frac{\sqrt{2}}{2}$인 등비수열이므로

$$a_n=4\times\left(\frac{\sqrt{2}}{2}\right)^{n-1}$$

따라서

$$\frac{a_{2n}}{a_n}=\frac{4\times\left(\frac{\sqrt{2}}{2}\right)^{2n-1}}{4\times\left(\frac{\sqrt{2}}{2}\right)^{n-1}}=\left(\frac{\sqrt{2}}{2}\right)^n$$

이므로

$$\begin{aligned}\sum_{n=1}^{\infty}\frac{a_{2n}}{a_n}&=\sum_{n=1}^{\infty}\left(\frac{\sqrt{2}}{2}\right)^n=\frac{\frac{\sqrt{2}}{2}}{1-\frac{\sqrt{2}}{2}}\\&=\frac{\sqrt{2}}{2-\sqrt{2}}=\frac{\sqrt{2}(2+\sqrt{2})}{2}\\&=\sqrt{2}+1\end{aligned}$$

답 ①

33 $a_{n+1}=\frac{a_{n+2}+a_n}{2}$에서 a_{n+1}은 a_n, a_{n+2}의 등차중항이므로 수열 $\{a_n\}$은 등차수열이다.

수열 $\{a_n\}$의 공차를 d라 하면

$a_2=a_1+d=1+d=3$

$d=2$

따라서 $a_n=1+(n-1)\times2=2n-1$이므로

$$\sum_{n=1}^{\infty}\frac{1}{(2n+1)\times a_n}=\sum_{n=1}^{\infty}\frac{1}{(2n+1)(2n-1)}$$
$$=\sum_{n=1}^{\infty}\frac{1}{2}\left(\frac{1}{2n-1}-\frac{1}{2n+1}\right)$$
$$=\lim_{n\to\infty}\frac{1}{2}\left(1-\frac{1}{2n+1}\right)$$
$$=\frac{1}{2}(1-0)=\frac{1}{2}$$

답 ①

$$=\sum_{n=1}^{\infty}\frac{1}{2n(n+1)}$$
$$=\frac{1}{2}\sum_{n=1}^{\infty}\frac{1}{n(n+1)}$$
$$=\frac{1}{2}\sum_{n=1}^{\infty}\left(\frac{1}{n}-\frac{1}{n+1}\right)$$
$$=\frac{1}{2}\lim_{n\to\infty}\left(1-\frac{1}{n+1}\right)=\frac{1}{2}$$

답 $\frac{1}{2}$

34 점 P가 한없이 가까워지는 점의 좌표를 (x, y)라 하면

$$x=\overline{OP_1}+\overline{P_2P_3}+\overline{P_4P_5}+\cdots$$
$$=1+\frac{1}{4}+\frac{1}{16}+\cdots$$
$$=\frac{1}{1-\frac{1}{4}}=\frac{4}{3}$$
$$y=\overline{P_1P_2}+\overline{P_3P_4}+\overline{P_5P_6}+\cdots$$
$$=\frac{1}{2}+\frac{1}{8}+\frac{1}{32}+\cdots$$
$$=\frac{\frac{1}{2}}{1-\frac{1}{4}}=\frac{2}{3}$$

따라서 점 P는 점 $\left(\frac{4}{3}, \frac{2}{3}\right)$에 한없이 가까워진다.

답 $\left(\frac{4}{3}, \frac{2}{3}\right)$

35 $f(x)=(n^2+n)x^2-2x$
$=x\{(n^2+n)x-2\}$

이므로

$P_n\left(\frac{2}{n^2+n}, 0\right)$

따라서 $a_n=\frac{2}{n^2+n}$이므로

$$\sum_{n=1}^{\infty}a_n=\sum_{n=1}^{\infty}\frac{2}{n^2+n}$$
$$=2\sum_{n=1}^{\infty}\frac{1}{n(n+1)}$$
$$=2\sum_{n=1}^{\infty}\left(\frac{1}{n}-\frac{1}{n+1}\right)$$
$$=2\lim_{n\to\infty}\left(1-\frac{1}{n+1}\right)$$
$$=2$$

답 2

36 원 $x^2+y^2=2n^2$ 위의 점 (n, n)에서의 접선의 방정식은

$nx+ny=2n^2$, $x+y=2n$

두 점 $P_n(2n, 0)$, $Q_n(0, 2n)$이므로

$S_n=\frac{1}{2}\times 2n\times 2n=2n^2$

따라서 $S_{n+1}=2(n+1)^2$이므로

$$\sum_{n=1}^{\infty}\frac{1}{\sqrt{S_nS_{n+1}}}=\sum_{n=1}^{\infty}\frac{1}{\sqrt{2n^2\times 2(n+1)^2}}$$

37 점 P_{n+1}에서 점 P_n을 지나고 x축에 평행한 직선에 내린 수선의 발을 H_n이라 하면 $\angle P_{n+1}P_nH_n=30^\circ$이므로

$$\overline{P_nH_n}=\frac{\sqrt{3}}{2}\overline{P_nP_{n+1}}$$
$$\overline{P_{n+1}H_n}=\frac{1}{2}\overline{P_nP_{n+1}}$$

점 P가 한없이 가까워지는 점의 좌표를 (x, y)라 하면

$$x=\frac{\sqrt{3}}{2}-\frac{3}{4}\times\frac{\sqrt{3}}{2}+\left(\frac{3}{4}\right)^2\times\frac{\sqrt{3}}{2}-\cdots$$
$$=\frac{\sqrt{3}}{2}\left\{1-\frac{3}{4}+\left(\frac{3}{4}\right)^2-\cdots\right\}$$
$$=\frac{\sqrt{3}}{2}\times\frac{1}{1-\left(-\frac{3}{4}\right)}$$
$$=\frac{\sqrt{3}}{2}\times\frac{4}{7}$$
$$=\frac{2\sqrt{3}}{7}$$
$$y=\frac{1}{2}+\frac{3}{4}\times\frac{1}{2}+\left(\frac{3}{4}\right)^2\times\frac{1}{2}+\cdots$$
$$=\frac{1}{2}\left\{1+\frac{3}{4}+\left(\frac{3}{4}\right)^2+\cdots\right\}$$
$$=\frac{1}{2}\times\frac{1}{1-\frac{3}{4}}$$
$$=\frac{1}{2}\times 4$$
$$=2$$

따라서 점 P는 점 $\left(\frac{2\sqrt{3}}{7}, 2\right)$에 한없이 가까워진다.

답 $\left(\frac{2\sqrt{3}}{7}, 2\right)$

38 $\overline{OA_{n+1}}=\frac{1}{2}\overline{OA_n}$, $\overline{OB_{n+1}}=\frac{1}{2}\overline{OB_n}$이므로

$\overline{OA_n}=2\times\left(\frac{1}{2}\right)^n$, $\overline{OB_n}=4\times\left(\frac{1}{2}\right)^n$

따라서 삼각형 OA_nB_n에서 코사인법칙에 의하여

$$\overline{A_nB_n}^2$$
$$=\overline{OA_n}^2+\overline{OB_n}^2-2\times\overline{OA_n}\times\overline{OB_n}\cos 60^\circ$$
$$=4\times\left(\frac{1}{4}\right)^n+16\times\left(\frac{1}{4}\right)^n-2\times 2\times\left(\frac{1}{2}\right)^n\times 4\times\left(\frac{1}{2}\right)^n\times\frac{1}{2}$$
$$=20\times\left(\frac{1}{4}\right)^n-8\times\left(\frac{1}{4}\right)^n$$
$$=12\times\left(\frac{1}{4}\right)^n$$

이므로

$a_n=\overline{A_nB_n}=2\sqrt{3}\times\left(\frac{1}{2}\right)^n$

따라서

$$\sum_{n=1}^{\infty}a_n=\sum_{n=1}^{\infty}\left\{2\sqrt{3}\times\left(\frac{1}{2}\right)^n\right\}=\frac{\sqrt{3}}{1-\frac{1}{2}}=2\sqrt{3}$$

답 $2\sqrt{3}$

39 수직선 위의 원점에 점 A_1을 놓고, 나머지 점 A_n을 수직선 위에 놓으면 $A_2(2)$이고

$A_3\left(\frac{3\times2-1\times0}{3-1}\right)$, 즉 $A_3(3)$

$A_4\left(\frac{3\times3-1\times2}{3-1}\right)$, 즉 $A_4\left(\frac{7}{2}\right)$

⋮

이므로

$\overline{A_1A_2}=2-0=2$,

$\overline{A_2A_3}=3-2=1$,

$\overline{A_3A_4}=\frac{7}{2}-3=\frac{1}{2}$,

⋮

$\overline{A_nA_{n+1}}=2\times\left(\frac{1}{2}\right)^{n-1}$

따라서 $a_n=\pi\times\left(\frac{1}{2}\right)^{n-1}$이므로

$$\sum_{n=1}^{\infty}a_n=\sum_{n=1}^{\infty}\left\{\pi\times\left(\frac{1}{2}\right)^{n-1}\right\}=\frac{\pi}{1-\frac{1}{2}}=2\pi$$

답 2π

40 $a_1=4\times4=16$

$a_2=4\times\left(4\times\frac{1}{2}\times\sqrt{2}\right)=8\sqrt{2}$

$a_3=4\times\left(2\sqrt{2}\times\frac{1}{2}\times\sqrt{2}\right)=8$

⋮

$a_n=16\times\left(\frac{1}{\sqrt{2}}\right)^{n-1}=16\times\left(\frac{\sqrt{2}}{2}\right)^{n-1}$

따라서

$$\sum_{n=1}^{\infty}a_n=\sum_{n=1}^{\infty}\left\{16\times\left(\frac{\sqrt{2}}{2}\right)^{n-1}\right\}=\frac{16}{1-\frac{\sqrt{2}}{2}}=\frac{32}{2-\sqrt{2}}=\frac{32(2+\sqrt{2})}{(2-\sqrt{2})(2+\sqrt{2})}=16(2+\sqrt{2})$$

답 $16(2+\sqrt{2})$

41 정삼각형 $A_1B_1C_1$의 무게중심과 원 C_1의 중심 C는 일치하므로 원 C_1의 반지름의 길이 r_1은

$r_1=\frac{2}{3}\times\frac{\sqrt{3}}{2}\times\overline{A_1C_1}=\frac{2}{3}\times\frac{\sqrt{3}}{2}\times2\sqrt{3}=2$

또한 정삼각형 $A_2B_2C_2$의 무게중심과 원 C_2의 중심 C는 일치하므로 원 C_2의 반지름의 길이 r_2는

$r_2=\frac{1}{2}r_1=1$

이와 같은 방법으로 생각하면

$r_n=2\times\left(\frac{1}{2}\right)^{n-1}$

이므로

$a_n=2\pi r_n=2\pi\times2\times\left(\frac{1}{2}\right)^{n-1}=4\pi\times\left(\frac{1}{2}\right)^{n-1}$

따라서

$$\sum_{n=1}^{\infty}a_n=\sum_{n=1}^{\infty}\left\{4\pi\times\left(\frac{1}{2}\right)^{n-1}\right\}=\frac{4\pi}{1-\frac{1}{2}}=8\pi$$

답 8π

42 원 C_n의 중심을 C_n, 반지름의 길이를 r_n이라 하고, 원 C_n과 선분 BC가 접하는 점을 D_n이라 하자.

이때 $\angle BC_nD_n=60^\circ$이고, $\overline{BD_n}=a$라 하면

$r_n=\frac{a}{\sqrt{3}}$

따라서 $r_1=\frac{\frac{1}{2}\times4}{\sqrt{3}}=\frac{2}{\sqrt{3}}$

또한 점 C_2에서 선분 C_1D_1에 내린 수선의 발을 E_1이라 하면

$\overline{C_1C_2}=\frac{2}{\sqrt{3}}+r_2$, $\overline{C_1E_1}=\frac{2}{\sqrt{3}}-r_2$

이므로 $\overline{C_1E_1}=\frac{1}{2}\overline{C_1C_2}$에서

$\frac{2}{\sqrt{3}}-r_2=\frac{1}{2}\left(\frac{2}{\sqrt{3}}+r_2\right)=\frac{1}{\sqrt{3}}+\frac{1}{2}r_2$

$\frac{3}{2}r_2=\frac{1}{\sqrt{3}}$, $r_2=\frac{2}{3\sqrt{3}}$

따라서 $r_n=\frac{2}{\sqrt{3}}\times\left(\frac{1}{3}\right)^{n-1}$이므로

$$\sum_{n=1}^{\infty}S_n=\sum_{n=1}^{\infty}\left\{\frac{4}{3}\pi\times\left(\frac{1}{9}\right)^{n-1}\right\}=\frac{\frac{4}{3}\pi}{1-\frac{1}{9}}=\frac{3}{2}\pi$$

답 $\frac{3}{2}\pi$

43 정사각형 $P_nQ_nR_nS_n$의 한 변의 길이를 a_n이라 하면

$\overline{B_1Q_1}=\overline{C_1R_1}=\frac{1}{\sqrt{3}}a_1$

이므로

$\frac{2}{\sqrt{3}}a_1+a_1=1$

$a_1=\frac{1}{\frac{2}{\sqrt{3}}+1}=\frac{\sqrt{3}}{2+\sqrt{3}}$

$=\sqrt{3}(2-\sqrt{3})$

이때 두 정삼각형 $A_1B_1C_1$, $A_1P_1S_1$의 닮음비는 $1:\sqrt{3}(2-\sqrt{3})$이므로
두 정사각형 $P_1Q_1R_1S_1$, $P_2Q_2R_2S_2$의 넓이의 비는
$1^2:\{\sqrt{3}(2-\sqrt{3})\}^2=1:3(7-4\sqrt{3})$
따라서

$$\sum_{n=1}^{\infty}S_n=\frac{3(7-4\sqrt{3})}{1-3(7-4\sqrt{3})}=\frac{3(7-4\sqrt{3})}{12\sqrt{3}-20}=\frac{3(\sqrt{3}-1)}{8}$$

답 $\frac{3(\sqrt{3}-1)}{8}$

44 삼각형 $A_1B_1C_1$은 직각이등변삼각형이므로

$$\overline{A_1B_1}=\frac{\overline{B_1C_1}}{\sqrt{2}}=2\sqrt{2}$$

이때 반원 C_1의 반지름의 길이를 r_1, 반원 C_1과 선분 A_1B_1이 만나는 점을 D_1이라 하면

$$\overline{A_1B_1}=\overline{A_1D_1}+\overline{B_1D_1}=r_1+r_1=2r_1=2\sqrt{2}$$

$r_1=\sqrt{2}$
따라서

$$S_1=\frac{1}{2}\times2\sqrt{2}\times2\sqrt{2}-\frac{1}{2}\times\pi\times(\sqrt{2})^2=4-\pi$$

이고, 반원 C_1에 내접하는 직각이등변삼각형 $A_2B_2C_2$에서
$\overline{B_2C_2}=2r_1=2\sqrt{2}$
이므로 두 삼각형 $A_1B_1C_1$, $A_2B_2C_2$의 닮음비는
$\overline{B_1C_1}:\overline{B_2C_2}=4:2\sqrt{2}$, 즉 $2:\sqrt{2}$ 이다.
따라서

$$\lim_{n\to\infty}S_n=\frac{4-\pi}{1-\left(\frac{\sqrt{2}}{2}\right)^2}=\frac{4-\pi}{1-\frac{1}{2}}=8-2\pi$$

답 ③

45 삼각형 $A_1A_4A_5$에 내접하는 원의 반지름의 길이를 r_1이라 하고, 원과 선분 A_1A_4가 만나는 점을 B_1이라 하면

$$\overline{A_1B_1}=\frac{1}{2}\times8=4$$

이고, $\angle A_5A_1B_1=30°$이므로

$$\overline{B_1A_5}=\frac{4}{\sqrt{3}},\ \overline{A_1A_5}=\frac{8}{\sqrt{3}}$$

$$\frac{1}{2}\times\overline{A_1A_4}\times\overline{B_1A_5}=\frac{1}{2}\times r_1\times(\overline{A_1A_4}+\overline{A_4A_5}+\overline{A_1A_5})$$

$$\frac{1}{2}\times8\times\frac{4}{\sqrt{3}}=\frac{1}{2}\times r_1\times\left(8+\frac{8}{\sqrt{3}}+\frac{8}{\sqrt{3}}\right)$$

$$\frac{4}{\sqrt{3}}=r_1\left(1+\frac{2}{\sqrt{3}}\right)$$

$$r_1=\frac{\frac{4}{\sqrt{3}}}{1+\frac{2}{\sqrt{3}}}=\frac{4}{\sqrt{3}+2}=4(2-\sqrt{3})$$

따라서

$$S_1=\pi\{4(2-\sqrt{3})\}^2=16(7-4\sqrt{3})\pi$$

또한 두 삼각형 $A_1A_4A_5$, $A_4A_7A_8$의 닮음비는 $8:\frac{8}{\sqrt{3}}$, 즉 $\sqrt{3}:1$이므로

$$\lim_{n\to\infty}S_n=\frac{16(7-4\sqrt{3})\pi}{1-\left(\frac{1}{\sqrt{3}}\right)^2}=\frac{16(7-4\sqrt{3})\pi}{\frac{2}{3}}=24(7-4\sqrt{3})\pi$$

답 ①

46

$$d=10+10\times\frac{4}{5}\times2+10\times\left(\frac{4}{5}\right)^2\times2+\cdots$$
$$=10+20\left\{\frac{4}{5}+\left(\frac{4}{5}\right)^2+\cdots\right\}$$
$$=10+20\times\frac{\frac{4}{5}}{1-\frac{4}{5}}$$
$$=10+20\times4$$
$$=90$$

답 ④

47 n년 말에 운용할 수 있는 장학재단의 기금을 a_n억 원이라 하면

$$a_1=100+100\times\frac{10}{100}=100\left(1+\frac{10}{100}\right)=100\times1.1$$

$$a_2=100\times1.1\times1.1\times\frac{70}{100}=100\times1.1^2\times0.7$$

$$a_3=100\times1.1^2\times0.7\times1.1\times\frac{70}{100}=100\times1.1^3\times0.7^2$$

⋮

$$a_n=100\times1.1^n\times0.7^{n-1}$$

n년 말에 지급한 장학금을 b_n억 원이라 하면

$$b_1=a_1\times\frac{30}{100}=100\times1.1\times0.3$$

$$b_2=a_2\times\frac{30}{100}=100\times1.1^2\times0.7\times0.3$$

$$b_3=a_3\times\frac{30}{100}=100\times1.1^3\times0.7^2\times0.3$$

⋮

$$b_n=100\times1.1^n\times0.7^{n-1}\times0.3=30\times1.1\times0.77^{n-1}$$

따라서 해마다 지급하는 장학금의 총액은

$$S=\sum_{n=1}^{\infty}b_n=\sum_{n=1}^{\infty}(30\times1.1\times0.77^{n-1})$$
$$=\frac{30\times1.1}{1-0.77}=\frac{30\times1.1}{0.23}$$
$$=\frac{3300}{23}$$
따라서 $23S=3300$

답 ③

48 $\frac{13}{99}=0.\dot{1}\dot{3}=0.131313\cdots$

따라서

$a_1=1,\ a_2=3,\ a_3=1,\ a_4=3,\ \cdots$

이므로

$$\sum_{n=1}^{\infty}\frac{a_n}{2^n}=\frac{1}{2}+\frac{3}{2^2}+\frac{1}{2^3}+\frac{3}{2^4}+\cdots$$
$$=\left(\frac{1}{2}+\frac{1}{2^3}+\cdots\right)+\left(\frac{3}{2^2}+\frac{3}{2^4}+\cdots\right)$$
$$=\frac{\frac{1}{2}}{1-\left(\frac{1}{2}\right)^2}+\frac{\frac{3}{2^2}}{1-\left(\frac{1}{2}\right)^2}$$
$$=\frac{\frac{1}{2}}{1-\frac{1}{4}}+\frac{\frac{3}{4}}{1-\frac{1}{4}}$$
$$=\frac{2}{3}+1=\frac{5}{3}$$

답 ⑤

49 등비급수의 일반항을 a_n이라 하면

$a_1=\frac{12-1}{90}=\frac{11}{90},\ a_2=\frac{4}{90}$

이므로 공비를 r라 하면

$$\frac{4}{90}=\frac{11}{90}\times r$$

즉, $r=\frac{4}{11}$이므로 구하는 등비급수의 합은

$$\frac{\frac{11}{90}}{1-\frac{4}{11}}=\frac{121}{630}$$

답 ①

50 $n=1$일 때, $a_1=3$

$n=2$일 때, $a_2=0$

$n=3$일 때, $a_3=4$

$n=4$일 때, $a_4=2$

$n=5$일 때, $a_5=3$

⋮

이므로

$$\sum_{n=1}^{\infty}\frac{a_{2n}}{10^n}=\frac{0}{10}+\frac{2}{10^2}+\frac{0}{10^3}+\frac{2}{10^4}+\cdots$$
$$=\frac{2}{10^2}+\frac{2}{10^4}+\cdots$$
$$=\frac{\frac{2}{10^2}}{1-\frac{1}{10^2}}=\frac{2}{99}$$

답 ②

서술형 완성하기

본문 38쪽

01 $\frac{3}{4}$ **02** 1 **03** $\frac{1}{5}$ **04** 10

05 $\left(\frac{27+18\sqrt{3}}{26},\ \frac{27\sqrt{3}-18}{26}\right)$

01 $S_{2n}=4-8+16-32+\cdots+(-2)^{2n}+(-2)^{2n+1}$

$$=\frac{4\{1-(-2)^{2n}\}}{1-(-2)}=\frac{4}{3}(1-4^n)\quad\cdots\cdots❶$$

$S_{2n+1}=4-8+16-32+\cdots+(-2)^{2n}+(-2)^{2n+1}+(-2)^{2n+2}$

$$=\frac{4}{3}(1-4^n)+(-2)^{2n+2}=\frac{4}{3}(1-4^n)+4^{n+1}$$
$$=\frac{4}{3}+\frac{8}{3}\times4^n\quad\cdots\cdots❷$$

따라서

$$\lim_{n\to\infty}\frac{3^n+4^n}{S_{2n+1}+S_{2n}}=\lim_{n\to\infty}\frac{3^n+4^n}{\frac{8}{3}+\frac{4}{3}\times4^n}$$
$$=\lim_{n\to\infty}\frac{\left(\frac{3}{4}\right)^n+1}{\frac{8}{3}\times\frac{1}{4^n}+\frac{4}{3}}=\frac{3}{4}\quad\cdots\cdots❸$$

답 $\frac{3}{4}$

단계	채점 기준	비율
❶	S_{2n}을 구한 경우	40 %
❷	S_{2n+1}을 구한 경우	40 %
❸	극한값을 구한 경우	20 %

02 급수 $\sum_{n=1}^{\infty}(a_n-1)$이 수렴하므로 $\lim_{n\to\infty}(a_n-1)=0$

즉, $\lim_{n\to\infty}a_n=1$ ……❶

따라서

$$\lim_{n\to\infty}\frac{a_nn^2+n-2}{n^2+2n+1}=\lim_{n\to\infty}\frac{a_n+\frac{1}{n}-\frac{2}{n^2}}{1+\frac{2}{n}+\frac{1}{n^2}}$$
$$=\frac{1+0-0}{1+0+0}=1\quad\cdots\cdots❷$$

답 1

단계	채점 기준	비율
❶	$\lim_{n\to\infty}a_n$의 값을 구한 경우	40 %
❷	극한값을 구한 경우	60 %

03 $\cos\frac{n\pi}{2}+\sin\frac{n\pi}{2}$의 값을 n의 값에 따라 구해 보면

$n=1$일 때, $\cos\frac{\pi}{2}+\sin\frac{\pi}{2}=0+1=1$

$n=2$일 때, $\cos\pi+\sin\pi=-1+0=-1$

$n=3$일 때, $\cos\frac{3}{2}\pi+\sin\frac{3}{2}\pi=0+(-1)=-1$

$n=4$일 때, $\cos 2\pi+\sin 2\pi=1+0=1$ …… ❶

따라서

$$\sum_{n=1}^{\infty}\left(\frac{1}{2}\right)^n\left(\cos\frac{n\pi}{2}+\sin\frac{n\pi}{2}\right)$$
$$=\frac{1}{2}\times1+\left(\frac{1}{2}\right)^2\times(-1)+\left(\frac{1}{2}\right)^3\times(-1)+\left(\frac{1}{2}\right)^4\times1+\cdots$$
$$=\left\{\frac{1}{2}+\left(\frac{1}{2}\right)^5+\left(\frac{1}{2}\right)^9+\cdots\right\}-\left\{\left(\frac{1}{2}\right)^2+\left(\frac{1}{2}\right)^6+\left(\frac{1}{2}\right)^{10}+\cdots\right\}$$
$$-\left\{\left(\frac{1}{2}\right)^3+\left(\frac{1}{2}\right)^7+\left(\frac{1}{2}\right)^{11}+\cdots\right\}+\left\{\left(\frac{1}{2}\right)^4+\left(\frac{1}{2}\right)^8+\left(\frac{1}{2}\right)^{12}+\cdots\right\}$$
$$=\frac{\frac{1}{2}}{1-\left(\frac{1}{2}\right)^4}-\frac{\left(\frac{1}{2}\right)^2}{1-\left(\frac{1}{2}\right)^4}-\frac{\left(\frac{1}{2}\right)^3}{1-\left(\frac{1}{2}\right)^4}+\frac{\left(\frac{1}{2}\right)^4}{1-\left(\frac{1}{2}\right)^4}$$
$$=\frac{8}{15}-\frac{4}{15}-\frac{2}{15}+\frac{1}{15}=\frac{1}{5}$$ …… ❷

답 $\frac{1}{5}$

단계	채점 기준	비율
❶	규칙을 찾은 경우	40 %
❷	급수의 합을 구한 경우	60 %

04 $S=\sum_{n=1}^{\infty}a_n=\frac{2}{1-\frac{1}{2}}=4$ …… ❶

$$S_n=\sum_{k=1}^{n}a_k=\frac{2\left\{1-\left(\frac{1}{2}\right)^n\right\}}{1-\frac{1}{2}}=4\left\{1-\left(\frac{1}{2}\right)^n\right\}$$ …… ❷

$$|S-S_n|=\left|4-4\left\{1-\left(\frac{1}{2}\right)^n\right\}\right|$$
$$=\left|4\times\left(\frac{1}{2}\right)^n\right|=4\times\left(\frac{1}{2}\right)^n<0.004$$

$\left(\frac{1}{2}\right)^n<0.001$, $2^n>1000$

이때 $2^9=512$, $2^{10}=1024$이므로 자연수 n의 최솟값은 10이다. …… ❸

답 10

단계	채점 기준	비율
❶	S를 구한 경우	40 %
❷	S_n을 구한 경우	20 %
❸	자연수 n의 최솟값을 구한 경우	40 %

05 점 P_n의 좌표를 (x_n, y_n)이라 하면 $\overline{OP_1}=3$이고, 직선 OP_1이 x축의 양의 방향과 이루는 예각의 크기가 $60°$이므로

$x_1=3\cos 60°=\frac{3}{2}$

$y_1=3\sin 60°=\frac{3\sqrt{3}}{2}$

또한 점 P_2에서 점 P_1을 지나고 y축에 평행한 직선에 내린 수선의 발을 H_1이라 하면

$\overline{P_1P_2}=2$, $\angle P_1P_2H_1=30°$

이므로

$x_2=x_1+2\cos 30°=\frac{3}{2}+\sqrt{3}$

$y_2=y_1-2\sin 30°=\frac{3\sqrt{3}}{2}-1$

점 P_3에서 점 P_2를 지나고 y축에 평행한 직선에 내린 수선의 발을 H_2라 하면

$\overline{P_2P_3}=\frac{4}{3}$, $\angle P_3P_2H_2=30°$

이므로

$x_3=x_2-\frac{4}{3}\sin 30°=\frac{3}{2}+\sqrt{3}-\frac{2}{3}$

$y_3=y_2-\frac{4}{3}\cos 30°=\frac{3\sqrt{3}}{2}-1-\frac{2\sqrt{3}}{3}$

점 P_4에서 점 P_3을 지나고 y축에 평행한 직선에 내린 수선의 발을 H_3이라 하면

$\overline{P_3P_4}=\frac{8}{9}$, $\angle P_3P_4H_3=30°$

이므로

$$x_4=x_3-\frac{8}{9}\cos 30°$$
$$=\frac{3}{2}+\sqrt{3}-\frac{2}{3}-\frac{4\sqrt{3}}{9}$$
$$y_4=y_3+\frac{8}{9}\sin 30°$$
$$=\frac{3\sqrt{3}}{2}-1-\frac{2\sqrt{3}}{3}+\frac{4}{9}$$ …… ❶

이와 같은 방법으로 생각하면

x_n
$$=\left(\frac{3}{2}-\frac{2}{3}+\frac{8}{27}-\frac{32}{243}+\cdots\right)+\left(\sqrt{3}-\frac{4\sqrt{3}}{9}+\frac{16\sqrt{3}}{81}-\frac{64\sqrt{3}}{729}+\cdots\right)$$
$$=\frac{\frac{3}{2}}{1-\left(-\frac{4}{9}\right)}+\frac{\sqrt{3}}{1-\left(-\frac{4}{9}\right)}=\frac{\frac{3}{2}}{1+\frac{4}{9}}+\frac{\sqrt{3}}{1+\frac{4}{9}}$$
$$=\frac{27}{26}+\frac{9\sqrt{3}}{13}=\frac{27+18\sqrt{3}}{26}$$

y_n
$$=\left(\frac{3\sqrt{3}}{2}-\frac{2\sqrt{3}}{3}+\frac{8\sqrt{3}}{27}-\frac{32\sqrt{3}}{243}+\cdots\right)$$
$$+\left(-1+\frac{4}{9}-\frac{16}{81}+\frac{64}{729}-\cdots\right)$$
$$=\frac{\frac{3\sqrt{3}}{2}}{1-\left(-\frac{4}{9}\right)}+\frac{-1}{1-\left(-\frac{4}{9}\right)}=\frac{\frac{3\sqrt{3}}{2}}{1+\frac{4}{9}}+\frac{-1}{1+\frac{4}{9}}$$
$$=\frac{27\sqrt{3}}{26}-\frac{9}{13}=\frac{27\sqrt{3}-18}{26}$$ …… ❷

답 $\left(\frac{27+18\sqrt{3}}{26}, \frac{27\sqrt{3}-18}{26}\right)$

단계	채점 기준	비율
❶	x_n, y_n의 규칙을 찾은 경우	40 %
❷	점 P가 한없이 가까워지는 점의 좌표를 구한 경우	60 %

내신 + 수능 고난도 도전

본문 39~40쪽

01 ② 02 ④ 03 ② 04 ⑤ 05 ③
06 ④ 07 ②

01 $\sum_{n=1}^{\infty}\{(n^2+4n+3)a_n-2\}=3$이므로

$\lim_{n\to\infty}\{(n^2+4n+3)a_n-2\}=0$

따라서 $b_n=(n^2+4n+3)a_n-2$라 하면

$a_n=\frac{b_n+2}{n^2+4n+3}$이므로

$\lim_{n\to\infty}(2+4+6+\cdots+2n)a_n$

$=\lim_{n\to\infty}\left\{\frac{n(2+2n)}{2}\times\frac{b_n+2}{n^2+4n+3}\right\}$

$=\lim_{n\to\infty}\left\{\frac{n^2+n}{n^2+4n+3}\times(b_n+2)\right\}$

$=\lim_{n\to\infty}\frac{1+\frac{1}{n}}{1+\frac{4}{n}+\frac{3}{n^2}}\times\lim_{n\to\infty}(b_n+2)$

$=1\times(0+2)=2$

답 ②

02 조건 (가)에서

$\sum_{n=1}^{\infty}a_n^2(a_n+1)=\sum_{n=1}^{\infty}(a_n^3+a_n^2)$

$=\sum_{n=1}^{\infty}a_n^3+\sum_{n=1}^{\infty}a_n^2=5$ ...... ㉠

조건 (나)에서

$\sum_{n=1}^{\infty}a_n(a_n+1)=\sum_{n=1}^{\infty}(a_n^2+a_n)$

$=\sum_{n=1}^{\infty}a_n^2+\sum_{n=1}^{\infty}a_n=4$ ...... ㉡

㉠−㉡을 하면

$\sum_{n=1}^{\infty}a_n^3-\sum_{n=1}^{\infty}a_n=1$

$\sum_{n=1}^{\infty}(a_n^3-a_n)=1$

따라서 $\sum_{n=1}^{\infty}a_n(a_n-1)(a_n+1)=1$

답 ④

03 이차방정식 $x^2+kx-n(n+2)=0$의 두 근이 a_n, b_n이므로 이차방정식의 근과 계수의 관계에 의하여

$a_n+b_n=-k$, $a_nb_n=-n(n+2)$

따라서

$\sum_{n=1}^{\infty}\left(\frac{1}{a_n}+\frac{1}{b_n}\right)=\sum_{n=1}^{\infty}\frac{a_n+b_n}{a_nb_n}=\sum_{n=1}^{\infty}\frac{-k}{-n(n+2)}$

$=k\sum_{n=1}^{\infty}\frac{1}{n(n+2)}$

$=\frac{k}{2}\sum_{n=1}^{\infty}\left(\frac{1}{n}-\frac{1}{n+2}\right)$

$=\frac{k}{2}\lim_{n\to\infty}\left(1+\frac{1}{2}-\frac{1}{n+1}-\frac{1}{n+2}\right)$

$=\frac{k}{2}\times\frac{3}{2}=\frac{3k}{4}=9$

이므로 $k=12$

답 ②

04 $y=x^2-(a_n^2+a_{n+1})x+a_n^2a_{n+1}$

$=(x-a_n^2)(x-a_{n+1})$

이고,

$a_n^2=\left(\frac{9}{16}\right)^n$, $a_{n+1}=\left(\frac{3}{4}\right)^{n+1}=\frac{3}{4}\times\left(\frac{3}{4}\right)^n$

이므로 2 이상인 모든 자연수 n에 대하여

$a_n^2<a_{n+1}$

따라서

$b_n=\overline{P_nQ_n}=\frac{3}{4}\times\left(\frac{3}{4}\right)^n-\left(\frac{9}{16}\right)^n$

이므로

$\sum_{n=2}^{\infty}b_n=\sum_{n=2}^{\infty}\left\{\frac{3}{4}\times\left(\frac{3}{4}\right)^n-\left(\frac{9}{16}\right)^n\right\}$

$=\frac{\frac{27}{64}}{1-\frac{3}{4}}-\frac{\frac{81}{256}}{1-\frac{9}{16}}$

$=\frac{27}{16}-\frac{81}{112}=\frac{27}{28}$

답 ⑤

05 급수 $\sum_{n=1}^{\infty}(r^2+r+1)^n$이 수렴하므로

$-1<r^2+r+1<1$

(i) $r^2+r+1>-1$에서

$r^2+r+2=\left(r+\frac{1}{2}\right)^2+\frac{7}{4}>0$

이므로 항상 성립한다.

(ii) $r^2+r+1<1$에서

$r(r+1)<0$

$-1<r<0$

(i), (ii)에 의하여 $-1<r<0$

ㄱ. $0<r+1<1$이므로 급수 $\sum_{n=1}^{\infty}(r+1)^n$은 수렴한다.

ㄴ. $-1<r<0$이므로 $0<-r<1$

$\sum_{n=1}^{\infty}\frac{r^n+(-r)^n}{2}=\sum_{n=1}^{\infty}\frac{r^n}{2}+\sum_{n=1}^{\infty}\frac{(-r)^n}{2}$

$=\frac{1}{2}\left\{\frac{r}{1-r}+\frac{-r}{1-(-r)}\right\}$

$=\frac{r^2}{1-r^2}$

으로 수렴한다.

ㄷ. $r^2-r+1=\left(r-\frac{1}{2}\right)^2+\frac{3}{4}$이므로

$-1<r<0$일 때, $1<r^2-r+1<3$

따라서 급수 $\sum_{n=1}^{\infty}(r^2-r+1)^n$은 발산한다.

이상에서 수렴하는 것은 ㄱ, ㄴ이다.

답 ③

06 n번 완전히 충전 후 사용 가능한 시간을 a_n시간이라 하면

$a_1=48\times\left(1-\frac{1}{100}\right)=48\times\frac{99}{100}$

$a_2=48\times\frac{99}{100}\times\left(1-\frac{1}{100}\right)=48\times\left(\frac{99}{100}\right)^2$

⋮

$a_n=48\times\left(\frac{99}{100}\right)^n$

따라서 이 배터리를 계속해서 모두 사용한 후 완전히 충전하여 사용하는 것을 반복할 때, 사용 가능한 총 시간은

$$48+\sum_{n=1}^{\infty}a_n=48+\sum_{n=1}^{\infty}\left\{48\times\left(\frac{99}{100}\right)^n\right\}=48+\frac{48\times\frac{99}{100}}{1-\frac{99}{100}}$$

$$=48+48\times99=48\times(1+99)$$

$$=48\times100=4800(\text{시간})$$

답 ④

07 $\overline{A_1C_1}=\sqrt{4^2+4^2}=4\sqrt{2}$이므로

$\overline{P_1Q_1}=\frac{1}{2}\overline{A_1C_1}=2\sqrt{2}$

또한 그림 R_1에 그려진 원의 중심을 O라 하면

$\overline{B_1O}=\frac{1}{2}\overline{A_1C_1}=2\sqrt{2}$

이므로 사각형 $P_1B_1Q_1D_1$의 넓이는

$2\times\frac{1}{2}\times\overline{P_1Q_1}\times\overline{B_1O}=2\times\frac{1}{2}\times2\sqrt{2}\times2\sqrt{2}=8$

또한

$\overline{B_1P_1}=\sqrt{\overline{B_1O}^2+\overline{P_1O}^2}=\sqrt{(2\sqrt{2})^2+(\sqrt{2})^2}=\sqrt{10}$

이고, 사각형 $P_1B_1Q_1D_1$은 마름모이므로

$\overline{B_1P_1}=\overline{D_1P_1}=\overline{B_1Q_1}=\overline{D_1Q_1}=\sqrt{10}$

따라서 원 C_1의 반지름의 길이를 r_1이라 하면

$\frac{1}{2}r_1(\overline{B_1P_1}+\overline{D_1P_1}+\overline{B_1Q_1}+\overline{D_1Q_1})=8$

$r_1=\frac{16}{4\sqrt{10}}=\frac{4}{\sqrt{10}}$이므로

$S_1=8-\pi r_1^2=8-\pi\left(\frac{4}{\sqrt{10}}\right)^2$

$=8-\frac{8}{5}\pi$

또한 원 C_1에 내접하는 정사각형 $A_2B_2C_2D_2$의 대각선의 길이는 원 C_1의 지름의 길이와 같으므로

$\overline{A_2B_2}=\frac{\frac{8}{\sqrt{10}}}{\sqrt{2}}=\frac{8}{\sqrt{20}}=\frac{4}{\sqrt{5}}$

따라서 두 정사각형 $A_1B_1C_1D_1$, $A_2B_2C_2D_2$의 닮음비는

$4:\frac{4}{\sqrt{5}}=1:\frac{1}{\sqrt{5}}$이므로

$$\lim_{n\to\infty}S_n=\frac{8-\frac{8}{5}\pi}{1-\left(\frac{1}{\sqrt{5}}\right)^2}=\frac{8-\frac{8}{5}\pi}{1-\frac{1}{5}}$$

$$=10-2\pi$$

답 ②

Ⅱ. 미분법

03 여러 가지 함수의 미분

개념 확인하기

본문 43~49쪽

01 $\frac{8}{27}$ **02** $\frac{1}{2}$ **03** 0 **04** 2 **05** ∞

06 1 **07** -1 **08** -1 **09** 3 **10** 0

11 $-\infty$ **12** ∞ **13** $-\infty$ **14** ∞ **15** $-\infty$

16 $-\infty$ **17** e^3 **18** $\frac{1}{e^2}$ **19** e^8 **20** e^2

21 $e^{\frac{1}{2}}$ **22** e^{12} **23** $\frac{1}{e^3}$ **24** $e^{\frac{2}{3}}$ **25** e

26 $\frac{1}{e^3}$ **27** $\ln 5$ **28** $-\ln 2$ **29** 6 **30** $\frac{3}{2}$

31 $-\ln 2-1$ **32** $\ln 5$ **33** 3 **34** $-\frac{1}{2}$

35 3 **36** $-\frac{7}{2}$ **37** $\frac{2}{\ln 2}$ **38** 4 **39** -1

40 $\frac{1}{2}$ **41** 1 **42** $\frac{\ln 2}{6}$ **43** $y'=-e^x$

44 $y'=e^{x+1}$ **45** $y'=(x+1)e^x$ **46** $y'=xe^x$

47 $y'=(x^2+2x)e^x$ **48** $y'=4^x\ln 4$

49 $y'=5^{x-1}\ln 5$ **50** $y'=6\ln 3\cdot 9^x$

51 $y'=(x\ln 2+1)2^x$ **52** $y'=(x\ln 3+2\ln 3+1)3^x$

53 $y'=\frac{1}{x}$ **54** $y'=\frac{3}{x}$ **55** $y'=\ln 2x+1$

56 $y'=\ln 5x+\frac{2}{x}+1$ **57** $y'=15x^2\ln x+5x^2$

58 $y'=\frac{1}{x\ln 2}$ **59** $y'=\frac{1}{x\ln 3}$

60 $y'=\log_4 x+\frac{1}{\ln 4}$ **61** $y'=\log 4x-\frac{3}{x\ln 10}+\frac{1}{\ln 10}$

62 $y'=6x\log_5 x+\frac{3x}{\ln 5}$ **63** $\frac{5}{3}$ **64** $-\frac{5}{4}$

65 $-\frac{4}{3}$ **66** 2, $\frac{2\sqrt{3}}{3}$, $\sqrt{3}$ **67** $\frac{2\sqrt{3}}{3}$, 2, $\frac{\sqrt{3}}{3}$

68 $\sqrt{2}$, $-\sqrt{2}$, -1 **69** $\frac{2\sqrt{3}}{3}$, -2, $-\frac{\sqrt{3}}{3}$

70 (1) $\frac{25}{16}$ (2) $\frac{25}{9}$ **71** (1) $\frac{12}{5}$ (2) $-\frac{13}{5}$ **72** $-\frac{9}{4}$

73 $\frac{\sqrt{6}-\sqrt{2}}{4}$ **74** $\frac{\sqrt{6}-\sqrt{2}}{4}$ **75** $-2-\sqrt{3}$

76 $\frac{\sqrt{6}+\sqrt{2}}{4}$ **77** $\frac{\sqrt{6}+\sqrt{2}}{4}$ **78** $2-\sqrt{3}$

79 $\frac{\sqrt{3}}{2}$ **80** $\frac{1}{2}$ **81** $\frac{\sqrt{3}}{3}$ **82** (1) 1 (2) 0 (3) $\frac{7}{24}$

83 (1) $-\frac{56}{65}$ (2) $-\frac{63}{65}$ (3) $\frac{56}{33}$ **84** $\frac{\sqrt{3}}{2}$ **85** -3

86 -1 **87** 0 **88** -1 **89** 3 **90** 3

91 $\frac{2}{5}$ **92** $\frac{1}{2}$ **93** 3 **94** 5 **95** 1

96 4　**97** 1　**98** $\frac{9}{5}$　**99** $\frac{2}{3}$
100 $y'=-\cos x$　**101** $y'=-3\sin x$
102 $y'=2+\cos x$　**103** $y'=-\sin x-3\cos x$
104 $y'=2\cos x+\frac{3}{x}$　**105** $y'=\sin x+e^x$
106 $y'=\cos x+\sin x$　**107** $y'=-3\sin x+\cos x$
108 $y'=\cos x-x\sin x$　**109** $y'=2x\sin x+x^2\cos x$
110 $y'=\sin x+(x+2)\cos x$　**111** $y'=\cos^2 x-\sin^2 x$
112 $y'=e^x(\sin x+\cos x)$
113 $y'=\frac{\cos x}{x}-\ln x\times\sin x$
114 $y'=2\sin x\cos x$　**115** $y'=-2\sin x\cos x$

01 $\lim_{x\to3}\left(\frac{2}{3}\right)^x=\left(\frac{2}{3}\right)^3=\frac{8}{27}$

답 $\frac{8}{27}$

02 $\lim_{x\to0}\frac{3^x}{4^x+1}=\frac{3^0}{4^0+1}=\frac{1}{1+1}=\frac{1}{2}$

답 $\frac{1}{2}$

03 $\lim_{x\to\infty}\frac{3^x}{4^x}=0$

답 0

04 $\lim_{x\to\infty}\left\{\left(\frac{1}{4}\right)^x+2\right\}=\lim_{x\to\infty}\left(\frac{1}{4}\right)^x+2=0+2=2$

답 2

05 $\lim_{x\to\infty}\{(\sqrt{7})^{2x}-2^{2x}\}=\lim_{x\to\infty}(7^x-4^x)$

$=\lim_{x\to\infty}7^x\left\{1-\left(\frac{4}{7}\right)^x\right\}$

이때 $\lim_{x\to\infty}7^x=\infty$, $\lim_{x\to\infty}\left\{1-\left(\frac{4}{7}\right)^x\right\}=1$이므로

$\lim_{x\to\infty}\{(\sqrt{7})^{2x}-2^{2x}\}=\infty$

답 ∞

06 $\lim_{x\to\infty}\frac{2^x+1}{2^x-1}=\lim_{x\to\infty}\frac{1+\left(\frac{1}{2}\right)^x}{1-\left(\frac{1}{2}\right)^x}=1$

답 1

07 $\lim_{x\to\infty}\frac{4^x}{3^x-2^{2x}}=\lim_{x\to\infty}\frac{4^x}{3^x-4^x}$

$=\lim_{x\to\infty}\frac{1}{\left(\frac{3}{4}\right)^x-1}=-1$

답 -1

08 $\lim_{x\to-\infty}\frac{3^x-3^{-x}}{3^x+3^{-x}}=\lim_{x\to-\infty}\frac{3^{2x}-1}{3^{2x}+1}$

$=\lim_{x\to-\infty}\frac{9^x-1}{9^x+1}$

이때 $\lim_{x\to-\infty}9^x=0$이므로

$\lim_{x\to-\infty}\frac{3^x-3^{-x}}{3^x+3^{-x}}=-1$

답 -1

09 $\lim_{x\to8}\log_2 x=\log_2 8=3$

답 3

10 $\lim_{x\to\frac{1}{2}}\log_6 2x=\log_6 1=0$

답 0

11 $\lim_{x\to0+}\log_3 x=-\infty$

답 $-\infty$

12 $\lim_{x\to0+}\log_{\frac{1}{5}}5x=\lim_{x\to0+}(-1+\log_{\frac{1}{5}}x)=\infty$

답 ∞

13 $\lim_{x\to\infty}\log_4\frac{1}{x}=\lim_{x\to\infty}(-\log_4 x)=-\infty$

답 $-\infty$

14 $-x=t$로 놓으면 $x\to-\infty$일 때 $t\to\infty$이므로

$\lim_{x\to-\infty}\log(x^2-1)=\lim_{t\to\infty}\log(t^2-1)=\infty$

답 ∞

15 $x-1=t$로 놓으면 $x\to1+$일 때 $t\to0+$이므로

$\lim_{x\to1+}\log_5(x-1)=\lim_{t\to0+}\log_5 t=-\infty$

답 $-\infty$

16 $x-4=t$로 놓으면 $x\to4-$일 때 $t\to0-$이므로

$\lim_{x\to4-}\log_2(16-x^2)$

$=\lim_{x\to4-}\log_2\{(4-x)(4+x)\}$

$=\lim_{t\to0-}\log_2\{-t(t+8)\}$

$=\lim_{t\to0-}\log_2(-t)+\lim_{t\to0-}\log_2(t+8)$

$\lim_{t\to0-}\log_2(-t)=-\infty$, $\lim_{t\to0-}\log_2(t+8)=\log_2 8=3$이므로

$\lim_{x\to4-}\log_2(16-x^2)=-\infty$

답 $-\infty$

17 $\lim_{x\to0}(1+3x)^{\frac{1}{x}}=\lim_{x\to0}\{(1+3x)^{\frac{1}{3x}}\}^3=e^3$

답 e^3

18 $\lim_{x\to 0}(1-x)^{\frac{2}{x}}=\lim_{x\to 0}\{(1-x)^{-\frac{1}{x}}\}^{-2}$

$=e^{-2}=\frac{1}{e^2}$

답 $\frac{1}{e^2}$

19 $\lim_{x\to 0}(1+4x)^{\frac{2}{x}}=\lim_{x\to 0}\{(1+4x)^{\frac{1}{4x}}\}^8=e^8$

답 e^8

20 $\lim_{x\to 0}(1-2x)^{-\frac{1}{x}}=\lim_{x\to 0}\{(1-2x)^{-\frac{1}{2x}}\}^2=e^2$

답 e^2

21 $\lim_{x\to\infty}\left(1+\frac{1}{2x}\right)^x=\lim_{x\to\infty}\left\{\left(1+\frac{1}{2x}\right)^{2x}\right\}^{\frac{1}{2}}=e^{\frac{1}{2}}$

답 $e^{\frac{1}{2}}$

22 $\lim_{x\to\infty}\left(1+\frac{4}{x}\right)^{3x}=\lim_{x\to\infty}\left\{\left(1+\frac{4}{x}\right)^{\frac{x}{4}}\right\}^{12}=e^{12}$

답 e^{12}

23 $\lim_{x\to\infty}\left(1-\frac{9}{x}\right)^{\frac{x}{3}}=\lim_{x\to\infty}\left\{\left(1-\frac{9}{x}\right)^{-\frac{x}{9}}\right\}^{-3}=e^{-3}=\frac{1}{e^3}$

답 $\frac{1}{e^3}$

24 $-x=t$로 놓으면 $x\to-\infty$일 때 $t\to\infty$이므로

$\lim_{x\to-\infty}\left(1-\frac{2}{3x}\right)^{-x}=\lim_{t\to\infty}\left(1+\frac{2}{3t}\right)^t$

$=\lim_{t\to\infty}\left\{\left(1+\frac{2}{3t}\right)^{\frac{3t}{2}}\right\}^{\frac{2}{3}}$

$=e^{\frac{2}{3}}$

답 $e^{\frac{2}{3}}$

25 $x=e$

답 e

26 $x=e^{-3}=\frac{1}{e^3}$

답 $\frac{1}{e^3}$

27 $x=\ln 5$

답 $\ln 5$

28 $x=\ln\frac{1}{2}=-\ln 2$

답 $-\ln 2$

29 $\ln e^6=6\ln e=6$

답 6

30 $\ln\sqrt{e^3}=\ln e^{\frac{3}{2}}=\frac{3}{2}\ln e=\frac{3}{2}$

답 $\frac{3}{2}$

31 $\ln\frac{1}{2e}=-\ln 2e=-(\ln 2+\ln e)$

$=-\ln 2-1$

답 $-\ln 2-1$

32 $\frac{1}{\log_5 e}=\ln 5$

답 $\ln 5$

33 $\lim_{x\to 0}\frac{\ln(1+3x)}{x}=\lim_{x\to 0}\frac{\ln(1+3x)}{3x}\times 3$

$=1\times 3=3$

답 3

34 $\lim_{x\to 0}\frac{\ln(1-2x)}{4x}=\lim_{x\to 0}\frac{\ln(1-2x)}{-2x}\times\left(-\frac{1}{2}\right)$

$=1\times\left(-\frac{1}{2}\right)=-\frac{1}{2}$

답 $-\frac{1}{2}$

35 $\lim_{x\to 0}\frac{6x}{\ln(1+2x)}=\lim_{x\to 0}\frac{1}{\frac{\ln(1+2x)}{6x}}$

$=\lim_{x\to 0}\frac{1}{\frac{\ln(1+2x)}{2x}\times\frac{1}{3}}$

$=\frac{1}{1\times\frac{1}{3}}=3$

답 3

36 $\lim_{x\to 0}\frac{\ln(1-x)^7}{2x}=\lim_{x\to 0}\frac{7\ln(1-x)}{2x}$

$=7\lim_{x\to 0}\frac{\ln(1-x)}{-x}\times\left(-\frac{1}{2}\right)$

$=7\times 1\times\left(-\frac{1}{2}\right)=-\frac{7}{2}$

답 $-\frac{7}{2}$

37 $\lim_{x\to 0}\frac{\log_2(1+2x)}{x}=\lim_{x\to 0}\frac{\log_2(1+2x)}{2x}\times 2$

$=\frac{1}{\ln 2}\times 2=\frac{2}{\ln 2}$

답 $\frac{2}{\ln 2}$

38 $\lim_{x\to 0}\frac{e^{4x}-1}{x}=\lim_{x\to 0}\frac{e^{4x}-1}{4x}\times 4$

$=1\times 4=4$

답 4

39 $\lim_{x\to0}\frac{e^{-x}-1}{x}=\lim_{x\to0}\frac{e^{-x}-1}{-x}\times(-1)$
$=1\times(-1)=-1$

답 -1

40 $\lim_{x\to0}\frac{2x}{e^{4x}-1}=\lim_{x\to0}\frac{1}{\frac{e^{4x}-1}{2x}}$
$=\lim_{x\to0}\frac{1}{\frac{e^{4x}-1}{4x}\times2}$
$=\frac{1}{1\times2}=\frac{1}{2}$

답 $\frac{1}{2}$

41 $\lim_{x\to0}\frac{e^{x}-e^{-x}}{2x}$
$=\lim_{x\to0}\frac{(e^{x}-1)-(e^{-x}-1)}{2x}$
$=\lim_{x\to0}\frac{e^{x}-1}{x}\times\frac{1}{2}+\lim_{x\to0}\frac{e^{-x}-1}{-x}\times\frac{1}{2}$
$=1\times\frac{1}{2}+1\times\frac{1}{2}=1$

답 1

42 $\lim_{x\to0}\frac{2^{x}-1}{6x}=\lim_{x\to0}\frac{2^{x}-1}{x}\times\frac{1}{6}$
$=\ln2\times\frac{1}{6}=\frac{\ln2}{6}$

답 $\frac{\ln2}{6}$

43 $y'=-e^{x}$

답 $y'=-e^{x}$

44 $y=e^{x+1}=e\times e^{x}$에서
$y'=e\times e^{x}=e^{x+1}$

답 $y'=e^{x+1}$

45 $y'=1\times e^{x}+x\times e^{x}=(x+1)e^{x}$

답 $y'=(x+1)e^{x}$

46 $y'=1\times e^{x}+(x-1)e^{x}=xe^{x}$

답 $y'=xe^{x}$

47 $y'=2x\times e^{x}+x^{2}\times e^{x}=(x^{2}+2x)e^{x}$

답 $y'=(x^{2}+2x)e^{x}$

48 $y'=4^{x}\ln4$

답 $y'=4^{x}\ln4$

49 $y=5^{x-1}=\frac{1}{5}\times5^{x}$에서
$y'=\frac{1}{5}\times5^{x}\ln5=5^{x-1}\ln5$

답 $y'=5^{x-1}\ln5$

50 $y'=3\cdot9^{x}\ln9=3\ln3^{2}\cdot9^{x}$
$=6\ln3\cdot9^{x}$

답 $y'=6\ln3\cdot9^{x}$

51 $y'=1\times2^{x}+x\times2^{x}\ln2$
$=(x\ln2+1)2^{x}$

답 $y'=(x\ln2+1)2^{x}$

52 $y'=1\times3^{x}+(x+2)3^{x}\ln3$
$=(x\ln3+2\ln3+1)3^{x}$

답 $y'=(x\ln3+2\ln3+1)3^{x}$

53 $y=\ln3x=\ln3+\ln x$에서
$y'=\frac{1}{x}$

답 $y'=\frac{1}{x}$

54 $y=\ln x^{3}=3\ln x$에서
$y'=3\times\frac{1}{x}=\frac{3}{x}$

답 $y'=\frac{3}{x}$

55 $y=x\ln2x=x(\ln2+\ln x)$에서
$y'=1\times(\ln2+\ln x)+x\times\frac{1}{x}$
$=\ln2x+1$

답 $y'=\ln2x+1$

56 $y=(x+2)\ln5x=(x+2)(\ln5+\ln x)$에서
$y'=1\times(\ln5+\ln x)+(x+2)\times\frac{1}{x}$
$=\ln5x+\frac{2}{x}+1$

답 $y'=\ln5x+\frac{2}{x}+1$

57 $y=x^{3}\ln x^{5}=5x^{3}\ln x$에서
$y'=15x^{2}\times\ln x+5x^{3}\times\frac{1}{x}$
$=15x^{2}\ln x+5x^{2}$

답 $y'=15x^{2}\ln x+5x^{2}$

58 $y'=\frac{1}{x\ln2}$

답 $y'=\frac{1}{x\ln2}$

59 $y=\log_3 9x=2+\log_3 x$에서

$y'=\frac{1}{x\ln 3}$

답 $y'=\frac{1}{x\ln 3}$

60 $y'=1\times\log_4 x+x\times\frac{1}{x\ln 4}$

$=\log_4 x+\frac{1}{\ln 4}$

답 $y'=\log_4 x+\frac{1}{\ln 4}$

61 $y=(x-3)\log 4x=(x-3)(\log 4+\log x)$에서

$y'=\log 4x+(x-3)\times\frac{1}{x\ln 10}$

$=\log 4x-\frac{3}{x\ln 10}+\frac{1}{\ln 10}$

답 $y'=\log 4x-\frac{3}{x\ln 10}+\frac{1}{\ln 10}$

62 $y=x^2\log_5 x^3=3x^2\log_5 x$에서

$y'=6x\log_5 x+3x^2\times\frac{1}{x\ln 5}$

$=6x\log_5 x+\frac{3x}{\ln 5}$

답 $y'=6x\log_5 x+\frac{3x}{\ln 5}$

63 $\overline{\text{OP}}=\sqrt{(-4)^2+3^2}=5$이므로

$\csc\theta=\frac{5}{3}$

답 $\frac{5}{3}$

64 $\sec\theta=-\frac{5}{4}$

답 $-\frac{5}{4}$

65 $\cot\theta=-\frac{4}{3}$

답 $-\frac{4}{3}$

66 $\csc\frac{\pi}{6}=\frac{1}{\sin\frac{\pi}{6}}=\frac{1}{\frac{1}{2}}=2$

$\sec\frac{\pi}{6}=\frac{1}{\cos\frac{\pi}{6}}=\frac{1}{\frac{\sqrt{3}}{2}}=\frac{2\sqrt{3}}{3}$

$\cot\frac{\pi}{6}=\frac{1}{\tan\frac{\pi}{6}}=\frac{1}{\frac{1}{\sqrt{3}}}=\sqrt{3}$

답 $2,\ \frac{2\sqrt{3}}{3},\ \sqrt{3}$

67 $\csc 60^\circ=\frac{1}{\sin 60^\circ}=\frac{1}{\frac{\sqrt{3}}{2}}=\frac{2\sqrt{3}}{3}$

$\sec 60^\circ=\frac{1}{\cos 60^\circ}=\frac{1}{\frac{1}{2}}=2$

$\cot 60^\circ=\frac{1}{\tan 60^\circ}=\frac{1}{\sqrt{3}}=\frac{\sqrt{3}}{3}$

답 $\frac{2\sqrt{3}}{3},\ 2,\ \frac{\sqrt{3}}{3}$

68 $\csc\frac{3}{4}\pi=\frac{1}{\sin\frac{3}{4}\pi}=\frac{1}{\frac{\sqrt{2}}{2}}=\sqrt{2}$

$\sec\frac{3}{4}\pi=\frac{1}{\cos\frac{3}{4}\pi}=\frac{1}{-\frac{\sqrt{2}}{2}}=-\sqrt{2}$

$\cot\frac{3}{4}\pi=\frac{1}{\tan\frac{3}{4}\pi}=\frac{1}{-1}=-1$

답 $\sqrt{2},\ -\sqrt{2},\ -1$

69 $\csc 120^\circ=\frac{1}{\sin 120^\circ}=\frac{1}{\frac{\sqrt{3}}{2}}=\frac{2\sqrt{3}}{3}$

$\sec 120^\circ=\frac{1}{\cos 120^\circ}=\frac{1}{-\frac{1}{2}}=-2$

$\cot 120^\circ=\frac{1}{\tan 120^\circ}=\frac{1}{-\sqrt{3}}=-\frac{\sqrt{3}}{3}$

답 $\frac{2\sqrt{3}}{3},\ -2,\ -\frac{\sqrt{3}}{3}$

70 (1) $1+\tan^2\theta=\sec^2\theta$에서

$\sec^2\theta=1+\left(-\frac{3}{4}\right)^2=1+\frac{9}{16}=\frac{25}{16}$

(2) $1+\cot^2\theta=\csc^2\theta$에서

$\csc^2\theta=1+\frac{1}{\tan^2\theta}=1+\frac{1}{\left(-\frac{3}{4}\right)^2}$

$=1+\frac{16}{9}=\frac{25}{9}$

답 (1) $\frac{25}{16}$ (2) $\frac{25}{9}$

71 (1) $1+\tan^2\theta=\sec^2\theta$에서

$\tan^2\theta=\sec^2\theta-1=\left(-\frac{13}{12}\right)^2-1=\frac{5^2}{12^2}$

이때 각 θ가 제3사분면의 각이므로 $\tan\theta>0$

그러므로 $\tan\theta=\frac{5}{12}$

따라서 $\cot\theta=\frac{1}{\tan\theta}=\frac{1}{\frac{5}{12}}=\frac{12}{5}$

(2) $1+\cot^2\theta=\csc^2\theta$에서

$\csc^2\theta=1+\cot^2\theta=1+\left(\frac{12}{5}\right)^2=\frac{13^2}{5^2}$

이때 각 θ가 제3사분면의 각이므로 $\csc\theta<0$

따라서 $\csc\theta=-\frac{13}{5}$

답 (1) $\frac{12}{5}$ (2) $-\frac{13}{5}$

72 $\sin\theta+\cos\theta=-\frac{1}{3}$의 양변을 제곱하면

$\sin^2\theta+2\sin\theta\cos\theta+\cos^2\theta=\frac{1}{9}$

$1+2\sin\theta\cos\theta=\frac{1}{9}$, $\sin\theta\cos\theta=-\frac{4}{9}$

따라서

$$\tan\theta+\cot\theta=\frac{\sin\theta}{\cos\theta}+\frac{\cos\theta}{\sin\theta}=\frac{\sin^2\theta+\cos^2\theta}{\sin\theta\cos\theta}=\frac{1}{-\frac{4}{9}}=-\frac{9}{4}$$

답 $-\frac{9}{4}$

73 $\sin 15^\circ=\sin(45^\circ-30^\circ)$

$=\sin 45^\circ\cos 30^\circ-\cos 45^\circ\sin 30^\circ$

$=\frac{\sqrt{2}}{2}\times\frac{\sqrt{3}}{2}-\frac{\sqrt{2}}{2}\times\frac{1}{2}$

$=\frac{\sqrt{6}-\sqrt{2}}{4}$

답 $\frac{\sqrt{6}-\sqrt{2}}{4}$

74 $\cos 75^\circ=\cos(45^\circ+30^\circ)$

$=\cos 45^\circ\cos 30^\circ-\sin 45^\circ\sin 30^\circ$

$=\frac{\sqrt{2}}{2}\times\frac{\sqrt{3}}{2}-\frac{\sqrt{2}}{2}\times\frac{1}{2}$

$=\frac{\sqrt{6}-\sqrt{2}}{4}$

답 $\frac{\sqrt{6}-\sqrt{2}}{4}$

75 $\tan 105^\circ=\tan(60^\circ+45^\circ)$

$=\frac{\tan 60^\circ+\tan 45^\circ}{1-\tan 60^\circ\tan 45^\circ}$

$=\frac{\sqrt{3}+1}{1-\sqrt{3}\times 1}$

$=\frac{(\sqrt{3}+1)^2}{(1-\sqrt{3})(1+\sqrt{3})}$

$=-2-\sqrt{3}$

답 $-2-\sqrt{3}$

76 $\sin\frac{5}{12}\pi=\sin\left(\frac{\pi}{4}+\frac{\pi}{6}\right)$

$=\sin\frac{\pi}{4}\cos\frac{\pi}{6}+\cos\frac{\pi}{4}\sin\frac{\pi}{6}$

$=\frac{\sqrt{2}}{2}\times\frac{\sqrt{3}}{2}+\frac{\sqrt{2}}{2}\times\frac{1}{2}$

$=\frac{\sqrt{6}+\sqrt{2}}{4}$

답 $\frac{\sqrt{6}+\sqrt{2}}{4}$

77 $\cos\frac{\pi}{12}=\cos\left(\frac{\pi}{4}-\frac{\pi}{6}\right)$

$=\cos\frac{\pi}{4}\cos\frac{\pi}{6}+\sin\frac{\pi}{4}\sin\frac{\pi}{6}$

$=\frac{\sqrt{2}}{2}\times\frac{\sqrt{3}}{2}+\frac{\sqrt{2}}{2}\times\frac{1}{2}$

$=\frac{\sqrt{6}+\sqrt{2}}{4}$

답 $\frac{\sqrt{6}+\sqrt{2}}{4}$

78 $\tan\frac{13}{12}\pi=\tan\left(\pi+\frac{\pi}{12}\right)$

$=\tan\frac{\pi}{12}=\tan\left(\frac{\pi}{4}-\frac{\pi}{6}\right)$

$=\frac{\tan\frac{\pi}{4}-\tan\frac{\pi}{6}}{1+\tan\frac{\pi}{4}\tan\frac{\pi}{6}}$

$=\frac{1-\frac{\sqrt{3}}{3}}{1+1\times\frac{\sqrt{3}}{3}}=\frac{\frac{3-\sqrt{3}}{3}}{\frac{3+\sqrt{3}}{3}}$

$=\frac{3-\sqrt{3}}{3+\sqrt{3}}$

$=\frac{(3-\sqrt{3})^2}{(3+\sqrt{3})(3-\sqrt{3})}=2-\sqrt{3}$

답 $2-\sqrt{3}$

79 $\sin 75^\circ\cos 15^\circ-\cos 75^\circ\sin 15^\circ$

$=\sin(75^\circ-15^\circ)=\sin 60^\circ=\frac{\sqrt{3}}{2}$

답 $\frac{\sqrt{3}}{2}$

80 $\cos 15^\circ\cos 45^\circ-\sin 15^\circ\sin 45^\circ$

$=\cos(15^\circ+45^\circ)=\cos 60^\circ=\frac{1}{2}$

답 $\frac{1}{2}$

81 $\frac{\tan 105^\circ-\tan 75^\circ}{1+\tan 105^\circ\tan 75^\circ}=\tan(105^\circ-75^\circ)$

$=\tan 30^\circ=\frac{\sqrt{3}}{3}$

답 $\frac{\sqrt{3}}{3}$

82 $0<\alpha<\frac{\pi}{2}$, $0<\beta<\frac{\pi}{2}$에서 $\cos\alpha>0$, $\sin\beta>0$이므로

$\cos\alpha=\sqrt{1-\sin^2\alpha}=\sqrt{1-\frac{16}{25}}=\frac{3}{5}$

$\sin\beta=\sqrt{1-\cos^2\beta}=\sqrt{1-\frac{16}{25}}=\frac{3}{5}$

$\tan\alpha=\frac{\sin\alpha}{\cos\alpha}=\frac{\frac{4}{5}}{\frac{3}{5}}=\frac{4}{3}$

$$\tan\beta=\frac{\sin\beta}{\cos\beta}=\frac{\frac{3}{5}}{\frac{4}{5}}=\frac{3}{4}$$

(1) $\sin(\alpha+\beta)=\sin\alpha\cos\beta+\cos\alpha\sin\beta$

$$=\frac{4}{5}\times\frac{4}{5}+\frac{3}{5}\times\frac{3}{5}=1$$

(2) $\cos(\alpha+\beta)=\cos\alpha\cos\beta-\sin\alpha\sin\beta$

$$=\frac{3}{5}\times\frac{4}{5}-\frac{4}{5}\times\frac{3}{5}=0$$

(3) $\tan(\alpha-\beta)=\dfrac{\tan\alpha-\tan\beta}{1+\tan\alpha\tan\beta}$

$$=\frac{\frac{4}{3}-\frac{3}{4}}{1+\frac{4}{3}\times\frac{3}{4}}=\frac{\frac{7}{12}}{2}=\frac{7}{24}$$

답 (1) 1 (2) 0 (3) $\frac{7}{24}$

83 $0<\alpha<\frac{\pi}{2}$, $\frac{\pi}{2}<\beta<\pi$에서 $\cos\alpha>0$, $\sin\beta>0$이므로

$$\cos\alpha=\sqrt{1-\sin^2\alpha}=\sqrt{1-\frac{25}{169}}=\frac{12}{13}$$

$$\sin\beta=\sqrt{1-\cos^2\beta}=\sqrt{1-\frac{16}{25}}=\frac{3}{5}$$

$$\tan\alpha=\frac{\sin\alpha}{\cos\alpha}=\frac{\frac{5}{13}}{\frac{12}{13}}=\frac{5}{12}$$

$$\tan\beta=\frac{\sin\beta}{\cos\beta}=\frac{\frac{3}{5}}{-\frac{4}{5}}=-\frac{3}{4}$$

(1) $\sin(\alpha-\beta)=\sin\alpha\cos\beta-\cos\alpha\sin\beta$

$$=\frac{5}{13}\times\left(-\frac{4}{5}\right)-\frac{12}{13}\times\frac{3}{5}=-\frac{56}{65}$$

(2) $\cos(\alpha+\beta)=\cos\alpha\cos\beta-\sin\alpha\sin\beta$

$$=\frac{12}{13}\times\left(-\frac{4}{5}\right)-\frac{5}{13}\times\frac{3}{5}=-\frac{63}{65}$$

(3) $\tan(\alpha-\beta)=\dfrac{\tan\alpha-\tan\beta}{1+\tan\alpha\tan\beta}$

$$=\frac{\frac{5}{12}-\left(-\frac{3}{4}\right)}{1+\frac{5}{12}\times\left(-\frac{3}{4}\right)}=\frac{56}{33}$$

답 (1) $-\frac{56}{65}$ (2) $-\frac{63}{65}$ (3) $\frac{56}{33}$

84 $\lim_{x\to\frac{\pi}{6}}\sin 2x=\sin\frac{\pi}{3}=\frac{\sqrt{3}}{2}$

답 $\frac{\sqrt{3}}{2}$

85 $\lim_{x\to\frac{\pi}{3}}3\cos 3x=3\cos\pi=-3$

답 -3

86 $\lim_{x\to\pi}\dfrac{\sin x-1}{\cos 2x}=\dfrac{\sin\pi-1}{\cos 2\pi}=\dfrac{-1}{1}=-1$

답 -1

87 $\lim_{x\to 0}\dfrac{\tan x}{\cos x}=\dfrac{\tan 0}{\cos 0}=0$

답 0

88 $\lim_{x\to\frac{\pi}{4}}\tan 3x\sin 2x=\tan\frac{3}{4}\pi\sin\frac{\pi}{2}$

$$=(-1)\times 1=-1$$

답 -1

89 $\lim_{x\to\frac{\pi}{6}}\dfrac{\sin x+\cos 2x}{\tan^2 x}=\dfrac{\sin\frac{\pi}{6}+\cos\frac{\pi}{3}}{\tan^2\frac{\pi}{6}}$

$$=\frac{\frac{1}{2}+\frac{1}{2}}{\frac{1}{3}}=3$$

답 3

90 $\lim_{x\to 0}\dfrac{\sin 3x}{x}=\lim_{x\to 0}\dfrac{\sin 3x}{3x}\times 3$

$$=1\times 3=3$$

답 3

91 $\lim_{x\to 0}\dfrac{\tan 2x}{5x}=\lim_{x\to 0}\dfrac{\tan 2x}{2x}\times\dfrac{2}{5}$

$$=1\times\frac{2}{5}=\frac{2}{5}$$

답 $\frac{2}{5}$

92 $\lim_{x\to 0}\dfrac{\sin 3x}{\sin 6x}=\lim_{x\to 0}\left(\dfrac{\sin 3x}{3x}\times\dfrac{6x}{\sin 6x}\times\dfrac{3}{6}\right)=\dfrac{1}{2}$

답 $\frac{1}{2}$

93 $\lim_{x\to 0}\dfrac{\sin 6x}{\tan 2x}=\lim_{x\to 0}\left(\dfrac{\sin 6x}{6x}\times\dfrac{2x}{\tan 2x}\times\dfrac{6}{2}\right)=3$

답 3

94 $\lim_{x\to 0}\dfrac{\sin 2x+\tan 3x}{x}$

$$=\lim_{x\to 0}\frac{\sin 2x}{x}+\lim_{x\to 0}\frac{\tan 3x}{x}$$

$$=\lim_{x\to 0}\frac{\sin 2x}{2x}\times 2+\lim_{x\to 0}\frac{\tan 3x}{3x}\times 3$$

$$=2+3=5$$

답 5

95 $\lim_{x\to 0}\dfrac{\tan 4x-x}{\sin 3x}$

$$=\lim_{x\to 0}\frac{\tan 4x}{\sin 3x}-\lim_{x\to 0}\frac{x}{\sin 3x}$$

$$=\lim_{x\to 0}\left(\frac{\tan 4x}{4x}\times\frac{3x}{\sin 3x}\times\frac{4}{3}\right)-\lim_{x\to 0}\frac{1}{\frac{\sin 3x}{3x}\times 3}$$

$$=1\times 1\times\frac{4}{3}-\frac{1}{1\times 3}=1$$

답 1

96 $\lim_{x \to 0} \frac{\sin^2 4x}{\tan^2 2x} = \lim_{x \to 0} \left\{ \frac{\sin^2 4x}{(4x)^2} \times \frac{(2x)^2}{\tan^2 2x} \times \frac{4^2}{2^2} \right\}$

$= 1 \times 1 \times 4 = 4$

답 4

97 $\lim_{x \to 0} \frac{1-\cos^2 x}{\tan^2 x} = \lim_{x \to 0} \frac{\sin^2 x}{\tan^2 x}$

$= \lim_{x \to 0} \left(\frac{\sin^2 x}{x^2} \times \frac{x^2}{\tan^2 x} \right)$

$= 1 \times 1 = 1$

답 1

98 $\lim_{x \to 0} \frac{\tan^2 3x}{x \sin 5x}$

$= \lim_{x \to 0} \left\{ \frac{\tan^2 3x}{(3x)^2} \times \frac{5x}{\sin 5x} \times \frac{3^2}{5} \right\}$

$= 1 \times 1 \times \frac{9}{5} = \frac{9}{5}$

답 $\frac{9}{5}$

99 $\lim_{x \to 0} \frac{\sin 2x \tan x}{3x^2}$

$= \lim_{x \to 0} \left(\frac{\sin 2x}{2x} \times \frac{\tan x}{x} \times \frac{2}{3} \right)$

$= 1 \times 1 \times \frac{2}{3} = \frac{2}{3}$

답 $\frac{2}{3}$

100 $y' = -\cos x$

답 $y' = -\cos x$

101 $y' = -3 \sin x$

답 $y' = -3 \sin x$

102 $y' = 2 + \cos x$

답 $y' = 2 + \cos x$

103 $y' = -\sin x - 3 \cos x$

답 $y' = -\sin x - 3 \cos x$

104 $y' = 2 \cos x + \frac{3}{x}$

답 $y' = 2 \cos x + \frac{3}{x}$

105 $y' = \sin x + e^x$

답 $y' = \sin x + e^x$

106 $y' = \cos x + \sin x$

답 $y' = \cos x + \sin x$

107 $y' = -3 \sin x + \cos x$

답 $y' = -3 \sin x + \cos x$

108 $y' = 1 \times \cos x + x \times (-\sin x)$

$= \cos x - x \sin x$

답 $y' = \cos x - x \sin x$

109 $y' = 2x \times \sin x + x^2 \times \cos x$

$= 2x \sin x + x^2 \cos x$

답 $y' = 2x \sin x + x^2 \cos x$

110 $y' = 1 \times \sin x + (x+2) \cos x$

$= \sin x + (x+2) \cos x$

답 $y' = \sin x + (x+2) \cos x$

111 $y' = \cos x \times \cos x + \sin x \times (-\sin x)$

$= \cos^2 x - \sin^2 x$

답 $y' = \cos^2 x - \sin^2 x$

112 $y' = e^x \sin x + e^x \cos x$

$= e^x(\sin x + \cos x)$

답 $y' = e^x(\sin x + \cos x)$

113 $y' = \frac{1}{x} \times \cos x + \ln x \times (-\sin x)$

$= \frac{\cos x}{x} - \ln x \times \sin x$

답 $y' = \frac{\cos x}{x} - \ln x \times \sin x$

114 $y = \sin^2 x = \sin x \sin x$에서

$y' = \cos x \sin x + \sin x \cos x$

$= 2 \sin x \cos x$

답 $y' = 2 \sin x \cos x$

115 $y = \cos^2 x = \cos x \cos x$에서

$y' = (-\sin x) \cos x + \cos x (-\sin x)$

$= -2 \sin x \cos x$

답 $y' = -2 \sin x \cos x$

유형 완성하기

본문 50~68쪽

01 ③	**02** ⑤	**03** ②	**04** ③	**05** ④
06 25	**07** ③	**08** ④	**09** 2	**10** ①
11 5	**12** ②	**13** ②	**14** ③	**15** ①
16 ⑤	**17** ④	**18** ②	**19** ②	**20** ⑤
21 3	**22** ③	**23** 5	**24** ③	**25** 3
26 ⑤	**27** ②	**28** ②	**29** ①	**30** 3
31 ①	**32** 1	**33** ②	**34** ⑤	**35** ①
36 ③	**37** 0	**38** ①	**39** ①	**40** 3
41 ⑤	**42** ④	**43** ④	**44** ①	**45** e^2
46 ④	**47** ③	**48** ②	**49** ③	**50** ④
51 $\frac{25}{4}$	**52** ①	**53** ②	**54** ⑤	**55** ③
56 ③	**57** $\frac{1}{2}$	**58** $\frac{9}{7}$	**59** 17	**60** ②
61 -50	**62** ②	**63** ③	**64** ③	**65** ③
66 2	**67** ②	**68** 3	**69** ②	**70** ②
71 ⑤	**72** ④	**73** 10	**74** 4	**75** ②
76 4	**77** 5	**78** ②	**79** ②	**80** ④
81 ③	**82** ④	**83** $\frac{1}{2}$	**84** ②	**85** ②
86 3	**87** 3	**88** ④	**89** ③	**90** ②
91 ⑤	**92** ⑤	**93** 2	**94** π	**95** ②
96 ④	**97** 2	**98** ③	**99** ②	**100** 4
101 ②	**102** 12	**103** ①	**104** ①	**105** $\frac{1}{2}$
106 -1	**107** ④	**108** ③		

01 $\lim_{x\to\infty}\frac{3^{x+1}+2^x}{3^x-2^{x+1}}=\lim_{x\to\infty}\frac{3\times3^x+2^x}{3^x-2\times2^x}$

$=\lim_{x\to\infty}\frac{3+\left(\frac{2}{3}\right)^x}{1-2\times\left(\frac{2}{3}\right)^x}$

$=\frac{3+0}{1-2\times0}=3$

답 ③

02 $\lim_{x\to\infty}(4^x-2^x)^{\frac{2}{x}}=\lim_{x\to\infty}\left\{4^x\left(1-\frac{1}{2^x}\right)\right\}^{\frac{2}{x}}$

$=\lim_{x\to\infty}(4^x)^{\frac{2}{x}}\times\lim_{x\to\infty}\left(1-\frac{1}{2^x}\right)^{\frac{2}{x}}$

$=16\times1=16$

답 ⑤

03 ㄱ. $\lim_{x\to\infty}\frac{5^x}{5^x+5^{-x}}=\lim_{x\to\infty}\frac{1}{1+\left(\frac{1}{5}\right)^{2x}}=\frac{1}{1+0}=1$

ㄴ. $\frac{1}{x}=t$로 놓으면 $x\to\infty$일 때 $t\to0+$이므로

$\lim_{x\to\infty}\frac{1}{2^{\frac{1}{x}}-1}=\lim_{t\to0+}\frac{1}{2^t-1}=\infty$

ㄷ. $\frac{1}{x}=t$로 놓으면 $x\to0+$일 때 $t\to\infty$이므로

$\lim_{x\to0+}\frac{3^{\frac{1}{x}}-3^{-\frac{1}{x}}}{3^{\frac{1}{x}}+3^{-\frac{1}{x}}}=\lim_{t\to\infty}\frac{3^t-3^{-t}}{3^t+3^{-t}}=\lim_{t\to\infty}\frac{1-\left(\frac{1}{3}\right)^{2t}}{1+\left(\frac{1}{3}\right)^{2t}}$

$=\frac{1-0}{1+0}=1$

ㄹ. $-x=t$로 놓으면 $x\to-\infty$일 때 $t\to\infty$이므로

$\lim_{x\to-\infty}\frac{3^x}{4^x}=\lim_{t\to\infty}\frac{3^{-t}}{4^{-t}}=\lim_{t\to\infty}\frac{4^t}{3^t}=\lim_{t\to\infty}\left(\frac{4}{3}\right)^t=\infty$

이상에서 극한값이 존재하는 것은 ㄱ, ㄷ이다.

답 ②

04 $\lim_{x\to\infty}\{\log_2(3x^2+1)-2\log_2(x-5)\}$

$=\lim_{x\to\infty}\{\log_2(3x^2+1)-\log_2(x-5)^2\}$

$=\lim_{x\to\infty}\log_2\frac{3x^2+1}{(x-5)^2}=\lim_{x\to\infty}\log_2\frac{3x^2+1}{x^2-10x+25}$

$=\lim_{x\to\infty}\log_2\frac{3+\frac{1}{x^2}}{1-\frac{10}{x}+\frac{25}{x^2}}=\log_2 3$

답 ③

05 $\lim_{x\to1}(\log_3|x^3-1|-\log_3|x^2-1|)$

$=\lim_{x\to1}\log_3\left|\frac{x^3-1}{x^2-1}\right|$

$=\lim_{x\to1}\log_3\left|\frac{(x-1)(x^2+x+1)}{(x-1)(x+1)}\right|$

$=\lim_{x\to1}\log_3\left|\frac{x^2+x+1}{x+1}\right|=\log_3\frac{3}{2}=1-\log_3 2$

답 ④

06 $a>2$이므로

$\lim_{x\to\infty}\frac{1}{x}\log_5(a^x+2^x)=\lim_{x\to\infty}\log_5\left[a^x\left\{1+\left(\frac{2}{a}\right)^x\right\}\right]^{\frac{1}{x}}$

$=\lim_{x\to\infty}\log_5 a\left\{1+\left(\frac{2}{a}\right)^x\right\}^{\frac{1}{x}}$

$=\log_5\lim_{x\to\infty}a\left\{1+\left(\frac{2}{a}\right)^x\right\}^{\frac{1}{x}}$

$=\log_5 a=2$

그러므로 $a=5^2=25$

답 25

07 $\lim_{x\to0}(1+2x)^{\frac{3}{x}}+\lim_{x\to0}(1-4x)^{\frac{2}{x}}$

$=\lim_{x\to0}\{(1+2x)^{\frac{1}{2x}}\}^6+\lim_{x\to0}\{(1-4x)^{-\frac{1}{4x}}\}^{-8}$

$=e^6+e^{-8}=e^6+\frac{1}{e^8}$

답 ③

08 $x-1=t$로 놓으면 $x \to 1$일 때 $t \to 0$이고,
$x=1+t$이므로

$$\lim_{x\to1} x^{\frac{x+1}{x^2-1}}=\lim_{x\to1} x^{\frac{x+1}{(x+1)(x-1)}}$$
$$=\lim_{x\to1} x^{\frac{1}{x-1}}=\lim_{t\to0}(1+t)^{\frac{1}{t}}=e$$

답 ④

09 $\lim_{x\to0}\left\{(1+ax)\left(1-\frac{2x}{a}\right)\right\}^{\frac{1}{x}}$

$$=\lim_{x\to0}\left\{(1+ax)^{\frac{1}{x}}\times\left(1-\frac{2x}{a}\right)^{\frac{1}{x}}\right\}$$
$$=\lim_{x\to0}\left[\{(1+ax)^{\frac{1}{ax}}\}^{a}\times\left\{\left(1-\frac{2x}{a}\right)^{-\frac{a}{2x}}\right\}^{-\frac{2}{a}}\right]$$
$$=e^{a}\times e^{-\frac{2}{a}}=e^{a-\frac{2}{a}}$$

$e^{a-\frac{2}{a}}=e$이므로 $a-\frac{2}{a}=1$

$a^2-a-2=0$, $(a+1)(a-2)=0$

a는 자연수이므로 $a=2$

답 2

10 $\lim_{x\to\infty}\left\{\frac{2}{3}\left(1+\frac{1}{2x}\right)\left(1+\frac{1}{2x+1}\right)\left(1+\frac{1}{2x+2}\right)\cdots\left(1+\frac{1}{3x}\right)\right\}^{x}$

$$=\lim_{x\to\infty}\left(\frac{2}{3}\times\frac{2x+1}{2x}\times\frac{2x+2}{2x+1}\times\frac{2x+3}{2x+2}\times\cdots\times\frac{3x+1}{3x}\right)^{x}$$
$$=\lim_{x\to\infty}\left(\frac{2}{3}\times\frac{3x+1}{2x}\right)^{x}$$
$$=\lim_{x\to\infty}\left(1+\frac{1}{3x}\right)^{x}$$
$$=\lim_{x\to\infty}\left\{\left(1+\frac{1}{3x}\right)^{3x}\right\}^{\frac{1}{3}}=e^{\frac{1}{3}}$$

답 ①

11 $\lim_{x\to\infty}\left(\frac{x+a}{x-a}\right)^{2x}=\lim_{x\to\infty}\left(1+\frac{2a}{x-a}\right)^{2x}$

$$=\lim_{x\to\infty}\left\{\left(1+\frac{2a}{x-a}\right)^{\frac{x-a}{2a}}\right\}^{\frac{4ax}{x-a}}=e^{4a}$$

$e^{4a}=e^{20}$이므로 $4a=20$

따라서 $a=5$

답 5

12 ㄱ. $\frac{x}{2}=t$로 놓으면 $x\to\infty$일 때 $t\to\infty$이므로

$$\lim_{x\to\infty}\left(1+\frac{2}{x}\right)^{\frac{x}{2}}=\lim_{t\to\infty}\left(1+\frac{1}{t}\right)^{t}=e$$

ㄴ. $-x=t$로 놓으면 $x\to-\infty$일 때 $t\to\infty$이므로

$$\lim_{x\to-\infty}\left(1-\frac{1}{x}\right)^{x}=\lim_{t\to\infty}\left(1+\frac{1}{t}\right)^{-t}=\lim_{t\to\infty}\left\{\left(1+\frac{1}{t}\right)^{t}\right\}^{-1}$$
$$=e^{-1}=\frac{1}{e}$$

ㄷ. $x-1=t$로 놓으면 $x\to\infty$일 때 $t\to\infty$이므로

$$\lim_{x\to\infty}\left(\frac{x}{x-1}\right)^{x}=\lim_{t\to\infty}\left(\frac{t+1}{t}\right)^{t+1}$$
$$=\lim_{t\to\infty}\left\{\left(1+\frac{1}{t}\right)\times\left(1+\frac{1}{t}\right)^{t}\right\}$$
$$=1\times e=e$$

ㄹ. $x-1=t$로 놓으면 $x\to1$일 때 $t\to0$이므로

$$\lim_{x\to1} x^{\frac{2}{x-1}}=\lim_{t\to0}(1+t)^{\frac{2}{t}}$$
$$=\lim_{t\to0}\{(1+t)^{\frac{1}{t}}\}^{2}=e^{2}$$

이상에서 극한값이 e인 것은 ㄱ, ㄷ이다.

답 ②

13 $\lim_{x\to0}\frac{\ln(e+2x)-\ln e}{x}=\lim_{x\to0}\frac{\ln\left(1+\frac{2}{e}x\right)}{x}=\frac{2}{e}$

답 ②

14 $y=1-e^{2x}$으로 놓으면 $e^{2x}=1-y$

$2x=\ln(1-y)$

$x=\frac{1}{2}\ln(1-y)$

x와 y를 서로 바꾸면 $y=\frac{1}{2}\ln(1-x)$

따라서 $g(x)=\frac{1}{2}\ln(1-x)$이므로

$$\lim_{x\to0}\frac{g(x)}{x}=\lim_{x\to0}\frac{\ln(1-x)}{2x}=-\frac{1}{2}$$

답 ③

15 $x-1=t$로 놓으면 $x\to1$일 때 $t\to0$이므로

$$\lim_{x\to1}\frac{1}{x-1}\ln\frac{1-a+ax}{2-x}$$
$$=\lim_{t\to0}\frac{1}{t}\ln\frac{1-a+a(t+1)}{1-t}$$
$$=\lim_{t\to0}\frac{1}{t}\{\ln(1+at)-\ln(1-t)\}$$
$$=\lim_{t\to0}\left\{\frac{\ln(1+at)}{t}-\frac{\ln(1-t)}{t}\right\}$$
$$=\lim_{t\to0}\frac{\ln(1+at)}{t}+\lim_{t\to0}\frac{\ln(1-t)}{-t}$$
$$=\lim_{t\to0}\frac{\ln(1+at)}{t}+1=3$$

이므로 $\lim_{t\to0}\frac{\ln(1+at)}{t}=2$

$$\lim_{t\to0}\frac{\ln(1+at)}{t}=\lim_{t\to0}\frac{\ln(1+at)}{at}\times a=a$$

에서 $a=2$

따라서

$$\lim_{x\to0}\frac{\ln(1+x)}{ax}=\lim_{x\to0}\frac{\ln(1+x)}{2x}$$
$$=\lim_{x\to0}\frac{\ln(1+x)}{x}\times\frac{1}{2}=\frac{1}{2}$$

답 ①

16 $\lim_{x\to0}\frac{\log_3(1+5x)}{\log_5(1+3x)}$

$$=\lim_{x\to0}\left\{\frac{\log_3(1+5x)}{5x}\times\frac{3x}{\log_5(1+3x)}\times\frac{5}{3}\right\}$$
$$=\frac{1}{\ln3}\times\ln5\times\frac{5}{3}=\frac{5}{3}\times\frac{\ln5}{\ln3}$$

$=\frac{5}{3}\log_3 5$

답 ⑤

17 $\lim_{x\to 0}\frac{\log_3 f(x)}{xf(x)}=\lim_{x\to 0}\frac{\log_3(2x+1)}{x(2x+1)}$

$=\lim_{x\to 0}\left\{\frac{\log_3(1+2x)}{2x}\times\frac{2}{2x+1}\right\}$

$=\frac{1}{\ln 3}\times 2=\frac{2}{\ln 3}$

답 ④

18 $\frac{1}{x}=t$로 놓으면 $x\to\infty$일 때 $t\to 0+$이므로

$\lim_{x\to\infty} x\log_4\left\{2-\left(1+\frac{6}{x}\right)^2\right\}$

$=\lim_{t\to 0+}\frac{\log_4\{2-(1+6t)^2\}}{t}$

$=\lim_{t\to 0+}\frac{\log_4(1-12t-36t^2)}{t}$

$=\lim_{t\to 0+}\left\{\frac{\log_4(1-12t-36t^2)}{-12t-36t^2}\times\frac{-12t-36t^2}{t}\right\}$

$=\frac{1}{\ln 4}\times(-12)=-\frac{6}{\ln 2}$

답 ②

19 $\lim_{x\to 0}\frac{e^{2x}-1}{\ln(1+3x)}$

$=\lim_{x\to 0}\left\{\frac{e^{2x}-1}{2x}\times\frac{3x}{\ln(1+3x)}\times\frac{2}{3}\right\}$

$=1\times 1\times\frac{2}{3}=\frac{2}{3}$

답 ②

20 $\lim_{x\to 0}\frac{e^{3x}-\sqrt{e^x}}{x}=\lim_{x\to 0}\frac{e^{3x}-e^{\frac{x}{2}}}{x}$

$=\lim_{x\to 0}\left(e^{\frac{x}{2}}\times\frac{e^{\frac{5}{2}x}-1}{x}\right)$

$=1\times\frac{5}{2}=\frac{5}{2}$

답 ⑤

21 $x+1=t$로 놓으면 $x\to -1$일 때 $t\to 0$이므로

$\lim_{x\to -1}\frac{e^{x+1}-x^2}{x+1}=\lim_{t\to 0}\frac{e^t-(t-1)^2}{t}$

$=\lim_{t\to 0}\frac{e^t-(t^2-2t+1)}{t}$

$=\lim_{t\to 0}\left(\frac{e^t-1}{t}-t+2\right)=1+2=3$

답 3

22 $\lim_{x\to 0}\frac{3^x+6^x-2}{2x}=\lim_{x\to 0}\left(\frac{3^x-1}{x}+\frac{6^x-1}{x}\right)\times\frac{1}{2}$

$=\frac{1}{2}(\ln 3+\ln 6)$

$=\frac{1}{2}\ln 18$

답 ③

23 $\lim_{x\to 0}\frac{(2^x-1)\log_2\{(1+3x)(1+2x)\}}{x^2}$

$=\lim_{x\to 0}\frac{(2^x-1)\log_2(1+5x+6x^2)}{x^2}$

$=\lim_{x\to 0}\left\{\frac{2^x-1}{x}\times\frac{\log_2(1+5x+6x^2)}{5x+6x^2}\times\frac{x(5x+6x^2)}{x^2}\right\}$

$=\ln 2\times\frac{1}{\ln 2}\times 5=5$

답 5

24 $\lim_{x\to 0}\frac{2^{2x+1}-2^x-1}{x}=\lim_{x\to 0}\frac{2(2^{2x}-1)-(2^x-1)}{x}$

$=\lim_{x\to 0}\left\{\frac{4(2^{2x}-1)}{2x}-\frac{2^x-1}{x}\right\}$

$=4\times\ln 2-\ln 2=3\ln 2$

답 ③

25 $x\to 0$일 때 (분모)$\to 0$이고 극한값이 존재하므로 (분자)$\to 0$이다.

즉, $\lim_{x\to 0}(e^{ax}-b)=0$이므로 $e^0-b=0$

$b=1$

$b=1$을 주어진 식의 좌변에 대입하면

$\lim_{x\to 0}\frac{e^{ax}-1}{x}=a$

$a=2$

따라서 $a+b=2+1=3$

답 3

26 $\lim_{x\to 0}\frac{\log_2(1+ax)}{x^2+a^2x}=\lim_{x\to 0}\left\{\frac{\log_2(1+ax)}{ax}\times\frac{ax}{x(x+a^2)}\right\}$

$=\frac{1}{\ln 2}\times\frac{1}{a}=\frac{1}{\ln 8}$

따라서 $a=3$

답 ⑤

27 $x\to 1$일 때 (분자)$\to 0$이고 0이 아닌 극한값이 존재하므로 (분모)$\to 0$이다.

즉, $\lim_{x\to 1}\ln(x+b+1)=0$이므로

$\ln(b+2)=0$

$b=-1$

$b=-1$을 주어진 식의 좌변에 대입하면

$\lim_{x\to 1}\frac{(a+2)^{x-1}-a^{x-1}}{\ln x}$

$x-1=t$로 놓으면 $x\to 1$일 때 $t\to 0$이므로

$\lim_{x\to 1}\frac{(a+2)^{x-1}-a^{x-1}}{\ln x}=\lim_{t\to 0}\frac{(a+2)^t-a^t}{\ln(t+1)}$

$=\lim_{t\to 0}\left\{\frac{(a+2)^t-a^t}{t}\times\frac{t}{\ln(t+1)}\right\}$

$=\lim_{t\to 0}\left[\left\{\frac{(a+2)^t-1}{t}-\frac{a^t-1}{t}\right\}\times\frac{t}{\ln(t+1)}\right]$

$=\{\ln(a+2)-\ln a\}\times 1$

$=\ln\frac{a+2}{a}$

$\ln\frac{a+2}{a}=1$이므로

$\frac{a+2}{a}=e$, $(e-1)a=2$

$a=\frac{2}{e-1}$

따라서 $ab=-\frac{2}{e-1}$

답 ②

28 함수 $f(x)$가 $x=0$에서 연속이려면 $\lim_{x\to0}f(x)=f(0)$이어야 한다.

즉, $\lim_{x\to0}\frac{2x}{\ln(1+ax)}=b$

$$\lim_{x\to0}\frac{2x}{\ln(1+ax)}=\lim_{x\to0}\frac{ax}{\ln(1+ax)}\times\frac{2}{a}=1\times\frac{2}{a}=\frac{2}{a}$$

따라서 $\frac{2}{a}=b$이므로 $ab=2$

답 ②

29 $x\neq2$일 때, $f(x)=\frac{3^{x-2}-1}{x-2}$

함수 $f(x)$가 모든 실수 x에서 연속이므로 $x=2$에서도 연속이다.

$f(2)=\lim_{x\to2}f(x)=\lim_{x\to2}\frac{3^{x-2}-1}{x-2}$

$x-2=t$로 놓으면 $x\to2$일 때 $t\to0$이므로

$\lim_{x\to2}\frac{3^{x-2}-1}{x-2}=\lim_{t\to0}\frac{3^t-1}{t}=\ln3$

따라서 $f(2)=\ln3$

답 ①

30 함수 $f(x)$가 실수 전체의 집합에서 연속이면 $x=0$에서도 연속이므로

$\lim_{x\to0+}f(x)=\lim_{x\to0-}f(x)=f(0)$

$\lim_{x\to0+}\frac{e^{3x}-1}{x}=\lim_{x\to0-}\frac{ax^2}{\ln(1+x^2)}$

이때 $\lim_{x\to0+}\frac{e^{3x}-1}{x}=\lim_{x\to0+}\frac{e^{3x}-1}{3x}\times3=3$이고,

$\lim_{x\to0-}\frac{ax^2}{\ln(1+x^2)}=a$이므로

$a=3$

답 3

31 $\mathrm{O}(0, 0)$, $\mathrm{A}(2, 0)$, $\mathrm{P}(t, \ln(1+t))$ $(t>0)$이므로

$S(t)=\frac{1}{2}\times2\times\ln(1+t)=\ln(1+t)$

따라서 $\lim_{t\to0+}\frac{S(t)}{t}=\lim_{t\to0+}\frac{\ln(1+t)}{t}=1$

답 ①

32 $\mathrm{Q}(t, 0)$, $\mathrm{R}(0, e^t)$이므로 $\overline{\mathrm{PQ}}=e^t$, $\overline{\mathrm{PR}}=t$

따라서 $\lim_{t\to0+}\frac{\overline{\mathrm{PR}}}{\overline{\mathrm{PQ}}-1}=\lim_{t\to0+}\frac{t}{e^t-1}=1$

답 1

33 $\mathrm{P}(-t, 2^t)$, $\mathrm{Q}\left(t, \left(\frac{1}{2}\right)^t\right)$이므로 $\mathrm{R}\left(-t, \left(\frac{1}{2}\right)^t\right)$이고,

$\overline{\mathrm{PR}}=2^t-\left(\frac{1}{2}\right)^t$

$\overline{\mathrm{QR}}=2t$

따라서

$$\lim_{t\to0+}\frac{\overline{\mathrm{PR}}}{\overline{\mathrm{QR}}}=\lim_{t\to0+}\frac{2^t-\left(\frac{1}{2}\right)^t}{2t}=\lim_{t\to0+}\left\{\frac{2^t-1}{2t}-\frac{\left(\frac{1}{2}\right)^t-1}{2t}\right\}=\frac{\ln2}{2}-\frac{\ln\frac{1}{2}}{2}=\ln2$$

답 ②

34 $\mathrm{A}(t, \log_2(1+t))$, $\mathrm{B}(t, \log_{\frac{1}{4}}(1+t))$, $\mathrm{C}(4t, \log_2(1+4t))$, $\mathrm{D}(4t, \log_{\frac{1}{4}}(1+4t))$이므로

$$\begin{aligned}S(t)&=\frac{1}{2}\times[\{\log_2(1+t)-\log_{\frac{1}{4}}(1+t)\}+\{\log_2(1+4t)-\log_{\frac{1}{4}}(1+4t)\}]\times3t\\&=\frac{1}{2}\times\left[\left\{\log_2(1+t)+\frac{1}{2}\log_2(1+t)\right\}+\left\{\log_2(1+4t)+\frac{1}{2}\log_2(1+4t)\right\}\right]\times3t\\&=\frac{1}{2}\times\left\{\frac{3}{2}\log_2(1+t)+\frac{3}{2}\log_2(1+4t)\right\}\times3t\\&=\frac{9}{4}t\log_2\{(1+t)(1+4t)\}\end{aligned}$$

따라서

$$\begin{aligned}\lim_{t\to0+}\frac{S(t)}{t^2}&=\lim_{t\to0+}\frac{\frac{9}{4}t\log_2\{(1+t)(1+4t)\}}{t^2}\\&=\lim_{t\to0+}\frac{9\log_2\{(1+t)(1+4t)\}}{4t}\\&=\lim_{t\to0+}\frac{9\log_2(1+5t+4t^2)}{4t}\\&=\lim_{t\to0+}\left\{\frac{9}{4}\times\frac{\log_2(1+5t+4t^2)}{5t+4t^2}\times\frac{5t+4t^2}{t}\right\}\\&=\frac{9}{4}\times\frac{1}{\ln2}\times5=\frac{45}{4\ln2}\end{aligned}$$

답 ⑤

35 $f'(x)=(3-2x)e^x+(3x-x^2)e^x$

따라서 $f'(-1)=5e^{-1}-4e^{-1}=\frac{1}{e}$

답 ①

36 $f(x)=e^{x+1}-e^{x-1}=e\cdot e^x-\frac{e^x}{e}$에서

$f'(x)=e\cdot e^x-\frac{e^x}{e}=e^{x+1}-e^{x-1}$

따라서 $f'(-1)=1-\frac{1}{e^2}$

답 ③

37 $f'(x)=4^x \ln 4-2^x \ln 2$이므로

$f'(a)=4^a \ln 4-2^a \ln 2=2^{2a+1} \ln 2-2^a \ln 2$

$=(2^{2a+1}-2^a) \ln 2$

따라서 $(2^{2a+1}-2^a) \ln 2=\ln 2$이므로

$2^{2a+1}-2^a=1$

$2^a=t\ (t>0)$으로 놓으면

$2t^2-t-1=0,\ (2t+1)(t-1)=0$

$t=1$

즉, $2^a=1$이므로 $a=0$

답 0

38 $f'(x)=\ln x+2+(x-2)\times\frac{1}{x}$이므로

$f'(1)=\ln 1+2+(1-2)\times 1=1$

답 ①

39 $f(x)=x \ln x$라 하면

$f'(x)=\ln x+x\times\frac{1}{x}=\ln x+1$

$f'(1)=\ln 1+1=1,\ f'(a)=\ln a+1$

두 점 $(1,\ 0),\ (a,\ a \ln a)$에서의 접선이 서로 수직이므로

$f'(1)\times f'(a)=1\times(\ln a+1)=-1$

$\ln a+1=-1,\ \ln a=-2,\ a=e^{-2}$

따라서 $a=\frac{1}{e^2}$

답 ①

40 $f'(x)=\left(\frac{1}{x \ln 2}-\frac{1}{x \ln 8}\right)e^x+(\log_2 x-\log_8 x)e^x$

$=\left(\frac{1}{x \ln 2}-\frac{1}{3x \ln 2}+\log_2 x-\frac{1}{3}\log_2 x\right)e^x$

$=\left(\frac{2}{3x \ln 2}+\frac{2}{3}\log_2 x\right)e^x$

$\frac{f'(2)}{f'(1)}=\frac{\left(\frac{1}{3 \ln 2}+\frac{2}{3}\log_2 2\right)e^2}{\left(\frac{2}{3 \ln 2}+\frac{2}{3}\log_2 1\right)e}$

$=\frac{\frac{1}{3}+\frac{2}{3}\ln 2}{\frac{2}{3}}\times e$

$=\frac{e}{2}(1+2 \ln 2)$

$\frac{e}{2}(1+2 \ln 2)=\frac{e}{2}(a+b \ln 2)$이고 $a,\ b$는 자연수이므로

$a=1,\ b=2$

따라서 $a+b=3$

답 3

41 $f(x)=e^{x+2} \ln x=e^2e^x \ln x$에서

$f'(x)=e^2\left(e^x \ln x+e^x\times\frac{1}{x}\right)$

$=e^{x+2}\left(\ln x+\frac{1}{x}\right)$

따라서

$\lim_{h\to 0}\frac{f(1+2h)-f(1-3h)}{h}$

$=\lim_{h\to 0}\left\{\frac{f(1+2h)-f(1)}{h}-\frac{f(1-3h)-f(1)}{h}\right\}$

$=2f'(1)+3f'(1)=5f'(1)$

$=5e^3(\ln 1+1)=5e^3$

답 ⑤

42 $\lim_{x\to 1}\frac{f(x)-f(1)}{x^2-1}=\lim_{x\to 1}\frac{f(x)-f(1)}{(x-1)(x+1)}$

$=\frac{f'(1)}{2}$

이때 $f(x)=2^x+3^x$에서

$f'(x)=2^x \ln 2+3^x \ln 3$

따라서

$\lim_{x\to 1}\frac{f(x)-f(1)}{x^2-1}=\frac{f'(1)}{2}=\frac{2 \ln 2+3 \ln 3}{2}$

$=\ln 2+\frac{3}{2}\ln 3$

$=\ln 6\sqrt{3}$

답 ④

43 $\lim_{x\to e}\frac{f(x)-\ln x}{x-e}=\frac{3}{e}$에서 $x\to e$일 때 (분모)$\to 0$이고 극한값이 존재하므로 (분자)$\to 0$이다.

즉, $\lim_{x\to e}\{f(x)-\ln x\}=0$이므로

$f(e)=1$

$\lim_{x\to e}\frac{f(x)-\ln x}{x-e}=\lim_{x\to e}\frac{f(x)-1-(\ln x-1)}{x-e}$

$=\lim_{x\to e}\frac{f(x)-f(e)}{x-e}-\lim_{x\to e}\frac{\ln x-1}{x-e}$

$g(x)=\ln x$라 하면 $g(e)=1$이고, $g'(x)=\frac{1}{x}$이므로

$\lim_{x\to e}\frac{f(x)-f(e)}{x-e}-\lim_{x\to e}\frac{\ln x-1}{x-e}$

$=\lim_{x\to e}\frac{f(x)-f(e)}{x-e}-\lim_{x\to e}\frac{g(x)-g(e)}{x-e}$

$=f'(e)-g'(e)=f'(e)-\frac{1}{e}$

따라서 $f'(e)-\frac{1}{e}=\frac{3}{e}$이므로

$f'(e)=\frac{4}{e}$

답 ④

44 함수 $f(x)$가 $x=0$에서 미분가능하면 $x=0$에서 연속이므로

$\lim_{x\to 0-}ae^{x-1}=\lim_{x\to 0+}(bx+1)=f(0)$

$\frac{a}{e}=1$에서 $a=e$

함수 $f(x)$가 $x=0$에서 미분가능하므로

$\lim_{x\to 0-}\frac{f(x)-f(0)}{x}=\lim_{x\to 0+}\frac{f(x)-f(0)}{x}$

$\lim_{x\to 0-}\frac{f(x)-f(0)}{x}=\lim_{x\to 0-}\frac{e^x-1}{x}=1$

$$\lim_{x\to0+}\frac{f(x)-f(0)}{x}=\lim_{x\to0+}\frac{(bx+1)-1}{x}=b$$

그러므로 $b=1$

따라서 $ab=e\times1=e$

답 ①

45 함수 $f(x)$가 실수 전체의 집합에서 미분가능하면 $x=1$에서 미분가능하다.

함수 $f(x)$가 $x=1$에서 미분가능하면 $x=1$에서 연속이므로

$$\lim_{x\to1-}(a^{x-1}+b)=\lim_{x\to1+}(\ln x^2+1)=f(1)$$

$1+b=1$에서 $b=0$

$$\lim_{x\to1-}\frac{f(x)-f(1)}{x-1}=\lim_{x\to1-}\frac{a^{x-1}-1}{x-1}$$

$$\lim_{x\to1+}\frac{f(x)-f(1)}{x-1}=\lim_{x\to1+}\frac{\ln x^2}{x-1}$$

이고, $x-1=t$라 하면 $x\to1$일 때 $t\to0$이므로

$$\lim_{x\to1-}\frac{f(x)-f(1)}{x-1}=\lim_{t\to0-}\frac{a^t-1}{t}=\ln a$$

$$\lim_{x\to1+}\frac{f(x)-f(1)}{x-1}=\lim_{t\to0+}\frac{\ln(t+1)^2}{t}=2\lim_{t\to0+}\frac{\ln(t+1)}{t}=2$$

함수 $f(x)$가 $x=1$에서 미분가능하므로

$$\lim_{x\to1-}\frac{f(x)-f(1)}{x-1}=\lim_{x\to1+}\frac{f(x)-f(1)}{x-1}$$

즉, $\ln a=2$

$a=e^2$

따라서 $a+b=e^2+0=e^2$

답 e^2

46 $f(0)=a\ln1=0$이므로

$$\lim_{x\to0-}\frac{f(x)-f(0)}{x}=\lim_{x\to0-}\frac{x^3-x}{x}=\lim_{x\to0-}(x^2-1)=-1$$

$$\lim_{x\to0+}\frac{f(x)-f(0)}{x}=\lim_{x\to0+}\frac{a\ln(bx+1)}{x}=\lim_{x\to0+}\left\{a\times\frac{\ln(bx+1)}{bx}\times b\right\}=ab$$

함수 $f(x)$가 $x=0$에서 미분가능하므로

$$\lim_{x\to0-}\frac{f(x)-f(0)}{x}=\lim_{x\to0+}\frac{f(x)-f(0)}{x}$$

즉, $ab=-1$, $b=-\frac{1}{a}$ …… ㉠

$a\ln(bx+1)=a\ln\left(-\frac{x}{a}+1\right)$에서

$a>0$이면 $x>a$에서 정의가 되지 않으므로 $a<0$, $b>0$

$f\left(-\frac{1}{b}\right)=f(a)=a^3-a$

즉, $a^3-a=3a$

$a^3-4a=0$, $a(a-2)(a+2)=0$

$a<0$이므로 $a=-2$

㉠에서 $b=\frac{1}{2}$

따라서 $x\ge0$일 때, $f(x)=-2\ln\left(\frac{x}{2}+1\right)$이므로

$f(6)=-2\ln(3+1)=-2\ln4=-4\ln2$

답 ④

47 이차방정식의 근과 계수의 관계에 의하여

$\sin\theta+\cos\theta=\frac{1}{3}$, $\sin\theta\cos\theta=-\frac{4}{9}$

따라서

$$\sec\theta+\csc\theta=\frac{1}{\cos\theta}+\frac{1}{\sin\theta}=\frac{\sin\theta+\cos\theta}{\sin\theta\cos\theta}=\frac{\frac{1}{3}}{-\frac{4}{9}}=-\frac{3}{4}$$

답 ③

48 $\cos^2\theta=1-\sin^2\theta=1-\left(-\frac{4}{5}\right)^2=1-\frac{16}{25}=\frac{9}{25}$

이때 각 θ가 제4사분면의 각이므로 $\cos\theta=\frac{3}{5}$

따라서

$$\cot\theta\times\cos\theta=\frac{\cos\theta}{\sin\theta}\times\cos\theta=\frac{\cos^2\theta}{\sin\theta}=\frac{\frac{9}{25}}{-\frac{4}{5}}=-\frac{9}{20}$$

답 ②

49 $\overline{\mathrm{OP}}=\sqrt{(-5)^2+(-12)^2}=13$이므로

$\csc\theta=-\frac{13}{12}$

$$\sec\theta\cot\theta=\frac{1}{\cos\theta}\times\frac{\cos\theta}{\sin\theta}=\frac{1}{\sin\theta}=\csc\theta$$

따라서 $\sec\theta\cot\theta+\csc\theta=2\csc\theta=-\frac{13}{6}$

답 ③

50 직선 $\sqrt{3}x-y+1=0$이 x축의 양의 방향과 이루는 각의 크기는 직선 $\sqrt{3}x-y=0$이 x축의 양의 방향과 이루는 각의 크기와 같다.

원점 O를 중심으로 하고 반지름의 길이가 2인 원이 직선 $\sqrt{3}x-y=0$, 즉 $y=\sqrt{3}x$와 만나는 점 중에 제1사분면 위의 점을 P라 하면

$\mathrm{P}(1, \sqrt{3})$

$\overline{\mathrm{OP}}=2$이므로

$\sec\theta=2$, $\csc\theta=\frac{2}{\sqrt{3}}$

따라서 $\sec\theta\csc\theta=2\times\frac{2}{\sqrt{3}}=\frac{4\sqrt{3}}{3}$

답 ④

51 $\frac{3\sin\theta+4\cos\theta}{\sin\theta+3\cos\theta}=2$에서

$3\sin\theta+4\cos\theta=2\sin\theta+6\cos\theta$, $\sin\theta=2\cos\theta$

$\sin^2\theta+\cos^2\theta=1$이므로 $4\cos^2\theta+\cos^2\theta=1$

$\cos^2\theta=\frac{1}{5}$, $\sin^2\theta=\frac{4}{5}$

따라서

$\sec^2\theta+\csc^2\theta=\dfrac{1}{\cos^2\theta}+\dfrac{1}{\sin^2\theta}$

$=5+\dfrac{5}{4}=\dfrac{25}{4}$

답 $\dfrac{25}{4}$

52 ㄱ. $\dfrac{\csc^2\theta-1}{\sec^2\theta-1}=\dfrac{\dfrac{1}{\sin^2\theta}-1}{\dfrac{1}{\cos^2\theta}-1}=\dfrac{\dfrac{1-\sin^2\theta}{\sin^2\theta}}{\dfrac{1-\cos^2\theta}{\cos^2\theta}}$

$=\dfrac{\dfrac{\cos^2\theta}{\sin^2\theta}}{\dfrac{\sin^2\theta}{\cos^2\theta}}=\dfrac{\cos^4\theta}{\sin^4\theta}=\cot^4\theta$

ㄴ. $\dfrac{1}{1-\sin\theta}+\dfrac{1}{1+\sin\theta}=\dfrac{2}{1-\sin^2\theta}$

$=\dfrac{2}{\cos^2\theta}=2\sec^2\theta$

ㄷ. $\dfrac{\sin\theta}{\csc\theta+\cot\theta}+\dfrac{\sin\theta}{\csc\theta-\cot\theta}$

$=\dfrac{\sin\theta(\csc\theta-\cot\theta)+\sin\theta(\csc\theta+\cot\theta)}{\csc^2\theta-\cot^2\theta}$

$=\dfrac{2\sin\theta\csc\theta}{1}=2$

이상에서 옳은 것은 ㄱ이다.

답 ①

53 $0<\alpha-\beta<\dfrac{\pi}{2}$이므로 $\cos(\alpha-\beta)>0$

$\cos(\alpha-\beta)=\sqrt{1-\sin^2(\alpha-\beta)}$

$=\sqrt{1-\left(\dfrac{\sqrt{7}}{4}\right)^2}=\dfrac{3}{4}$

$\cos(\alpha-\beta)=\cos\alpha\cos\beta+\sin\alpha\sin\beta$에서

$\dfrac{3}{4}=\dfrac{1}{2}+\sin\alpha\sin\beta$

따라서 $\sin\alpha\sin\beta=\dfrac{3}{4}-\dfrac{1}{2}=\dfrac{1}{4}$

답 ②

54 $\dfrac{\pi}{2}<\alpha<\pi$, $\dfrac{\pi}{2}<\beta<\pi$에서

$\cos\alpha<0$, $\sin\beta>0$이므로

$\cos\alpha=-\sqrt{1-\sin^2\alpha}=-\sqrt{1-\left(\dfrac{1}{5}\right)^2}=-\dfrac{2\sqrt{6}}{5}$

$\sin\beta=\sqrt{1-\cos^2\beta}=\sqrt{1-\left(-\dfrac{5}{7}\right)^2}=\dfrac{2\sqrt{6}}{7}$

따라서

$\sin(\alpha-\beta)=\sin\alpha\cos\beta-\cos\alpha\sin\beta$

$=\dfrac{1}{5}\times\left(-\dfrac{5}{7}\right)-\left(-\dfrac{2\sqrt{6}}{5}\right)\times\dfrac{2\sqrt{6}}{7}$

$=-\dfrac{5}{35}+\dfrac{24}{35}=\dfrac{19}{35}$

답 ⑤

55 $\sin\left(\dfrac{\pi}{4}+\theta\right)=\sin\dfrac{\pi}{4}\cos\theta+\cos\dfrac{\pi}{4}\sin\theta$

$=\dfrac{\sqrt{2}}{2}(\sin\theta+\cos\theta)$

$\dfrac{\sqrt{2}}{2}(\sin\theta+\cos\theta)=\dfrac{\sqrt{2}}{4}$이므로

$\sin\theta+\cos\theta=\dfrac{1}{2}$

위의 식의 양변을 제곱하면

$\sin^2\theta+2\sin\theta\cos\theta+\cos^2\theta=\dfrac{1}{4}$

$2\sin\theta\cos\theta=-\dfrac{3}{4}$

따라서 $\sin 2\theta=\sin(\theta+\theta)=2\sin\theta\cos\theta=-\dfrac{3}{4}$

답 ③

56 $\dfrac{3}{2}\pi<\theta<2\pi$에서 $\tan\theta<0$

$\tan\theta=-\sqrt{\sec^2\theta-1}$

$=-\sqrt{(\sqrt{13})^2-1}=-2\sqrt{3}$

따라서

$\tan\left(\theta-\dfrac{\pi}{3}\right)=\dfrac{\tan\theta-\tan\dfrac{\pi}{3}}{1+\tan\theta\tan\dfrac{\pi}{3}}$

$=\dfrac{-2\sqrt{3}-\sqrt{3}}{1+(-2\sqrt{3})\times\sqrt{3}}=\dfrac{3\sqrt{3}}{5}$

답 ③

57 $\sin\alpha-\sin\beta=\dfrac{4}{5}$, $\cos\alpha-\cos\beta=\dfrac{3}{5}$의 양변을 각각 제곱하면

$\sin^2\alpha-2\sin\alpha\sin\beta+\sin^2\beta=\dfrac{16}{25}$ …… ㉠

$\cos^2\alpha-2\cos\alpha\cos\beta+\cos^2\beta=\dfrac{9}{25}$ …… ㉡

㉠+㉡을 하면

$2-2(\sin\alpha\sin\beta+\cos\alpha\cos\beta)=1$

$2-2\cos(\alpha-\beta)=1$

따라서 $\cos(\alpha-\beta)=\dfrac{1}{2}$

답 $\dfrac{1}{2}$

58 $0\le\alpha<\dfrac{\pi}{2}$, $0\le\beta<\dfrac{\pi}{2}$인 α, β에 대하여 $f(\alpha)=\dfrac{1}{3}$, $f(\beta)=\dfrac{2}{3}$라 하면

$f\left(f^{-1}\left(\dfrac{1}{3}\right)+f^{-1}\left(\dfrac{2}{3}\right)\right)=f(\alpha+\beta)=\tan(\alpha+\beta)$

$=\dfrac{\tan\alpha+\tan\beta}{1-\tan\alpha\tan\beta}$

$=\dfrac{\dfrac{1}{3}+\dfrac{2}{3}}{1-\dfrac{1}{3}\times\dfrac{2}{3}}$

$=\dfrac{9}{7}$

답 $\dfrac{9}{7}$

59 이차방정식의 근과 계수의 관계에 의하여

$\tan\alpha+\tan\beta=4$, $\tan\alpha\tan\beta=2$

따라서

$$\sec^2(\alpha+\beta)=1+\tan^2(\alpha+\beta)$$
$$=1+\left(\frac{\tan\alpha+\tan\beta}{1-\tan\alpha\tan\beta}\right)^2$$
$$=1+\left(\frac{4}{1-2}\right)^2=17$$

답 17

60 이차방정식의 근과 계수의 관계에 의하여

$\tan\alpha+\tan\beta=-\frac{a}{3}$, $\tan\alpha\tan\beta=-\frac{2}{3}$

$$\tan(\alpha+\beta)=\frac{\tan\alpha+\tan\beta}{1-\tan\alpha\tan\beta}$$
$$=\frac{-\frac{a}{3}}{1-\left(-\frac{2}{3}\right)}=-\frac{a}{5}$$

즉, $-\frac{a}{5}=2$이므로 $a=-10$

답 ②

61 이차방정식의 근과 계수의 관계에 의하여

$\sec\alpha+\sec\beta=2$ ······ ㉠

$\sec\alpha\sec\beta=-4$ ······ ㉡

㉠의 양변을 제곱하면

$\sec^2\alpha+2\sec\alpha\sec\beta+\sec^2\beta=4$

위의 식에 ㉡을 대입하면

$\sec^2\alpha+\sec^2\beta=12$

$$\tan^2\alpha+\tan^2\beta=(\sec^2\alpha-1)+(\sec^2\beta-1)$$
$$=12-2=10$$
$$\tan^2\alpha\times\tan^2\beta=(\sec^2\alpha-1)(\sec^2\beta-1)$$
$$=(\sec\alpha\sec\beta)^2-(\sec^2\alpha+\sec^2\beta)+1$$
$$=(-4)^2-12+1=5$$

이차방정식 $x^2+ax+b=0$의 근과 계수의 관계에 의하여

$-a=\tan^2\alpha+\tan^2\beta$, $b=\tan^2\alpha\times\tan^2\beta$

따라서 $a=-10$, $b=5$이므로

$ab=-50$

답 -50

62 두 직선 $y=3x-1$, $y=-x+2$가 x축의 양의 방향과 이루는 각의 크기를 각각 α, β라 하면

$\tan\alpha=3$, $\tan\beta=-1$

따라서

$$\tan\theta=|\tan(\alpha-\beta)|=\left|\frac{\tan\alpha-\tan\beta}{1+\tan\alpha\tan\beta}\right|$$
$$=\left|\frac{3-(-1)}{1+3\times(-1)}\right|=2$$

답 ②

63 $\cos\theta=\frac{\sqrt{5}}{5}$에서 $\sec\theta=\sqrt{5}$

각 θ가 예각이므로

$\tan\theta=\sqrt{\sec^2\theta-1}=2$

두 직선 $ax-y+2=0$, $2x-3y+1=0$에서

$y=ax+2$, $y=\frac{2}{3}x+\frac{1}{3}$

이 두 직선이 x축의 양의 방향과 이루는 각의 크기를 각각 α, β라 하면

$\tan\alpha=a$, $\tan\beta=\frac{2}{3}$이므로

$$\tan\theta=|\tan(\alpha-\beta)|=\left|\frac{\tan\alpha-\tan\beta}{1+\tan\alpha\tan\beta}\right|$$
$$=\left|\frac{a-\frac{2}{3}}{1+\frac{2}{3}a}\right|=\left|\frac{3a-2}{3+2a}\right|$$

$\left|\frac{3a-2}{3+2a}\right|=2$에서 $|3a-2|=2|3+2a|$

$3a-2=-2(3+2a)$ 또는 $3a-2=2(3+2a)$

$a=-\frac{4}{7}$ 또는 $a=-8$

따라서 정수 a의 값은 -8이다.

답 ③

64 l_1: $4x+3y=25$, l_2: $x_1x+y_1y=25$에서

l_1: $y=-\frac{4}{3}x+\frac{25}{3}$, l_2: $y=-\frac{x_1}{y_1}x+\frac{25}{y_1}$

$-\frac{x_1}{y_1}=a$라 하자. (단, $a>0$)

두 직선이 x축의 양의 방향과 이루는 각의 크기를 각각 α, β라 하면

$\tan\alpha=-\frac{4}{3}$, $\tan\beta=a$

$$|\tan(\alpha-\beta)|=\left|\frac{\tan\alpha-\tan\beta}{1+\tan\alpha\tan\beta}\right|$$
$$=\left|\frac{-\frac{4}{3}-a}{1+\left(-\frac{4}{3}\right)a}\right|=\left|\frac{3a+4}{4a-3}\right|$$

두 직선이 이루는 예각의 크기가 $\frac{\pi}{4}$이므로

$|\tan(\alpha-\beta)|=\tan\frac{\pi}{4}=1$

즉, $3a+4=4a-3$ 또는 $3a+4=-4a+3$

$a>0$이므로 $a=7$

즉, $-\frac{x_1}{y_1}=7$이므로 $y_1=-\frac{1}{7}x_1$

이때 점 (x_1, y_1)은 원 $x^2+y^2=25$ 위의 점이므로

$x_1^2+\left(-\frac{1}{7}x_1\right)^2=25$, $x_1^2=\frac{49}{2}$

$x_1>0$이므로 $x_1=\frac{7\sqrt{2}}{2}$

$y_1=-\frac{1}{7}\times\frac{7\sqrt{2}}{2}=-\frac{\sqrt{2}}{2}$

따라서 $x_1+y_1=\frac{7\sqrt{2}}{2}-\frac{\sqrt{2}}{2}=3\sqrt{2}$

답 ③

65 점 E는 선분 AD를 $1:3$으로 내분한 점이므로

$\overline{AE}=1$

$\angle DBA=\alpha$, $\angle EBA=\beta$라 하면

$\tan\alpha=2$, $\tan\beta=\frac{1}{2}$

따라서

$$\tan\theta=\tan(\alpha-\beta)=\frac{\tan\alpha-\tan\beta}{1+\tan\alpha\tan\beta}$$

$$=\frac{2-\frac{1}{2}}{1+2\times\frac{1}{2}}=\frac{3}{4}$$

답 ③

66 $\overline{BC}=4$, $3\overline{BD}=\overline{CD}$이므로

$\overline{BD}=1$, $\overline{CD}=3$

$\angle BAD=\alpha$, $\angle CAD=\beta$, $\overline{AD}=a$라 하면

$\tan\alpha=\frac{1}{a}$, $\tan\beta=\frac{3}{a}$

$$\tan\theta=\tan(\alpha+\beta)=\frac{\tan\alpha+\tan\beta}{1-\tan\alpha\tan\beta}$$

$$=\frac{\frac{1}{a}+\frac{3}{a}}{1-\frac{1}{a}\times\frac{3}{a}}=\frac{4a}{a^2-3}$$

$\frac{4a}{a^2-3}=8$이므로 $2a^2-a-6=0$

$(2a+3)(a-2)=0$

$a>0$이므로 $a=2$

답 2

67 $\overline{BF}=\overline{AB}=5$, $\overline{BC}=4$이고, 삼각형 FBC는 직각삼각형이므로

$\overline{FC}=\sqrt{5^2-4^2}=3$

$\sin(\angle FBC)=\frac{\overline{CF}}{\overline{BF}}=\frac{3}{5}$

$\angle FBC=\frac{\pi}{2}-2\theta$이므로 직각삼각형 FBC에서

$$\sin(\angle FBC)=\sin\left(\frac{\pi}{2}-2\theta\right)=\cos 2\theta$$

$$=\cos\theta\cos\theta-\sin\theta\sin\theta$$

$$=\cos^2\theta-\sin^2\theta$$

$$=\cos^2\theta-(1-\cos^2\theta)$$

$$=2\cos^2\theta-1$$

즉, $2\cos^2\theta-1=\frac{3}{5}$, $\cos^2\theta=\frac{4}{5}$

따라서 각 θ는 예각이므로

$\cos\theta=\frac{2\sqrt{5}}{5}$

답 ②

68 $\overline{PH}=3a$라 하면 $\tan\theta_1=\frac{1}{3}$이므로 $\overline{AH}=a$이고, 점 P의 좌표는 $(1-a,\ 3a)$

이때 점 P는 곡선 $y=\sqrt{1-x^2}$ 위의 점이므로

$3a=\sqrt{1-(1-a)^2}$, $9a^2=2a-a^2$

$a=\frac{1}{5}$

$$\tan\theta_2=\frac{1-a}{3a}=\frac{\frac{4}{5}}{\frac{3}{5}}=\frac{4}{3}$$

따라서

$$\tan(\theta_1+\theta_2)=\frac{\tan\theta_1+\tan\theta_2}{1-\tan\theta_1\tan\theta_2}$$

$$=\frac{\frac{1}{3}+\frac{4}{3}}{1-\frac{1}{3}\times\frac{4}{3}}=\frac{\frac{5}{3}}{1-\frac{4}{9}}=3$$

답 3

69 $$\lim_{x\to\pi}\frac{1+\cos x}{\sin^2 x}=\lim_{x\to\pi}\frac{(1+\cos x)(1-\cos x)}{\sin^2 x\times(1-\cos x)}$$

$$=\lim_{x\to\pi}\frac{\sin^2 x}{\sin^2 x\times(1-\cos x)}$$

$$=\lim_{x\to\pi}\frac{1}{1-\cos x}$$

$$=\frac{1}{1-(-1)}=\frac{1}{2}$$

답 ②

70 $$\lim_{x\to\frac{\pi}{4}}\frac{\sin x-\cos x}{\tan^2 x-1}$$

$$=\lim_{x\to\frac{\pi}{4}}\frac{\sin x-\cos x}{\frac{\sin^2 x}{\cos^2 x}-1}=\lim_{x\to\frac{\pi}{4}}\frac{\sin x-\cos x}{\frac{\sin^2 x-\cos^2 x}{\cos^2 x}}$$

$$=\lim_{x\to\frac{\pi}{4}}\frac{\sin x-\cos x}{\frac{(\sin x-\cos x)(\sin x+\cos x)}{\cos^2 x}}$$

$$=\lim_{x\to\frac{\pi}{4}}\frac{\cos^2 x}{\sin x+\cos x}=\frac{\frac{1}{2}}{\frac{\sqrt{2}}{2}+\frac{\sqrt{2}}{2}}=\frac{\sqrt{2}}{4}$$

답 ②

71 $$\lim_{x\to\frac{\pi}{2}}\frac{1}{(\sin x-1)\csc^2 2x}$$

$$=\lim_{x\to\frac{\pi}{2}}\frac{\sin^2 2x}{\sin x-1}=\lim_{x\to\frac{\pi}{2}}\frac{4\sin^2 x\cos^2 x}{\sin x-1}$$

$$=\lim_{x\to\frac{\pi}{2}}\frac{4\sin^2 x\cos^2 x(\sin x+1)}{(\sin x-1)(\sin x+1)}$$

$$=\lim_{x\to\frac{\pi}{2}}\frac{4\sin^2 x\cos^2 x(\sin x+1)}{-\cos^2 x}$$

$$=\lim_{x\to\frac{\pi}{2}}\{-4\sin^2 x(\sin x+1)\}$$

$$=-4\times1\times(1+1)=-8$$

답 ⑤

72 $$\lim_{x\to0}\frac{\sin 3x+\sin 4x}{x^2+2x}$$

$$=\lim_{x\to0}\frac{\sin 3x+\sin 4x}{x(x+2)}$$

$$=\lim_{x\to0}\left(\frac{\sin 3x}{3x}\times\frac{3}{x+2}+\frac{\sin 4x}{4x}\times\frac{4}{x+2}\right)$$
$$=1\times\frac{3}{2}+1\times\frac{4}{2}=\frac{7}{2}$$

답 ④

73 $\lim_{x\to0}\frac{\sin(\sin ax)}{\sin 2x}$
$$=\lim_{x\to0}\left\{\frac{\sin(\sin ax)}{\sin ax}\times\frac{2x}{\sin 2x}\times\frac{\sin ax}{ax}\times\frac{a}{2}\right\}$$
$$=1\times1\times1\times\frac{a}{2}=\frac{a}{2}$$
따라서 $\frac{a}{2}=5$이므로 $a=10$

답 10

74 $\lim_{x\to0}\frac{f(x^2+2x)}{\sin f(x)}$
$$=\lim_{x\to0}\frac{\sin^2(x^2+2x)}{\sin(\sin^2 x)}$$
$$=\lim_{x\to0}\left\{\frac{\sin^2(x^2+2x)}{(x^2+2x)^2}\times\frac{\sin^2 x}{\sin(\sin^2 x)}\times\frac{x^2}{\sin^2 x}\times\frac{(x^2+2x)^2}{x^2}\right\}$$
$$=1\times1\times1\times4=4$$

답 4

75 $\lim_{x\to0}\frac{\tan 6x-\tan 3x}{\sin x}=\lim_{x\to0}\frac{\frac{\tan 6x-\tan 3x}{x}}{\frac{\sin x}{x}}$
$$=\lim_{x\to0}\frac{\frac{\tan 6x}{6x}\times6-\frac{\tan 3x}{3x}\times3}{\frac{\sin x}{x}}$$
$$=\frac{1\times6-1\times3}{1}=3$$

답 ②

76 $\lim_{x\to0}\frac{e^{4x}-1}{\tan(2x^2+x)}$
$$=\lim_{x\to0}\left\{\frac{e^{4x}-1}{4x}\times\frac{2x^2+x}{\tan(2x^2+x)}\times\frac{4x}{2x^2+x}\right\}$$
$$=1\times1\times\frac{4}{2\times0+1}=4$$

답 4

77 $\lim_{x\to0}\frac{\sin^2 x+\sin^2 2x+\cdots+\sin^2 nx}{n(\sec^2 x-1)}$
$$=\lim_{x\to0}\frac{\frac{\sin^2 x+\sin^2 2x+\cdots+\sin^2 nx}{x^2}}{n\times\frac{\tan^2 x}{x^2}}$$
$$=\lim_{x\to0}\frac{\frac{\sin^2 x}{x^2}+\frac{\sin^2 2x}{(2x)^2}\times2^2+\cdots+\frac{\sin^2 nx}{(nx)^2}\times n^2}{n\times\frac{\tan^2 x}{x^2}}$$
$$=\frac{1^2+2^2+\cdots+n^2}{n}$$
$$=\frac{(n+1)(2n+1)}{6}$$
즉, $\frac{(n+1)(2n+1)}{6}=11$

$(n+1)(2n+1)=66$, $2n^2+3n-65=0$

$(2n+13)(n-5)=0$

n은 자연수이므로 $n=5$

답 5

78 $\lim_{x\to0}\frac{1-\cos x}{\sin x\tan x}$
$$=\lim_{x\to0}\frac{(1-\cos x)(1+\cos x)}{\sin x\tan x(1+\cos x)}$$
$$=\lim_{x\to0}\frac{\sin^2 x}{\sin x\times\frac{\sin x}{\cos x}\times(1+\cos x)}$$
$$=\lim_{x\to0}\frac{\cos x}{1+\cos x}=\frac{1}{2}$$

답 ②

79 $\lim_{x\to0}\frac{\tan x-\sin x}{x^3}=\lim_{x\to0}\frac{\frac{\sin x}{\cos x}-\sin x}{x^3}$
$$=\lim_{x\to0}\frac{\sin x(1-\cos x)}{x^3\cos x}$$
$$=\lim_{x\to0}\frac{\sin x(1-\cos x)(1+\cos x)}{x^3\cos x(1+\cos x)}$$
$$=\lim_{x\to0}\frac{\sin^3 x}{x^3\cos x(1+\cos x)}=\frac{1}{2}$$

답 ②

80 ㄱ. $\lim_{x\to0}\frac{\cos x-1}{\sec^2 x-1}=\lim_{x\to0}\frac{\cos x-1}{\frac{1}{\cos^2 x}-1}$
$$=\lim_{x\to0}\frac{\cos x-1}{\frac{1-\cos^2 x}{\cos^2 x}}$$
$$=\lim_{x\to0}\frac{\cos x-1}{\frac{(1-\cos x)(1+\cos x)}{\cos^2 x}}$$
$$=\lim_{x\to0}\frac{-\cos^2 x}{1+\cos x}=-\frac{1}{2}$$

ㄴ. $\lim_{x\to0}\frac{1-\cos x}{1-\cos 3x}$
$$=\lim_{x\to0}\frac{(1-\cos x)(1+\cos x)(1+\cos 3x)}{(1-\cos 3x)(1+\cos 3x)(1+\cos x)}$$
$$=\lim_{x\to0}\frac{\sin^2 x(1+\cos 3x)}{\sin^2 3x(1+\cos x)}$$
$$=\lim_{x\to0}\frac{\frac{\sin^2 x}{x^2}(1+\cos 3x)}{\frac{\sin^2 3x}{(3x)^2}\times9\times(1+\cos x)}$$
$$=\frac{1\times(1+1)}{1\times9\times(1+1)}=\frac{1}{9}$$

ㄷ. $\lim_{x\to 0}\frac{\cos^4 x-1}{x^2}=\lim_{x\to 0}\frac{(\cos^2 x-1)(\cos^2 x+1)}{x^2}$

$=\lim_{x\to 0}\frac{-\sin^2 x(\cos^2 x+1)}{x^2}$

$=\lim_{x\to 0}\left\{-\frac{\sin^2 x}{x^2}\times(\cos^2 x+1)\right\}=-2$

이상에서 옳은 것은 ㄱ, ㄷ이다.

답 ④

81 $2x-\pi=t$로 놓으면 $x\to\frac{\pi}{2}$일 때 $t\to 0$이므로

$$\lim_{x\to\frac{\pi}{2}}\frac{\cos x}{2x-\pi}=\lim_{t\to 0}\frac{\cos\left(\frac{\pi}{2}+\frac{t}{2}\right)}{t}=\lim_{t\to 0}\frac{-\sin\frac{t}{2}}{t}$$

$$=\lim_{t\to 0}\frac{-\sin\frac{t}{2}}{\frac{t}{2}}\times\frac{1}{2}=-\frac{1}{2}$$

답 ③

82 $x-\pi=t$로 놓으면 $x\to\pi$일 때 $t\to 0$이므로

$$\lim_{x\to\pi}\frac{\tan x}{x^2-\pi^2}=\lim_{x\to\pi}\frac{\tan x}{(x-\pi)(x+\pi)}=\lim_{t\to 0}\frac{\tan(\pi+t)}{t(2\pi+t)}$$

$$=\lim_{t\to 0}\frac{\tan t}{t(2\pi+t)}=\frac{1}{2\pi}$$

답 ④

83 $x-\frac{\pi}{2}=t$로 놓으면 $x\to\frac{\pi}{2}$일 때 $t\to 0$이므로

$$\lim_{x\to\frac{\pi}{2}}\frac{1-\sin^2 x}{\left(x-\frac{\pi}{2}\right)(e^{2x-\pi}-1)}=\lim_{t\to 0}\frac{1-\sin^2\left(\frac{\pi}{2}+t\right)}{t(e^{2t}-1)}$$

$$=\lim_{t\to 0}\frac{1-\cos^2 t}{t(e^{2t}-1)}$$

$$=\lim_{t\to 0}\frac{\sin^2 t}{t(e^{2t}-1)}$$

$$=\lim_{t\to 0}\left(\frac{\sin^2 t}{t^2}\times\frac{2t}{e^{2t}-1}\times\frac{1}{2}\right)$$

$$=1\times 1\times\frac{1}{2}=\frac{1}{2}$$

답 $\frac{1}{2}$

84 $x-2=t$로 놓으면 $x\to 2$일 때 $t\to 0$이므로

$$\lim_{x\to 2}\frac{\sin\left(\cos\frac{\pi}{4}x\right)}{x-2}$$

$$=\lim_{t\to 0}\frac{\sin\left(\cos\left(\frac{\pi}{2}+\frac{\pi}{4}t\right)\right)}{t}$$

$$=\lim_{t\to 0}\frac{\sin\left(-\sin\frac{\pi}{4}t\right)}{t}$$

$$=\lim_{t\to 0}\left\{\frac{\sin\left(-\sin\frac{\pi}{4}t\right)}{-\sin\frac{\pi}{4}t}\times\frac{\sin\frac{\pi}{4}t}{\frac{\pi}{4}t}\times\left(-\frac{\pi}{4}\right)\right\}$$

$$=1\times 1\times\left(-\frac{\pi}{4}\right)=-\frac{\pi}{4}$$

답 ②

85 $x-\pi=t$로 놓으면 $x\to\pi$일 때 $t\to 0$이므로

$$\lim_{x\to\pi}f(x^2-\pi^2)f\left(x-\frac{\pi}{2}\right)$$

$$=\lim_{t\to 0}f(t^2+2\pi t)f\left(\frac{\pi}{2}+t\right)$$

$$=\lim_{t\to 0}\tan(t^2+2\pi t)\tan\left(\frac{\pi}{2}+t\right)$$

$$=\lim_{t\to 0}\left\{\tan(t^2+2\pi t)\times\left(-\frac{1}{\tan t}\right)\right\}$$

$$=\lim_{t\to 0}\left\{\frac{\tan(t^2+2\pi t)}{t^2+2\pi t}\times\left(-\frac{t}{\tan t}\right)\times\frac{t^2+2\pi t}{t}\right\}$$

$$=1\times(-1)\times 2\pi$$

$$=-2\pi$$

답 ②

86 $x-\frac{3}{2}\pi=t$로 놓으면 $x\to\frac{3}{2}\pi$일 때 $t\to 0$이므로

$$\lim_{x\to\frac{3}{2}\pi}\frac{(e^{\cos x}-1)\ln(\sin^2 x)}{\left(x-\frac{3}{2}\pi\right)^n}$$

$$=\lim_{t\to 0}\frac{\{e^{\cos\left(t+\frac{3}{2}\pi\right)}-1\}\ln\left\{\sin^2\left(t+\frac{3}{2}\pi\right)\right\}}{t^n}$$

$$=\lim_{t\to 0}\frac{(e^{\sin t}-1)\ln(\cos^2 t)}{t^n}$$

$$=\lim_{t\to 0}\left\{\frac{e^{\sin t}-1}{\sin t}\times\frac{\ln(1-\sin^2 t)}{-\sin^2 t}\times\frac{-\sin^3 t}{t^n}\right\}$$

$$\lim_{t\to 0}\frac{e^{\sin t}-1}{\sin t}=1,\ \lim_{t\to 0}\frac{\ln(1-\sin^2 t)}{-\sin^2 t}=1$$

이므로 $\lim_{t\to 0}\frac{\sin^3 t}{t^n}$가 0이 아닌 값으로 수렴해야 한다.

따라서 $n=3$

답 3

87 $\frac{1}{x^2}=t$로 놓으면 $x\to\infty$일 때 $t\to 0+$이므로

$$\lim_{x\to\infty}x^2\sin\frac{3}{x^2}=\lim_{t\to 0+}\frac{\sin 3t}{t}$$

$$=\lim_{t\to 0+}\left(\frac{\sin 3t}{3t}\times 3\right)$$

$$=1\times 3=3$$

답 3

88 $\frac{1}{x}=t$로 놓으면 $x\to\infty$일 때 $t\to 0+$이므로

$$\lim_{x\to\infty}\frac{2x+1}{3}\tan\frac{1}{x}=\lim_{t\to 0+}\frac{t+2}{3t}\tan t$$

$$=\lim_{t\to 0+}\left(\frac{\tan t}{t}\times\frac{t+2}{3}\right)$$

$$=1\times\frac{2}{3}=\frac{2}{3}$$

답 ④

89 $\frac{1}{x}=t$로 놓으면 $x\to\infty$일 때 $t\to 0+$이므로

$$\lim_{x\to\infty} x\sin\left(\frac{\sin x}{x^2}\right)=\lim_{t\to 0+}\frac{\sin\left(t^2\sin\frac{1}{t}\right)}{t}$$
$$=\lim_{t\to 0+}\left\{\frac{\sin\left(t^2\sin\frac{1}{t}\right)}{t^2\sin\frac{1}{t}}\times t\sin\frac{1}{t}\right\}$$

$-1\le\sin\frac{1}{t}\le 1$에서 $-|t|\le t\sin\frac{1}{t}\le|t|$

그러므로 $\lim_{t\to 0+} t\sin\frac{1}{t}=0$

따라서

$$\lim_{x\to\infty} x\sin\left(\frac{\sin x}{x^2}\right)=\lim_{t\to 0+}\left\{\frac{\sin\left(t^2\sin\frac{1}{t}\right)}{t^2\sin\frac{1}{t}}\times t\sin\frac{1}{t}\right\}$$
$$=1\times 0=0$$

답 ③

90 $x\to 0$일 때 (분모) $\to 0$이고 극한값이 존재하므로 (분자) $\to 0$이다.

즉, $\lim_{x\to 0}(e^{3x}-a)=0$이므로

$1-a=0$, $a=1$

$a=1$을 주어진 식의 좌변에 대입하면

$$\lim_{x\to 0}\frac{e^{3x}-1}{\sin bx}=\lim_{x\to 0}\left(\frac{e^{3x}-1}{3x}\times\frac{bx}{\sin bx}\times\frac{3}{b}\right)$$
$$=1\times 1\times\frac{3}{b}=\frac{3}{b}$$

$\frac{3}{b}=2$이므로 $b=\frac{3}{2}$

따라서 $a+b=\frac{5}{2}$

답 ②

91 $x\to 0$일 때 (분자) $\to 0$이고 0이 아닌 극한값이 존재하므로 (분모) $\to 0$이다.

즉, $\lim_{x\to 0}(\sqrt{ax^2+b}-1)=0$이므로

$\sqrt{b}-1=0$, $b=1$

$b=1$을 주어진 식의 좌변에 대입하면

$$\lim_{x\to 0}\frac{1-\cos x}{\sqrt{ax^2+1}-1}$$
$$=\lim_{x\to 0}\frac{(1-\cos x)(1+\cos x)(\sqrt{ax^2+1}+1)}{(\sqrt{ax^2+1}-1)(\sqrt{ax^2+1}+1)(1+\cos x)}$$
$$=\lim_{x\to 0}\frac{\sin^2 x(\sqrt{ax^2+1}+1)}{ax^2(1+\cos x)}$$
$$=\lim_{x\to 0}\left\{\frac{\sin^2 x}{x^2}\times\frac{\sqrt{ax^2+1}+1}{a(1+\cos x)}\right\}=1\times\frac{1}{a}=\frac{1}{a}$$

$\frac{1}{a}=5$이므로 $a=\frac{1}{5}$

따라서 $a-b=-\frac{4}{5}$

답 ⑤

92 $x-1=t$로 놓으면 $x\to 1$일 때 $t\to 0$이므로

$$\lim_{x\to 1}\frac{\tan(ax+b)}{\cos\frac{\pi}{2}x}=\lim_{t\to 0}\frac{\tan(at+a+b)}{\cos\left(\frac{\pi}{2}+\frac{\pi}{2}t\right)}$$
$$=\lim_{t\to 0}\frac{\tan(at+a+b)}{-\sin\frac{\pi}{2}t}$$

$t\to 0$일 때 (분모) $\to 0$이고 극한값이 존재하므로 (분자) $\to 0$이다.

즉, $\lim_{t\to 0}\tan(at+a+b)=0$이므로

$\tan(a+b)=0$ …… ㉠

$$\tan(at+a+b)=\frac{\tan at+\tan(a+b)}{1-\tan at\times\tan(a+b)}$$
$$=\tan at$$

$$\lim_{x\to 1}\frac{\tan(ax+b)}{\cos\frac{\pi}{2}x}=\lim_{t\to 0}\frac{\tan at}{-\sin\frac{\pi}{2}t}$$
$$=\lim_{t\to 0}\left\{\frac{\tan at}{at}\times\frac{\frac{\pi}{2}t}{\sin\frac{\pi}{2}t}\times\left(-\frac{at}{\frac{\pi}{2}t}\right)\right\}$$
$$=1\times 1\times\left(-\frac{2a}{\pi}\right)=-\frac{2a}{\pi}$$

$-\frac{2a}{\pi}=1$에서 $a=-\frac{\pi}{2}$

$0<b<\pi$이므로 $-\frac{\pi}{2}<a+b<\frac{\pi}{2}$

㉠에서 $a+b=0$이므로 $b=\frac{\pi}{2}$

따라서 $ab=-\frac{\pi}{2}\times\frac{\pi}{2}=-\frac{\pi^2}{4}$

답 ⑤

93 함수 $f(x)$가 $x=0$에서 연속이면

$\lim_{x\to 0}f(x)=f(0)$

즉, $\lim_{x\to 0}\frac{1-\cos 2x}{x^2}=a$

$$\lim_{x\to 0}\frac{1-\cos 2x}{x^2}=\lim_{x\to 0}\frac{(1-\cos 2x)(1+\cos 2x)}{x^2(1+\cos 2x)}$$
$$=\lim_{x\to 0}\frac{\sin^2 2x}{x^2(1+\cos 2x)}$$
$$=\lim_{x\to 0}\left\{\frac{\sin^2 2x}{(2x)^2}\times\frac{4}{1+\cos 2x}\right\}$$
$$=1\times\frac{4}{2}=2$$

따라서 $a=2$

답 2

94 함수 $f(x)$가 $x=\pi$에서 연속이면

$\lim_{x\to\pi-}f(x)=\lim_{x\to\pi+}f(x)=f(\pi)$

$$\lim_{x\to\pi-}\frac{e^{x-a}-1}{\sin x}=\lim_{x\to\pi+}\frac{b\tan x}{cx-1}=f(\pi)$$

$\lim_{x\to\pi-}\frac{e^{x-a}-1}{\sin x}=f(\pi)$에서 $x\to\pi-$일 때 (분모) $\to 0$이고 극한값이 존재하므로 (분자) $\to 0$이다.

즉, $\lim_{x\to\pi-}(e^{x-a}-1)=0$이므로 $e^{\pi-a}-1=0$, $a=\pi$

$x-\pi=t$로 놓으면 $x\to\pi-$일 때 $t\to0-$이므로

$$\lim_{x\to\pi-}\frac{e^{x-\pi}-1}{\sin x}=\lim_{t\to0-}\frac{e^t-1}{\sin(t+\pi)}=-\lim_{t\to0-}\frac{e^t-1}{\sin t}$$
$$=-\lim_{t\to0-}\left(\frac{e^t-1}{t}\times\frac{t}{\sin t}\right)$$
$$=-(1\times1)=-1$$

$$\lim_{x\to\pi+}\frac{b\tan x}{cx-1}=\lim_{t\to0+}\frac{b\tan(t+\pi)}{ct+c\pi-1}$$

$\lim_{t\to0+}\frac{b\tan(t+\pi)}{ct+c\pi-1}=-1$에서 $t\to0+$일 때 (분자) $\to0$이고 극한값이 0이 아니므로 (분모) $\to0$이다.

즉, $\lim_{t\to0+}(ct+c\pi-1)=0$이므로 $c\pi-1=0$

$c=\frac{1}{\pi}$

$$\lim_{t\to0+}\frac{b\tan(t+\pi)}{\frac{t}{\pi}+\frac{1}{\pi}\times\pi-1}=\lim_{t\to0+}\frac{b\pi\tan(t+\pi)}{t}=\lim_{t\to0+}\frac{b\pi\tan t}{t}$$
$$=\lim_{t\to0+}\left(b\pi\times\frac{\tan t}{t}\right)=b\pi\times1=b\pi$$

$b\pi=-1$에서 $b=-\frac{1}{\pi}$

따라서 $a+b+c=\pi+\left(-\frac{1}{\pi}\right)+\frac{1}{\pi}=\pi$

답 π

95 열린구간 $\left(-\frac{\pi}{6}, \frac{\pi}{6}\right)$에서 $x\neq0$일 때,

$$f(x)=\begin{cases}-\frac{\tan^2 2x}{x^2} & (x<0)\\ \frac{\ln(\cos ax)}{x^2} & (x>0)\end{cases}$$

함수 $f(x)$가 열린구간 $\left(-\frac{\pi}{6}, \frac{\pi}{6}\right)$에서 연속이면 $x=0$에서도 연속이므로

$$\lim_{x\to0-}\left(-\frac{\tan^2 2x}{x^2}\right)=\lim_{x\to0+}\frac{\ln(\cos ax)}{x^2}=f(0)$$

$$\lim_{x\to0-}\left(-\frac{\tan^2 2x}{x^2}\right)=\lim_{x\to0-}\left\{-\frac{\tan^2 2x}{(2x)^2}\times4\right\}$$
$$=-1\times4=-4$$

$\lim_{x\to0+}\frac{\ln(\cos ax)}{x^2}=-4$에서

$$\lim_{x\to0+}\frac{\ln(\cos ax)}{x^2}$$
$$=\lim_{x\to0+}\left\{\frac{\ln(1+\cos ax-1)}{\cos ax-1}\times\frac{\cos ax-1}{x^2}\right\}$$
$$=\lim_{x\to0+}\left\{\frac{\ln(1+\cos ax-1)}{\cos ax-1}\times\frac{(\cos ax-1)(\cos ax+1)}{x^2(\cos ax+1)}\right\}$$
$$=\lim_{x\to0+}\left\{\frac{\ln(1+\cos ax-1)}{\cos ax-1}\times\frac{-\sin^2 ax}{a^2x^2}\times\frac{a^2}{\cos ax+1}\right\}$$
$$=1\times(-1)\times\frac{a^2}{2}=-\frac{a^2}{2}$$

$-4=-\frac{a^2}{2}$

$a>0$이므로 $a=2\sqrt{2}$

답 ②

96 삼각형 POH에서 $\overline{PH}=\sin\theta$, $\overline{OH}=\cos\theta$이므로

$\overline{BH}=1-\cos\theta$

따라서

$$\lim_{\theta\to0+}\frac{\overline{BH}}{\overline{PH}^2}=\lim_{\theta\to0+}\frac{1-\cos\theta}{\sin^2\theta}$$
$$=\lim_{\theta\to0+}\frac{(1-\cos\theta)(1+\cos\theta)}{\sin^2\theta(1+\cos\theta)}$$
$$=\lim_{\theta\to0+}\frac{\sin^2\theta}{\sin^2\theta(1+\cos\theta)}$$
$$=\lim_{\theta\to0+}\frac{1}{1+\cos\theta}=\frac{1}{2}$$

답 ④

97 삼각형 ABH에서 $\overline{AH}=2\sin\theta$, $\overline{BH}=2\cos\theta$

삼각형 ABC에서 $\overline{BC}=\frac{2}{\cos\theta}$,

$\overline{HC}=\frac{2}{\cos\theta}-2\cos\theta=\frac{2-2\cos^2\theta}{\cos\theta}$이므로

$$S(\theta)=\frac{1}{2}\times\frac{2-2\cos^2\theta}{\cos\theta}\times2\sin\theta$$
$$=\frac{2\sin\theta(1-\cos^2\theta)}{\cos\theta}=\frac{2\sin^3\theta}{\cos\theta}$$

따라서

$$\lim_{\theta\to0+}\frac{S(\theta)}{\theta^3}=\lim_{\theta\to0+}\frac{2\sin^3\theta}{\theta^3\cos\theta}$$
$$=\lim_{\theta\to0+}\left(\frac{\sin^3\theta}{\theta^3}\times\frac{2}{\cos\theta}\right)$$
$$=1\times2=2$$

답 2

98 $\angle PAO=\theta$이므로 $\angle POC=2\theta$

삼각형 OPC에서 사인법칙에 의하여

$$\frac{\overline{CP}}{\sin2\theta}=\frac{\overline{OP}}{\sin(\pi-3\theta)},\ \frac{\overline{CP}}{\sin2\theta}=\frac{1}{\sin3\theta}$$

$\overline{CP}=\frac{\sin2\theta}{\sin3\theta}$

따라서

$$\lim_{\theta\to0+}\overline{CP}=\lim_{\theta\to0+}\frac{\sin2\theta}{\sin3\theta}$$
$$=\lim_{\theta\to0+}\left(\frac{\sin2\theta}{2\theta}\times\frac{3\theta}{\sin3\theta}\times\frac{2}{3}\right)$$
$$=1\times1\times\frac{2}{3}=\frac{2}{3}$$

답 ③

99 삼각형 CAH에서 $\overline{AH}=1$, $\overline{AC}=\frac{1}{\cos\theta}$, $\overline{CH}=\tan\theta$이므로

$$\overline{HD}=\overline{AD}-\overline{AH}$$
$$=\frac{1}{\cos\theta}-1=\frac{1-\cos\theta}{\cos\theta}$$

$$S(\theta)=\frac{1}{2}\times\frac{1-\cos\theta}{\cos\theta}\times\tan\theta$$

따라서

$$\lim_{\theta\to0+}\frac{S(\theta)}{\theta^3}=\lim_{\theta\to0+}\frac{\tan\theta(1-\cos\theta)}{2\theta^3\cos\theta}$$

$$=\lim_{\theta\to0+}\frac{\tan\theta(1-\cos\theta)(1+\cos\theta)}{2\theta^3\cos\theta(1+\cos\theta)}$$
$$=\lim_{\theta\to0+}\frac{\tan\theta\sin^2\theta}{2\theta^3\cos\theta(1+\cos\theta)}$$
$$=\lim_{\theta\to0+}\left\{\frac{\tan\theta}{\theta}\times\frac{\sin^2\theta}{\theta^2}\times\frac{1}{2\cos\theta(1+\cos\theta)}\right\}$$
$$=1\times1\times\frac{1}{4}=\frac{1}{4}$$

답 ②

100 $f(x)=e^x(3\sin x+1)$에서

$f'(x)=e^x(3\sin x+1)+e^x\times3\cos x$

$=e^x(3\sin x+3\cos x+1)$

따라서 $f'(0)=1\times(3+1)=4$

답 4

101 $f(x)=\sqrt{3}\sin x+\cos x$에서

$f'(x)=\sqrt{3}\cos x-\sin x$

$f'(\alpha)=0$에서

$f'(\alpha)=\sqrt{3}\cos\alpha-\sin\alpha=0$

$\frac{\sin\alpha}{\cos\alpha}=\sqrt{3}$, $\tan\alpha=\sqrt{3}$

$-\pi<\alpha<\pi$이므로 $\alpha=-\frac{2}{3}\pi$ 또는 $\alpha=\frac{\pi}{3}$

따라서 모든 α의 값의 합은 $-\frac{\pi}{3}$이다.

답 ②

102 $f(x)=3\cos x+x\sin x$에서

$f'(x)=-3\sin x+\sin x+x\cos x=-2\sin x+x\cos x$

이고, $f(0)=3$, $f'(0)=0$

$h'(x)=f'(x)g(x)+f(x)g'(x)$이므로

$h'(0)=f'(0)g(0)+f(0)g'(0)$

$=0\times g(0)+3\times4=12$

답 12

103 $\lim_{h\to0}\frac{f(\pi-h)-f(\pi+2h)}{h}$

$$=\lim_{h\to0}\frac{\{f(\pi-h)-f(\pi)\}-\{f(\pi+2h)-f(\pi)\}}{h}$$
$$=\lim_{h\to0}\left\{\frac{f(\pi-h)-f(\pi)}{-h}\times(-1)\right\}-\lim_{h\to0}\left\{\frac{f(\pi+2h)-f(\pi)}{2h}\times2\right\}$$
$$=-f'(\pi)-2f'(\pi)=-3f'(\pi)$$

이때 $f(x)=(x^2-2x)\sin x$에서

$f'(x)=(2x-2)\sin x+(x^2-2x)\cos x$이므로

$-3f'(\pi)=-3\times\{0+(\pi^2-2\pi)\times(-1)\}$

$=3\pi^2-6\pi$

답 ①

104 $g(x)=e^x\sin x$라 하면

$g'(x)=e^x\sin x+e^x\cos x$

$=e^x(\sin x+\cos x)$

$$f(x)=\lim_{h\to0}\frac{e^{x+h}\sin(x+h)-e^x\sin x}{h}$$
$$=\lim_{h\to0}\frac{g(x+h)-g(x)}{h}=g'(x)$$

따라서

$f(\pi)=g'(\pi)=e^\pi(\sin\pi+\cos\pi)$

$=-e^\pi$

답 ①

105 $\lim_{x\to0}\frac{f(\pi+\tan x)-f(\pi-\tan x)}{ax}$

$$=\lim_{x\to0}\left[\frac{\{f(\pi+\tan x)-f(\pi)\}-\{f(\pi-\tan x)-f(\pi)\}}{\tan x}\times\frac{\tan x}{x}\times\frac{1}{a}\right]$$
$$=\lim_{x\to0}\left[\left\{\frac{f(\pi+\tan x)-f(\pi)}{\tan x}+\frac{f(\pi-\tan x)-f(\pi)}{-\tan x}\right\}\times\frac{\tan x}{x}\times\frac{1}{a}\right]$$
$$=\{f'(\pi)+f'(\pi)\}\times1\times\frac{1}{a}$$
$$=\frac{2}{a}f'(\pi)$$

$f(x)=\sin x\cos x$에서 $f'(x)=\cos^2x-\sin^2x$이므로

$\frac{2}{a}f'(\pi)=\frac{2}{a}\times(\cos^2\pi-\sin^2\pi)=\frac{2}{a}$

따라서 $\frac{2}{a}=4$이므로

$a=\frac{1}{2}$

답 $\frac{1}{2}$

106 함수 $f(x)$가 $x=0$에서 미분가능하려면 $x=0$에서 연속이어야 하므로

$\lim_{x\to0-}(\cos x+a)=\lim_{x\to0+}(x^2+bx)=f(0)$

$1+a=0$에서 $a=-1$

함수 $f(x)$가 $x=0$에서 미분가능하므로

$$\lim_{x\to0-}\frac{f(x)-f(0)}{x}=\lim_{x\to0+}\frac{f(x)-f(0)}{x}$$
$$\lim_{x\to0-}\frac{f(x)-f(0)}{x}=\lim_{x\to0-}\frac{\cos x-1}{x}$$
$$=\lim_{x\to0-}\frac{(\cos x-1)(\cos x+1)}{x(\cos x+1)}$$
$$=-\lim_{x\to0-}\frac{\sin^2x}{x(\cos x+1)}$$
$$=-\lim_{x\to0-}\left(\frac{\sin x}{x}\times\frac{\sin x}{\cos x+1}\right)$$
$$=-1\times0=0$$
$$\lim_{x\to0+}\frac{f(x)-f(0)}{x}=\lim_{x\to0+}\frac{x^2+bx}{x}$$
$$=\lim_{x\to0+}(x+b)=b$$

그러므로 $b=0$

따라서 $a+b=-1$

답 -1

107 함수 $f(x)$가 모든 실수 x에 대하여 미분가능하려면 $x=\pi$에서 미분가능해야 한다.

$x=\pi$에서 미분가능하려면 $x=\pi$에서 연속이어야 하므로

$\lim_{x\to\pi-}(a\sin x\cos x)=\lim_{x\to\pi+}(\ln x+b)=f(\pi)$

$0=\ln\pi+b$에서 $b=-\ln\pi$

함수 $f(x)$가 $x=\pi$에서 미분가능하므로

$$\lim_{x\to\pi-}\frac{f(x)-f(\pi)}{x-\pi}=\lim_{x\to\pi+}\frac{f(x)-f(\pi)}{x-\pi}$$

$$\lim_{x\to\pi-}\frac{f(x)-f(\pi)}{x-\pi}=\lim_{x\to\pi-}\frac{a\sin x\cos x}{x-\pi}$$

$$\lim_{x\to\pi+}\frac{f(x)-f(\pi)}{x-\pi}=\lim_{x\to\pi+}\frac{\ln x-\ln\pi}{x-\pi}$$

이고, $x-\pi=t$로 놓으면 $x\to\pi$일 때 $t\to0$이므로

$$\begin{aligned}\lim_{x\to\pi-}\frac{f(x)-f(\pi)}{x-\pi}&=\lim_{t\to0-}\frac{a\sin(t+\pi)\cos(t+\pi)}{t}\\&=\lim_{t\to0-}\frac{a\sin t\cos t}{t}\\&=\lim_{t\to0-}\left(\frac{\sin t}{t}\times a\cos t\right)\\&=1\times a=a\end{aligned}$$

$$\begin{aligned}\lim_{x\to\pi+}\frac{f(x)-f(\pi)}{x-\pi}&=\lim_{t\to0+}\frac{\ln(t+\pi)-\ln\pi}{t}\\&=\lim_{t\to0+}\left\{\frac{\ln\left(1+\frac{t}{\pi}\right)}{\frac{t}{\pi}}\times\frac{1}{\pi}\right\}\\&=1\times\frac{1}{\pi}=\frac{1}{\pi}\end{aligned}$$

$a=\frac{1}{\pi}$

따라서 $\frac{b}{a}=\frac{-\ln\pi}{\frac{1}{\pi}}=-\pi\ln\pi$

답 ④

108 함수 $f(x)$가 모든 실수 x에 대하여 미분가능하므로 $x=0$에서도 미분가능하다.

이때 함수 $f(x)$가 $x=0$에서 미분가능하면 $x=0$에서 연속이므로

$\lim_{x\to0-}\{\sin x+a(x+2)\}=\lim_{x\to0+}(be^x\cos x+1)=f(0)$

$2a=b+1$ ...... ㉠

함수 $f(x)$가 $x=0$에서 미분가능하므로

$$\lim_{x\to0-}\frac{f(x)-f(0)}{x}=\lim_{x\to0+}\frac{f(x)-f(0)}{x}$$

$$\begin{aligned}\lim_{x\to0-}\frac{f(x)-f(0)}{x}&=\lim_{x\to0-}\frac{\sin x+a(x+2)-(b+1)}{x}\\&=\lim_{x\to0-}\frac{\sin x+ax}{x}\\&=\lim_{x\to0-}\left(\frac{\sin x}{x}+a\right)=1+a\end{aligned}$$

$$\begin{aligned}\lim_{x\to0+}\frac{f(x)-f(0)}{x}&=\lim_{x\to0+}\frac{be^x\cos x+1-(b+1)}{x}\\&=\lim_{x\to0+}\frac{be^x\cos x-be^x+be^x-b}{x}\\&=\lim_{x\to0+}\left\{\frac{be^x(\cos x-1)}{x}+\frac{b(e^x-1)}{x}\right\}\\&=\lim_{x\to0+}\left\{-\frac{be^x\sin^2 x}{x(\cos x+1)}+\frac{b(e^x-1)}{x}\right\}\\&=\lim_{x\to0+}\left\{-\frac{\sin x}{x}\times\frac{be^x\sin x}{\cos x+1}+b\times\frac{e^x-1}{x}\right\}\\&=-1\times0+b\times1=b\end{aligned}$$

$a+1=b$ ...... ㉡

㉠, ㉡을 연립하여 풀면

$a=2,\ b=3$

따라서 $f(\pi)=3e^{\pi}\cos\pi+1=-3e^{\pi}+1$

답 ③

서술형 완성하기

본문 69쪽

01 7	**02** 3	**03** $-\ln 2$	**04** $\frac{1}{2}$	**05** -2
06 1				

01 $x\to0$일 때 (분자) $\to0$이고 극한값이 0이 아니므로 (분모) $\to0$이어야 한다.

즉, $\lim_{x\to0}(\sqrt{x+b}-2)=0$이므로

$\sqrt{b}-2=0$

즉, $b=4$ ...... ❶

$$\lim_{x\to0}\frac{e^{ax}-(x+1)^2}{\sqrt{x+4}-2}$$

$$=\lim_{x\to0}\frac{\{(e^a)^x-1-(x^2+2x)\}(\sqrt{x+4}+2)}{(\sqrt{x+4}-2)(\sqrt{x+4}+2)}$$

$$=\lim_{x\to0}\frac{\{(e^a)^x-1-(x^2+2x)\}(\sqrt{x+4}+2)}{x}$$

$$=\lim_{x\to0}\left\{\frac{(e^a)^x-1}{ax}\times a-\frac{x^2+2x}{x}\right\}(\sqrt{x+4}+2)$$ ...... ❷

$=(1\times a-2)\times4$

$=4(a-2)$

이므로 $4(a-2)=4$

$a=3$

따라서 $a+b=7$ ...... ❸

답 7

단계	채점 기준	비율
❶	(분모) $\to0$을 이용하여 b의 값을 구한 경우	30 %
❷	분모를 유리화하여 지수함수의 극한의 형태로 변형한 경우	50 %
❸	$a+b$의 값을 구한 경우	20 %

02 $\lim_{x\to0}\frac{\ln(x^2+ax+1)}{e^{ax}-e^x}$

$$=\lim_{x\to0}\frac{\frac{\ln(x^2+ax+1)}{x^2+ax}}{\frac{e^{ax}-e^x}{x^2+ax}} \quad \cdots\cdots ❶$$

$$=\lim_{x\to0}\frac{\frac{\ln(x^2+ax+1)}{x^2+ax}}{\frac{e^{ax}-1-(e^x-1)}{x(x+a)}}$$

$$=\lim_{x\to0}\frac{\frac{\ln(x^2+ax+1)}{x^2+ax}}{\left(\frac{e^{ax}-1}{ax}\times a-\frac{e^x-1}{x}\right)\times\frac{1}{x+a}} \quad \cdots\cdots ❷$$

$$=\frac{a}{a-1}=\frac{3}{2}$$

따라서 $a=3$ ······ ❸

답 3

단계	채점 기준	비율
❶	로그함수의 극한의 형태로 변형한 경우	40 %
❷	지수함수의 극한의 형태로 변형한 경우	40 %
❸	a의 값을 구한 경우	20 %

03 함수 $f(x)$가 $x=0$에서 연속이므로

$\lim_{x\to0-}\frac{\ln(x^2+2)-\ln a}{bx^2}=\lim_{x\to0+}(x^2-1)=-1$

$\lim_{x\to0-}\frac{\ln(x^2+2)-\ln a}{bx^2}=-1$에서 $x\to0-$일 때

(분모)$\to0$이고 극한값이 존재하므로 (분자)$\to0$이다.

즉, $\lim_{x\to0-}\{\ln(x^2+2)-\ln a\}=0$이므로

$\ln2-\ln a=0$, $a=2$ ······ ❶

$$\lim_{x\to0-}\frac{\ln(x^2+2)-\ln2}{bx^2}=\lim_{x\to0-}\frac{\ln\left(\frac{x^2}{2}+1\right)}{bx^2}$$

$$=\lim_{x\to0-}\frac{\ln\left(\frac{x^2}{2}+1\right)}{\frac{x^2}{2}}\times\frac{1}{2b}=\frac{1}{2b}$$

이므로 $\frac{1}{2b}=-1$, $b=-\frac{1}{2}$ ······ ❷

$x<0$에서 $f(x)=\frac{\ln(x^2+2)-\ln2}{-\frac{1}{2}x^2}$이므로

$f(-\sqrt{2})=\frac{\ln4-\ln2}{-\frac{1}{2}\times2}=-\ln2$ ······ ❸

답 $-\ln2$

단계	채점 기준	비율
❶	(분자)$\to0$을 이용하여 a의 값을 구한 경우	40 %
❷	함수의 연속성과 로그함수의 극한을 이용하여 b의 값을 구한 경우	50 %
❸	$f(-\sqrt{2})$의 값을 구한 경우	10 %

04 함수 $h(x)$가 $x=0$에서 연속이므로

$\lim_{x\to0-}h(x)=\lim_{x\to0+}h(x)=h(0)$

$\lim_{x\to0-}h(x)$

$$=\lim_{x\to0-}f(x)=\lim_{x\to0-}\frac{\tan^2x}{\cos(\sin ax)-1}$$

$$=\lim_{x\to0-}\left\{\frac{\tan^2x}{x^2}\times\frac{\sin^2ax}{\cos(\sin ax)-1}\times\frac{x^2}{\sin^2ax}\right\}$$

$$=\lim_{x\to0-}\left[\frac{\tan^2x}{x^2}\times\frac{\sin^2ax\{\cos(\sin ax)+1\}}{\{\cos(\sin ax)-1\}\{\cos(\sin ax)+1\}}\times\frac{x^2}{\sin^2ax}\right]$$

$$=\lim_{x\to0-}\left\{-\frac{\tan^2x}{x^2}\times\frac{\sin^2ax}{\sin^2(\sin ax)}\times\frac{a^2x^2}{\sin^2ax}\times\frac{\cos(\sin ax)+1}{a^2}\right\}$$

$=-1\times1\times1\times\frac{2}{a^2}=-\frac{2}{a^2}$ ······ ❶

$\lim_{x\to0+}h(x)=\lim_{x\to0+}g(x)=\lim_{x\to0+}(x-8)=-8$ ······ ❷

즉, $-\frac{2}{a^2}=-8$, $a^2=\frac{1}{4}$

$a>0$이므로 $a=\frac{1}{2}$ ······ ❸

답 $\frac{1}{2}$

단계	채점 기준	비율
❶	삼각함수의 극한의 형태로 변형하여 좌극한 $\lim_{x\to0-}h(x)$를 구한 경우	50 %
❷	우극한 $\lim_{x\to0+}h(x)$를 구한 경우	30 %
❸	양수 a의 값을 구한 경우	20 %

05 $g(x)=f(x)e^x$에서

$g'(x)=f'(x)e^x+f(x)e^x$

$=\{f'(x)+f(x)\}e^x$ ······ ㉠

$\lim_{x\to1}\frac{g(x)}{x-1}=3e$에서

$x\to1$일 때 (분모)$\to0$이고 극한값이 존재하므로

(분자)$\to0$이다.

즉, $\lim_{x\to1}g(x)=0$이고 함수 $g(x)$가 연속함수이므로

$g(1)=0$

$g(x)=f(x)e^x$에 $x=1$을 대입하면

$f(1)\times e^1=0$, $f(1)=0$ ······ ㉡ ······ ❶

$g'(1)=\lim_{x\to1}\frac{g(x)}{x-1}$이므로

$g'(1)=3e$

㉠의 양변에 $x=1$을 대입하면

$g'(1)=\{f'(1)+f(1)\}e$

그러므로 $f'(1)\times e=3e$

$f'(1)=3$ ······ ㉢ ······ ❷

$f(x)=x^2+ax+b$ (a, b는 상수)라 하면

$f'(x)=2x+a$

㉢에서 $2+a=3$, $a=1$

㉡에서 $1+1+b=0$, $b=-2$

그러므로 $f(x)=x^2+x-2$

따라서 $f(-1)=1-1-2=-2$ …… ❸

답 -2

단계	채점 기준	비율
❶	(분자) $\to 0$을 이용하여 $f(1)$의 값을 구한 경우	40 %
❷	미분계수의 정의를 이용하여 $f'(1)$의 값을 구한 경우	40 %
❸	$f(-1)$의 값을 구한 경우	20 %

06 $f(x)=\ln x\times\sin x$에서

$$f'(x)=\frac{\sin x}{x}+\ln x\times\cos x \quad \cdots\cdots ❶$$

$$=\frac{\sin x}{x}+\frac{f(x)}{\tan x}$$

$$g(x)=f'(x)-\frac{f(x)}{\tan x}$$

$$=\frac{\sin x}{x}+\frac{f(x)}{\tan x}-\frac{f(x)}{\tan x}=\frac{\sin x}{x} \quad \cdots\cdots ❷$$

따라서 $\lim_{x\to 0}g(x)=\lim_{x\to 0}\frac{\sin x}{x}=1$ …… ❸

답 1

단계	채점 기준	비율
❶	$f'(x)$를 구한 경우	40 %
❷	식을 변형하여 함수 $g(x)$를 간단히 한 경우	30 %
❸	$\lim_{x\to 0}g(x)$의 값을 구한 경우	30 %

내신 + 수능 고난도 도전

본문 70~71쪽

01 ④ 02 ② 03 5 04 ① 05 ⑤
06 ④ 07 ②

01 $\lim_{x\to 1-}f(x)=\lim_{x\to 1-}\frac{\ln(x^2-2x+2)}{x-1}$

$$=\lim_{x\to 1-}\left\{\frac{\ln(1+x^2-2x+1)}{x^2-2x+1}\times\frac{x^2-2x+1}{x-1}\right\}$$

$$=\lim_{x\to 1-}\left\{\frac{\ln(1+x^2-2x+1)}{x^2-2x+1}\times(x-1)\right\}$$

$$=1\times 0=0$$

$$\lim_{x\to 1+}f(x)=\lim_{x\to 1+}\frac{e^x-e}{\ln x}$$

$$=\lim_{x\to 1+}\left\{\frac{e(e^{x-1}-1)}{x-1}\times\frac{x-1}{\ln x}\right\}=e$$

$\lim_{x\to 1-}f(x)\neq\lim_{x\to 1+}f(x)$이므로 함수 $f(x)$는 $x=1$에서 불연속이다.

$f(x)=t$라 하면

$$\lim_{x\to 1-}(g\circ f)(x)=\lim_{x\to 1-}g(f(x))=\lim_{t\to 0}g(t)$$

$$\lim_{x\to 1+}(g\circ f)(x)=\lim_{x\to 1+}g(f(x))=\lim_{t\to e}g(t)$$

함수 $g(x)$는 실수 전체의 집합에서 연속이므로

$g(e)=g(0)$

$e^2-ae=0$

따라서 $a=e$

답 ④

02 함수 $f(x)$가 모든 실수 x에 대하여 $f(x)=f(x+\pi)$이므로

$$\lim_{x\to 0+}f(x)=\lim_{x\to \pi-}f(x)$$

$$\lim_{x\to 0+}f(x)=\lim_{x\to 0+}\frac{1}{ax-1}=-1$$

$\lim_{x\to \pi-}f(x)=\lim_{x\to \pi-}\frac{\sin bx}{x-\pi}$에서

$x\to\pi-$일 때 (분모) $\to 0$이고 극한값이 존재하므로 (분자) $\to 0$이다.

즉, $\sin b\pi=0$ …… ㉠

$x-\pi=t$로 놓으면 $x\to\pi-$일 때 $t\to 0-$이므로

$$\lim_{x\to \pi-}f(x)=\lim_{x\to \pi-}\frac{\sin bx}{x-\pi}$$

$$=\lim_{t\to 0-}\frac{\sin(bt+b\pi)}{t}$$

$$=\lim_{t\to 0-}\frac{\sin bt\cos b\pi+\cos bt\sin b\pi}{t}$$

$$=\lim_{t\to 0-}\left(\frac{\sin bt}{bt}\times b\times\cos b\pi\right)=b\cos b\pi$$

그러므로 $b\cos b\pi=-1$ …… ㉡

$\sin^2 b\pi+\cos^2 b\pi=1$과 ㉠에서

$\cos^2 b\pi=1$이므로 $\cos b\pi=1$ 또는 $\cos b\pi=-1$

$b>0$이므로 ㉡에서 $\cos b\pi=-1$

이 식을 ㉡에 대입하면 $b=1$

함수 $f(x)$가 $x=\frac{\pi}{2}$에서 연속이므로

$$\lim_{x\to \frac{\pi}{2}-}f(x)=\lim_{x\to \frac{\pi}{2}+}f(x)=f\left(\frac{\pi}{2}\right)$$

$$\lim_{x\to \frac{\pi}{2}-}f(x)=\lim_{x\to \frac{\pi}{2}-}\frac{1}{ax-1}=\frac{1}{\frac{\pi}{2}a-1}$$

$$\lim_{x\to \frac{\pi}{2}+}f(x)=\lim_{x\to \frac{\pi}{2}+}\frac{\sin bx}{x-\pi}=\frac{\sin\frac{\pi}{2}}{-\frac{\pi}{2}}=-\frac{2}{\pi}$$

$\frac{1}{\frac{\pi}{2}a-1}=-\frac{2}{\pi}$이므로 $a=\frac{2}{\pi}-1$

따라서 $a+b=\left(\frac{2}{\pi}-1\right)+1=\frac{2}{\pi}$

답 ②

03 $f(x)=\sin x\cos x-\frac{1}{2}$에서

$f'(x)=\cos^2 x-\sin^2 x$

$$g(x)=\lim_{h\to 0}\frac{f(x+\sin h)-f(x-\tan h)}{h}$$

$$=\lim_{h\to 0}\left\{\frac{f(x+\sin h)-f(x)}{\sin h}\times\frac{\sin h}{h}\right.$$

$$+\frac{f(x-\tan h)-f(x)}{-\tan h}\times\frac{\tan h}{h}\Big\}$$

$=2f'(x)$

$=2(\cos^2 x-\sin^2 x)$

$\sin 2x=\sin(x+x)=2\sin x\cos x$,

$\cos 2x=\cos(x+x)=\cos^2 x-\sin^2 x$

에서 $f(x)=\frac{1}{2}(\sin 2x-1)$, $g(x)=2\cos 2x$

$$\lim_{x\to\frac{\pi}{4}}\frac{f(x)}{\left(x-\frac{\pi}{4}\right)g(x)}=\lim_{x\to\frac{\pi}{4}}\frac{\sin 2x-1}{4\left(x-\frac{\pi}{4}\right)\cos 2x}$$

$x-\frac{\pi}{4}=t$로 놓으면 $x\to\frac{\pi}{4}$일 때 $t\to 0$이므로

$$\lim_{x\to\frac{\pi}{4}}\frac{f(x)}{\left(x-\frac{\pi}{4}\right)g(x)}=\lim_{t\to 0}\frac{\sin\left(2t+\frac{\pi}{2}\right)-1}{4t\cos\left(2t+\frac{\pi}{2}\right)}$$

$$=\lim_{t\to 0}\frac{\cos 2t-1}{-4t\sin 2t}$$

$$=\lim_{t\to 0}\frac{(\cos 2t-1)(\cos 2t+1)}{-4t\sin 2t(\cos 2t+1)}$$

$$=\lim_{t\to 0}\left\{\frac{\sin 2t}{2t}\times\frac{1}{2(\cos 2t+1)}\right\}$$

$$=\frac{1}{4}$$

따라서 $p=4$, $q=1$이므로

$p+q=4+1=5$

답 5

04 $f(x)=a\ln x+x+b$에서

$f'(x)=\frac{a}{x}+1$

$\lim_{x\to 1}f(x^2)f'(x-1)$

$=\lim_{x\to 1}(a\ln x^2+x^2+b)\left(\frac{a}{x-1}+1\right)$

$=\lim_{x\to 1}\frac{(2a\ln|x|+x^2+b)(x+a-1)}{x-1}=-\frac{1}{2}$

$x\to 1$일 때 (분모)$\to 0$이고 극한값이 존재하므로 (분자)$\to 0$이다.

즉, $\lim_{x\to 1}(2a\ln|x|+x^2+b)(x+a-1)=a(b+1)=0$

a가 0이 아니므로 $b=-1$

$\lim_{x\to 1}f(x^2)f'(x-1)$

$=\lim_{x\to 1}\frac{(2a\ln|x|+x^2-1)(x+a-1)}{x-1}$

$=\lim_{x\to 1}\left\{\frac{\ln|x|}{x-1}\times 2a+\frac{(x-1)(x+1)}{x-1}\right\}(x+a-1)$

$=a(2a+2)$

이므로 $a(2a+2)=-\frac{1}{2}$, $(2a+1)^2=0$

$a=-\frac{1}{2}$

그러므로 $f(x)=-\frac{1}{2}\ln x+x-1$

따라서 $f(e)=-\frac{1}{2}+e-1=e-\frac{3}{2}$

답 ①

05 $g(x)=f(-x+a)+h(a)$

$=\ln(-x+a)+h(a)$

$g(0)=0$이므로 $\ln a+h(a)=0$

$h(a)=-\ln a$

곡선 $y=f(x)$와 x축이 만나는 점 A의 x좌표는

$\ln x=0$에서 $x=1$

곡선 $y=g(x)$가 원점을 지나므로 점 B는 원점이다.

$f(x)=g(x)$에서

$\ln x=\ln(-x+a)-\ln a$

$x=-\frac{x}{a}+1$

$x=\frac{a}{a+1}$이므로 점 C의 y좌표는 $\ln\frac{a}{a+1}$이다.

$S(a)=\frac{1}{2}\times 1\times\left(-\ln\frac{a}{a+1}\right)$

$=-\frac{1}{2}\ln\frac{a}{a+1}$

따라서

$$\lim_{a\to 0+}\frac{h(a)-2S(a)}{a}=\lim_{a\to 0+}\frac{-\ln a+\ln\frac{a}{a+1}}{a}$$

$$=\lim_{a\to 0+}\frac{1}{a}\ln\frac{1}{a+1}$$

$$=\lim_{a\to 0+}\left\{-\frac{\ln(a+1)}{a}\right\}$$

$$=-1$$

답 ⑤

06 $\overline{BH}=x$라 하면 $\overline{CH}=6-x$

직각삼각형 ABH에서

$\overline{AH}^2=\overline{AB}^2-\overline{BH}^2=16-x^2$

직각삼각형 AHC에서

$\overline{AH}^2=\overline{AC}^2-\overline{CH}^2=28-(6-x)^2$

$16-x^2=28-(6-x)^2$에서

$x=2$

즉, $\overline{BH}=2$, $\overline{CH}=4$

$\overline{AH}=\sqrt{16-4}=2\sqrt{3}$

직선 BD가 $\angle$ABC의 이등분선이므로

$\overline{AD}:\overline{DH}=\overline{AB}:\overline{BH}=4:2$

$\overline{AD}=\overline{AH}\times\frac{2}{3}=\frac{4\sqrt{3}}{3}$

$\overline{DH}=\overline{AH}\times\frac{1}{3}=\frac{2\sqrt{3}}{3}$

$\tan\alpha=\frac{\overline{DH}}{\overline{BH}}=\frac{\frac{2\sqrt{3}}{3}}{2}=\frac{\sqrt{3}}{3}$ …… ㉠

$\angle$DCH$=\gamma$라 하면

$\tan(\beta+\gamma)=\frac{\overline{AH}}{\overline{CH}}=\frac{2\sqrt{3}}{4}=\frac{\sqrt{3}}{2}$

$\tan\gamma=\frac{\overline{DH}}{\overline{CH}}=\frac{\frac{2\sqrt{3}}{3}}{4}=\frac{\sqrt{3}}{6}$

$\tan\beta=\tan\{(\beta+\gamma)-\gamma\}$

$$=\frac{\frac{\sqrt{3}}{2}-\frac{\sqrt{3}}{6}}{1+\frac{\sqrt{3}}{2}\times\frac{\sqrt{3}}{6}}=\frac{4\sqrt{3}}{15} \quad \cdots\cdots ㉡$$

㉠, ㉡에서

$$\tan(\alpha-\beta)=\frac{\frac{\sqrt{3}}{3}-\frac{4\sqrt{3}}{15}}{1+\frac{\sqrt{3}}{3}\times\frac{4\sqrt{3}}{15}}=\frac{\sqrt{3}}{19}$$

답 ④

07 삼각형 OAB에서 코사인법칙에 의하여

$\overline{AB}^2=1^2+1^2-2\times1\times1\times\cos\theta$

$=2-2\cos\theta$

삼각형 OAB는 $\overline{OA}=\overline{OB}$인 이등변삼각형이므로

$\angle BAC=\frac{\pi}{2}-\frac{\theta}{2}$

이등변삼각형 ABC에서

$\overline{AB}=\overline{AC}=\sqrt{2-2\cos\theta}$이므로

$f(\theta)=\frac{1}{2}\times\overline{AB}\times\overline{AC}\times\sin\left(\frac{\pi}{2}-\frac{\theta}{2}\right)$

$=\frac{1}{2}(2-2\cos\theta)\cos\frac{\theta}{2}$

$=(1-\cos\theta)\cos\frac{\theta}{2}$

$\overline{OC}=1-\overline{AC}=1-\sqrt{2-2\cos\theta}$에서

$g(\theta)=\frac{1}{2}\times\overline{OC}^2\times\theta$

$=\frac{1}{2}(3-2\cos\theta-2\sqrt{2-2\cos\theta})\theta$

따라서

$$\lim_{\theta\to0+}\frac{f(\theta)}{\theta\times g(\theta)}$$

$$=\lim_{\theta\to0+}\frac{2(1-\cos\theta)\cos\frac{\theta}{2}}{(3-2\cos\theta-2\sqrt{2-2\cos\theta})\theta^2}$$

$$=\lim_{\theta\to0+}\left(\frac{2\cos\frac{\theta}{2}}{3-2\cos\theta-2\sqrt{2-2\cos\theta}}\times\frac{1-\cos\theta}{\theta^2}\right)$$

$$=\lim_{\theta\to0+}\left\{\frac{2\cos\frac{\theta}{2}}{3-2\cos\theta-2\sqrt{2-2\cos\theta}}\times\frac{\sin^2\theta}{\theta^2(1+\cos\theta)}\right\}$$

$$=\frac{2}{3-2}\times\frac{1}{2}=1$$

답 ②

04 여러 가지 미분법

개념 확인하기

본문 73~75쪽

01 $y'=-\frac{1}{(x-1)^2}$

02 $y'=-\frac{2x}{(x^2-2)^2}$

03 $y'=-\frac{e^x}{(e^x-1)^2}$

04 $y'=\frac{1+\sin x}{(x-\cos x)^2}$

05 $y'=-\frac{11}{(3x-1)^2}$

06 $y'=\frac{x^2-6x-1}{(x-3)^2}$

07 $y'=\frac{x^2\cos x-2x\sin x+\cos x}{(x^2+1)^2}$

08 $y'=\frac{e^x+1-xe^x\ln x}{x(e^x+1)^2}$

09 $y'=-x^{-2}$

10 $y'=\frac{4}{x^5}$

11 $y'=3x^2+5x^{-6}$

12 $y'=-\frac{x^2+9}{x^4}$

13 $y'=\sec x\tan x+2\sec^2 x$

14 $y'=-3\csc^2 x+\csc x\cot x$

15 $y'=\sec x\tan^2 x+\sec^3 x$

16 $y'=\tan x+x\sec^2 x$

17 $y'=18x+6$

18 $y'=2(x+2)(x-1)(2x+1)$

19 $y'=-\frac{4}{(2x-1)^3}$

20 $y'=3\sin^2 x\cos x$

21 $y'=(6x^2-1)\sec^2(2x^3-x)$

22 $y'=-2\sin x\cos x\sin(\sin^2 x)$

23 $y'=\frac{2}{2x+1}$

24 $y'=-\tan x$

25 $y'=\frac{6x}{(3x^2-1)\ln 2}$

26 $y'=\frac{e^x}{(e^x+1)\ln 3}$

27 $y'=4e^{4x+1}$

28 $y'=(2x-2)e^{x^2-2x}$

29 $y'=-2\times3^{-2x+5}\ln 3$

30 $y'=\ln 2\times2^{\sin x}\cos x$

31 $y'=\frac{2}{3}x^{-\frac{1}{3}}$

32 $y'=-\frac{4}{3x^2\cdot\sqrt[3]{x}}$

33 $y'=\sqrt{2}x^{\sqrt{2}-1}$

34 $y'=\frac{3}{2\sqrt{3x+1}}$

35 $\frac{dy}{dx}=-t$

36 $\frac{dy}{dx}=\frac{3t^2-2}{2t}$

37 $\frac{dy}{dx}=-\frac{t^2}{\sqrt{2t+1}}$

38 $\frac{dy}{dx}=\frac{t}{e^{2t}(t^2+1)}$

39 $\frac{dy}{dx}=-\frac{\cos^2 t}{\sin^3 t}$

40 $\frac{dy}{dx}=-\frac{1}{2y}\ (y\neq0)$

41 $\frac{dy}{dx}=-\frac{x}{y}\ (y\neq0)$

42 $\frac{dy}{dx}=-\frac{y}{x}\ (x\neq0)$

43 $\frac{dy}{dx}=-\frac{2y-2}{x}\ (x\neq0)$

44 $\frac{dy}{dx}=\frac{4y-2x}{3y^2-4x}\ (3y^2\neq4x)$

45 $\frac{dy}{dx}=\frac{y\sin x-\sin y}{x\cos y+\cos x}\ (x\cos y\neq-\cos x)$

46 $\frac{dy}{dx}=\frac{y-6x^2y^2}{x+2y^3}\ (x\neq-2y^3)$

47 $\frac{dy}{dx}=\frac{1}{5\sqrt[5]{x^4}}$

48 $\frac{dy}{dx}=\frac{1}{3\sqrt[3]{x^2}}$

49 $\frac{dy}{dx}=\frac{1}{3\sqrt[3]{(x-3)^2}}$

50 $\frac{dy}{dx}=\frac{1}{4\sqrt[4]{(x+1)^3}}$

51 (1) $\frac{1}{3}$ (2) $\frac{1}{12}$ **52** $y''=6x-4$ **53** $y''=\frac{2}{(x-1)^3}$

54 $y''=9e^{3x}$ **55** $y''=-\frac{1}{x^2}$

56 $y''=-9\sin 3x$

01 $y'=-\frac{(x-1)'}{(x-1)^2}=-\frac{1}{(x-1)^2}$

답 $y'=-\frac{1}{(x-1)^2}$

02 $y'=-\frac{(x^2-2)'}{(x^2-2)^2}=-\frac{2x}{(x^2-2)^2}$

답 $y'=-\frac{2x}{(x^2-2)^2}$

03 $y'=-\frac{(e^x-1)'}{(e^x-1)^2}=-\frac{e^x}{(e^x-1)^2}$

답 $y'=-\frac{e^x}{(e^x-1)^2}$

04 $y'=\frac{(x-\cos x)'}{(x-\cos x)^2}=\frac{1+\sin x}{(x-\cos x)^2}$

답 $y'=\frac{1+\sin x}{(x-\cos x)^2}$

05 $y'=\frac{(2x+3)'(3x-1)-(2x+3)(3x-1)'}{(3x-1)^2}$

$=\frac{2\times(3x-1)-(2x+3)\times 3}{(3x-1)^2}$

$=-\frac{11}{(3x-1)^2}$

답 $y'=-\frac{11}{(3x-1)^2}$

06 $y'=\frac{(x^2+1)'(x-3)-(x^2+1)(x-3)'}{(x-3)^2}$

$=\frac{2x(x-3)-(x^2+1)}{(x-3)^2}$

$=\frac{x^2-6x-1}{(x-3)^2}$

답 $y'=\frac{x^2-6x-1}{(x-3)^2}$

07 $y'=\frac{(\sin x)'(x^2+1)-\sin x(x^2+1)'}{(x^2+1)^2}$

$=\frac{\cos x(x^2+1)-\sin x\times 2x}{(x^2+1)^2}$

$=\frac{x^2\cos x-2x\sin x+\cos x}{(x^2+1)^2}$

답 $y'=\frac{x^2\cos x-2x\sin x+\cos x}{(x^2+1)^2}$

08 $y'=\frac{(\ln x)'(e^x+1)-\ln x(e^x+1)'}{(e^x+1)^2}$

$=\frac{\frac{1}{x}\times(e^x+1)-e^x\ln x}{(e^x+1)^2}$

$=\frac{e^x+1-xe^x\ln x}{x(e^x+1)^2}$

답 $y'=\frac{e^x+1-xe^x\ln x}{x(e^x+1)^2}$

09 $y'=-x^{-1-1}=-x^{-2}$

답 $y'=-x^{-2}$

10 $y=-x^{-4}$이므로 $y'=-(-4)x^{-4-1}=4x^{-5}=\frac{4}{x^5}$

답 $y'=\frac{4}{x^5}$

11 $y'=3x^{3-1}-(-5)x^{-5-1}=3x^2+5x^{-6}$

답 $y'=3x^2+5x^{-6}$

12 $y=\frac{x^2+3}{x^3}=x^{-1}+3x^{-3}$이므로

$y'=-x^{-1-1}+3\times(-3)x^{-3-1}=-x^{-2}-9x^{-4}$

$=-\frac{1}{x^2}-\frac{9}{x^4}=-\frac{x^2+9}{x^4}$

답 $y'=-\frac{x^2+9}{x^4}$

13 $y'=\sec x\tan x+2\sec^2 x$

답 $y'=\sec x\tan x+2\sec^2 x$

14 $y'=-3\csc^2 x+\csc x\cot x$

답 $y'=-3\csc^2 x+\csc x\cot x$

15 $y'=(\sec x)'\tan x+\sec x(\tan x)'$

$=\sec x\tan^2 x+\sec^3 x$

답 $y'=\sec x\tan^2 x+\sec^3 x$

16 $y=\frac{x}{\cot x}=x\tan x$이므로

$y'=\tan x+x\sec^2 x$

답 $y'=\tan x+x\sec^2 x$

17 $y'=2(3x+1)(3x+1)'=18x+6$

답 $y'=18x+6$

18 $y'=2(x+2)(x+2)'(x-1)^2+(x+2)^2\times 2(x-1)(x-1)'$

$=2(x+2)(x-1)^2+2(x+2)^2(x-1)$

$=2(x+2)(x-1)(2x+1)$

답 $y'=2(x+2)(x-1)(2x+1)$

19 $y=\dfrac{1}{(2x-1)^2}=(2x-1)^{-2}$이므로

$y'=-2(2x-1)^{-2-1}(2x-1)'$

$=-4(2x-1)^{-3}=-\dfrac{4}{(2x-1)^3}$

답 $y'=-\dfrac{4}{(2x-1)^3}$

20 $y'=3\sin^2 x(\sin x)'=3\sin^2 x\cos x$

답 $y'=3\sin^2 x\cos x$

21 $y'=\sec^2(2x^3-x)(2x^3-x)'$

$=(6x^2-1)\sec^2(2x^3-x)$

답 $y'=(6x^2-1)\sec^2(2x^3-x)$

22 $y'=-\sin(\sin^2 x)\times(\sin^2 x)'$

$=-\sin(\sin^2 x)\times 2\sin x(\sin x)'$

$=-2\sin x\cos x\sin(\sin^2 x)$

답 $y'=-2\sin x\cos x\sin(\sin^2 x)$

23 $y'=\dfrac{(2x+1)'}{2x+1}=\dfrac{2}{2x+1}$

답 $y'=\dfrac{2}{2x+1}$

24 $y'=\dfrac{(\cos x)'}{\cos x}=\dfrac{-\sin x}{\cos x}=-\tan x$

답 $y'=-\tan x$

25 $y'=\dfrac{(3x^2-1)'}{(3x^2-1)\ln 2}=\dfrac{6x}{(3x^2-1)\ln 2}$

답 $y'=\dfrac{6x}{(3x^2-1)\ln 2}$

26 $y'=\dfrac{(e^x+1)'}{(e^x+1)\ln 3}=\dfrac{e^x}{(e^x+1)\ln 3}$

답 $y'=\dfrac{e^x}{(e^x+1)\ln 3}$

27 $y'=e^{4x+1}(4x+1)'=4e^{4x+1}$

답 $y'=4e^{4x+1}$

28 $y'=e^{x^2-2x}(x^2-2x)'=(2x-2)e^{x^2-2x}$

답 $y'=(2x-2)e^{x^2-2x}$

29 $y'=3^{-2x+5}\ln 3(-2x+5)'$

$=-2\times 3^{-2x+5}\ln 3$

답 $y'=-2\times 3^{-2x+5}\ln 3$

30 $y'=2^{\sin x}\ln 2(\sin x)'$

$=\ln 2\times 2^{\sin x}\cos x$

답 $y'=\ln 2\times 2^{\sin x}\cos x$

31 $y'=\dfrac{2}{3}x^{\frac{2}{3}-1}=\dfrac{2}{3}x^{-\frac{1}{3}}$

답 $y'=\dfrac{2}{3}x^{-\frac{1}{3}}$

32 $y=\dfrac{1}{\sqrt[3]{x^4}}=x^{-\frac{4}{3}}$이므로

$y'=-\dfrac{4}{3}x^{-\frac{4}{3}-1}=-\dfrac{4}{3}x^{-\frac{7}{3}}=-\dfrac{4}{3x^2\cdot\sqrt[3]{x}}$

답 $y'=-\dfrac{4}{3x^2\cdot\sqrt[3]{x}}$

33 $y'=\sqrt{2}x^{\sqrt{2}-1}$

답 $y'=\sqrt{2}x^{\sqrt{2}-1}$

34 $y=\sqrt{3x+1}=(3x+1)^{\frac{1}{2}}$이므로

$y'=\dfrac{1}{2}(3x+1)^{\frac{1}{2}-1}(3x+1)'$

$=\dfrac{3}{2}(3x+1)^{-\frac{1}{2}}=\dfrac{3}{2\sqrt{3x+1}}$

답 $y'=\dfrac{3}{2\sqrt{3x+1}}$

35 $\dfrac{dx}{dt}=2$, $\dfrac{dy}{dt}=-2t$이므로

$\dfrac{dy}{dx}=\dfrac{\frac{dy}{dt}}{\frac{dx}{dt}}=\dfrac{-2t}{2}=-t$

답 $\dfrac{dy}{dx}=-t$

36 $\dfrac{dx}{dt}=2t$, $\dfrac{dy}{dt}=3t^2-2$이므로

$\dfrac{dy}{dx}=\dfrac{\frac{dy}{dt}}{\frac{dx}{dt}}=\dfrac{3t^2-2}{2t}$

답 $\dfrac{dy}{dx}=\dfrac{3t^2-2}{2t}$

37 $\dfrac{dx}{dt}=-\dfrac{1}{t^2}$, $\dfrac{dy}{dt}=\dfrac{1}{2}(2t+1)^{-\frac{1}{2}}\times 2=\dfrac{1}{\sqrt{2t+1}}$이므로

$\dfrac{dy}{dx}=\dfrac{\frac{dy}{dt}}{\frac{dx}{dt}}=\dfrac{\frac{1}{\sqrt{2t+1}}}{-\frac{1}{t^2}}=-\dfrac{t^2}{\sqrt{2t+1}}$

답 $\dfrac{dy}{dx}=-\dfrac{t^2}{\sqrt{2t+1}}$

38 $\dfrac{dx}{dt}=2e^{2t}$, $\dfrac{dy}{dt}=\dfrac{2t}{t^2+1}$이므로

$\dfrac{dy}{dx}=\dfrac{\frac{dy}{dt}}{\frac{dx}{dt}}=\dfrac{\frac{2t}{t^2+1}}{2e^{2t}}=\dfrac{t}{e^{2t}(t^2+1)}$

답 $\dfrac{dy}{dx}=\dfrac{t}{e^{2t}(t^2+1)}$

39 $\frac{dx}{dt}=\sec t\tan t$, $\frac{dy}{dt}=-\csc^2 t$이므로

$$\frac{dy}{dx}=\frac{\frac{dy}{dt}}{\frac{dx}{dt}}=\frac{-\csc^2 t}{\sec t\tan t}=-\frac{\frac{1}{\sin^2 t}}{\frac{\sin t}{\cos^2 t}}=-\frac{\cos^2 t}{\sin^3 t}$$

답 $\frac{dy}{dx}=-\frac{\cos^2 t}{\sin^3 t}$

40 $x+y^2=1$의 양변을 x에 대하여 미분하면

$1+2y\frac{dy}{dx}=0$, $2y\frac{dy}{dx}=-1$, $\frac{dy}{dx}=-\frac{1}{2y}$ $(y\neq 0)$

답 $\frac{dy}{dx}=-\frac{1}{2y}$ $(y\neq 0)$

41 $x^2+y^2=4$의 양변을 x에 대하여 미분하면

$2x+2y\frac{dy}{dx}=0$, $2y\frac{dy}{dx}=-2x$

$\frac{dy}{dx}=-\frac{x}{y}$ $(y\neq 0)$

답 $\frac{dy}{dx}=-\frac{x}{y}$ $(y\neq 0)$

42 $xy=1$의 양변을 x에 대하여 미분하면

$y+x\frac{dy}{dx}=0$, $x\frac{dy}{dx}=-y$

$\frac{dy}{dx}=-\frac{y}{x}$ $(x\neq 0)$

답 $\frac{dy}{dx}=-\frac{y}{x}$ $(x\neq 0)$

43 $x^2(y-1)=3$의 양변을 x에 대하여 미분하면

$2x(y-1)+x^2\frac{dy}{dx}=0$, $x^2\frac{dy}{dx}=-2x(y-1)$

$\frac{dy}{dx}=-\frac{2y-2}{x}$ $(x\neq 0)$

답 $\frac{dy}{dx}=-\frac{2y-2}{x}$ $(x\neq 0)$

44 $x^2+y^3-4xy+1=0$의 양변을 x에 대하여 미분하면

$2x+3y^2\frac{dy}{dx}-4y-4x\frac{dy}{dx}=0$, $(3y^2-4x)\frac{dy}{dx}=4y-2x$

$\frac{dy}{dx}=\frac{4y-2x}{3y^2-4x}$ $(3y^2\neq 4x)$

답 $\frac{dy}{dx}=\frac{4y-2x}{3y^2-4x}$ $(3y^2\neq 4x)$

45 $x\sin y+y\cos x=2$의 양변을 x에 대하여 미분하면

$\sin y+x\cos y\frac{dy}{dx}+\cos x\frac{dy}{dx}-y\sin x=0$

$(x\cos y+\cos x)\frac{dy}{dx}=y\sin x-\sin y$

$\frac{dy}{dx}=\frac{y\sin x-\sin y}{x\cos y+\cos x}$ $(x\cos y\neq -\cos x)$

답 $\frac{dy}{dx}=\frac{y\sin x-\sin y}{x\cos y+\cos x}$ $(x\cos y\neq -\cos x)$

46 $2x^3-\frac{x}{y}+y^2-1=0$의 양변을 x에 대하여 미분하면

$6x^2-\frac{1}{y}+\frac{x}{y^2}\times\frac{dy}{dx}+2y\frac{dy}{dx}=0$

$\left(\frac{x}{y^2}+2y\right)\frac{dy}{dx}=\frac{1}{y}-6x^2$

$$\frac{dy}{dx}=\frac{\frac{1}{y}-6x^2}{\frac{x}{y^2}+2y}=\frac{y-6x^2y^2}{x+2y^3}\ (x\neq -2y^3)$$

답 $\frac{dy}{dx}=\frac{y-6x^2y^2}{x+2y^3}$ $(x\neq -2y^3)$

47 $x=y^5$의 양변을 y에 대하여 미분하면 $\frac{dx}{dy}=5y^4$

$$\frac{dy}{dx}=\frac{1}{\frac{dx}{dy}}=\frac{1}{5y^4}=\frac{1}{5(\sqrt[5]{x})^4}=\frac{1}{5\sqrt[5]{x^4}}$$

답 $\frac{dy}{dx}=\frac{1}{5\sqrt[5]{x^4}}$

48 $x=y^3$의 양변을 y에 대하여 미분하면 $\frac{dx}{dy}=3y^2$

$$\frac{dy}{dx}=\frac{1}{\frac{dx}{dy}}=\frac{1}{3y^2}=\frac{1}{3(\sqrt[3]{x})^2}=\frac{1}{3\sqrt[3]{x^2}}$$

답 $\frac{dy}{dx}=\frac{1}{3\sqrt[3]{x^2}}$

49 $y=\sqrt[3]{x-3}$에서 $x=y^3+3$이므로 양변을 y에 대하여 미분하면

$\frac{dx}{dy}=3y^2$

$$\frac{dy}{dx}=\frac{1}{\frac{dx}{dy}}=\frac{1}{3y^2}=\frac{1}{3\sqrt[3]{(x-3)^2}}$$

답 $\frac{dy}{dx}=\frac{1}{3\sqrt[3]{(x-3)^2}}$

50 $y=\sqrt[4]{x+1}$에서 $x=y^4-1$이므로 양변을 y에 대하여 미분하면

$\frac{dx}{dy}=4y^3$

$$\frac{dy}{dx}=\frac{1}{\frac{dx}{dy}}=\frac{1}{4y^3}=\frac{1}{4\sqrt[4]{(x+1)^3}}$$

답 $\frac{dy}{dx}=\frac{1}{4\sqrt[4]{(x+1)^3}}$

51 (1) $g(0)=a$라 하면 $f(a)=0$이므로

$a^3+1=0$, $a=-1$

따라서 $g(0)=-1$이고, $f'(x)=3x^2$이므로

$g'(0)=\frac{1}{f'(-1)}=\frac{1}{3}$

(2) $g(9)=b$라 하면 $f(b)=9$이므로

$b^3+1=9$, $b=2$

따라서 $g(9)=2$이고, $f'(x)=3x^2$이므로

$g'(9)=\frac{1}{f'(2)}=\frac{1}{12}$

답 (1) $\frac{1}{3}$ (2) $\frac{1}{12}$

52 $y'=3x^2-4x$이므로 $y''=6x-4$

답 $y''=6x-4$

53 $y'=-\frac{1}{(x-1)^2}$이므로 $y''=\frac{2}{(x-1)^3}$

답 $y''=\frac{2}{(x-1)^3}$

54 $y'=3e^{3x}$이므로 $y''=9e^{3x}$

답 $y''=9e^{3x}$

55 $y'=\frac{1}{x}$이므로 $y''=-\frac{1}{x^2}$

답 $y''=-\frac{1}{x^2}$

56 $y'=3\cos 3x$이므로 $y''=-9\sin 3x$

답 $y''=-9\sin 3x$

유형 완성하기

본문 76~86쪽

01 2	02 ④	03 6	04 ③	05 ①
06 ①	07 ②	08 −9	09 ①	10 14
11 ②	12 ②	13 ③	14 ③	15 3
16 12	17 ①	18 ⑤	19 ②	20 44
21 ①	22 ①	23 ④	24 ⑤	25 6
26 ①	27 ③	28 ①	29 2	30 ②
31 4	32 ④	33 ④	34 ①	35 2
36 ②	37 ⑤	38 ⑤	39 ④	40 −1
41 ④	42 ①	43 ①	44 12	45 ②
46 ⑤	47 ③	48 ⑤	49 ④	50 4
51 ②	52 ③	53 ②	54 ②	55 ④
56 ②	57 ⑤	58 ①	59 10	60 ⑤
61 ②	62 3	63 ①	64 ③	65 ①
66 ②				

01 $f'(x)=-\frac{(e^x-2)'}{(e^x-2)^2}+\frac{(3x+1)'}{(3x+1)^2}$

$=-\frac{e^x}{(e^x-2)^2}+\frac{3}{(3x+1)^2}$

이므로 $f'(0)=-1+3=2$

답 2

02 $f'(x)=-\frac{1}{(x+2)^2}$에서

$-\frac{1}{(x+2)^2}=-1$

$(x+2)^2=1$

$x+2=-1$ 또는 $x+2=1$

즉, $x=-3$ 또는 $x=-1$

따라서 모든 실수 x의 값의 합은 -4이다.

답 ④

03 $f'(x)=-\frac{\{2x^n+(n+1)x\}'}{\{2x^n+(n+1)x\}^2}=-\frac{2nx^{n-1}+n+1}{\{2x^n+(n+1)x\}^2}$이므로

$f'(1)=-\frac{2n+n+1}{(2+n+1)^2}=-\frac{3n+1}{(n+3)^2}=-\frac{1}{4}$에서

$n^2-6n+5=0$, $(n-1)(n-5)=0$

$n=1$ 또는 $n=5$

따라서 모든 n의 값의 합은 6이다.

답 6

04 $\lim_{h\to 0}\frac{f(1+2h)-f(1-3h)}{h}$

$=\lim_{h\to 0}\frac{\{f(1+2h)-f(1)\}-\{f(1-3h)-f(1)\}}{h}$

$=\lim_{h\to 0}\frac{f(1+2h)-f(1)}{2h}\times 2-\lim_{h\to 0}\frac{f(1-3h)-f(1)}{-3h}\times(-3)$

$=2f'(1)+3f'(1)=5f'(1)$

이때

$f'(x)=\frac{x^2+3x+1-(x-1)(2x+3)}{(x^2+3x+1)^2}$

$=\frac{-x^2+2x+4}{(x^2+3x+1)^2}$

이므로

$5f'(1)=5\times\frac{5}{5^2}=1$

답 ③

05 $f'(x)=\frac{e^x(x^3+ax^2)-e^x(3x^2+2ax)}{(x^3+ax^2)^2}$

$=\frac{e^x(x^3+ax^2-3x^2-2ax)}{(x^3+ax^2)^2}$

이므로

$2f'(1)+f(1)=2\times\frac{e(-a-2)}{(a+1)^2}+\frac{e}{a+1}=0$

양변에 $\frac{(a+1)^2}{e}$을 곱하면

$-2a-4+a+1=0$

따라서 $a=-3$

답 ①

06 $g'(x)=\frac{f'(x)(e^x+x^2)-f(x)(e^x+2x)}{(e^x+x^2)^2}$이므로

$g'(2)=\frac{f'(2)(e^2+4)-f(2)(e^2+4)}{(e^2+4)^2}$

$=\frac{f'(2)-f(2)}{e^2+4}=1$

답 ①

07 $f(x)=\dfrac{x^4-2x^3+x}{x^2}=x^2-2x+x^{-1}$이므로

$f'(x)=2x-2-x^{-2}$

따라서 $f'(2)=4-2-\dfrac{1}{4}=\dfrac{7}{4}$

답 ②

08 $f(x)=\dfrac{x^2-9}{x}=x-9x^{-1}$이므로

$f'(x)=1+9x^{-2}$

$1+\dfrac{9}{x^2}=2$에서 $x=3$ 또는 $x=-3$

따라서 모든 x의 값의 곱은 -9이다.

답 -9

09 $f(x)=\sum_{k=1}^{10}\dfrac{1}{x^k}=\sum_{k=1}^{10}x^{-k}$이므로

$f'(x)=\sum_{k=1}^{10}(-kx^{-k-1})$

따라서 $f'(1)=\sum_{k=1}^{10}(-k)=-\dfrac{10\times11}{2}=-55$

답 ①

10 $f'(x)=\sec^2 x\times\sec x+\tan x\times\sec x\tan x$

$=\sec^3 x+\sec x\tan^2 x$

이므로 구하는 기울기는

$f'\left(\dfrac{\pi}{3}\right)=\sec^3\dfrac{\pi}{3}+\sec\dfrac{\pi}{3}\tan^2\dfrac{\pi}{3}$

$=2^3+2\times(\sqrt{3})^2=14$

답 14

11 $f(x)=\dfrac{1+2\cos x}{\sin x}=\csc x+2\cot x$이므로

$f'(x)=-\csc x\cot x-2\csc^2 x$

따라서

$f'\left(\dfrac{\pi}{4}\right)=-\csc\dfrac{\pi}{4}\cot\dfrac{\pi}{4}-2\csc^2\dfrac{\pi}{4}$

$=-\sqrt{2}\times1-2\times(\sqrt{2})^2=-4-\sqrt{2}$

답 ②

12 $f'(x)=-a\csc^2 x+\csc x\cot x$

$f'\left(\dfrac{\pi}{6}\right)=-a\csc^2\dfrac{\pi}{6}+\csc\dfrac{\pi}{6}\cot\dfrac{\pi}{6}$

$=-4a+2\sqrt{3}$

따라서 $-4a+2\sqrt{3}=\sqrt{3}$이므로 $a=\dfrac{\sqrt{3}}{4}$

답 ②

13 $f(x)=\sin x\sec x=\sin x\times\dfrac{1}{\cos x}=\tan x$

라 하면 $f\left(\dfrac{\pi}{4}\right)=1$, $f'(x)=\sec^2 x$

따라서

$$\lim_{x\to\frac{\pi}{4}}\frac{\sin x\sec x-1}{x-\frac{\pi}{4}}=\lim_{x\to\frac{\pi}{4}}\frac{\tan x-1}{x-\frac{\pi}{4}}=f'\left(\frac{\pi}{4}\right)$$

$$=\sec^2\frac{\pi}{4}=2$$

답 ③

14 $f(x)=\dfrac{\csc x}{1+\cot x}=\dfrac{\frac{1}{\sin x}}{1+\frac{\cos x}{\sin x}}=\dfrac{1}{\sin x+\cos x}$이므로

$f'(x)=-\dfrac{\cos x-\sin x}{(\sin x+\cos x)^2}$

$=\dfrac{\sin x-\cos x}{1+2\sin x\cos x}$

따라서

$$\lim_{x\to\frac{\pi}{4}}\frac{f(x)-f\left(\frac{\pi}{4}\right)}{4x-\pi}=\lim_{x\to\frac{\pi}{4}}\frac{f(x)-f\left(\frac{\pi}{4}\right)}{x-\frac{\pi}{4}}\times\frac{1}{4}=\frac{1}{4}f'\left(\frac{\pi}{4}\right)$$

$$=\frac{1}{4}\times\frac{\sin\frac{\pi}{4}-\cos\frac{\pi}{4}}{1+2\sin\frac{\pi}{4}\cos\frac{\pi}{4}}=0$$

답 ③

15 함수 $f(x)$가 $x=0$에서 미분가능하면 $x=0$에서 연속이므로

$\lim_{x\to0-}f(x)=\lim_{x\to0+}f(x)=f(0)$

즉, $\lim_{x\to0-}(a\tan x+b)=\lim_{x\to0+}(xe^x+2)=2$이므로

$b=2$

함수 $f(x)$가 $x=0$에서 미분가능하므로

$$\lim_{x\to0-}\frac{f(x)-f(0)}{x}=\lim_{x\to0+}\frac{f(x)-f(0)}{x}$$

$$\lim_{x\to0-}\frac{f(x)-f(0)}{x}=\lim_{x\to0-}\frac{a\tan x}{x}=a$$

$$\lim_{x\to0+}\frac{f(x)-f(0)}{x}=\lim_{x\to0+}\frac{xe^x}{x}=\lim_{x\to0+}e^x=1$$

그러므로 $a=1$

따라서 $a+b=3$

답 3

16 $f'(x)=3(x^2+2x-2)^2(x^2+2x-2)'$

$=3(x^2+2x-2)^2(2x+2)$

따라서 $\lim_{h\to0}\dfrac{f(1+h)-f(1)}{h}=f'(1)=3\times1\times4=12$

답 12

17 $f(x)=\left(\dfrac{1}{x^2+a}\right)^2=(x^2+a)^{-2}$이므로

$f'(x)=-2(x^2+a)^{-3}(x^2+a)'$

$=-\dfrac{4x}{(x^2+a)^3}$

$f'(1)=-\dfrac{4}{(1+a)^3}=4$에서

$(a+1)^3=-1$이므로 $a=-2$

따라서 $f'(2)=-\dfrac{4\times2}{(2^2-2)^3}=-1$

답 ①

18 $\lim_{x\to 1}\frac{f(g(x))-1}{x-1}=k$에서 $x\to 1$일 때 (분모) $\to 0$이고 극한값이 존재하므로 (분자) $\to 0$이다.

즉, $\lim_{x\to 1}\{f(g(x))-1\}=0$, $f(g(1))=1$

$h(x)=f(g(x))$로 놓으면

$\lim_{x\to 1}\frac{f(g(x))-1}{x-1}=\lim_{x\to 1}\frac{h(x)-h(1)}{x-1}=h'(1)$

이때 $h'(x)=f'(g(x))g'(x)$이므로

$h'(1)=f'(g(1))g'(1)$

$=f'(2)g'(1)=3\times 2=6$

답 ⑤

19 $\lim_{x\to 1}\frac{g(x)-3}{x-1}=2$에서 $x\to 1$일 때 (분모) $\to 0$이고 극한값이 존재하므로 (분자) $\to 0$이다.

즉, $\lim_{x\to 1}\{g(x)-3\}=0$

함수 $g(x)$는 실수 전체의 집합에서 미분가능하므로 $x=1$에서 연속이다.

$g(1)=3$

$\lim_{x\to 1}\frac{g(x)-3}{x-1}=\lim_{x\to 1}\frac{g(x)-g(1)}{x-1}=g'(1)$이므로

$g'(1)=2$

$\lim_{x\to 0}\frac{h(1+x)-3}{x}=4$에서 $x\to 0$일 때 (분모) $\to 0$이고 극한값이 존재하므로 (분자) $\to 0$이다.

즉, $\lim_{x\to 0}\{h(1+x)-3\}=0$

두 함수 $f(x)$, $g(x)$는 실수 전체의 집합에서 미분가능하므로 두 함수 모두 $x=1$에서 연속이다.

$h(1)=3$

즉, $f(g(1))=3$, $f(3)=3$

$\lim_{x\to 0}\frac{h(1+x)-3}{x}=\lim_{x\to 0}\frac{h(1+x)-h(1)}{x}=h'(1)$이므로

$h'(1)=4$

이때 $h'(x)=f'(g(x))g'(x)$이므로

$h'(1)=f'(g(1))g'(1)=2f'(3)=4$

$f'(3)=2$

따라서 $f(3)\times f'(3)=3\times 2=6$

답 ②

20 $f(3x-1)=(x^3-x)^2$의 양변을 x에 대하여 미분하면

$3f'(3x-1)=2(x^3-x)(x^3-x)'$

$=2(x^3-x)(3x^2-1)$

$f'(3x-1)=\frac{2}{3}(x^3-x)(3x^2-1)$

$3x-1=5$에서 $x=2$이므로 위의 식의 양변에 $x=2$를 대입하면

$f'(5)=\frac{2}{3}\times 6\times 11=44$

답 44

21 $\{f(x)\}^4=x^2+4x+4$의 양변에 $x=2$를 대입하면

$\{f(2)\}^4=16$

$f(2)>0$이므로 $f(2)=2$

$\{f(x)\}^4=x^2+4x+4$의 양변을 x에 대하여 미분하면

$4\{f(x)\}^3f'(x)=2x+4$

위의 식의 양변에 $x=2$를 대입하면

$4\{f(2)\}^3f'(2)=8$

따라서 $f'(2)=\frac{1}{4}$

답 ①

22 $f'(x)=2\tan\left(2x+\frac{\pi}{6}\right)\times\left\{\tan\left(2x+\frac{\pi}{6}\right)\right\}'$

$=4\tan\left(2x+\frac{\pi}{6}\right)\sec^2\left(2x+\frac{\pi}{6}\right)$

따라서 $f'\left(\frac{\pi}{3}\right)=4\tan\frac{5}{6}\pi\sec^2\frac{5}{6}\pi=-\frac{16\sqrt{3}}{9}$

답 ①

23 $f'(x)=a+3\sec 3x\tan 3x$

$f'\left(\frac{\pi}{12}\right)=a+3\sec\frac{\pi}{4}\tan\frac{\pi}{4}=a+3\sqrt{2}$

따라서 $a+3\sqrt{2}=\sqrt{2}$이므로

$a=-2\sqrt{2}$

답 ④

24 $g'(x)=-\frac{\{\sin f(x)\}'}{\sin^2 f(x)}=-\frac{\cos f(x)\times f'(x)}{\sin^2 f(x)}$

따라서

$g'(0)=-\frac{\cos f(0)\times f'(0)}{\sin^2 f(0)}$

$=-\frac{\cos\frac{\pi}{4}\times\sqrt{2}}{\sin^2\frac{\pi}{4}}=-2$

답 ⑤

25 $h(x)=e^{3(x^3-x)}$이므로

$h'(x)=e^{3(x^3-x)}(9x^2-3)$

따라서 $h'(1)=6$

답 6

26 $f'(x)=e^{a\sin ax}\times(a\cos ax\times a)$

$=a^2e^{a\sin ax}\cos ax$

$f'(0)=9$이므로 $a^2\times e^0\times\cos 0=9$

$a^2=9$

$a>0$이므로 $a=3$

따라서 $f'(x)=9e^{3\sin 3x}\cos 3x$이므로

$f'\left(\frac{\pi}{2}\right)=9e^{3\sin\frac{3}{2}\pi}\cos\frac{3}{2}\pi$

$=9\times e^{-3}\times 0=0$

답 ①

27 $f(2^x+1)=\dfrac{x}{2^x}$의 양변을 x에 대하여 미분하면

$f'(2^x+1)\times 2^x \ln 2=\dfrac{1\times 2^x - x\times 2^x \ln 2}{2^{2x}}$

$f'(2^x+1)=\dfrac{1-x\ln 2}{2^{2x}\ln 2}$

$2^x+1=2$에서 $x=0$이므로 위의 식의 양변에 $x=0$을 대입하면

$f'(2)=\dfrac{1}{\ln 2}$

답 ③

28 $f(x)=\ln\left|\dfrac{x^2-1}{x^2+a}\right|=\ln|x^2-1|-\ln|x^2+a|$

$f'(x)=\dfrac{2x}{x^2-1}-\dfrac{2x}{x^2+a}$

$f'(2)=\dfrac{1}{3}$이므로 $\dfrac{4}{3}-\dfrac{4}{4+a}=\dfrac{1}{3}$

따라서 $a=0$

답 ①

29 $f'(x)=\dfrac{2^x\ln 2+4^x\ln 4}{(2^x+4^x)\ln 2}$

$=\dfrac{2^x\ln 2+(2^x)^2\times 2\ln 2}{\{2^x+(2^x)^2\}\ln 2}=\dfrac{1+2\times 2^x}{1+2^x}$

따라서

$\lim\limits_{x\to\infty}f'(x)=\lim\limits_{x\to\infty}\dfrac{1+2\times 2^x}{1+2^x}$

$=\lim\limits_{x\to\infty}\dfrac{\left(\frac{1}{2}\right)^x+2}{\left(\frac{1}{2}\right)^x+1}=2$

답 2

30 $g(x)=f(f(x))$로 놓으면 $g(x)=\ln(\ln x^2)^2=2\ln|2\ln|x||$

$g(-e)=f(f(-e))=f(2)=\ln 4$

따라서

$\lim\limits_{x\to -e}\dfrac{f(f(x))-\ln 4}{x+e}=\lim\limits_{x\to -e}\dfrac{g(x)-g(-e)}{x+e}=g'(-e)$

이고, $g'(x)=\dfrac{2(2\ln|x|)'}{2\ln|x|}=\dfrac{2}{x\ln|x|}$이므로

$g'(-e)=-\dfrac{2}{e}$

답 ②

31 $f(x)=\dfrac{(x+1)^2}{x^3(x-2)}$의 양변의 절댓값에 자연로그를 취하면

$\ln|f(x)|=2\ln|x+1|-3\ln|x|-\ln|x-2|$

위의 식의 양변을 x에 대하여 미분하면

$\dfrac{f'(x)}{f(x)}=\dfrac{2}{x+1}-\dfrac{3}{x}-\dfrac{1}{x-2}$

$f'(x)=f(x)\left(\dfrac{2}{x+1}-\dfrac{3}{x}-\dfrac{1}{x-2}\right)$

$=\dfrac{(x+1)^2}{x^3(x-2)}\left(\dfrac{2}{x+1}-\dfrac{3}{x}-\dfrac{1}{x-2}\right)$

따라서 $f'(1)=\dfrac{4}{-1}\times(1-3+1)=4$

답 4

32 $f(x)=\dfrac{x^2}{(x+2)^3(x+1)^2}$의 양변의 절댓값에 자연로그를 취하면

$\ln|f(x)|=2\ln|x|-3\ln|x+2|-2\ln|x+1|$

위의 식의 양변을 x에 대하여 미분하면

$\dfrac{f'(x)}{f(x)}=\dfrac{2}{x}-\dfrac{3}{x+2}-\dfrac{2}{x+1}$

$=2x^{-1}-3(x+2)^{-1}-2(x+1)^{-1}$

$g(x)=\dfrac{f'(x)}{f(x)}$이므로

$g'(x)=-2x^{-2}+3(x+2)^{-2}+2(x+1)^{-2}$

따라서 $g'(1)=-2+\dfrac{1}{3}+\dfrac{1}{2}=-\dfrac{7}{6}$

답 ④

33 $f(x)=\sqrt{\dfrac{x^4e^x}{3x-2}}$이라 하자.

양변의 절댓값에 자연로그를 취하면

$\ln|f(x)|=\dfrac{1}{2}\ln|x^4|+\dfrac{1}{2}\ln|e^x|-\dfrac{1}{2}\ln|3x-2|$

$=2\ln|x|+\dfrac{1}{2}x-\dfrac{1}{2}\ln|3x-2|$

위의 식의 양변을 x에 대하여 미분하면

$\dfrac{f'(x)}{f(x)}=\dfrac{2}{x}+\dfrac{1}{2}-\dfrac{3}{6x-4}$

$f'(x)=f(x)\left(\dfrac{2}{x}+\dfrac{1}{2}-\dfrac{3}{6x-4}\right)$

$=\sqrt{\dfrac{x^4e^x}{3x-2}}\left(\dfrac{2}{x}+\dfrac{1}{2}-\dfrac{3}{6x-4}\right)$

따라서 곡선 $y=f(x)$ 위의 점 $(2, 2e)$에서의 접선의 기울기는

$f'(2)=\sqrt{4e^2}\left(1+\dfrac{1}{2}-\dfrac{3}{8}\right)=\dfrac{9}{4}e$

답 ④

34 $f(x)=x^{\frac{x}{2}}$의 양변에 자연로그를 취하면

$\ln f(x)=\dfrac{x}{2}\ln x$

위의 식의 양변을 x에 대하여 미분하면

$\dfrac{f'(x)}{f(x)}=\dfrac{1}{2}\ln x+\dfrac{1}{2}$

$f'(x)=f(x)\left(\dfrac{1}{2}\ln x+\dfrac{1}{2}\right)=x^{\frac{x}{2}}\left(\dfrac{1}{2}\ln x+\dfrac{1}{2}\right)$

따라서 $\lim\limits_{x\to e}\dfrac{f(x)-f(e)}{x-e}=f'(e)=e^{\frac{e}{2}}$

답 ①

35 $y=x^{\ln x}$의 양변에 자연로그를 취하면

$\ln y=(\ln x)^2$

위의 식의 양변을 x에 대하여 미분하면

$\dfrac{y'}{y}=\dfrac{2\ln x}{x}$

$y'=y\times\dfrac{2\ln x}{x}=2x^{\ln x-1}\ln x$

따라서 $y=x^{\ln x}$의 $x=e$에서의 미분계수는

$2e^{\ln e-1}\ln e=2$

답 2

36 $g(x)=x^{\cos x}$으로 놓으면

$$f(x)=\lim_{h\to 0}\frac{(x+h)^{\cos(x+h)}-x^{\cos x}}{h}$$

$$=\lim_{h\to 0}\frac{g(x+h)-g(x)}{h}=g'(x)$$

$g(x)=x^{\cos x}$의 양변에 자연로그를 취하면

$\ln g(x)=\cos x\ln x$

위의 식의 양변을 x에 대하여 미분하면

$$\frac{g'(x)}{g(x)}=-\sin x\ln x+\frac{\cos x}{x}$$

$$g'(x)=g(x)\left(-\sin x\ln x+\frac{\cos x}{x}\right)$$

$$=x^{\cos x}\left(-\sin x\ln x+\frac{\cos x}{x}\right)$$

따라서

$$f(\pi)=g'(\pi)=\pi^{\cos\pi}\left(-\sin\pi\ln\pi+\frac{\cos\pi}{\pi}\right)=-\frac{1}{\pi^2}$$

답 ②

37 $f(x)=\sqrt[3]{(3x^2-4x)^4}$이라 하면

$f(x)=\sqrt[3]{(3x^2-4x)^4}=(3x^2-4x)^{\frac{4}{3}}$이므로

$$f'(x)=\frac{4}{3}(3x^2-4x)^{\frac{1}{3}}(6x-4)$$

따라서 $y=\sqrt[3]{(3x^2-4x)^4}$의 $x=2$에서의 미분계수는

$$f'(2)=\frac{4}{3}\sqrt[3]{4}\times 8=\frac{32}{3}\sqrt[3]{4}$$

답 ⑤

38 $h(x)=(x-\sqrt{x^3+3})^5$이므로

$$h'(x)=5(x-\sqrt{x^3+3})^4\left(1-\frac{3x^2}{2\sqrt{x^3+3}}\right)$$

따라서 $h'(1)=5\times(1-2)^4\times\left(1-\frac{3}{4}\right)=\frac{5}{4}$

답 ⑤

39 $g(x)=f(\tan 2x)$로 놓으면

$g(x)=\sqrt{\tan 2x+4}-2$이고, $g(0)=0$

$g'(x)=\dfrac{\sec^2 2x}{\sqrt{\tan 2x+4}}$이고, $g'(0)=\dfrac{1}{2}$

따라서

$$\lim_{x\to 0}\frac{x}{f(\tan 2x)}=\lim_{x\to 0}\frac{x}{g(x)}$$

$$=\lim_{x\to 0}\frac{x}{g(x)-g(0)}$$

$$=\frac{1}{g'(0)}=2$$

답 ④

40 $\dfrac{dx}{dt}=3at^2+2t$, $\dfrac{dy}{dt}=1-\dfrac{4}{t^2}$

$$\frac{dy}{dx}=\frac{\frac{dy}{dt}}{\frac{dx}{dt}}=\frac{1-\frac{4}{t^2}}{3at^2+2t}=\frac{t^2-4}{3at^4+2t^3}$$

$t=1$일 때, $\dfrac{dy}{dx}=-\dfrac{3}{3a+2}$

따라서 $-\dfrac{3}{3a+2}=3$이므로

$a=-1$

답 -1

41 $\dfrac{dx}{dt}=\dfrac{1}{2\sqrt{t}}-\dfrac{1}{t^2}$, $\dfrac{dy}{dt}=-\dfrac{1}{(t-2)^2}$

$$\frac{dy}{dx}=\frac{\frac{dy}{dt}}{\frac{dx}{dt}}=\frac{-\frac{1}{(t-2)^2}}{\frac{1}{2\sqrt{t}}-\frac{1}{t^2}}$$

$$=-\frac{2t^2\sqrt{t}}{(t-2)^2(t^2-2\sqrt{t})}=-\frac{2t^2}{(t-2)^2(t\sqrt{t}-2)}$$

따라서

$$\lim_{t\to 4}\frac{dy}{dx}=\lim_{t\to 4}\frac{-2t^2}{(t-2)^2(t\sqrt{t}-2)}$$

$$=-\frac{32}{4\times(8-2)}=-\frac{4}{3}$$

답 ④

42 $\dfrac{dx}{dt}=\dfrac{1}{t+1}-2t$, $\dfrac{dy}{dt}=e^{2t}+2te^{2t}$이므로

$$\frac{dy}{dx}=\frac{\frac{dy}{dt}}{\frac{dx}{dt}}=\frac{e^{2t}+2te^{2t}}{\frac{1}{t+1}-2t}$$

따라서 $t=1$일 때, $\dfrac{dy}{dx}=\dfrac{3e^2}{-\frac{3}{2}}=-2e^2$

답 ①

43 $\dfrac{dx}{d\theta}=-\dfrac{\cos\theta}{(1+\sin\theta)^2}$

$$\frac{dy}{d\theta}=2\sec\theta\times\sec\theta\tan\theta\times\tan\theta+\sec^2\theta\times\sec^2\theta$$

$$=2\sec^2\theta\tan^2\theta+\sec^4\theta$$

$$\frac{dy}{dx}=\frac{\frac{dy}{d\theta}}{\frac{dx}{d\theta}}=\frac{2\sec^2\theta\tan^2\theta+\sec^4\theta}{-\frac{\cos\theta}{(1+\sin\theta)^2}}$$

따라서 $\theta=\pi$일 때, $\dfrac{dy}{dx}=1$

답 ①

44 $\dfrac{dx}{d\theta}=1-\cos\theta$, $\dfrac{dy}{d\theta}=6\sin^2\theta\cos\theta$

$$\frac{dy}{dx}=\frac{\frac{dy}{d\theta}}{\frac{dx}{d\theta}}=\frac{6\sin^2\theta\cos\theta}{1-\cos\theta}$$

따라서

$$\lim_{\theta\to0}\frac{dy}{dx}=\lim_{\theta\to0}\frac{6\sin^2\theta\cos\theta}{1-\cos\theta}$$

$$=\lim_{\theta\to0}\frac{6\sin^2\theta\cos\theta(1+\cos\theta)}{(1-\cos\theta)(1+\cos\theta)}$$

$$=\lim_{\theta\to0}\{6\cos\theta(1+\cos\theta)\}=12$$

답 12

45 $\frac{dx}{dt}=3^t\ln3+3^{-t}\ln3$, $\frac{dy}{dt}=\frac{9^t\ln9-9^{-t}\ln9}{9^t+9^{-t}}$이므로

$$f'(x)=\frac{dy}{dx}=\frac{\frac{dy}{dt}}{\frac{dx}{dt}}=\frac{\frac{2(3^{2t}-3^{-2t})\ln3}{3^{2t}+3^{-2t}}}{(3^t+3^{-t})\ln3}$$

$$=\frac{\frac{2(3^t-3^{-t})(3^t+3^{-t})}{3^{2t}+3^{-2t}}}{3^t+3^{-t}}=\frac{2(3^t-3^{-t})}{3^{2t}+3^{-2t}}$$

$3^t-3^{-t}=4$에서 양변을 제곱하면

$3^{2t}+3^{-2t}-2=16$

$3^{2t}+3^{-2t}=18$

따라서 $f'(4)=\frac{2\times4}{18}=\frac{4}{9}$

답 ②

46 $x^3+y^2-3xy-5=0$의 양변을 x에 대하여 미분하면

$3x^2+2y\frac{dy}{dx}-3y-3x\frac{dy}{dx}=0$

$(2y-3x)\frac{dy}{dx}=-3x^2+3y$

$\frac{dy}{dx}=\frac{3x^2-3y}{3x-2y}$ $(3x-2y\neq0)$

$x=1$, $y=-1$에서의 접선의 기울기는 $\frac{6}{5}$

따라서 점 $(1, -1)$에서의 접선과 수직인 직선의 기울기는 $-\frac{5}{6}$이다.

답 ⑤

47 점 $(2, 1)$이 곡선 $ax-y^2+bxy-5=0$ 위에 있으므로

$2a+2b-6=0$

$a+b=3$ …… ㉠

$ax-y^2+bxy-5=0$의 양변을 x에 대하여 미분하면

$a-2y\frac{dy}{dx}+by+bx\frac{dy}{dx}=0$

$(bx-2y)\frac{dy}{dx}=-by-a$

$\frac{dy}{dx}=-\frac{by+a}{bx-2y}$

점 $(2, 1)$에서의 접선의 기울기가 -3이므로

$-\frac{a+b}{2b-2}=-3$

$a-5b=-6$ …… ㉡

㉠, ㉡을 연립하여 풀면

$a=\frac{3}{2}$, $b=\frac{3}{2}$

따라서 $ab=\frac{9}{4}$

답 ③

48 $\sqrt{x}+\sqrt{2y}-x+2=0$의 양변을 x에 대하여 미분하면

$\frac{1}{2\sqrt{x}}+\frac{1}{\sqrt{2y}}\times\frac{dy}{dx}-1=0$

$\frac{1}{\sqrt{2y}}\times\frac{dy}{dx}=-\frac{1}{2\sqrt{x}}+1$

$\frac{dy}{dx}=-\frac{\sqrt{2y}}{2\sqrt{x}}+\sqrt{2y}$

따라서 점 $(9, 8)$에서의 $\frac{dy}{dx}$의 값은

$-\frac{4}{6}+4=\frac{10}{3}$

답 ⑤

49 $e^y+\ln(\cos x)-x-1=0$의 양변을 x에 대하여 미분하면

$e^y\frac{dy}{dx}-\frac{\sin x}{\cos x}-1=0$, $e^y\frac{dy}{dx}=\tan x+1$

$\frac{dy}{dx}=\frac{1}{e^y}(\tan x+1)$

따라서 곡선 $e^y+\ln(\cos x)-x-1=0$ 위의 점 $(0, 0)$에서의 접선의 기울기는 1이다.

답 ④

50 점 $\left(\frac{\pi}{2}, 0\right)$이 곡선 $a\sin x+bx\sin y-2y-\pi=0$ 위에 있으므로 $a=\pi$

$\pi\sin x+bx\sin y-2y-\pi=0$의 양변을 x에 대하여 미분하면

$\pi\cos x+b\sin y+bx\cos y\frac{dy}{dx}-2\frac{dy}{dx}=0$

점 $\left(\frac{\pi}{2}, 0\right)$에서 $\frac{dy}{dx}=2$이므로

$\pi\cos\frac{\pi}{2}+b\sin0+b\times\frac{\pi}{2}\times\cos0\times2-2\times2=0$

$\pi b-4=0$, $b=\frac{4}{\pi}$

따라서 $ab=4$

답 4

51 점 $(1, 1)$이 곡선 $e^{x-1}+a(x-1)e^y+by=0$ 위에 있으므로

$1+0+b=0$

$b=-1$

$e^{x-1}+a(x-1)e^y-y=0$의 양변을 x에 대하여 미분하면

$e^{x-1}+ae^y+a(x-1)e^y\frac{dy}{dx}-\frac{dy}{dx}=0$

$\{a(x-1)e^y-1\}\frac{dy}{dx}=-e^{x-1}-ae^y$

$\frac{dy}{dx}=\frac{-e^{x-1}-ae^y}{a(x-1)e^y-1}$ $(a(x-1)e^y\neq1)$

점 $(1, 1)$에서의 접선의 기울기는 $1+ae=1-e$이므로 $a=-1$

따라서 $a+b=-2$

답 ②

52 $x=\sqrt{y^3+1}$의 양변을 y에 대하여 미분하면

$\frac{dx}{dy}=\frac{3y^2}{2\sqrt{y^3+1}}$

$\frac{dy}{dx}=\frac{1}{\frac{dx}{dy}}=\frac{2\sqrt{y^3+1}}{3y^2}$

따라서 $y=2$일 때, $\frac{dy}{dx}$의 값은 $\frac{1}{2}$이다.

답 ③

53 $x=\sin 2y$의 양변을 y에 대하여 미분하면

$\frac{dx}{dy}=2\cos 2y$

$\frac{dy}{dx}=\frac{1}{\frac{dx}{dy}}=\frac{1}{2\cos 2y}$

따라서 $y=\frac{\pi}{12}$일 때의 접선의 기울기는

$\frac{1}{2\cos\frac{\pi}{6}}=\frac{\sqrt{3}}{3}$

답 ②

54 $x=\frac{3y}{y^2+2}$의 양변을 y에 대하여 미분하면

$\frac{dx}{dy}=\frac{3\times(y^2+2)-3y\times 2y}{(y^2+2)^2}=\frac{-3y^2+6}{(y^2+2)^2}$

$\frac{dy}{dx}=\frac{1}{\frac{dx}{dy}}=\frac{(y^2+2)^2}{-3y^2+6}$

$x=\frac{3y}{y^2+2}$에서 $x=a$일 때 $y=b$라 하면

$a=\frac{3b}{b^2+2}$

$x=a$일 때, $\frac{dy}{dx}=3$이므로

$\frac{(b^2+2)^2}{-3b^2+6}=3$, $b^4+13b^2-14=0$

$(b^2-1)(b^2+14)=0$, $b=-1$ 또는 $b=1$

$a=\frac{3b}{b^2+2}$에서

$b=-1$일 때 $a=-1$, $b=1$일 때 $a=1$

따라서 모든 실수 a의 값의 곱은

$-1\times 1=-1$

답 ②

55 $g\left(\frac{1}{2}\right)=a$라 하면 $f(a)=\frac{1}{2}$이므로 $\cos 2a=\frac{1}{2}$

$0<a<\frac{\pi}{2}$이므로 $a=\frac{\pi}{6}$

따라서 $g\left(\frac{1}{2}\right)=\frac{\pi}{6}$이고, $f'(x)=-2\sin 2x$이므로

$g'\left(\frac{1}{2}\right)=\frac{1}{f'\left(\frac{\pi}{6}\right)}=-\frac{\sqrt{3}}{3}$

답 ④

56 $\lim_{x\to 1}\frac{g(x)-a}{x-1}=b$에서 $x\to 1$일 때 (분모)$\to 0$이고 극한값이 존재하므로 (분자)$\to 0$이다.

즉, $\lim_{x\to 1}\{g(x)-a\}=0$이므로 $g(1)=a$

또 $\lim_{x\to 1}\frac{g(x)-g(1)}{x-1}=b$이므로 $g'(1)=b$

$f(a)=1$, $f'(a)=\frac{1}{g'(1)}=\frac{1}{b}$

$f(a)=a^3+2a+1=1$이므로 $a^3+2a=0$, $a(a^2+2)=0$

$a=0$

$f'(x)=3x^2+2$에서 $f'(0)=2$이므로 $b=\frac{1}{2}$

따라서 $a+b=\frac{1}{2}$

답 ②

57 $g(a)=1$이므로 $f(1)=a$이고, $a=1$

$f'(x)=3x^2e^{x-1}+x^3e^{x-1}$에서

$g'(a)=\frac{1}{f'(1)}=\frac{1}{3+1}=\frac{1}{4}$

이므로 $b=\frac{1}{4}$

따라서 $a+b=\frac{5}{4}$

답 ⑤

58 $\lim_{x\to 2}\frac{g(x)-3}{x-2}=4$에서 $x\to 2$일 때 (분모)$\to 0$이고 극한값이 존재하므로 (분자)$\to 0$이다.

즉, $\lim_{x\to 2}\{g(x)-3\}=0$이므로 $g(2)=3$

또 $\lim_{x\to 2}\frac{g(x)-g(2)}{x-2}=4$이므로 $g'(2)=4$

따라서 $f'(3)=\frac{1}{g'(2)}=\frac{1}{4}$

답 ①

59 함수 $g(x)$는 함수 $f(x)$의 역함수이고, $g(3)=3$이므로 $f(3)=3$

또 $g'(3)=3$이므로 $f'(3)=\frac{1}{g'(3)}=\frac{1}{3}$

$h'(x)=f'(x)g(x)+f(x)g'(x)$

따라서

$h'(3)=f'(3)g(3)+f(3)g'(3)$

$=\frac{1}{3}\times 3+3\times 3=10$

답 10

60 $g(2)=a$라 하면 $f(a)=2$이므로

$\ln(2a^2-ea)=2$, $2a^2-ea-e^2=0$

$(2a+e)(a-e)=0$

그런데 $a>\frac{e}{2}$이므로 $a=e$

$f'(x)=\frac{4x-e}{2x^2-ex}$이므로

$g'(2)=\frac{1}{f'(e)}=\frac{e}{3}$

$k(x)=xg(x)$로 놓으면

$\lim_{h\to 0}\frac{(2+h)g(2+h)-2g(2)}{h}=\lim_{h\to 0}\frac{k(2+h)-k(2)}{h}$

$=k'(2)$

따라서 $k'(x)=g(x)+xg'(x)$이므로

$k'(2)=g(2)+2g'(2)=e+\frac{2}{3}e=\frac{5}{3}e$

답 ⑤

61 $f'(x)=2xe^x+x^2e^x=(2x+x^2)e^x$

$f''(x)=(2+2x)e^x+(2x+x^2)e^x$

$f'(x)=f''(x)$에서

$(2x+x^2)e^x=(2+2x)e^x+(2x+x^2)e^x$

$(2+2x)e^x=0$

따라서 $x=-1$

답 ②

62 $f'(x)=2x-1-\frac{1}{x}$, $f''(x)=2+\frac{1}{x^2}$

따라서 $f'(1)=0$이므로

$\lim_{x\to 1}\frac{f'(x)}{x-1}=f''(1)=3$

답 3

63 $f'(x)=\frac{\frac{2}{x}\ln x}{(\ln x)^2}=\frac{2}{x\ln x}$

$f''(x)=-\frac{2(\ln x+1)}{(x\ln x)^2}$

따라서 $f''(e)=-\frac{4}{e^2}$

답 ①

64 $f'(x)=\ln x$, $f''(x)=\frac{1}{x}$, $g'(x)=2e^x$

$h(x)=f'(g(x))$로 놓으면 $g(0)=1$, $f'(1)=0$이므로

$h(0)=f'(g(0))=f'(1)=0$

$\lim_{x\to 0}\frac{f'(g(x))}{x}=h'(0)$

따라서 $h'(x)=f''(g(x))g'(x)$이므로

$h'(0)=f''(g(0))g'(0)=f''(1)\times 2=2$

답 ③

65 $f'(x)=\cos x\cos(\sin x)$

$f''(x)=-\sin x\cos(\sin x)-\cos^2 x\sin(\sin x)$

따라서

$\lim_{x\to 0}\frac{f''(x)}{x}$

$=-\lim_{x\to 0}\frac{\sin x\cos(\sin x)+\cos^2 x\sin(\sin x)}{x}$

$=-\lim_{x\to 0}\left\{\frac{\sin x}{x}\times\cos(\sin x)+\frac{\sin(\sin x)}{\sin x}\times\frac{\sin x}{x}\times\cos^2 x\right\}$

$=-2$

답 ①

66 $f'(x)=ae^{ax}\cos ax-ae^{ax}\sin ax$

$=ae^{ax}(\cos ax-\sin ax)$

$f''(x)=a^2e^{ax}(\cos ax-\sin ax)+ae^{ax}(-a\sin ax-a\cos ax)$

$=-2a^2e^{ax}\sin ax$

모든 실수 x에 대하여 $\{f(x)\}^2+\{f''(x)\}^2=e^{2ax}$이므로

$(e^{ax}\cos ax)^2+(-2a^2e^{ax}\sin ax)^2=e^{2ax}$

$\cos^2 ax+4a^4\sin^2 ax=1$

$1-\sin^2 ax+4a^4\sin^2 ax=1$, $(4a^4-1)\sin^2 ax=0$

모든 실수 x에 대하여 위의 식을 만족시키는 양수 a의 값은

$4a^4-1=0$에서 $a^4=\frac{1}{4}$

따라서 $a=\frac{\sqrt{2}}{2}$

답 ②

서술형 완성하기

본문 87쪽

01 $-\frac{1}{9}$ **02** -1 **03** 2 **04** -8 **05** 2 **06** 8

01 $f(x)=2\sqrt{x-1}$에서 $f'(x)=\frac{1}{\sqrt{x-1}}$ …… ❶

$f(2)=2\sqrt{2-1}=2$, $f'(2)=\frac{1}{\sqrt{2-1}}=1$

$g(x)=\frac{1}{xf(x)+2}$에서 $g'(x)=-\frac{f(x)+xf'(x)}{\{xf(x)+2\}^2}$ …… ❷

따라서

$g'(2)=-\frac{f(2)+2f'(2)}{\{2f(2)+2\}^2}$

$=-\frac{2+2\times 1}{(2\times 2+2)^2}=-\frac{1}{9}$ …… ❸

답 $-\frac{1}{9}$

단계	채점 기준	비율
❶	함수 $f'(x)$를 구한 경우	30 %
❷	함수 $g'(x)$를 구한 경우	40 %
❸	$g'(2)$의 값을 구한 경우	30 %

02 $f(x)=\cos\left(x+\frac{\pi}{2}\right)=-\sin x$에서

$f'(x)=-\cos x$ …… ❶

$f(\pi)=-\sin\pi=0$

$f'(0)=-\cos 0=-1$, $f'(\pi)=-\cos\pi=1$ …… ❷

$f(f(\pi))=f(0)=0$이므로 미분계수의 정의에 의하여

$\lim_{x\to\pi}\frac{f(f(x))}{x-\pi}=\lim_{x\to\pi}\frac{f(f(x))-f(f(\pi))}{x-\pi}$

$=f'(f(\pi))f'(\pi)=f'(0)f'(\pi)$

$=-1\times 1=-1$ …… ❸

답 -1

단계	채점 기준	비율
❶	함수 $f'(x)$를 구한 경우	30 %
❷	$f(\pi)$, $f'(0)$, $f'(\pi)$의 값을 구한 경우	20 %
❸	$\lim_{x \to \pi} \frac{f(f(x))}{x-\pi}$의 값을 구한 경우	50 %

03 $x=\frac{t^2}{4t+1}$, $y=\frac{2t^2-1}{4t+1}$에서

$$\frac{dx}{dt}=\frac{2t(4t+1)-t^2\times 4}{(4t+1)^2}=\frac{4t^2+2t}{(4t+1)^2} \quad \cdots\cdots ❶$$

$$\frac{dy}{dt}=\frac{4t(4t+1)-(2t^2-1)\times 4}{(4t+1)^2}$$

$$=\frac{8t^2+4t+4}{(4t+1)^2} \quad \cdots\cdots ❷$$

$$\frac{dy}{dx}=\frac{\frac{dy}{dt}}{\frac{dx}{dt}}=\frac{\frac{8t^2+4t+4}{(4t+1)^2}}{\frac{4t^2+2t}{(4t+1)^2}}=\frac{4t^2+2t+2}{2t^2+t}$$

따라서 $\lim_{t \to \infty} \frac{dy}{dx}=\lim_{t \to \infty} \frac{4t^2+2t+2}{2t^2+t}=2$ ······ ❸

답 2

단계	채점 기준	비율
❶	$\frac{dx}{dt}$를 구한 경우	30 %
❷	$\frac{dy}{dt}$를 구한 경우	30 %
❸	$\lim_{t \to \infty} \frac{dy}{dx}$의 값을 구한 경우	40 %

04 곡선 $x^2-y^3-2x+xy+a=0$ 위의 점의 y좌표가 2이므로 x좌표는 $x^2-8-2x+2x+a=0$에서

$x^2=8-a$ ······ ㉠ ······ ❶

$x^2-y^3-2x+xy+a=0$의 양변을 x에 대하여 미분하면

$$2x-3y^2\frac{dy}{dx}-2+y+x\frac{dy}{dx}=0$$

$$\frac{dy}{dx}=\frac{2x+y-2}{3y^2-x}\ (3y^2-x\neq 0) \quad \cdots\cdots ❷$$

y좌표가 2인 점에서 $\frac{dy}{dx}$의 값이 $\frac{2x}{12-x}$이므로

$\frac{2x}{12-x}=1$, $x=4$

㉠에서 $16=8-a$

따라서 $a=-8$ ······ ❸

답 -8

단계	채점 기준	비율
❶	y좌표가 2인 점의 x좌표를 a에 대한 식으로 나타낸 경우	20 %
❷	$\frac{dy}{dx}$를 구한 경우	50 %
❸	상수 a의 값을 구한 경우	30 %

05 $f(x)=\ln(\ln x)$에서

$$f'(x)=\frac{1}{x\ln x} \quad \cdots\cdots ❶$$

$g(0)=a$라 하면 $f(a)=0$

$\ln(\ln a)=0$에서 $\ln a=1$, $a=e$

$g(0)=e$

$$g'(0)=\frac{1}{f'(g(0))}=\frac{1}{f'(e)}=e \quad \cdots\cdots ❷$$

$h(x)=\ln\{g(x)\}^2$에서

$$h'(x)=\frac{2g(x)g'(x)}{\{g(x)\}^2}=\frac{2g'(x)}{g(x)}$$

따라서 $h'(0)=\frac{2g'(0)}{g(0)}=\frac{2e}{e}=2$ ······ ❸

답 2

단계	채점 기준	비율
❶	함수 $f'(x)$를 구한 경우	30 %
❷	$g(0)$, $g'(0)$의 값을 구한 경우	40 %
❸	$h'(0)$의 값을 구한 경우	30 %

06 $f(x)=\tan 2x$에서

$f'(x)=2\sec^2 2x$

$f''(x)=8\sec 2x\times(\sec 2x\tan 2x)$

$=8\sec^2 2x\tan 2x$

$f'\left(\frac{\pi}{8}\right)=2\sec^2\frac{\pi}{4}=4$

$f''\left(\frac{\pi}{8}\right)=8\sec^2\frac{\pi}{4}\tan\frac{\pi}{4}=16$ ······ ❶

$g(x)=2\ln x$에서

$g'(x)=\frac{2}{x}$

$g\left(f'\left(\frac{\pi}{8}\right)\right)=g(4)=2\ln 4=4\ln 2$ ······ ❷

따라서 미분계수의 정의에 의하여

$$\lim_{x \to \frac{\pi}{8}} \frac{g(f'(x))-4\ln 2}{x-\frac{\pi}{8}}=\lim_{x \to \frac{\pi}{8}} \frac{g(f'(x))-g\left(f'\left(\frac{\pi}{8}\right)\right)}{x-\frac{\pi}{8}}$$

$$=g'\left(f'\left(\frac{\pi}{8}\right)\right)f''\left(\frac{\pi}{8}\right)$$

$$=\frac{2f''\left(\frac{\pi}{8}\right)}{f'\left(\frac{\pi}{8}\right)}=2\times\frac{16}{4}=8 \quad \cdots\cdots ❸$$

답 8

단계	채점 기준	비율
❶	$f'(x)$, $f''(x)$와 $f'\left(\frac{\pi}{8}\right)$, $f''\left(\frac{\pi}{8}\right)$의 값을 구한 경우	40 %
❷	$g'(x)$와 $g\left(f'\left(\frac{\pi}{8}\right)\right)$의 값을 구한 경우	20 %
❸	$\lim_{x \to \frac{\pi}{8}} \frac{g(f'(x))-4\ln 2}{x-\frac{\pi}{8}}$의 값을 구한 경우	40 %

내신 + 수능 고난도 도전

본문 88~89쪽

01 9	02 ②	03 ①	04 ④	05 ⑤
06 14	07 ①			

01 $\left|\dfrac{f(x_1)-f(x_2)}{x_1-x_2}\right|\le 2$에서

$-2\le\dfrac{f(x_1)-f(x_2)}{x_1-x_2}\le 2$이므로

$x>0$일 때, $-2\le f'(x)\le 2$이다.

$f(0)=1$이므로

$0<x<3$에서 $f'(x)=-2$일 때 $f(3)=-5$,

$0<x<3$에서 $f'(x)=2$일 때 $f(3)=7$

그러므로 $-5\le f(3)\le 7$

$|f(3)|$의 최댓값은 7이므로

$M=7$

이때 $x>0$에서 $f(x)=2x+1$이고,

$x\le 0$에서 $f(x)=\dfrac{e^{px}}{x^2+1}$이므로

$$\begin{aligned}\lim_{x\to 0-}\frac{f(x)-f(0)}{x}&=\lim_{x\to 0-}\frac{\frac{e^{px}}{x^2+1}-1}{x}\\&=\lim_{x\to 0-}\frac{e^{px}-x^2-1}{x(x^2+1)}\\&=\lim_{x\to 0-}\left\{\frac{e^{px}-1}{x(x^2+1)}-\frac{x^2}{x(x^2+1)}\right\}\\&=\lim_{x\to 0-}\left\{\frac{e^{px}-1}{px}\times\frac{p}{x^2+1}-\frac{x^2}{x(x^2+1)}\right\}\\&=1\times p-0=p\end{aligned}$$

$$\lim_{x\to 0+}\frac{f(x)-f(0)}{x}=\lim_{x\to 0+}\frac{2x}{x}=2$$

함수 $f(x)$는 $x=0$에서 미분가능하므로

$p=2$

따라서 $p+M=2+7=9$

답 9

02 $f(x)=e^{2(x-1)}+e^x-1$에서

$f'(x)=2e^{2(x-1)}+e^x$

$f(2g(x))=x$에서 $2f'(2g(x))g'(x)=1$

$\dfrac{1}{g'(x)}=2f'(2g(x))$

$g(e)=a$라 하면 $f(2a)=e$

$e^{2(2a-1)}+e^{2a}-1=e$, $e^{4a}+e^2e^{2a}-e^2-e^3=0$

$(e^{2a}-e)(e^{2a}+e+e^2)=0$

$e^{2a}>0$이므로 $e^{2a}=e$

$a=\dfrac{1}{2}$

따라서 미분계수의 정의에 의하여

$$\begin{aligned}\lim_{x\to e}\frac{x-e}{g(x)-g(e)}&=\frac{1}{g'(e)}=2f'(2g(e))\\&=2f'(1)=2(2+e)=4+2e\end{aligned}$$

답 ②

03 함수 $y=f(x)$의 그래프는 y축에 대하여 대칭이므로 직선 $y=t$와 만나는 점 중에서 한 점을 P라 하면 점 P를 y축에 대하여 대칭이동한 점도 함수 $y=f(x)$의 그래프와 직선 $y=t$가 만나는 점이다.

그러므로 함수 $y=g(t)$는 $x\le 0$에서 함수 $y=f(x)$의 역함수이다.

$\displaystyle\lim_{h\to 0}\frac{g(\ln 5+h)-a}{h}=b$에서 $h\to 0$일 때 (분모)$\to 0$이고 극한값이 존재하므로 (분자)$\to 0$이다.

즉, $\displaystyle\lim_{h\to 0}\{g(\ln 5+h)-a\}=0$이므로

$a=g(\ln 5)$

그러므로 $f(a)=\ln 5$이고,

$\ln(a^2+1)=\ln 5$, $a^2=4$

$a\le 0$이므로 $a=-2$

$f(x)=\ln(x^2+1)$에서 $f'(x)=\dfrac{2x}{x^2+1}$

$$\begin{aligned}\lim_{h\to 0}\frac{g(\ln 5+h)-a}{h}&=g'(\ln 5)=\frac{1}{f'(g(\ln 5))}\\&=\frac{1}{f'(-2)}\\&=-\frac{5}{4}\end{aligned}$$

그러므로 $b=-\dfrac{5}{4}$

따라서 $a+b=-2-\dfrac{5}{4}=-\dfrac{13}{4}$

답 ①

04 $f(x)=(x+1)e^x$에서

$f'(x)=e^x+(x+1)e^x=(x+2)e^x$

$\displaystyle\lim_{x\to 1}\frac{f(g(x))}{x-1}=1$에서 $x\to 1$일 때 (분모)$\to 0$이고 극한값이 존재하므로 (분자)$\to 0$이다.

즉, $f(g(1))=0$

$\displaystyle\lim_{x\to 1}\frac{f(g(x))}{x-1}=\lim_{x\to 1}\frac{f(g(x))-f(g(1))}{x-1}=1$

그러므로 $f'(g(1))g'(1)=1$

$f(g(1))=\{g(1)+1\}e^{g(1)}=0$에서

$e^{g(1)}>0$이므로 $g(1)=-1$

$f'(g(1))g'(1)=\{g(1)+2\}e^{g(1)}\times g'(1)=1$에서

$\dfrac{1}{e}\times g'(1)=1$

$g'(1)=e$

$y=\{g(x)\}^2$에서 $y'=2g(x)g'(x)$

따라서 함수 $\{g(x)\}^2$의 $x=1$에서의 미분계수는

$2g(1)g'(1)=2\times(-1)\times e=-2e$

답 ④

05 조건 (가)에서

$x\to 2$일 때 (분모)$\to 0$이고 극한값이 존재하므로 (분자)$\to 0$이다.

즉, $\displaystyle\lim_{x\to 2}\{g(x)-1\}=g(2)-1=0$에서

$g(2)=1$이고, $f(1)=2$

$\displaystyle\lim_{x\to 2}\frac{g(x)-1}{x-2}=\frac{1}{4}$에서 미분계수의 정의에 의하여

$g'(2)=\dfrac{1}{4}$

$f'(1)=\frac{1}{g'(f(1))}=\frac{1}{g'(2)}=4$

조건 (나)에서 $x=2$를 대입하면

$f(1)\{1-h(2)\}=g(2)$, $2\{1-h(2)\}=1$

$h(2)=\frac{1}{2}$

$f(x-1)\{1-h(x)\}=g(x)$에서

$f'(x-1)\{1-h(x)\}-f(x-1)h'(x)=g'(x)$

이 식의 양변에 $x=2$를 대입하면

$f'(1)\{1-h(2)\}-f(1)h'(2)=g'(2)$

$4\times\frac{1}{2}-2h'(2)=\frac{1}{4}$

따라서 $h'(2)=\frac{7}{4}\times\frac{1}{2}=\frac{7}{8}$

답 ⑤

06 $x=\sin\theta$에서 $\frac{dx}{d\theta}=\cos\theta$

$y=3\theta+\sin 2\theta$에서 $\frac{dy}{d\theta}=3+2\cos 2\theta$

$$\frac{dy}{dx}=\frac{\frac{dy}{d\theta}}{\frac{dx}{d\theta}}=\frac{3+2\cos 2\theta}{\cos\theta}=\frac{3+2\cos(\theta+\theta)}{\cos\theta}$$
$$=\frac{3+2(\cos^2\theta-\sin^2\theta)}{\cos\theta}$$
$$=\frac{3+2(2\cos^2\theta-1)}{\cos\theta}$$
$$=\frac{1+4\cos^2\theta}{\cos\theta}$$
$$=\sec\theta+4\cos\theta$$

$-\frac{\pi}{2}<\theta<\frac{\pi}{2}$에서 $\cos\theta>0$이므로 산술평균과 기하평균의 관계에 의하여

$\frac{dy}{dx}=\sec\theta+4\cos\theta\geq 2\sqrt{4\sec\theta\cos\theta}=4$

$\frac{dy}{dx}$가 최소인 경우는 $\sec\theta=4\cos\theta$일 때이다.

$\sec\theta=4\cos\theta$에서

$\cos^2\theta=\frac{1}{4}$, $\cos\theta=\frac{1}{2}$

$-\frac{\pi}{2}<\theta<\frac{\pi}{2}$에서 $\theta=-\frac{\pi}{3}$ 또는 $\theta=\frac{\pi}{3}$

$\theta=-\frac{\pi}{3}$일 때,

$x=\sin\left(-\frac{\pi}{3}\right)=-\frac{\sqrt{3}}{2}$,

$y=3\times\left(-\frac{\pi}{3}\right)+\sin\left(-\frac{2\pi}{3}\right)=-\pi-\frac{\sqrt{3}}{2}$

$\theta=\frac{\pi}{3}$일 때,

$x=\sin\frac{\pi}{3}=\frac{\sqrt{3}}{2}$,

$y=3\times\frac{\pi}{3}+\sin\frac{2\pi}{3}=\pi+\frac{\sqrt{3}}{2}$

$$\overline{PQ}^2=\left(\frac{\sqrt{3}}{2}+\frac{\sqrt{3}}{2}\right)^2+\left(\pi+\frac{\sqrt{3}}{2}+\pi+\frac{\sqrt{3}}{2}\right)^2$$
$$=6+4\sqrt{3}\pi+4\pi^2$$

따라서 $a=6$, $b=4$, $c=4$이므로

$a+b+c=6+4+4=14$

답 14

07 곡선 $y=\ln(2x^2+x)+1$ 위의 점 A의 x좌표가 $\frac{1}{2}$이므로

y좌표는 $\ln\left(\frac{1}{2}+\frac{1}{2}\right)+1=1$

$y=\ln(2x^2+x)+1$에서 $y'=\frac{4x+1}{2x^2+x}$

점 $A\left(\frac{1}{2}, 1\right)$에서의 접선의 기울기는

$$\frac{4\times\frac{1}{2}+1}{2\times\frac{1}{4}+\frac{1}{2}}=3$$

곡선 $ax-y-xy+b=0$이 점 $A\left(\frac{1}{2}, 1\right)$을 지나므로

$\frac{a}{2}-1-\frac{1}{2}+b=0$

$a+2b=3$ …… ㉠

$ax-y-xy+b=0$의 양변을 x에 대하여 미분하면

$a-\frac{dy}{dx}-y-x\frac{dy}{dx}=0$

$\frac{dy}{dx}=\frac{a-y}{x+1}$ $(x+1\neq 0)$

점 A가 선분 BC를 지름으로 하는 원 위에 있으므로

$\angle BAC=\frac{\pi}{2}$

그러므로 곡선 $y=\ln(2x^2+x)+1$ 위의 점 A에서의 접선과 곡선 $ax-y-xy+b=0$ 위의 점 A에서의 접선은 서로 수직이고, 곡선 $ax-y-xy+b=0$ 위의 점 A에서의 접선의 기울기는 $-\frac{1}{3}$이다.

곡선 $ax-y-xy+b=0$ 위의 점 $A\left(\frac{1}{2}, 1\right)$에서 $\frac{dy}{dx}$는

$$\frac{dy}{dx}=\frac{a-1}{\frac{1}{2}+1}=\frac{2}{3}a-\frac{2}{3}=-\frac{1}{3}$$

이므로 $a=\frac{1}{2}$

㉠에 $a=\frac{1}{2}$을 대입하면

$\frac{1}{2}+2b=3$, $b=\frac{5}{4}$

따라서 $a+b=\frac{1}{2}+\frac{5}{4}=\frac{7}{4}$

답 ①

05 도함수의 활용

개념 확인하기

본문 91~97쪽

01 $y=\frac{1}{2}x+\frac{1}{2}$ 02 $y=\frac{\sqrt{3}}{2}x+\frac{1}{2}-\frac{\sqrt{3}}{12}\pi$
03 $y=-\sqrt{3}x+1+\frac{\sqrt{3}}{3}\pi$ 04 $y=x-\pi$
05 $y=ex$ 06 $y=x-1$ 07 $y=-3x+4$
08 $y=x-\frac{4}{27}$ 09 $y=\sqrt{3}x-\frac{\sqrt{3}}{6}\pi+1$
10 $y=\sqrt{3}x+\frac{\sqrt{3}}{3}\pi+1$ 11 $y=2x+1$
12 $y=x$ 13 $y=\frac{1}{2}x$ 14 $y=-4x+4$
15 $y=ex$ 16 $y=\frac{2}{e}x$ 17 $y=2x-1$
18 $y=x-1$ 19 $y=-\sqrt{2}x+\frac{\sqrt{2}}{4}\pi+\frac{\sqrt{2}}{2}$
20 $y=-\frac{1}{e^2}x+\frac{1}{e^2}+e^2$ 21 $y=-x+1$
22 $y=-3x+4$ 23 감소 24 증가 25 증가
26 감소 27 증가 28 증가 29 증가 30 증가
31 $-1\le x<0$ 또는 $0<x\le 1$일 때 감소,
$x\le -1$ 또는 $x\ge 1$일 때 증가
32 실수 전체의 집합에서 증가 33 실수 전체의 집합에서 증가
34 극솟값 $-\frac{1}{2}$, 극댓값 $\frac{1}{2}$
35 극솟값 $\frac{2}{3}\pi-\frac{\sqrt{3}}{2}$, 극댓값 $\frac{\pi}{3}+\frac{\sqrt{3}}{2}$
36 극솟값 $-\frac{1}{e}$ 37 극솟값 0, 극댓값 $\frac{4}{e^2}$
38 극솟값 $1+\ln 2$ 39 극댓값 -3 40 극댓값 $\frac{1}{e}$
41 극솟값 $-\frac{1}{2e}$ 42 풀이참조 43 아래로 볼록
44 풀이참조 45 위로 볼록 46 풀이참조
47 풀이참조 48 $(0, 0)$, $(2, -4)$
49 $\left(-\frac{\sqrt{3}}{3}, \frac{3}{2}\right)$, $\left(\frac{\sqrt{3}}{3}, \frac{3}{2}\right)$ 50 $\left(\frac{\pi}{4}, 0\right)$, $\left(\frac{3}{4}\pi, 0\right)$
51 풀이참조 52 풀이참조 53 풀이참조
54 풀이참조 55 최댓값 $\frac{3}{2}$, 최솟값 0
56 최댓값 6, 최솟값 $3+2\sqrt{2}$ 57 최댓값 $\frac{2}{3}\pi+\sqrt{3}$, 최솟값 0
58 최댓값 1, 최솟값 $2-2\ln 2$ 59 0 60 1
61 풀이참조 62 풀이참조 63 e^2+1, e^2
64 $\frac{1-e}{e}$, $-\frac{1}{e^2}$ 65 $-\frac{\pi}{3}$, 0 66 1, -1
67 $(2, 3)$, $(2, 6)$ 68 $(2, 7e^{12})$, $(2, 51e^{12})$
69 $(0, -2)$, $(4, 0)$ 70 $\sqrt{2}$, 1

01 $y'=\frac{1}{2\sqrt{x}}$이므로 접선의 방정식은
$y-1=\frac{1}{2}(x-1)$, 즉 $y=\frac{1}{2}x+\frac{1}{2}$

답 $y=\frac{1}{2}x+\frac{1}{2}$

02 $y'=\cos x$이므로 접선의 방정식은
$y-\frac{1}{2}=\frac{\sqrt{3}}{2}\left(x-\frac{\pi}{6}\right)$
즉, $y=\frac{\sqrt{3}}{2}x+\frac{1}{2}-\frac{\sqrt{3}}{12}\pi$

답 $y=\frac{\sqrt{3}}{2}x+\frac{1}{2}-\frac{\sqrt{3}}{12}\pi$

03 $y'=-2\sin x$이므로 접선의 방정식은
$y-1=-2\times\frac{\sqrt{3}}{2}\left(x-\frac{\pi}{3}\right)$
즉, $y=-\sqrt{3}x+1+\frac{\sqrt{3}}{3}\pi$

답 $y=-\sqrt{3}x+1+\frac{\sqrt{3}}{3}\pi$

04 $y'=\sec^2 x$이므로 접선의 방정식은
$y-0=1\times(x-\pi)$
즉, $y=x-\pi$

답 $y=x-\pi$

05 $y'=e^x$이므로 접선의 방정식은
$y-e=e(x-1)$, 즉 $y=ex$

답 $y=ex$

06 $y'=\frac{1}{x}$이므로 접선의 방정식은
$y-0=1\times(x-1)$, 즉 $y=x-1$

답 $y=x-1$

07 $x^2+xy=2$의 양변을 x에 대하여 미분하면
$2x+y+xy'=0$, $y'=-\frac{2x+y}{x}$
따라서 점 $(1, 1)$에서의 접선의 방정식은
$y-1=-3(x-1)$, 즉 $y=-3x+4$

답 $y=-3x+4$

08 $y'=\frac{3}{2}\sqrt{x}$이므로 $\frac{3}{2}\sqrt{x}=1$에서 $\sqrt{x}=\frac{2}{3}$
$x=\frac{4}{9}$에서 접점의 좌표는 $\left(\frac{4}{9}, \frac{8}{27}\right)$이므로 구하는 접선의 방정식은
$y-\frac{8}{27}=1\times\left(x-\frac{4}{9}\right)$, 즉 $y=x-\frac{4}{27}$

답 $y=x-\frac{4}{27}$

09 $y'=2\cos x$이므로
$2\cos x=\sqrt{3}$, $\cos x=\frac{\sqrt{3}}{2}$

$x=\frac{\pi}{6}$에서 접점의 좌표는 $\left(\frac{\pi}{6}, 1\right)$이므로 구하는 접선의 방정식은

$y-1=\sqrt{3}\left(x-\frac{\pi}{6}\right)$, 즉 $y=\sqrt{3}x-\frac{\sqrt{3}}{6}\pi+1$

답 $y=\sqrt{3}x-\frac{\sqrt{3}}{6}\pi+1$

10 $y'=-2\sin x$이므로

$-2\sin x=\sqrt{3}$, $\sin x=-\frac{\sqrt{3}}{2}$

$x=-\frac{\pi}{3}$에서 접점의 좌표는 $\left(-\frac{\pi}{3}, 1\right)$이므로 구하는 접선의 방정식은

$y-1=\sqrt{3}\left(x+\frac{\pi}{3}\right)$, 즉 $y=\sqrt{3}x+\frac{\sqrt{3}}{3}\pi+1$

답 $y=\sqrt{3}x+\frac{\sqrt{3}}{3}\pi+1$

11 $y'=2e^{2x}$이므로

$2e^{2x}=2$, $e^{2x}=1$

$x=0$에서 접점의 좌표는 $(0, 1)$이므로 구하는 접선의 방정식은

$y-1=2(x-0)$, 즉 $y=2x+1$

답 $y=2x+1$

12 $y'=\frac{1}{x+1}$이므로

$\frac{1}{x+1}=1$, $x+1=1$

$x=0$에서 접점의 좌표는 $(0, 0)$이므로 구하는 접선의 방정식은

$y-0=1\times(x-0)$, 즉 $y=x$

답 $y=x$

13 접점의 좌표를 $(a, \sqrt{a-1})$이라 하면 $y'=\frac{1}{2\sqrt{x-1}}$이므로 접선의 방정식은

$y-\sqrt{a-1}=\frac{1}{2\sqrt{a-1}}(x-a)$

이 접선이 점 $(0, 0)$을 지나야 하므로

$-\sqrt{a-1}=\frac{1}{2\sqrt{a-1}}\times(-a)$

$2(a-1)=a$, $a=2$

따라서 접선의 방정식은

$y-1=\frac{1}{2}(x-2)$, 즉 $y=\frac{1}{2}x$

답 $y=\frac{1}{2}x$

14 접점의 좌표를 $\left(a, \frac{1}{a}\right)$이라 하면 $y'=-\frac{1}{x^2}$이므로 접선의 방정식은

$y-\frac{1}{a}=-\frac{1}{a^2}(x-a)$

이 접선이 점 $(1, 0)$을 지나야 하므로

$-\frac{1}{a}=-\frac{1}{a^2}(1-a)$

$a=1-a$, $a=\frac{1}{2}$

따라서 접선의 방정식은

$y-2=-4\left(x-\frac{1}{2}\right)$, 즉 $y=-4x+4$

답 $y=-4x+4$

15 접점의 좌표를 (a, e^a)이라 하면 $y'=e^x$이므로 접선의 방정식은

$y-e^a=e^a(x-a)$

이 접선이 점 $(0, 0)$을 지나야 하므로

$-e^a=e^a(-a)$, $a=1$

따라서 구하는 접선의 방정식은

$y-e=e(x-1)$, 즉 $y=ex$

답 $y=ex$

16 접점의 좌표를 $(a, 2\ln a)$라 하면 $y'=\frac{2}{x}$이므로 접선의 방정식은

$y-2\ln a=\frac{2}{a}(x-a)$

이 접선이 점 $(0, 0)$을 지나야 하므로

$-2\ln a=\frac{2}{a}\times(-a)$, $\ln a=1$

$a=e$

따라서 구하는 접선의 방정식은

$y-2=\frac{2}{e}(x-e)$, 즉 $y=\frac{2}{e}x$

답 $y=\frac{2}{e}x$

17 두 곡선 $f(x)=x^2$, $g(x)=-(x-2)^2+2$가 만나는 점의 x좌표를 구하면

$x^2=-(x-2)^2+2$

$x^2=-x^2+4x-2$

$x^2-2x+1=0$, $(x-1)^2=0$

$x=1$

따라서 접점의 좌표는 $(1, 1)$이고,

$f'(x)=2x$, $g'(x)=-2(x-2)$

에서 접선의 기울기는

$f'(1)=g'(1)=2$

이므로 두 곡선에 동시에 접하는 접선의 방정식은

$y-1=2(x-1)$, 즉 $y=2x-1$

답 $y=2x-1$

18 $y'=-\frac{1}{(x-1)^2}$이므로 점 $\mathrm{P}(2, 1)$에서의 접선의 기울기는 -1이다. 따라서 이 접선과 수직이고 점 P를 지나는 직선의 방정식은

$y-1=1\times(x-2)$, 즉 $y=x-1$

답 $y=x-1$

19 $y'=\cos x$이므로 점 $\mathrm{P}\left(\frac{\pi}{4}, \frac{\sqrt{2}}{2}\right)$에서의 접선의 기울기는 $\frac{\sqrt{2}}{2}$이다. 따라서 이 접선과 수직이고 점 P를 지나는 직선의 방정식은

$y-\frac{\sqrt{2}}{2}=-\frac{2}{\sqrt{2}}\left(x-\frac{\pi}{4}\right)$, 즉 $y-\frac{\sqrt{2}}{2}=-\sqrt{2}\left(x-\frac{\pi}{4}\right)$

$y=-\sqrt{2}x+\frac{\sqrt{2}}{4}\pi+\frac{\sqrt{2}}{2}$

답 $y=-\sqrt{2}x+\frac{\sqrt{2}}{4}\pi+\frac{\sqrt{2}}{2}$

20 $y'=e^{x+1}$이므로 점 $\mathrm{P}(1,\ e^2)$에서의 접선의 기울기는 e^2이고, 이 접선과 수직이고 점 P를 지나는 직선의 방정식은

$y-e^2=-\frac{1}{e^2}(x-1)$, 즉 $y=-\frac{1}{e^2}x+\frac{1}{e^2}+e^2$

답 $y=-\frac{1}{e^2}x+\frac{1}{e^2}+e^2$

21 $y'=\frac{1}{x}$이므로 점 $\mathrm{P}(1,\ 0)$에서의 접선의 기울기는 1이고, 이 접선과 수직이고 점 P를 지나는 직선의 방정식은

$y-0=-(x-1)$, 즉 $y=-x+1$

답 $y=-x+1$

22 $\frac{dx}{dt}=\frac{3}{2}t^{\frac{1}{2}}=\frac{3}{2}\sqrt{t}$, $\frac{dy}{dt}=\frac{1}{2\sqrt{t}}$이므로

$$\frac{dy}{dx}=\frac{\frac{dy}{dt}}{\frac{dx}{dt}}=\frac{\frac{1}{2\sqrt{t}}}{\frac{3}{2}\sqrt{t}}=\frac{1}{3t}$$

이때 $t^{\frac{3}{2}}=1$, $\sqrt{t}=1$에서 $t=1$이므로 점 $\mathrm{P}(1,\ 1)$에서의 접선의 기울기는 $\frac{1}{3}$이다.

따라서 이 접선과 수직이고 점 P를 지나는 직선의 방정식은

$y-1=-3(x-1)$, 즉 $y=-3x+4$

답 $y=-3x+4$

23 $(0,\ \infty)$에서 $f'(x)=-\frac{1}{x^2}<0$이므로 함수 $f(x)$는 감소한다.

답 감소

24 $(0,\ \infty)$에서 $f'(x)=\frac{1}{2\sqrt{x}}>0$이므로 함수 $f(x)$는 증가한다.

답 증가

25 $\left(0,\ \frac{\pi}{2}\right)$에서 $f'(x)=\cos x>0$이므로 함수 $f(x)$는 증가한다.

답 증가

26 $\left(0,\ \frac{\pi}{2}\right)$에서 $f'(x)=-\sin x<0$이므로 함수 $f(x)$는 감소한다.

답 감소

27 $\left(0,\ \frac{\pi}{2}\right)$에서 $f'(x)=\sec^2 x>0$이므로 함수 $f(x)$는 증가한다.

답 증가

28 $(-\infty,\ \infty)$에서 $f'(x)=e^x>0$이므로 함수 $f(x)$는 증가한다.

답 증가

29 $(0,\ \infty)$에서 $f'(x)=\frac{1}{x}>0$이므로 함수 $f(x)$는 증가한다.

답 증가

30 $(1,\ \infty)$에서 $f'(x)=1-\frac{1}{x}>0$이므로 함수 $f(x)$는 증가한다.

답 증가

31 $f'(x)=1-\frac{1}{x^2}=\frac{x^2-1}{x^2}$

$=\frac{(x-1)(x+1)}{x^2}$

$-1\le x<0$ 또는 $0<x\le 1$일 때 $f'(x)\le 0$이므로 함수 $f(x)$는 감소하고, $x\le -1$ 또는 $x\ge 1$일 때 $f'(x)\ge 0$이므로 함수 $f(x)$는 증가한다.

답 $-1\le x<0$ 또는 $0<x\le 1$일 때 감소, $x\le -1$ 또는 $x\ge 1$일 때 증가

32 $f'(x)=\frac{1}{3\sqrt[3]{x^2}}>0$이므로 함수 $f(x)$는 실수 전체의 집합에서 증가한다.

답 실수 전체의 집합에서 증가

33 $f'(x)=1+e^x>0$이므로 함수 $f(x)$는 실수 전체의 집합에서 증가한다.

답 실수 전체의 집합에서 증가

34 $f'(x)=\frac{x^2+1-x\times 2x}{(x^2+1)^2}=\frac{-x^2+1}{(x^2+1)^2}$

$=-\frac{(x-1)(x+1)}{(x^2+1)^2}$

이때 $f'(x)=0$에서 $x=-1$ 또는 $x=1$이고, 함수 $f(x)$의 증가와 감소를 표로 나타내면 다음과 같다.

x	$\cdots$	-1	$\cdots$	1	$\cdots$
$f'(x)$	$-$	0	$+$	0	$-$
$f(x)$	↘	극소	↗	극대	↘

따라서 극솟값은 $f(-1)=-\frac{1}{2}$, 극댓값은 $f(1)=\frac{1}{2}$이다.

답 극솟값 $-\frac{1}{2}$, 극댓값 $\frac{1}{2}$

35 $f'(x)=\frac{1}{2}+\cos x$이고, $f'(x)=0$에서

$x=\frac{2}{3}\pi$ 또는 $x=\frac{4}{3}\pi$

$0<x<2\pi$에서 함수 $f(x)$의 증가와 감소를 표로 나타내면 다음과 같다.

x	(0)	$\cdots$	$\frac{2}{3}\pi$	$\cdots$	$\frac{4}{3}\pi$	$\cdots$	(2π)
$f'(x)$		$+$	0	$-$	0	$+$	
$f(x)$		↗	극대	↘	극소	↗	

따라서 극솟값은

$f\left(\frac{4}{3}\pi\right)=\frac{1}{2}\times\frac{4}{3}\pi+\sin\frac{4}{3}\pi=\frac{2}{3}\pi-\frac{\sqrt{3}}{2}$

이고, 극댓값은

$f\left(\frac{2}{3}\pi\right)=\frac{1}{2}\times\frac{2}{3}\pi+\sin\frac{2}{3}\pi=\frac{\pi}{3}+\frac{\sqrt{3}}{2}$

답 극솟값 $\frac{2}{3}\pi-\frac{\sqrt{3}}{2}$, 극댓값 $\frac{\pi}{3}+\frac{\sqrt{3}}{2}$

36 $f'(x)=e^x+xe^x=(1+x)e^x$이고, $f'(x)=0$에서
$x=-1$
함수 $f(x)$의 증가와 감소를 표로 나타내면 다음과 같다.

x	$\cdots$	-1	$\cdots$
$f'(x)$	$-$	0	$+$
$f(x)$	↘	극소	↗

따라서 극솟값은

$f(-1)=-e^{-1}=-\frac{1}{e}$

답 극솟값 $-\frac{1}{e}$

37 $f'(x)=2xe^{-x}-x^2e^{-x}=-x(x-2)e^{-x}$이고,
$f'(x)=0$에서 $x=0$ 또는 $x=2$
함수 $f(x)$의 증가와 감소를 표로 나타내면 다음과 같다.

x	$\cdots$	0	$\cdots$	2	$\cdots$
$f'(x)$	$-$	0	$+$	0	$-$
$f(x)$	↘	극소	↗	극대	↘

따라서 극솟값은 $f(0)=0$, 극댓값은 $f(2)=4e^{-2}=\frac{4}{e^2}$

답 극솟값 0, 극댓값 $\frac{4}{e^2}$

38 $f'(x)=2-\frac{1}{x}=\frac{2x-1}{x}$이고, $f'(x)=0$에서 $x=\frac{1}{2}$
함수 $f(x)$의 증가와 감소를 표로 나타내면 다음과 같다.

x	(0)	$\cdots$	$\frac{1}{2}$	$\cdots$
$f'(x)$		$-$	0	$+$
$f(x)$		↘	극소	↗

따라서 극솟값은

$f\left(\frac{1}{2}\right)=2\times\frac{1}{2}-\ln\frac{1}{2}=1+\ln 2$

답 극솟값 $1+\ln 2$

39 $f'(x)=-\frac{2}{x^2}-2x=\frac{-2-2x^3}{x^2}$
$f'(x)=0$에서 $x=-1$
또한 $f''(x)=\frac{4}{x^3}-2$이고,
$f''(-1)=-4-2=-6<0$
이므로 함수 $f(x)$는 $x=-1$에서 극댓값 $f(-1)=-2-1=-3$을 갖는다.

답 극댓값 -3

40 $f'(x)=e^{-x}-xe^{-x}=(1-x)e^{-x}$
$f'(x)=0$에서 $x=1$
$f''(x)=-e^{-x}-e^{-x}+xe^{-x}=-2e^{-x}+xe^{-x}$이고,
$f''(1)=-2e^{-1}+e^{-1}=-e^{-1}<0$
이므로 함수 $f(x)$는 $x=1$에서 극댓값 $f(1)=e^{-1}=\frac{1}{e}$을 갖는다.

답 극댓값 $\frac{1}{e}$

41 $f'(x)=2x\ln x+x^2\times\frac{1}{x}=2x\ln x+x$
$=x(2\ln x+1)$
$f'(x)=0$에서 $x=e^{-\frac{1}{2}}$
$f''(x)=2\ln x+1+x\times\frac{2}{x}=2\ln x+3$이고,
$f''(e^{-\frac{1}{2}})=2\ln e^{-\frac{1}{2}}+3=-1+3=2>0$
이므로 함수 $f(x)$는 $x=e^{-\frac{1}{2}}$에서 극솟값
$f(e^{-\frac{1}{2}})=e^{-1}\ln e^{-\frac{1}{2}}=-\frac{1}{2e}$을 갖는다.

답 극솟값 $-\frac{1}{2e}$

42 $y'=3x^2-4$, $y''=6x$이므로
$x<0$일 때 $y''<0$, $x>0$일 때 $y''>0$
이므로 곡선 $y=x^3-4x$는 $x<0$일 때 위로 볼록, $x>0$일 때 아래로 볼록하다.

답 풀이참조

43 $y'=e^x$, $y''=e^x$이므로 모든 실수 x에 대하여 $y''>0$이다.
따라서 곡선 $y=e^x$은 아래로 볼록하다.

답 아래로 볼록

44 $y'=e^x+xe^x=(1+x)e^x$
$y''=e^x+(1+x)e^x=(2+x)e^x$이므로
$x<-2$일 때 $y''<0$, $x>-2$일 때 $y''>0$
이므로 곡선 $y=xe^x$은 $x<-2$일 때 위로 볼록, $x>-2$일 때 아래로 볼록하다.

답 풀이참조

45 $y'=\frac{1}{x}$, $y''=-\frac{1}{x^2}$이므로 모든 양의 실수 x에 대하여 $y''<0$이다.
따라서 곡선 $y=\ln x$는 위로 볼록하다.

답 위로 볼록

46 $y'=1+2\cos x$, $y''=-2\sin x$이므로
$0<x<\pi$일 때 $y''<0$, $\pi<x<2\pi$일 때 $y''>0$이다.
따라서 곡선 $y=x+2\sin x$는 $0<x<\pi$일 때 위로 볼록, $\pi<x<2\pi$일 때 아래로 볼록하다.

답 풀이참조

47 $y'=2x-\dfrac{1}{x^2}$

$y''=2+\dfrac{2}{x^3}=\dfrac{2(x+1)(x^2-x+1)}{x^3}$

에서 $x<-1$일 때 $y''>0$, $-1<x<0$일 때 $y''<0$, $x>0$일 때 $y''>0$이므로 곡선 $y=x^2+\dfrac{1}{x}$은 $x<-1$일 때 아래로 볼록, $-1<x<0$일 때 위로 볼록, $x>0$일 때 아래로 볼록하다.

답 풀이참조

48 $y'=x^3-3x^2$, $y''=3x^2-6x$이므로

$3x^2-6x=0$, $x(x-2)=0$

따라서 $x=0$의 좌우에서 y''의 부호가 양에서 음으로 바뀌고, $x=2$의 좌우에서 y''의 부호가 음에서 양으로 바뀌므로 변곡점의 좌표는 $(0,\ 0)$, $(2,\ -4)$이다.

답 $(0,\ 0)$, $(2,\ -4)$

49 $y'=\dfrac{-4x}{(x^2+1)^2}$

$$y''=\frac{-4(x^2+1)^2+4x\times2(x^2+1)\times2x}{(x^2+1)^4}$$

$$=\frac{-4(x^2+1)+16x^2}{(x^2+1)^3}=\frac{4(3x^2-1)}{(x^2+1)^3}$$

$$=\frac{4(\sqrt{3}x-1)(\sqrt{3}x+1)}{(x^2+1)^3}$$

따라서 $x=-\dfrac{1}{\sqrt{3}}$의 좌우에서 y''의 부호가 양에서 음으로 바뀌고, $x=\dfrac{1}{\sqrt{3}}$의 좌우에서 y''의 부호가 음에서 양으로 바뀌므로 변곡점의 좌표는

$\left(-\dfrac{\sqrt{3}}{3},\ \dfrac{3}{2}\right)$, $\left(\dfrac{\sqrt{3}}{3},\ \dfrac{3}{2}\right)$이다.

답 $\left(-\dfrac{\sqrt{3}}{3},\ \dfrac{3}{2}\right)$, $\left(\dfrac{\sqrt{3}}{3},\ \dfrac{3}{2}\right)$

50 $y'=-2\sin 2x$, $y''=-4\cos 2x$

따라서 $x=\dfrac{\pi}{4}$의 좌우에서 y''의 부호가 음에서 양으로 바뀌고, $x=\dfrac{3}{4}\pi$의 좌우에서 y''의 부호가 양에서 음으로 바뀌므로 변곡점의 좌표는 $\left(\dfrac{\pi}{4},\ 0\right)$, $\left(\dfrac{3}{4}\pi,\ 0\right)$이다.

답 $\left(\dfrac{\pi}{4},\ 0\right)$, $\left(\dfrac{3}{4}\pi,\ 0\right)$

51 $f'(x)=\dfrac{(x^2+1)-x\times2x}{(x^2+1)^2}=\dfrac{-x^2+1}{(x^2+1)^2}$

$$=\frac{-(x-1)(x+1)}{(x^2+1)^2}$$

$$f''(x)=\frac{-2x(x^2+1)^2-(-x^2+1)\times2(x^2+1)\times2x}{(x^2+1)^4}$$

$$=\frac{-2x(x^2+1)-4x(-x^2+1)}{(x^2+1)^3}$$

$$=\frac{-2x^3-2x+4x^3-4x}{(x^2+1)^3}=\frac{2x^3-6x}{(x^2+1)^3}$$

$$=\frac{2x(x-\sqrt{3})(x+\sqrt{3})}{(x^2+1)^3}$$

함수 $f(x)$의 증가와 감소를 표로 나타내면 다음과 같다.

x	$\cdots$	$-\sqrt{3}$	$\cdots$	-1	$\cdots$	0	$\cdots$	1	$\cdots$	$\sqrt{3}$	$\cdots$
$f'(x)$	$-$	$-$	$-$	0	$+$	$+$	$+$	0	$-$	$-$	$-$
$f''(x)$	$-$	0	$+$	$+$	$+$	0	$-$	$-$	$-$	0	$+$
$f(x)$	⤵		↘	극소	⤴		↗	극대	⤵		↘

따라서 함수 $f(x)=\dfrac{x}{x^2+1}$의 그래프는 그림과 같다.

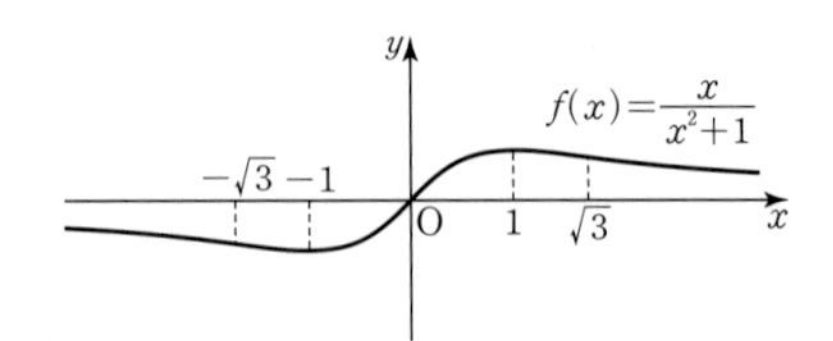

답 풀이참조

52 $f'(x)=e^x-1$, $f''(x)=e^x$

함수 $f(x)$의 증가와 감소를 표로 나타내면 다음과 같다.

x	$\cdots$	0	$\cdots$
$f'(x)$	$-$	0	$+$
$f''(x)$	$+$	$+$	$+$
$f(x)$	↘	극소	⤴

따라서 함수 $f(x)=e^x-x$의 그래프는 그림과 같다.

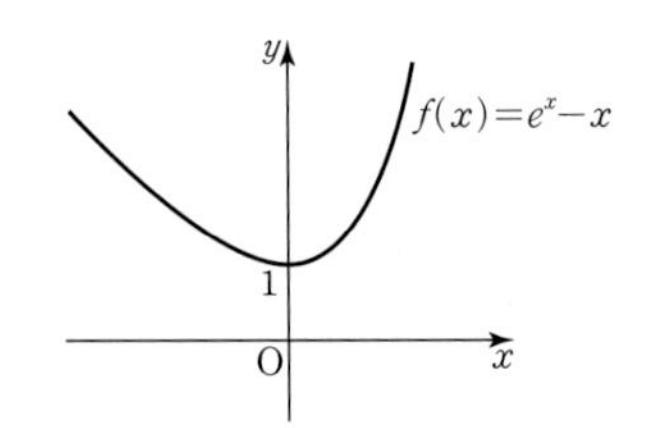

답 풀이참조

53 $f'(x)=1-\sin x$, $f''(x)=-\cos x$

함수 $f(x)$의 증가와 감소를 표로 나타내면 다음과 같다.

x	0	$\cdots$	$\dfrac{\pi}{2}$	$\cdots$	$\dfrac{3}{2}\pi$	$\cdots$	2π
$f'(x)$	$+$	$+$	0	$+$	$+$	$+$	$+$
$f''(x)$	$-$	$-$	0	$+$	0	$-$	$-$
$f(x)$	↗	↗		⤴		↗	↗

따라서 함수 $f(x)=x+\cos x\ (0\le x\le 2\pi)$의 그래프는 그림과 같다.

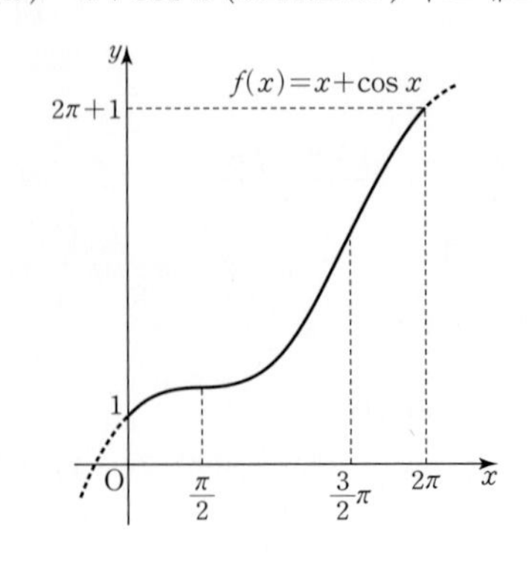

답 풀이참조

54 $f'(x)=\ln x+1$, $f''(x)=\dfrac{1}{x}$

함수 $f(x)$의 증가와 감소를 표로 나타내면 다음과 같다.

x	(0)	$\cdots$	$\dfrac{1}{e}$	$\cdots$
$f'(x)$		$-$	0	$+$
$f''(x)$		$+$	$+$	$+$
$f(x)$		↘	극소	↗

따라서 함수 $f(x)=x\ln x$의 그래프는 그림과 같다.

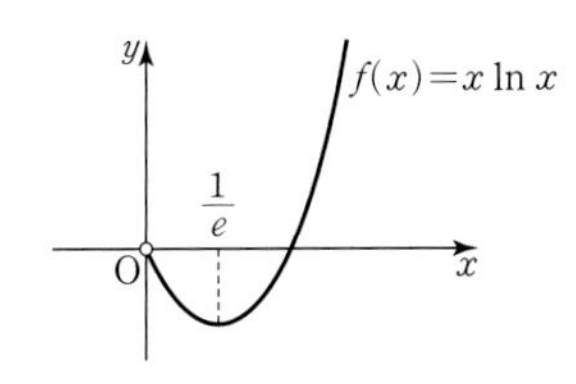

답 풀이참조

55 $f'(x)=1+\dfrac{1}{x^2}>0$

이므로 함수 $f(x)$는 닫힌구간 $[1, 2]$에서 증가한다.

따라서 최댓값은 $f(2)=2-\dfrac{1}{2}=\dfrac{3}{2}$, 최솟값은 $f(1)=1-1=0$이다.

답 최댓값 $\dfrac{3}{2}$, 최솟값 0

56 $f'(x)=\dfrac{(2x+1)(x-1)-(x^2+x)}{(x-1)^2}$

$=\dfrac{x^2-2x-1}{(x-1)^2}$

$f'(x)=0$에서

$x=1-\sqrt{2}$ 또는 $x=1+\sqrt{2}$

따라서 닫힌구간 $[2, 3]$에서 함수 $f(x)$는 $x=1+\sqrt{2}$에서 극값을 갖는다.

이때 $f(2)=6$, $f(1+\sqrt{2})=3+2\sqrt{2}$, $f(3)=6$이므로

최댓값은 6, 최솟값은 $3+2\sqrt{2}$이다.

답 최댓값 6 , 최솟값 $3+2\sqrt{2}$

57 $f'(x)=1+2\cos x$

$f'(x)=0$에서 함수 $f(x)$는 $x=\dfrac{2}{3}\pi$에서 극값을 갖는다.

이때 $f(0)=0$, $f\left(\dfrac{2}{3}\pi\right)=\dfrac{2}{3}\pi+2\times\dfrac{\sqrt{3}}{2}=\dfrac{2}{3}\pi+\sqrt{3}$, $f(\pi)=\pi$

따라서 최댓값은 $\dfrac{2}{3}\pi+\sqrt{3}$, 최솟값은 0이다.

답 최댓값 $\dfrac{2}{3}\pi+\sqrt{3}$, 최솟값 0

58 $f'(x)=1-\dfrac{2}{x}=\dfrac{x-2}{x}$

이므로 $x=2$에서 함수 $f(x)$는 극솟값을 갖는다.

이때 $f(1)=1$, $f(2)=2-2\ln 2$, $f(e)=e-2$이므로

최댓값은 1, 최솟값은 $2-2\ln 2$이다.

답 최댓값 1, 최솟값 $2-2\ln 2$

59 $f(x)=e^x-2x$라 하면

$f'(x)=e^x-2$

이므로 함수 $f(x)$는 $x=\ln 2$에서 극솟값을 갖는다.

$f(\ln 2)=e^{\ln 2}-2\ln 2=2-2\ln 2>0$

따라서 방정식 $e^x-2x=0$은 실근을 갖지 않는다.

답 0

60 $f(x)=x-\sin x$라 하면

$f'(x)=1-\cos x\ge 0$

이므로 함수 $f(x)$는 실수 전체의 집합에서 증가한다 .

이때 $f(0)=0$이므로 방정식 $f(x)=\dfrac{1}{2}$은 1개의 실근을 갖는다.

답 1

61 $f(x)=e^x-\dfrac{1}{2}x^2-x-1$이라 하면

$f'(x)=\boxed{e^x-x-1}$, $f''(x)=\boxed{e^x-1}$

이때 $x>0$에서 $e^x>1$이므로

$x>0$일 때 $f''(x)>0$

따라서 $x>0$일 때 $f'(x)$는 [증가]한다.

또한 $f'(x)\ge 0$이므로 $x>0$일 때 $f(x)$는 [증가]한다.

그런데 $f(0)=0$, $f(x)$가 [증가]하므로 $x>0$일 때 $f(x)>0$

즉, $x>0$일 때 $f(x)=e^x-\dfrac{1}{2}x^2-x-1>0$이므로

$x>0$일 때, 부등식 $e^x>\dfrac{1}{2}x^2+x+1$이 성립한다.

답 풀이참조

62 $f(x)=\ln(x+1)+\dfrac{1}{2}x^2-x$라 하면

$f'(x)=\dfrac{1}{x+1}+x-1$

$f''(x)=-\dfrac{1}{(x+1)^2}+1$

이때 $x>0$에서 $f''(x)>0$이므로 함수 $f'(x)$는 증가하고 $f'(0)=0$이므로 $x>0$에서 $f'(x)>0$이다.

따라서 함수 $f(x)$는 증가하고 $f(0)=0$이므로 $x>0$에서

$f(x)=\ln(x+1)+\dfrac{1}{2}x^2-x>0$

즉, $x>0$일 때 부등식 $\ln(x+1)>-\dfrac{1}{2}x^2+x$가 성립한다.

답 풀이참조

63 $x'(t)=e^t+1$, $x''(t)=e^t$이므로 $t=2$에서의 점 P의 속도와 가속도는 각각

$x'(2)=e^2+1$, $x''(2)=e^2$

답 e^2+1, e^2

64 $x'(t)=\dfrac{1}{t}-1$, $x''(t)=-\dfrac{1}{t^2}$이므로 $t=e$에서의 점 P의 속도와 가속도는 각각

$x'(e)=\dfrac{1}{e}-1=\dfrac{1-e}{e}$

$x''(e)=-\dfrac{1}{e^2}$

답 $\dfrac{1-e}{e}$, $-\dfrac{1}{e^2}$

65 $x'(t)=-2\sin\frac{\pi}{6}t\times\frac{\pi}{6}=-\frac{\pi}{3}\sin\frac{\pi}{6}t$

$x''(t)=-\frac{\pi}{3}\cos\frac{\pi}{6}t\times\frac{\pi}{6}=-\frac{\pi^2}{18}\cos\frac{\pi}{6}t$

이므로 $t=3$에서의 점 P의 속도와 가속도는 각각

$x'(3)=-\frac{\pi}{3}\sin\frac{\pi}{2}=-\frac{\pi}{3}$

$x''(3)=-\frac{\pi^2}{18}\cos\frac{\pi}{2}=0$

답 $-\frac{\pi}{3}$, 0

66 $x'(t)=\cos t+\sin t$

$x''(t)=-\sin t+\cos t$

이므로 $t=\frac{\pi}{2}$에서의 점 P의 속도와 가속도는 각각

$x'\left(\frac{\pi}{2}\right)=\cos\frac{\pi}{2}+\sin\frac{\pi}{2}=1$

$x''\left(\frac{\pi}{2}\right)=-\sin\frac{\pi}{2}+\cos\frac{\pi}{2}=-1$

답 1, -1

67 $\frac{dx}{dt}=2t$, $\frac{dy}{dt}=3t^2$

$\frac{d^2x}{dt^2}=2$, $\frac{d^2y}{dt^2}=6t$

이므로 $t=1$에서의 점 P의 속도와 가속도는 각각

(2, 3), (2, 6)

이다.

답 (2, 3), (2, 6)

68 $\frac{dx}{dt}=2t-4$, $\frac{dy}{dt}=e^{t^2+t}\times(2t+1)$

$\frac{d^2x}{dt^2}=2$

$\frac{d^2y}{dt^2}=e^{t^2+t}\times(2t+1)^2+e^{t^2+t}\times 2$

$=(4t^2+4t+3)e^{t^2+t}$

이므로 $t=3$에서의 점 P의 속도와 가속도는 각각

$(2, 7e^{12})$, $(2, 51e^{12})$

이다.

답 $(2, 7e^{12})$, $(2, 51e^{12})$

69 $\frac{dx}{dt}=-2\sin 2t$, $\frac{dy}{dt}=2\cos 2t$

$\frac{d^2x}{dt^2}=-4\cos 2t$, $\frac{d^2y}{dt^2}=-4\sin 2t$

이므로 $t=\frac{\pi}{2}$에서의 점 P의 속도와 가속도는 각각

(0, -2), (4, 0)

이다 .

답 (0, -2), (4, 0)

70 $\frac{dx}{dt}=1-\cos t$, $\frac{dy}{dt}=-\sin t$

$\frac{d^2x}{dt^2}=\sin t$, $\frac{d^2y}{dt^2}=-\cos t$

이므로 $t=\frac{\pi}{2}$에서의 점 P의 속도와 가속도는 각각

(1, -1), (1, 0)

이다.

따라서 $t=\frac{\pi}{2}$에서의 점 P의 속력과 가속도의 크기는 각각

$\sqrt{1^2+(-1)^2}=\sqrt{2}$, $\sqrt{1^2+0^2}=1$

답 $\sqrt{2}$, 1

유형 완성하기

본문 98~117쪽

01 ②	02 ①	03 16	04 13	05 ④
06 ③	07 ①	08 ⑤	09 1	10 ④
11 ④	12 4	13 ①	14 ③	15 ③
16 ④	17 2	18 5	19 ②	20 2
21 ②	22 2	23 ②	24 ③	25 ②
26 ④	27 10	28 ③	29 3	30 ⑤
31 ④	32 ①	33 16	34 ②	35 ③
36 5	37 ③	38 ②	39 ③	40 ①
41 18	42 -3	43 ③	44 ④	45 5
46 $-\frac{27}{e^4}$	47 ①	48 2	49 ②	50 1
51 4	52 ④	53 ①	54 ④	55 ⑤
56 1	57 ②	58 ⑤	59 3	60 ①
61 ③	62 ②	63 ①	64 ②	65 ⑤
66 ④	67 ④	68 ③	69 ④	70 ⑤
71 ②	72 ⑤	73 ②	74 ③	75 ⑤
76 ③	77 ①	78 ①	79 ⑤	80 ④
81 ⑤	82 ③	83 ③	84 ③	85 ①
86 ②	87 ③	88 ①	89 ①	90 ②
91 ④	92 ③	93 ③	94 ③	95 ④
96 ②	97 ④	98 ①	99 ④	100 ④
101 ⑤	102 ④	103 ②	104 ⑤	105 ①
106 ②	107 ②	108 ②	109 ②	110 ④
111 ③	112 ④	113 ①	114 ③	115 ④
116 ②	117 ④	118 ③		

01 $f(x)=xe^{2x}$이라 하면 $f'(x)=e^{2x}+2xe^{2x}$

점 $(1, e^2)$에서의 접선의 기울기가 $f'(1)=3e^2$이므로 접선의 방정식은

$y-e^2=3e^2(x-1)$

$y=3e^2x-2e^2$

즉, 구하는 y절편은 $-2e^2$이다.

답 ②

02 $f'(x)=\cos x+\cos x-x\sin x$

$=2\cos x-x\sin x$

점 $(\pi,\ -\pi)$에서의 접선의 기울기가 $f'(\pi)=-2$이므로 접선의 방정식은

$y+\pi=-2(x-\pi)$

$y=-2x+\pi$

직선 $y=-2x+\pi$가 점 $(-\pi,\ a\pi)$를 지나므로

$a\pi=2\pi+\pi$

따라서 $a=3$

답 ①

03 $f(x)=\ln(x^2-3)-2x$라 하면

$f'(x)=\frac{2x}{x^2-3}-2$

점 $(2,\ -4)$에서의 접선의 기울기가 $f'(2)=2$이므로 접선의 방정식은

$y+4=2(x-2)$

$y=2x-8$

따라서 접선의 x절편과 y절편이 각각 4, -8이므로 구하는 도형의 넓이는

$\frac{1}{2}\times4\times8=16$

답 16

04 $f(x)=\frac{x^2+1}{x+1}$이라 하면

$f'(x)=\frac{2x(x+1)-(x^2+1)}{(x+1)^2}$

$=\frac{x^2+2x-1}{(x+1)^2}$

점 $(1,\ 1)$에서의 접선의 기울기는 $f'(1)=\frac{1}{2}$

이 점에서의 접선과 수직인 직선의 기울기는 -2이므로 직선의 방정식은

$y-1=-2(x-1)$

$y=-2x+3$

따라서 $a=-2,\ b=3$이므로

$a^2+b^2=13$

답 13

05 $f'(x)=\ln(x+1)$이므로 점 $(t,\ f(t))$에서의 접선의 기울기는 $f'(t)=\ln(t+1)$

점 $(t,\ f(t))$에서의 접선과 수직인 직선의 기울기는 $-\frac{1}{\ln(t+1)}$이므로 직선의 방정식은

$y-f(t)=-\frac{1}{\ln(t+1)}(x-t)$

$y=-\frac{1}{\ln(t+1)}x+\frac{t}{\ln(t+1)}+f(t)$

$g(t)=\frac{t}{\ln(t+1)}+f(t)$

따라서

$\lim_{t\to0}g(t)=\lim_{t\to0}\left\{\frac{t}{\ln(t+1)}+(t+1)\ln(t+1)-t\right\}=1$

답 ④

06 $f'(x)=e^{x-1},\ g'(x)=-\frac{4x^3}{(x^4-b)^2}$이므로

교점 $\mathrm{P}(1,\ f(1))$에서의 각 접선의 기울기는

$f'(1)=1,\ g'(1)=-\frac{4}{(1-b)^2}$

이때 두 접선이 서로 수직이므로 $-\frac{4}{(1-b)^2}=-1$

$b>0$이므로 $b=3$

$f(1)=g(1)$이므로

$1+a=-\frac{1}{2},\ a=-\frac{3}{2}$

따라서 $a+b=\frac{3}{2}$

답 ③

07 $2x-y+1=0$에서 $y=2x+1$이므로 이 직선과 평행한 직선의 기울기는 2이다.

$f(x)=\sin 4x$라 하면 $f'(x)=4\cos 4x$

접점의 좌표를 $(t,\ \sin 4t)$라 하면 접선의 기울기가 2이므로

$f'(t)=4\cos 4t=2,\ \cos 4t=\frac{1}{2}$

$0\le t\le\frac{\pi}{4}$이므로 $4t=\frac{\pi}{3},\ t=\frac{\pi}{12}$

즉, 접점의 좌표는 $\left(\frac{\pi}{12},\ \frac{\sqrt{3}}{2}\right)$이므로 접선의 방정식은

$y-\frac{\sqrt{3}}{2}=2\left(x-\frac{\pi}{12}\right)$

$y=2x-\frac{\pi}{6}+\frac{\sqrt{3}}{2}$

따라서 $a=2,\ b=-\frac{\pi}{6}+\frac{\sqrt{3}}{2}$에서

$ab=\sqrt{3}-\frac{\pi}{3}$

답 ①

08 $2x+6y-1=0$에서 $y=-\frac{1}{3}x+\frac{1}{6}$이므로 이 직선과 수직인 직선의 기울기는 3이다.

$f'(x)=\frac{2}{x}-1$

접점의 좌표를 $(t,\ 2\ln t-t)$라 하면 접선의 기울기가 3이므로

$f'(t)=\frac{2}{t}-1=3$

$t=\frac{1}{2}$

즉, 접점의 좌표는 $\left(\frac{1}{2},\ -2\ln 2-\frac{1}{2}\right)$이므로 접선의 방정식은

$y+2\ln 2+\frac{1}{2}=3\left(x-\frac{1}{2}\right)$

$y=3x-2\ln 2-2$

이 직선이 점 $(4,\ a)$를 지나므로

$a=10-2\ln 2$

답 ⑤

09 $f(x)=\cos(\ln x)+a$라 하면 곡선 $y=f(x)$는 곡선 $y=\cos(\ln x)$를 y축의 방향으로 a만큼 평행이동한 것이다.
따라서 곡선 $y=f(x)$는 x축에 접하고, 그 접점의 좌표를 $(t, 0)$이라 하자.
$f(t)=\cos(\ln t)+a=0$ ...... ㉠
또 $f'(x)=-\dfrac{\sin(\ln x)}{x}$이고, 점 $(t, 0)$에서의 접선의 기울기가 0이므로
$f'(t)=-\dfrac{\sin(\ln t)}{t}=0$
$\sin(\ln t)=0$
$\cos^2(\ln t)=1-\sin^2(\ln t)=1$이므로
$\cos(\ln t)=1$ 또는 $\cos(\ln t)=-1$
a는 양수이므로 ㉠에서 $\cos(\ln t)=-1$
따라서 $a=1$

답 1

10 $f(x)=(x-1)e^{x^2+x}$이라 하면 곡선 $y=f(x)$는 서로 다른 두 직선 $y=a$, $y=b$에 접한다.
$x=t$인 점에서 접선의 기울기가 0이라 하면
$f'(x)=e^{x^2+x}+(x-1)(2x+1)e^{x^2+x}$에서
$f'(t)=e^{t^2+t}+(t-1)(2t+1)e^{t^2+t}=0$
$2t^2-t=0$, $t=0$ 또는 $t=\dfrac{1}{2}$
즉, 곡선 $y=f(x)$는 두 점 $(0, f(0))$, $\left(\dfrac{1}{2}, f\left(\dfrac{1}{2}\right)\right)$에서의 접선의 기울기가 모두 0이다.
따라서 $f(0)=-1$, $f\left(\dfrac{1}{2}\right)=-\dfrac{1}{2}e^{\frac{3}{4}}$이므로
$ab=\dfrac{1}{2}e^{\frac{3}{4}}$

답 ④

11 x축의 양의 방향과 이루는 각의 크기가 45°인 직선의 기울기는 $\tan\dfrac{\pi}{4}=1$이다.
$f(x)=\dfrac{9x}{\sqrt{x^2+3}}$라 하면
$$f'(x)=\frac{9\sqrt{x^2+3}-\dfrac{9x^2}{\sqrt{x^2+3}}}{x^2+3}=\frac{27}{(x^2+3)\sqrt{x^2+3}}$$
접점의 좌표를 $(t, f(t))$라 하면
$f'(t)=\dfrac{27}{(t^2+3)\sqrt{t^2+3}}=1$
$(\sqrt{t^2+3})^3=27$, $t^2+3=9$
$t=-\sqrt{6}$ 또는 $t=\sqrt{6}$
따라서 두 접점의 좌표는
$(-\sqrt{6}, -3\sqrt{6})$, $(\sqrt{6}, 3\sqrt{6})$
점 $(\sqrt{6}, 3\sqrt{6})$에서의 접선의 방정식은
$y-3\sqrt{6}=x-\sqrt{6}$
$x-y+2\sqrt{6}=0$
두 접선 사이의 거리는 점 $(-\sqrt{6}, -3\sqrt{6})$과 직선 $x-y+2\sqrt{6}=0$ 사이의 거리와 같다.
따라서 구하는 거리는 $\dfrac{|-\sqrt{6}+3\sqrt{6}+2\sqrt{6}|}{\sqrt{1^2+(-1)^2}}=4\sqrt{3}$

답 ④

12 $f(x)=\dfrac{2x+10}{x^2+2}$이라 하면
$$f'(x)=\frac{2(x^2+2)-2x(2x+10)}{(x^2+2)^2}=\frac{-2x^2-20x+4}{(x^2+2)^2}$$
점 $(0, 5)$에서의 접선 l의 기울기는
$f'(0)=1$
기울기가 1인 직선이 곡선 $y=f(x)$와 점 $(t, f(t))(t\neq0)$에서 접한다고 하자.
$f'(t)=\dfrac{-2t^2-20t+4}{(t^2+2)^2}=1$에서
$t^4+6t^2+20t=0$, $t(t+2)(t^2-2t+10)=0$
이차방정식 $t^2-2t+10=0$의 판별식을 D라 하면
$\dfrac{D}{4}=(-1)^2-10<0$이므로
$t=-2$
즉, 접점의 좌표는 $(-2, 1)$이므로 접선의 방정식은
$y-1=1\times(x+2)$
$y=x+3$
따라서 $a=1$, $b=3$이므로
$a+b=4$

답 4

13 $f(x)=e^x+x$라 하면 $f'(x)=e^x+1$
접점의 좌표를 (t, e^t+t)라 하면 이 점에서의 접선의 기울기는
$f'(t)=e^t+1$이므로
접선의 방정식은
$y-e^t-t=(e^t+1)(x-t)$
$y=(e^t+1)x-te^t+e^t$ ...... ㉠
직선 ㉠이 원점을 지나므로
$0=-te^t+e^t$
$t=1$
$t=1$을 ㉠에 대입하면 $y=(e+1)x$
이 직선이 점 (a, e^2-1)을 지나므로
$a=e-1$

답 ①

14 $f'(x)=-\dfrac{1}{(2x+1)\sqrt{2x+1}}$
접점의 좌표를 $\left(t, \dfrac{1}{\sqrt{2t+1}}\right)$이라 하면 이 점에서의 접선의 기울기는
$f'(t)=-\dfrac{1}{(2t+1)\sqrt{2t+1}}$이므로 접선의 방정식은
$y-\dfrac{1}{\sqrt{2t+1}}=-\dfrac{1}{(2t+1)\sqrt{2t+1}}(x-t)$
$y=-\dfrac{1}{(2t+1)\sqrt{2t+1}}x+\dfrac{3t+1}{(2t+1)\sqrt{2t+1}}$ ...... ㉠

이 직선이 점 (4, 0)을 지나므로

$0=-\frac{4}{(2t+1)\sqrt{2t+1}}+\frac{3t+1}{(2t+1)\sqrt{2t+1}}$

$t=1$

$t=1$을 ㉠에 대입하면

$y=-\frac{\sqrt{3}}{9}x+\frac{4\sqrt{3}}{9}$

따라서 $a=-\frac{\sqrt{3}}{9}$, $b=\frac{4\sqrt{3}}{9}$이므로

$ab=-\frac{4}{27}$

답 ③

15 $f(x)=\ln x$, $g(x)=e^{x-2}+a$라 하면

$f'(x)=\frac{1}{x}$, $g'(x)=e^{x-2}$

원점에서 곡선 $y=f(x)$에 그은 접선의 접점의 좌표를 $(t, \ln t)$라 하면 이 점에서의 접선의 기울기는 $f'(t)=\frac{1}{t}$이므로

접선의 방정식은 $y-\ln t=\frac{1}{t}(x-t)$

$y=\frac{1}{t}x-1+\ln t$ ...... ㉠

이 직선이 원점을 지나므로

$0=-1+\ln t$

$t=e$

$t=e$를 ㉠에 대입하면 $y=\frac{1}{e}x$

즉, 원점에서 곡선 $y=g(x)$에 그은 접선의 방정식은 $y=\frac{1}{e}x$이다.

접점의 좌표를 $(s, e^{s-2}+a)$라 하면 접선의 기울기는 $g'(s)=e^{s-2}$이고, 접선의 방정식은

$y-e^{s-2}-a=e^{s-2}(x-s)$

$y=e^{s-2}x-se^{s-2}+e^{s-2}+a$

따라서 $e^{s-2}=\frac{1}{e}$, $-se^{s-2}+e^{s-2}+a=0$

$s-2=-1$, $s=1$

$-e^{-1}+e^{-1}+a=0$에서 $a=0$

답 ③

16 $f(x)=\frac{1}{\ln x}$이라 하면 $f'(x)=-\frac{1}{x(\ln x)^2}$

접점의 좌표를 $\left(t, \frac{1}{\ln t}\right)$이라 하면 이 점에서의 접선의 기울기는

$f'(t)=-\frac{1}{t(\ln t)^2}$이므로 접선의 방정식은

$y-\frac{1}{\ln t}=-\frac{1}{t(\ln t)^2}(x-t)$

$y=-\frac{1}{t(\ln t)^2}x+\frac{1}{(\ln t)^2}+\frac{1}{\ln t}$ ...... ㉠

직선 ㉠이 점 (0, 2)를 지나므로

$2(\ln t)^2-\ln t-1=0$

$(2\ln t+1)(\ln t-1)=0$

$t=e^{-\frac{1}{2}}$ 또는 $t=e$

따라서 두 접선의 방정식은

$y=-4\sqrt{e}x+2$, $y=-\frac{1}{e}x+2$

이고, x절편은 각각 $\frac{1}{2\sqrt{e}}$, $2e$이므로 두 접선 및 x축으로 둘러싸인 부분의 넓이는

$\frac{1}{2}\times\left(2e-\frac{1}{2\sqrt{e}}\right)\times2=2e-\frac{1}{2\sqrt{e}}$

답 ④

17 $f(x)=\frac{4x}{x-1}$라 하면 $f'(x)=-\frac{4}{(x-1)^2}$

접점의 좌표를 $\left(t, \frac{4t}{t-1}\right)$라 하면 이 점에서의 접선의 기울기는

$f'(t)=-\frac{4}{(t-1)^2}$이므로 접선의 방정식은

$y-\frac{4t}{t-1}=-\frac{4}{(t-1)^2}(x-t)$

이 직선이 점 (0, 1)을 지나므로

$1-\frac{4t}{t-1}=\frac{4t}{(t-1)^2}$

$t\neq1$이므로 양변에 $(t-1)^2$을 곱하여 정리하면

$3t^2+2t-1=0$, $(3t-1)(t+1)=0$

$t=\frac{1}{3}$ 또는 $t=-1$

따라서 접점의 개수가 2이므로 점 (0, 1)에서 그을 수 있는 접선의 개수는 2이다.

답 2

18 $f'(x)=(x+2)e^x$

접점의 좌표를 $(t, (t+1)e^t)$이라 하면 이 점에서의 접선의 기울기는 $f'(t)=(t+2)e^t$이므로 접선의 방정식은

$y-(t+1)e^t=(t+2)e^t(x-t)$

이 직선이 점 $(a, 0)$을 지나므로

$-(t+1)e^t=(t+2)(a-t)e^t$

$e^t\neq0$이므로 양변에 e^{-t}을 곱하여 정리하면

$t^2-(a-1)t-2a-1=0$

점 $(a, 0)$에서 곡선 $y=f(x)$에 그은 접선의 개수가 1이려면 이차방정식 $t^2-(a-1)t-2a-1=0$이 중근을 가져야 하므로 판별식을 D라 하면

$D=\{-(a-1)\}^2-4(-2a-1)=0$

$a^2+6a+5=0$, $(a+1)(a+5)=0$

$a=-1$ 또는 $a=-5$

따라서 모든 a의 값의 곱은 5이다.

답 5

19 $f(x)=e^x$, $g(x)=\sqrt{x-a}+b$라 하면

$f'(x)=e^x$, $g'(x)=\frac{1}{2\sqrt{x-a}}$

$f(0)=g(0)=1$에서 $\sqrt{-a}+b=1$

$f'(0)=g'(0)$에서 $1=\frac{1}{2\sqrt{-a}}$

$a=-\frac{1}{4}$, $b=\frac{1}{2}$

따라서 $a+b=\frac{1}{4}$

답 ②

20 $f(x)=\ln x$, $g(x)=ax^2+bx$라 하면

$f'(x)=\frac{1}{x}$, $g'(x)=2ax+b$

접점의 x좌표를 p라 하면

$f(p)=g(p)$에서 $\ln p=ap^2+bp$

$f'(p)=g'(p)=1$에서 $\frac{1}{p}=2ap+b=1$

따라서 $p=1$이고 $a+b=0$, $2a+b=1$에서

$a=1$, $b=-1$이므로

$a^2+b^2=2$

답 2

21 $f'(x)=\frac{1}{x+1}$, $g'(x)=-\frac{a}{(x+1)^2}$

$f(\alpha)=g(\alpha)$에서 $\ln(\alpha+1)=\frac{a}{\alpha+1}$

$f'(\alpha)=g'(\alpha)$에서 $\frac{1}{\alpha+1}=-\frac{a}{(\alpha+1)^2}$이므로

$a=-(\alpha+1)$ ...... ㉠

㉠을 $\ln(\alpha+1)=\frac{a}{\alpha+1}$에 대입하여 정리하면

$\alpha=\frac{1}{e}-1$ ...... ㉡

㉡을 ㉠에 대입하면

$a=-\frac{1}{e}$, $\beta=f(\alpha)=\ln(\alpha+1)=\ln\frac{1}{e}=-1$

따라서 $a+\alpha+\beta=-2$

답 ②

22 $g(-2)=k$라 하면 $f(k)=-2$이므로

$k^3+k-2=-2$, $k^3+k=0$

$k(k^2+1)=0$, $k=0$

$g'(-2)=\frac{1}{f'(0)}$

이때 $f'(x)=3x^2+1$이므로 $f'(0)=1$

$g'(-2)=1$

따라서 곡선 $y=g(x)$ 위의 점 $(-2, 0)$에서의 접선의 방정식은

$y=x+2$

이 직선의 x절편과 y절편은 각각 -2, 2이므로 구하는 부분의 넓이는

$\frac{1}{2}\times2\times2=2$

답 2

23 $f'(x)=\frac{1}{x}+\frac{1}{e}$이므로 $g'(2)=\frac{1}{f'(e)}=\frac{e}{2}$

따라서 곡선 $y=g(x)$ 위의 점 $(2, e)$에서의 접선의 방정식은

$y-e=\frac{e}{2}(x-2)$

$y=\frac{e}{2}x$

이 직선이 점 $(4, a)$를 지나므로

$a=2e$

답 ②

24 곡선 $y=g(x)$에 접하는 직선의 접점의 좌표를 (a, b)라 하면

$f(b)=a$이고 $-\frac{\pi}{2}\le b\le\frac{\pi}{2}$

$f'(x)=\cos x$이므로 $g'(a)=\frac{1}{f'(b)}=\frac{1}{\cos b}$

$g'(a)=\frac{1}{\cos b}=2$에서 $\cos b=\frac{1}{2}$

$b=-\frac{\pi}{3}$ 또는 $b=\frac{\pi}{3}$

$a=f(b)$에서 $a=-\frac{\sqrt{3}}{2}$ 또는 $a=\frac{\sqrt{3}}{2}$

따라서 모든 t의 값의 곱은 $-\frac{3}{4}$이다.

답 ③

25 $\frac{dx}{d\theta}=-\cos\theta$, $\frac{dy}{d\theta}=-\sin\theta-1$이므로

$$\frac{dy}{dx}=\frac{\frac{dy}{d\theta}}{\frac{dx}{d\theta}}=\frac{\sin\theta+1}{\cos\theta}$$

$\theta=\frac{\pi}{6}$일 때, $x=\frac{1}{2}$, $y=\frac{\sqrt{3}}{2}-\frac{\pi}{6}$, $\frac{dy}{dx}=\sqrt{3}$

이므로 접선의 방정식은

$y-\frac{\sqrt{3}}{2}+\frac{\pi}{6}=\sqrt{3}\left(x-\frac{1}{2}\right)$

$y=\sqrt{3}x-\frac{\pi}{6}$

따라서 접선의 y절편은 $-\frac{\pi}{6}$이다.

답 ②

26 $\frac{dx}{dt}=2t+\frac{1}{t^2}$, $\frac{dy}{dt}=-\frac{1}{t^2}$이므로

$$\frac{dy}{dx}=\frac{\frac{dy}{dt}}{\frac{dx}{dt}}=\frac{-\frac{1}{t^2}}{2t+\frac{1}{t^2}}=-\frac{1}{2t^3+1}$$

$-\frac{1}{2t^3+1}=-\frac{1}{3}$에서

$t^3=1$, $t=1$

따라서 접점의 좌표는 $(0, 2)$이고, 접선의 방정식은 $y=-\frac{1}{3}x+2$이므로 구하는 x절편은 6이다.

답 ④

27 $\frac{dx}{dt}=2-\frac{1}{t-2}$, $\frac{dy}{dt}=3e^{t-3}$이므로

$$\frac{dy}{dx}=\frac{\frac{dy}{dt}}{\frac{dx}{dt}}=\frac{3e^{t-3}}{2-\frac{1}{t-2}}$$

$t=3$일 때 $x=6$, $y=3$, $\frac{dy}{dx}=3$

이므로 접선의 방정식은 $y-3=3(x-6)$

$3x-y-15=0$

따라서 $a=3$, $b=-1$이므로

$a^2+b^2=10$

답 10

28 $\ln(x+4)-e^y+e=0$의 양변을 x에 대하여 미분하면

$\frac{1}{x+4}-e^y\frac{dy}{dx}=0$

$\frac{dy}{dx}=\frac{1}{e^y(x+4)}$

점 $(-3, 1)$에서의 접선의 기울기는 $\frac{dy}{dx}=\frac{1}{e}$이므로 접선의 방정식은

$y-1=\frac{1}{e}(x+3)$

$y=\frac{1}{e}x+\frac{3}{e}+1$

이 직선이 점 $(-e, a)$를 지나므로

$a=\frac{3}{e}$

답 ③

29 $x^2y-2x+2=0$의 양변을 x에 대하여 미분하면

$2xy+x^2\frac{dy}{dx}-2=0$

$\frac{dy}{dx}=\frac{-2xy+2}{x^2}$

점 $(1, 0)$에서의 접선의 기울기는 $\frac{dy}{dx}=2$

점 $\left(-2, -\frac{3}{2}\right)$에서의 접선의 기울기는 $\frac{dy}{dx}=-1$

두 직선 l_1, l_2가 x축의 양의 방향과 이루는 각의 크기를 각각 α, β라 하면

$\tan\alpha=2$, $\tan\beta=-1$

따라서

$\tan\theta=|\tan(\alpha-\beta)|=\left|\frac{\tan\alpha-\tan\beta}{1+\tan\alpha\tan\beta}\right|=3$

답 3

30 $\sqrt{x}+y^2-xy-3=0$의 양변을 x에 대하여 미분하면

$\frac{1}{2\sqrt{x}}+2y\frac{dy}{dx}-y-x\frac{dy}{dx}=0$

$(2y-x)\frac{dy}{dx}=y-\frac{1}{2\sqrt{x}}$

$\frac{dy}{dx}=\frac{y-\frac{1}{2\sqrt{x}}}{2y-x}$

접선의 기울기가 $\frac{1}{2}$이므로 $\frac{y-\frac{1}{2\sqrt{x}}}{2y-x}=\frac{1}{2}$에서

$2y-\frac{1}{\sqrt{x}}=2y-x$, $x\sqrt{x}=1$

$x=1$

$x=1$을 $\sqrt{x}+y^2-xy-3=0$에 대입하면

$y^2-y-2=0$, $(y-2)(y+1)=0$

$y=-1$ 또는 $y=2$

즉, 기울기가 $\frac{1}{2}$인 두 접선의 접점의 좌표는

$(1, -1)$, $(1, 2)$

점 $(1, 2)$에서의 접선의 방정식은

$y-2=\frac{1}{2}(x-1)$

$x-2y+3=0$

두 접선 사이의 거리는 점 $(1, -1)$과 직선 $x-2y+3=0$ 사이의 거리와 같으므로

$\frac{|1+2+3|}{\sqrt{1+4}}=\frac{6\sqrt{5}}{5}$

답 ⑤

31 $f(x)=\frac{x}{x^2+4}$에서

$f'(x)=\frac{x^2+4-2x^2}{(x^2+4)^2}=\frac{-x^2+4}{(x^2+4)^2}$

$f'(x)=0$에서 $x=-2$ 또는 $x=2$

함수 $f(x)$의 증가와 감소를 표로 나타내면 다음과 같다.

x	$\cdots$	-2	$\cdots$	2	$\cdots$
$f'(x)$	$-$	0	$+$	0	$-$
$f(x)$	↘		↗		↘

함수 $f(x)$는 닫힌구간 $[-2, 2]$에서 증가하므로 $a=-2$, $b=2$

따라서 $b-a=4$

답 ④

32 $f(x)=e^x-ex$에서 $f'(x)=e^x-e$

$f'(x)=0$에서 $x=1$

함수 $f(x)$의 증가와 감소를 표로 나타내면 다음과 같다.

x	$\cdots$	1	$\cdots$
$f'(x)$	$-$	0	$+$
$f(x)$	↘		↗

따라서 함수 $f(x)$는 구간 $(-\infty, 1]$에서 감소하므로 실수 a의 최댓값은 1이다.

답 ①

33 $f(x)=x^2-a\ln(x+2)$에서

$f'(x)=2x-\frac{a}{x+2}$

함수 $f(x)$가 구간 $(-2, 2]$에서 감소하므로 $(-2, 2]$에서 $f'(x)\le 0$

함수 $f(x)$가 구간 $[2, \infty)$에서 증가하므로 $[2, \infty)$에서 $f'(x)\ge 0$

함수 $f'(x)$는 $x=2$에서 연속이므로 $f'(2)=0$

즉, $4-\frac{a}{4}=0$이므로

$a=16$

답 16

34 $f'(x)=(2x+a)e^x+(x^2+ax+5)e^x$

$=\{x^2+(a+2)x+a+5\}e^x$

함수 $f(x)$가 실수 전체의 집합에서 증가하려면 모든 실수 x에 대하여 $f'(x)\geq 0$이어야 하고 $e^x>0$이므로

$x^2+(a+2)x+a+5\geq 0$

이차방정식 $x^2+(a+2)x+a+5=0$의 판별식을 D라 하면

$D=(a+2)^2-4(a+5)\leq 0$

$a^2-16\leq 0$, $(a-4)(a+4)\leq 0$

$-4\leq a\leq 4$

따라서 $M=4$, $m=-4$이므로

$Mm=-16$

답 ②

35 $f'(x)=\dfrac{2ax}{ax^2+1}-1=-\dfrac{ax^2-2ax+1}{ax^2+1}$

함수 $f(x)$가 구간 $(-\infty, \infty)$에서 감소하려면 모든 실수 x에 대하여 $f'(x)\leq 0$이어야 한다.

즉, 모든 실수 x에 대하여 $\dfrac{ax^2-2ax+1}{ax^2+1}\geq 0$

$ax^2+1>0$이므로 $ax^2-2ax+1\geq 0$

이차방정식 $ax^2-2ax+1=0$ $(a>0)$의 판별식을 D라 하면

$\dfrac{D}{4}=a^2-a\leq 0$, $a(a-1)\leq 0$

$0<a\leq 1$

따라서 a의 최댓값은 1이다.

답 ③

36 함수 $f(x)$의 역함수가 존재하려면 함수 $f(x)$가 실수 전체의 집합에서 증가하거나 감소해야 한다.

즉, 실수 전체의 집합에서 $f'(x)\geq 0$ 또는 $f'(x)\leq 0$

$f'(x)=6+3a\cos 3x$

이때 $-1\leq \cos 3x\leq 1$이므로

$6-|3a|\leq 6+3a\cos 3x\leq 6+|3a|$

따라서 $f'(x)\geq 0$이어야 하고 $6-|3a|\geq 0$에서

$-2\leq a\leq 2$

이므로 이를 만족시키는 정수 a는 -2, -1, 0, 1, 2의 5개이다.

답 5

37 $f'(x)=\dfrac{2x(x-2)-(x^2+a)}{(x-2)^2}=\dfrac{x^2-4x-a}{(x-2)^2}$

함수 $f(x)$가 열린구간 $(0, 1)$에서 증가하려면 $0<x<1$에서 $f'(x)\geq 0$이어야 한다.

$x\neq 2$일 때 $(x-2)^2>0$이므로 $x^2-4x-a\geq 0$

이때 $g(x)=x^2-4x-a$라 하면

$g(x)=(x-2)^2-a-4$에서 함수 $g(x)$는 $(-\infty, 2)$에서 감소하므로 구간 $(0, 1)$에서 $g(x)\geq 0$이려면 $g(1)\geq 0$이어야 한다.

$g(1)=1-4-a=-a-3$에서

$-a-3\geq 0$, $a\leq -3$

따라서 a의 최댓값은 -3이다.

답 ③

38 $f'(x)=a+\dfrac{6}{x}$

함수 $f(x)$가 열린구간 $(3, 5)$에서 감소하려면 $3<x<5$에서 $f'(x)\leq 0$

즉, $f'(3)=a+2\leq 0$이고 $f'(5)=a+\dfrac{6}{5}\leq 0$

$a\leq -2$

따라서 실수 a의 최댓값은 -2이다.

답 ②

39 $f'(x)=1-\dfrac{x}{\sqrt{a^2-x^2}}$

함수 $f(x)$가 열린구간 $(-a+1, a-1)$에서 증가하려면 $-a+1<x<a-1$에서 $f'(x)\geq 0$

즉, $1-\dfrac{x}{\sqrt{a^2-x^2}}\geq 0$, $\dfrac{x}{\sqrt{a^2-x^2}}\leq 1$

이때 구간 $(-a+1, a-1)$에서 $\sqrt{a^2-x^2}>0$이므로

$x\leq\sqrt{a^2-x^2}$

$x\leq 0$이면 위의 부등식은 항상 성립한다.

$x>0$일 때 양변을 제곱하여 정리하면

$x^2\leq\dfrac{a^2}{2}$, $-\dfrac{a}{\sqrt{2}}\leq x\leq\dfrac{a}{\sqrt{2}}$

따라서 $-a+1<x<a-1$이면 $-\dfrac{a}{\sqrt{2}}\leq x\leq\dfrac{a}{\sqrt{2}}$를 만족해야 하므로

$a-1\leq\dfrac{a}{\sqrt{2}}$

$a\leq 2+\sqrt{2}$

따라서 a의 최댓값은 $2+\sqrt{2}$이다.

답 ③

40 $f'(x)=\dfrac{x^2+3-2x(x+1)}{(x^2+3)^2}=\dfrac{-x^2-2x+3}{(x^2+3)^2}$

$f'(x)=0$에서 $x^2+2x-3=0$, $(x-1)(x+3)=0$

$x=-3$ 또는 $x=1$

함수 $f(x)$의 증가와 감소를 표로 나타내면 다음과 같다.

x	$\cdots$	-3	$\cdots$	1	$\cdots$
$f'(x)$	$-$	0	$+$	0	$-$
$f(x)$	↘	극소	↗	극대	↘

함수 $f(x)$는 $x=1$에서 극대이고, $x=-3$에서 극소이므로

$a=f(1)=\dfrac{1}{2}$, $b=f(-3)=-\dfrac{1}{6}$

따라서 $a+b=\dfrac{1}{3}$

답 ①

41 $f'(x)=\dfrac{(2x+a)(x^2+1)-2x(x^2+ax+b)}{(x^2+1)^2}$

$=\dfrac{-ax^2+(2-2b)x+a}{(x^2+1)^2}$

함수 $f(x)$가 $x=3$에서 극댓값 $\dfrac{3}{2}$을 가지므로

$f(3)=\dfrac{3}{2}$, $f'(3)=0$

$\frac{9+3a+b}{10}=\frac{3}{2}$, $\frac{-8a-6b+6}{100}=0$

위의 두 식을 연립하여 풀면

$a=3$, $b=-3$

따라서 $a^2+b^2=18$

답 18

42 $f'(x)=\frac{(2x+a)(x-2)-(x^2+ax+3)}{(x-2)^2}$

$=\frac{x^2-4x-2a-3}{(x-2)^2}$

함수 $f(x)$가 극값을 가지려면 이차방정식 $x^2-4x-2a-3=0$이 서로 다른 두 실근을 갖고, 적어도 한 근이 2보다 커야 한다.

$g(x)=x^2-4x-2a-3=(x-2)^2-2a-7$이라 하면 이 함수의 그래프의 축이 $x=2$이므로 $g(2)<0$이면 위의 조건을 만족시킨다.

즉, $-2a-7<0$

$a>-\frac{7}{2}$

따라서 정수 a의 최솟값은 -3이다.

답 -3

43 $f(x)=x-2\sqrt{x-3}$에서 $x\geq3$이고,

$f'(x)=1-\frac{1}{\sqrt{x-3}}$

$f'(x)=0$에서 $\frac{1}{\sqrt{x-3}}=1$

양변을 제곱하면 $\frac{1}{x-3}=1$

$x=4$

함수 $f(x)$의 증가와 감소를 표로 나타내면 다음과 같다.

x	3	$\cdots$	4	$\cdots$
$f'(x)$		$-$	0	$+$
$f(x)$	3	↘	2	↗

함수 $f(x)$는 $x=4$에서 극솟값 2를 가지므로

$a=4$, $b=2$

따라서 $a+b=6$

답 ③

44 $f(x)=\sqrt{x+3a}+\sqrt{a-x}$에서 $-3a\leq x\leq a$이고,

$f'(x)=\frac{1}{2\sqrt{x+3a}}-\frac{1}{2\sqrt{a-x}}$

$f'(x)=0$에서 $\sqrt{x+3a}=\sqrt{a-x}$

양변을 제곱하여 정리하면 $2x=-2a$

$x=-a$

함수 $f(x)$의 증가와 감소를 표로 나타내면 다음과 같다.

x	$-3a$	$\cdots$	$-a$	$\cdots$	a
$f'(x)$		$+$	0	$-$	
$f(x)$	$2\sqrt{a}$	↗	$2\sqrt{2a}$	↘	$2\sqrt{a}$

따라서 함수 $f(x)$는 $x=-a$에서 극댓값 $2\sqrt{2a}$를 가지므로

$a=1$이고, 극댓값은 $2\sqrt{2}$이다.

답 ④

45 $f(x)=x^2\sqrt{x+a}$에서 $x\geq-a$

$f'(x)=2x\sqrt{x+a}+\frac{x^2}{2\sqrt{x+a}}=\frac{5x^2+4ax}{2\sqrt{x+a}}$

$f'(x)=0$에서 $5x^2+4ax=0$, $x(5x+4a)=0$

$x=0$ 또는 $x=-\frac{4}{5}a$

$a<0$이면 극댓값은 $f(0)=0\neq16$이고, $a=0$이면 함수 $f(x)$는 극값을 갖지 않으므로 $a>0$

함수 $f(x)$의 증가와 감소를 표로 나타내면 다음과 같다.

x	$-a$	$\cdots$	$-\frac{4}{5}a$	$\cdots$	0	$\cdots$
$f'(x)$		$+$	0	$-$	0	$+$
$f(x)$	0	↗	극대	↘	극소	↗

$f\left(-\frac{4}{5}a\right)=16$에서

$\frac{16}{25}a^2\sqrt{\frac{1}{5}a}=16$, $a^2\sqrt{a}=25\sqrt{5}$

따라서 $a=5$

답 5

46 $f'(x)=3(x+1)^2e^x+(x+1)^3e^x=(x+1)^2(x+4)e^x$

$f'(x)=0$에서 $x=-1$ 또는 $x=-4$

함수 $f(x)$의 증가와 감소를 표로 나타내면 다음과 같다.

x	$\cdots$	-4	$\cdots$	-1	$\cdots$
$f'(x)$	$-$	0	$+$	0	$+$
$f(x)$	↘	$-\frac{27}{e^4}$	↗	0	↗

따라서 함수 $f(x)$는 $x=-4$에서 극솟값 $-\frac{27}{e^4}$을 갖는다.

답 $-\frac{27}{e^4}$

47 $f'(x)=ae^{ax}+(a-1)e^{(a-1)x}$

함수 $f(x)$가 $x=2$에서 극값을 가지므로

$f'(2)=0$

$ae^{2a}+(a-1)e^{2a-2}=0$, $a+(a-1)e^{-2}=0$

따라서 $a=\frac{1}{e^2+1}$

답 ①

48 $f'(x)=ae^{bx}+b(ax+2)e^{bx}=(abx+a+2b)e^{bx}$

함수 $f(x)$가 $x=2$에서 극값을 가지므로 $f'(2)=0$

$(2ab+a+2b)e^{2b}=0$

$2ab+a+2b=0$ $\cdots\cdots$ ㉠

$f''(x)=abe^{bx}+b(abx+a+2b)e^{bx}$

$=(ab^2x+2ab+2b^2)e^{bx}$

함수 $f'(x)$가 $x=3$에서 극값을 가지므로

$f''(3)=0$

$(3ab^2+2ab+2b^2)e^{3b}=0$, $3ab^2+2ab+2b^2=0$

$(3ab+2a+2b)b=0$

$3ab+2a+2b=0$ $\cdots\cdots$ ㉡

㉡－㉠을 하면

$ab+a=0$, $a(b+1)=0$

$a\neq 0$이므로 $b=-1$

$b=-1$을 ㉠에 대입하면

$-2a+a-2=0$, $a=-2$

따라서 $ab=2$

답 2

49 $f(x)=ax+\ln\sqrt{x+a}$에서 $x>-a$

$f'(x)=a+\frac{1}{2(x+a)}$

함수 $f(x)$가 $x=\frac{3}{2}$에서 극값을 가지므로 $f'\left(\frac{3}{2}\right)=0$

$a+\frac{1}{3+2a}=0$, $2a^2+3a+1=0$

$(a+1)(2a+1)=0$, $a=-1$ 또는 $a=-\frac{1}{2}$

따라서 모든 a의 값의 곱은 $\frac{1}{2}$이다.

답 ②

50 $f'(x)=-\frac{a}{3-ax}+2x$

함수 $f(x)$가 $x=\frac{1}{2}$에서 극소이므로 $f'\left(\frac{1}{2}\right)=0$

$-\frac{a}{3-\frac{a}{2}}+1=0$, $-a+3-\frac{a}{2}=0$, $a=2$

$a=2$를 $f'(x)=-\frac{a}{3-ax}+2x$에 대입하면

$f'(x)=-\frac{2}{3-2x}+2x$

$f'(x)=0$에서 $-\frac{2}{3-2x}+2x=0$

$2x^2-3x+1=0$, $(2x-1)(x-1)=0$

$x=\frac{1}{2}$ 또는 $x=1$

$f(x)=\ln(3-2x)+x^2$에서 $x<\frac{3}{2}$

함수 $f(x)$의 증가와 감소를 표로 나타내면 다음과 같다.

x	$\cdots$	$\frac{1}{2}$	$\cdots$	1	$\cdots$	$\left(\frac{3}{2}\right)$
$f'(x)$	$-$	0	$+$	0	$-$	
$f(x)$	↘	$\ln 2+\frac{1}{4}$	↗	1	↘	

따라서 극댓값은 $f(1)=1$

답 1

51 $f'(x)=2\ln\left(x^2+\frac{a}{5}\right)\times\frac{2x}{x^2+\frac{a}{5}}$

$f'(x)=0$에서 $x=0$ 또는 $\ln\left(x^2+\frac{a}{5}\right)=0$

$\frac{a}{5}\geq 1$이면 함수 $f'(x)$는 $x=0$에서만 $f'(x)=0$이고, $x=0$에서 극솟값을 갖는다.

$\frac{a}{5}<1$이면 $x=0$ 또는 $x=-\sqrt{1-\frac{a}{5}}$ 또는 $x=\sqrt{1-\frac{a}{5}}$

함수 $f(x)$의 증가와 감소를 표로 나타내면 다음과 같다.

x	$\cdots$	$-\sqrt{1-\frac{a}{5}}$	$\cdots$	0	$\cdots$	$\sqrt{1-\frac{a}{5}}$	$\cdots$
$f'(x)$	$-$	0	$+$	0	$-$	0	$+$
$f(x)$	↘	0	↗	$\left(\ln\frac{a}{5}\right)^2$	↘	0	↗

따라서 함수 $f(x)$는 $x=0$에서 극댓값을 갖는다.

이때 극댓값 $\left(\ln\frac{a}{5}\right)^2$이 존재해야 하므로 $a>0$

즉, $0<a<5$이고, 정수 a의 개수는 1, 2, 3, 4의 4이다.

답 4

52 $f'(x)=4\sin x\cos x+2\sin 2x=8\sin x\cos x$

$f'(x)=0$에서 $\sin x\cos x=0$, $x=\frac{\pi}{2}$

$0<x<\pi$에서 함수 $f(x)$의 증가와 감소를 표로 나타내면 다음과 같다.

x	(0)	$\cdots$	$\frac{\pi}{2}$	$\cdots$	(π)
$f'(x)$		$+$	0	$-$	
$f(x)$		↗	4	↘	

함수 $f(x)$는 $x=\frac{\pi}{2}$에서 극댓값 4를 가지므로 $a=\frac{\pi}{2}$, $b=4$

따라서 $ab=2\pi$

답 ④

53 $f'(x)=e^x\cos x-e^x\sin x=e^x(\cos x-\sin x)$

$f'(x)=0$에서 $\cos x=\sin x$

$0<x<2\pi$에서 $\cos x=0$이면 $\sin x\neq 0$이므로 $\cos x\neq\sin x$

즉, $\cos x\neq 0$이므로 $\tan x=1$

$x=\frac{\pi}{4}$ 또는 $x=\frac{5}{4}\pi$

$0<x<2\pi$에서 함수 $f(x)$의 증가와 감소를 표로 나타내면 다음과 같다.

x	(0)	$\cdots$	$\frac{\pi}{4}$	$\cdots$	$\frac{5}{4}\pi$	$\cdots$	(2π)
$f'(x)$		$+$	0	$-$	0	$+$	
$f(x)$		↗	$\frac{\sqrt{2}}{2}e^{\frac{\pi}{4}}$	↘	$-\frac{\sqrt{2}}{2}e^{\frac{5}{4}\pi}$	↗	

극솟값은 $-\frac{\sqrt{2}}{2}e^{\frac{5}{4}\pi}$, 극댓값은 $\frac{\sqrt{2}}{2}e^{\frac{\pi}{4}}$이므로

$a=\frac{\sqrt{2}}{2}e^{\frac{\pi}{4}}$, $b=-\frac{\sqrt{2}}{2}e^{\frac{5}{4}\pi}$

따라서 $\frac{b}{a}=-e^{\pi}$

답 ①

54 $f'(x)=\cos x(\cos x+a)-\sin^2 x$

$=\cos^2 x-\sin^2 x+a\cos x$

함수 $f(x)$가 $x=\frac{\pi}{3}$에서 극값을 가지므로

$f'\left(\frac{\pi}{3}\right)=\frac{1}{4}-\frac{3}{4}+\frac{a}{2}=0$에서 $a=1$

$f'(x)=\cos^2 x-\sin^2 x+\cos x=0$에서

$2\cos^2 x+\cos x-1=0$

$(2\cos x-1)(\cos x+1)=0$

$\cos x=\frac{1}{2}$ 또는 $\cos x=-1$

$0<x<2\pi$이므로 $x=\frac{\pi}{3}$ 또는 $x=\pi$ 또는 $x=\frac{5}{3}\pi$

$0<x<2\pi$에서 함수 $f(x)$의 증가와 감소를 표로 나타내면 다음과 같다.

x	(0)	$\cdots$	$\frac{\pi}{3}$	$\cdots$	π	$\cdots$	$\frac{5}{3}\pi$	$\cdots$	(2π)
$f'(x)$		$+$	0	$-$	0	$-$	0	$+$	
$f(x)$		↗		↘		↘		↗	

따라서 $f'(b)=0$이고, 함수 $f(x)$가 $x=b$에서 극값을 갖지 않도록 하는 b의 값은 π이다.

답 ④

55 $f'(x)=(2x+6)e^x+(x^2+6x+a)e^x$

$=(x^2+8x+a+6)e^x$

함수 $f(x)$가 극값을 가지려면 이차방정식 $x^2+8x+a+6=0$이 서로 다른 두 실근을 가져야 한다.

이차방정식 $x^2+8x+a+6=0$의 판별식을 D라 하면

$\frac{D}{4}=16-a-6>0$, $a<10$

따라서 정수 a의 최댓값은 9이다.

답 ⑤

56 $f'(x)=2x-4+\frac{a}{x}=\frac{2x^2-4x+a}{x}$

함수 $f(x)$가 $x>0$에서 극값을 가지려면 이차방정식 $2x^2-4x+a=0$이 $x>0$에서 중근이 아닌 실근을 가져야 한다.

$2x^2-4x+a=2(x-1)^2+a-2$에서 이차함수 $y=2x^2-4x+a$의 그래프의 대칭축이 $x=1$이므로 이차방정식 $2x^2-4x+a=0$이 서로 다른 두 실근을 갖는 경우 한 실근은 1보다 크다.

이차방정식 $2x^2-4x+a=0$의 판별식을 D라 하면

$\frac{D}{4}=4-2a>0$, $a<2$

따라서 정수 a의 최댓값은 1이다.

답 1

57 $f'(x)=\frac{2(x^2-1)-2x(2x+a)}{(x^2-1)^2}=\frac{-2x^2-2ax-2}{(x^2-1)^2}$

$=-2\times\frac{x^2+ax+1}{(x^2-1)^2}$

함수 $f(x)$가 극값을 갖지 않으려면 이차방정식 $x^2+ax+1=0$이 중근 또는 허근을 가져야 하므로 이 이차방정식의 판별식을 D라 하면

$D=a^2-4\leq 0$에서 $-2\leq a\leq 2$

따라서 실수 a의 최솟값은 -2이다.

답 ②

58 $f'(x)=3x^2e^x+(x^3+a)e^x=(x^3+3x^2+a)e^x$

함수 $f(x)$가 극댓값과 극솟값을 모두 가지려면 x에 대한 삼차방정식 $x^3+3x^2+a=0$이 서로 다른 세 실근을 가져야 한다.

$g(x)=x^3+3x^2+a$라 하면 $g'(x)=3x^2+6x$

$g'(x)=0$에서 $3x(x+2)=0$

$x=-2$ 또는 $x=0$

함수 $g(x)$는 $x=-2$, $x=0$에서 극값을 가지므로

$g(-2)g(0)<0$, $a(a+4)<0$

$-4<a<0$

따라서 정수 a의 최솟값은 -3이다.

답 ⑤

59 $\sin 2x=\sin(x+x)=2\sin x\cos x$이므로

$f'(x)=3+2a\sin x\cos x=3+a\sin 2x$

함수 $f(x)$가 극값을 갖지 않으려면 모든 실수 x에 대하여 $f'(x)\leq 0$ 또는 $f'(x)\geq 0$이어야 한다.

이때 $-1\leq\sin 2x\leq 1$이므로

$-a\leq a\sin 2x\leq a$

$3-a\leq 3+a\sin 2x\leq 3+a$

즉, $3-a\leq f'(x)\leq 3+a$

$3+a>0$이므로 $3-a\geq 0$, 즉 $a\leq 3$

따라서 양수 a의 최댓값은 3이다.

답 3

60 $f'(x)=\ln x+1-2ax$

$g(x)=\ln x+1$, $h(x)=2ax$라 할 때, 함수 $f(x)$가 극값을 가지려면 곡선 $y=g(x)$와 직선 $y=h(x)$가 서로 다른 두 점에서 만나거나 접하지 않으면서 한 점에서 만나야 한다.

원점을 지나고 곡선 $y=g(x)$와 접하는 직선의 접점의 좌표를 $(t, g(t))$라 하자.

$g'(x)=\frac{1}{x}$이므로 접선의 방정식은

$y-\ln t-1=\frac{1}{t}(x-t)$, 즉 $y=\frac{1}{t}x+\ln t$

이 직선이 원점을 지나므로

$0=\ln t$, $t=1$

따라서 접선의 기울기는 $g'(1)=1$이다.

직선 $y=h(x)$의 기울기 $2a$에 대하여 $2a<1$이면 곡선 $y=g(x)$와 직선 $y=h(x)$는 서로 다른 두 점에서 만나거나 접하지 않으면서 한 점에서 만난다.

$a<\frac{1}{2}$

따라서 정수 a의 최댓값은 0이다.

답 ①

61 $f(x)=x^4-2x^2-1$로 놓으면

$f'(x)=4x^3-4x$, $f''(x)=12x^2-4$

곡선 $y=f(x)$가 위로 볼록하려면 $f''(x)<0$이어야 하므로

$12x^2-4<0$

즉, $-\frac{\sqrt{3}}{3}<x<\frac{\sqrt{3}}{3}$

따라서 구간 $\left(-\frac{\sqrt{3}}{3}, \frac{\sqrt{3}}{3}\right)$에 속하는 정수는 0뿐이다.

답 ③

62 $f(x)=x^3+ax^2+6x$로 놓으면

$f'(x)=3x^2+2ax+6$, $f''(x)=6x+2a$

곡선 $y=f(x)$가 아래로 볼록하려면 $f''(x)>0$이어야 하므로

$6x+2a>0$, $x>-\frac{a}{3}$

곡선 $y=f(x)$가 아래로 볼록한 x의 값의 범위가 $x>\frac{2}{3}$이므로

$-\frac{a}{3}=\frac{2}{3}$

따라서 $a=-2$

답 ②

63 곡선 $y=f(x)$가 구간 $(0, a)$에 속하는 임의의 서로 다른 두 실수 x_1, x_2에 대하여 부등식

$\frac{f(x_1)+f(x_2)}{2}>f\left(\frac{x_1+x_2}{2}\right)$

가 성립하므로 구간 $(0, a)$에서 곡선 $y=f(x)$는 아래로 볼록하다.

$f(x)=\ln x+\frac{1}{x}-1$에서

$f'(x)=\frac{1}{x}-\frac{1}{x^2}$, $f''(x)=-\frac{1}{x^2}+\frac{2}{x^3}=\frac{2-x}{x^3}$

$x>0$에서 곡선 $y=f(x)$가 아래로 볼록하려면 $f''(x)>0$이어야 하므로 $2-x>0$, $0<x<2$

즉, 곡선 $y=f(x)$는 구간 $(0, 2)$에서 아래로 볼록하므로 a의 최댓값 k는 2이다.

따라서 점 $(2, f(2))$에서 곡선 $y=f(x)$에 그은 접선의 기울기는 $f'(2)$이므로 $f'(2)=\frac{1}{2}-\frac{1}{4}=\frac{1}{4}$

답 ①

64 $f(x)=\frac{2x}{x^2+1}$로 놓으면

$f'(x)=\frac{2(x^2+1)-2x\times 2x}{(x^2+1)^2}=\frac{-2x^2+2}{(x^2+1)^2}$

$$f''(x)=\frac{-4x(x^2+1)^2-(-2x^2+2)\times 4x(x^2+1)}{(x^2+1)^4}$$
$$=\frac{4x(x+\sqrt{3})(x-\sqrt{3})}{(x^2+1)^3}=0$$

에서 $x=-\sqrt{3}$ 또는 $x=0$ 또는 $x=\sqrt{3}$이다.

$x<-\sqrt{3}$에서 $f''(x)<0$, $-\sqrt{3}<x<0$에서 $f''(x)>0$, $0<x<\sqrt{3}$에서 $f''(x)<0$, $x>\sqrt{3}$에서 $f''(x)>0$이므로

$x=-\sqrt{3}$과 $x=0$과 $x=\sqrt{3}$의 좌우에서 $f''(x)$의 부호가 바뀌므로 원점이 아닌 두 변곡점의 좌표는 $\left(-\sqrt{3}, -\frac{\sqrt{3}}{2}\right)$, $\left(\sqrt{3}, \frac{\sqrt{3}}{2}\right)$이다.

따라서 두 변곡점 사이의 거리는 $\sqrt{(2\sqrt{3})^2+(\sqrt{3})^2}=\sqrt{15}$

답 ②

65 $f(x)=-x^3+ax^2+b$로 놓으면

$f'(x)=-3x^2+2ax$

$f''(x)=-6x+2a=0$에서 $x=\frac{a}{3}$

즉, $x=\frac{a}{3}$의 좌우에서 $f''(x)$의 부호가 바뀌므로 변곡점의 x좌표는 $\frac{a}{3}$이다.

$\frac{a}{3}=1$에서 $a=3$

변곡점의 좌표가 $(1, 0)$이므로 $f(1)=0$

$$f(1)=-1+a+b$$
$$=-1+3+b=0$$

에서 $b=-2$

따라서 $a-b=3-(-2)=5$

답 ⑤

66 $f(x)=e^{-x^2}$으로 놓으면

$f'(x)=e^{-x^2}\times(-2x)=-2xe^{-x^2}$

$$f''(x)=-2e^{-x^2}+(-2xe^{-x^2})\times(-2x)$$
$$=2(2x^2-1)e^{-x^2}=0$$

에서 $x=-\frac{1}{\sqrt{2}}$ 또는 $x=\frac{1}{\sqrt{2}}$

$x<-\frac{1}{\sqrt{2}}$에서 $f''(x)>0$, $-\frac{1}{\sqrt{2}}<x<\frac{1}{\sqrt{2}}$에서 $f''(x)<0$, $x>\frac{1}{\sqrt{2}}$에서 $f''(x)>0$이므로 $x=-\frac{1}{\sqrt{2}}$과 $x=\frac{1}{\sqrt{2}}$의 좌우에서 $f''(x)$의 부호가 바뀌므로 두 변곡점은 각각

$\mathrm{A}\left(\frac{1}{\sqrt{2}}, \frac{1}{\sqrt{e}}\right)$, $\mathrm{B}\left(-\frac{1}{\sqrt{2}}, \frac{1}{\sqrt{e}}\right)$이다.

따라서 삼각형 OAB의 넓이는

$\frac{1}{2}\times\frac{2}{\sqrt{2}}\times\frac{1}{\sqrt{e}}=\frac{1}{\sqrt{2e}}$

답 ④

67 $f(x)=2x^2+a\ln x+b$로 놓으면

$f'(x)=4x+\frac{a}{x}$

$f''(x)=4-\frac{a}{x^2}=0$에서 $x^2=\frac{a}{4}$

$x>0$이므로 $x=\frac{\sqrt{a}}{2}$

$x=\frac{\sqrt{a}}{2}$의 좌우에서 $f''(x)$의 부호가 바뀌므로 변곡점의 x좌표는 $\frac{\sqrt{a}}{2}$이다.

따라서 $\frac{\sqrt{a}}{2}=\frac{1}{2}$이므로 $a=1$

변곡점의 좌표가 $\left(\frac{1}{2}, \frac{1}{2}\right)$이므로 $f\left(\frac{1}{2}\right)=\frac{1}{2}$

$\frac{1}{2}=\frac{1}{2}-\ln 2+b$, $b=\ln 2$

따라서 $ab=1\times\ln 2=\ln 2$

답 ④

68 $f(x)=x^2+ax+b\ln x$에서

$f'(x)=2x+a+\dfrac{b}{x}$이고, $x=1$과 $x=2$에서 극값을 가지므로

$f'(1)=0,\ f'(2)=0$

$f'(1)=2+a+b=0,\ a+b=-2$

$f'(2)=4+a+\dfrac{b}{2}=0,\ 2a+b=-8$

따라서 $a=-6,\ b=4$

$f''(x)=2-\dfrac{b}{x^2}=2-\dfrac{4}{x^2}=0$에서

$x>0$이므로 $x=\sqrt{2}$

$x=\sqrt{2}$의 좌우에서 $f''(x)$의 부호가 바뀌므로

변곡점의 x좌표는 $\sqrt{2}$, 즉 $c=\sqrt{2}$

따라서 $a+b+c^2=-6+4+2=0$

답 ③

69 $f(x)=xe^x$에서

$f'(x)=e^x+xe^x=(x+1)e^x$

$f''(x)=e^x+(x+1)e^x=(x+2)e^x$

$f''(x)=0$에서 $x=-2$

$x=-2$의 좌우에서 $f''(x)$의 부호가 바뀌므로 변곡점의 좌표는 $(-2,\ -2e^{-2})$이다.

곡선 $y=f(x)$ 위의 점 $(-2,\ -2e^{-2})$에서의 접선의 방정식은

$y+2e^{-2}=f'(-2)\times(x+2)$

$y=-e^{-2}(x+2)-2e^{-2}=-e^{-2}x-4e^{-2}$

따라서 두 점 A, B의 좌표는 각각 $(-4,\ 0)$, $(0,\ -4e^{-2})$이므로

삼각형 OAB의 넓이는

$\dfrac{1}{2}\times4\times4e^{-2}=\dfrac{8}{e^2}$

답 ④

70 $f(x)=(x^2+ax+b)e^{2x}$에서

$f'(x)=(2x+a)e^{2x}+(x^2+ax+b)\times2e^{2x}$

$\quad=\{2x^2+(2a+2)x+a+2b\}e^{2x}=0$

$x=-2$와 $x=3$에서 극값을 가지므로

$f'(-2)=0,\ f'(3)=0$

$\{2x^2+(2a+2)x+a+2b\}e^{2x}=0$에서 $e^{2x}>0$이므로

이차방정식 $2x^2+(2a+2)x+a+2b=0$의 서로 다른 두 실근이

$x=-2$와 $x=3$이다.

이차방정식의 근과 계수의 관계에 의하여

$(-2)+3=-\dfrac{2a+2}{2}$이고, $-2\times3=\dfrac{a+2b}{2}$이므로

$-a-1=1$에서 $a=-2$

$a+2b=-12$에서 $b=-5$

따라서 $f(x)=(x^2-2x-5)e^{2x}$이고,

$f'(x)=(2x^2-2x-12)e^{2x}$이므로

$f''(x)=(4x-2)e^{2x}+(2x^2-2x-12)\times2e^{2x}$

$\quad=(4x^2-26)e^{2x}=0$

에서 $x=-\dfrac{\sqrt{26}}{2}$ 또는 $x=\dfrac{\sqrt{26}}{2}$

$x=-\dfrac{\sqrt{26}}{2}$과 $x=\dfrac{\sqrt{26}}{2}$의 좌우에서 $f''(x)$의 부호가 바뀌므로

두 변곡점의 x좌표는 각각 $-\dfrac{\sqrt{26}}{2}$, $\dfrac{\sqrt{26}}{2}$이다.

따라서 $p^2+q^2=\left(-\dfrac{\sqrt{26}}{2}\right)^2+\left(\dfrac{\sqrt{26}}{2}\right)^2=13$

답 ⑤

71 $f(x)=x+\sin x$에서

$f'(x)=1+\cos x,\ f''(x)=-\sin x$

$-2\pi<x<2\pi$에서 $f''(x)=0$은 $x=-\pi$ 또는 $x=0$ 또는 $x=\pi$

$-2\pi<x<-\pi$에서 $f''(x)<0$, $-\pi<x<0$에서 $f''(x)>0$,

$0<x<\pi$에서 $f''(x)<0$, $\pi<x<2\pi$에서 $f''(x)>0$이므로

$-2\pi<x<2\pi$의 $x=-\pi$와 $x=0$과 $x=\pi$의 좌우에서 $f''(x)$의 부호가 바뀌므로 서로 다른 세 변곡점의 좌표는

$(-\pi,\ f(-\pi))$, $(0,\ f(0))$, $(\pi,\ f(\pi))$이다.

즉, 세 점 $(-\pi,\ -\pi)$, $(0,\ 0)$, $(\pi,\ \pi)$를 지나는 최고차항의 계수가 1인 삼차함수 $g(x)$를 $g(x)=x^3+ax^2+bx+c$로 놓으면

$g(0)=0$에서 $c=0$

$g(-\pi)=-\pi^3+a\pi^2-b\pi=-\pi$ $\quad\cdots\cdots$ ㉠

$g(\pi)=\pi^3+a\pi^2+b\pi=\pi$ $\quad\cdots\cdots$ ㉡

㉠+㉡을 하면 $2a\pi^2=0,\ a=0$

㉠−㉡을 하면 $-2\pi^3-2b\pi=-2\pi,\ b=1-\pi^2$

$g(x)=x^3+(1-\pi^2)x$에서 $g'(x)=3x^2+(1-\pi^2)$

따라서 $g'(0)=1-\pi^2$

답 ②

72 함수 $f(x)=\dfrac{1}{1+x^2}$에 대하여 $f(-x)=f(x)$이므로 곡선 $y=f(x)$는 y축에 대하여 대칭이다.

즉, 곡선 $y=f(x)$의 두 변곡점 A, B는 y축에 대하여 대칭이고, 점 A에서의 접선과 점 B에서의 접선도 y축에 대하여 대칭이다.

$f(x)=\dfrac{1}{1+x^2}$에서 $f'(x)=\dfrac{-2x}{(1+x^2)^2}$

$f''(x)=\dfrac{-2(1+x^2)^2+2x\times2(1+x^2)\times2x}{(1+x^2)^4}=\dfrac{6x^2-2}{(1+x^2)^3}$

$x>0$일 때, $f''(x)=0$에서 $x=\dfrac{1}{\sqrt{3}}$이고, $x=\dfrac{1}{\sqrt{3}}$의 좌우에서 $f''(x)$의 부호가 바뀌므로 변곡점의 x좌표는 $\dfrac{1}{\sqrt{3}}$이다.

따라서 점 A의 좌표는 $\left(\dfrac{1}{\sqrt{3}},\ \dfrac{3}{4}\right)$이고, 점 A에서의 접선의 방정식은

$y-\dfrac{3}{4}=f'\left(\dfrac{1}{\sqrt{3}}\right)\times\left(x-\dfrac{1}{\sqrt{3}}\right)$

$y=-\dfrac{3\sqrt{3}}{8}\left(x-\dfrac{1}{\sqrt{3}}\right)+\dfrac{3}{4}=-\dfrac{3\sqrt{3}}{8}x+\dfrac{9}{8}$

즉, 점 B의 좌표는 $\left(-\dfrac{1}{\sqrt{3}},\ \dfrac{3}{4}\right)$이고, 점 B에서의 접선의 방정식은

$y=\dfrac{3\sqrt{3}}{8}x+\dfrac{9}{8}$

따라서 점 C의 좌표는 $\left(0,\ \dfrac{9}{8}\right)$이므로 점 C의 y좌표는 $\dfrac{9}{8}$이다.

답 ⑤

73 $f(x)=\sqrt{x}+\frac{1}{\sqrt{x}}$에서

$$f'(x)=\frac{1}{2\sqrt{x}}-\frac{1}{2x\sqrt{x}}=\frac{x-1}{2x\sqrt{x}}$$

$$f''(x)=\frac{1\times2x\sqrt{x}-(x-1)\times2\times\frac{3}{2}\sqrt{x}}{4x^3}$$

$$=\frac{2x\sqrt{x}-3(x-1)\sqrt{x}}{4x^3}$$

$$=\frac{(3-x)\sqrt{x}}{4x^3}=\frac{3-x}{4x^2\sqrt{x}}$$

$f''(x)=0$에서 $x=3$

$x=3$의 좌우에서 $f''(x)$의 부호가 바뀌므로 변곡점의 좌표는

$\left(3, \sqrt{3}+\frac{1}{\sqrt{3}}\right)$

즉, 점 $\left(3, \frac{4\sqrt{3}}{3}\right)$에서의 접선의 방정식은

$$y-\frac{4\sqrt{3}}{3}=f'(3)\times(x-3)$$

$$y=\frac{1}{3\sqrt{3}}(x-3)+\frac{4\sqrt{3}}{3}=\frac{1}{3\sqrt{3}}x+\sqrt{3}$$

따라서 두 점 A, B의 좌표는 각각 $(-9, 0)$, $(0, \sqrt{3})$이므로 삼각형 OAB의 넓이는 $\frac{1}{2}\times9\times\sqrt{3}=\frac{9\sqrt{3}}{2}$

답 ②

74 $f(x)=(x+1)e^{-x}$에서

$$f'(x)=e^{-x}+(x+1)\times(-1)\times e^{-x}=-xe^{-x}$$

$$f''(x)=-e^{-x}-x\times(-1)\times e^{-x}=(x-1)e^{-x}$$

$f''(x)=0$에서 $x=1$

즉, $p=1$

함수 $h(x)=\begin{cases} ax+b & (x<1) \\ (x+1)e^{-x} & (x\geq1) \end{cases}$이 실수 전체의 집합에서 미분가능하므로 함수 $h(x)$는 $x=1$에서 연속이다.

즉, $\lim_{x\to1-}h(x)=\lim_{x\to1+}h(x)=h(1)$

$$\lim_{x\to1-}h(x)=\lim_{x\to1-}(ax+b)=a+b$$

$$\lim_{x\to1+}h(x)=\lim_{x\to1+}(x+1)e^{-x}=2e^{-1}$$

따라서 $a+b=2e^{-1}$, $b=2e^{-1}-a$ …… ㉠

함수 $h(x)$가 실수 전체의 집합에서 미분가능하므로 함수 $h(x)$는 $x=1$에서도 미분가능하다.

즉, $\lim_{x\to1-}\frac{h(x)-h(1)}{x-1}=\lim_{x\to1+}\frac{h(x)-h(1)}{x-1}$

$$\lim_{x\to1-}\frac{h(x)-h(1)}{x-1}=\lim_{x\to1-}\frac{(ax+b)-2e^{-1}}{x-1}$$

$$=\lim_{x\to1-}\frac{\{ax+(2e^{-1}-a)\}-2e^{-1}}{x-1}=a$$

$$\lim_{x\to1+}\frac{h(x)-h(1)}{x-1}=\lim_{x\to1+}\frac{(x+1)e^{-x}-2e^{-1}}{x-1}$$

$$=\lim_{x\to1+}\frac{(x+1)e^{-x}-2e^{-x}-2e^{-1}+2e^{-x}}{x-1}$$

$$=\lim_{x\to1+}\frac{(x-1)e^{-x}}{x-1}-\lim_{x\to1+}\frac{2(e^{-x}-e^{-1})}{-x+1}$$

$$=e^{-1}-2e^{-1}=-e^{-1}$$

즉, $a=-e^{-1}$

$a=-e^{-1}$을 ㉠에 대입하면 $b=3e^{-1}$이므로

$$h(x)=\begin{cases} -\frac{1}{e}(x-3) & (x<1) \\ (x+1)e^{-x} & (x\geq1) \end{cases}$$

따라서 $h(0)=-\frac{1}{e}\times(-3)=\frac{3}{e}$

답 ③

75 $f(x)=\frac{x^2-7x+10}{x-1}$에서

$$f'(x)=\frac{(2x-7)(x-1)-(x^2-7x+10)\times1}{(x-1)^2}$$

$$=\frac{x^2-2x-3}{(x-1)^2}=\frac{(x-3)(x+1)}{(x-1)^2}$$

$2\leq x\leq6$에서 $f'(x)=0$을 만족시키는 x의 값은 $x=3$이다.

$2\leq x\leq6$에서 함수 $f(x)$의 증가와 감소를 표로 나타내면 다음과 같다.

x	2	…	3	…	6
$f'(x)$		$-$	0	$+$	
$f(x)$	0	↘	-1	↗	$\frac{4}{5}$

즉, 함수 $f(x)$는 $x=3$에서 극솟값이자 최솟값 -1을 갖는다.

따라서 닫힌구간 $[2, 6]$에서 함수 $f(x)$는 $x=6$에서 최댓값 $\frac{4}{5}$, $x=3$에서 최솟값 -1을 가지므로

$$M+m=\frac{4}{5}+(-1)=-\frac{1}{5}$$

답 ⑤

76 $f(x)=\sqrt{4e^2-3x^2}$에서

$$f'(x)=\frac{1}{2}\times\frac{1}{\sqrt{4e^2-3x^2}}\times(-6x)=-\frac{3x}{\sqrt{4e^2-3x^2}}$$

$-e\leq x\leq1$에서 $f'(x)=0$을 만족시키는 x의 값은 $x=0$이다.

$-e\leq x\leq1$에서 함수 $f(x)$의 증가와 감소를 표로 나타내면 다음과 같다.

x	$-e$	…	0	…	1
$f'(x)$		$+$	0	$-$	
$f(x)$	e	↗	$2e$	↘	$\sqrt{4e^2-3}$

즉, 함수 $f(x)$는 $x=0$에서 극댓값이자 최댓값 $2e$를 갖는다.

따라서 닫힌구간 $[-e, 1]$에서 함수 $f(x)$는 $x=0$에서 최댓값 $2e$, $x=-e$에서 최솟값 e를 가지므로

$$M+m=2e+e=3e$$

답 ③

77 $f(x)=\sqrt{2-x^2}e^x$에서

$$f'(x)=-\frac{2x}{2\sqrt{2-x^2}}e^x+\sqrt{2-x^2}e^x=\frac{-x^2-x+2}{\sqrt{2-x^2}}e^x$$

$$=-\frac{(x-1)(x+2)}{\sqrt{2-x^2}}e^x$$

$-1\leq x\leq\sqrt{2}$에서 $f'(x)=0$을 만족시키는 x의 값은 $x=1$이다.

$-1\le x\le\sqrt{2}$에서 함수 $f(x)$의 증가와 감소를 표로 나타내면 다음과 같다.

x	-1	$\cdots$	1	$\cdots$	$\sqrt{2}$
$f'(x)$		$+$	0	$-$	
$f(x)$	$\frac{1}{e}$	↗	e	↘	0

즉, 함수 $f(x)$는 $x=1$에서 극댓값이자 최댓값 e를 갖는다.

따라서 닫힌구간 $[-1, \sqrt{2}]$에서 함수 $f(x)$는 $x=1$에서 최댓값 e, $x=\sqrt{2}$에서 최솟값 0을 가지므로

$M+m=e+0=e$

답 ①

78 $f(x)=e^{-2x^2}$에서 $f'(x)=-4xe^{-2x^2}$

$-1\le x\le\frac{1}{2}$에서 $f'(x)=0$을 만족시키는 x의 값은 $x=0$이다.

$-1\le x\le\frac{1}{2}$에서 함수 $f(x)$의 증가와 감소를 표로 나타내면 다음과 같다.

x	-1	$\cdots$	0	$\cdots$	$\frac{1}{2}$
$f'(x)$		$+$	0	$-$	
$f(x)$	$\frac{1}{e^2}$	↗	1	↘	$\frac{1}{\sqrt{e}}$

즉, 함수 $f(x)$는 $x=0$에서 극댓값이자 최댓값 1을 갖는다.

따라서 닫힌구간 $\left[-1, \frac{1}{2}\right]$에서 함수 $f(x)$는 $x=0$에서 최댓값 1, $x=-1$에서 최솟값 $\frac{1}{e^2}$을 가지므로

$M\times m=1\times\frac{1}{e^2}=\frac{1}{e^2}$

답 ①

79 $f(x)=\frac{\ln x}{x^2}$에서

$$f'(x)=\frac{\frac{1}{x}\times x^2-\ln x\times 2x}{x^4}=\frac{1-2\ln x}{x^3}$$

$f'(x)=0$에서 $x=\sqrt{e}$이므로 $x=\sqrt{e}$의 좌우에서 $f'(x)$의 부호가 양에서 음으로 바뀐다.

또 $\lim_{x\to 0+}f(x)=-\infty$이므로 함수 $y=f(x)$의 그래프는 그림과 같다.

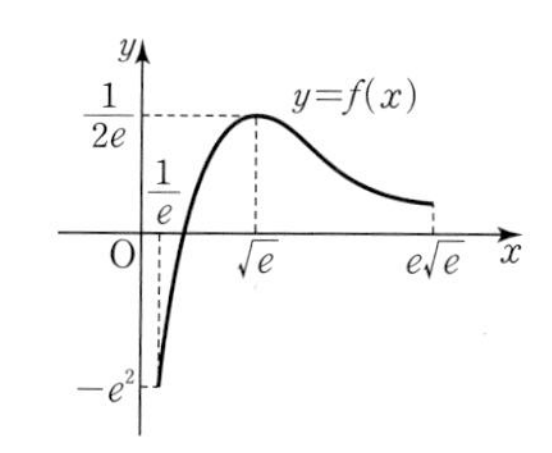

즉, 함수 $f(x)$는 $x=\sqrt{e}$에서 극댓값이자 최댓값 $f(\sqrt{e})=\frac{1}{2e}$을 갖는다.

따라서 닫힌구간 $\left[\frac{1}{e}, e\sqrt{e}\right]$에서 함수 $f(x)$의 최댓값 M은 $f(\sqrt{e})=\frac{1}{2e}$이고, 최솟값 m은 $f\left(\frac{1}{e}\right)=-e^2$이므로

$M^2\times m=\frac{1}{4e^2}\times(-e^2)=-\frac{1}{4}$

답 ⑤

80 $f(-x)=-f(x)$이므로 함수 $y=f(x)$의 그래프는 원점에 대하여 대칭이다.

$x>0$일 때, $f(x)=x\ln x^2=2x\ln x$에서

$f'(x)=2\ln x+2x\times\frac{1}{x}=2\ln x+2$

$0<x\le 1$에서 $f'(x)=0$을 만족시키는 x의 값은 $x=\frac{1}{e}$이다.

$-1\le x<0$에서 $f'(x)=0$을 만족시키는 x의 값은 $x=-\frac{1}{e}$이다.

$-1\le x\le 1$에서 함수 $f(x)$의 증가와 감소를 표로 나타내면 다음과 같다.

x	-1	$\cdots$	$-\frac{1}{e}$	$\cdots$	0	$\cdots$	$\frac{1}{e}$	$\cdots$	1
$f'(x)$		$+$	0	$-$		$-$	0	$+$	
$f(x)$	0	↗	$\frac{2}{e}$	↘	0	↘	$-\frac{2}{e}$	↗	0

따라서 닫힌구간 $[-1, 1]$에서 함수 $f(x)$는 $x=-\frac{1}{e}$에서 최댓값 $\frac{2}{e}$, $x=\frac{1}{e}$에서 최솟값 $-\frac{2}{e}$를 가지므로

$M\times m=\frac{2}{e}\times\left(-\frac{2}{e}\right)=-\frac{4}{e^2}$

답 ④

81 $f(x)=\frac{\cos x}{\sin x+2}$에서

$$f'(x)=\frac{-\sin x\times(\sin x+2)-\cos x\times\cos x}{(\sin x+2)^2}$$
$$=-\frac{1+2\sin x}{(\sin x+2)^2}$$

$0\le x\le 2\pi$에서 $f'(x)=0$, 즉 $\sin x=-\frac{1}{2}$을 만족시키는 x의 값은 $x=\frac{7}{6}\pi$ 또는 $x=\frac{11}{6}\pi$이다.

$0\le x\le 2\pi$에서 함수 $f(x)$의 증가와 감소를 표로 나타내면 다음과 같다.

x	0	$\cdots$	$\frac{7}{6}\pi$	$\cdots$	$\frac{11}{6}\pi$	$\cdots$	2π
$f'(x)$		$-$	0	$+$	0	$-$	
$f(x)$	$\frac{1}{2}$	↘	$-\frac{\sqrt{3}}{3}$	↗	$\frac{\sqrt{3}}{3}$	↘	$\frac{1}{2}$

따라서 닫힌구간 $[0, 2\pi]$에서 함수 $f(x)$는 $x=\frac{11}{6}\pi$에서 최댓값 $\frac{\sqrt{3}}{3}$, $x=\frac{7}{6}\pi$에서 최솟값 $-\frac{\sqrt{3}}{3}$을 가지므로

$M\times m=\frac{\sqrt{3}}{3}\times\left(-\frac{\sqrt{3}}{3}\right)=-\frac{1}{3}$

답 ⑤

82 $f(x)=e^x\sin x$에서

$f'(x)=e^x\times\sin x+e^x\times\cos x=e^x(\sin x+\cos x)$

$-\frac{\pi}{2}\le x\le\pi$에서 $f'(x)=0$, 즉 $\sin x+\cos x=0$을 만족시키는 x의 값은 $x=-\frac{\pi}{4}$ 또는 $x=\frac{3}{4}\pi$이다.

$-\frac{\pi}{2} \le x \le \pi$에서 함수 $f(x)$의 증가와 감소를 표로 나타내면 다음과 같다.

x	$-\frac{\pi}{2}$	$\cdots$	$-\frac{\pi}{4}$	$\cdots$	$\frac{3}{4}\pi$	$\cdots$	π
$f'(x)$		$-$	0	$+$	0	$-$	
$f(x)$	$-e^{-\frac{\pi}{2}}$	$\searrow$	$-\frac{\sqrt{2}}{2}e^{-\frac{\pi}{4}}$	$\nearrow$	$\frac{\sqrt{2}}{2}e^{\frac{3}{4}\pi}$	$\searrow$	0

따라서 닫힌구간 $\left[-\frac{\pi}{2}, \pi\right]$에서 함수 $f(x)$는 $x=\frac{3}{4}\pi$에서 최댓값 $\frac{\sqrt{2}}{2}e^{\frac{3}{4}\pi}$, $x=-\frac{\pi}{4}$에서 최솟값 $-\frac{\sqrt{2}}{2}e^{-\frac{\pi}{4}}$을 가지므로

$M\times m=\frac{\sqrt{2}}{2}e^{\frac{3}{4}\pi}\times\left(-\frac{\sqrt{2}}{2}e^{-\frac{\pi}{4}}\right)=-\frac{1}{2}e^{\frac{\pi}{2}}$

답 ③

83 $f'(x)=\frac{(x^2+1)-x\times 2x}{(x^2+1)^2}=\frac{-(x+1)(x-1)}{(x^2+1)^2}=0$에서

$x=-1$ 또는 $x=1$

$f''(x)=\frac{-2x\times(x^2+1)^2-(-x^2+1)\times 2(x^2+1)\times 2x}{(x^2+1)^4}$

$=\frac{2x(x+\sqrt{3})(x-\sqrt{3})}{(x^2+1)^3}=0$

에서 $x=-\sqrt{3}$ 또는 $x=0$ 또는 $x=\sqrt{3}$

$f(-x)=-f(x)$이므로 함수 $y=f(x)$의 그래프는 원점에 대하여 대칭이다. $x\ge 0$인 범위에서만 $f(x)$의 증가와 감소를 표로 나타내면 다음과 같다.

x	0	$\cdots$	1	$\cdots$	$\sqrt{3}$	$\cdots$
$f'(x)$		$+$	0	$-$	$-$	$-$
$f''(x)$		$-$	$-$	$-$	0	$+$
$f(x)$	0	↗	$\frac{1}{2}$	↘	$\frac{\sqrt{3}}{4}$	↘

$\lim_{x\to\infty} f(x)=0$, $\lim_{x\to-\infty} f(x)=0$이므로 함수 $y=f(x)$의 그래프는 그림과 같다.

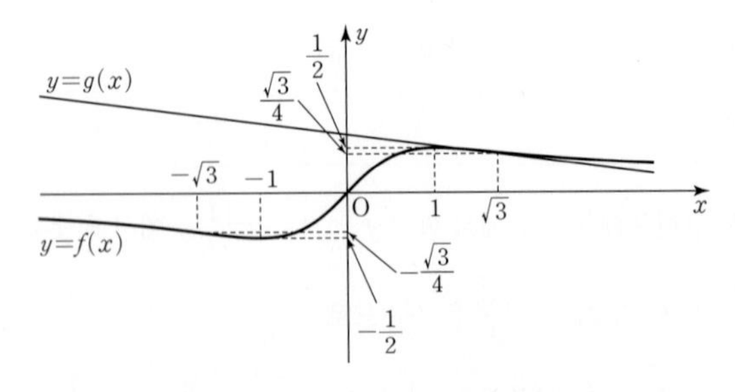

함수 $h(x)$가 실수 전체의 집합에서 미분가능하려면 곡선 $y=f(x)$와 직선 $y=g(x)$가 만나는 모든 점에서의 곡선 $y=f(x)$의 접선의 기울기가 직선 $y=g(x)$의 기울기와 일치해야 한다.

즉, 곡선 $y=f(x)$와 직선 $y=g(x)$가 만나는 점은 곡선 $y=f(x)$의 변곡점이고, 이 변곡점에서의 접선의 기울기가 제1사분면을 지나는 직선 $y=g(x)$의 기울기와 일치해야 한다.

제1사분면 위에 있는 변곡점 $\left(\sqrt{3}, \frac{\sqrt{3}}{4}\right)$에서의 접선 $y=g(x)$의 방정식은

$y=f'(\sqrt{3})\times(x-\sqrt{3})+\frac{\sqrt{3}}{4}=-\frac{1}{8}(x-\sqrt{3})+\frac{\sqrt{3}}{4}$

$=-\frac{1}{8}x+\frac{3\sqrt{3}}{8}$

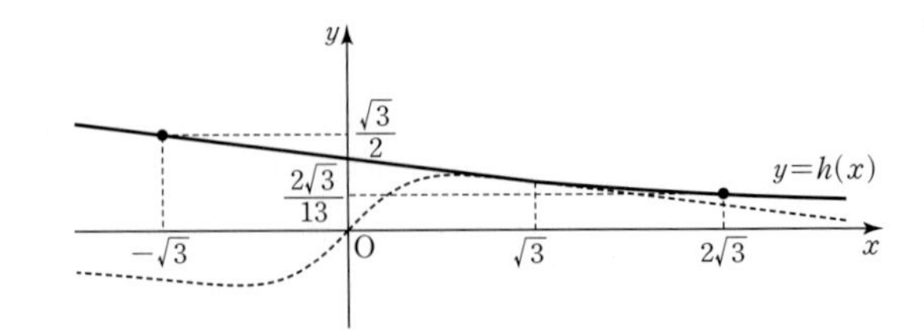

따라서 $h(x)=\begin{cases} -\frac{1}{8}x+\frac{3\sqrt{3}}{8} & (x<\sqrt{3}) \\ \frac{x}{x^2+1} & (x\ge\sqrt{3}) \end{cases}$이고, 실수 전체의 집합에서 함수 $h(x)$는 미분가능하며 $h'(x)<0$이므로 실수 전체의 집합에서 함수 $y=h(x)$는 감소한다.

따라서 닫힌구간 $[-\sqrt{3}, 2\sqrt{3}]$에서 최댓값은 $x=-\sqrt{3}$일 때

$M=h(-\sqrt{3})=g(-\sqrt{3})=\frac{\sqrt{3}}{8}+\frac{3\sqrt{3}}{8}=\frac{\sqrt{3}}{2}$,

최솟값은 $x=2\sqrt{3}$일 때

$m=h(2\sqrt{3})=f(2\sqrt{3})=\frac{2\sqrt{3}}{(2\sqrt{3})^2+1}=\frac{2\sqrt{3}}{13}$이므로

$M\times m=\frac{\sqrt{3}}{2}\times\frac{2\sqrt{3}}{13}=\frac{3}{13}$

답 ③

84 $f(x)=(x^2+3x+3)e^x$으로 놓으면

$f'(x)=(2x+3)e^x+(x^2+3x+3)e^x$

$=(x^2+5x+6)e^x=(x+2)(x+3)e^x$

$f'(x)=0$에서 $x=-3$ 또는 $x=-2$

함수 $f(x)$의 증가와 감소를 표로 나타내면 다음과 같다.

x	$\cdots$	-3	$\cdots$	-2	$\cdots$
$f'(x)$	$+$	0	$-$	0	$+$
$f(x)$	$\nearrow$	$\frac{3}{e^3}$	$\searrow$	$\frac{1}{e^2}$	$\nearrow$

함수 $y=f(x)$의 그래프는 그림과 같다.

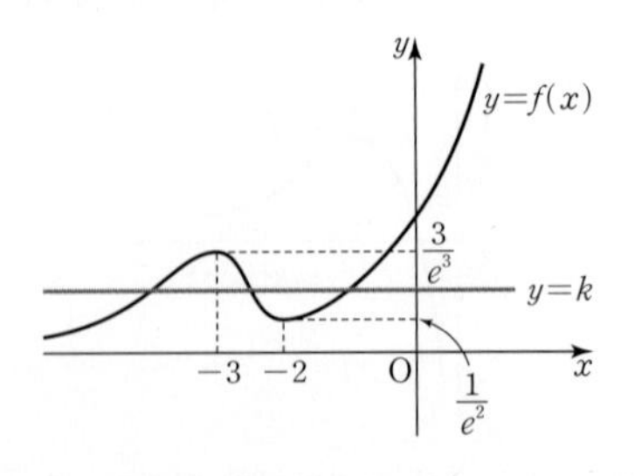

주어진 방정식이 서로 다른 세 실근을 가져야 하므로 함수 $y=f(x)$의 그래프와 직선 $y=k$가 서로 다른 세 점에서 만나야 한다.

즉, $\frac{1}{e^2}<k<\frac{3}{e^3}$이므로 $a=\frac{1}{e^2}$, $b=\frac{3}{e^3}$

따라서 $\frac{a}{b}=\frac{\frac{1}{e^2}}{\frac{3}{e^3}}=\frac{e}{3}$

답 ③

85 $f(x)=\dfrac{\ln x}{x}$에서 $f'(x)=\dfrac{\frac{1}{x}\times x-\ln x\times 1}{x^2}=\dfrac{1-\ln x}{x^2}$

$f'(x)=0$에서 $x=e$

$x>0$에서 함수 $f(x)$의 증가와 감소를 표로 나타내면 다음과 같다.

x	(0)	$\cdots$	e	$\cdots$
$f'(x)$		$+$	0	$-$
$f(x)$		↗	$\frac{1}{e}$	↘

함수 $y=f(x)$의 그래프는 그림과 같다.

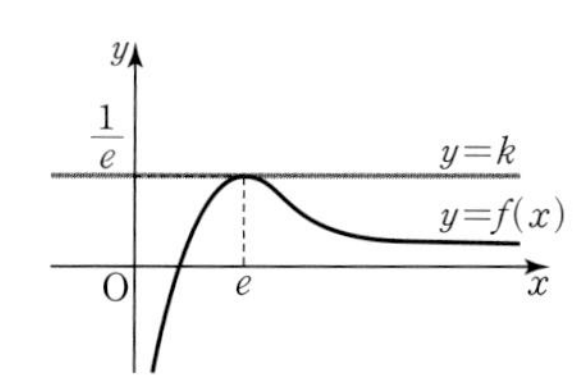

따라서 $k>0$에서 곡선 $y=f(x)$와 직선 $y=k$가 만나는 점의 개수가 1일 때의 상수 k의 값은 $\frac{1}{e}$이다.

답 ①

86 $x\neq 0$에서 $f(x)=g(x)$

즉, $\frac{1}{x}=-x+k$에서 $\frac{1}{x}+x=k$

$h(x)=x+\frac{1}{x}$로 놓으면

$h'(x)=1-\dfrac{1}{x^2}=\dfrac{x^2-1}{x^2}=\dfrac{(x-1)(x+1)}{x^2}$

$h'(x)=0$에서 $x=-1$ 또는 $x=1$

함수 $h(x)$의 증가와 감소를 표로 나타내면 다음과 같다.

x	$\cdots$	-1	$\cdots$	(0)	$\cdots$	1	$\cdots$
$h'(x)$	$+$	0	$-$		$-$	0	$+$
$h(x)$	↗	-2	↘		↘	2	↗

$\lim_{x\to 0-} h(x)=-\infty$, $\lim_{x\to 0+} h(x)=\infty$이므로 함수 $y=h(x)$의 그래프는 그림과 같다.

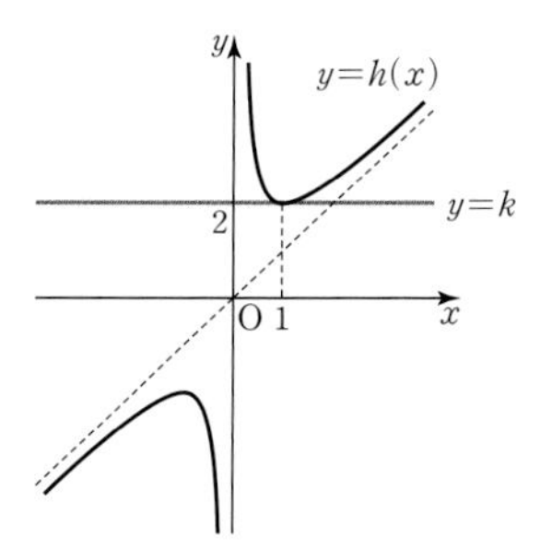

함수 $y=h(x)$의 그래프와 직선 $y=k$가 교점이 존재하기 위해서는 $k\leq -2$ 또는 $k\geq 2$이어야 한다.

따라서 자연수 k의 최솟값은 2이다.

답 ②

87 $f(x)=\dfrac{e^x+e^{-x}}{2}$, $g(x)=\dfrac{e^x-e^{-x}}{2}$에 대하여

$f(x)-g(x)=e^{-x}$이고, $f(x)+g(x)=e^x$이므로

$h(x)=\begin{cases} e^{-x} & (x<0) \\ e^x & (x\geq 0) \end{cases}$

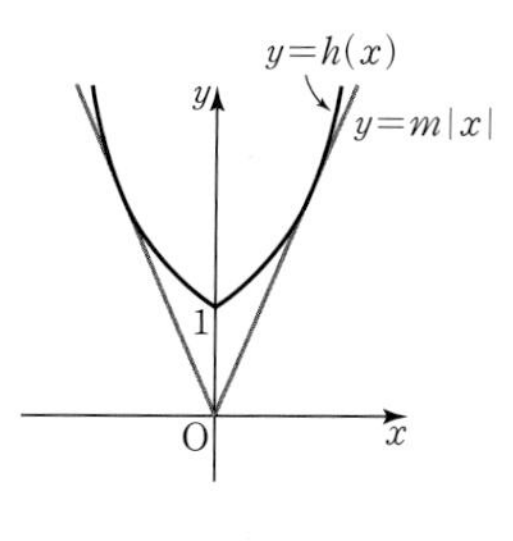

두 함수 $y=h(x)$, $y=m|x|\,(m>0)$의 그래프는 모두 y축에 대하여 대칭이므로 $x>0$에서 곡선 $y=e^x$과 직선 $y=mx$가 만나는 점의 개수가 1일 때의 m의 값을 찾으면 된다.

즉, $x>0$에서 곡선 $y=e^x$의 접선이 $y=mx$일 때이다.

접점의 좌표를 $(t,\ e^t)$이라 하면 곡선 $y=e^x$의 점 $(t,\ e^t)$에서의 접선의 방정식은

$y=e^t(x-t)+e^t=e^tx+(1-t)e^t$

따라서 $x>0$에서 $e^tx+(1-t)e^t=mx$

$e^t=m$, $(1-t)e^t=0$이므로 $t=1$일 때, $m=e$이다.

답 ③

88 $f(x)=e^x(\sin x+\cos x)$로 놓으면

$f'(x)=e^x(\sin x+\cos x)+e^x(\cos x-\sin x)$
$\quad=2e^x\cos x$

$0<x<2\pi$일 때, $f'(x)=0$에서 $x=\frac{\pi}{2}$ 또는 $x=\frac{3}{2}\pi$이므로

$0<x<2\pi$에서 함수 $f(x)$의 증가와 감소를 표로 나타내면 다음과 같다.

x	(0)	$\cdots$	$\frac{\pi}{2}$	$\cdots$	$\frac{3}{2}\pi$	$\cdots$	(2π)
$f'(x)$		$+$	0	$-$	0	$+$	
$f(x)$	(1)	↗	$e^{\frac{\pi}{2}}$	↘	$-e^{\frac{3}{2}\pi}$	↗	$(e^{2\pi})$

$0<x<2\pi$에서 함수 $y=f(x)$의 그래프는 그림과 같다.

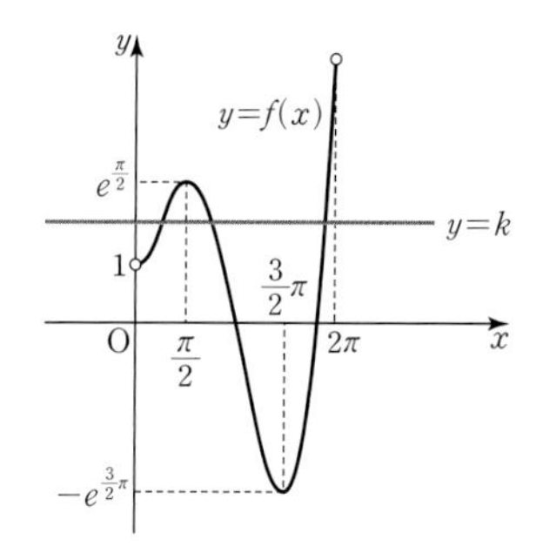

따라서 곡선 $y=e^x(\sin x+\cos x)$와 직선 $y=k$가 서로 다른 세 점에서 만나려면 $1<k<e^{\frac{\pi}{2}}$

따라서 $a=1$, $b=e^{\frac{\pi}{2}}$이므로 $ab=e^{\frac{\pi}{2}}$

답 ①

89

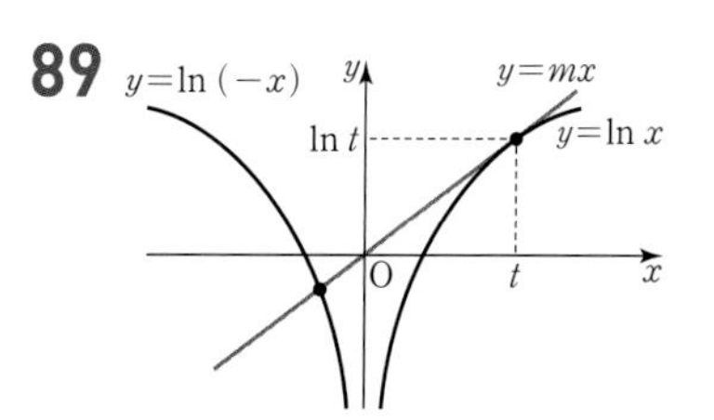

$x<0$에서 직선 $y=mx\ (m>0)$과 곡선 $y=\ln(-x)$는 모든 양수 m에 대하여 한 개의 점에서 만나므로 $x<0$에서 방정식 $f(x)=g(x)$는 한 개의 실근을 갖는다.

$x>0$에서 곡선 $y=\ln x$에 직선 $y=mx$ $(m>0)$이 접할 때보다 기울기 m이 작으면 $x>0$에서 방정식 $f(x)=g(x)$가 서로 다른 두 실근을 갖는다.
즉, $x>0$에서 곡선 $y=\ln x$에 접하는 접선 $y=mx$ $(m>0)$의 접점의 좌표를 $(t, \ln t)$ $(t>0)$이라 할 때, 접선의 방정식은

$y-\ln t=\frac{1}{t}(x-t)$

$y=\frac{1}{t}x-1+\ln t$

이므로 $m=\frac{1}{t}$이고, $-1+\ln t=0$

따라서 $t=e$, $m=\frac{1}{e}$

그러므로 방정식 $f(x)=g(x)$가 서로 다른 세 실근을 갖도록 하는 실수 m의 값의 범위는

$0<m<\frac{1}{e}$

따라서 $a=0$, $b=\frac{1}{e}$이므로

$a+b=\frac{1}{e}$

답 ①

90 $f(x)=x^2(1+\ln x)$로 놓으면

$f'(x)=2x(1+\ln x)+x^2\times\frac{1}{x}$

$=x(3+2\ln x)$

$f'(x)=0$에서 $x=\frac{1}{e\sqrt{e}}$

함수 $f(x)$의 증가와 감소를 표로 나타내면 다음과 같다.

x	(0)	$\cdots$	$\frac{1}{e\sqrt{e}}$	$\cdots$
$f'(x)$		$-$	0	$+$
$f(x)$		↘	$-\frac{1}{2e^3}$	↗

함수 $y=f(x)$의 그래프는 그림과 같다.

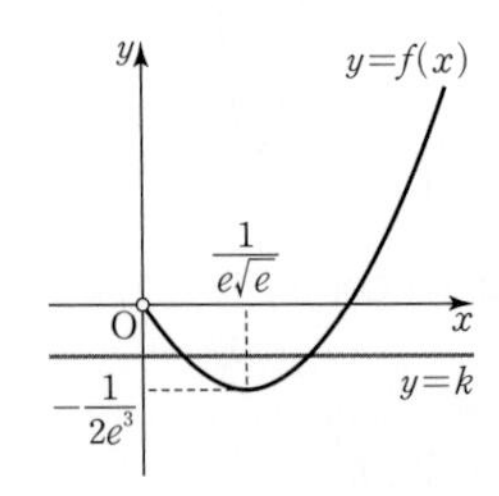

방정식 $f(x)=k$가 서로 다른 두 실근을 갖도록 하는 실수 k의 값의 범위는 $-\frac{1}{2e^3}<k<0$이므로

$a=-\frac{1}{2e^3}$, $b=0$

따라서 $b-\frac{1}{a}=2e^3$

답 ②

91 $x^2-1=k(x^2+1)^2$에서

$\frac{x^2-1}{(x^2+1)^2}=k$

$f(x)=\frac{x^2-1}{(x^2+1)^2}$로 놓으면

$f'(x)=\frac{2x\times(x^2+1)^2-(x^2-1)\times2(x^2+1)\times2x}{(x^2+1)^4}$

$=\frac{2x(x^2+1)-4x(x^2-1)}{(x^2+1)^3}$

$=\frac{-2x(x^2-3)}{(x^2+1)^3}$

$x\geq0$일 때, $f'(x)=0$에서 $x=0$ 또는 $x=\sqrt{3}$

$x\geq0$에서 함수 $f(x)$의 증가와 감소를 표로 나타내면 다음과 같다.

x	0	$\cdots$	$\sqrt{3}$	$\cdots$
$f'(x)$	0	$+$	0	$-$
$f(x)$	-1	↗	$\frac{1}{8}$	↘

$f(-x)=f(x)$이므로 곡선 $y=f(x)$는 y축에 대하여 대칭이고, $\lim_{x\to-\infty}f(x)=\lim_{x\to\infty}f(x)=0$이다.

함수 $y=f(x)$의 그래프는 그림과 같다.

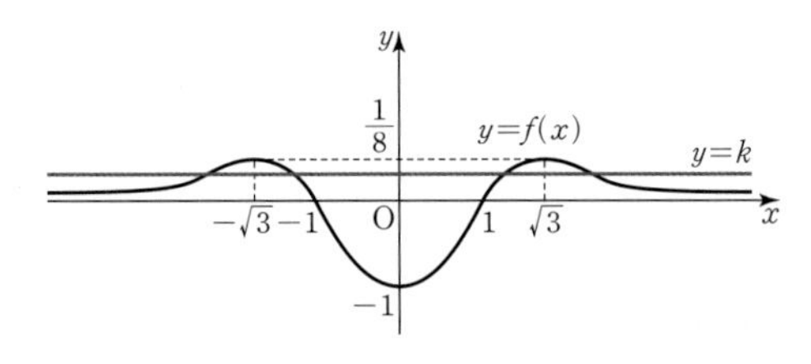

따라서 방정식 $f(x)=k$가 서로 다른 네 실근을 갖도록 하는 실수 k의 값의 범위는 $0<k<\frac{1}{8}$이므로 실수 k의 값이 될 수 있는 것은 ④ $\frac{1}{16}$이다.

답 ④

92 $x^2-2x-2=ke^{-x}$에서

$(x^2-2x-2)e^x=k$

$f(x)=(x^2-2x-2)e^x$으로 놓으면

$f'(x)=(2x-2)e^x+(x^2-2x-2)e^x$

$=(x^2-4)e^x$

$f'(x)=0$에서 $x=-2$ 또는 $x=2$

함수 $f(x)$의 증가와 감소를 표로 나타내면 다음과 같다.

x	$\cdots$	-2	$\cdots$	2	$\cdots$
$f'(x)$	$+$	0	$-$	0	$+$
$f(x)$	↗	$\frac{6}{e^2}$	↘	$-2e^2$	↗

$\lim_{x\to-\infty}f(x)=0$, $\lim_{x\to\infty}f(x)=\infty$이므로 함수 $y=f(x)$의 그래프는 그림과 같다.

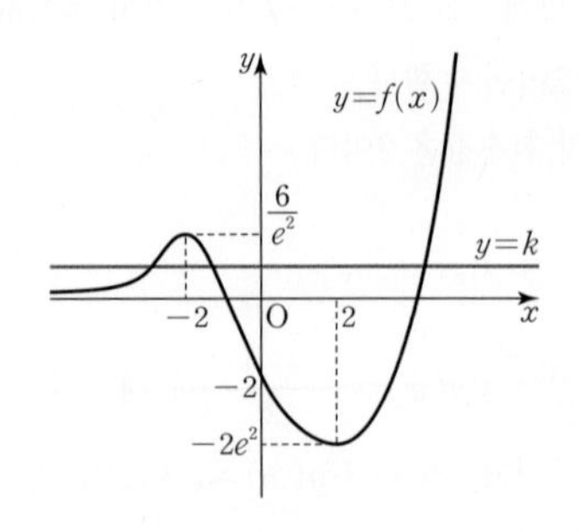

방정식 $x^2-2x-2=ke^{-x}$이 서로 다른 세 실근을 갖도록 하는 실수 k의 값의 범위는 $0<k<\frac{6}{e^2}$이므로 $a=0$, $b=\frac{6}{e^2}$

따라서 $a+b=\frac{6}{e^2}$

답 ③

93 $f(x)=\frac{2|x|}{x^2+1}$에 대하여

$f(-x)=f(x)$이므로 함수 $y=f(x)$의 그래프는 y축에 대하여 대칭이다.

$f(x)=\frac{2x}{x^2+1}$ $(x\ge0)$에서

$$f'(x)=\frac{2\times(x^2+1)-2x\times2x}{(x^2+1)^2}$$
$$=\frac{2-2x^2}{(x^2+1)^2}=\frac{2(1-x)(1+x)}{(x^2+1)^2}$$

$f'(x)=0$에서 $x\ge0$이므로 $x=1$

$x\ge0$에서 함수 $f(x)$의 증가와 감소를 표로 나타내면 다음과 같다.

x	0	$\cdots$	1	$\cdots$
$f'(x)$		+	0	−
$f(x)$	0	↗	1	↘

함수 $y=f(x)$의 그래프는 그림과 같다.

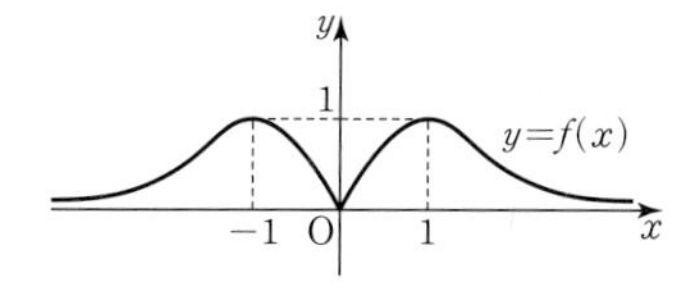

ㄱ. $\lim_{x\to-\infty}f(x)=\lim_{x\to-\infty}\frac{-2x}{x^2+1}=0$,

$\lim_{x\to\infty}f(x)=\lim_{x\to\infty}\frac{2x}{x^2+1}=0$이므로

함수 $y=f(x)$의 그래프의 점근선은 $y=0$, 즉 x축이다. (참)

ㄴ. $x=0$의 좌우에서 $f'(x)$의 부호가 음에서 양으로 바뀌므로 $f(x)$는 $x=0$에서 극솟값을 갖는다. (거짓)

ㄷ. $x=-1$의 좌우와 $x=1$의 좌우에서 $f'(x)$의 부호가 양에서 음으로 바뀌므로 함수 $f(x)$는 $x=-1$과 $x=1$에서 극댓값이자 최댓값을 가지므로 방정식 $f(x)=1$의 서로 다른 실근의 개수는 2이다. (참)

이상에서 옳은 것은 ㄱ, ㄷ이다.

답 ③

94 $f(-x)=f(x)$이므로 함수 $y=f(x)$의 그래프는 y축에 대하여 대칭이다.

$f(x)=\frac{1}{2}\cos 2x+\cos x$에서

$$f'(x)=-\sin 2x-\sin x$$
$$=-2\sin x\cos x-\sin x$$
$$=-(2\cos x+1)\sin x$$

$f'(x)=0$에서 $\sin x=0$ 또는 $\cos x=-\frac{1}{2}$이므로

$0\le x<2\pi$에서

$\sin x=0$을 만족시키는 x의 값은 0, π이고,

$\cos x=-\frac{1}{2}$을 만족시키는 x의 값은 $\frac{2}{3}\pi$, $\frac{4}{3}\pi$이다.

$0\le x<2\pi$에서 함수 $f(x)$의 증가와 감소를 표로 나타내면 다음과 같다.

x	0	$\cdots$	$\frac{2}{3}\pi$	$\cdots$	π	$\cdots$	$\frac{4}{3}\pi$	$\cdots$	(2π)
$f'(x)$	0	−	0	+	0	−	0	+	
$f(x)$	$\frac{3}{2}$	↘	$-\frac{3}{4}$	↗	$-\frac{1}{2}$	↘	$-\frac{3}{4}$	↗	$\left(\frac{3}{2}\right)$

따라서 $-2\pi<x<2\pi$에서 함수 $y=f(x)$의 그래프와 함수 $y=|f(x)|$의 그래프는 그림과 같다.

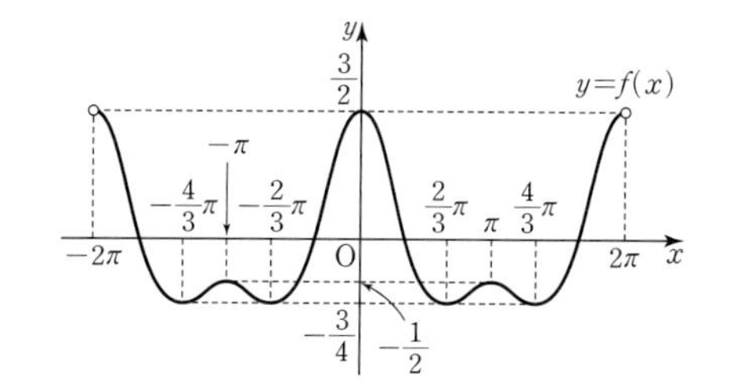

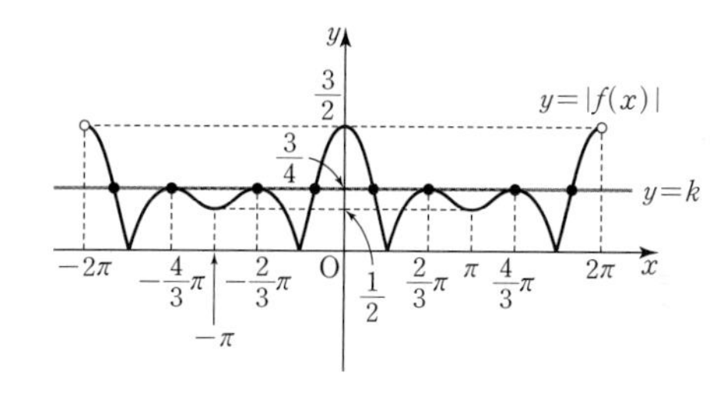

함수 $y=|f(x)|$의 그래프와 직선 $y=k$의 교점의 개수가 8일 때의 k의 값은 $\frac{3}{4}$이다.

답 ③

95 $x>0$일 때,

$$f'(x)=2x(\ln x^2-1)+x^2\times\frac{1}{x^2}\times2x$$
$$=2x\times(2\ln x-1)+2x$$
$$=4x\ln x$$

$x>0$일 때, $f'(x)=0$에서 $4x\ln x=0$이므로

$x=1$

$x>0$에서 함수 $f(x)$의 증가와 감소를 표로 나타내면 다음과 같다.

x	(0)	$\cdots$	1	$\cdots$
$f'(x)$		−	0	+
$f(x)$		↘	−1	↗

$f(-x)=f(x)$이므로 함수 $y=f(x)$의 그래프는 y축에 대하여 대칭이다.

따라서 함수 $y=f(x)$의 그래프와 함수 $y=|f(x)|$의 그래프는 그림과 같다.

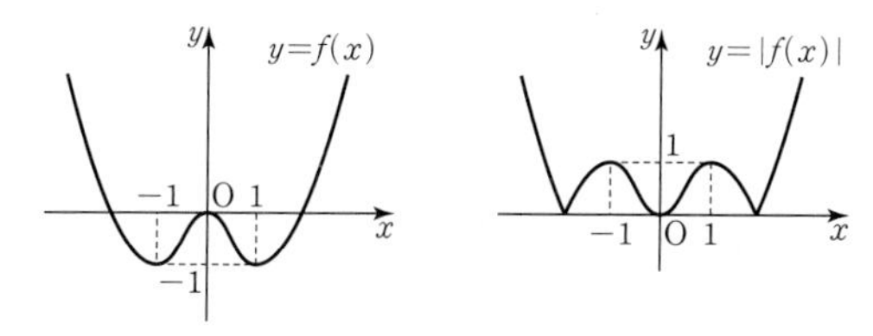

실수 k의 값에 따라 함수 $y=g(k)$의 그래프는 다음과 같다.

$$g(k)=\begin{cases} 0\ (k<0) \\ 3\ (k=0) \\ 6\ (0<k<1) \\ 4\ (k=1) \\ 2\ (k>1) \end{cases}$$

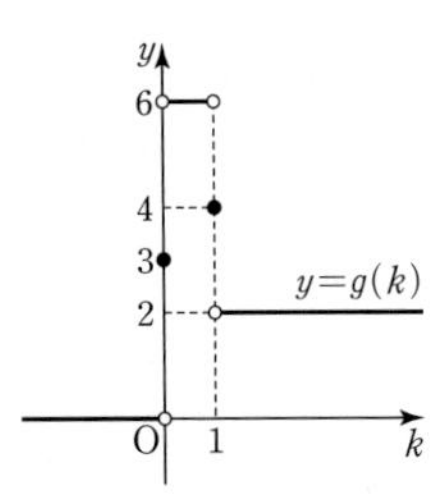

즉, 함수 $g(x)$는 $x=0$과 $x=1$에서 불연속이고, $h(x)$는 이차함수이므로 함수 $g(x)h(x)$가 모든 실수에서 연속이기 위해서는 $x=0$과 $x=1$에서 연속이어야 한다.

(i) $x=0$에서 함수 $g(x)h(x)$가 연속이려면

$\lim_{x\to 0-} g(x)h(x)=\lim_{x\to 0+} g(x)h(x)=g(0)h(0)$

$0\times h(0)=6\times h(0)=3\times h(0)$

즉, $h(0)=0$

(ii) $x=1$에서 함수 $g(x)h(x)$가 연속이려면

$\lim_{x\to 1-} g(x)h(x)=\lim_{x\to 1+} g(x)h(x)=g(1)h(1)$

$6\times h(1)=2\times h(1)=4\times h(1)$

즉, $h(1)=0$

(i), (ii)에 의하여 $h(0)=h(1)=0$이므로 최고차항의 계수가 1인 이차함수 $h(x)$는

$h(x)=x(x-1)$

따라서 $h(3)=3\times 2=6$

답 ④

96 $f(x)=x-2\ln x$로 놓으면

$f'(x)=1-\dfrac{2}{x}=\dfrac{x-2}{x}=0$에서 $x=2$

함수 $f(x)$의 증가와 감소를 표로 나타내면 다음과 같다.

x	(0)	$\cdots$	2	$\cdots$
$f'(x)$		$-$	0	$+$
$f(x)$		↘	$2-2\ln 2$	↗

함수 $y=f(x)$의 그래프는 그림과 같다.

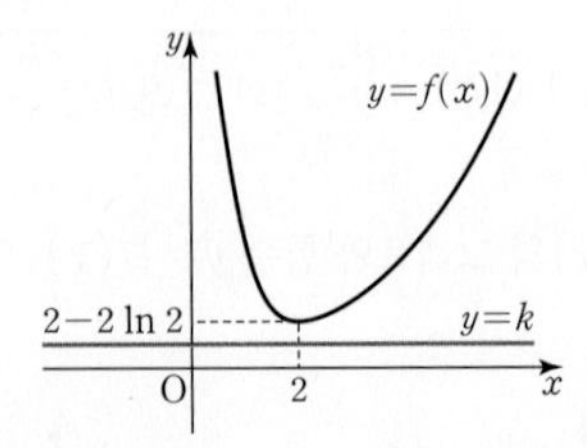

즉, 함수 $f(x)$는 $x=2$에서 극솟값이자 최솟값 $f(2)=2-2\ln 2$를 가지므로 $x>0$에서 부등식 $f(x)\geq k$가 항상 성립하려면

$k\leq 2-2\ln 2$

따라서 실수 k의 최댓값은 $2-2\ln 2$이다.

답 ②

97 $f(x)=(x^2-3)e^x$으로 놓으면

$f'(x)=(x^2+2x-3)e^x=(x+3)(x-1)e^x$

$f'(x)=0$에서 $x=-3$ 또는 $x=1$

함수 $f(x)$의 증가와 감소를 표로 나타내면 다음과 같다.

x	$\cdots$	-3	$\cdots$	1	$\cdots$
$f'(x)$	$+$	0	$-$	0	$+$
$f(x)$	↗	$6e^{-3}$	↘	$-2e$	↗

함수 $y=f(x)$의 그래프는 그림과 같다.

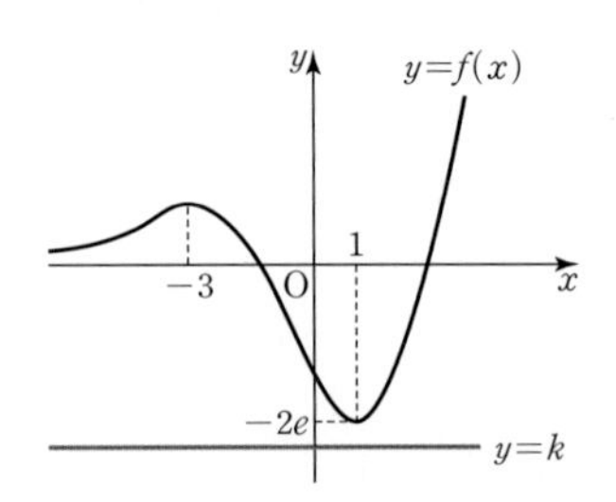

즉, 함수 $f(x)$는 $x=1$에서 최솟값 $f(1)=-2e$를 가지므로 부등식 $(x^2-3)e^x\geq k$가 항상 성립하려면 $k\leq -2e$

따라서 실수 k의 최댓값은 $-2e$이다.

답 ④

98 $4\ln x-x^4+k\leq 0$에서 $4\ln x-x^4\leq -k$

$f(x)=4\ln x-x^4$으로 놓으면

$$f'(x)=\frac{4}{x}-4x^3=\frac{4-4x^4}{x}=\frac{4(1-x)(1+x)(1+x^2)}{x}=0$$

에서 $x>0$이므로 $x=1$

$x>0$에서 함수 $f(x)$의 증가와 감소를 표로 나타내면 다음과 같다.

x	(0)	$\cdots$	1	$\cdots$
$f'(x)$		$+$	0	$-$
$f(x)$		↗	-1	↘

$x>0$에서 함수 $y=f(x)$의 그래프는 그림과 같다.

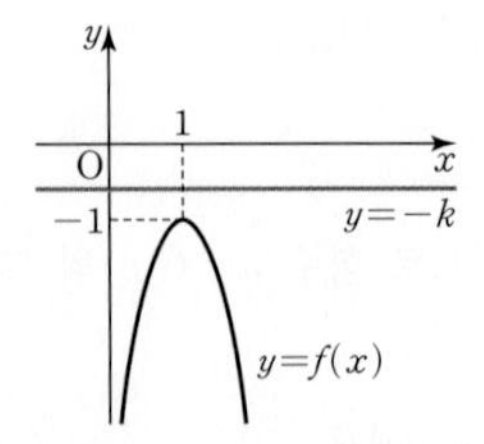

즉, 함수 $f(x)$는 $x=1$에서 최댓값 $f(1)=-1$을 가지므로 부등식 $f(x)\leq -k$가 항상 성립하려면 $-k\geq -1$, $k\leq 1$

따라서 실수 k의 최댓값은 1이다.

답 ①

99 $f(x)\geq g(x)$에서 $x^2+x\geq \ln x+k$

$x^2+x-\ln x\geq k$

$h(x)=x^2+x-\ln x$로 놓으면

$h'(x)=2x+1-\frac{1}{x}$

$=\frac{2x^2+x-1}{x}$

$=\frac{(2x-1)(x+1)}{x}$

$h'(x)=0$에서 $x>0$이므로 $x=\frac{1}{2}$

$x>0$에서 함수 $h(x)$의 증가와 감소를 표로 나타내면 다음과 같다.

x	(0)	$\cdots$	$\frac{1}{2}$	$\cdots$
$h'(x)$		$-$	0	$+$
$h(x)$		↘	$\frac{3}{4}+\ln 2$	↗

$x>0$에서 함수 $y=h(x)$의 그래프는 그림과 같다.

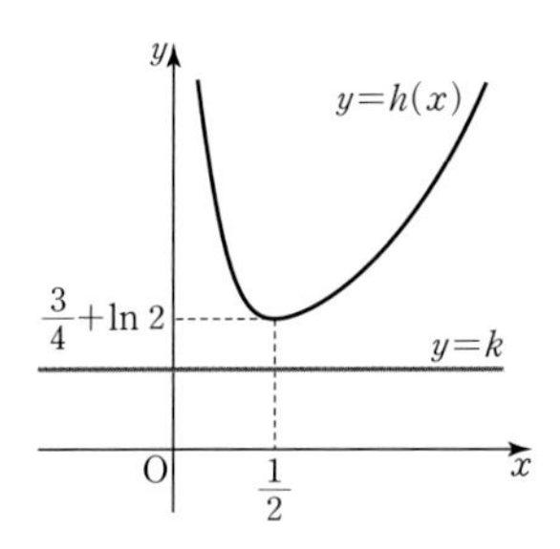

즉, $x>0$에서 $h(x)\geq k$가 항상 성립하려면 $k\leq\frac{3}{4}+\ln 2$

따라서 실수 k의 최댓값은 $\frac{3}{4}+\ln 2$이다.

답 ④

100 $x>0$일 때, $x-4+\frac{k}{x}\geq 0$에서

$x(x-4)\geq -k$

$f(x)=x(x-4)$로 놓으면

$f'(x)=2x-4$

$f'(x)=0$에서 $x=2$

$x>0$에서 함수 $f(x)$의 증가와 감소를 표로 나타내면 다음과 같다.

x	(0)	$\cdots$	2	$\cdots$
$f'(x)$		$-$	0	$+$
$f(x)$		↘	-4	↗

$x>0$에서 함수 $y=f(x)$의 그래프는 그림과 같다.

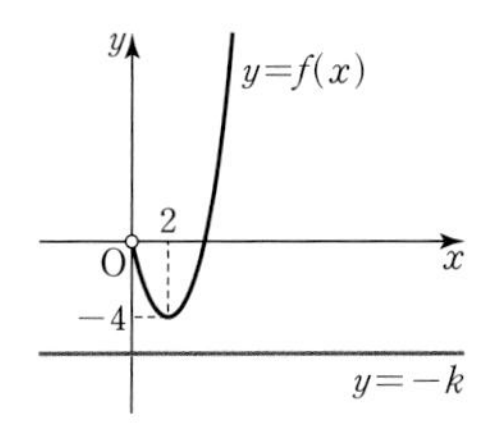

$x>0$에서 부등식 $f(x)\geq -k$가 성립하려면 $k\geq 4$

따라서 실수 k의 최솟값은 4이다.

답 ④

101 $x>0$일 때, $1-2\ln x\leq\frac{k}{x^2}$에서

$x^2(1-2\ln x)\leq k$

$f(x)=x^2(1-2\ln x)$로 놓으면

$f'(x)=2x(1-2\ln x)+x^2\times\left(-\frac{2}{x}\right)$

$=-4x\ln x$

$x>0$일 때, $f'(x)=0$에서 $x=1$

$x>0$에서 함수 $f(x)$의 증가와 감소를 표로 나타내면 다음과 같다.

x	(0)	$\cdots$	1	$\cdots$
$f'(x)$		$+$	0	$-$
$f(x)$		↗	1	↘

$x>0$에서 함수 $y=f(x)$의 그래프는 그림과 같다.

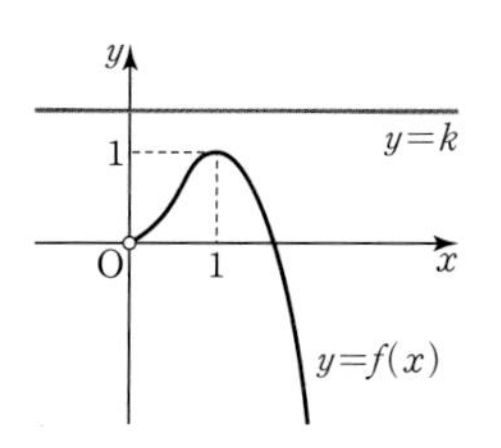

즉, 함수 $f(x)$는 $x=1$에서 극댓값이자 최댓값 $f(1)=1$을 가지므로 $x>0$에서 부등식 $x^2(1-2\ln x)\leq k$가 항상 성립하려면 $k\geq 1$

따라서 실수 k의 최솟값은 1이다.

답 ⑤

102 $2\sin x\geq x-k$에서

$2\sin x-x\geq -k$

$f(x)=2\sin x-x$로 놓으면

$f'(x)=2\cos x-1$

$0\leq x\leq 2\pi$일 때, $f'(x)=0$에서 $x=\frac{\pi}{3}$ 또는 $x=\frac{5}{3}\pi$이므로

$0\leq x\leq 2\pi$에서 함수 $f(x)$의 증가와 감소를 표로 나타내면 다음과 같다.

x	0	$\cdots$	$\frac{\pi}{3}$	$\cdots$	$\frac{5}{3}\pi$	$\cdots$	2π
$f'(x)$		$+$	0	$-$	0	$+$	
$f(x)$	0	↗	$\sqrt{3}-\frac{\pi}{3}$	↘	$-\sqrt{3}-\frac{5}{3}\pi$	↗	-2π

$0\leq x\leq 2\pi$에서 함수 $y=f(x)$의 그래프는 그림과 같다.

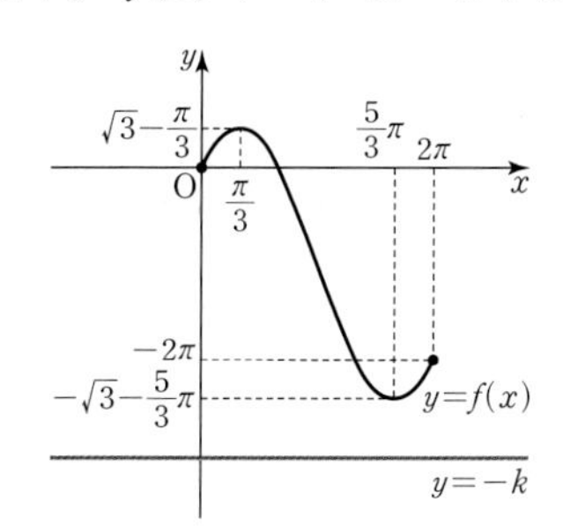

$0\leq x\leq 2\pi$에서 부등식 $2\sin x-x\geq -k$가 성립하려면

$-k\leq -\sqrt{3}-\frac{5}{3}\pi$

즉, $k\geq\sqrt{3}+\frac{5}{3}\pi$

따라서 실수 k의 최솟값은 $\sqrt{3}+\frac{5}{3}\pi$이다.

답 ④

103 $\sqrt{1-x^2}\le -x+k$에서

$\sqrt{1-x^2}+x\le k$

$f(x)=\sqrt{1-x^2}+x$로 놓으면

$$f'(x)=\frac{-2x}{2\sqrt{1-x^2}}+1$$

$$=\frac{-x+\sqrt{1-x^2}}{\sqrt{1-x^2}}$$

$f'(x)=0$에서 $-x+\sqrt{1-x^2}=0$

$\sqrt{1-x^2}=x$ …… ㉠

양변을 제곱하면

$1-x^2=x^2$, $2x^2=1$

$x=\frac{1}{\sqrt{2}}$ 또는 $x=-\frac{1}{\sqrt{2}}$

$x=-\frac{1}{\sqrt{2}}$일 때 ㉠이 성립하지 않으므로 $x=\frac{1}{\sqrt{2}}$

$-1<x<1$에서 함수 $f(x)$의 증가와 감소를 표로 나타내면 다음과 같다.

x	(-1)	$\cdots$	$\frac{1}{\sqrt{2}}$	$\cdots$	(1)
$f'(x)$		$+$	0	$-$	
$f(x)$	(-1)	↗	$\sqrt{2}$	↘	(1)

$-1<x<1$에서 함수 $y=f(x)$의 그래프는 그림과 같다.

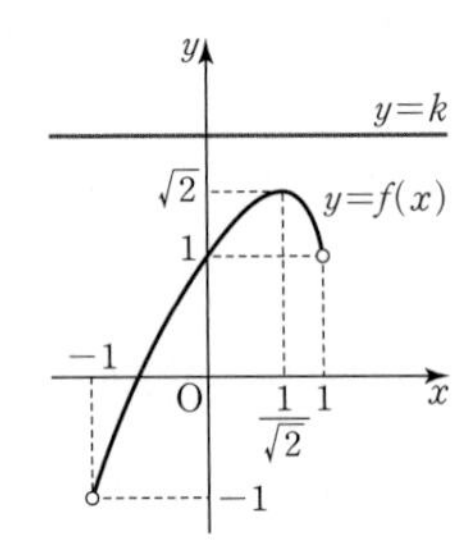

$-1<x<1$에서 부등식 $\sqrt{1-x^2}+x\le k$가 성립하려면

$k\ge\sqrt{2}$

따라서 실수 k의 최솟값은 $\sqrt{2}$이다.

답 ②

104 $x>0$일 때, $e^x-kx\ge 0$에서

$\frac{e^x}{x}\ge k$

$f(x)=\frac{e^x}{x}$으로 놓으면

$$f'(x)=\frac{e^x\times x-e^x\times 1}{x^2}$$

$$=\frac{e^x(x-1)}{x^2}$$

$f'(x)=0$에서 $x=1$

$x>0$에서 함수 $f(x)$의 증가와 감소를 표로 나타내면 다음과 같다.

x	(0)	$\cdots$	1	$\cdots$
$f'(x)$		$-$	0	$+$
$f(x)$		↘	e	↗

$x>0$에서 함수 $y=f(x)$의 그래프는 그림과 같다.

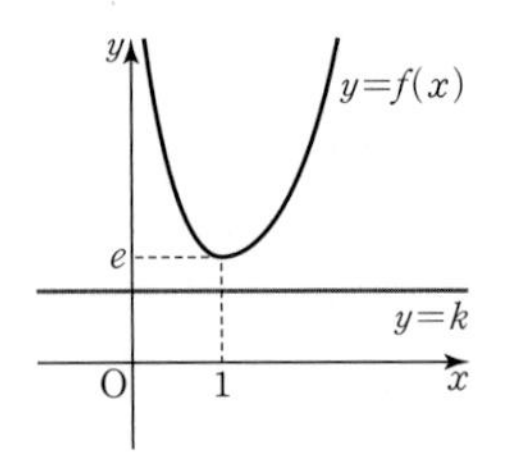

$x>0$에서 부등식 $f(x)\ge k$가 성립하려면 $k\le e$

따라서 실수 k의 최댓값은 e이다.

답 ⑤

105 $x>0$일 때, $2+\ln x\ge\frac{k}{x}$에서

$x(2+\ln x)\ge k$

$f(x)=x(2+\ln x)$로 놓으면

$f'(x)=(2+\ln x)+x\times\frac{1}{x}=3+\ln x$

$f'(x)=0$에서 $x=\frac{1}{e^3}$

$x>0$에서 함수 $f(x)$의 증가와 감소를 표로 나타내면 다음과 같다.

x	(0)	$\cdots$	$\frac{1}{e^3}$	$\cdots$
$f'(x)$		$-$	0	$+$
$f(x)$		↘	$-\frac{1}{e^3}$	↗

$x>0$에서 함수 $y=f(x)$의 그래프는 그림과 같다.

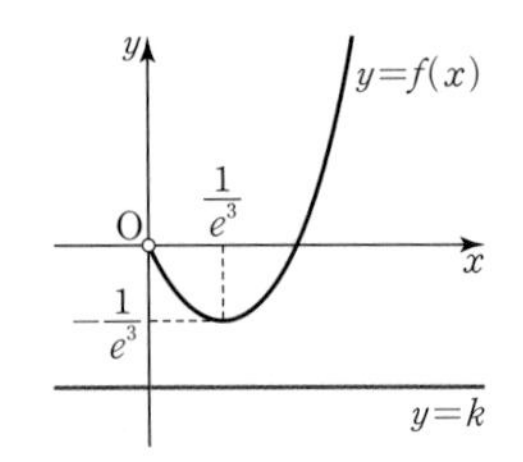

$x>0$에서 부등식 $f(x)\ge k$가 성립하려면 $k\le-\frac{1}{e^3}$

따라서 실수 k의 최댓값은 $-\frac{1}{e^3}$이다.

답 ①

106 $x>1$일 때, $x-k\sqrt{x-1}\ge 0$에서

$\frac{x}{\sqrt{x-1}}\ge k$

$f(x)=\frac{x}{\sqrt{x-1}}$로 놓으면

$$f'(x)=\frac{1\times\sqrt{x-1}-x\times\frac{1}{2\sqrt{x-1}}}{x-1}$$

$$=\frac{x-2}{2(x-1)\sqrt{x-1}}$$

$f'(x)=0$에서 $x=2$

$x>1$에서 함수 $f(x)$의 증가와 감소를 표로 나타내면 다음과 같다.

x	(1)	$\cdots$	2	$\cdots$
$f'(x)$		$-$	0	$+$
$f(x)$		↘	2	↗

$x>1$에서 함수 $y=f(x)$의 그래프는 그림과 같다.

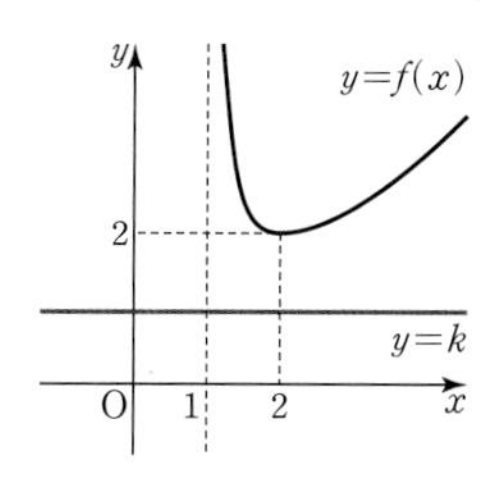

$x>1$에서 부등식 $f(x)\ge k$가 성립하려면 $k\le 2$
따라서 실수 k의 최댓값은 2이다.

답 ②

107 $2^x=t\ (t>0)$이라 하면 $t^3-6t^2\ge k$
$g(t)=t^3-6t^2\ (t>0)$으로 놓으면
$g'(t)=3t^2-12t$
$g'(t)=0$에서 $3t^2-12t=0$
$3t(t-4)=0$
$t>0$이므로 $t=4$
$t>0$에서 함수 $g(t)$의 증가와 감소를 표로 나타내면 다음과 같다.

t	(0)	$\cdots$	4	$\cdots$
$g'(t)$		$-$	0	$+$
$g(t)$		↘	-32	↗

함수 $y=g(t)$의 그래프는 그림과 같다.

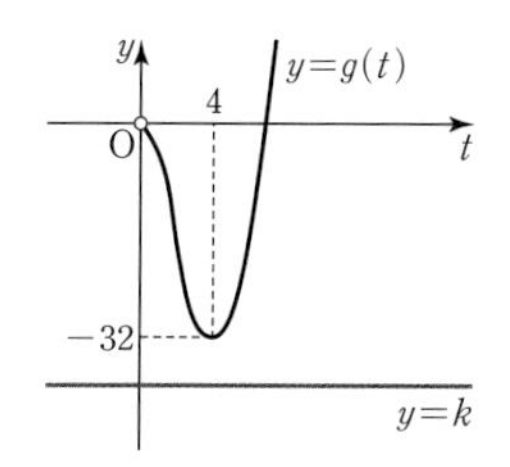

즉, 함수 $g(t)$는 $t=4$에서 최솟값 $g(4)=-32$를 가지므로 부등식 $g(t)\ge k$가 항상 성립하려면 $k\le -32$
따라서 실수 k의 최댓값은 -32이다.

답 ②

108 $f(t)=t+2\sqrt{t}$라 하고, $x=f(t)$에서
점 P의 시각 t에서의 속도를 $v(t)$, 가속도를 $a(t)$라 하자.
$v(t)=f'(t)=1+\dfrac{1}{\sqrt{t}}$, $a(t)=f''(t)=-\dfrac{1}{2t\sqrt{t}}$
점 P의 속도가 2일 때의 시각을 t_1이라 하면
$v(t_1)=2$에서 $1+\dfrac{1}{\sqrt{t_1}}=2$
즉, $t_1=1$
따라서 시각 $t=1$에서의 점 P의 가속도는 $a(1)=-\dfrac{1}{2}$

답 ②

109 $f(t)=\dfrac{1}{2}t+\cos t$라 하고, $x=f(t)$에서 점 P의 시각 t에서의 속도를 $v(t)$, 가속도를 $a(t)$라 하자.
$v(t)=f'(t)=\dfrac{1}{2}-\sin t$, $a(t)=f''(t)=-\cos t$
점 P가 운동 방향을 바꾸는 시각 $t=t_1$에 대하여 $v(t_1)=0$이므로
$\dfrac{1}{2}-\sin t_1=0$, $\sin t_1=\dfrac{1}{2}$
$0<t_1<\dfrac{\pi}{2}$이므로 $t_1=\dfrac{\pi}{6}$
따라서 시각 $t=\dfrac{\pi}{6}$에서의 가속도는
$a\left(\dfrac{\pi}{6}\right)=-\cos\dfrac{\pi}{6}=-\dfrac{\sqrt{3}}{2}$

답 ②

110 $f(t)=2\sin t+3\cos t$라 하고, $x=f(t)$에서 점 P의 시각 t에서의 속도를 $v(t)$라 하자.
$v(t)=f'(t)=2\cos t-3\sin t$
점 P가 운동 방향을 바꾸는 시각 $t=t_1$에 대하여 $v(t_1)=0$이므로
$2\cos t_1-3\sin t_1=0$, $2\cos t_1=3\sin t_1$
$\dfrac{\sin t_1}{\cos t_1}=\dfrac{2}{3}$
따라서 $\tan t_1=\dfrac{2}{3}$이므로
$\sec^2 t_1=1+\tan^2 t_1=1+\dfrac{4}{9}=\dfrac{13}{9}$

답 ④

111 $f(t)=\dfrac{e^{2t}+e^2}{2e^{t+1}}=\dfrac{e^{t-1}+e^{-t+1}}{2}$이라 하고, $x=f(t)$에서 점 P의 시각 t에서의 속도를 $v(t)$, 가속도를 $a(t)$라 하자.
$v(t)=f'(t)=\dfrac{e^{t-1}-e^{-t+1}}{2}$, $a(t)=f''(t)=\dfrac{e^{t-1}+e^{-t+1}}{2}$
$e^{t-1}>0$, $e^{-t+1}>0$이므로 산술평균과 기하평균의 관계에 의하여
$|a(t)|=\left|\dfrac{1}{2}(e^{t-1}+e^{-t+1})\right|=\dfrac{1}{2}(e^{t-1}+e^{-t+1})$
$\ge\dfrac{1}{2}\times 2\times\sqrt{e^{t-1}\times e^{-t+1}}$
(단, 등호는 $e^{t-1}=e^{-t+1}$일 때, 즉 $t=1$일 때 성립)
$=1$
즉, $t_1=1$
따라서 $t=1$에서 점 P의 가속도의 크기가 최소이므로 시각 $t=1$에서의 점 P의 속도는
$v(1)=\dfrac{e^0-e^0}{2}=0$

답 ③

112 $f(t)=e^{2t}-4e^t+3$이라 하고, $x=f(t)$에서 점 P의 시각 t에서의 속도를 $v(t)$, 가속도를 $a(t)$라 하자.
$v(t)=f'(t)=2e^{2t}-4e^t$, $a(t)=f''(t)=4e^{2t}-4e^t$
점 P가 운동 방향을 바꿀 때의 시각이 t_1이므로 $v(t_1)=0$
즉, $2e^{2t_1}-4e^{t_1}=0$
$2e^{t_1}(e^{t_1}-2)=0$에서 $e^{t_1}>0$이므로
$e^{t_1}=2$, 즉 $t_1=\ln 2$
점 P가 원점을 출발하여 운동 방향을 바꿀 때의 시각은 $t_1=\ln 2$이다.
즉, 시각 $t=\ln 2$에서의 점 P의 위치는
$f(\ln 2)=e^{2\ln 2}-4e^{\ln 2}+3=4-4\times 2+3=-1$이고,

점 P의 가속도는 $a(\ln 2)=4e^{2\ln 2}-4e^{\ln 2}=4\times4-4\times2=8$이다.
따라서 $p=-1$, $q=8$이므로 $p+q=-1+8=7$

답 ④

113 $f(t)=k\sin\left(\pi t-\frac{\pi}{4}\right)$라 하고, $x=f(t)$에서 점 P의 시각 t에서의 속도를 $v(t)$, 가속도를 $a(t)$라 하자.

$v(t)=f'(t)=k\pi\cos\left(\pi t-\frac{\pi}{4}\right)$, $a(t)=f''(t)=-k\pi^2\sin\left(\pi t-\frac{\pi}{4}\right)$

점 P가 운동 방향을 바꾸는 시각 t_1에 대하여 $v(t_1)=0$이므로

$k\pi\cos\left(\pi t_1-\frac{\pi}{4}\right)=0$

$0<t_1<1$에서 $-\frac{\pi}{4}<\pi t_1-\frac{\pi}{4}<\frac{3}{4}\pi$이므로

$k\pi\cos\left(\pi t_1-\frac{\pi}{4}\right)=0$에서 $\pi t_1-\frac{\pi}{4}=\frac{\pi}{2}$이다.

즉, $t_1=\frac{3}{4}$

시각 $t=\frac{3}{4}$에서의 점 P의 가속도가 $a\left(\frac{3}{4}\right)=\pi^2$이므로

$-k\pi^2\sin\left(\frac{3}{4}\pi-\frac{\pi}{4}\right)=\pi^2$

$k=-1$

따라서 $x=f(t)=-\sin\left(\pi t-\frac{\pi}{4}\right)$이므로 시각 $t=\frac{3}{4}$에서의 점 P의 위치는

$f\left(\frac{3}{4}\right)=-\sin\left(\frac{3}{4}\pi-\frac{\pi}{4}\right)=-\sin\frac{\pi}{2}=-1$

답 ①

114 $\frac{dx}{dt}=-2\sin t$, $\frac{dy}{dt}=3\cos t$이므로

점 P의 시각 t에서의 속도는 $(-2\sin t, 3\cos t)$이다.

시각 $t=\frac{\pi}{6}$에서의 점 P의 속도는 $\left(-1, \frac{3\sqrt{3}}{2}\right)$이므로

구하는 속력은 $\sqrt{(-1)^2+\left(\frac{3\sqrt{3}}{2}\right)^2}=\frac{\sqrt{31}}{2}$

답 ③

115 $\frac{dx}{dt}=2$, $\frac{dy}{dt}=-2t+4$

$\sqrt{\left(\frac{dx}{dt}\right)^2+\left(\frac{dy}{dt}\right)^2}=\sqrt{2^2+(-2t+4)^2}=\sqrt{4t^2-16t+20}$

$=\sqrt{4(t-2)^2+4}$

즉, 시각 $t=2$에서 점 P의 속력이 최소이고, 이때의 최솟값은 $\sqrt{4}=2$이다.

따라서 $a=2$, $m=2$이므로 $a+m=4$

답 ④

116 $\frac{dx}{dt}=1-\cos t$, $\frac{dy}{dt}=-\sin t$

$\sqrt{\left(\frac{dx}{dt}\right)^2+\left(\frac{dy}{dt}\right)^2}=\sqrt{(1-\cos t)^2+\sin^2 t}$

$=\sqrt{(1-2\cos t+\cos^2 t)+\sin^2 t}$

$=\sqrt{2-2\cos t}$

$-1\le\cos t\le1$이므로 $\cos t=-1$일 때 점 P의 속력이 최대가 된다.

따라서 점 P의 속력의 최댓값은

$\sqrt{2-2\times(-1)}=2$

답 ②

117 $\frac{dx}{dt}=e^t(-\sin t+\cos t)$, $\frac{dy}{dt}=e^t(\sin t+\cos t)$

$\sqrt{\left(\frac{dx}{dt}\right)^2+\left(\frac{dy}{dt}\right)^2}$

$=\sqrt{e^{2t}(-\sin t+\cos t)^2+e^{2t}(\sin t+\cos t)^2}$

$=e^t\sqrt{(\sin^2 t-2\sin t\cos t+\cos^2 t)+(\sin^2 t+2\sin t\cos t+\cos^2 t)}$

$=e^t\sqrt{2(\sin^2 t+\cos^2 t)}$

$=\sqrt{2}e^t$

점 P의 속력이 $\sqrt{2}e^{\frac{\pi}{2}}$일 때,

$\sqrt{2}e^t=\sqrt{2}e^{\frac{\pi}{2}}$에서 $t=\frac{\pi}{2}$

$\frac{d^2x}{dt^2}=e^t(-\sin t+\cos t-\cos t-\sin t)=-2e^t\sin t$,

$\frac{d^2y}{dt^2}=e^t(\sin t+\cos t+\cos t-\sin t)=2e^t\cos t$

이므로 시각 $t=\frac{\pi}{2}$에서의 점 P의 가속도는 $(-2e^{\frac{\pi}{2}}, 0)$이다.

따라서 가속도의 크기는

$\sqrt{(-2e^{\frac{\pi}{2}})^2+0^2}=2e^{\frac{\pi}{2}}$

답 ④

118 $\frac{dx}{dt}=-3\cos^2 t\sin t$, $\frac{dy}{dt}=3\sin^2 t\cos t$

$\sqrt{\left(\frac{dx}{dt}\right)^2+\left(\frac{dy}{dt}\right)^2}=\sqrt{(-3\cos^2 t\sin t)^2+(3\sin^2 t\cos t)^2}$

$=\sqrt{9\cos^4 t\sin^2 t+9\sin^4 t\cos^2 t}$

$=\sqrt{9\sin^2 t\cos^2 t(\sin^2 t+\cos^2 t)}$

$=3|\sin t\cos t|$

$=\frac{3}{2}|\sin 2t|$

속력이 최대가 되려면 $\sin 2t=1$에서 $2t=\frac{\pi}{2}$, 즉 $t=\frac{\pi}{4}$

$\frac{d^2x}{dt^2}=-6\cos t\times(-\sin t)\times\sin t-3\cos^2 t\times\cos t$

$=6\cos t\sin^2 t-3\cos^3 t$

$\frac{d^2y}{dt^2}=6\sin t\times\cos t\times\cos t-3\sin^2 t\times\sin t$

$=6\sin t\cos^2 t-3\sin^3 t$

이므로 시각 $t=\frac{\pi}{4}$에서의 점 P의 가속도는

$\left(6\cos\frac{\pi}{4}\sin^2\frac{\pi}{4}-3\cos^3\frac{\pi}{4}, 6\sin\frac{\pi}{4}\cos^2\frac{\pi}{4}-3\sin^3\frac{\pi}{4}\right)$

즉, $\left(\frac{3\sqrt{2}}{4}, \frac{3\sqrt{2}}{4}\right)$이므로 가속도의 크기는

$\sqrt{\left(\frac{3\sqrt{2}}{4}\right)^2+\left(\frac{3\sqrt{2}}{4}\right)^2}=\frac{3}{2}$

답 ③

참고

$\sin 2t=\sin(t+t)$

$=\sin t\cos t+\cos t\sin t$

$=2\sin t\cos t$

서술형 완성하기

본문 118쪽

01 $\frac{11}{16}-\frac{\sqrt{3}}{12}\pi$ **02** $4+4\ln 2$ **03** 22

04 $\frac{6\sqrt{3}\pi+27}{4\pi+6\sqrt{3}}\left(=\frac{3\sqrt{3}}{2}\right)$ **05** $\frac{155}{512}$

06 $(0,\ -1)$

01 $y'=\cos x$이므로 점 $\left(\frac{\pi}{6},\ \frac{1}{2}\right)$에서의 접선의 방정식은

$y-\frac{1}{2}=\cos\frac{\pi}{6}\left(x-\frac{\pi}{6}\right)$

$y=\frac{\sqrt{3}}{2}x-\frac{\sqrt{3}}{12}\pi+\frac{1}{2}$ …… ㉠ …… ❶

㉠이 곡선 $y=x^2+a$에 접해야 하므로

$x^2+a=\frac{\sqrt{3}}{2}x-\frac{\sqrt{3}}{12}\pi+\frac{1}{2}$

$x^2-\frac{\sqrt{3}}{2}x+a+\frac{\sqrt{3}}{12}\pi-\frac{1}{2}=0$

이차방정식의 판별식을 D라 할 때,

$D=\left(-\frac{\sqrt{3}}{2}\right)^2-4\times\left(a+\frac{\sqrt{3}}{12}\pi-\frac{1}{2}\right)$

$=\frac{3}{4}-4a-\frac{\sqrt{3}}{3}\pi+2=0$

따라서 $a=\frac{11}{16}-\frac{\sqrt{3}}{12}\pi$ …… ❷

답 $\frac{11}{16}-\frac{\sqrt{3}}{12}\pi$

단계	채점 기준	비율
❶	접선의 방정식을 구한 경우	60 %
❷	a의 값을 구한 경우	40 %

02 $y=\ln x-\ln\frac{1}{x}=\ln x+\ln x=2\ln x$이므로

$y'=\frac{2}{x}$에서 점 $(a,\ b)$에서의 접선의 방정식은

$y-b=\frac{2}{a}(x-a)$, $y=\frac{2}{a}x-2+b$ …… ㉠ …… ❶

직선 ㉠이 직선 $2x+y-3=0$과 수직이므로

$\frac{2}{a}\times(-2)=-1$, $a=4$ …… ❷

또한 점 $(a,\ b)$는 곡선 $y=2\ln x$ 위의 점이므로

$b=2\ln 4=4\ln 2$

따라서 $a+b=4+4\ln 2$ …… ❸

답 $4+4\ln 2$

단계	채점 기준	비율
❶	접선의 방정식을 구한 경우	50 %
❷	a의 값을 구한 경우	30 %
❸	$a+b$의 값을 구한 경우	20 %

03 $f'(x)=(2x+a)e^x+(x^2+ax+a+8)e^x$

$=\{x^2+(a+2)x+2a+8\}e^x$ …… ❶

$e^x>0$이므로 $g(x)=x^2+(a+2)x+2a+8$이라 하면 모든 실수 x에 대하여 $g(x)\ge 0$이어야 함수 $f(x)$가 극값을 갖지 않는다.

따라서 이차방정식 $g(x)=0$의 판별식을 D라 하면

$D=(a+2)^2-4(2a+8)=a^2-4a-28\le 0$

$2-4\sqrt{2}<a<2+4\sqrt{2}$ …… ❷

따라서 정수 a는 $-3,\ -2,\ -1,\ 0,\ 1,\ 2,\ 3,\ 4,\ 5,\ 6,\ 7$이므로 모든 정수 a의 값의 합은 $4+5+6+7=22$ …… ❸

답 22

단계	채점 기준	비율
❶	$f'(x)$를 구한 경우	20 %
❷	a의 값의 범위를 구한 경우	60 %
❸	모든 정수 a의 값의 합을 구한 경우	20 %

04 $y'=2(1+\cos x)(-\sin x)$

$=-2\sin x-2\sin x\cos x$

$y''=-2\cos x-2\cos^2 x+2\sin^2 x$

$=-2\cos x-2\cos^2 x+2(1-\cos^2 x)$

$=-4\cos^2 x-2\cos x+2$

$=-2(2\cos^2 x+\cos x-1)$

$=-2(2\cos x-1)(\cos x+1)$

$0<x<\pi$일 때, $y''=0$에서 $x=\frac{\pi}{3}$이므로 변곡점의 좌표는 $\left(\frac{\pi}{3},\ \frac{9}{4}\right)$이다. …… ❶

변곡점 $\left(\frac{\pi}{3},\ \frac{9}{4}\right)$에서의 접선의 방정식은

$y-\frac{9}{4}=-\frac{3\sqrt{3}}{2}\left(x-\frac{\pi}{3}\right)$, $y=-\frac{3\sqrt{3}}{2}x+\frac{\sqrt{3}}{2}\pi+\frac{9}{4}$ …… ❷

따라서 접선이 x축, y축과 만나는 점은 각각 $\left(\frac{\pi}{3}+\frac{\sqrt{3}}{2},\ 0\right)$, $\left(0,\ \frac{\sqrt{3}}{2}\pi+\frac{9}{4}\right)$이므로

$\frac{b}{a}=\frac{\frac{\sqrt{3}}{2}\pi+\frac{9}{4}}{\frac{\pi}{3}+\frac{\sqrt{3}}{2}}=\frac{6\sqrt{3}\pi+27}{4\pi+6\sqrt{3}}=\frac{3\sqrt{3}}{2}$ …… ❸

답 $\frac{6\sqrt{3}\pi+27}{4\pi+6\sqrt{3}}\left(=\frac{3\sqrt{3}}{2}\right)$

단계	채점 기준	비율
❶	변곡점을 구한 경우	40 %
❷	접선의 방정식을 구한 경우	40 %
❸	$\frac{b}{a}$의 값을 구한 경우	20 %

05 $f'(x)=n\left(\frac{x}{8}\right)^{n-1}e^{n-x}\times\frac{1}{8}+\left(\frac{x}{8}\right)^n e^{n-x}\times(-1)$

$=e^{n-x}\left\{\frac{n}{8}\left(\frac{x}{8}\right)^{n-1}-\left(\frac{x}{8}\right)^n\right\}$

$=e^{n-x}\times\frac{n-x}{8}\times\left(\frac{x}{8}\right)^{n-1}$ …… ❶

(i) $n=1$일 때

$f'(x)=e^{1-x}\times\frac{1-x}{8}$

$e^{1-x}>0$이고, $x=1$에서 함수 $f(x)$는 극대이면서 최대이므로

$a_1=f(1)=\frac{1}{8}$

(ii) $n=2$일 때

$f'(x)=e^{2-x}\times\frac{2-x}{8}\times\frac{x}{8}$

$e^{2-x}>0$이고, $x=2$에서 함수 $f(x)$는 극대이면서 최대이므로

$a_2=f(2)=\left(\frac{1}{4}\right)^2=\frac{1}{16}$

(iii) $n=3$일 때

$f'(x)=e^{3-x}\times\frac{3-x}{8}\times\left(\frac{x}{8}\right)^2$

$e^{3-x}>0$, $\left(\frac{x}{8}\right)^2\geq0$이므로 $x=3$에서 함수 $f(x)$는 극대이면서 최대이므로

$a_3=f(3)=\left(\frac{3}{8}\right)^3=\frac{27}{512}$

이와 같은 방법으로 생각하면

$a_4=f(4)=\left(\frac{1}{2}\right)^4=\frac{1}{16}$ ...... ❷

따라서

$a_1+a_2+a_3+a_4=\frac{1}{8}+\frac{1}{16}+\frac{27}{512}+\frac{1}{16}$

$=\frac{64+32+27+32}{512}=\frac{155}{512}$ ...... ❸

답 $\frac{155}{512}$

단계	채점 기준	비율
❶	$f'(x)$를 구한 경우	30 %
❷	a_1, a_2, a_3, a_4의 값을 구한 경우	60 %
❸	$a_1+a_2+a_3+a_4$의 값을 구한 경우	10 %

06 $\frac{dx}{dt}=2\cos t$, $\frac{dy}{dt}=-\sin t$이므로 점 P의 속력은

$\sqrt{(2\cos t)^2+(-\sin t)^2}=\sqrt{4\cos^2 t+\sin^2 t}$

$=\sqrt{4\cos^2 t+(1-\cos^2 t)}$

$=\sqrt{3\cos^2 t+1}$ ...... ❶

따라서 속력의 최댓값은 $\cos^2 t=1$일 때이고, $\frac{\pi}{2}\leq t\leq\frac{3}{2}\pi$이므로

$\cos t=-1$, 즉 $t=\pi$ ...... ❷

따라서 점 P의 좌표는

$(2\sin\pi, \cos\pi)$, 즉 $(0, -1)$ ...... ❸

답 $(0, -1)$

단계	채점 기준	비율
❶	속력을 구한 경우	50 %
❷	속력이 최대일 때 t의 값을 구한 경우	30 %
❸	점 P의 좌표를 구한 경우	20 %

내신 + 수능 고난도 도전

본문 119~120쪽

01 ⑤ 02 ④ 03 ② 04 ① 05 ②
06 ⑤ 07 ③ 08 ②

01 $y'=e^x+(x+1)e^x=(x+2)e^x$이므로 접점의 좌표를 $(t, (t+1)e^t)$이라 하면 접선의 방정식은

$y-(t+1)e^t=(t+2)e^t(x-t)$

이 접선이 점 $(0, a)$를 지나므로

$a-(t+1)e^t=(t+2)e^t(-t)$

$a=(t+1)e^t-t(t+2)e^t$

$=(-t^2-t+1)e^t$

따라서 $f(t)=(-t^2-t+1)e^t$이라 하면

$f'(t)=(-2t-1)e^t+(-t^2-t+1)e^t$

$=(-t^2-3t)e^t=-t(t+3)e^t$

이므로 함수 $f(t)$는 $t=-3$에서 극솟값이 $f(-3)=-5e^{-3}$, $t=0$에서 극댓값이 $f(0)=1$이다.

따라서 함수 $y=f(t)$의 그래프는 그림과 같다.

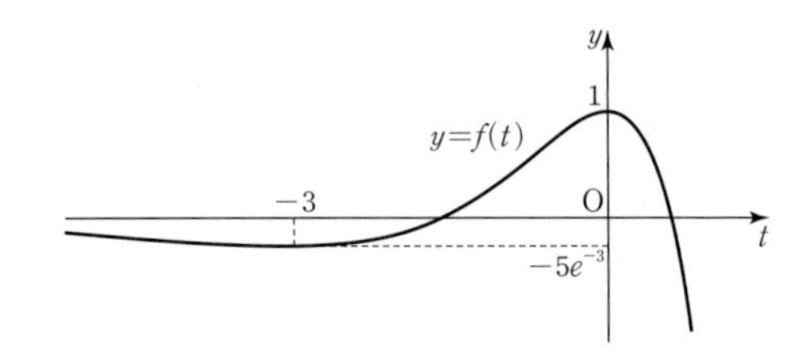

이때 접선의 개수가 3이려면 함수 $y=f(t)$의 그래프와 직선 $y=a$가 서로 다른 세 점에서 만나야 하므로

$-5e^{-3}<a<0$

즉, $\alpha=-5e^{-3}$, $\beta=0$이므로

$\beta-\alpha=5e^{-3}=\frac{5}{e^3}$

답 ⑤

02 $y'=-\frac{2}{x^3}$이므로 점 $\mathrm{P}\left(a, \frac{1}{a^2}\right)$에서의 접선의 방정식은

$y-\frac{1}{a^2}=-\frac{2}{a^3}(x-a)$

$y=-\frac{2}{a^3}x+\frac{3}{a^2}$

따라서 이 접선과 x축, y축의 교점은 각각

$\left(\frac{3}{2}a, 0\right)$, $\left(0, \frac{3}{a^2}\right)$

이므로

$\frac{1}{2}\times\left|\frac{3}{2}a\right|\times\left|\frac{3}{a^2}\right|=\frac{9}{4}\left|\frac{1}{a}\right|=\frac{9}{16}$

$|a|=4$

따라서 양수 a의 값은 4이다.

답 ④

03 $f(x)=x\ln(x^2+a)$에서

$f'(x)=\ln(x^2+a)+\frac{x}{x^2+a}\times2x$

$=\ln(x^2+a)+\frac{2x^2}{x^2+a}$

따라서 방정식 $f'(x)=0$의 서로 다른 실근의 개수는

$\ln(x^2+a)+\frac{2x^2}{x^2+a}=0$

$\ln(x^2+a)=-\dfrac{2x^2}{x^2+a}$

에서 두 곡선 $y=\ln(x^2+a)$, $y=-\dfrac{2x^2}{x^2+a}$의 교점의 개수와 같다.

이때 $x^2=t\ (t\geq 0)$이라 하면 두 곡선

$y=\ln(t+a)$, $y=-\dfrac{2t}{t+a}\ (0<a<1)$

은 그림과 같다.

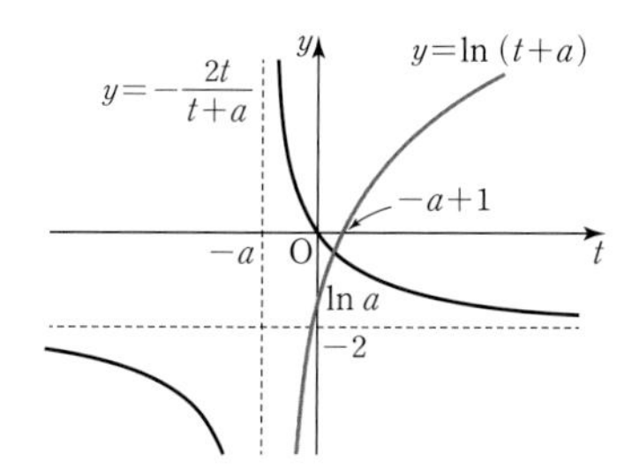

교점은 1개이고 $x^2=t$이므로 만족시키는 x의 값은 두 개가 존재한다.

즉, 교점의 개수는 2이다.

따라서 방정식 $f'(x)=0$의 서로 다른 실근의 개수는 2이다.

답 ②

04 $v'(t)=\dfrac{(t+1)^3-t\times 3(t+1)^2}{(t+1)^6}$

$=\dfrac{(t+1)-3t}{(t+1)^4}=\dfrac{-2t+1}{(t+1)^4}$

따라서 $v(t)$는 $t=\dfrac{1}{2}$에서 극대이고, 극댓값은 $v\left(\dfrac{1}{2}\right)=\dfrac{4}{27}$이므로 함수 $y=v(t)$의 그래프는 그림과 같다.

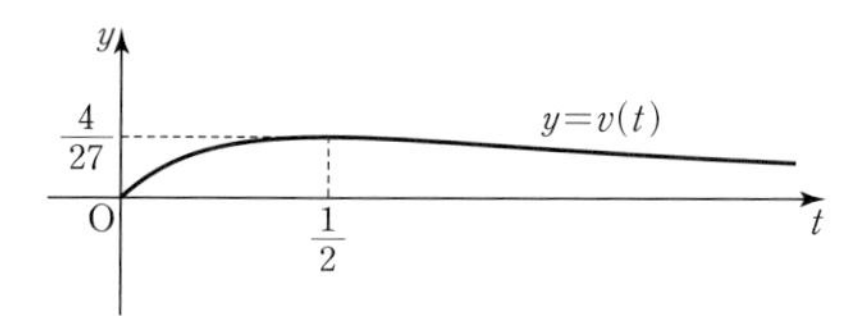

즉, 점 P의 속력은 $t=\dfrac{1}{2}$에서 최대이므로 $t=1$에서 점 P의 가속도의 크기는

$|v'(1)|=\left|\dfrac{-1}{16}\right|=\dfrac{1}{16}$

답 ①

05 곡선 $y=x^2-2ax+a^2-a+2$와 직선 $y=2x-1$이 만나는 점의 x좌표는

$x^2-2ax+a^2-a+2=2x-1$

$x^2-2(a+1)x+a^2-a+3=0$

따라서 점 P의 x좌표를 $f(a)$라 하면

$f(a)=(a+1)-\sqrt{(a+1)^2-(a^2-a+3)}$

$=a+1-\sqrt{3a-2}$

이므로

$f'(a)=1-\dfrac{1}{2\sqrt{3a-2}}\times 3$

$=\dfrac{2\sqrt{3a-2}-3}{2\sqrt{3a-2}}$

이때 $f'(a)=0$에서 $a=\dfrac{17}{12}$이고, 함수 $f(a)$는 $a=\dfrac{17}{12}$일 때 극소이면서 최솟값을 가지므로 $k=\dfrac{17}{12}$이고,

$l=f\left(\dfrac{17}{12}\right)=\dfrac{29}{12}-\sqrt{\dfrac{9}{4}}$

$=\dfrac{29}{12}-\dfrac{3}{2}=\dfrac{11}{12}$

따라서 $k+l=\dfrac{17}{12}+\dfrac{11}{12}=\dfrac{7}{3}$

답 ②

06 ㄱ. $f(x)=\ln(ae^{-x}+e^{2x})+e^{-x}$에서

$f'(x)=\dfrac{-ae^{-x}+2e^{2x}}{ae^{-x}+e^{2x}}-e^{-x}$

이고, $x=\ln 2$에서 극솟값을 가지므로

$f'(\ln 2)=\dfrac{-ae^{-\ln 2}+2e^{2\ln 2}}{ae^{-\ln 2}+e^{2\ln 2}}-e^{-\ln 2}$

$=\dfrac{-\frac{1}{2}a+8}{\frac{1}{2}a+4}-\dfrac{1}{2}$

$=\dfrac{-a+16}{a+8}-\dfrac{1}{2}=0$

$\dfrac{-a+16}{a+8}=\dfrac{1}{2}$에서 $-2a+32=a+8$

$a=8$ (참)

ㄴ. ㄱ에 의하여

$f(x)=\ln(8e^{-x}+e^{2x})+e^{-x}$,

$f'(x)=\dfrac{-8e^{-x}+2e^{2x}}{8e^{-x}+e^{2x}}-e^{-x}$

이므로 점 $(0,\ f(0))$에서의 접선의 방정식은

$y-\ln 9-1=\left(\dfrac{-8+2}{8+1}-1\right)(x-0)$

$y=-\dfrac{5}{3}x+1+\ln 9$

즉, $y=-\dfrac{5}{3}x+1+2\ln 3$

따라서 이 접선의 x절편은

$x=\dfrac{3}{5}+\dfrac{6}{5}\ln 3$ (참)

ㄷ. $\lim\limits_{x\to\infty}\{f(x)-2x\}$

$=\lim\limits_{x\to\infty}\{\ln(8e^{-x}+e^{2x})+e^{-x}-2x\}$

$=\lim\limits_{x\to\infty}\{\ln(8e^{-x}+e^{2x})+e^{-x}-\ln e^{2x}\}$

$=\lim\limits_{x\to\infty}\left(\ln\dfrac{8e^{-x}+e^{2x}}{e^{2x}}+e^{-x}\right)$

$=\ln 1+0=0$ (참)

이상에서 옳은 것은 ㄱ, ㄴ, ㄷ이다.

답 ⑤

07 $f'(x)=e^{-\frac{x}{2}}+xe^{-\frac{x}{2}}\times\left(-\dfrac{1}{2}\right)$

$=\left(-\dfrac{1}{2}x+1\right)e^{-\frac{x}{2}}$

$f''(x)=-\dfrac{1}{2}e^{-\frac{x}{2}}+\left(-\dfrac{1}{2}x+1\right)e^{-\frac{x}{2}}\times\left(-\dfrac{1}{2}\right)$

$=\left(\dfrac{1}{4}x-1\right)e^{-\frac{x}{2}}$

따라서 $f''(x)=0$에서 $x=4$이므로 변곡점의 좌표는 $(4,\ 4e^{-2})$이다.
즉, $k=4$
곡선 $y=f(x)$와 직선 $y=ax$가 $0<x<4$에서 만나기 위해서는 방정식
$xe^{-\frac{x}{2}}=ax,\ x(e^{-\frac{x}{2}}-a)=0$ …… ㉠
의 해가 $0<x<4$에서 존재해야 한다.
이때 함수 $g(x)=e^{-\frac{x}{2}}$이라 하면 $g(x)$는 감소하는 함수이고,
$g(0)=1,\ g(4)=e^{-2}$
이므로 방정식 ㉠의 실근이 $0<x<4$에서 존재하기 위해서는
$e^{-2}<a<1$
이어야 한다.
즉, $\alpha=e^{-2}$, $\beta=1$이므로
$\frac{\beta}{\alpha}=\frac{1}{e^{-2}}=e^2$

답 ③

08 내접원의 중심을 O라 하고, 원과 두 선분 AC, BC가 접하는 두 점을 각각 D, E라 하면 $\overline{OD}=\overline{OE}=1$, $\angle OAD=\theta$이므로
$\overline{OD}=\overline{OA}\sin\theta$
$=(\overline{AE}-1)\sin\theta$
$=(\overline{AC}\cos\theta-1)\sin\theta=1$
따라서 $\overline{AC}=\frac{1+\sin\theta}{\sin\theta\cos\theta}$이므로
$f(\theta)=\frac{1+\sin\theta}{\sin\theta\cos\theta}$
라 하면
$f'(\theta)$
$=\frac{\cos\theta\times\sin\theta\cos\theta-(1+\sin\theta)(\cos^2\theta-\sin^2\theta)}{\sin^2\theta\cos^2\theta}$
$=\frac{\sin^2\theta+\sin^3\theta-\cos^2\theta}{\sin^2\theta\cos^2\theta}$
$=\frac{\sin^3\theta+2\sin^2\theta-1}{\sin^2\theta\cos^2\theta}$
$=\frac{(\sin\theta+1)(\sin^2\theta+\sin\theta-1)}{\sin^2\theta\cos^2\theta}$
$=\frac{(\sin\theta+1)\left(\sin\theta-\frac{-1-\sqrt{5}}{2}\right)\left(\sin\theta-\frac{-1+\sqrt{5}}{2}\right)}{\sin^2\theta\cos^2\theta}$
이때 $0<\theta<\frac{\pi}{2}$이므로 함수 $f(\theta)$는 $\sin\theta=\frac{-1+\sqrt{5}}{2}$일 때, 극소이면서 최솟값을 갖는다.

답 ②

Ⅲ. 적분법

06 여러 가지 적분법

개념 확인하기

본문 123~127쪽

01 $2\ln|x|+C$ **02** $-\frac{1}{2x^2}+C$ **03** $\frac{2}{5}x^{\frac{5}{2}}+\frac{1}{x}+C$
04 $\ln|x|+\frac{3}{5}x^{\frac{5}{3}}+C$ **05** $2e^x+C$
06 $\frac{9^x}{2\ln 3}+C$ **07** $e^x+\frac{3^x}{\ln 3}+C$
08 $\frac{1}{2}e^{2x}-e^x+x+C$ **09** $-\cos x-\sin x+C$
10 $-2\cot x+C$ **11** $-\cos x+\sin x+C$
12 $2\tan x+\sin x+C$ **13** $\ln(x^2+1)+C$
14 $\ln(e^x+1)+C$ **15** $\frac{1}{2}\ln(x^2-4x+5)+C$
16 $\ln|\sin x|+C$ **17** $x+\ln|x+1|+C$
18 $\frac{1}{2}\ln\left|\frac{x}{x+2}\right|+C$ **19** xe^x-e^x+C
20 $x\ln x-x+C$ **21** $\frac{1}{2}x^2\ln x-\frac{1}{4}x^2+C$
22 $x\sin x+\cos x+C$ **23** 1 **24** $\frac{2}{3}$
25 e^2-1 **26** $\frac{4}{\ln 5}$ **27** 1 **28** 1 **29** 1
30 $\sqrt{2}-1$ **31** $e+\frac{e^2}{2}-\frac{3}{2}$ **32** $\frac{\pi}{2}-2$
33 $\frac{14}{3}-2\ln 2$ **34** $\frac{256}{15}$ **35** 0 **36** $\frac{\pi}{2}-1$
37 0 **38** $\sqrt{2}$ **39** 2 **40** 0
41 $2\left(e-\frac{1}{e}\right)$ **42** 0 **43** 36 **44** 6
45 8 **46** $\frac{65}{4}$ **47** $\frac{1}{2}$ **48** $\frac{1}{2}$ **49** $\frac{1}{2}$
50 $\ln 2$ **51** $\ln\frac{4}{3}$ **52** $\ln\frac{5}{2}$ **53** $\ln 2$ **54** 1
55 $2-2\ln 2$ **56** $\frac{\sqrt{3}}{3}\pi-\ln 2$ **57** $\frac{\pi}{2}-1$
58 $f(x)=e^x$ **59** $f(x)=\cos x-\sin x$
60 $f(x)=\frac{1}{x}+1$ **61** $f(x)=e^{2x}-e^x$ **62** 1
63 1 **64** e^2-1 **65** 0

01 $\int\frac{2}{x}dx=2\ln|x|+C$

답 $2\ln|x|+C$

02 $\int\frac{1}{x^3}dx=\frac{1}{-3+1}x^{-3+1}+C=-\frac{1}{2x^2}+C$

답 $-\frac{1}{2x^2}+C$

03 $\int\left(x\sqrt{x}-\frac{1}{x^2}\right)dx=\int(x^{\frac{3}{2}}-x^{-2})dx=\frac{2}{5}x^{\frac{5}{2}}+\frac{1}{x}+C$

답 $\frac{2}{5}x^{\frac{5}{2}}+\frac{1}{x}+C$

04 $\int\left(\frac{1}{x}+\sqrt[3]{x^2}\right)dx=\int\left(\frac{1}{x}+x^{\frac{2}{3}}\right)dx$

$=\ln|x|+\frac{1}{\frac{2}{3}+1}x^{\frac{2}{3}+1}+C$

$=\ln|x|+\frac{3}{5}x^{\frac{5}{3}}+C$

답 $\ln|x|+\frac{3}{5}x^{\frac{5}{3}}+C$

05 $\int 2e^x\,dx=2e^x+C$

답 $2e^x+C$

06 $\int 9^x\,dx=\frac{9^x}{\ln 9}+C=\frac{9^x}{2\ln 3}+C$

답 $\frac{9^x}{2\ln 3}+C$

07 $\int(e^x+3^x)dx=e^x+\frac{3^x}{\ln 3}+C$

답 $e^x+\frac{3^x}{\ln 3}+C$

08 $\int\frac{e^{3x}+1}{e^x+1}dx=\int\frac{(e^x+1)(e^{2x}-e^x+1)}{e^x+1}dx$

$=\int(e^{2x}-e^x+1)dx$

$=\frac{1}{2}e^{2x}-e^x+x+C$

답 $\frac{1}{2}e^{2x}-e^x+x+C$

09 $\int(\sin x-\cos x)dx=-\cos x-\sin x+C$

답 $-\cos x-\sin x+C$

10 $\int\frac{2}{\sin^2 x}dx=\int 2\csc^2 x\,dx=-2\cot x+C$

답 $-2\cot x+C$

11 $\int(1+\cot x)\sin x\,dx=\int\left(1+\frac{\cos x}{\sin x}\right)\sin x\,dx$

$=\int(\sin x+\cos x)dx$

$=-\cos x+\sin x+C$

답 $-\cos x+\sin x+C$

12 $\int\frac{2+\cos^3 x}{\cos^2 x}dx=\int\left(\frac{2}{\cos^2 x}+\cos x\right)dx$

$=\int(2\sec^2 x+\cos x)dx$

$=2\tan x+\sin x+C$

답 $2\tan x+\sin x+C$

13 $(x^2+1)'=2x$이므로

$\int\frac{2x}{x^2+1}dx=\int\frac{(x^2+1)'}{x^2+1}dx$

$=\ln(x^2+1)+C$

답 $\ln(x^2+1)+C$

14 $(e^x+1)'=e^x$이므로

$\int\frac{e^x}{e^x+1}dx=\int\frac{(e^x+1)'}{e^x+1}dx$

$=\ln(e^x+1)+C$

답 $\ln(e^x+1)+C$

15 $(x^2-4x+5)'=2x-4$이므로

$\int\frac{x-2}{x^2-4x+5}dx=\frac{1}{2}\int\frac{(x^2-4x+5)'}{x^2-4x+5}dx$

$=\frac{1}{2}\ln(x^2-4x+5)+C$

답 $\frac{1}{2}\ln(x^2-4x+5)+C$

16 $(\sin x)'=\cos x$이므로

$\int\cot x\,dx=\int\frac{\cos x}{\sin x}dx$

$=\int\frac{(\sin x)'}{\sin x}dx$

$=\ln|\sin x|+C$

답 $\ln|\sin x|+C$

17 $\frac{x+2}{x+1}=1+\frac{1}{x+1}$이므로

$\int\frac{x+2}{x+1}dx=\int\left(1+\frac{1}{x+1}\right)dx=x+\ln|x+1|+C$

답 $x+\ln|x+1|+C$

18 $\frac{1}{x(x+2)}=\frac{1}{2}\left(\frac{1}{x}-\frac{1}{x+2}\right)$이므로

$\int\frac{1}{x(x+2)}dx=\int\frac{1}{2}\left(\frac{1}{x}-\frac{1}{x+2}\right)dx$

$=\frac{1}{2}(\ln|x|-\ln|x+2|)+C$

$=\frac{1}{2}\ln\left|\frac{x}{x+2}\right|+C$

답 $\frac{1}{2}\ln\left|\frac{x}{x+2}\right|+C$

19 $f(x)=x$, $g'(x)=e^x$으로 놓으면

$f'(x)=1$, $g(x)=e^x$이므로

$\int xe^x\,dx=x\times e^x-\int(1\times e^x)dx$

$=xe^x-\int e^x\,dx$

$=xe^x-e^x+C$

답 xe^x-e^x+C

20 $f(x)=\ln x$, $g'(x)=1$로 놓으면

$f'(x)=\frac{1}{x}$, $g(x)=x$이므로

$$\begin{aligned}\int \ln x\,dx&=\ln x\times x-\int\left(\frac{1}{x}\times x\right)dx\\&=x\ln x-\int 1\,dx\\&=x\ln x-x+C\end{aligned}$$

답 $x\ln x-x+C$

21 $f(x)=\ln x$, $g'(x)=x$로 놓으면

$f'(x)=\frac{1}{x}$, $g(x)=\frac{1}{2}x^2$이므로

$$\begin{aligned}\int x\ln x\,dx&=\frac{1}{2}x^2\times\ln x-\int\left(\frac{1}{x}\times\frac{1}{2}x^2\right)dx\\&=\frac{1}{2}x^2\ln x-\int\frac{1}{2}x\,dx\\&=\frac{1}{2}x^2\ln x-\frac{1}{4}x^2+C\end{aligned}$$

답 $\frac{1}{2}x^2\ln x-\frac{1}{4}x^2+C$

22 $f(x)=x$, $g'(x)=\cos x$로 놓으면

$f'(x)=1$, $g(x)=\sin x$이므로

$$\begin{aligned}\int x\cos x\,dx&=x\times\sin x-\int(1\times\sin x)dx\\&=x\sin x-\int\sin x\,dx\\&=x\sin x+\cos x+C\end{aligned}$$

답 $x\sin x+\cos x+C$

23 $\int_1^e\frac{1}{x}\,dx=\Big[\ln|x|\Big]_1^e=\ln e-\ln 1=1-0=1$

답 1

24 $\int_0^1\sqrt{x}\,dx=\int_0^1 x^{\frac{1}{2}}\,dx=\left[\frac{x^{\frac{1}{2}+1}}{\frac{1}{2}+1}\right]_0^1$

$=\left[\frac{2}{3}x^{\frac{3}{2}}\right]_0^1=\frac{2}{3}-0=\frac{2}{3}$

답 $\frac{2}{3}$

25 $\int_0^2 e^x\,dx=\Big[e^x\Big]_0^2=e^2-e^0=e^2-1$

답 e^2-1

26 $\int_0^1 5^x\,dx=\left[\frac{5^x}{\ln 5}\right]_0^1=\frac{1}{\ln 5}(5-1)=\frac{4}{\ln 5}$

답 $\frac{4}{\ln 5}$

27 $\int_0^{\frac{\pi}{2}}\sin x\,dx=\Big[-\cos x\Big]_0^{\frac{\pi}{2}}=-\cos\frac{\pi}{2}-(-\cos 0)$

$=0+1=1$

답 1

28 $\int_0^{\frac{\pi}{2}}\cos x\,dx=\Big[\sin x\Big]_0^{\frac{\pi}{2}}=\sin\frac{\pi}{2}-\sin 0=1-0=1$

답 1

29 $\int_0^{\frac{\pi}{4}}\sec^2 x\,dx=\Big[\tan x\Big]_0^{\frac{\pi}{4}}=\tan\frac{\pi}{4}-\tan 0=1-0=1$

답 1

30 $\int_0^{\frac{\pi}{4}}\sec x\tan x\,dx=\Big[\sec x\Big]_0^{\frac{\pi}{4}}=\sec\frac{\pi}{4}-\sec 0=\sqrt{2}-1$

답 $\sqrt{2}-1$

31 $\int_0^1(e^x+e^{2x})dx=\left[e^x+\frac{e^{2x}}{2}\right]_0^1=\left(e+\frac{e^2}{2}\right)-\left(1+\frac{1}{2}\right)$

$=e+\frac{e^2}{2}-\frac{3}{2}$

답 $e+\frac{e^2}{2}-\frac{3}{2}$

32 $\int_0^{\frac{\pi}{2}}(1-2\sin x)dx=\Big[x+2\cos x\Big]_0^{\frac{\pi}{2}}$

$=\left(\frac{\pi}{2}+2\cos\frac{\pi}{2}\right)-(0+2\cos 0)$

$=\frac{\pi}{2}-2$

답 $\frac{\pi}{2}-2$

33 $\int_1^3\left(\sqrt{x}-\frac{1}{x}\right)dx-\int_4^3\left(\sqrt{x}-\frac{1}{x}\right)dx$

$=\int_1^3\left(\sqrt{x}-\frac{1}{x}\right)dx+\int_3^4\left(\sqrt{x}-\frac{1}{x}\right)dx$

$=\int_1^4\left(\sqrt{x}-\frac{1}{x}\right)dx$

$=\left[\frac{x^{\frac{1}{2}+1}}{\frac{1}{2}+1}-\ln|x|\right]_1^4$

$=\left[\frac{2}{3}x^{\frac{3}{2}}-\ln|x|\right]_1^4$

$=\left(\frac{16}{3}-\ln 4\right)-\left(\frac{2}{3}-0\right)$

$=\frac{14}{3}-2\ln 2$

답 $\frac{14}{3}-2\ln 2$

34 $\int_1^2\frac{x+x^2}{\sqrt{x}}\,dx+\int_2^4\frac{x+x^2}{\sqrt{x}}\,dx$

$=\int_1^4\frac{x+x^2}{\sqrt{x}}\,dx=\int_1^4(x^{\frac{1}{2}}+x^{\frac{3}{2}})dx$

$=\left[\frac{x^{\frac{1}{2}+1}}{\frac{1}{2}+1}+\frac{x^{\frac{3}{2}+1}}{\frac{3}{2}+1}\right]_1^4$

$=\left[\frac{2}{3}x^{\frac{3}{2}}+\frac{2}{5}x^{\frac{5}{2}}\right]_1^4$

$=\left(\frac{16}{3}+\frac{64}{5}\right)-\left(\frac{2}{3}+\frac{2}{5}\right)$

$=\frac{256}{15}$

답 $\frac{256}{15}$

35 $\int_0^{\frac{\pi}{2}}(\sin x+1)dx-\int_0^{\frac{\pi}{2}}(\cos x+1)dx$

$=\int_0^{\frac{\pi}{2}}\{(\sin x+1)-(\cos x+1)\}dx$

$=\int_0^{\frac{\pi}{2}}(\sin x-\cos x)dx$

$=\Big[-\cos x-\sin x\Big]_0^{\frac{\pi}{2}}$

$=(0-1)-(-1-0)$

$=0$

답 0

36 $\sin^2 x+\cos^2 x=1$이므로

$\sin^2 x=1-\cos^2 x$

$\int_0^{\frac{\pi}{4}}\frac{\sin^2 x}{1+\cos x}dx+\int_{\frac{\pi}{4}}^{\frac{\pi}{2}}\frac{\sin^2 x}{1+\cos x}dx$

$=\int_0^{\frac{\pi}{2}}\frac{\sin^2 x}{1+\cos x}dx$

$=\int_0^{\frac{\pi}{2}}\frac{1-\cos^2 x}{1+\cos x}dx$

$=\int_0^{\frac{\pi}{2}}\frac{(1-\cos x)(1+\cos x)}{1+\cos x}dx$

$=\int_0^{\frac{\pi}{2}}(1-\cos x)dx$

$=\Big[x-\sin x\Big]_0^{\frac{\pi}{2}}$

$=\left(\frac{\pi}{2}-\sin\frac{\pi}{2}\right)-(0-\sin 0)$

$=\left(\frac{\pi}{2}-1\right)-0$

$=\frac{\pi}{2}-1$

답 $\frac{\pi}{2}-1$

37 $\int_{-\frac{\pi}{2}}^{0}\sin x\,dx+\int_0^{\frac{\pi}{2}}\sin x\,dx$

$=\int_{-\frac{\pi}{2}}^{\frac{\pi}{2}}\sin x\,dx$

$=\Big[-\cos x\Big]_{-\frac{\pi}{2}}^{\frac{\pi}{2}}$

$=0-0$

$=0$

답 0

38 $\int_{-\frac{\pi}{4}}^{0}(\cos x-\tan x)dx-\int_{\frac{\pi}{4}}^{0}(\cos x-\tan x)dx$

$=\int_{-\frac{\pi}{4}}^{0}(\cos x-\tan x)dx+\int_0^{\frac{\pi}{4}}(\cos x-\tan x)dx$

$=\int_{-\frac{\pi}{4}}^{\frac{\pi}{4}}(\cos x-\tan x)dx$

$=\int_{-\frac{\pi}{4}}^{\frac{\pi}{4}}\cos x\,dx-\int_{-\frac{\pi}{4}}^{\frac{\pi}{4}}\tan x\,dx$

$=\Big[\sin x\Big]_{-\frac{\pi}{4}}^{\frac{\pi}{4}}+\Big[\ln|\cos x|\Big]_{-\frac{\pi}{4}}^{\frac{\pi}{4}}$

$=\left\{\sin\frac{\pi}{4}-\sin\left(-\frac{\pi}{4}\right)\right\}+\left\{\ln\left|\cos\frac{\pi}{4}\right|-\ln\left|\cos\left(-\frac{\pi}{4}\right)\right|\right\}$

$=2\sin\frac{\pi}{4}+0$

$=2\times\frac{\sqrt{2}}{2}=\sqrt{2}$

답 $\sqrt{2}$

39 $f(x)=\cos x$라 하면 $f(-x)=\cos(-x)=\cos x=f(x)$이므로 함수 $y=f(x)$의 그래프는 y축에 대하여 대칭이다.

$\int_{-\frac{\pi}{2}}^{\frac{\pi}{2}}\cos x\,dx=2\int_0^{\frac{\pi}{2}}\cos x\,dx$

$=2\times\Big[\sin x\Big]_0^{\frac{\pi}{2}}$

$=2\times\left(\sin\frac{\pi}{2}-\sin 0\right)$

$=2\times(1-0)=2$

답 2

40 $f(x)=\tan x$라 하면

$f(-x)=\tan(-x)=-\tan x=-f(x)$

이므로 함수 $y=f(x)$의 그래프는 원점에 대하여 대칭이다.

따라서 $\int_{-\frac{\pi}{4}}^{\frac{\pi}{4}}\tan x\,dx=0$

답 0

41 $f(x)=e^x+e^{-x}$이라 하면 $f(-x)=e^{-x}+e^x=f(x)$이므로 함수 $y=f(x)$의 그래프는 y축에 대하여 대칭이다.

$\int_{-1}^{1}(e^x+e^{-x})dx=2\int_0^1(e^x+e^{-x})dx$

$=2\times\Big[e^x-e^{-x}\Big]_0^1$

$=2\times\left\{\left(e-\frac{1}{e}\right)-(e^0-e^0)\right\}$

$=2\left(e-\frac{1}{e}\right)$

답 $2\left(e-\frac{1}{e}\right)$

42 $f(x)=2^x-2^{-x}$이라 하면

$f(-x)=2^{-x}-2^x=-(2^x-2^{-x})=-f(x)$

이므로 함수 $y=f(x)$의 그래프는 원점에 대하여 대칭이다.

따라서 $\int_{-\ln 2}^{\ln 2}(2^x-2^{-x})dx=0$

답 0

43 $\int_{-3}^{3}(x^2+\sin x)dx-\int_3^{-3}(x^2-\sin x)dx$

$=\int_{-3}^{3}(x^2+\sin x)dx+\int_{-3}^{3}(x^2-\sin x)dx$

$=\int_{-3}^{3}2x^2\,dx$

$=2\int_0^3 2x^2\,dx$

$=4\times\Big[\frac{1}{3}x^3\Big]_0^3$

$=4\times(9-0)=36$

답 36

44 모든 실수 x에 대하여 $f(x+3)=f(x)$이므로

$$\int_1^4 f(x)dx=\int_4^7 f(x)dx=\int_7^{10} f(x)dx$$

$$\begin{aligned}\int_1^{10} f(x)dx&=\int_1^4 f(x)dx+\int_4^7 f(x)dx+\int_7^{10} f(x)dx\\&=\int_1^4 f(x)dx+\int_1^4 f(x)dx+\int_1^4 f(x)dx\\&=3\times\int_1^4 f(x)dx\\&=3\times2=6\end{aligned}$$

답 6

45 모든 실수 x에 대하여 $f(x+3)=f(x)$이므로

$$\int_1^4 f(x)dx=\int_{-2}^1 f(x)dx=\int_{-5}^{-2} f(x)dx=\int_{-8}^{-5} f(x)dx$$

$$\begin{aligned}&\int_{-8}^4 f(x)dx\\&=\int_{-8}^{-5} f(x)dx+\int_{-5}^{-2} f(x)dx+\int_{-2}^1 f(x)dx+\int_1^4 f(x)dx\\&=\int_1^4 f(x)dx+\int_1^4 f(x)dx+\int_1^4 f(x)dx+\int_1^4 f(x)dx\\&=4\times\int_1^4 f(x)dx\\&=4\times2=8\end{aligned}$$

답 8

46 $x+2=t$로 놓으면 $\frac{dt}{dx}=1$이고,

$x=0$일 때 $t=2$, $x=1$일 때 $t=3$이므로

$$\begin{aligned}\int_0^1 (x+2)^3\,dx&=\int_2^3 t^3\,dt\\&=\left[\frac{1}{4}t^4\right]_2^3\\&=\frac{1}{4}\times(81-16)\\&=\frac{65}{4}\end{aligned}$$

답 $\frac{65}{4}$

47 $\ln x=t$로 놓으면 $\frac{dt}{dx}=\frac{1}{x}$이고,

$x=1$일 때 $t=0$, $x=e$일 때 $t=1$이므로

$$\begin{aligned}\int_1^e \frac{\ln x}{x}\,dx&=\int_0^1 t\,dt\\&=\left[\frac{1}{2}t^2\right]_0^1\\&=\frac{1}{2}\end{aligned}$$

답 $\frac{1}{2}$

48 $\sin x=t$로 놓으면 $\frac{dt}{dx}=\cos x$이고,

$x=0$일 때 $t=0$, $x=\frac{\pi}{2}$일 때 $t=1$이므로

$$\begin{aligned}\int_0^{\frac{\pi}{2}} \sin x\cos x\,dx&=\int_0^1 t\,dt\\&=\left[\frac{1}{2}t^2\right]_0^1\\&=\frac{1}{2}\end{aligned}$$

답 $\frac{1}{2}$

49 $\tan x=t$로 놓으면 $\frac{dt}{dx}=\sec^2 x$이고,

$x=0$일 때 $t=0$, $x=\frac{\pi}{4}$일 때 $t=1$이므로

$$\begin{aligned}\int_0^{\frac{\pi}{4}} \tan x\sec^2 x\,dx&=\int_0^1 t\,dt\\&=\left[\frac{1}{2}t^2\right]_0^1\\&=\frac{1}{2}\end{aligned}$$

답 $\frac{1}{2}$

50 $(x^2+1)'=2x$이므로

$$\begin{aligned}\int_0^1 \frac{2x}{x^2+1}\,dx&=\int_0^1 \frac{(x^2+1)'}{x^2+1}\,dx\\&=\Big[\ln(x^2+1)\Big]_0^1\\&=\ln 2-\ln 1=\ln 2\end{aligned}$$

답 $\ln 2$

51 $(1+\cos x)'=-\sin x$이므로

$$\begin{aligned}\int_0^{\frac{\pi}{3}} \frac{\sin x}{1+\cos x}\,dx&=\int_0^{\frac{\pi}{3}} \frac{-(1+\cos x)'}{1+\cos x}\,dx\\&=-\Big[\ln(1+\cos x)\Big]_0^{\frac{\pi}{3}}\\&=-\left(\ln\frac{3}{2}-\ln 2\right)\\&=\ln\frac{4}{3}\end{aligned}$$

답 $\ln\frac{4}{3}$

52 $(e^{2x}+1)'=2e^{2x}$이므로

$$\begin{aligned}\int_0^{\ln 2} \frac{2e^{2x}}{e^{2x}+1}\,dx&=\int_0^{\ln 2} \frac{(e^{2x}+1)'}{e^{2x}+1}\,dx\\&=\Big[\ln(e^{2x}+1)\Big]_0^{\ln 2}\\&=\ln(e^{2\ln 2}+1)-\ln(e^0+1)\\&=\ln(4+1)-\ln 2\\&=\ln\frac{5}{2}\end{aligned}$$

답 $\ln\frac{5}{2}$

53
$$\begin{aligned}\int_0^{\frac{\pi}{3}} \tan x\,dx&=\int_0^{\frac{\pi}{3}} \frac{\sin x}{\cos x}\,dx\\&=\int_0^{\frac{\pi}{3}} \frac{-(\cos x)'}{\cos x}\,dx\\&=-\Big[\ln|\cos x|\Big]_0^{\frac{\pi}{3}}\end{aligned}$$

$=-\left(\ln\cos\frac{\pi}{3}-\ln\cos 0\right)$
$=-\left(\ln\frac{1}{2}-\ln 1\right)$
$=-(-\ln 2-0)=\ln 2$

답 $\ln 2$

54 $u(x)=x$, $v'(x)=e^x$으로 놓으면
$u'(x)=1$, $v(x)=e^x$이므로

$$\int_0^1 xe^x\,dx=\left[xe^x\right]_0^1-\int_0^1 e^x\,dx$$
$$=(e-0)-\left[e^x\right]_0^1$$
$$=e-(e-1)=1$$

답 1

55 $u(x)=\ln x$, $v'(x)=1$로 놓으면
$u'(x)=\frac{1}{x}$, $v(x)=x$이므로

$$\int_2^e \ln x\,dx=\left[x\ln x\right]_2^e-\int_2^e\left(\frac{1}{x}\times x\right)dx$$
$$=(e-2\ln 2)-\left[x\right]_2^e$$
$$=(e-2\ln 2)-(e-2)$$
$$=2-2\ln 2$$

답 $2-2\ln 2$

56 $u(x)=x$, $v'(x)=\sec^2 x$로 놓으면
$u'(x)=1$, $v(x)=\tan x$이므로

$$\int_0^{\frac{\pi}{3}} x\sec^2 x\,dx=\left[x\tan x\right]_0^{\frac{\pi}{3}}-\int_0^{\frac{\pi}{3}}\tan x\,dx$$
$$=\left(\frac{\pi}{3}\tan\frac{\pi}{3}-0\right)-\int_0^{\frac{\pi}{3}}\frac{\sin x}{\cos x}\,dx$$
$$=\frac{\sqrt{3}}{3}\pi+\left[\ln|\cos x|\right]_0^{\frac{\pi}{3}}$$
$$=\frac{\sqrt{3}}{3}\pi+\left(\ln\cos\frac{\pi}{3}-\ln\cos 0\right)$$
$$=\frac{\sqrt{3}}{3}\pi+\ln\frac{1}{2}$$
$$=\frac{\sqrt{3}}{3}\pi-\ln 2$$

답 $\frac{\sqrt{3}}{3}\pi-\ln 2$

57 $u(x)=x$, $v'(x)=\cos x$로 놓으면
$u'(x)=1$, $v(x)=\sin x$이므로

$$\int_0^{\frac{\pi}{2}} x\cos x\,dx=\left[x\sin x\right]_0^{\frac{\pi}{2}}-\int_0^{\frac{\pi}{2}}\sin x\,dx$$
$$=\left(\frac{\pi}{2}\sin\frac{\pi}{2}-0\right)-\left[-\cos x\right]_0^{\frac{\pi}{2}}$$
$$=\frac{\pi}{2}-\left\{-\cos\frac{\pi}{2}-(-\cos 0)\right\}$$
$$=\frac{\pi}{2}-(0+1)=\frac{\pi}{2}-1$$

답 $\frac{\pi}{2}-1$

58 등식 $\int_1^x f(t)dt=e^x-e$의 양변을 x에 대하여 미분하면
$f(x)=e^x$

답 $f(x)=e^x$

59 등식 $\int_{\frac{\pi}{2}}^x f(t)dt=\sin x+\cos x-1$의 양변을 x에 대하여 미분하면
$f(x)=\cos x-\sin x$

답 $f(x)=\cos x-\sin x$

60 등식 $\int_1^x f(t)dt=\ln x+x-1\ (x>0)$의 양변을 x에 대하여 미분하면
$f(x)=\frac{1}{x}+1$

답 $f(x)=\frac{1}{x}+1$

61 등식 $\int_0^x f(t)dt=\frac{e^{2x}}{2}-e^x+\frac{1}{2}$의 양변을 x에 대하여 미분하면
$f(x)=e^{2x}-e^x$

답 $f(x)=e^{2x}-e^x$

62 $F'(t)=\ln t+1$이라 하면

$$\lim_{x\to 0}\frac{1}{x}\int_1^{x+1}(\ln t+1)dt=\lim_{x\to 0}\frac{1}{x}\int_1^{x+1}F'(t)dt$$
$$=\lim_{x\to 0}\frac{F(x+1)-F(1)}{x}$$
$$=F'(1)$$
$$=\ln 1+1=1$$

답 1

63 $F'(t)=1+\sqrt[3]{t}$라 하면

$$\lim_{x\to 0}\frac{1}{x}\int_0^x(1+\sqrt[3]{t})dt=\lim_{x\to 0}\frac{1}{x}\int_0^x F'(t)dt$$
$$=\lim_{x\to 0}\frac{F(x)-F(0)}{x}$$
$$=F'(0)$$
$$=1+0=1$$

답 1

64 $F'(t)=e^t-1$이라 하면

$$\lim_{x\to 2}\frac{1}{x-2}\int_2^x(e^t-1)dt=\lim_{x\to 2}\frac{1}{x-2}\int_2^x F'(t)dt$$
$$=\lim_{x\to 2}\frac{F(x)-F(2)}{x-2}$$
$$=F'(2)$$
$$=e^2-1$$

답 e^2-1

65 $F'(t)=\sin t-\cos t$라 하면

$$\begin{aligned}\lim_{x\to\frac{\pi}{4}}\frac{1}{x-\frac{\pi}{4}}\int_{\frac{\pi}{4}}^{x}(\sin t-\cos t)dt&=\lim_{x\to\frac{\pi}{4}}\frac{1}{x-\frac{\pi}{4}}\int_{\frac{\pi}{4}}^{x}F'(t)dt\\&=\lim_{x\to\frac{\pi}{4}}\frac{F(x)-F\left(\frac{\pi}{4}\right)}{x-\frac{\pi}{4}}\\&=F'\left(\frac{\pi}{4}\right)\\&=\sin\frac{\pi}{4}-\cos\frac{\pi}{4}\\&=\frac{\sqrt{2}}{2}-\frac{\sqrt{2}}{2}=0\end{aligned}$$

답 0

유형 완성하기

본문 128~144쪽

01 ⑤	02 ④	03 ②	04 ④	05 ②
06 ③	07 ②	08 ③	09 ⑤	10 ④
11 ⑤	12 ③	13 ⑤	14 ④	15 ⑤
16 ⑤	17 ③	18 ④	19 ③	20 ④
21 ②	22 ③	23 ②	24 ④	25 ①
26 ②	27 ④	28 ①	29 ②	30 ④
31 ②	32 ⑤	33 ③	34 ②	35 ③
36 ①	37 ①	38 ②	39 ⑤	40 ⑤
41 ②	42 ①	43 ④	44 ③	45 ③
46 ④	47 ③	48 ②	49 ③	50 ②
51 ③	52 ③	53 ③	54 ③	55 ④
56 ②	57 ①	58 ②	59 ③	60 ②
61 ②	62 ⑤	63 ②	64 ②	65 ④
66 ④	67 ⑤	68 ②	69 ③	70 ③
71 ⑤	72 ③	73 ①	74 ③	75 ④
76 ②	77 ①	78 ⑤	79 ②	80 ③
81 ④	82 ②	83 ④	84 ④	85 ④
86 ④	87 ②	88 ②	89 ①	90 ⑤
91 ④	92 ②	93 ④	94 ②	95 ⑤
96 ⑤	97 ②	98 ①	99 ③	100 ①
101 ③	102 ②	103 ⑤		

01 $f(x)=\int\frac{\sqrt{x}-2}{x}dx$

$=\int\left(x^{-\frac{1}{2}}-\frac{2}{x}\right)dx$

$=2\sqrt{x}-2\ln|x|+C$ (단, C는 적분상수)

곡선 $y=f(x)$가 점 $(1, 0)$을 지나므로

$f(1)=2-0+C=0$, $C=-2$

즉, $f(x)=2\sqrt{x}-2\ln|x|-2$

따라서

$f(4)=2\times2-2\ln4-2$

$=2-4\ln2$

답 ⑤

02 $f(x)=\int\frac{1}{x}dx$

$=\ln|x|+C$ (단, C는 적분상수)

곡선 $y=f(x)$가 점 $(1, 0)$을 지나므로

$f(1)=0$에서 $f(1)=0+C=0$, $C=0$

따라서 $f(x)=\ln|x|$이므로 $f(e)=1$

답 ④

03 $f(x)=\int\frac{2x^2-x+4}{x}dx$

$=\int\left(2x-1+\frac{4}{x}\right)dx$

$=x^2-x+4\ln|x|+C$ (단, C는 적분상수)

$f(1)=1-1+0+C=-4\ln2$에서 $C=-4\ln2$

따라서 $f(x)=x^2-x+4\ln|x|-4\ln2$이므로

$f(2)=4-2+4\ln2-4\ln2=2$

답 ②

04 $f'(x)=\frac{x-4}{\sqrt{x}+2}=\frac{(\sqrt{x}-2)(\sqrt{x}+2)}{\sqrt{x}+2}$

$=\sqrt{x}-2$

$f(x)=\int(\sqrt{x}-2)dx$

$=\int(x^{\frac{1}{2}}-2)dx$

$=\frac{2}{3}x^{\frac{3}{2}}-2x+C$ (단, C는 적분상수)

$f(1)=0$이므로 $f(1)=\frac{2}{3}-2+C=0$, $C=\frac{4}{3}$

따라서 $f(x)=\frac{2}{3}x^{\frac{3}{2}}-2x+\frac{4}{3}$이므로

$f(4)=\frac{2}{3}\times2^3-2\times4+\frac{4}{3}=-\frac{4}{3}$

답 ④

05 $f(x)=\int\left(\frac{1}{x}-1\right)\left(\frac{1}{x^2}+\frac{1}{x}+1\right)dx$

$=\int\left(\frac{1}{x^3}-1\right)dx$

$=-\frac{1}{2x^2}-x+C$ (단, C는 적분상수)

$f(1)=-\frac{1}{2}-1+C=0$이므로 $C=\frac{3}{2}$

따라서 $f(x)=-\frac{1}{2x^2}-x+\frac{3}{2}$이므로

$f\left(\frac{1}{2}\right)=-2-\frac{1}{2}+\frac{3}{2}=-1$

답 ②

06 곡선 $y=f(x)$ 위의 점 (x, y)에서의 접선의 기울기가 $\left(\sqrt{x}-\frac{1}{\sqrt{x}}\right)^2$이므로 $f'(x)=\left(\sqrt{x}-\frac{1}{\sqrt{x}}\right)^2$

$f'(x)=x-2+\frac{1}{x}$에서

$$f(x)=\int f'(x)dx=\int\left(x-2+\frac{1}{x}\right)dx$$
$$=\frac{1}{2}x^2-2x+\ln|x|+C \text{ (단, } C\text{는 적분상수)}$$

$f(1)=\frac{1}{2}-2+0+C=0$에서 $C=\frac{3}{2}$

따라서 $f(x)=\frac{1}{2}x^2-2x+\ln|x|+\frac{3}{2}$이므로

$f(3)=\frac{9}{2}-6+\ln 3+\frac{3}{2}=\ln 3$

답 ③

07 $f'(x)=\frac{e^{3x}+1}{e^x+1}$

$$=\frac{(e^x+1)(e^{2x}-e^x+1)}{e^x+1}$$
$$=e^{2x}-e^x+1$$

$$f(x)=\int f'(x)dx=\int(e^{2x}-e^x+1)dx$$
$$=\frac{1}{2}e^{2x}-e^x+x+C \text{ (단, } C\text{는 적분상수)}$$

$f(0)=\frac{1}{2}-1+0+C=-\frac{1}{2}$에서 $C=0$

따라서 $f(x)=\frac{1}{2}e^{2x}-e^x+x$이므로

$$f(\ln 2)=\frac{1}{2}e^{2\ln 2}-e^{\ln 2}+\ln 2$$
$$=\frac{1}{2}\times 4-2+\ln 2=\ln 2$$

답 ②

08 $f(x)=\int f'(x)dx=\int 4^x \ln 2\, dx$

$$=\ln 2\int 4^x\, dx=\ln 2\times\frac{4^x}{\ln 4}+C$$
$$=\frac{4^x}{2}+C \text{ (단, } C\text{는 적분상수)}$$

$f(0)=\frac{1}{2}+C=0$에서 $C=-\frac{1}{2}$

따라서 $f(x)=\frac{4^x}{2}-\frac{1}{2}$이므로

$f(1)=2-\frac{1}{2}=\frac{3}{2}$

답 ③

09 $\int 16^{2x}\, dx=\int(2^4)^{2x}\, dx=\int(2^8)^x\, dx$

$$=\frac{(2^8)^x}{\ln 2^8}+C$$
$$=\frac{1}{8\ln 2}\times 2^{8x}+C \text{ (단, } C\text{는 적분상수)}$$

따라서 $k=8\ln 2$

답 ⑤

10 $f(x)=\int f'(x)dx=\int(2e^{2x}+e^x+1)dx$

$$=e^{2x}+e^x+x+C \text{ (단, } C\text{는 적분상수)}$$

$f(0)=1+1+0+C=C+2$

$f(0)=-e^2+1$에서 $C+2=-e^2+1$

$C=-e^2-1$

따라서 $f(x)=e^{2x}+e^x+x-e^2-1$이므로

$f(1)=e^2+e+1-e^2-1=e$

답 ④

11 $f(x)=\int 2^x(2^x+1)dx=\int(4^x+2^x)dx$

$$=\frac{4^x}{\ln 4}+\frac{2^x}{\ln 2}+C \text{ (단, } C\text{는 적분상수)}$$
$$=\frac{4^x}{2\ln 2}+\frac{2^x}{\ln 2}+C$$

$f(0)=\frac{1}{2\ln 2}+\frac{1}{\ln 2}+C=0$에서 $\frac{3}{2\ln 2}+C=0$이므로

$C=-\frac{3}{2\ln 2}$

따라서 $f(x)=\frac{4^x}{2\ln 2}+\frac{2^x}{\ln 2}-\frac{3}{2\ln 2}$이므로

$f(1)=\frac{4}{2\ln 2}+\frac{2}{\ln 2}-\frac{3}{2\ln 2}=\frac{5}{2\ln 2}$

답 ⑤

다른 풀이

$2^x+1=t$로 놓으면 $\frac{dt}{dx}=2^x\ln 2$이므로

$$f(x)=\int 2^x(2^x+1)dx=\int\left(t\times\frac{1}{\ln 2}\right)dt$$
$$=\frac{1}{\ln 2}\int t\, dt$$
$$=\frac{1}{\ln 2}\times\frac{1}{2}t^2+C \text{ (단, } C\text{는 적분상수)}$$
$$=\frac{(2^x+1)^2}{2\ln 2}+C$$
$$=\frac{4^x}{2\ln 2}+\frac{2^x}{\ln 2}+C$$

12 곡선 $y=f(x)$ 위의 점 (x, y)에서의 접선의 기울기가 $(e^x+e^{-x})^2$이므로

$f'(x)=(e^x+e^{-x})^2=e^{2x}+2+e^{-2x}$

$$f(x)=\int f'(x)dx$$
$$=\int(e^{2x}+2+e^{-2x})dx$$
$$=\frac{1}{2}e^{2x}+2x-\frac{1}{2}e^{-2x}+C \text{ (단, } C\text{는 적분상수)}$$

$f(0)=\frac{1}{2}+0-\frac{1}{2}+C=-2\ln 2$에서 $C=-2\ln 2$

따라서 $f(x)=\frac{1}{2}e^{2x}+2x-\frac{1}{2}e^{-2x}-2\ln 2$이므로

$$f(\ln 2)=\frac{1}{2}e^{2\ln 2}+2\times\ln 2-\frac{1}{2}e^{-2\ln 2}-2\ln 2$$
$$=\frac{1}{2}\times 4+2\ln 2-\frac{1}{2}\times\frac{1}{4}-2\ln 2=\frac{15}{8}$$

답 ③

13 $f'(x)=2\sin x$에서

$f(x)=\int f'(x)dx$

$=\int 2\sin x\,dx$

$=-2\cos x+C$ (단, C는 적분상수)

$-1\le\cos x\le 1$이므로

$-2+C\le f(x)\le 2+C$

함수 $f(x)$의 최댓값이 3이므로

$2+C=3$, $C=1$

따라서 $f(x)=-2\cos x+1$이므로

$f\left(\frac{\pi}{2}\right)=-2\cos\frac{\pi}{2}+1=1$

답 ⑤

14 $f'(x)=\frac{\sin^2 x}{1-\cos x}$에서

$f(x)=\int f'(x)dx$

$=\int \frac{\sin^2 x}{1-\cos x}dx$

$=\int \frac{\sin^2 x(1+\cos x)}{(1-\cos x)(1+\cos x)}dx$

$=\int \frac{\sin^2 x(1+\cos x)}{\sin^2 x}dx$

$=\int (1+\cos x)dx$

$=x+\sin x+C$ (단, C는 적분상수)

$f(0)=0+\sin 0+C=0$에서 $C=0$

따라서 $f(x)=x+\sin x$이므로 $f(\pi)=\pi+0=\pi$

답 ④

15 곡선 $y=f(x)$ 위의 점 (x, y)에서의 접선의 기울기가 $\cos x-\sin x$이므로 $f'(x)=\cos x-\sin x$

$f(x)=\int f'(x)dx$

$=\int (\cos x-\sin x)dx$

$=\sin x+\cos x+C$ (단, C는 적분상수)

따라서

$f(0)-f(\pi)=(\sin 0+\cos 0+C)-(\sin\pi+\cos\pi+C)$

$=(1+C)-(-1+C)=2$

답 ⑤

16 $\tan^2 x=\sec^2 x-1$이므로

$\int(1-\tan^2 x)dx=\int\{1-(\sec^2 x-1)\}dx$

$=\int(2-\sec^2 x)dx$

$=2x-\tan x+C$ (단, C는 적분상수)

$f(x)=2x-\tan x+C$에서 곡선 $y=f(x)$가 y축과 만나는 점의 y좌표가 1이므로 $f(0)=1$

즉, $f(0)=0-0+C=1$에서 $C=1$

따라서 $f(x)=2x-\tan x+1$이므로

$f\left(\frac{\pi}{4}\right)=\frac{\pi}{2}-\tan\frac{\pi}{4}+1$

$=\frac{\pi}{2}-1+1=\frac{\pi}{2}$

답 ⑤

17 $f(x)=\int f'(x)dx$

$=\int\frac{1}{\sin^2 x\cos^2 x}dx$

$=\int\frac{\sin^2 x+\cos^2 x}{\sin^2 x\cos^2 x}dx$

$=\int\left(\frac{1}{\cos^2 x}+\frac{1}{\sin^2 x}\right)dx$

$=\int(\sec^2 x+\csc^2 x)dx$

$=\tan x-\cot x+C$ (단, C는 적분상수)

$f\left(\frac{\pi}{4}\right)=\tan\frac{\pi}{4}-\cot\frac{\pi}{4}+C=0$에서

$1-1+C=0$, $C=0$

따라서 $f(x)=\tan x-\cot x$이므로

$f\left(-\frac{\pi}{4}\right)=\tan\left(-\frac{\pi}{4}\right)-\cot\left(-\frac{\pi}{4}\right)$

$=-1-(-1)=0$

답 ③

18 곡선 $y=f(x)$ 위의 점 (x, y)에서의 접선의 기울기가 $\frac{1}{1+\sin x}$이므로

$f'(x)=\frac{1}{1+\sin x}$

$f(x)=\int f'(x)dx$

$=\int\frac{1}{1+\sin x}dx$

$=\int\frac{1-\sin x}{(1+\sin x)(1-\sin x)}dx$

$=\int\frac{1-\sin x}{\cos^2 x}dx$

$=\int\left(\frac{1}{\cos^2 x}-\frac{\sin x}{\cos x}\times\frac{1}{\cos x}\right)dx$

$=\int(\sec^2 x-\tan x\sec x)dx$

$=\tan x-\sec x+C$ (단, C는 적분상수)

$f(0)=0-1+C=\sqrt{2}$에서

$C=\sqrt{2}+1$

따라서 $f(x)=\tan x-\sec x+\sqrt{2}+1$이므로

$f\left(\frac{\pi}{4}\right)=1-\sqrt{2}+\sqrt{2}+1=2$

답 ④

19 $f(x)=\int f'(x)dx$

$=\int\frac{1}{1+\cos x}dx$

$=\int\frac{1-\cos x}{(1+\cos x)(1-\cos x)}dx$

$$=\int \frac{1-\cos x}{\sin^2 x}dx$$
$$=\int \left(\frac{1}{\sin^2 x}-\frac{\cos x}{\sin x}\times\frac{1}{\sin x}\right)dx$$
$$=\int (\csc^2 x-\cot x\csc x)dx$$
$$=-\cot x+\csc x+C$$ (단, C는 적분상수)

$f\left(\frac{\pi}{4}\right)=-1+\sqrt{2}+C=\sqrt{2}$에서

$C=1$

따라서 $f(x)=-\cot x+\csc x+1$이므로

$f\left(\frac{\pi}{6}\right)=-\sqrt{3}+2+1=3-\sqrt{3}$

답 ③

20 $f(x)=\int \frac{(\cos x+1)(\cos x-1)}{\cos^2 x}dx$

$$=\int \frac{\cos^2 x-1}{\cos^2 x}dx$$
$$=\int \left(1-\frac{1}{\cos^2 x}\right)dx$$
$$=\int (1-\sec^2 x)dx$$
$$=x-\tan x+C$$ (단, C는 적분상수)

$f(0)=0-0+C=1$에서 $C=1$

따라서 $f(x)=x-\tan x+1$이므로

$f\left(\frac{\pi}{4}\right)=\frac{\pi}{4}-1+1=\frac{\pi}{4}$

답 ④

21 $F(x)=\int \frac{f(x)}{\{g(x)\}^2}dx$

$$=\int \frac{\sin x}{\cos^2 x}dx$$
$$=\int \left(\frac{\sin x}{\cos x}\times\frac{1}{\cos x}\right)dx$$
$$=\int \tan x\sec x\,dx$$
$$=\sec x+C$$ (단, C는 적분상수)

$F(0)=1+C=0$에서

$C=-1$

따라서 $F(x)=\sec x-1$이므로

$F\left(\frac{\pi}{4}\right)=\sqrt{2}-1$

답 ②

22 $x<0$일 때,

$f(x)=\int \cos x\,dx=\sin x+C_1$ (단, C_1은 적분상수)

$x>0$일 때,

$f(x)=\int x\,dx=\frac{1}{2}x^2+C_2$ (단, C_2는 적분상수)

$f(1)=\frac{1}{2}\times1^2+C_2=1$에서 $C_2=\frac{1}{2}$

함수 $f(x)$는 $x=0$에서 연속이므로

$\lim_{x\to0-}f(x)=\lim_{x\to0+}f(x)$이어야 한다.

$\lim_{x\to0-}f(x)=\lim_{x\to0-}(\sin x+C_1)=C_1$

$\lim_{x\to0+}f(x)=\lim_{x\to0+}\left(\frac{1}{2}x^2+\frac{1}{2}\right)=\frac{1}{2}$

이므로 $C_1=\frac{1}{2}$

따라서 $x<0$일 때 $f(x)=\sin x+\frac{1}{2}$이므로

$$f\left(-\frac{\pi}{6}\right)=\sin\left(-\frac{\pi}{6}\right)+\frac{1}{2}$$
$$=-\frac{1}{2}+\frac{1}{2}=0$$

답 ③

23 $\{f(x)+g(x)\}^2=\{f(x)-g(x)\}^2+4f(x)\times g(x)$

$$=(\tan^2 x-\cot^2 x)^2+4$$
$$=(\tan^2 x+\cot^2 x)^2$$

즉, $f(x)+g(x)=\tan^2 x+\cot^2 x$ 또는

$f(x)+g(x)=-\tan^2 x-\cot^2 x$

$f\left(\frac{\pi}{4}\right)+g\left(\frac{\pi}{4}\right)=2$이므로 $f(x)+g(x)=\tan^2 x+\cot^2 x$

$h(x)=\int \{f(x)+g(x)\}dx$

$$=\int (\tan^2 x+\cot^2 x)dx$$
$$=\int \{(\tan^2 x+1)+(\cot^2 x+1)-2\}dx$$
$$=\int (\sec^2 x+\csc^2 x-2)dx$$
$$=\tan x-\cot x-2x+C$$ (단, C는 적분상수)

$h\left(\frac{\pi}{4}\right)=1-1-\frac{\pi}{2}+C=\frac{\pi}{6}$에서

$C=\frac{2}{3}\pi$

따라서 $h(x)=\tan x-\cot x-2x+\frac{2}{3}\pi$이므로

$h\left(\frac{\pi}{3}\right)=\sqrt{3}-\frac{\sqrt{3}}{3}-\frac{2}{3}\pi+\frac{2}{3}\pi=\frac{2\sqrt{3}}{3}$

답 ②

24 $x<\pi$일 때, $f(x)=\cos x+1$이므로

$x<\pi$에서

$g(x)=\int (\cos x+1)dx$

$$=\sin x+x+C_1$$ (단, C_1은 적분상수)

$x\geq\pi$일 때, $f(x)=\sin x$이므로

$x\geq\pi$에서

$g(x)=\int \sin x\,dx$

$$=-\cos x+C_2$$ (단, C_2는 적분상수)

즉, $g(x)=\begin{cases}\sin x+x+C_1 & (x<\pi)\\ -\cos x+C_2 & (x\geq\pi)\end{cases}$이고, $x=\pi$에서 함수 $g(x)$는

연속이므로 $\lim_{x\to\pi-}g(x)=\lim_{x\to\pi+}g(x)=g(\pi)$에서

$0+\pi+C_1=1+C_2$

따라서 $C_1=C_2+1-\pi$ ······ ㉠

$g(2\pi)=-1+C_2=0$에서 $C_2=1$

㉠에서 $C_1=2-\pi$

따라서 $g(x)=\begin{cases}\sin x+x+2-\pi & (x<\pi)\\ -\cos x+1 & (x\geq\pi)\end{cases}$이므로

$g(0)=0+0+2-\pi=2-\pi$

답 ④

25 $2x+1=t$로 놓으면 $\frac{dt}{dx}=2$이므로

$f(x)=\int(2x+1)^3\,dx=\int\frac{1}{2}t^3\,dt$

$=\frac{1}{8}t^4+C$ (단, C는 적분상수)

$=\frac{1}{8}(2x+1)^4+C$

$f(0)=\frac{1}{8}+C=\frac{1}{4}$에서 $C=\frac{1}{8}$

따라서 $f(x)=\frac{1}{8}(2x+1)^4+\frac{1}{8}$이므로

$f(1)=\frac{1}{8}\times81+\frac{1}{8}=\frac{41}{4}$

답 ①

26 $f(x)=\int f'(x)dx$

$=\int 6x(x^2-1)^2\,dx$

$x^2-1=t$로 놓으면 $\frac{dt}{dx}=2x$이므로

$\int 6x(x^2-1)^2\,dx=\int 3\times(x^2-1)^2\times2x\,dx$

$=3\int t^2\,dt$

$=3\times\frac{1}{3}t^3+C$ (단, C는 적분상수)

$=t^3+C=(x^2-1)^3+C$

따라서 $f(x)=(x^2-1)^3+C$이므로

$f(\sqrt{2})-f(0)=(1+C)-(-1+C)=2$

답 ②

27 $2x+1=t$로 놓으면 $\frac{dt}{dx}=2$이므로

$\int\sqrt{2x+1}\,dx=\int\left(\sqrt{t}\times\frac{1}{2}\right)dt=\frac{1}{2}\int t^{\frac{1}{2}}\,dt$

$=\frac{1}{2}\times\frac{2}{3}t^{\frac{3}{2}}+C$ (단, C는 적분상수)

$=\frac{1}{3}(2x+1)^{\frac{3}{2}}+C$

따라서 $m=\frac{3}{2}$, $n=3$이므로 $m+n=\frac{3}{2}+3=\frac{9}{2}$

답 ④

다른 풀이

$\int\sqrt{2x+1}\,dx=\frac{1}{n}(2x+1)^m+C$의 양변을 x에 대하여 미분하면

$\sqrt{2x+1}=\frac{1}{n}\times m\times(2x+1)^{m-1}\times2$

$=\frac{2m}{n}(2x+1)^{m-1}$

즉, $(2x+1)^{\frac{1}{2}}=\frac{2m}{n}(2x+1)^{m-1}$

따라서 $m=\frac{3}{2}$, $n=3$이므로

$m+n=\frac{3}{2}+3=\frac{9}{2}$

28 $4x^2-2=t$로 놓으면 $\frac{dt}{dx}=8x$이므로

$f(x)=\int 8x(4x^2-2)^2\,dx$

$=\int(4x^2-2)^2\times8x\,dx$

$=\int t^2\,dt=\frac{1}{3}t^3+C$ (단, C는 적분상수)

$=\frac{1}{3}(4x^2-2)^3+C$

$f(1)=\frac{1}{3}\times2^3+C=3$에서 $C=\frac{1}{3}$

따라서 $f(x)=\frac{1}{3}(4x^2-2)^3+\frac{1}{3}$이므로

$f(0)=\frac{1}{3}\times(-8)+\frac{1}{3}=-\frac{7}{3}$

답 ①

29 $f'(x)=\frac{x}{\sqrt{x^2+1}}$이므로

$f(x)=\int f'(x)dx$

$=\int\frac{x}{\sqrt{x^2+1}}\,dx$

$x^2+1=t$로 놓으면 $\frac{dt}{dx}=2x$이므로

$\int\frac{x}{\sqrt{x^2+1}}\,dx=\frac{1}{2}\int\frac{2x}{\sqrt{x^2+1}}\,dx$

$=\frac{1}{2}\int\frac{1}{\sqrt{t}}\,dt=\frac{1}{2}\int t^{-\frac{1}{2}}\,dt$

$=\frac{1}{2}\times2\times t^{\frac{1}{2}}+C$ (단, C는 적분상수)

$=t^{\frac{1}{2}}+C=\sqrt{x^2+1}+C$

즉, $f(x)=\sqrt{x^2+1}+C$

$f(0)=1+C=1$에서 $C=0$

따라서 $f(x)=\sqrt{x^2+1}$이므로

$f(\sqrt{3})=\sqrt{(\sqrt{3})^2+1}=2$

답 ②

30 곡선 $y=f(x)$ 위의 점 (x, y)에서의 접선의 기울기가 $6x\sqrt{x^2+1}$이므로 $f'(x)=6x\sqrt{x^2+1}$

$f(x)=\int f'(x)dx$

$=\int 6x\sqrt{x^2+1}\,dx$

$x^2+1=t$로 놓으면 $\frac{dt}{dx}=2x$이므로

$$\int 6x\sqrt{x^2+1}\,dx=\int (3\times\sqrt{x^2+1}\times 2x)dx$$
$$=3\int \sqrt{t}\,dt$$
$$=3\int t^{\frac{1}{2}}\,dt$$
$$=3\times\frac{2}{3}t^{\frac{3}{2}}+C \text{ (단, } C\text{는 적분상수)}$$
$$=2(x^2+1)\sqrt{x^2+1}+C$$

$f(x)=2(x^2+1)\sqrt{x^2+1}+C$

곡선 $y=f(x)$는 점 $(0, 2)$를 지나므로 $f(0)=2$

즉, $f(0)=2\times1\times1+C=2$에서 $C=0$

따라서 $f(x)=2(x^2+1)\sqrt{x^2+1}$이므로

$f(1)=2\times2\times\sqrt{2}=4\sqrt{2}$

답 ④

31 $f(x)=\int f'(x)dx=\int xe^{x^2}\,dx$에서

$x^2=t$로 놓으면 $\frac{dt}{dx}=2x$이므로

$$\int xe^{x^2}\,dx=\int\left(\frac{1}{2}\times e^{x^2}\times 2x\right)dx$$
$$=\frac{1}{2}\int e^t\,dt$$
$$=\frac{1}{2}e^t+C \text{ (단, } C\text{는 적분상수)}$$
$$=\frac{1}{2}e^{x^2}+C$$

즉, $f(x)=\frac{1}{2}e^{x^2}+C$

$f(0)=\frac{1}{2}+C=\frac{1}{2}$에서 $C=0$

따라서 $f(x)=\frac{1}{2}e^{x^2}$이므로 $f(1)=\frac{e}{2}$

답 ②

32 $f'(x)=5^{2x-1}$이므로

$$f(x)=\int f'(x)dx$$
$$=\int 5^{2x-1}\,dx$$

$2x-1=t$로 놓으면 $\frac{dt}{dx}=2$이므로

$$f(x)=\int 5^{2x-1}\,dx$$
$$=\int\left(\frac{1}{2}\times5^{2x-1}\times2\right)dx$$
$$=\frac{1}{2}\int 5^t\,dt$$
$$=\frac{1}{2}\times\frac{5^t}{\ln 5}+C \text{ (단, } C\text{는 적분상수)}$$
$$=\frac{5^{2x-1}}{2\ln 5}+C$$

$f(0)=\frac{1}{10\ln 5}+C=\frac{1}{10\ln 5}$에서 $C=0$

따라서 $f(x)=\frac{5^{2x-1}}{2\ln 5}$이므로 $f(1)=\frac{5}{2\ln 5}$

답 ⑤

33 $f'(x)=\frac{a\cos(\ln x)}{x}$이므로

$$f(x)=\int f'(x)dx$$
$$=\int\frac{a\cos(\ln x)}{x}\,dx$$

$\ln x=t$로 놓으면 $\frac{dt}{dx}=\frac{1}{x}$이므로

$$f(x)=\int\frac{a\cos(\ln x)}{x}\,dx$$
$$=a\int\cos t\,dt$$
$$=a\sin t+C \text{ (단, } C\text{는 적분상수)}$$
$$=a\sin(\ln x)+C$$

$f(1)=a\sin 0+C=0$에서 $C=0$

$f(x)=a\sin(\ln x)$에서

$f(e)=a\sin(\ln e)=3\sin 1$이므로 $a\sin 1=3\sin 1$

따라서 $a=3$

답 ③

34 $f'(x)=\frac{\sqrt{\ln x+1}}{x}$이므로

$$f(x)=\int f'(x)dx$$
$$=\int\frac{\sqrt{\ln x+1}}{x}\,dx$$

$\ln x+1=t$로 놓으면 $\frac{dt}{dx}=\frac{1}{x}$이므로

$$f(x)=\int\frac{\sqrt{\ln x+1}}{x}\,dx$$
$$=\int\sqrt{t}\,dt=\int t^{\frac{1}{2}}\,dt$$
$$=\frac{2}{3}t^{\frac{3}{2}}+C \text{ (단, } C\text{는 적분상수)}$$
$$=\frac{2}{3}(\ln x+1)\sqrt{\ln x+1}+C$$

곡선 $y=f(x)$가 점 $\left(\frac{1}{e}, 0\right)$을 지나므로

$f\left(\frac{1}{e}\right)=\frac{2}{3}(-1+1)\sqrt{-1+1}+C=0$에서 $C=0$

따라서 $f(x)=\frac{2}{3}(\ln x+1)\sqrt{\ln x+1}$이므로

$f(1)=\frac{2}{3}(\ln 1+1)\sqrt{\ln 1+1}=\frac{2}{3}$

답 ②

35 $f'(x)=e^x\sqrt{e^x+1}$이므로

$$f(x)=\int f'(x)dx$$
$$=\int e^x\sqrt{e^x+1}\,dx$$

$e^x+1=t$로 놓으면 $\frac{dt}{dx}=e^x$이므로

$$f(x)=\int e^x\sqrt{e^x+1}\,dx$$
$$=\int\sqrt{t}\,dt$$

$=\int t^{\frac{1}{2}}\,dt$

$=\frac{2}{3}t^{\frac{3}{2}}+C$ (단, C는 적분상수)

$=\frac{2}{3}(e^x+1)\sqrt{e^x+1}+C$

$f'(x)>0$이므로 함수 $f(x)$는 증가한다.

그러므로 주어진 닫힌구간 $[0, \ln 2]$에서 $x=0$에서 최솟값을, $x=\ln 2$에서 최댓값을 갖는다.

$f(0)=\frac{2}{3}\times 2\times\sqrt{2}+C=\frac{4\sqrt{2}}{3}$에서

$C=0$

따라서 $f(x)=\frac{2}{3}(e^x+1)\sqrt{e^x+1}$이므로 함수 $f(x)$의 최댓값은

$f(\ln 2)=\frac{2}{3}\times(e^{\ln 2}+1)\sqrt{e^{\ln 2}+1}$

$=\frac{2}{3}\times 3\times\sqrt{3}=2\sqrt{3}$

답 ③

36 $\lim_{h\to 0}\frac{f(x+h)-f(x)}{h}=f'(x)$이므로

$f'(x)=\frac{1}{x(\ln x)^3}$

$f(x)=\int f'(x)dx$

$=\int\frac{1}{x(\ln x)^3}\,dx$

$\ln x=t$로 놓으면 $\frac{dt}{dx}=\frac{1}{x}$이므로

$f(x)=\int\frac{1}{x(\ln x)^3}\,dx$

$=\int\frac{1}{t^3}\,dt=\int t^{-3}\,dt$

$=-\frac{1}{2t^2}+C$ (단, C는 적분상수)

$=-\frac{1}{2(\ln x)^2}+C$

$f(e)=-\frac{1}{2(\ln e)^2}+C=\frac{1}{2}$에서

$-\frac{1}{2}+C=\frac{1}{2}$, $C=1$

따라서 $f(x)=-\frac{1}{2(\ln x)^2}+1$이므로

$f(e^2)=-\frac{1}{2\times(\ln e^2)^2}+1$

$=-\frac{1}{2}\times\frac{1}{4}+1=\frac{7}{8}$

답 ①

37 $\int\sin x\cos^2 x\,dx$에서 $\cos x=t$로 놓으면 $\frac{dt}{dx}=-\sin x$이므로

$\int\sin x\cos^2 x\,dx=-\int t^2\,dt$

$=-\frac{1}{3}t^3+C$ (단, C는 적분상수)

$=-\frac{1}{3}\cos^3 x+C$

즉, $f(x)=-\frac{1}{3}\cos^3 x+C$

$f\left(\frac{\pi}{2}\right)=-\frac{1}{3}\cos^3\frac{\pi}{2}+C=0$에서

$C=0$

따라서 $f(x)=-\frac{1}{3}\cos^3 x$이므로

$f(0)=-\frac{1}{3}\cos^3 0=-\frac{1}{3}$

답 ①

38 $\int\sin x(\cos x-1)dx$에서 $\cos x-1=t$로 놓으면

$\frac{dt}{dx}=-\sin x$이므로

$\int\sin x(\cos x-1)dx=\int(-t)dt$

$=-\frac{1}{2}t^2+C$ (단, C는 적분상수)

$=-\frac{1}{2}(\cos x-1)^2+C$

즉, $f(x)=-\frac{1}{2}(\cos x-1)^2+C$

$f(0)=-\frac{1}{2}(\cos 0-1)^2+C=0$에서

$C=0$

따라서 $f(x)=-\frac{1}{2}(\cos x-1)^2$이므로

$f\left(\frac{\pi}{2}\right)=-\frac{1}{2}\left(\cos\frac{\pi}{2}-1\right)^2=-\frac{1}{2}$

답 ②

39 $f'(x)=\cos^3 x$이므로 $f(x)=\int f'(x)dx$

$\cos^3 x=\cos x\times\cos^2 x$

$=\cos x\times(1-\sin^2 x)$

$=(1-\sin^2 x)\cos x$

$f(x)=\int\cos^3 x\,dx$

$=\int(1-\sin^2 x)\cos x\,dx$

$\sin x=t$로 놓으면 $\frac{dt}{dx}=\cos x$이므로

$f(x)=\int(1-\sin^2 x)\cos x\,dx$

$=\int(1-t^2)dt$

$=t-\frac{1}{3}t^3+C$ (단, C는 적분상수)

$=\sin x-\frac{1}{3}\sin^3 x+C$

$f(0)=0-0+C=\frac{4}{3}$에서 $C=\frac{4}{3}$

따라서 $f(x)=\sin x-\frac{1}{3}\sin^3 x+\frac{4}{3}$이므로

$f\left(\frac{\pi}{2}\right)=1-\frac{1}{3}+\frac{4}{3}=2$

답 ⑤

40 $f'(x)=k\csc^2 x\cot x$이므로

$$f(x)=\int f'(x)dx$$
$$=\int k\csc^2 x\cot x\,dx$$
$$=k\int\left(\frac{1}{\sin^2 x}\times\frac{\cos x}{\sin x}\right)dx$$
$$=k\int\frac{\cos x}{\sin^3 x}dx$$

$\sin x=t$라 하면 $\frac{dt}{dx}=\cos x$이므로

$$f(x)=k\int\frac{\cos x}{\sin^3 x}dx$$
$$=k\int\frac{1}{t^3}dt$$
$$=-k\times\frac{1}{2t^2}+C\text{ (단, }C\text{는 적분상수)}$$
$$=-\frac{k}{2\sin^2 x}+C$$

$f\left(\frac{\pi}{2}\right)=-\frac{k}{2\sin^2\frac{\pi}{2}}+C=1$에서

$-\frac{k}{2}+C=1$ …… ㉠

$f\left(\frac{\pi}{4}\right)=-\frac{k}{2\sin^2\frac{\pi}{4}}+C=0$에서

$-k+C=0$ …… ㉡

㉠, ㉡을 연립하여 풀면 $k=2$, $C=2$

따라서 $k=2$

답 ⑤

41 곡선 $y=f(x)$ 위의 임의의 점 (x, y)에서의 접선의 기울기가 $e^{\cos x}\sin x$이므로 $f'(x)=e^{\cos x}\sin x$

$$f(x)=\int f'(x)dx$$
$$=\int e^{\cos x}\sin x\,dx$$

$\cos x=t$로 놓으면 $\frac{dt}{dx}=-\sin x$이므로

$$f(x)=\int e^{\cos x}\sin x\,dx$$
$$=-\int e^t\,dt$$
$$=-e^t+C\text{ (단, }C\text{는 적분상수)}$$
$$=-e^{\cos x}+C$$

곡선 $y=f(x)$가 점 $\mathrm{P}(0, -e)$를 지나므로

$-e=-e^{\cos 0}+C$, $C=0$

따라서 $f(x)=-e^{\cos x}$이고, 점 $\mathrm{Q}\left(\frac{\pi}{2}, k\right)$도 곡선 $y=f(x)$ 위의 점이므로

$k=-e^{\cos\frac{\pi}{2}}=-e^0=-1$

답 ②

42 곡선 $y=f(x)$ 위의 점 (x, y)에서의 접선의 기울기가 $\frac{\cos^3 x}{1+\sin x}$이므로 $f'(x)=\frac{\cos^3 x}{1+\sin x}$

$$f(x)=\int f'(x)dx$$
$$=\int\frac{\cos^3 x}{1+\sin x}dx$$
$$=\int\frac{\cos^2 x\times\cos x}{1+\sin x}dx$$
$$=\int\frac{(1-\sin^2 x)\cos x}{1+\sin x}dx$$
$$=\int\frac{(1+\sin x)(1-\sin x)\cos x}{1+\sin x}dx$$
$$=\int(1-\sin x)\cos x\,dx$$

$1-\sin x=t$라 하면 $\frac{dt}{dx}=-\cos x$이므로

$$f(x)=\int(1-\sin x)\cos x\,dx$$
$$=\int(-t)dt$$
$$=-\frac{1}{2}t^2+C\text{ (단, }C\text{는 적분상수)}$$
$$=-\frac{1}{2}(1-\sin x)^2+C$$

곡선 $y=f(x)$가 원점을 지나므로 $f(0)=0$

즉, $f(0)=-\frac{1}{2}+C=0$에서 $C=\frac{1}{2}$

따라서 $f(x)=-\frac{1}{2}(1-\sin x)^2+\frac{1}{2}$이므로

$$f\left(-\frac{\pi}{2}\right)=-\frac{1}{2}\left\{1-\sin\left(-\frac{\pi}{2}\right)\right\}^2+\frac{1}{2}$$
$$=-\frac{1}{2}(1+1)^2+\frac{1}{2}=-\frac{3}{2}$$

답 ①

43 $(x^2+1)'=2x$이므로

$$f(x)=\int f'(x)dx$$
$$=\int\frac{2x}{x^2+1}dx$$
$$=\int\frac{(x^2+1)'}{x^2+1}dx$$
$$=\ln(x^2+1)+C\text{ (단, }C\text{는 적분상수)}$$

$f(0)=\ln 1+C=0$에서 $C=0$

따라서 $f(x)=\ln(x^2+1)$이므로 $f(1)=\ln 2$

답 ④

44 $$f(x)=\int\frac{x^2-1}{x^3-3x}dx$$
$$=\frac{1}{3}\int\frac{3(x^2-1)}{x^3-3x}dx$$
$$=\frac{1}{3}\int\frac{(x^3-3x)'}{x^3-3x}dx$$
$$=\frac{1}{3}\ln|x^3-3x|+C\text{ (단, }C\text{는 적분상수)}$$

$f(1)=\frac{\ln 2}{3}+C=0$에서 $C=-\frac{\ln 2}{3}$

따라서 $f(x)=\frac{1}{3}\ln|x^3-3x|-\frac{\ln 2}{3}$이므로

$f(2)=\frac{\ln 2}{3}-\frac{\ln 2}{3}=0$

답 ③

45 $(e^{2x}-e^x+1)'=2e^{2x}-e^x=e^x(2e^x-1)$이므로

$$f(x)=\int f'(x)dx$$
$$=\int \frac{e^x(2e^x-1)}{e^{2x}-e^x+1}dx$$
$$=\int \frac{(e^{2x}-e^x+1)'}{e^{2x}-e^x+1}dx$$
$$=\ln(e^{2x}-e^x+1)+C \text{ (단, } C\text{는 적분상수)}$$

$f(0)=\ln(1-1+1)+C=0$에서 $C=0$

따라서 $f(x)=\ln(e^{2x}-e^x+1)$이므로

$$f(\ln 2)=\ln(e^{2\ln 2}-e^{\ln 2}+1)$$
$$=\ln(4-2+1)=\ln 3$$

답 ③

46 곡선 $y=f(x)$ 위의 점 (x, y)에서의 접선의 기울기가 $\frac{e^x-e^{-x}}{e^x+e^{-x}}$이므로

$$f(x)=\int f'(x)dx$$
$$=\int \frac{e^x-e^{-x}}{e^x+e^{-x}}dx$$
$$=\int \frac{(e^x+e^{-x})'}{e^x+e^{-x}}dx$$
$$=\ln(e^x+e^{-x})+C \text{ (단, } C\text{는 적분상수)}$$

곡선 $y=f(x)$가 원점을 지나므로 $f(0)=0$

$f(0)=\ln 2+C=0$에서 $C=-\ln 2$

따라서 $f(x)=\ln(e^x+e^{-x})-\ln 2$이므로

$$f(\ln 2)=\ln(e^{\ln 2}+e^{-\ln 2})-\ln 2$$
$$=\ln\left(2+\frac{1}{2}\right)-\ln 2$$
$$=\ln\frac{5}{2}-\ln 2=\ln\frac{5}{4}$$

답 ④

47 $f(x)=\int f'(x)dx$

$$=\int \frac{x+1}{(x+1)^2+1}dx$$
$$=\frac{1}{2}\int \frac{2(x+1)}{x^2+2x+2}dx$$
$$=\frac{1}{2}\int \frac{(x^2+2x+2)'}{x^2+2x+2}dx$$
$$=\frac{1}{2}\ln(x^2+2x+2)+C \text{ (단, } C\text{는 적분상수)}$$

$f(-1)=\frac{1}{2}\ln(1-2+2)+C=-\frac{\ln 2}{2}$에서

$C=-\frac{\ln 2}{2}$

따라서 $f(x)=\frac{1}{2}\ln(x^2+2x+2)-\frac{\ln 2}{2}$이므로

$$f(-2)=\frac{1}{2}\ln(4-4+2)-\frac{\ln 2}{2}$$
$$=\frac{\ln 2}{2}-\frac{\ln 2}{2}=0$$

답 ③

48 $\cos(\pi-x)=-\cos x$이므로

$f'(x)=\frac{\cos(\pi-x)}{e+\sin x}=-\frac{\cos x}{e+\sin x}$

$(e+\sin x)'=\cos x$이므로

$$f(x)=\int f'(x)dx$$
$$=-\int \frac{\cos x}{e+\sin x}dx$$
$$=-\int \frac{(e+\sin x)'}{e+\sin x}dx$$
$$=-\ln(e+\sin x)+C \text{ (단, } C\text{는 적분상수)}$$

$f(0)=-\ln e+C=-1$에서 $C=0$

따라서 $f(x)=-\ln(e+\sin x)$이므로

$$f(\pi)=-\ln(e+\sin\pi)$$
$$=-\ln e=-1$$

답 ②

49 $\cot x=\frac{\cos x}{\sin x}$이고, $(\sin x)'=\cos x$이므로

$$f(x)=\int \cot x\,dx$$
$$=\int \frac{\cos x}{\sin x}dx$$
$$=\int \frac{(\sin x)'}{\sin x}dx$$
$$=\ln|\sin x|+C \text{ (단, } C\text{는 적분상수)}$$

$f\left(\frac{\pi}{2}\right)=\ln\left|\sin\frac{\pi}{2}\right|+C=0$에서 $C=0$

즉, $f(x)=\ln|\sin x|$이므로

$e^{f(x)}=e^{\ln|\sin x|}=1$

열린구간 $(-\pi, \pi)$에서 $|\sin x|=1$을 만족시키는 x의 값은

$x=-\frac{\pi}{2}$ 또는 $x=\frac{\pi}{2}$

따라서 모든 x의 값의 합은

$-\frac{\pi}{2}+\frac{\pi}{2}=0$

답 ③

50 $f(x)=\int \frac{-x+1}{x+2}dx$

$$=\int\left(-1+\frac{3}{x+2}\right)dx$$
$$=-x+3\ln|x+2|+C \text{ (단, } C\text{는 적분상수)}$$

$f(-1)=1+3\ln 1+C=-4$에서 $C=-5$

따라서 $f(x)=-x+3\ln|x+2|-5$이므로

$$f(e-2)=-(e-2)+3\ln|(e-2)+2|-5$$
$$=-e+2+3\ln e-5=-e$$

답 ②

51 $\frac{8}{x^2-4}=\frac{8}{(x-2)(x+2)}=2\left(\frac{1}{x-2}-\frac{1}{x+2}\right)$이므로

$$f(x)=\int\frac{8}{x^2-4}\,dx=2\int\left(\frac{1}{x-2}-\frac{1}{x+2}\right)dx$$
$$=2(\ln|x-2|-\ln|x+2|)+C \text{ (단, } C\text{는 적분상수)}$$
$$=2\ln\left|\frac{x-2}{x+2}\right|+C$$

$f(-1)=2\ln\left|\frac{-3}{1}\right|+C=2\ln 3$에서 $C=0$

따라서 $f(x)=2\ln\left|\frac{x-2}{x+2}\right|$이므로 $f(0)=2\ln 1=0$

답 ③

52 $f'(x)=\frac{x^3-x-2}{x^2-1}$이므로

$$f(x)=\int f'(x)dx=\int\frac{x^3-x-2}{x^2-1}\,dx$$
$$=\int\left(x-\frac{2}{x^2-1}\right)dx$$
$$=\int\left(x-\frac{1}{x-1}+\frac{1}{x+1}\right)dx$$
$$=\frac{1}{2}x^2-\ln|x-1|+\ln|x+1|+C \text{ (단, } C\text{는 적분상수)}$$
$$=\frac{1}{2}x^2+\ln\left|\frac{x+1}{x-1}\right|+C$$

$f(0)=0+\ln 1+C=-2$에서 $C=-2$

따라서 $f(x)=\frac{1}{2}x^2+\ln\left|\frac{x+1}{x-1}\right|-2$이므로

$f(2)=2+\ln 3-2=\ln 3$

답 ③

53 $f(x)=\int f'(x)dx$

$$=\int\frac{x+4}{x^2+3x+2}\,dx$$
$$=\int\left(\frac{3}{x+1}-\frac{2}{x+2}\right)dx$$
$$=3\ln|x+1|-2\ln|x+2|+C \text{ (단, } C\text{는 적분상수)}$$

$f\left(-\frac{3}{2}\right)=3\ln\frac{1}{2}-2\ln\frac{1}{2}+C=C-\ln 2=\ln 2$에서

$C=2\ln 2$

따라서 $f(x)=3\ln|x+1|-2\ln|x+2|+2\ln 2$이므로

$f(0)=3\ln 1-2\ln 2+2\ln 2=0$

답 ③

54 $f(x)=\int\frac{3x-1}{x^2-1}\,dx+\int\frac{2(x-2)}{1-x^2}\,dx$

$$=\int\frac{(3x-1)-2(x-2)}{x^2-1}\,dx$$
$$=\int\frac{x+3}{x^2-1}\,dx$$
$$=\int\left(\frac{2}{x-1}-\frac{1}{x+1}\right)dx$$
$$=2\ln|x-1|-\ln|x+1|+C \text{ (단, } C\text{는 적분상수)}$$

$f(0)=2\ln 1-\ln 1+C=5$에서 $C=5$

따라서 $f(x)=2\ln|x-1|-\ln|x+1|+5$이므로

$f(3)=2\ln 2-2\ln 2+5=5$

답 ③

55 $y=\frac{2x+3}{x+1}$이라 하면 $(x+1)y=2x+3$에서

$(y-2)x=-y+3$

$x=\frac{-y+3}{y-2}$

이때 x와 y를 서로 바꾸면 $f^{-1}(x)=\frac{-x+3}{x-2}$

$$g(x)=\int f^{-1}(x)dx=\int\frac{-x+3}{x-2}\,dx$$
$$=\int\left(-1+\frac{1}{x-2}\right)dx$$
$$=-x+\ln|x-2|+C \text{ (단, } C\text{는 적분상수)}$$

$g(1)=-1+\ln 1+C=6$에서 $C=7$

따라서 $g(x)=-x+\ln|x-2|+7$이므로

$g(3)=-3+\ln 1+7=4$

답 ④

56 $f(x)=\int x\ln x\,dx$에서

$u(x)=\ln x$, $v'(x)=x$로 놓으면

$u'(x)=\frac{1}{x}$, $v(x)=\frac{1}{2}x^2$이므로

$$f(x)=\int x\ln x\,dx$$
$$=\frac{1}{2}x^2\ln x-\int\left(\frac{1}{x}\times\frac{1}{2}x^2\right)dx$$
$$=\frac{1}{2}x^2\ln x-\int\frac{1}{2}x\,dx$$
$$=\frac{1}{2}x^2\ln x-\frac{1}{4}x^2+C \text{ (단, } C\text{는 적분상수)}$$

$f(1)=\frac{1}{2}\times 1\times\ln 1-\frac{1}{4}\times 1+C=-\frac{1}{4}$에서

$C-\frac{1}{4}=-\frac{1}{4}$, $C=0$

따라서 $f(x)=\frac{1}{2}x^2\ln x-\frac{1}{4}x^2$이므로

$f(e)=\frac{e^2}{2}-\frac{e^2}{4}=\frac{e^2}{4}$

답 ②

57 $\int(x-1)e^x\,dx$에서

$f(x)=x-1$, $g'(x)=e^x$으로 놓으면

$f'(x)=1$, $g(x)=e^x$이므로

$$\int(x-1)e^x\,dx=(x-1)\times e^x-\int(1\times e^x)dx$$
$$=(x-1)e^x-\int e^x\,dx$$
$$=(x-1)e^x-e^x+C \text{ (단, } C\text{는 적분상수)}$$
$$=(x-2)e^x+C$$

따라서 $k=-2$

답 ①

다른 풀이

$\int (x-1)e^x\,dx=(x+k)e^x+C$의 양변을 x에 대하여 미분하면

$(x-1)e^x=e^x+(x+k)e^x=(x+k+1)e^x$

즉, $(x-1)e^x=(x+k+1)e^x$이고,

$e^x>0$이므로 $x-1=x+k+1$

따라서 $k=-2$

58 $\ln\frac{x}{e}=\ln x-\ln e=\ln x-1$이므로

$$f(x)=\int \ln\frac{x}{e}\,dx=\int(\ln x-1)dx$$
$$=\int \ln x\,dx-\int 1\,dx$$
$$=\int \ln x\,dx-x+C_1 \text{ (단, } C_1\text{은 적분상수)}$$

$\int \ln x\,dx$에서

$u(x)=\ln x$, $v'(x)=1$로 놓으면

$u'(x)=\frac{1}{x}$, $v(x)=x$이므로

$$\int \ln x\,dx=\ln x\times x-\int\left(\frac{1}{x}\times x\right)dx$$
$$=x\ln x-\int 1\,dx$$
$$=x\ln x-x+C_2 \text{ (단, } C_2\text{는 적분상수)}$$

즉,

$$f(x)=(x\ln x-x+C_2)-x+C_1$$
$$=x\ln x-2x+C \text{ (단, } C=C_1+C_2)$$

$f(e)=e\ln e-2e+C=e$에서

$C=2e$

따라서 $f(x)=x\ln x-2x+2e$이므로

$$f(1)=1\times\ln 1-2\times1+2e$$
$$=2e-2=2(e-1)$$

답 ②

59 곡선 $y=f(x)$ 위의 점 (x, y)에서의 접선의 기울기가 $x\sin x$이므로

$f'(x)=x\sin x$

$$f(x)=\int f'(x)dx=\int x\sin x\,dx$$

$u(x)=x$, $v'(x)=\sin x$로 놓으면

$u'(x)=1$, $v(x)=-\cos x$이므로

$$f(x)=\int x\sin x\,dx$$
$$=x\times(-\cos x)-\int\{1\times(-\cos x)\}dx$$
$$=-x\cos x+\int\cos x\,dx$$
$$=-x\cos x+\sin x+C \text{ (단, } C\text{는 적분상수)}$$

곡선 $y=f(x)$가 원점을 지나므로

$f(0)=0$

즉, $f(0)=0+0+C=0$에서 $C=0$

따라서 $f(x)=-x\cos x+\sin x$이므로

$$f\left(\frac{\pi}{2}\right)=-\frac{\pi}{2}\cos\frac{\pi}{2}+\sin\frac{\pi}{2}=1$$

답 ③

60 함수 $f(x)$의 도함수 $f'(x)$가 $f'(x)=e^x\cos x$이므로

$$f(x)=\int f'(x)dx=\int e^x\cos x\,dx$$

$f(x)=\int e^x\cos x\,dx$에서

$u_1(x)=e^x$, $v_1'(x)=\cos x$로 놓으면

$u_1'(x)=e^x$, $v_1(x)=\sin x$이므로

$$f(x)=\int e^x\cos x\,dx$$
$$=e^x\sin x-\int e^x\sin x\,dx$$

$\int e^x\sin x\,dx$에서

$u_2(x)=e^x$, $v_2'(x)=\sin x$로 놓으면

$u_2'(x)=e^x$, $v_2(x)=-\cos x$이므로

$$\int e^x\sin x\,dx=e^x\times(-\cos x)-\int\{e^x\times(-\cos x)\}dx$$
$$=-e^x\cos x+\int e^x\cos x\,dx$$
$$=-e^x\cos x+f(x)+C_1 \text{ (단, } C_1\text{은 적분상수)}$$

즉,

$$f(x)=e^x\sin x-\int e^x\sin x\,dx$$
$$=e^x\sin x-\{-e^x\cos x+f(x)+C_1\}$$
$$=e^x\sin x+e^x\cos x-f(x)-C_1$$

$2f(x)=e^x(\sin x+\cos x)-C_1$이므로 $C_1=-2C$라 하면

$$f(x)=\frac{e^x}{2}(\sin x+\cos x)+C$$

$f(0)=\frac{1}{2}\times1+C=\frac{1}{2}$에서

$\frac{1}{2}+C=\frac{1}{2}$, $C=0$

따라서 $f(x)=\frac{e^x}{2}(\sin x+\cos x)$이므로

$$f\left(\frac{\pi}{2}\right)=\frac{e^{\frac{\pi}{2}}}{2}\left(\sin\frac{\pi}{2}+\cos\frac{\pi}{2}\right)=\frac{1}{2}e^{\frac{\pi}{2}}$$

답 ②

61 $f(x)=x^2g(x)$의 도함수 $f'(x)$가 $f'(x)=2xg(x)+x$이므로

$f'(x)=2xg(x)+x^2g'(x)$에서

$x^2g'(x)=x$, $g'(x)=\frac{1}{x}$

즉, $g(x)=\int g'(x)dx=\int\frac{1}{x}\,dx=\ln x+C_1$ (단, C_1은 적분상수)

$g(1)=\ln 1+C_1=0$에서 $C_1=0$

따라서 $g(x)=\ln x$이고, $f(x)=x^2\ln x$

곡선 $y=h(x)$ 위의 점 (x, y)에서의 접선의 기울기가 $f(x)$이므로

$$h(x)=\int f(x)dx=\int x^2\ln x\,dx$$

$\int x^2 \ln x\, dx$에서

$u(x)=\ln x$, $v'(x)=x^2$으로 놓으면

$u'(x)=\frac{1}{x}$, $v(x)=\frac{1}{3}x^3$이므로

$h(x)=\int x^2 \ln x\, dx$

$=\ln x\times\frac{1}{3}x^3-\int\left(\frac{1}{x}\times\frac{1}{3}x^3\right)dx$

$=\frac{1}{3}x^3\ln x-\int\frac{1}{3}x^2\, dx$

$=\frac{1}{3}x^3\ln x-\frac{1}{9}x^3+C_2$ (단, C_2는 적분상수)

점 $\mathrm{P}\left(1, -\frac{1}{9}\right)$이 곡선 $y=h(x)$ 위의 점이므로

$h(1)=\frac{1}{3}\times1\times\ln 1-\frac{1}{9}\times1+C_2=-\frac{1}{9}$에서

$-\frac{1}{9}+C_2=-\frac{1}{9}$, $C_2=0$

즉, $h(x)=\frac{1}{3}x^3\ln x-\frac{1}{9}x^3$

점 $\mathrm{Q}(e, k)$도 곡선 $y=h(x)$ 위의 점이므로

$h(e)=k$

$h(e)=\frac{1}{3}\times e^3\times\ln e-\frac{1}{9}\times e^3$

$=\frac{e^3}{3}-\frac{e^3}{9}=\frac{2e^3}{9}$

따라서 $k=\frac{2e^3}{9}$

답 ②

62 $\int_0^{\frac{\pi}{2}}(1+\cos 2x)dx$

$=\left[x+\frac{1}{2}\sin 2x\right]_0^{\frac{\pi}{2}}$

$=\left(\frac{\pi}{2}+\frac{1}{2}\sin\pi\right)-(0+0)=\frac{\pi}{2}$

따라서 $k=\frac{\pi}{2}$이므로

$\sin k=\sin\frac{\pi}{2}=1$

답 ⑤

63 $\int_0^k e^{3x}dx=\left[\frac{1}{3}e^{3x}\right]_0^k=\frac{1}{3}(e^{3k}-1)$이므로

$\frac{1}{3}(e^{3k}-1)=\frac{1}{3}(e^3-1)$

따라서 $k=1$

답 ②

64 $\int_1^k\sqrt[3]{x}\,dx=\left[\frac{3}{4}x^{\frac{4}{3}}\right]_1^k=\frac{3}{4}(k^{\frac{4}{3}}-1)$

$\frac{3}{4}(k^{\frac{4}{3}}-1)=60$에서 $k^{\frac{4}{3}}=81=3^4$

따라서 $k=3^3=27$

답 ②

65 $\int_0^2(e^x+x)dx+\int_2^4(e^x+x)dx$

$=\int_0^4(e^x+x)dx=\left[e^x+\frac{1}{2}x^2\right]_0^4$

$=(e^4+8)-(1+0)=e^4+7$

답 ④

66 $\int_0^1(\sqrt{x}+x)dx-\int_1^0(\sqrt{x}-x)dx$

$=\int_0^1(\sqrt{x}+x)dx+\int_0^1(\sqrt{x}-x)dx$

$=\int_0^1\{(\sqrt{x}+x)+(\sqrt{x}-x)\}dx$

$=\int_0^1 2\sqrt{x}\,dx$

$=2\times\left[\frac{2}{3}x^{\frac{3}{2}}\right]_0^1=\frac{4}{3}$

답 ④

67 $\int_0^{\pi}(\sin x+x)dx+\int_{\pi}^{2\pi}(\sin x+x)dx$

$=\int_0^{2\pi}(\sin x+x)dx=\left[-\cos x+\frac{1}{2}x^2\right]_0^{2\pi}$

$=\left(-\cos 2\pi+\frac{1}{2}\times4\pi^2\right)-(-\cos 0+0)$

$=(-1+2\pi^2)+1=2\pi^2$

답 ⑤

68 $f(x)=\frac{e^x+e^{-x}}{k}$ $(k\neq0)$이라 하면

$f(-x)=\frac{e^{-x}+e^x}{k}=\frac{e^x+e^{-x}}{k}=f(x)$

이므로 모든 실수 x에 대하여 함수 $y=f(x)$의 그래프는 y축에 대하여 대칭이다.

$\int_{-2}^2\frac{e^x+e^{-x}}{k}dx=2\int_0^2\frac{e^x+e^{-x}}{k}dx$

$=\frac{2}{k}\left[e^x-e^{-x}\right]_0^2$

$=\frac{2}{k}\{(e^2-e^{-2})-(1-1)\}$

$=\frac{2}{k}(e^2-e^{-2})$

$\int_{-2}^2\frac{e^x+e^{-x}}{k}dx=e^2-e^{-2}$에서

$\frac{2}{k}(e^2-e^{-2})=e^2-e^{-2}$, $\frac{2}{k}=1$

따라서 $k=2$

답 ②

69 $f(x)=\frac{e^x-e^{-x}}{e^x+e^{-x}}$이라 하면

$f(-x)=\frac{e^{-x}-e^x}{e^{-x}+e^x}=-\frac{e^x-e^{-x}}{e^x+e^{-x}}=-f(x)$

이므로 모든 실수 x에 대하여 함수 $y=f(x)$의 그래프는 원점에 대하여 대칭이다.

따라서 $\int_{-5}^{5} \frac{e^x-e^{-x}}{e^x+e^{-x}} dx=0$

답 ③

70 $f(x)=x\cos x$라 하면

$f(-x)=(-x)\times\cos(-x)$
$=(-x)\times\cos x$
$=-x\cos x=-f(x)$

이므로 모든 실수 x에 대하여 함수 $y=f(x)$의 그래프는 원점에 대하여 대칭이다. 즉, $\int_{-\pi}^{\pi} x\cos x\, dx=0$

답 ③

71 모든 실수 x에 대하여 함수 $y=\sin x$의 그래프는 원점에 대하여 대칭이고, 함수 $y=\cos x$의 그래프는 y축에 대하여 대칭이다.

$\int_0^{\frac{\pi}{2}} (\sin x+\cos x)dx-\int_0^{-\frac{\pi}{2}} (\sin x+\cos x)dx$

$=\int_0^{\frac{\pi}{2}} (\sin x+\cos x)dx+\int_{-\frac{\pi}{2}}^{0} (\sin x+\cos x)dx$

$=\int_{-\frac{\pi}{2}}^{0} (\sin x+\cos x)dx+\int_0^{\frac{\pi}{2}} (\sin x+\cos x)dx$

$=\int_{-\frac{\pi}{2}}^{\frac{\pi}{2}} (\sin x+\cos x)dx$

$=\int_{-\frac{\pi}{2}}^{\frac{\pi}{2}} \sin x\, dx+\int_{-\frac{\pi}{2}}^{\frac{\pi}{2}} \cos x\, dx$

$=0+2\int_0^{\frac{\pi}{2}} \cos x\, dx$

$=2\Big[\sin x\Big]_0^{\frac{\pi}{2}}$

$=2\left(\sin\frac{\pi}{2}-\sin 0\right)=2$

답 ⑤

72 $f(x)=\frac{2^x-2^{-x}}{2}$에서

$f(-x)=\frac{2^{-x}-2^x}{2}=-\frac{2^x-2^{-x}}{2}=-f(x)$

이므로 모든 실수 x에 대하여 함수 $y=f(x)$의 그래프는 원점에 대하여 대칭이다.

$g(x)=\sin f(x)$라 하면

$g(-x)=\sin f(-x)=\sin\{-f(x)\}=-\sin f(x)=-g(x)$

이므로 모든 실수 x에 대하여 함수 $y=g(x)$의 그래프도 원점에 대하여 대칭이다.

따라서 $\int_{-2\pi}^{2\pi} \sin f(x)dx=0$

답 ③

73 $\cos^2 x=1-\sin^2 x$이므로

$\int_0^{\pi} (\sin^2 x+2\cos x-1)\sin x\, dx$

$=\int_0^{\pi} \{-(1-\sin^2 x)+2\cos x\}\sin x\, dx$

$=\int_0^{\pi} (-\cos^2 x+2\cos x)\sin x\, dx$

$\cos x=t$로 놓으면 $\frac{dt}{dx}=-\sin x$이고

$x=0$일 때 $t=1$, $x=\pi$일 때 $t=-1$이므로

$\int_0^{\pi} (-\cos^2 x+2\cos x)\sin x\, dx$

$=\int_0^{\pi} (\cos^2 x-2\cos x)\times(-\sin x)dx$

$=\int_1^{-1} (t^2-2t)dt$

$=\int_{-1}^{1} (-t^2+2t)dt$

$=\int_{-1}^{1} (-t^2)dt+\int_{-1}^{1} 2t\, dt$

$=2\int_0^{1} (-t^2)dt+0$

$=2\times\Big[-\frac{1}{3}t^3\Big]_0^1=-\frac{2}{3}$

답 ①

74 $f(x)=|\sin x|$라 하면 모든 실수 x에 대하여 함수 $f(x)$는 $f(x+\pi)=f(x)$인 연속함수이므로 함수 $f(x)$는 주기가 π이다.

$\int_0^{\pi} f(x)dx=\int_{\pi}^{2\pi} f(x)dx=\int_{2\pi}^{3\pi} f(x)dx$이므로

$\int_0^{3\pi} f(x)dx=3\times\int_0^{\pi} f(x)dx$
$=3\times\int_0^{\pi} \sin x\, dx$
$=3\times\Big[-\cos x\Big]_0^{\pi}$
$=3\times\{1-(-1)\}=6$

답 ③

75 $y=\sqrt{1-x^2}$에서 $y^2=1-x^2$ $(y\ge 0)$

$x^2+y^2=1$ $(y\ge 0)$

즉, 곡선 $y=\sqrt{1-x^2}$ $(y\ge 0)$은 중심이 원점이고, 반지름의 길이가 1인 반원의 일부이다.

실수 전체의 집합에서 정의된 주기가 2인 함수 $y=f(x)$의 그래프는 그림과 같다.

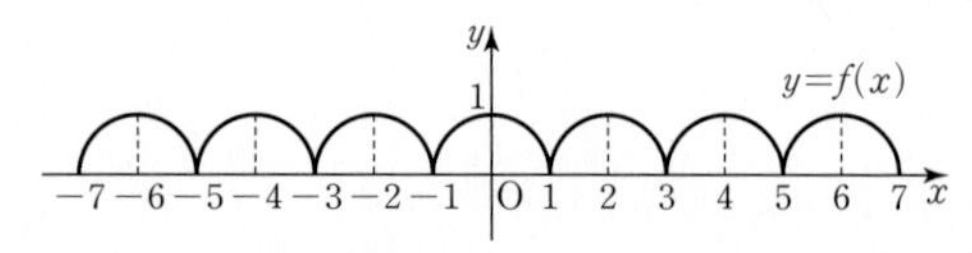

함수 $y=f(x)$의 그래프는 y축에 대하여 대칭이고, $\int_0^1 f(x)dx$의 값은 중심이 원점이고, 반지름의 길이가 1인 사분원의 넓이와 같으므로

$\int_0^1 f(x)dx=\frac{\pi}{4}$

$\int_0^1 f(x)dx=\int_1^2 f(x)dx=\int_2^3 f(x)dx=\cdots=\int_{k-1}^{k} f(x)dx=\frac{\pi}{4}$

이므로

$\int_0^k f(x)dx=k\times\int_0^1 f(x)dx=\frac{\pi}{4}k$

$\int_0^k f(x)dx=25\pi$에서 $\frac{\pi}{4}k=25\pi$

따라서 $k=100$

답 ④

76 실수 전체의 집합에서 정의된 두 함수 $y=f(x)$, $y=|f(x)-1|$의 그래프는 그림과 같다.

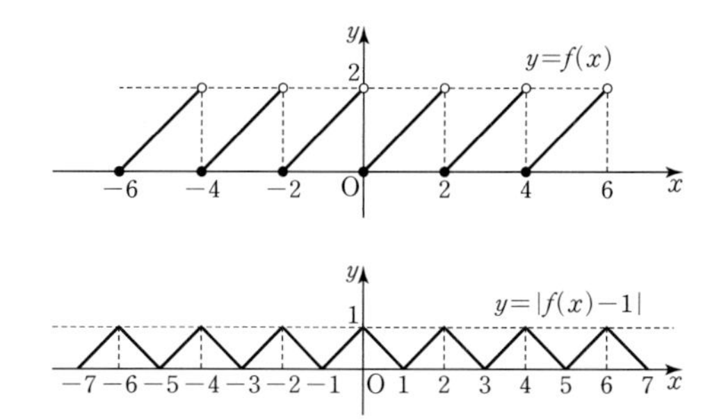

자연수 k에 대하여 함수 $g(x)=k\times|f(x)-1|$의 그래프는 y축에 대하여 대칭이고, 주기가 2인 함수 $g(x)$의 최솟값은 0, 최댓값은 k이다.

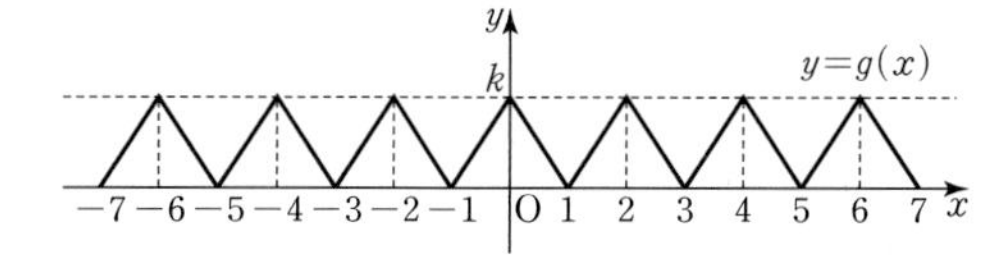

$\int_{-3}^{-1} g(x)dx=\int_{-1}^{1} g(x)dx=\int_{1}^{3} g(x)dx=\int_{3}^{5} g(x)dx$이므로

$\int_{-3}^{5} g(x)dx=4\times\int_{-1}^{1} g(x)dx$

$=4\times\frac{1}{2}\times2\times k=4k$

$\int_{-3}^{5} g(x)dx=8$이므로 $4k=8$

따라서 $k=2$

답 ②

77 $x^2f(x^3)$에서 $x^3=t$로 놓으면 $\frac{dt}{dx}=3x^2$이고,

$x=0$일 때 $t=0$, $x=1$일 때 $t=1$이므로

$\int_0^1 x^2f(x^3)dx=\int_0^1 \frac{1}{3}f(t)\,dt=\frac{1}{3}\int_0^1 f(t)\,dt$

$=\frac{1}{3}\times3=1$

답 ①

78 $x^2-2x+2=t$로 놓으면 $\frac{dt}{dx}=2x-2$이고,

$x=0$일 때 $t=2$, $x=1$일 때 $t=1$이므로

$\int_0^1 (x^2-2x+2)^4(1-x)dx$

$=\int_2^1 \left(-\frac{1}{2}t^4\right)dt=\int_1^2 \frac{1}{2}t^4\,dt$

$=\left[\frac{1}{10}t^5\right]_1^2=\frac{1}{10}(32-1)=\frac{31}{10}$

답 ⑤

79 $x^2+1=t$로 놓으면 $\frac{dt}{dx}=2x$이고,

$x=0$일 때 $t=1$, $x=1$일 때 $t=2$이므로

$\int_0^1 x\sqrt{x^2+1}\,dx=\int_1^2 \frac{1}{2}\sqrt{t}\,dt=\frac{1}{2}\times\left[\frac{2}{3}t^{\frac{3}{2}}\right]_1^2=\frac{2\sqrt{2}-1}{3}$

답 ②

80 $3^x+1=t$로 놓으면 $\frac{dt}{dx}=3^x\ln 3$이고,

$x=0$일 때 $t=2$, $x=1$일 때 $t=4$이므로

$\int_0^1 3^x(3^x+1)dx=\int_2^4 \left(t\times\frac{1}{\ln 3}\right)dt$

$=\frac{1}{\ln 3}\int_2^4 t\,dt$

$=\frac{1}{\ln 3}\left[\frac{1}{2}t^2\right]_2^4$

$=\frac{1}{\ln 3}(8-2)$

$=\frac{6}{\ln 3}$

답 ③

81 $\int_0^1 (x+1)^2e^{x^2}\,dx+\int_1^0 (x^2+1)e^{x^2}\,dx$

$=\int_0^1 (x^2+2x+1)e^{x^2}\,dx-\int_0^1 (x^2+1)e^{x^2}\,dx$

$=\int_0^1 2xe^{x^2}\,dx$

$x^2=t$로 놓으면 $\frac{dt}{dx}=2x$이고,

$x=0$일 때 $t=0$, $x=1$일 때 $t=1$이므로

$\int_0^1 2xe^{x^2}\,dx=\int_0^1 e^t\,dt=\left[e^t\right]_0^1$

$=e-1$

답 ④

82 $\ln x=t$로 놓으면 $\frac{dt}{dx}=\frac{1}{x}$이고,

$x=1$일 때 $t=0$, $x=e$일 때 $t=1$이므로

$\int_1^e \frac{(\ln x)^2}{x}\,dx=\int_0^1 t^2\,dt=\left[\frac{1}{3}t^3\right]_0^1$

$=\frac{1}{3}-0=\frac{1}{3}$

답 ②

83 $\ln x=t$로 놓으면 $\frac{dt}{dx}=\frac{1}{x}$이고,

$x=1$일 때 $t=0$, $x=e$일 때 $t=1$이므로

$\int_1^e \frac{1}{x(\ln x)^n}\,dx=\int_0^1 \frac{1}{t^n}\,dt$

$=\left[\frac{1}{1-n}t^{1-n}\right]_0^1$

$=\frac{1}{1-n}$

$\frac{1}{1-n}=-\frac{1}{4}$이므로 $n=5$

답 ④

84 $\ln x=t$로 놓으면 $\frac{dt}{dx}=\frac{1}{x}$이고,

$x=1$일 때 $t=0$, $x=k$일 때 $t=\ln k$이므로

$$\int_1^k \frac{\sqrt{\ln x}}{x}\,dx=\int_0^{\ln k}\sqrt{t}\,dt=\left[\frac{2}{3}t^{\frac{3}{2}}\right]_0^{\ln k}$$
$$=\frac{2}{3}(\ln k)^{\frac{3}{2}}$$

$\frac{2}{3}(\ln k)^{\frac{3}{2}}=\frac{16}{3}$에서 $(\ln k)^{\frac{3}{2}}=2^3$이고,

$k>1$에서 $\ln k>0$이므로 $\ln k=4$

따라서 $k=e^4$

답 ④

85 $\ln x-2=t$로 놓으면 $\frac{dt}{dx}=\frac{1}{x}$이고,

$x=k$일 때 $t=\ln k-2$, $x=e^6$일 때 $t=4$이므로

$$\int_k^{e^6}\frac{1}{x(\ln x-2)^4}\,dx=\int_{\ln k-2}^4\frac{1}{t^4}\,dt$$
$$=\left[-\frac{1}{3t^3}\right]_{\ln k-2}^4$$
$$=-\frac{1}{3}\left\{\frac{1}{64}-\frac{1}{(\ln k-2)^3}\right\}$$

$\int_k^{e^6}\frac{1}{x(\ln x-2)^4}\,dx=\frac{7}{192}$에서

$-\frac{1}{3}\left\{\frac{1}{64}-\frac{1}{(\ln k-2)^3}\right\}=\frac{7}{192}$

$\frac{1}{(\ln k-2)^3}=\frac{1}{8}$

$(\ln k-2)^3=2^3$이므로 $\ln k-2=2$

따라서 $k=e^4$

답 ④

86 $1+\cos x=t$로 놓으면 $\frac{dt}{dx}=-\sin x$이고,

$x=0$일 때 $t=2$, $x=\frac{\pi}{2}$일 때 $t=1$이므로

$$\int_0^{\frac{\pi}{2}}(1+\cos x)^3\sin x\,dx$$
$$=\int_2^1(-t^3)dt=\int_1^2 t^3\,dt$$
$$=\left[\frac{1}{4}t^4\right]_1^2=\frac{1}{4}(16-1)=\frac{15}{4}$$

답 ④

87 $x^2=t$로 놓으면 $\frac{dt}{dx}=2x$이고,

$x=0$일 때 $t=0$, $x=\sqrt{\pi}$일 때 $t=\pi$이므로

$$\int_0^{\sqrt{\pi}}x\sin x^2\,dx=\int_0^{\pi}\frac{1}{2}\sin t\,dt=\left[-\frac{1}{2}\cos t\right]_0^{\pi}$$
$$=-\frac{1}{2}(\cos\pi-\cos 0)$$
$$=-\frac{1}{2}(-1-1)=1$$

답 ②

88 $\tan x=t$로 놓으면 $\frac{dt}{dx}=\sec^2 x$이고,

$x=0$일 때 $t=0$, $x=\frac{\pi}{4}$일 때 $t=1$이므로

$$\int_0^{\frac{\pi}{4}}\sec^2 x\,e^{\tan x}\,dx=\int_0^1 e^t\,dt=\left[e^t\right]_0^1$$
$$=e-1$$

답 ②

89 $\int_{\frac{\pi}{6}}^{\frac{\pi}{2}}f'(\sin x)\cos x\,dx$에서 $\sin x=t$로 놓으면

$\frac{dt}{dx}=\cos x$이고, $x=\frac{\pi}{6}$일 때 $t=\frac{1}{2}$, $x=\frac{\pi}{2}$일 때 $t=1$이므로

$$\int_{\frac{\pi}{6}}^{\frac{\pi}{2}}f'(\sin x)\cos x\,dx$$
$$=\int_{\frac{1}{2}}^1 f'(t)dt=f(1)-f\left(\frac{1}{2}\right)$$
$$=0-\ln\frac{1}{2}=\ln 2$$

답 ①

90 $\int_{\frac{\pi}{6}}^{\frac{\pi}{4}}\frac{\sqrt{\cot x}}{\sin^2 x}\,dx$에서 $\cot x=t$로 놓으면 $\frac{dt}{dx}=-\csc^2 x$이고,

$x=\frac{\pi}{6}$일 때 $t=\sqrt{3}$, $x=\frac{\pi}{4}$일 때 $t=1$이므로

$$\int_{\frac{\pi}{6}}^{\frac{\pi}{4}}\frac{\sqrt{\cot x}}{\sin^2 x}\,dx=\int_{\frac{\pi}{6}}^{\frac{\pi}{4}}\csc^2 x\sqrt{\cot x}\,dx$$
$$=-\int_{\sqrt{3}}^1\sqrt{t}\,dt=\int_1^{\sqrt{3}}\sqrt{t}\,dt$$
$$=\left[\frac{2}{3}t^{\frac{3}{2}}\right]_1^{\sqrt{3}}=\frac{2}{3}(3^{\frac{3}{4}}-1)$$

즉, $\int_{\frac{\pi}{6}}^{\frac{\pi}{4}}\frac{\sqrt{\cot x}}{\sin^2 x}\,dx=\frac{2}{3}(3^{\frac{3}{4}}-1)$이므로

$p=3^{\frac{3}{4}}$

따라서 $p^4=3^3=27$

답 ⑤

91 $\sin 2x=\sin(x+x)$
$=\sin x\cos x+\cos x\sin x$
$=2\sin x\cos x$

$$\int_0^{\frac{\pi}{6}}\frac{\sin 2x}{\sin^2 x+1}\,dx=\int_0^{\frac{\pi}{6}}\frac{2\sin x\cos x}{\sin^2 x+1}\,dx$$

$\int_0^{\frac{\pi}{6}}\frac{2\sin x\cos x}{\sin^2 x+1}\,dx$에서

$\sin x=t$로 놓으면 $\frac{dt}{dx}=\cos x$이고,

$x=0$일 때 $t=0$, $x=\frac{\pi}{6}$일 때 $t=\frac{1}{2}$이므로

$$\int_0^{\frac{\pi}{6}}\frac{2\sin x\cos x}{\sin^2 x+1}\,dx$$
$$=\int_0^{\frac{1}{2}}\frac{2t}{t^2+1}\,dt=\int_0^{\frac{1}{2}}\frac{(t^2+1)'}{t^2+1}\,dt$$
$$=\left[\ln(t^2+1)\right]_0^{\frac{1}{2}}=\ln\frac{5}{4}-\ln 1=\ln\frac{5}{4}$$

답 ④

92 $\int_0^1 kxe^x\,dx$에서

$u(x)=x$, $v'(x)=e^x$으로 놓으면

$u'(x)=1$, $v(x)=e^x$이므로

$$\begin{aligned}\int_0^1 kxe^x\,dx&=k\int_0^1 xe^x\,dx\\&=k\left(\left[xe^x\right]_0^1-\int_0^1 e^x\,dx\right)\\&=k\left\{(e-0)-\left[e^x\right]_0^1\right\}\\&=k\{e-(e-1)\}=k\end{aligned}$$

따라서 $k=6$

답 ②

93 $u(x)=x$, $v'(x)=\sin x$로 놓으면

$u'(x)=1$, $v(x)=-\cos x$이므로

$$\begin{aligned}\int_0^{\frac{\pi}{2}} x\sin x\,dx&=\left[-x\cos x\right]_0^{\frac{\pi}{2}}-\int_0^{\frac{\pi}{2}}(-\cos x)dx\\&=(0-0)+\int_0^{\frac{\pi}{2}}\cos x\,dx\\&=\left[\sin x\right]_0^{\frac{\pi}{2}}=1-0=1\end{aligned}$$

답 ④

94 $u(x)=\ln x$, $v'(x)=x$로 놓으면

$u'(x)=\frac{1}{x}$, $v(x)=\frac{1}{2}x^2$이므로

$$\begin{aligned}\int_1^e x\ln x\,dx&=\left[\ln x\times\frac{1}{2}x^2\right]_1^e-\int_1^e\left(\frac{1}{x}\times\frac{1}{2}x^2\right)dx\\&=\left[\frac{1}{2}x^2\ln x\right]_1^e-\int_1^e\frac{1}{2}x\,dx\\&=\left(\frac{1}{2}e^2\ln e-0\right)-\left[\frac{1}{4}x^2\right]_1^e\\&=\frac{1}{2}e^2-\frac{1}{4}e^2+\frac{1}{4}\\&=\frac{1}{4}(e^2+1)\end{aligned}$$

따라서 $k=\frac{1}{4}(e^2+1)$이므로

$\ln(4k-1)=\ln e^2=2$

답 ②

95 $u(x)=x+1$, $v'(x)=\sin x+\cos x$로 놓으면

$u'(x)=1$, $v(x)=-\cos x+\sin x$이므로

$$\begin{aligned}&\int_0^{\frac{\pi}{2}}(x+1)(\sin x+\cos x)dx\\&=\left[(x+1)(-\cos x+\sin x)\right]_0^{\frac{\pi}{2}}-\int_0^{\frac{\pi}{2}}(-\cos x+\sin x)dx\\&=\left\{\left(\frac{\pi}{2}+1\right)\left(-\cos\frac{\pi}{2}+\sin\frac{\pi}{2}\right)-(0+1)(-\cos 0+\sin 0)\right\}\\&\qquad+\int_0^{\frac{\pi}{2}}(\cos x-\sin x)dx\\&=\left(\frac{\pi}{2}+1\right)\times1-1\times(-1)+\left[\sin x+\cos x\right]_0^{\frac{\pi}{2}}\\&=\left(\frac{\pi}{2}+1+1\right)+\left\{\left(\sin\frac{\pi}{2}+\cos\frac{\pi}{2}\right)-(\sin 0+\cos 0)\right\}\\&=\frac{\pi}{2}+2+(1-1)=\frac{\pi}{2}+2\end{aligned}$$

답 ⑤

96 $\int_0^{\frac{\pi}{2}} e^x\sin x\,dx$에서

$u_1(x)=\sin x$, $v_1'(x)=e^x$으로 놓으면

$u_1'(x)=\cos x$, $v_1(x)=e^x$이므로

$$\begin{aligned}&\int_0^{\frac{\pi}{2}} e^x\sin x\,dx\\&=\left[e^x\sin x\right]_0^{\frac{\pi}{2}}-\int_0^{\frac{\pi}{2}}e^x\cos x\,dx\\&=\left(e^{\frac{\pi}{2}}\sin\frac{\pi}{2}-e^0\sin 0\right)-\int_0^{\frac{\pi}{2}}e^x\cos x\,dx\\&=e^{\frac{\pi}{2}}-\int_0^{\frac{\pi}{2}}e^x\cos x\,dx\end{aligned}$$

$\int_0^{\frac{\pi}{2}} e^x\cos x\,dx$에서

$u_2(x)=\cos x$, $v_2'(x)=e^x$으로 놓으면

$u_2'(x)=-\sin x$, $v_2(x)=e^x$이므로

$$\begin{aligned}&\int_0^{\frac{\pi}{2}} e^x\cos x\,dx\\&=\left[e^x\cos x\right]_0^{\frac{\pi}{2}}-\int_0^{\frac{\pi}{2}}\{e^x\times(-\sin x)\}dx\\&=\left(e^{\frac{\pi}{2}}\cos\frac{\pi}{2}-e^0\cos 0\right)+\int_0^{\frac{\pi}{2}}e^x\sin x\,dx\\&=-1+\int_0^{\frac{\pi}{2}}e^x\sin x\,dx\end{aligned}$$

따라서

$$\begin{aligned}&\int_0^{\frac{\pi}{2}} e^x\sin x\,dx\\&=e^{\frac{\pi}{2}}-\int_0^{\frac{\pi}{2}}e^x\cos x\,dx\\&=e^{\frac{\pi}{2}}-\left(-1+\int_0^{\frac{\pi}{2}}e^x\sin x\,dx\right)\\&=e^{\frac{\pi}{2}}+1-\int_0^{\frac{\pi}{2}}e^x\sin x\,dx\end{aligned}$$

즉, $2\int_0^{\frac{\pi}{2}} e^x\sin x\,dx=e^{\frac{\pi}{2}}+1$이므로

$\int_0^{\frac{\pi}{2}} e^x\sin x\,dx=\frac{1}{2}(e^{\frac{\pi}{2}}+1)$

따라서 $k=\frac{1}{2}(e^{\frac{\pi}{2}}+1)$이므로

$\ln(2k-1)=\ln e^{\frac{\pi}{2}}=\frac{\pi}{2}$

답 ⑤

97 $|x|=\begin{cases}-x & (x<0)\\ x & (x\geq0)\end{cases}$이므로

$$\begin{aligned}\int_{-1}^1|x|e^{2x}\,dx&=\int_{-1}^0(-xe^{2x})dx+\int_0^1 xe^{2x}\,dx\\&=\int_0^1 xe^{2x}\,dx+\int_{-1}^0(-xe^{2x})dx\\&=\int_0^1 xe^{2x}\,dx-\int_{-1}^0 xe^{2x}\,dx\end{aligned}$$

$\int xe^{2x}\,dx$에서 $u(x)=x$, $v'(x)=e^{2x}$으로 놓으면

$u'(x)=1$, $v(x)=\frac{1}{2}e^{2x}$이므로

$$\int xe^{2x}\,dx=x\times\frac{1}{2}e^{2x}-\int\left(1\times\frac{1}{2}e^{2x}\right)dx$$

$$=\frac{1}{2}xe^{2x}-\int\frac{1}{2}e^{2x}\,dx$$

$$=\frac{1}{2}xe^{2x}-\frac{1}{4}e^{2x}+C \text{ (단, } C\text{는 적분상수)}$$

따라서

$$\int_{-1}^{1}|x|e^{2x}\,dx$$

$$=\int_{0}^{1}xe^{2x}\,dx-\int_{-1}^{0}xe^{2x}\,dx$$

$$=\left[\frac{1}{2}xe^{2x}-\frac{1}{4}e^{2x}\right]_{0}^{1}-\left[\frac{1}{2}xe^{2x}-\frac{1}{4}e^{2x}\right]_{-1}^{0}$$

$$=\left\{\left(\frac{1}{2}e^{2}-\frac{1}{4}e^{2}\right)-\left(0-\frac{1}{4}\right)\right\}-\left\{\left(0-\frac{1}{4}\right)-\left(-\frac{1}{2}e^{-2}-\frac{1}{4}e^{-2}\right)\right\}$$

$$=\left(\frac{1}{4}e^{2}+\frac{1}{4}\right)-\left(-\frac{1}{4}+\frac{3}{4}e^{-2}\right)$$

$$=\frac{1}{4}e^{2}-\frac{3}{4}e^{-2}+\frac{1}{2}$$

답 ②

98 $f(x)=2(\sin 2x-1)+\int_{\pi}^{x}f(t)dt$ …… ㉠

이라 하자.

㉠에 $x=\pi$를 대입하면

$f(\pi)=2(\sin 2\pi-1)+\int_{\pi}^{\pi}f(t)dt=-2$

㉠의 양변을 x에 대하여 미분하면

$f'(x)=4\cos 2x+f(x)$

따라서 이 식에 $x=\pi$를 대입하면

$f'(\pi)=4\cos 2\pi+f(\pi)=4+(-2)=2$

답 ①

99 $f(x)=e^{2x+1}-1+\int_{0}^{x}f(t)dt$ …… ㉠

이라 하자.

㉠에 $x=0$을 대입하면

$f(0)=e-1+\int_{0}^{0}f(t)dt=e-1$

㉠의 양변을 x에 대하여 미분하면

$f'(x)=2e^{2x+1}+f(x)$

따라서 이 식에 $x=0$을 대입하면

$f'(0)=2e+f(0)=2e+(e-1)=3e-1$

답 ③

100 $\int_{0}^{x}(x-t)f'(t)dt=e^{x}-x-1$에서

$x\int_{0}^{x}f'(t)dt-\int_{0}^{x}tf'(t)dt=e^{x}-x-1$

이 식의 양변을 x에 대하여 미분하면

$\int_{0}^{x}f'(t)dt+xf'(x)-xf'(x)=e^{x}-1$

$\int_{0}^{x}f'(t)dt=e^{x}-1$ …… ㉠

㉠의 양변을 x에 대하여 미분하면

$f'(x)=e^{x}$

$f(x)=\int f'(x)dx=\int e^{x}\,dx$

$=e^{x}+C$ (단, C는 적분상수)

$f(0)=1+C=0$에서 $C=-1$

따라서 $f(x)=e^{x}-1$이므로

$f(\ln 2)=e^{\ln 2}-1=2-1=1$

답 ①

101 함수 $f(x)$의 한 부정적분을 $F(x)$라 하면

$F'(x)=f(x)$이므로

$$\lim_{x\to 0}\frac{1}{x}\int_{0}^{x}f(t)dt=\lim_{x\to 0}\frac{1}{x}\Big[F(t)\Big]_{0}^{x}=\lim_{x\to 0}\frac{F(x)-F(0)}{x}$$

$$=F'(0)=f(0)=0$$

답 ③

102 함수 $f(x)$의 한 부정적분을 $F(x)$라 하면

$F'(x)=f(x)$이므로

$$\lim_{x\to 0}\frac{1}{x}\int_{1}^{x+1}f(t)dt=\lim_{x\to 0}\frac{F(x+1)-F(1)}{x}$$

$$=F'(1)=f(1)$$

$f(x)=\int_{x}^{2x}e^{t}\,dt$에 $x=1$을 대입하면

$f(1)=\int_{1}^{2}e^{t}\,dt=\Big[e^{t}\Big]_{1}^{2}=e^{2}-e$

따라서 $\lim_{x\to 0}\frac{1}{x}\int_{1}^{x+1}f(t)dt=e^{2}-e$

답 ②

103 $f(x)=\int_{x}^{2x}\ln(t+1)dt$에서

$t+1=s$로 놓으면 $\frac{ds}{dt}=1$이고

$t=x$일 때 $s=x+1$, $t=2x$일 때 $s=2x+1$이므로

$$f(x)=\int_{x}^{2x}\ln(t+1)dt=\int_{x+1}^{2x+1}\ln s\,ds$$

$$=\Big[s\ln s-s\Big]_{x+1}^{2x+1}$$

$$=\{(2x+1)\ln(2x+1)-(2x+1)\}-\{(x+1)\ln(x+1)-(x+1)\}$$

$$=(2x+1)\ln(2x+1)-(x+1)\ln(x+1)-x$$

$$f'(x)=2\ln(2x+1)+(2x+1)\times\frac{2}{2x+1}-\ln(x+1)-(x+1)\times\frac{1}{x+1}-1$$

$$=2\ln(2x+1)+2-\ln(x+1)-1-1$$

$$=2\ln(2x+1)-\ln(x+1)$$

$f(0)=\int_{0}^{0}\ln(t+1)dt=0$이므로

$$\lim_{h\to 0}\frac{f(h)}{h}=\lim_{h\to 0}\frac{f(h)-f(0)}{h}=f'(0)$$

$$=2\ln 1-\ln 1=0$$

답 ⑤

다른 풀이

$\ln(x+1)=g(x)$라 하고 함수 $g(x)$의 한 부정적분을 $G(x)$라 하면 $G'(x)=g(x)$이므로

$$\lim_{h\to0}\frac{f(h)}{h}=\lim_{h\to0}\frac{1}{h}\int_h^{2h}\ln(t+1)dt=\lim_{h\to0}\frac{1}{h}\int_h^{2h}g(t)dt$$
$$=\lim_{h\to0}\frac{1}{h}\Big[G(t)\Big]_h^{2h}=\lim_{h\to0}\frac{1}{h}\{G(2h)-G(h)\}$$
$$=\lim_{h\to0}\frac{G(2h)-G(0)}{h}-\lim_{h\to0}\frac{G(h)-G(0)}{h}$$
$$=2G'(0)-G'(0)=G'(0)$$
$$=g(0)=\ln 1=0$$

서술형 완성하기

본문 145쪽

01 $\frac{25}{3}$	**02** $\frac{2}{\ln 3}$	**03** $\frac{e^2}{2}-e+\frac{3}{2}$
04 7	**05** $\frac{1}{2}$	**06** $4-\frac{4}{3}\sqrt{3}$

01 곡선 $y=f(x)$ 위의 점 (x, y)에서의 접선의 기울기가 $\frac{x+1}{\sqrt{x}}$이므로 $f'(x)=\frac{x+1}{\sqrt{x}}$

$$f(x)=\int\frac{x+1}{\sqrt{x}}dx=\int(x^{\frac{1}{2}}+x^{-\frac{1}{2}})dx$$
$$=\frac{2}{3}x^{\frac{3}{2}}+2x^{\frac{1}{2}}+C\text{ (단, }C\text{는 적분상수)} \quad \cdots\cdots ❶$$

곡선 $y=f(x)$가 점 $\left(1, \frac{5}{3}\right)$를 지나므로

$$f(1)=\frac{2}{3}+2+C=\frac{5}{3},\ C=-1 \quad \cdots\cdots ❷$$

따라서 $f(x)=\frac{2}{3}x^{\frac{3}{2}}+2x^{\frac{1}{2}}-1$이므로

$$f(4)=\frac{2}{3}\times8+2\times2-1=\frac{25}{3} \quad \cdots\cdots ❸$$

답 $\frac{25}{3}$

단계	채점 기준	비율
❶	부정적분을 이용하여 $f(x)$를 구한 경우	40 %
❷	적분상수 C의 값을 구한 경우	30 %
❸	$f(4)$의 값을 구한 경우	30 %

02 $\lim_{h\to0}\frac{f(x+3h)-f(x)}{h}=3^{x+1}$에서

$3\lim_{h\to0}\frac{f(x+3h)-f(x)}{3h}=3^{x+1}$이므로 $3f'(x)=3^{x+1}$, $f'(x)=3^x$

$$f(x)=\int f'(x)dx=\int 3^x dx$$
$$=\frac{3^x}{\ln 3}+C\text{ (단, }C\text{는 적분상수)} \quad \cdots\cdots ❶$$

곡선 $y=f(x)$가 원점을 지나므로 $f(0)=0$에서

$$f(0)=\frac{1}{\ln 3}+C=0,\ C=-\frac{1}{\ln 3} \quad \cdots\cdots ❷$$

따라서 $f(x)=\frac{3^x}{\ln 3}-\frac{1}{\ln 3}$이므로

$$f(1)=\frac{3}{\ln 3}-\frac{1}{\ln 3}=\frac{2}{\ln 3} \quad \cdots\cdots ❸$$

답 $\frac{2}{\ln 3}$

단계	채점 기준	비율
❶	부정적분을 이용하여 $f(x)$를 구한 경우	40 %
❷	적분상수 C의 값을 구한 경우	40 %
❸	$f(1)$의 값을 구한 경우	20 %

03 $\int_0^1\frac{e^{3x}}{e^x+1}dx-\int_1^0\frac{1}{e^x+1}dx$

$$=\int_0^1\frac{e^{3x}}{e^x+1}dx+\int_0^1\frac{1}{e^x+1}dx$$
$$=\int_0^1\frac{e^{3x}+1}{e^x+1}dx \quad \cdots\cdots ❶$$
$$=\int_0^1\frac{(e^x+1)(e^{2x}-e^x+1)}{e^x+1}dx$$
$$=\int_0^1(e^{2x}-e^x+1)dx \quad \cdots\cdots ❷$$
$$=\left[\frac{e^{2x}}{2}-e^x+x\right]_0^1$$
$$=\left(\frac{e^2}{2}-e+1\right)-\left(\frac{1}{2}-1+0\right)$$
$$=\frac{e^2}{2}-e+\frac{3}{2} \quad \cdots\cdots ❸$$

답 $\frac{e^2}{2}-e+\frac{3}{2}$

단계	채점 기준	비율
❶	정적분의 성질을 이용하여 식을 정리한 경우	30 %
❷	인수분해를 이용하여 식을 간단히 한 경우	40 %
❸	정적분의 값을 구한 경우	30 %

04 $f(x)=ax+b\ (a\neq0)$이라 하면

$$\int_{-\pi}^{\pi}f(x)\sin x\,dx=\int_{-\pi}^{\pi}(ax+b)\sin x\,dx$$
$$=a\int_{-\pi}^{\pi}x\sin x\,dx+b\int_{-\pi}^{\pi}\sin x\,dx \quad \cdots\cdots ❶$$

$\int_{-\pi}^{\pi}x\sin x\,dx$에서

$u(x)=x$, $v'(x)=\sin x$로 놓으면

$u'(x)=1$, $v(x)=-\cos x$이므로

$$\int_{-\pi}^{\pi}x\sin x\,dx=\Big[-x\cos x\Big]_{-\pi}^{\pi}-\int_{-\pi}^{\pi}(-\cos x)dx$$
$$=-\pi\cos\pi-\{\pi\cos(-\pi)\}+\int_{-\pi}^{\pi}\cos x\,dx$$
$$=\pi-(-\pi)+\Big[\sin x\Big]_{-\pi}^{\pi}$$
$$=2\pi+\{\sin\pi-\sin(-\pi)\}$$
$$=2\pi+(0-0)=2\pi \quad \cdots\cdots ❷$$

$\int_{-\pi}^{\pi}\sin x\,dx$에서 $\sin(-x)=-\sin x$이므로

$$\int_{-\pi}^{\pi}\sin x\,dx=0 \quad \cdots\cdots ❸$$

$$\int_{-\pi}^{\pi} f(x)\sin x\,dx = a\int_{-\pi}^{\pi} x\sin x\,dx + b\int_{-\pi}^{\pi}\sin x\,dx$$
$$= a\times 2\pi + 0 = 2a\pi$$

$\int_{-\pi}^{\pi} f(x)\sin x\,dx = 4\pi$이므로 $2a\pi = 4\pi$, $a=2$

$f(x)=2x+b$에서 $f(1)=3$이므로

$2+b=3$, $b=1$

따라서 $f(x)=2x+1$이므로 $f(3)=7$ …… ❹

답 7

단계	채점 기준	비율
❶	$f(x)$를 이용하여 정적분의 합으로 나타낸 경우	20 %
❷	$\int_{-\pi}^{\pi} x\sin x\,dx$의 값을 구한 경우	40 %
❸	$\int_{-\pi}^{\pi} \sin x\,dx$의 값을 구한 경우	20 %
❹	$f(3)$의 값을 구한 경우	20 %

05 $f(x)-\frac{2}{x^2}f\left(\frac{1}{x}\right)=\frac{1}{x^2}-2$ …… ㉠

㉠에 x 대신 $\frac{1}{x}$을 대입하면

$f\left(\frac{1}{x}\right)-2x^2f(x)=x^2-2$ …… ❶

양변을 x^2으로 나누면

$\frac{1}{x^2}f\left(\frac{1}{x}\right)-2f(x)=1-\frac{2}{x^2}$ …… ㉡

㉠$+2\times$㉡을 하면

$-3f(x)=-\frac{3}{x^2}$, $f(x)=\frac{1}{x^2}$ …… ❷

따라서

$$\int_1^2 f(x)dx=\int_1^2\frac{1}{x^2}dx=\left[-\frac{1}{x}\right]_1^2$$
$$=-\frac{1}{2}+1=\frac{1}{2}$$ …… ❸

답 $\frac{1}{2}$

단계	채점 기준	비율
❶	주어진 식에 x 대신 $\frac{1}{x}$을 대입하여 식을 변형한 경우	30 %
❷	주어진 식과 변형한 식을 연립하여 $f(x)$를 구한 경우	40 %
❸	$\int_1^2 f(x)dx$의 값을 구한 경우	30 %

06 점 P의 좌표는 $(2\cos\theta, 2\sin\theta)$이고, 직선 OP의 기울기는

$\frac{2\sin\theta}{2\cos\theta}=\tan\theta$이므로 점 P에서 그은 접선의 기울기는

$-\frac{1}{\tan\theta}=-\cot\theta$

따라서 점 P에서 그은 접선의 방정식은

$$y=-\cot\theta\times(x-2\cos\theta)+2\sin\theta$$
$$=-\frac{\cos\theta}{\sin\theta}x+\frac{2\cos^2\theta}{\sin\theta}+2\sin\theta$$
$$=-\frac{\cos\theta}{\sin\theta}x+\frac{2}{\sin\theta}$$ …… ❶

점 P에서 그은 접선이 x축과 만나는 점의 x좌표 $f(\theta)$는

$f(\theta)=\frac{2}{\cos\theta}=2\sec\theta$ …… ❷

따라서

$$\int_{\frac{\pi}{6}}^{\frac{\pi}{4}}\{f(x)\}^2dx=\int_{\frac{\pi}{6}}^{\frac{\pi}{4}}4\sec^2 x\,dx$$
$$=\left[4\tan x\right]_{\frac{\pi}{6}}^{\frac{\pi}{4}}$$
$$=4\left(1-\frac{\sqrt{3}}{3}\right)=4-\frac{4\sqrt{3}}{3}$$ …… ❸

답 $4-\frac{4\sqrt{3}}{3}$

단계	채점 기준	비율
❶	점 P에서의 접선의 방정식을 구한 경우	50 %
❷	$f(\theta)$를 구한 경우	20 %
❸	$\int_{\frac{\pi}{6}}^{\frac{\pi}{4}}\{f(x)\}^2dx$의 값을 구한 경우	30 %

내신 + 수능 고난도 도전

본문 146~147쪽

01 ②	02 ③	03 ⑤	04 ⑤	05 ②
06 ①	07 ②	08 2	09 10	10 $\frac{20}{\pi}+45$

01 $\int_1^e\frac{f(t)}{t^3}dt=k$ (k는 상수)라 하면

$f(x)=x^2-k$

$$k=\int_1^e\frac{t^2-k}{t^3}dt=\int_1^e\left(\frac{1}{t}-\frac{k}{t^3}\right)dt$$
$$=\left[\ln|t|+\frac{k}{2t^2}\right]_1^e=\left(1+\frac{k}{2e^2}\right)-\left(0+\frac{k}{2}\right)$$
$$=1+k\left(\frac{1}{2e^2}-\frac{1}{2}\right)$$

$k\left(\frac{1}{2e^2}-\frac{3}{2}\right)=-1$

$k=\frac{2e^2}{3e^2-1}$

따라서 $f(x)=x^2-\frac{2e^2}{3e^2-1}$이므로

$f(0)=-\frac{2e^2}{3e^2-1}$

답 ②

02 $f''(x)=4e^{2x}+e^x$이므로

$$f'(x)=\int f''(x)dx=\int(4e^{2x}+e^x)dx$$
$$=2e^{2x}+e^x+C_1$$ (단, C_1은 적분상수)

$\lim_{x\to0}\frac{f(x)}{x}=3$에서 $x\to0$일 때 (분모)$\to0$이고 극한값이 존재하므로 (분자)$\to0$이다. 즉, $\lim_{x\to0}f(x)=f(0)=0$

$$\lim_{x\to0}\frac{f(x)}{x}=\lim_{x\to0}\frac{f(x)-f(0)}{x}$$

$=f'(0)=3$

즉, $f'(0)=2+1+C_1=3$, $C_1=0$

따라서 $f'(x)=2e^{2x}+e^x$

$f(x)=\int f'(x)dx=\int(2e^{2x}+e^x)dx$

$=e^{2x}+e^x+C_2$ (단, C_2는 적분상수)

$f(0)=1+1+C_2=0$, $C_2=-2$

따라서 $f(x)=e^{2x}+e^x-2$이므로

$f(\ln 3)=e^{2\ln 3}+e^{\ln 3}-2=9+3-2=10$

답 ③

03 $\lim_{h\to 0}\frac{f(x+3h)-f(x)}{h}=\tan x\sec^2 x$에서

$3\times\lim_{h\to 0}\frac{f(x+3h)-f(x)}{3h}=\tan x\sec^2 x$이므로

$3f'(x)=\tan x\sec^2 x$, $f'(x)=\frac{1}{3}\tan x\sec^2 x$

$f(x)=\int f'(x)dx=\int\frac{1}{3}\tan x\sec^2 x\,dx$

$\tan x=t$로 놓으면 $\frac{dt}{dx}=\sec^2 x$이므로

$f(x)=\frac{1}{3}\int t\,dt=\frac{1}{6}t^2+C$ (단, C는 적분상수)

$=\frac{1}{6}\tan^2 x+C$

$f\left(\frac{\pi}{4}\right)=\frac{1}{6}\times 1+C=\frac{1}{6}$에서 $C=0$

따라서 $f(x)=\frac{1}{6}\tan^2 x$이므로

$f\left(\frac{\pi}{3}\right)=\frac{1}{6}\times 3=\frac{1}{2}$

답 ⑤

04 $f'(x)=f(x)$에서 $f(x)>0$이므로 $\frac{f'(x)}{f(x)}=1$

양변을 x에 대하여 적분하면

$\ln f(x)=x+C$ (단, C는 적분상수)

$f(x)=e^{x+C}$

$f(0)=e^C=e$에서 $C=1$이므로 $f(x)=e^{x+1}$

$\int_{-1}^{1}(x+1)f(x)dx=\int_{-1}^{1}(x+1)e^{x+1}dx$

$\int_{-1}^{1}(x+1)e^{x+1}\,dx$에서

$x+1=t$로 놓으면 $\frac{dt}{dx}=1$이고,

$x=-1$일 때 $t=0$, $x=1$일 때 $t=2$이므로

$\int_{-1}^{1}(x+1)e^{x+1}\,dx=\int_{0}^{2}te^t\,dt$

$u(t)=t$, $v'(t)=e^t$으로 놓으면

$u'(t)=1$, $v(t)=e^t$이므로

$\int_0^2 te^t\,dt=\left[te^t\right]_0^2-\int_0^2 e^t\,dt=2e^2-\left[e^t\right]_0^2$

$=2e^2-(e^2-1)=e^2+1$

따라서 $\int_{-1}^{1}(x+1)f(x)dx=e^2+1$

답 ⑤

05 $f(x)=x^2+1+\int_0^x f(t)\sin(x-t)dt$에 $x=0$을 대입하면

$f(0)=1$

$f(x)=x^2+1+\int_0^x f(t)\sin(x-t)dt$

$=x^2+1+\int_0^x f(t)(\sin x\cos t-\cos x\sin t)dt$

$=x^2+1+\sin x\int_0^x f(t)\cos t\,dt-\cos x\int_0^x f(t)\sin t\,dt$

즉,

$\sin x\int_0^x f(t)\cos t\,dt-\cos x\int_0^x f(t)\sin t\,dt=f(x)-x^2-1$

$f'(x)=2x+\cos x\int_0^x f(t)\cos t\,dt+\sin x\times f(x)\cos x$

$+\sin x\int_0^x f(t)\sin t\,dt-\cos x\times f(x)\sin x$

$=2x+\cos x\int_0^x f(t)\cos t\,dt+\sin x\int_0^x f(t)\sin t\,dt$

이 식에 $x=0$을 대입하면 $f'(0)=0$

$f''(x)=2-\sin x\int_0^x f(t)\cos t\,dt+\cos x\times f(x)\cos x$

$+\cos x\int_0^x f(t)\sin t\,dt+\sin x\times f(x)\sin x$

$=2-\sin x\int_0^x f(t)\cos t\,dt+\cos x\int_0^x f(t)\sin t\,dt$

$+(\sin^2 x+\cos^2 x)f(x)$

$=2-\left\{\sin x\int_0^x f(t)\cos t\,dt-\cos x\int_0^x f(t)\sin t\,dt\right\}+f(x)$

$=2-\{f(x)-x^2-1\}+f(x)=x^2+3$

$f''(x)=x^2+3$이므로

$f'(x)=\frac{1}{3}x^3+3x+C_1$, $f(x)=\frac{1}{12}x^4+\frac{3}{2}x^2+C_1x+C_2$

(단, C_1, C_2는 적분상수)

$f'(0)=0$이므로 $f'(0)=C_1$에서 $C_1=0$

$f(0)=1$이므로 $f(0)=C_2$에서 $C_2=1$

따라서 $f(x)=\frac{1}{12}x^4+\frac{3}{2}x^2+1$이므로

$f(2)=\frac{4}{3}+6+1=\frac{25}{3}$

답 ②

06 최고차항의 계수가 1인 이차함수 $f(x)$를

$f(x)=x^2+ax+b$ (a, b는 상수)라 하자.

$f'(x)=2x+a$이고, 조건 (가)에서 $f'(-1)=0$이므로

$-2+a=0$, $a=2$

즉, $f(x)=x^2+2x+b$이고, $f'(x)=2x+2$

조건 (나)에서

$2\int_0^1(x^2+2x+b)dx=\int_0^1(x+1)(2x+2)dx$

$=2\int_0^1(x+1)^2\,dx$

즉, $x^2+2x+b=(x+1)^2$이므로

$b=1$

따라서 $f(x)=x^2+2x+1$이므로

$\int_0^1\frac{f'(x)}{2f(x)}dx=\frac{1}{2}\times\left[\ln|f(x)|\right]_0^1$

$=\frac{1}{2}\times\left[\ln(x+1)^2\right]_0^1$

$=\frac{1}{2}\times2\times\left[\ln(x+1)\right]_0^1$

$=\ln 2$

답 ①

07 곡선 $y=f(x)$ 위의 점 (x, y)에서의 접선의 기울기가 x^2e^x이므로

$f'(x)=x^2e^x$

$f(x)=\int x^2e^x\,dx$에서

$u_1(x)=x^2$, $v_1'(x)=e^x$으로 놓으면

$u_1'(x)=2x$, $v_1(x)=e^x$이므로

$\int x^2e^x\,dx=x^2e^x-2\int xe^x\,dx$

$\int xe^x\,dx$에서

$u_2(x)=x$, $v_2'(x)=e^x$으로 놓으면

$u_2'(x)=1$, $v_2(x)=e^x$이므로

$\int xe^x\,dx=xe^x-\int e^x\,dx$

$=xe^x-e^x+C_1$ (단, C_1은 적분상수)

즉, $-2C_1=C$라 하면

$f(x)=\int x^2e^x\,dx$

$=x^2e^x-2(xe^x-e^x+C_1)$

$=x^2e^x-2xe^x+2e^x+C$

점 $A(1, e)$가 곡선 $y=f(x)$ 위의 점이므로

$e=e-2e+2e+C$, $C=0$

$f(x)=x^2e^x-2xe^x+2e^x$

$f(0)=0-0+2=2$이므로 곡선 $y=f(x)$ 위의 점 B의 좌표는 $(0, 2)$이다.

따라서 삼각형 OAB의 넓이는

$\frac{1}{2}\times2\times1=1$

답 ②

08 $g(x)=k\left\{f(x)+\frac{1}{f(x)}+\left|f(x)-\frac{1}{f(x)}\right|\right\}$

$=k\{e^x+e^{-x}+|e^x-e^{-x}|\}$

(i) $x<0$일 때, $e^{-x}>e^x$이므로

$|e^x-e^{-x}|=-e^x+e^{-x}$이고,

$g(x)=k\{e^x+e^{-x}+(-e^x+e^{-x})\}$

$=2ke^{-x}$

(ii) $x\geq0$일 때, $e^{-x}\leq e^x$이므로

$|e^x-e^{-x}|=e^x-e^{-x}$이고,

$g(x)=k\{e^x+e^{-x}+(e^x-e^{-x})\}$

$=2ke^x$

(i), (ii)에 의하여 $g(x)=\begin{cases}2ke^{-x} & (x<0)\\ 2ke^x & (x\geq0)\end{cases}$이고, 모든 실수 x에 대하여 $g(-x)=g(x)$이므로 함수 $y=g(x)$의 그래프는 y축에 대하여 대칭이다.

따라서

$\int_{-\ln 2}^{\ln 2}g(x)dx=2\int_0^{\ln 2}g(x)dx$

$=2\int_0^{\ln 2}2ke^x\,dx$

$=4k\times\left[e^x\right]_0^{\ln 2}$

$=4k\times(2-1)$

$=4k$

$\int_{-\ln 2}^{\ln 2}g(x)dx=8$이므로

$4k=8$

따라서 $k=2$

답 2

09 조건 (나)에서 일차함수 $g(x)$를 $g(x)=ax+b\ (a\neq0)$으로 놓으면

$\int_0^x f(t)dt=\int_0^x(x-t)f(t)dt+ax+b$ …… ㉠

㉠에 $x=0$을 대입하면

$0=0+b$, $b=0$

$\int_0^x f(t)dt=\int_0^x(x-t)f(t)dt+ax$에서

$\int_0^x f(t)dt=x\int_0^x f(t)dt-\int_0^x tf(t)dt+ax$ …… ㉡

㉡의 양변을 x에 대하여 미분하면

$f(x)=\int_0^x f(t)dt+xf(x)-xf(x)+a$

$=\int_0^x f(t)dt+a$ …… ㉢

㉢에 $x=0$을 대입하면

$f(0)=0+a=a$

조건 (가)에서 $f(0)=1$이므로

$a=1$

즉, $g(x)=x$

㉢의 양변을 x에 대하여 미분하면

$f'(x)=f(x)$

$f(x)>0$이므로

$\frac{f'(x)}{f(x)}=1$

$\int\frac{f'(x)}{f(x)}dx=\int1\,dx$이므로

$\ln f(x)=x+C$ (단, C는 적분상수)

즉, $f(x)=e^{x+C}$

조건 (가)에서 $f(0)=e^C=1$이므로

$C=0$

즉, $f(x)=e^x$

따라서

$f(\ln 3)+g(7)=e^{\ln 3}+7$

$=3+7=10$

답 10

10 조건 (가)에서 함수 $y=f(x)$의 그래프와 함수 $y=f(x)$의 그래프를 x축의 방향으로 1만큼, y축의 방향으로 1만큼 평행이동한 그래프가 서로 일치한다.
함수 $y=f(x)$의 그래프는 그림과 같다.

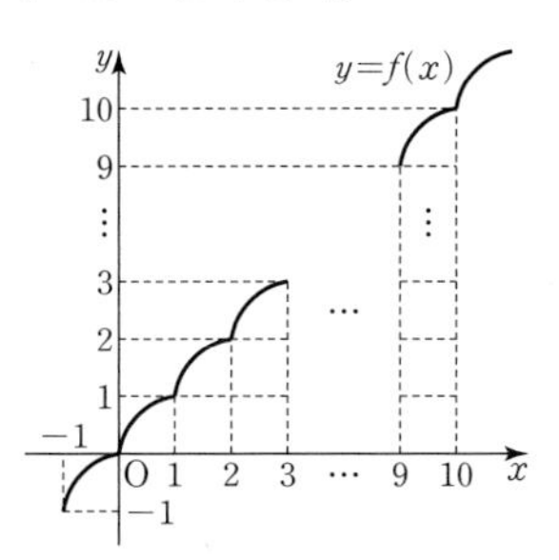

$$\int_0^1 f(x)dx=\int_0^1 \sin\frac{\pi}{2}x\,dx$$
$$=-\frac{2}{\pi}\left[\cos\frac{\pi}{2}x\right]_0^1$$
$$=-\frac{2}{\pi}(0-1)$$
$$=\frac{2}{\pi}$$
$$\int_1^2 f(x)dx=1\times1+\int_0^1 f(x)dx$$
$$=1+\frac{2}{\pi}$$
$$\int_2^3 f(x)dx=1\times2+\int_0^1 f(x)dx$$
$$=2+\frac{2}{\pi}$$
$$\vdots$$
$$\int_9^{10} f(x)dx=1\times9+\int_0^1 f(x)dx$$
$$=9+\frac{2}{\pi}$$
따라서
$$\int_0^{10} f(x)dx$$
$$=\int_0^1 f(x)dx+\int_1^2 f(x)dx+\int_2^3 f(x)dx+\cdots+\int_9^{10} f(x)dx$$
$$=\frac{2}{\pi}+\left(1+\frac{2}{\pi}\right)+\left(2+\frac{2}{\pi}\right)+\cdots+\left(9+\frac{2}{\pi}\right)$$
$$=\frac{2}{\pi}\times10+(1+2+\cdots+9)$$
$$=\frac{20}{\pi}+45$$

답 $\frac{20}{\pi}+45$

07 정적분의 활용

개념 확인하기

본문 149~151쪽

01 $\frac{1}{3}$	**02** $\frac{1}{4}$	**03** $\frac{4}{3}$	**04** $\frac{3}{2}$	**05** $\frac{1}{5}$
06 $\frac{15}{4}$	**07** 68	**08** 1	**09** $e-1$	**10** 1
11 1	**12** 1	**13** $\frac{2}{3}$	**14** 1	**15** $e-1$
16 1	**17** $\frac{1}{3}$	**18** $\frac{1}{2}$	**19** $16\ln2-6$	
20 $2\sqrt{2}$	**21** $\frac{14}{3}$	**22** 1	**23** (1) $\frac{2}{3}$ (2) $\frac{16}{3}$	
24 (1) $t-\frac{1}{\pi}\sin\pi t$ (2) 2		**25** $\sqrt{5}$	**26** 24	**27** π
28 4	**29** 16	**30** 1		

01 $\lim_{n\to\infty}\frac{1}{n}\left\{\left(\frac{1}{n}\right)^2+\left(\frac{2}{n}\right)^2+\left(\frac{3}{n}\right)^2+\cdots+\left(\frac{n}{n}\right)^2\right\}$
$$=\lim_{n\to\infty}\frac{1}{n}\sum_{k=1}^{n}\left(\frac{k}{n}\right)^2$$
$$=\lim_{n\to\infty}\sum_{k=1}^{n}\left(\frac{k}{n}\right)^2\frac{1}{n}$$
이때 $f(x)=x^2$, $a=0$, $b=1$로 놓으면
$\Delta x=\frac{b-a}{n}=\frac{1}{n}$, $x_k=a+k\Delta x=\frac{k}{n}$이므로
정적분과 급수의 합 사이의 관계에 의하여
$$\lim_{n\to\infty}\sum_{k=1}^{n}\left(\frac{k}{n}\right)^2\frac{1}{n}=\lim_{n\to\infty}\sum_{k=1}^{n}f(x_k)\Delta x$$
$$=\int_0^1 f(x)dx$$
$$=\int_0^1 x^2\,dx$$
$$=\left[\frac{1}{3}x^3\right]_0^1$$
$$=\frac{1}{3}$$

답 $\frac{1}{3}$

02 $\lim_{n\to\infty}\frac{1}{n}\left\{\left(\frac{1}{n}\right)^3+\left(\frac{2}{n}\right)^3+\left(\frac{3}{n}\right)^3+\cdots+\left(\frac{n}{n}\right)^3\right\}$
$$=\lim_{n\to\infty}\frac{1}{n}\sum_{k=1}^{n}\left(\frac{k}{n}\right)^3$$
$$=\lim_{n\to\infty}\sum_{k=1}^{n}\left(\frac{k}{n}\right)^3\frac{1}{n}$$
이때 $f(x)=x^3$, $a=0$, $b=1$로 놓으면
$\Delta x=\frac{b-a}{n}=\frac{1}{n}$, $x_k=a+k\Delta x=\frac{k}{n}$이므로
정적분과 급수의 합 사이의 관계에 의하여
$$\lim_{n\to\infty}\sum_{k=1}^{n}\left(\frac{k}{n}\right)^3\frac{1}{n}=\lim_{n\to\infty}\sum_{k=1}^{n}f(x_k)\Delta x$$
$$=\int_0^1 f(x)dx$$
$$=\int_0^1 x^3\,dx$$

$$=\left[\frac{1}{4}x^4\right]_0^1$$
$$=\frac{1}{4}$$

답 $\frac{1}{4}$

03 $\lim_{n\to\infty}\frac{1}{n^3}\{2^2+4^2+6^2+\cdots+(2n)^2\}$

$$=\lim_{n\to\infty}\frac{1}{n^3}\sum_{k=1}^{n}(2k)^2$$
$$=\lim_{n\to\infty}\sum_{k=1}^{n}\left(\frac{2k}{n}\right)^2\frac{1}{n}$$

이때 $f(x)=4x^2$, $a=0$, $b=1$로 놓으면

$\Delta x=\frac{b-a}{n}=\frac{1}{n}$, $x_k=a+k\Delta x=\frac{k}{n}$이므로

정적분과 급수의 합 사이의 관계에 의하여

$$\lim_{n\to\infty}\sum_{k=1}^{n}\left(\frac{k}{n}\right)^2\frac{1}{n}=\lim_{n\to\infty}\sum_{k=1}^{n}f(x_k)\Delta x$$
$$=\int_0^1 f(x)dx$$
$$=\int_0^1 4x^2\,dx$$
$$=\left[\frac{4}{3}x^3\right]_0^1$$
$$=\frac{4}{3}$$

답 $\frac{4}{3}$

04 $\lim_{n\to\infty}\frac{1}{n}\left(\frac{n+1}{n}+\frac{n+2}{n}+\frac{n+3}{n}+\cdots+\frac{2n}{n}\right)$

$$=\lim_{n\to\infty}\frac{1}{n}\left\{\left(1+\frac{1}{n}\right)+\left(1+\frac{2}{n}\right)+\left(1+\frac{3}{n}\right)+\cdots+\left(1+\frac{n}{n}\right)\right\}$$
$$=\lim_{n\to\infty}\frac{1}{n}\sum_{k=1}^{n}\left(1+\frac{k}{n}\right)$$
$$=\lim_{n\to\infty}\sum_{k=1}^{n}\left(1+\frac{k}{n}\right)\frac{1}{n}$$

이때 $f(x)=x$, $a=1$, $b=2$로 놓으면

$\Delta x=\frac{b-a}{n}=\frac{1}{n}$, $x_k=a+k\Delta x=1+\frac{k}{n}$이므로

정적분과 급수의 합 사이의 관계에 의하여

$$\lim_{n\to\infty}\sum_{k=1}^{n}\left(1+\frac{k}{n}\right)\frac{1}{n}=\lim_{n\to\infty}\sum_{k=1}^{n}f(x_k)\Delta x$$
$$=\int_1^2 f(x)dx$$
$$=\int_1^2 x\,dx$$
$$=\left[\frac{1}{2}x^2\right]_1^2$$
$$=2-\frac{1}{2}=\frac{3}{2}$$

답 $\frac{3}{2}$

05 $\lim_{n\to\infty}\sum_{k=1}^{n}\left(\frac{k}{n}\right)^4\frac{1}{n}$에서 $f(x)=x^4$, $a=0$, $b=1$로 놓으면

$\Delta x=\frac{b-a}{n}=\frac{1}{n}$, $x_k=a+k\Delta x=\frac{k}{n}$이므로

정적분과 급수의 합 사이의 관계에 의하여

$$\lim_{n\to\infty}\sum_{k=1}^{n}\left(\frac{k}{n}\right)^4\frac{1}{n}=\lim_{n\to\infty}\sum_{k=1}^{n}f(x_k)\Delta x$$
$$=\int_0^1 f(x)dx$$
$$=\int_0^1 x^4\,dx$$
$$=\left[\frac{1}{5}x^5\right]_0^1$$
$$=\frac{1}{5}$$

답 $\frac{1}{5}$

06 $\lim_{n\to\infty}\sum_{k=1}^{n}\left(1+\frac{k}{n}\right)^3\frac{1}{n}$에서 $f(x)=x^3$, $a=1$, $b=2$로 놓으면

$\Delta x=\frac{b-a}{n}=\frac{1}{n}$, $x_k=a+k\Delta x=1+\frac{k}{n}$이므로

정적분과 급수의 합 사이의 관계에 의하여

$$\lim_{n\to\infty}\sum_{k=1}^{n}\left(1+\frac{k}{n}\right)^3\frac{1}{n}=\lim_{n\to\infty}\sum_{k=1}^{n}f(x_k)\Delta x$$
$$=\int_1^2 f(x)dx$$
$$=\int_1^2 x^3\,dx$$
$$=\left[\frac{1}{4}x^4\right]_1^2$$
$$=4-\frac{1}{4}=\frac{15}{4}$$

답 $\frac{15}{4}$

07 $\lim_{n\to\infty}\sum_{k=1}^{n}\left(3+\frac{2k}{n}\right)^3\frac{1}{n}$에서 $f(x)=x^3$, $a=3$, $b=5$로 놓으면

$\Delta x=\frac{b-a}{n}=\frac{2}{n}$, $x_k=a+k\Delta x=3+\frac{2k}{n}$이므로

정적분과 급수의 합 사이의 관계에 의하여

$$\lim_{n\to\infty}\sum_{k=1}^{n}\left(3+\frac{2k}{n}\right)^3\frac{1}{n}=\frac{1}{2}\lim_{n\to\infty}\sum_{k=1}^{n}\left(3+\frac{2k}{n}\right)^3\frac{2}{n}$$
$$=\frac{1}{2}\lim_{n\to\infty}\sum_{k=1}^{n}f(x_k)\Delta x$$
$$=\frac{1}{2}\int_3^5 f(x)dx$$
$$=\frac{1}{2}\int_3^5 x^3\,dx$$
$$=\frac{1}{2}\times\left[\frac{1}{4}x^4\right]_3^5$$
$$=\frac{1}{8}(625-81)=68$$

답 68

08 $\lim_{n\to\infty}\sum_{k=1}^{n}\left(-2+\frac{3k}{n}\right)^2\frac{1}{n}$에서 $f(x)=x^2$, $a=-2$, $b=1$로 놓으면

$\Delta x=\frac{b-a}{n}=\frac{3}{n}$, $x_k=a+k\Delta x=-2+\frac{3k}{n}$이므로

정적분과 급수의 합 사이의 관계에 의하여

$$\lim_{n\to\infty}\sum_{k=1}^{n}\left(-2+\frac{3k}{n}\right)^2\frac{1}{n}=\frac{1}{3}\lim_{n\to\infty}\sum_{k=1}^{n}\left(-2+\frac{3k}{n}\right)^2\frac{3}{n}$$
$$=\frac{1}{3}\lim_{n\to\infty}\sum_{k=1}^{n}f(x_k)\Delta x$$
$$=\frac{1}{3}\int_{-2}^1 f(x)dx$$

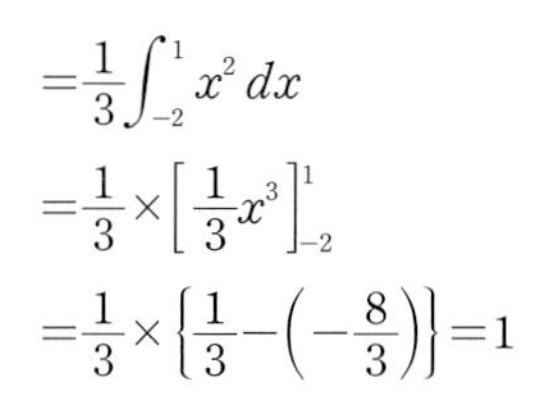

$$=\frac{1}{3}\int_{-2}^{1} x^2\,dx$$
$$=\frac{1}{3}\times\left[\frac{1}{3}x^3\right]_{-2}^{1}$$
$$=\frac{1}{3}\times\left\{\frac{1}{3}-\left(-\frac{8}{3}\right)\right\}=1$$

답 1

09

닫힌구간 $[0, 1]$에서 $y\geq 0$이므로 구하는 넓이는

$$\int_0^1 e^x\,dx=\left[e^x\right]_0^1=e-1$$

답 $e-1$

10

닫힌구간 $[1, e]$에서 $y\geq 0$이므로 구하는 넓이는

$$\int_1^e \ln x\,dx=\left[x\ln x-x\right]_1^e$$
$$=(e-e)-(0-1)=1$$

답 1

참고

$\int \ln x\,dx$에서

$u(x)=\ln x$, $v'(x)=1$로 놓으면

$u'(x)=\frac{1}{x}$, $v(x)=x$이므로

$$\int \ln x\,dx=x\ln x-\int\left(\frac{1}{x}\times x\right)dx$$
$$=x\ln x-\int 1\,dx$$
$$=x\ln x-x+C \text{ (단, } C\text{는 적분상수)}$$

11

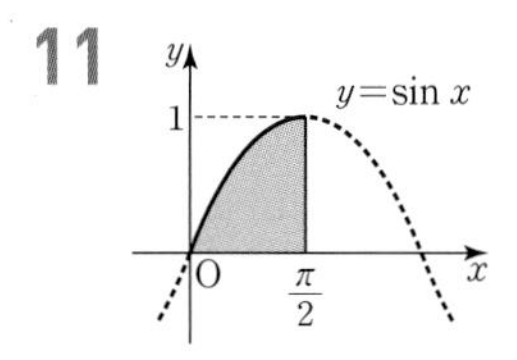

닫힌구간 $\left[0, \frac{\pi}{2}\right]$에서 $y\geq 0$이므로 구하는 넓이는

$$\int_0^{\frac{\pi}{2}} \sin x\,dx=\left[-\cos x\right]_0^{\frac{\pi}{2}}=0-(-1)=1$$

답 1

12

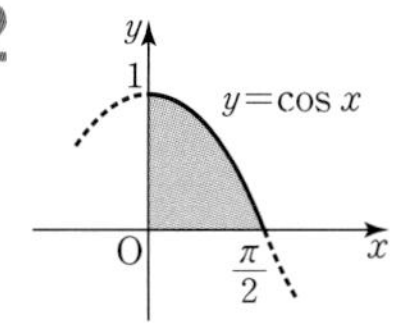

닫힌구간 $\left[0, \frac{\pi}{2}\right]$에서 $y\geq 0$이므로 구하는 넓이는

$$\int_0^{\frac{\pi}{2}} \cos x\,dx=\left[\sin x\right]_0^{\frac{\pi}{2}}=1-0=1$$

답 1

13

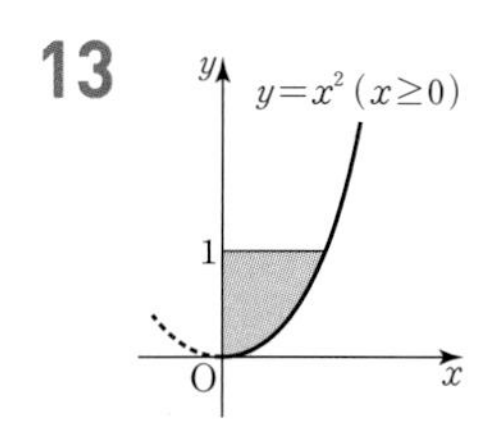

$x\geq 0$에서 $x=\sqrt{y}$이고, $0\leq y\leq 1$에서 $x\geq 0$이므로 구하는 넓이는

$$\int_0^1 \sqrt{y}\,dy=\left[\frac{2}{3}y^{\frac{3}{2}}\right]_0^1=\frac{2}{3}-0=\frac{2}{3}$$

답 $\frac{2}{3}$

14

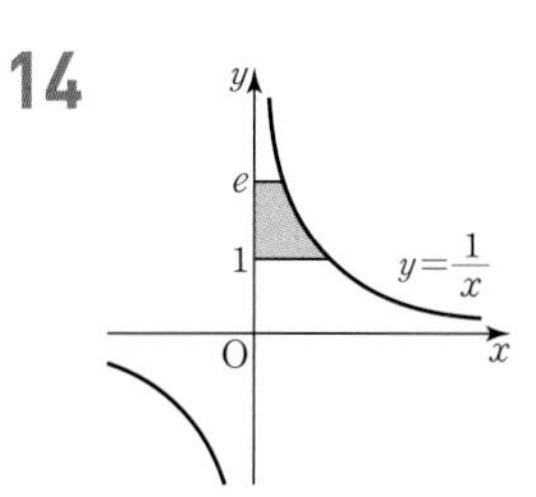

$y=\frac{1}{x}$에서 $x=\frac{1}{y}$이고, $1\leq y\leq e$에서 $x\geq 0$이므로 구하는 넓이는

$$\int_1^e \frac{1}{y}\,dy=\left[\ln y\right]_1^e=\ln e-\ln 1=1-0=1$$

답 1

15

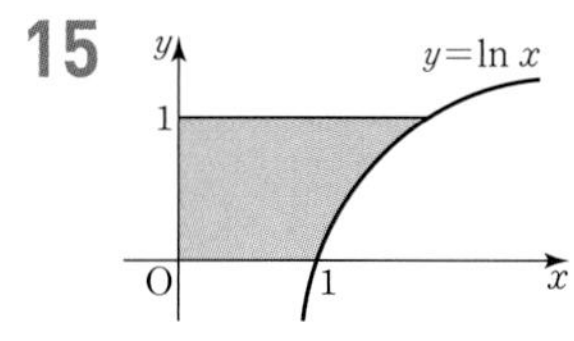

$y=\ln x$에서 $x=e^y$이고, $0\leq y\leq 1$일 때 $x\geq 0$이므로

구하는 넓이는

$$\int_0^1 e^y\,dy=\left[e^y\right]_0^1=e-1$$

답 $e-1$

16

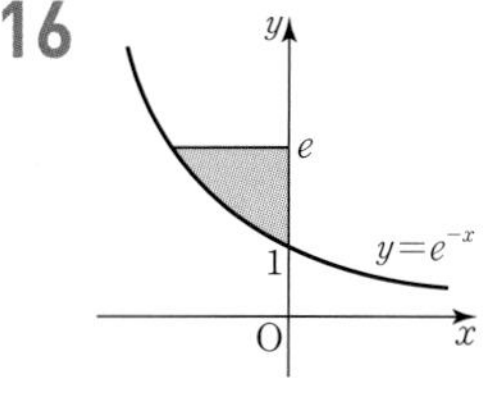

$x=-\ln y$이고, $1\leq y\leq e$에서 $x\leq 0$이므로

구하는 넓이는

$$\int_1^e |-\ln y|\,dy=\int_1^e \ln y\,dy=\left[y\ln y-y\right]_1^e$$
$$=(e-e)-(0-1)=1$$

답 1

17

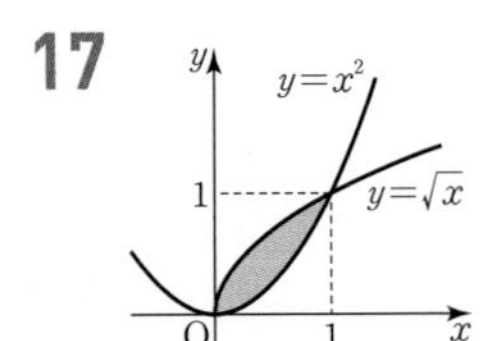

두 곡선 $y=x^2$, $y=\sqrt{x}$의 교점의 x좌표는

$x^2=\sqrt{x}$에서

$x^4=x$, $x(x^3-1)=0$

$x(x-1)(x^2+x+1)=0$

$x=0$ 또는 $x=1$

따라서 구하는 넓이는

$$\int_0^1 (\sqrt{x}-x^2)dx=\left[\frac{2}{3}x^{\frac{3}{2}}-\frac{1}{3}x^3\right]_0^1$$
$$=\left(\frac{2}{3}-\frac{1}{3}\right)-(0-0)=\frac{1}{3}$$

답 $\frac{1}{3}$

18

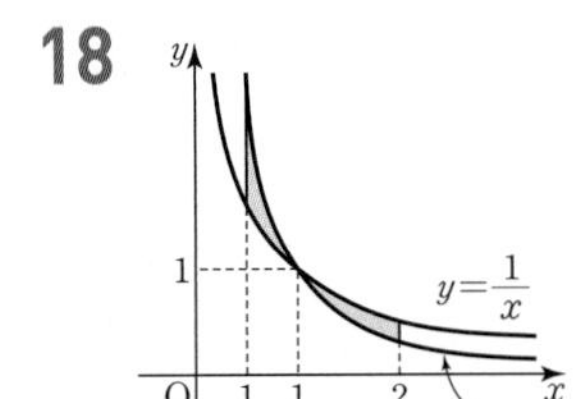

닫힌구간 $\left[\frac{1}{2}, 1\right]$에서 $\frac{1}{x^2}\geq\frac{1}{x}$이고, 닫힌구간 $[1, 2]$에서 $\frac{1}{x}\geq\frac{1}{x^2}$이므로 구하는 넓이는

$$\int_{\frac{1}{2}}^2 \left|\frac{1}{x}-\frac{1}{x^2}\right|dx$$
$$=\int_{\frac{1}{2}}^1\left(\frac{1}{x^2}-\frac{1}{x}\right)dx+\int_1^2\left(\frac{1}{x}-\frac{1}{x^2}\right)dx$$
$$=\left[-\frac{1}{x}-\ln x\right]_{\frac{1}{2}}^1+\left[\ln x+\frac{1}{x}\right]_1^2$$
$$=\left\{(-1-0)-\left(-2-\ln\frac{1}{2}\right)\right\}+\left\{\left(\ln 2+\frac{1}{2}\right)-(\ln 1+1)\right\}$$
$$=(1-\ln 2)+\left(\ln 2-\frac{1}{2}\right)=\frac{1}{2}$$

답 $\frac{1}{2}$

19

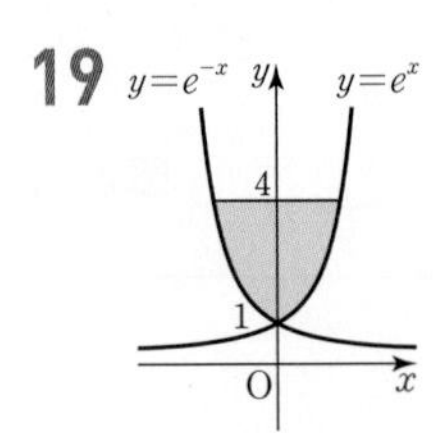

$y=e^x$에서 $x=\ln y$

$y=e^{-x}$에서 $-x=\ln y$이므로 $x=-\ln y$

따라서 구하는 넓이는

$$\int_1^4\{\ln y-(-\ln y)\}dy=\int_1^4 2\ln y\, dy$$
$$=2\times\left[y\ln y-y\right]_1^4$$
$$=2\times\{(4\ln 4-4)-(0-1)\}$$
$$=16\ln 2-6$$

답 $16\ln 2-6$

20

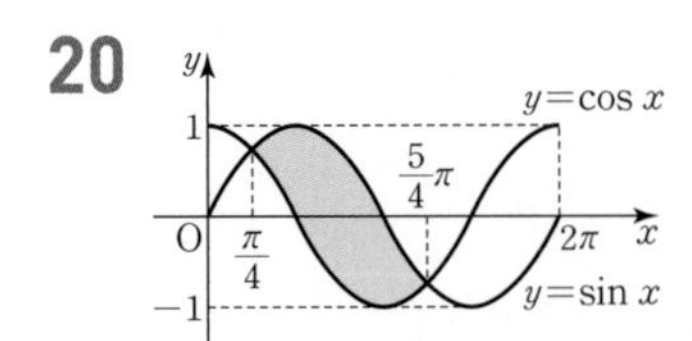

닫힌구간 $[0, 2\pi]$에서 두 곡선 $y=\sin x$, $y=\cos x$의 교점의 x좌표는 $\sin x=\cos x$에서 $x=\frac{\pi}{4}$, $x=\frac{5}{4}\pi$이고,

닫힌구간 $\left[\frac{\pi}{4}, \frac{5}{4}\pi\right]$에서 $\sin x\geq\cos x$이므로

구하는 넓이는

$$\int_{\frac{\pi}{4}}^{\frac{5}{4}\pi}(\sin x-\cos x)dx$$
$$=\left[-\cos x-\sin x\right]_{\frac{\pi}{4}}^{\frac{5}{4}\pi}$$
$$=\left(-\cos\frac{5}{4}\pi-\sin\frac{5}{4}\pi\right)-\left(-\cos\frac{\pi}{4}-\sin\frac{\pi}{4}\right)$$
$$=\left(\frac{\sqrt{2}}{2}+\frac{\sqrt{2}}{2}\right)-\left(-\frac{\sqrt{2}}{2}-\frac{\sqrt{2}}{2}\right)$$
$$=\sqrt{2}-(-\sqrt{2})=2\sqrt{2}$$

답 $2\sqrt{2}$

21

밑면에 평행한 평면으로 자른 단면의 넓이를 $S(x)$라 하면

$S(x)=\sqrt{x+1}$

이므로 구하는 입체도형의 부피를 V라 하면

$$V=\int_0^3\sqrt{x+1}\,dx$$
$$=\left[\frac{2}{3}(x+1)^{\frac{3}{2}}\right]_0^3$$
$$=\frac{2}{3}\times(8-1)=\frac{14}{3}$$

답 $\frac{14}{3}$

22

밑면에 평행한 평면으로 자른 단면의 넓이를 $S(x)$라 하면

$S(x)=\cos x$

이므로 구하는 입체도형의 부피를 V라 하면

$$V=\int_0^{\frac{\pi}{2}}\cos x\,dx$$
$$=\left[\sin x\right]_0^{\frac{\pi}{2}}$$
$$=1$$

답 1

23

(1) 시각 $t=0$에서의 점 P의 위치가 0이므로

$t=1$에서의 점 P의 위치는

$$\int_0^1\sqrt{t}\,dt=\left[\frac{2}{3}t^{\frac{3}{2}}\right]_0^1=\frac{2}{3}$$

(2) 시각 $t=0$에서 $t=4$까지 점 P가 움직인 거리는

$$\int_0^4|\sqrt{t}|\,dt=\int_0^4\sqrt{t}\,dt=\left[\frac{2}{3}t^{\frac{3}{2}}\right]_0^4$$
$$=\frac{2}{3}\times 8=\frac{16}{3}$$

답 (1) $\frac{2}{3}$ (2) $\frac{16}{3}$

24 (1) 시각 $t=0$에서의 점 P의 위치가 0이므로
시각 t에서의 점 P의 위치는

$$\int_0^t (1-\cos \pi t)dt=\left[t-\frac{1}{\pi}\sin \pi t\right]_0^t=t-\frac{1}{\pi}\sin \pi t$$

(2) 시각 $t=0$에서 $t=2$까지 점 P가 움직인 거리는

$$\int_0^2 |1-\cos \pi t|dt=\int_0^2 (1-\cos \pi t)dt$$
$$=\left[t-\frac{1}{\pi}\sin \pi t\right]_0^2$$
$$=\left(2-\frac{1}{\pi}\sin 2\pi\right)-\left(0-\frac{1}{\pi}\sin 0\right)$$
$$=2$$

답 (1) $t-\frac{1}{\pi}\sin \pi t$ (2) 2

25 $x=t+1$에서 $\frac{dx}{dt}=1$

$y=3-2t$에서 $\frac{dy}{dt}=-2$

$$\left(\frac{dx}{dt}\right)^2+\left(\frac{dy}{dt}\right)^2=1^2+(-2)^2=5$$

따라서 시각 $t=0$에서 $t=1$까지 점 P가 움직인 거리를 s라 하면

$$s=\int_0^1 \sqrt{\left(\frac{dx}{dt}\right)^2+\left(\frac{dy}{dt}\right)^2}\,dt$$
$$=\int_0^1 \sqrt{5}\,dt=\left[\sqrt{5}t\right]_0^1=\sqrt{5}$$

답 $\sqrt{5}$

26 $x=\frac{2}{3}t^3-2t$에서 $\frac{dx}{dt}=2t^2-2$

$y=2t^2$에서 $\frac{dy}{dt}=4t$

$$\left(\frac{dx}{dt}\right)^2+\left(\frac{dy}{dt}\right)^2=(2t^2-2)^2+(4t)^2$$
$$=(4t^4-8t^2+4)+16t^2$$
$$=4t^4+8t^2+4$$
$$=4(t^2+1)^2$$

따라서 시각 $t=0$에서 $t=3$까지 점 P가 움직인 거리를 s라 하면

$$s=\int_0^3 \sqrt{\left(\frac{dx}{dt}\right)^2+\left(\frac{dy}{dt}\right)^2}\,dt$$
$$=\int_0^3 \sqrt{4(t^2+1)^2}\,dt$$
$$=\int_0^3 2(t^2+1)dt$$
$$=2\times\left[\frac{1}{3}t^3+t\right]_0^3$$
$$=2\times(9+3)=24$$

답 24

27 $x=\cos t$에서 $\frac{dx}{dt}=-\sin t$

$y=2-\sin t$에서 $\frac{dy}{dt}=-\cos t$

$$\left(\frac{dx}{dt}\right)^2+\left(\frac{dy}{dt}\right)^2=(-\sin t)^2+(-\cos t)^2$$
$$=\sin^2 t+\cos^2 t=1$$

따라서 시각 $t=0$에서 $t=\pi$까지 점 P가 움직인 거리를 s라 하면

$$s=\int_0^\pi \sqrt{\left(\frac{dx}{dt}\right)^2+\left(\frac{dy}{dt}\right)^2}\,dt$$
$$=\int_0^\pi 1\,dt=\left[t\right]_0^\pi$$
$$=\pi$$

답 π

28 $x=3t^2$에서 $\frac{dx}{dt}=6t$

$y=3t-t^3$에서 $\frac{dy}{dt}=3-3t^2$

$$\left(\frac{dx}{dt}\right)^2+\left(\frac{dy}{dt}\right)^2=(6t)^2+(3-3t^2)^2$$
$$=9t^4+18t^2+9$$
$$=\{3(t^2+1)\}^2$$

따라서 $0\le t\le 1$에서 이 곡선의 길이를 l이라 하면

$$l=\int_0^1 \sqrt{\left(\frac{dx}{dt}\right)^2+\left(\frac{dy}{dt}\right)^2}\,dt$$
$$=\int_0^1 \sqrt{\{3(t^2+1)\}^2}\,dt$$
$$=\int_0^1 3(t^2+1)dt$$
$$=3\times\left[\frac{1}{3}t^3+t\right]_0^1$$
$$=3\times\left(\frac{1}{3}+1\right)$$
$$=4$$

답 4

29 $x=2(t-\sin t)$에서 $\frac{dx}{dt}=2(1-\cos t)$

$y=2(1-\cos t)$에서 $\frac{dy}{dt}=2\sin t$

$$\left(\frac{dx}{dt}\right)^2+\left(\frac{dy}{dt}\right)^2=\{2(1-\cos t)\}^2+(2\sin t)^2$$
$$=4-8\cos t+4(\sin^2 t+\cos^2 t)$$
$$=8(1-\cos t)$$

따라서 $0\le t\le 2\pi$에서 이 곡선의 길이를 l이라 하면

$$l=\int_0^{2\pi} \sqrt{\left(\frac{dx}{dt}\right)^2+\left(\frac{dy}{dt}\right)^2}\,dt$$
$$=\int_0^{2\pi} \sqrt{8(1-\cos t)}\,dt$$

$$\cos t=\cos\left(\frac{t}{2}+\frac{t}{2}\right)$$
$$=\cos\frac{t}{2}\cos\frac{t}{2}-\sin\frac{t}{2}\sin\frac{t}{2}$$
$$=\cos^2\frac{t}{2}-\sin^2\frac{t}{2}$$
$$=\left(1-\sin^2\frac{t}{2}\right)-\sin^2\frac{t}{2}$$
$$=1-2\sin^2\frac{t}{2}$$

$1-\cos t=2\sin^2\frac{t}{2}$이므로

$$l=\int_0^{2\pi} \sqrt{8(1-\cos t)}\,dt$$

$$=\int_0^{2\pi}\sqrt{8\times2\sin^2\frac{t}{2}}\,dt=4\int_0^{2\pi}\left|\sin\frac{t}{2}\right|dt$$
$$=4\int_0^{2\pi}\sin\frac{t}{2}\,dt$$
$$=4\times\left[-2\cos\frac{t}{2}\right]_0^{2\pi}$$
$$=-8(\cos\pi-\cos0)$$
$$=-8\times(-1-1)=16$$

답 16

30 $f(x)=\int_0^x\sqrt{e^{2t}-1}\,dt$에서 양변을 x에 대하여 미분하면

$f'(x)=\sqrt{e^{2x}-1}$

이므로 구하는 곡선의 길이를 l이라 하면

$$l=\int_0^{\ln2}\sqrt{1+\{f'(x)\}^2}\,dx$$
$$=\int_0^{\ln2}\sqrt{1+(e^{2x}-1)}\,dx$$
$$=\int_0^{\ln2}e^x\,dx=\left[e^x\right]_0^{\ln2}$$
$$=2-1=1$$

답 1

유형 완성하기

본문 152~164쪽

01 ③	02 ①	03 ②	04 ④	05 ②
06 ④	07 ④	08 ④	09 ⑤	10 ⑤
11 ①	12 ②	13 ④	14 ④	15 ④
16 ④	17 ③	18 ③	19 ⑤	20 ①
21 ④	22 ③	23 ③	24 ②	25 ⑤
26 ④	27 ②	28 ④	29 ③	30 ③
31 ⑤	32 ①	33 ②	34 ②	35 ③
36 ④	37 ⑤	38 ④	39 ③	40 ①
41 ⑤	42 ④	43 48	44 ④	45 ④
46 ④	47 ②	48 ①	49 ④	50 ⑤
51 ②	52 ④	53 ⑤	54 ①	55 ③
56 ⑤	57 ①	58 ②	59 ②	60 ④
61 ⑤	62 ②	63 ④	64 ③	

01 ① $\lim_{n\to\infty}\sum_{k=1}^n\frac{k}{n^2}=\lim_{n\to\infty}\sum_{k=1}^n\frac{k}{n}\frac{1}{n}$
$$=\int_0^1x\,dx$$
$$=\left[\frac{1}{2}x^2\right]_0^1=\frac{1}{2}$$

② $\lim_{n\to\infty}\sum_{k=1}^n\frac{k^2}{n^3}=\lim_{n\to\infty}\sum_{k=1}^n\left(\frac{k}{n}\right)^2\frac{1}{n}$
$$=\int_0^1x^2\,dx$$
$$=\left[\frac{1}{3}x^3\right]_0^1=\frac{1}{3}$$

③ $\lim_{n\to\infty}\sum_{k=1}^n\left(1+\frac{3k}{n}\right)^2\frac{1}{n}=\frac{1}{3}\lim_{n\to\infty}\sum_{k=1}^n\left(1+\frac{3k}{n}\right)^2\frac{3}{n}$
$$=\frac{1}{3}\int_1^4x^2\,dx$$
$$=\frac{1}{3}\times\left[\frac{1}{3}x^3\right]_1^4$$
$$=\frac{1}{3}\times\left(\frac{64}{3}-\frac{1}{3}\right)=7$$

④ $\lim_{n\to\infty}\frac{1}{n}\left\{\left(1+\frac{2}{n}\right)^2+\left(1+\frac{4}{n}\right)^2+\cdots+\left(1+\frac{2n}{n}\right)^2\right\}$
$$=\lim_{n\to\infty}\sum_{k=1}^n\left(1+\frac{2k}{n}\right)^2\frac{1}{n}$$
$$=\frac{1}{2}\lim_{n\to\infty}\sum_{k=1}^n\left(1+\frac{2k}{n}\right)^2\frac{2}{n}$$
$$=\frac{1}{2}\int_1^3x^2\,dx$$
$$=\frac{1}{2}\times\left[\frac{1}{3}x^3\right]_1^3$$
$$=\frac{1}{2}\times\left(9-\frac{1}{3}\right)=\frac{13}{3}$$

⑤ $\lim_{n\to\infty}\frac{\pi}{n}\left\{\sin\left(\frac{\pi}{3}+\frac{\pi}{6n}\right)+\sin\left(\frac{\pi}{3}+\frac{2\pi}{6n}\right)+\cdots+\sin\left(\frac{\pi}{3}+\frac{n\pi}{6n}\right)\right\}$
$$=\lim_{n\to\infty}\sum_{k=1}^n\sin\left(\frac{\pi}{3}+\frac{k\pi}{6n}\right)\frac{\pi}{n}$$
$$=6\times\lim_{n\to\infty}\sum_{k=1}^n\sin\left(\frac{\pi}{3}+\frac{k\pi}{6n}\right)\frac{\pi}{6n}$$
$$=6\int_{\frac{\pi}{3}}^{\frac{\pi}{2}}\sin x\,dx$$
$$=6\times\left[-\cos x\right]_{\frac{\pi}{3}}^{\frac{\pi}{2}}$$
$$=6\times\left\{0-\left(-\frac{1}{2}\right)\right\}=3$$

따라서 극한값이 가장 큰 것은 ③이다.

답 ③

02 $\lim_{n\to\infty}\sum_{k=1}^n\frac{1}{n}f\left(\frac{3k}{n}\right)=\frac{1}{3}\lim_{n\to\infty}\sum_{k=1}^nf\left(\frac{3k}{n}\right)\frac{3}{n}$
$$=\frac{1}{3}\int_0^3f(x)dx$$
$$=\frac{1}{3}\int_0^3(x^2+c)dx$$
$$=\frac{1}{3}\times\left[\frac{1}{3}x^3+cx\right]_0^3$$
$$=\frac{1}{3}\times(9+3c)=3+c$$

$\lim_{n\to\infty}\sum_{k=1}^n\frac{1}{n}f\left(\frac{3k}{n}\right)=4$이므로 $3+c=4$에서

$c=1$

답 ①

03 $\lim_{n\to\infty}\frac{1}{n}\sum_{k=1}^ne^{1+\frac{2k}{n}}=\lim_{n\to\infty}\sum_{k=1}^ne^{1+\frac{2k}{n}}\frac{1}{n}$에서

$f(x)=e^x$, $a=1$, $b=3$으로 놓으면

$\Delta x=\frac{b-a}{n}=\frac{2}{n}$, $x_k=a+k\Delta x=1+\frac{2k}{n}$이므로

정적분과 급수의 합 사이의 관계에 의하여

$$\lim_{n\to\infty}\sum_{k=1}^{n} e^{1+\frac{2k}{n}}\frac{1}{n}=\frac{1}{2}\lim_{n\to\infty}\sum_{k=1}^{n} e^{1+\frac{2k}{n}}\frac{2}{n}$$
$$=\frac{1}{2}\lim_{n\to\infty}\sum_{k=1}^{n} f(x_k)\Delta x$$
$$=\frac{1}{2}\int_1^3 f(x)dx$$
$$=\frac{1}{2}\int_1^3 e^x\,dx$$
$$=\frac{1}{2}\Big[e^x\Big]_1^3$$
$$=\frac{1}{2}(e^3-e)$$

답 ②

04 $\lim_{n\to\infty}\sum_{k=1}^{n} f\left(\frac{\pi}{6}+\frac{k\pi}{6n}\right)\frac{\pi}{n}=6\lim_{n\to\infty}\sum_{k=1}^{n} f\left(\frac{\pi}{6}+\frac{k\pi}{6n}\right)\frac{\pi}{6n}$

$$=6\int_{\frac{\pi}{6}}^{\frac{\pi}{3}} f(x)dx$$
$$=6\int_{\frac{\pi}{6}}^{\frac{\pi}{3}} \cos x\,dx$$
$$=6\times\Big[\sin x\Big]_{\frac{\pi}{6}}^{\frac{\pi}{3}}$$
$$=6\times\left(\frac{\sqrt{3}}{2}-\frac{1}{2}\right)=-3+3\sqrt{3}$$

따라서 $p=-3$, $q=3$이므로

$q-p=3-(-3)=6$

답 ④

05 $\lim_{n\to\infty}\sum_{k=1}^{n}\frac{c}{n}f\left(\frac{2k}{n}\right)$에서 $a=0$, $b=2$로 놓으면

$\Delta x=\frac{b-a}{n}=\frac{2}{n}$, $x_k=a+k\Delta x=\frac{2k}{n}$이므로

정적분과 급수의 합 사이의 관계에 의하여

$$\lim_{n\to\infty}\sum_{k=1}^{n}\frac{c}{n}f\left(\frac{2k}{n}\right)=\frac{c}{2}\lim_{n\to\infty}\sum_{k=1}^{n} f\left(\frac{2k}{n}\right)\frac{2}{n}$$
$$=\frac{c}{2}\lim_{n\to\infty}\sum_{k=1}^{n} f(x_k)\Delta x$$
$$=\frac{c}{2}\int_0^2 f(x)dx$$
$$=\frac{c}{2}\int_0^2 e^x\,dx$$
$$=\frac{c}{2}\times\Big[e^x\Big]_0^2$$
$$=\frac{c}{2}(e^2-1)$$

따라서 $\frac{c}{2}(e^2-1)=e^2-1$이므로

$c=2$

답 ②

06 $\lim_{n\to\infty}\sum_{k=1}^{n} f\left(1+\frac{3k}{n}\right)\frac{1}{n}$에서 $a=1$, $b=4$로 놓으면

$\Delta x=\frac{b-a}{n}=\frac{3}{n}$, $x_k=a+k\Delta x=1+\frac{3k}{n}$이므로

정적분과 급수의 합 사이의 관계에 의하여

$$\lim_{n\to\infty}\sum_{k=1}^{n} f\left(1+\frac{3k}{n}\right)\frac{1}{n}$$
$$=\frac{1}{3}\lim_{n\to\infty}\sum_{k=1}^{n} f\left(1+\frac{3k}{n}\right)\frac{3}{n}$$
$$=\frac{1}{3}\lim_{n\to\infty}\sum_{k=1}^{n} f(x_k)\Delta x$$
$$=\frac{1}{3}\int_1^4 f(x)dx$$
$$=\frac{1}{3}\int_1^4 \ln x\,dx$$
$$=\frac{1}{3}\times\Big[x\ln x-x\Big]_1^4$$
$$=\frac{1}{3}\times\{(4\ln 4-4)-(0-1)\}$$
$$=\frac{1}{3}(8\ln 2-3)$$
$$=\frac{8\ln 2}{3}-1$$

답 ④

07 닫힌구간 $[2, 4]$에서 $y\ge 0$이므로 구하는 넓이는

$$\int_2^4 \frac{2}{x-1}\,dx=2\Big[\ln|x-1|\Big]_2^4$$
$$=2(\ln 3-\ln 1)$$
$$=2\ln 3$$

답 ④

08 닫힌구간 $[n, n+1]$에서 $y\ge 0$이므로

$$S(n)=\int_n^{n+1}\frac{1}{x}\,dx=\Big[\ln|x|\Big]_n^{n+1}$$
$$=\ln(n+1)-\ln n$$
$$=\ln\frac{n+1}{n}$$

따라서

$$S(5)-S(3)=\ln\frac{6}{5}-\ln\frac{4}{3}=\ln\frac{9}{10}$$

답 ④

09 $x^2=t$로 놓으면 $\frac{dt}{dx}=2x$이고,

$x=0$일 때 $t=0$, $x=1$일 때 $t=1$이다.

닫힌구간 $[0, 1]$에서 $y\ge 0$이므로

구하는 넓이는

$$\int_0^1 2xe^{x^2}\,dx=\int_0^1 e^t\,dt=\Big[e^t\Big]_0^1$$
$$=e-1$$

답 ⑤

10 $\frac{\pi}{6}\le x\le\pi$에서 $y\ge 0$이고, $\pi\le x\le\frac{5}{3}\pi$에서 $y\le 0$이므로

구하는 넓이는

$$\int_{\frac{\pi}{6}}^{\frac{5}{3}\pi}|\sin x|dx$$
$$=\int_{\frac{\pi}{6}}^{\pi}\sin x\,dx+\int_{\pi}^{\frac{5}{3}\pi}(-\sin x)dx$$

$=\Big[-\cos x\Big]_{\frac{\pi}{6}}^{\pi}+\Big[\cos x\Big]_{\pi}^{\frac{5}{3}\pi}$

$=\left(-\cos\pi+\cos\frac{\pi}{6}\right)+\left(\cos\frac{5}{3}\pi-\cos\pi\right)$

$=\left(1+\frac{\sqrt{3}}{2}\right)+\left(\frac{1}{2}+1\right)$

$=\frac{5+\sqrt{3}}{2}$

답 ⑤

11 $\int_1^e x\ln x\,dx$에서

$u(x)=\ln x,\ v'(x)=x$로 놓으면

$u'(x)=\frac{1}{x},\ v(x)=\frac{1}{2}x^2$

닫힌구간 $[1, e]$에서 $f(x)\geq 0$이므로

구하는 넓이는

$\int_1^e x\ln x\,dx=\Big[\frac{1}{2}x^2\ln x\Big]_1^e-\int_1^e\frac{1}{2}x\,dx$

$=\left(\frac{e^2}{2}-0\right)-\Big[\frac{1}{4}x^2\Big]_1^e$

$=\frac{e^2}{2}-\left(\frac{e^2}{4}-\frac{1}{4}\right)$

$=\frac{e^2+1}{4}$

답 ①

12 함수 $f(x)=\frac{x}{x^2+1}$라 하면 모든 실수 x에 대하여

$f(-x)=-\frac{x}{x^2+1}=-f(x)$

이므로 함수 $y=f(x)$의 그래프는 원점에 대하여 대칭이다.

즉, $\int_{-1}^0\left|\frac{x}{x^2+1}\right|dx=\int_0^1\left|\frac{x}{x^2+1}\right|dx$

닫힌구간 $[-1, 0]$에서 $y\leq 0$이고, 닫힌구간 $[0, 1]$에서 $y\geq 0$이므로

구하는 넓이는

$\int_{-1}^1\left|\frac{x}{x^2+1}\right|dx=\int_{-1}^0\left(-\frac{x}{x^2+1}\right)dx+\int_0^1\frac{x}{x^2+1}\,dx$

$=2\int_0^1\frac{x}{x^2+1}\,dx$

$=\int_0^1\frac{2x}{x^2+1}\,dx$

$(x^2+1)'=2x$이므로

$\int_{-1}^1\left|\frac{x}{x^2+1}\right|dx=\int_0^1\frac{2x}{x^2+1}\,dx$

$=\int_0^1\frac{(x^2+1)'}{x^2+1}\,dx$

$=\Big[\ln(x^2+1)\Big]_0^1$

$=\ln 2-\ln 1$

$=\ln 2$

답 ②

13 닫힌구간 $[-1, 1]$에서 $y\geq 0$이고, $(e^x+1)'=e^x$이므로

구하는 넓이는

$\int_{-1}^1\frac{e^x}{e^x+1}\,dx=\int_{-1}^1\frac{(e^x+1)'}{e^x+1}\,dx$

$=\Big[\ln(e^x+1)\Big]_{-1}^1$

$=\ln(e+1)-\ln(e^{-1}+1)$

$=\ln\frac{e+1}{1+\frac{1}{e}}$

$=\ln\frac{e+1}{\frac{e+1}{e}}$

$=\ln e=1$

답 ④

14 $\ln\frac{x}{e}=\ln x-1=0$에서 $x=e$

$0<x\leq e$에서 $\ln\frac{x}{e}\leq 0$이고, $x\geq e$이면 $\ln\frac{x}{e}\geq 0$이므로

$\int_1^{2e}\left|\ln\frac{x}{e}\right|dx$

$=\int_1^e\left(-\ln\frac{x}{e}\right)dx+\int_e^{2e}\ln\frac{x}{e}\,dx$

$=\int_1^e(-\ln x+1)dx+\int_e^{2e}(\ln x-1)dx$

$=\Big[-x\ln x+x+x\Big]_1^e+\Big[x\ln x-x-x\Big]_e^{2e}$

$=\Big[-x\ln x+2x\Big]_1^e+\Big[x\ln x-2x\Big]_e^{2e}$

$=\{(-e\ln e+2e)-(0+2)\}+\{(2e\ln 2e-4e)-(e\ln e-2e)\}$

$=(e-2)+(2e\ln 2-e)$

$=2e\ln 2-2$

$=2(e\ln 2-1)$

답 ④

15 실수 전체의 집합에서 $\{f(x)\}^2=(x+1)^2\geq 0$이고,

$0\leq x\leq\pi$에서 $f(x)\cos x=0$일 때는 $x=\frac{\pi}{2}$이다.

즉, $x<0$에서 $\{f(x)\}^2\geq 0,\ 0\leq x\leq\frac{\pi}{2}$에서 $f(x)\cos x\geq 0$,

$\frac{\pi}{2}\leq x\leq\pi$에서 $f(x)\cos x\leq 0$이므로

구하는 넓이를 S라 하면

$S=\int_{-2}^{\pi}|g(x)|dx$

$=\int_{-2}^0\{f(x)\}^2\,dx+\int_0^{\frac{\pi}{2}}f(x)\cos x\,dx+\int_{\frac{\pi}{2}}^{\pi}\{-f(x)\cos x\}dx$

$=\int_{-2}^0(x+1)^2\,dx+\int_0^{\frac{\pi}{2}}(x+1)\cos x\,dx$

$+\int_{\frac{\pi}{2}}^{\pi}\{-(x+1)\cos x\}dx$

$\int_{-2}^0(x+1)^2\,dx=\Big[\frac{1}{3}(x+1)^3\Big]_{-2}^0$

$=\frac{1}{3}-\left(-\frac{1}{3}\right)=\frac{2}{3}$

$\int(x+1)\cos x\,dx$에서

$u(x)=x+1,\ v'(x)=\cos x$로 놓으면

$u'(x)=1,\ v(x)=\sin x$

$$\int (x+1)\cos x\,dx=(x+1)\sin x-\int \sin x\,dx$$
$$=(x+1)\sin x+\cos x+C \text{ (단, } C\text{는 적분상수)}$$

이므로

$$\int_0^{\frac{\pi}{2}} (x+1)\cos x\,dx=\Big[(x+1)\sin x+\cos x\Big]_0^{\frac{\pi}{2}}$$
$$=\left(\frac{\pi}{2}+1\right)-1=\frac{\pi}{2}$$

$$\int_{\frac{\pi}{2}}^{\pi} \{-(x+1)\cos x\}dx=\Big[-(x+1)\sin x-\cos x\Big]_{\frac{\pi}{2}}^{\pi}$$
$$=1-\left(-\frac{\pi}{2}-1\right)=2+\frac{\pi}{2}$$

따라서 $S=\frac{2}{3}+\frac{\pi}{2}+\left(2+\frac{\pi}{2}\right)=\pi+\frac{8}{3}$

답 ④

16 $f(x)=\sin x\cos^2 x$라 하면 모든 실수 x에 대하여

$f(-x)=\sin(-x)\cos^2(-x)=-\sin x\cos^2 x=-f(x)$

이므로 함수 $y=f(x)$의 그래프는 원점에 대하여 대칭이다.

$-\frac{\pi}{4}\le x\le 0$에서 $f(x)\le 0$이고, $0\le x\le\frac{\pi}{2}$에서 $f(x)\ge 0$이므로

구하는 넓이를 S라 하면

$$S=\int_{-\frac{\pi}{4}}^{\frac{\pi}{2}} |f(x)|dx$$
$$=\int_{-\frac{\pi}{4}}^{0} \{-f(x)\}dx+\int_0^{\frac{\pi}{2}} f(x)dx$$
$$=\int_{-\frac{\pi}{4}}^{0} (-\sin x\cos^2 x)dx+\int_0^{\frac{\pi}{2}} \sin x\cos^2 x\,dx$$

$\int_{-\frac{\pi}{4}}^{0} (-\sin x\cos^2 x)dx$와 $\int_0^{\frac{\pi}{2}} \sin x\cos^2 x\,dx$에서

$\cos x=t$로 놓으면 $\frac{dt}{dx}=-\sin x$이고,

$x=-\frac{\pi}{4}$일 때 $t=\frac{\sqrt{2}}{2}$, $x=0$일 때 $t=1$, $x=\frac{\pi}{2}$일 때 $t=0$이므로

$$S=\int_{-\frac{\pi}{4}}^{0} (-\sin x\cos^2 x)dx+\int_0^{\frac{\pi}{2}} \sin x\cos^2 x\,dx$$
$$=\int_{\frac{\sqrt{2}}{2}}^{1} t^2\,dt+\int_1^0 (-t^2)dt=\int_{\frac{\sqrt{2}}{2}}^{1} t^2\,dt+\int_0^1 t^2\,dt$$
$$=\left[\frac{1}{3}t^3\right]_{\frac{\sqrt{2}}{2}}^{1}+\left[\frac{1}{3}t^3\right]_0^1=\left(\frac{1}{3}-\frac{\sqrt{2}}{12}\right)+\left(\frac{1}{3}-0\right)$$
$$=\frac{8-\sqrt{2}}{12}$$

답 ④

17 $y=\ln(x+1)$에서 $x=e^y-1$이고,

$0\le y\le 2$에서 $e^y-1\ge 0$이므로

구하는 넓이는

$$\int_0^2 (e^y-1)dy=\Big[e^y-y\Big]_0^2=(e^2-2)-(e^0-0)$$
$$=e^2-3$$

답 ③

18 $0\le y\le k$에서 $x\ge 0$이므로 곡선 $y=\ln x$와 x축, y축 및 직선 $y=k$로 둘러싸인 부분의 넓이는

$$\int_0^k x\,dy=\int_0^k e^y\,dy=\Big[e^y\Big]_0^k=e^k-1$$

따라서 $e^k-1=e^3-1$이므로 $k=3$

답 ③

19 $x\ge -1$에서 $y=(x+1)^2$은 $x=\sqrt{y}-1$이므로

구하는 넓이는

$$\int_1^4 (\sqrt{y}-1)dy=\left[\frac{2}{3}y^{\frac{3}{2}}-y\right]_1^4$$
$$=\left(\frac{2}{3}\times 8-4\right)-\left(\frac{2}{3}-1\right)=\frac{5}{3}$$

답 ⑤

다른 풀이

$x\ge -1$에서 정의된 함수 $f(x)$를

$f(x)=(x+1)^2\ (x\ge -1)$

이라 하면 $x=1$일 때 $f(1)=4$이므로 네 점 $(0, 0)$, $(1, 0)$, $(1, 4)$, $(0, 4)$로 이루어진 직사각형의 넓이에서 곡선 $y=f(x)$와 x축 및 두 직선 $x=0$, $x=1$로 둘러싸인 부분의 넓이를 빼면 된다.

따라서 구하는 넓이는

$$1\times 4-\int_0^1 (x+1)^2dx=4-\left[\frac{1}{3}(x+1)^3\right]_0^1$$
$$=4-\left(\frac{8}{3}-\frac{1}{3}\right)=\frac{5}{3}$$

20 $y=\frac{1}{x+1}$에서 $x=\frac{1}{y}-1$이고,

$\frac{1}{2}\le y\le 1$에서 $x\ge 0$이고, $1\le y\le 2$에서 $x\le 0$이므로

구하는 넓이는

$$\int_{\frac{1}{2}}^{2} |x|\,dy$$
$$=\int_{\frac{1}{2}}^{1} x\,dy+\int_1^2 (-x)dy$$
$$=\int_{\frac{1}{2}}^{1} \left(\frac{1}{y}-1\right)dy+\int_1^2 \left(-\frac{1}{y}+1\right)dy$$
$$=\Big[\ln|y|-y\Big]_{\frac{1}{2}}^{1}+\Big[-\ln|y|+y\Big]_1^2$$
$$=\left\{(0-1)-\left(\ln\frac{1}{2}-\frac{1}{2}\right)\right\}+\{(-\ln 2+2)-(0+1)\}$$
$$=\left(\ln 2-\frac{1}{2}\right)+(1-\ln 2)=\frac{1}{2}$$

답 ①

21 $y=e^x-1$에서 $e^x=y+1$이므로 $x=\ln(y+1)$

$-\frac{1}{2}\le y\le 0$에서 $x\le 0$이고, $0\le y\le 1$에서 $x\ge 0$이므로

구하는 넓이는

$$\int_{-\frac{1}{2}}^{1} |x|dy$$
$$=\int_{-\frac{1}{2}}^{0} (-x)dy+\int_0^1 x\,dy$$
$$=\int_{-\frac{1}{2}}^{0} \{-\ln(y+1)\}dy+\int_0^1 \ln(y+1)dy$$

$y+1=t$로 놓으면 $\frac{dt}{dy}=1$이고,

$y=0$일 때 $t=1$, $y=-\frac{1}{2}$일 때 $t=\frac{1}{2}$, $y=1$일 때 $t=2$이므로

$$\int_{-\frac{1}{2}}^{0}\{-\ln(y+1)\}dy+\int_{0}^{1}\ln(y+1)dy$$
$$=\int_{\frac{1}{2}}^{1}(-\ln t)dt+\int_{1}^{2}\ln t\,dt$$
$$=\Big[-t\ln t+t\Big]_{\frac{1}{2}}^{1}+\Big[t\ln t-t\Big]_{1}^{2}$$
$$=\left\{(0+1)-\left(-\frac{1}{2}\ln\frac{1}{2}+\frac{1}{2}\right)\right\}+\{(2\ln 2-2)-(0-1)\}$$
$$=\left(1-\frac{1}{2}\ln 2-\frac{1}{2}\right)+(2\ln 2-1)$$
$$=\frac{3\ln 2-1}{2}$$

답 ④

22 곡선 $y=\frac{1}{x}$과 x축 및 두 직선 $x=1$, $x=4$로 둘러싸인 부분의 넓이는 곡선 $y=\frac{1}{x}$과 x축 및 두 직선 $x=1$, $x=k$로 둘러싸인 부분의 넓이의 2배와 같다.

즉, $\int_{1}^{4}\frac{1}{x}dx=2\times\int_{1}^{k}\frac{1}{x}dx$

$\Big[\ln|x|\Big]_{1}^{4}=2\times\Big[\ln|x|\Big]_{1}^{k}$

$\ln 4=2\times\ln k$, $\ln 4=\ln k^2$

따라서 $k^2=4$이므로 $1<k<4$를 만족시키는 k의 값은 2이다.

답 ③

23 곡선 $y=a\sqrt{x}$와 x축 및 직선 $x=1$로 둘러싸인 부분의 넓이는 직선 $y=x$와 x축 및 직선 $x=1$로 둘러싸인 부분의 넓이의 2배와 같으므로

$\int_{0}^{1}a\sqrt{x}\,dx=2\times\frac{1}{2}\times1\times1$

$\left[\frac{2a}{3}x^{\frac{3}{2}}\right]_{0}^{1}=1$, $\frac{2a}{3}=1$

따라서 $a=\frac{3}{2}$

답 ③

24 함수 $f(x)=\frac{e^x+e^{-x}}{2}$가 모든 실수 x에 대하여 $f(-x)=f(x)$이므로 곡선 $y=f(x)$는 y축에 대하여 대칭이다.

곡선 $y=\frac{e^x+e^{-x}}{2}$과 x축 및 두 직선 $x=-1$, $x=1$로 둘러싸인 부분의 넓이를 S라 하면

$$S=\int_{-1}^{1}\frac{e^x+e^{-x}}{2}dx$$
$$=2\int_{0}^{1}\frac{e^x+e^{-x}}{2}dx$$
$$=2\times\frac{1}{2}\times\int_{0}^{1}(e^x+e^{-x})dx$$
$$=\int_{0}^{1}(e^x+e^{-x})dx$$
$$=\Big[e^x-e^{-x}\Big]_{0}^{1}=(e^1-e^{-1})-(1-1)$$
$$=e-\frac{1}{e}$$

직선 $y=k$와 x축 및 두 직선 $x=-1$, $x=1$로 둘러싸인 부분의 넓이를 $T(k)$라 하면

$T(k)=2\times k=2k$

곡선 $y=\frac{e^x+e^{-x}}{2}$과 x축 및 두 직선 $x=-1$, $x=1$로 둘러싸인 부분의 넓이를 직선 $y=k$가 이등분하므로

$2\times T(k)=S$

따라서 $2\times 2k=e-\frac{1}{e}$이므로

$k=\frac{1}{4}\left(e-\frac{1}{e}\right)$

답 ②

25 곡선 $y=e^x$과 y축 및 두 직선 $x=3\ln 2$, $y=a$로 둘러싸인 두 부분의 넓이가 서로 같으므로

$\int_{0}^{3\ln 2}(e^x-a)dx=0$

$$\int_{0}^{3\ln 2}(e^x-a)dx=\Big[e^x-ax\Big]_{0}^{3\ln 2}$$
$$=(e^{3\ln 2}-a\times3\ln 2)-(1-0)$$
$$=8-a\times3\ln 2-1$$
$$=7-3a\ln 2$$

따라서 $7-3a\ln 2=0$이므로 $a=\frac{7}{3\ln 2}$

답 ⑤

26 $S_1=S_2$이므로 $\int_{0}^{\pi}(\sin x-ax)dx=0$이 성립한다.

$$\int_{0}^{\pi}(\sin x-ax)dx=\left[-\cos x-\frac{a}{2}x^2\right]_{0}^{\pi}$$
$$=\left(-\cos\pi-\frac{a\pi^2}{2}\right)-(-1-0)$$
$$=1-\frac{a\pi^2}{2}+1=2-\frac{a\pi^2}{2}$$

따라서 $2-\frac{a\pi^2}{2}=0$이므로 $a=\frac{4}{\pi^2}$

답 ④

27 $\frac{S_2}{S_1}=1$이므로 $S_1=S_2$

즉, $\int_{0}^{e-1}\{2\ln(x+1)-a\}dx=0$이 성립한다.

$$\int_{0}^{e-1}\{2\ln(x+1)-a\}dx$$
$$=2\int_{0}^{e-1}\ln(x+1)dx-\int_{0}^{e-1}a\,dx=0$$

$\int_{0}^{e-1}\ln(x+1)dx$에서 $x+1=t$로 놓으면 $\frac{dt}{dx}=1$이고,

$x=0$일 때 $t=1$, $x=e-1$일 때 $t=e$이므로

$$\int_0^{e-1} \ln(x+1)dx = \int_1^e \ln t\, dt = \Big[t \ln t - t \Big]_1^e$$
$$= (e-e)-(0-1)=1$$

$$2\int_0^{e-1} \ln(x+1)dx - \int_0^{e-1} a\, dx$$
$$= 2\times 1 - \Big[ax \Big]_0^{e-1}$$
$$= 2-\{a(e-1)-0\}$$
$$= 2-a(e-1)$$

따라서 $2-a(e-1)=0$이므로 $a=\dfrac{2}{e-1}$

답 ②

28 $x\geq0$에서 함수 $y=x^2$의 역함수가 $y=\sqrt{x}$이므로 두 곡선 $y=x^2$, $y=\sqrt{x}$는 직선 $y=x$에 대하여 대칭이다.
두 곡선 $y=x^2$, $y=\sqrt{x}$의 교점의 x좌표는 곡선 $y=x^2$ $(x\geq0)$과 직선 $y=x$의 교점의 x좌표와 같으므로
$x^2=x$에서 $x(x-1)=0$
$x=0$ 또는 $x=1$이므로 점 A의 좌표는 $(1, 1)$이다.
두 곡선 $y=x^2$, $y=\sqrt{x}$로 둘러싸인 부분의 넓이가 S_2이므로

$$S_2=\int_0^1 (\sqrt{x}-x^2)dx = \Big[\frac{2}{3}x^{\frac{3}{2}} - \frac{1}{3}x^3 \Big]_0^1$$
$$= \frac{2}{3}-\frac{1}{3}=\frac{1}{3}$$

직사각형 OBAC는 한 변의 길이가 1인 정사각형이므로

$S_1+S_3=$(직사각형 OBAC의 넓이)$-S_2=1-\dfrac{1}{3}=\dfrac{2}{3}$

따라서 $\dfrac{S_1+S_3}{S_2}=\dfrac{\frac{2}{3}}{\frac{1}{3}}=2$

답 ④

29 곡선 $y=\sqrt{kx}$ $(k>0)$과 직선 $y=x$의 교점의 x좌표는
$\sqrt{kx}=x$에서 $kx=x^2$, $x(x-k)=0$
$x=0$ 또는 $x=k$
즉, 점 P의 좌표는 (k, k)이고, 점 H의 좌표는 $(k, 0)$이다.

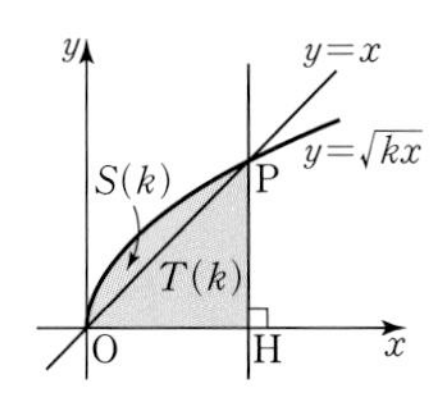

곡선 $y=\sqrt{kx}$ $(k>0)$과 직선 $y=x$로 둘러싸인 부분의 넓이 $S(k)$는

$$S(k)=\int_0^k (\sqrt{kx}-x)dx = \Big[\sqrt{k}\times\frac{2}{3}x^{\frac{3}{2}} - \frac{1}{2}x^2 \Big]_0^k$$
$$= \frac{2k^2}{3}-\frac{k^2}{2}=\frac{k^2}{6}$$

삼각형 OHP의 넓이 $T(k)$는

$$T(k)=\frac{1}{2}\times k\times k=\frac{k^2}{2}$$

따라서 $\dfrac{T(k)}{S(k)}=\dfrac{\frac{k^2}{2}}{\frac{k^2}{6}}=3$

답 ③

30 곡선 $y=f(x)$와 y축 및 두 직선 $y=x$, $y=e^2$으로 둘러싸인 부분과 곡선 $y=g(x)$와 x축 및 두 직선 $y=x$, $x=e^2$으로 둘러싸인 부분은 직선 $y=x$에 대하여 대칭이므로 넓이는 서로 같다.
함수 $f(x)=e^x$의 역함수 $g(x)$를 구하면
$f(x)=e^x$이므로 $y=e^x$에서 $x=e^y$, $y=\ln x$
따라서 $g(x)=\ln x$
즉, 구하는 넓이는 한 변의 길이가 e^2인 정사각형의 넓이에서 곡선 $y=g(x)$와 x축 및 직선 $x=e^2$으로 둘러싸인 부분의 넓이의 2배를 뺀 것과 같다.
따라서 구하는 넓이는

$$e^2\times e^2-2\times\int_1^{e^2} \ln x\, dx$$
$$= e^4-2\times\Big[x\ln x - x \Big]_1^{e^2}$$
$$= e^4-2\times\{(e^2\ln e^2-e^2)-(0-1)\}$$
$$= e^4-2(e^2+1)=e^4-2e^2-2$$

답 ③

31 두 곡선 $y=f(x)$, $y=g(x)$가 만나는 두 점의 x좌표가 각각 0, 5이므로 곡선 $y=f(x)$와 직선 $y=x$가 만나는 점의 좌표는 $(0, 0)$, $(5, 5)$이고, 마찬가지로 곡선 $y=g(x)$와 직선 $y=x$가 만나는 점의 좌표 또한 $(0, 0)$, $(5, 5)$이다.
$0\leq k\leq5$인 임의의 실수 k에 대하여 $g(k)\geq f(k)\geq0$이므로 두 함수 $y=f(x)$, $y=g(x)$의 그래프는 그림과 같다.

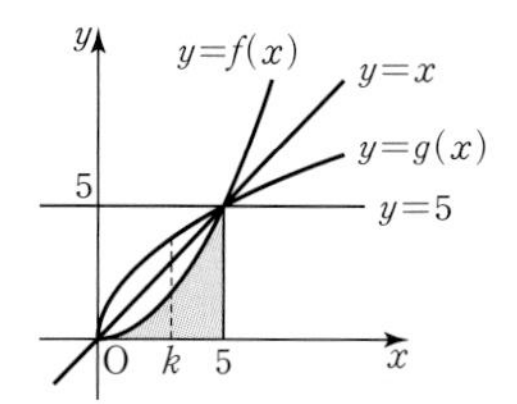

곡선 $y=g(x)$와 y축 및 직선 $y=5$로 둘러싸인 부분의 넓이를 S라 하면 곡선 $y=f(x)$와 직선 $y=x$로 둘러싸인 부분의 넓이는 $\dfrac{S}{2}$이고, 두 곡선 $y=f(x)$, $y=g(x)$로 둘러싸인 부분의 넓이는 S이다. 또한 곡선 $y=g(x)$와 y축 및 직선 $y=5$로 둘러싸인 부분의 넓이가 S이므로 곡선 $y=f(x)$와 x축 및 직선 $x=5$로 둘러싸인 부분의 넓이도 S가 된다.
즉, 한 변의 길이가 5인 정사각형의 넓이는 $3S$와 같으므로

$3S=25$, $S=\dfrac{25}{3}$

따라서 구하는 넓이는 $\dfrac{25}{3}$이다.

답 ⑤

32 밑면에 평행한 평면으로 자른 단면의 넓이를 $S(x)$라 하면
$S(x)=(e^x)^2=e^{2x}$
이므로 구하는 입체도형의 부피를 V라 하면

$$V=\int_0^5 S(x)\, dx=\int_0^5 e^{2x}\, dx$$
$$= \Big[\frac{e^{2x}}{2} \Big]_0^5 = \frac{e^{10}-1}{2}$$

답 ①

33 그릇에서 물의 깊이가 t일 때의 수면의 넓이를 $S(t)$라 하면 물의 깊이가 x일 때 부피 V는

$$V=\int_0^x S(t)dt$$

이므로

$$\int_0^x S(t)dt=4x^3+3x^2+12x$$

이 식의 양변을 x에 대하여 미분하면

$S(x)=12x^2+6x+12$

수면의 넓이가 72이므로 $S(x)=72$

$12x^2+6x+12=72,\ 12x^2+6x-60=0$

$2x^2+x-10=0,\ (x-2)(2x+5)=0$

$x>0$이므로 $x=2$

답 ②

34 높이가 x인 지점에서 밑면에 평행한 평면으로 자른 단면의 넓이를 $S(x)$라 하면

$S(x)=\pi\{\sqrt{\ln(x+e)}\}^2=\pi\ln(x+e)$

따라서 구하는 입체도형의 부피를 V라 하면

$$V=\int_0^e S(x)dx=\int_0^e \pi\ln(x+e)dx$$
$$=\pi\Big[(x+e)\ln(x+e)-(x+e)\Big]_0^e$$
$$=\pi\{(2e\ln 2e-2e)-(e\ln e-e)\}$$
$$=\pi\times\{2e(\ln 2+1-1)-0\}$$
$$=2e\pi\times\ln 2$$

답 ②

35 $x=t\ (0\le t\le \ln 2)$일 때, x축에 수직인 평면으로 자른 단면인 정삼각형의 넓이를 $S(t)$라 하면

$$S(t)=\frac{\sqrt{3}}{4}(e^t)^2=\frac{\sqrt{3}e^{2t}}{4}$$

따라서 구하는 입체도형의 부피를 V라 하면

$$V=\int_0^{\ln 2}\frac{\sqrt{3}e^{2t}}{4}dt=\left[\frac{\sqrt{3}e^{2t}}{8}\right]_0^{\ln 2}$$
$$=\frac{\sqrt{3}}{8}(e^{2\ln 2}-1)$$
$$=\frac{\sqrt{3}}{8}(4-1)=\frac{3\sqrt{3}}{8}$$

답 ③

36 좌표평면에서 중심이 원점이고 반지름의 길이가 2인 원의 방정식은 $x^2+y^2=4$

$y\ge 0$일 때 $y=\sqrt{4-x^2}$이고,

$y<0$일 때 $y=-\sqrt{4-x^2}$이므로

$x=t\ (-2\le t\le 2)$일 때, x축에 수직인 평면으로 자른 단면은 한 변의 길이가 $2\sqrt{4-t^2}$인 정사각형이므로 단면의 넓이를 $S(t)$라 하면

$S(t)=(2\sqrt{4-t^2})^2=4(4-t^2)$

따라서 구하는 입체도형의 부피를 V라 하면

$$V=\int_{-2}^2 S(t)dt=4\int_{-2}^2(4-t^2)dt$$
$$=8\int_0^2(4-t^2)dt=8\times\left[4t-\frac{1}{3}t^3\right]_0^2$$
$$=8\times\frac{16}{3}=\frac{128}{3}$$

답 ④

37 $x=t\ (0\le t\le 1)$일 때, x축에 수직인 평면으로 자른 단면인 반원의 지름의 길이가 $\frac{2}{t+1}-1$이므로 반지름의 길이는 $\frac{1}{t+1}-\frac{1}{2}$이고, 이 반원의 넓이를 $S(t)$라 하면

$$S(t)=\frac{1}{2}\times\pi\times\left(\frac{1}{t+1}-\frac{1}{2}\right)^2$$
$$=\frac{\pi}{2}\times\left\{\frac{1}{(t+1)^2}-\frac{1}{t+1}+\frac{1}{4}\right\}$$

따라서 구하는 입체도형의 부피를 V라 하면

$$V=\int_0^1 S(t)dt$$
$$=\int_0^1\frac{\pi}{2}\times\left\{\frac{1}{(t+1)^2}-\frac{1}{t+1}+\frac{1}{4}\right\}dt$$
$$=\frac{\pi}{2}\times\left[-\frac{1}{t+1}-\ln|t+1|+\frac{1}{4}t\right]_0^1$$
$$=\frac{\pi}{2}\times\left\{\left(-\frac{1}{2}-\ln 2+\frac{1}{4}\right)-(-1-0+0)\right\}$$
$$=\frac{\pi}{2}\times\left(-\frac{1}{4}-\ln 2+1\right)$$
$$=\frac{\pi}{2}\times\frac{3-4\ln 2}{4}$$
$$=\frac{(3-4\ln 2)\pi}{8}$$

답 ⑤

38 밑면에 평행한 평면으로 자른 단면의 넓이를 $S(x)$라 하면

$S(x)=(\sqrt{x\cos x})^2=x\cos x$

따라서 구하는 부피 V는

$$V=\int_0^{\frac{\pi}{2}}x\cos x\,dx$$

$u(x)=x,\ v'(x)=\cos x$로 놓으면

$u'(x)=1,\ v(x)=\sin x$이므로

$$V=\int_0^{\frac{\pi}{2}}x\cos x\,dx=\Big[x\sin x\Big]_0^{\frac{\pi}{2}}-\int_0^{\frac{\pi}{2}}\sin x\,dx$$
$$=\left(\frac{\pi}{2}-0\right)-\Big[-\cos x\Big]_0^{\frac{\pi}{2}}$$
$$=\frac{\pi}{2}+\Big[\cos x\Big]_0^{\frac{\pi}{2}}$$
$$=\frac{\pi}{2}+(0-1)=\frac{\pi}{2}-1$$

답 ④

39 $x=t\ (0\le t\le 4)$일 때, x축에 수직인 평면으로 자른 단면인 정삼각형의 한 변의 길이가

$(2\sqrt{t}+2)-\sqrt{t}=\sqrt{t}+2$

이므로 단면의 넓이를 $S(t)$라 하면

$S(t)=\frac{\sqrt{3}}{4}\times(\sqrt{t}+2)^2$

$=\frac{\sqrt{3}}{4}(t+4\sqrt{t}+4)$

따라서 구하는 입체도형의 부피를 V라 하면

$V=\int_0^4 S(t)dt=\int_0^4 \frac{\sqrt{3}}{4}(t+4\sqrt{t}+4)dt$

$=\frac{\sqrt{3}}{4}\times\left[\frac{1}{2}t^2+4\times\frac{2}{3}t^{\frac{3}{2}}+4t\right]_0^4$

$=\frac{\sqrt{3}}{4}\times\left(8+\frac{64}{3}+16\right)=\frac{34\sqrt{3}}{3}$

답 ③

40

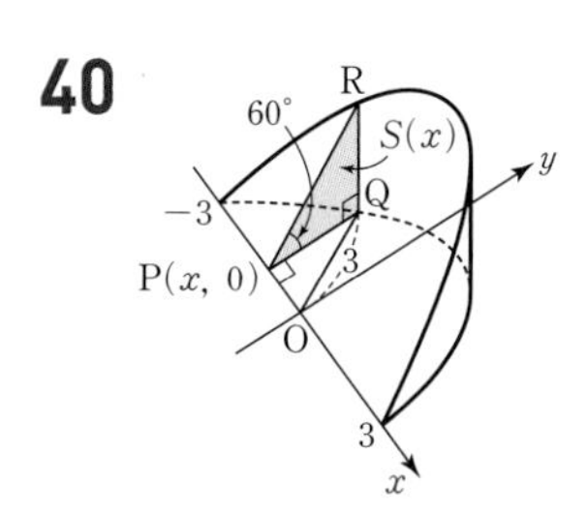

그림과 같이 밑면의 중심을 원점 O로 두고 x축과 y축을 그린다. x축 위의 점 P$(x, 0)$에서 x축에 수직인 평면으로 자른 단면을 삼각형 PQR라 하면 $\overline{OQ}=3$이므로

$\overline{PQ}=\sqrt{3^2-x^2}$

$\overline{RQ}=\overline{PQ}\times\tan 60^\circ=\sqrt{9-x^2}\times\sqrt{3}$

즉, 삼각형 PQR의 넓이는

$\frac{1}{2}\times\sqrt{9-x^2}\times\sqrt{9-x^2}\times\sqrt{3}=\frac{\sqrt{3}}{2}(9-x^2)$

따라서 구하는 입체도형의 부피는

$\int_{-3}^3 \frac{\sqrt{3}}{2}(9-x^2)dx=\frac{\sqrt{3}}{2}\times2\times\int_0^3(9-x^2)dx$

$=\sqrt{3}\times\left[9x-\frac{1}{3}x^3\right]_0^3$

$=\sqrt{3}\times(27-9)=18\sqrt{3}$

답 ①

41 $x=t\ (0\le t\le \ln 2)$일 때, x축에 수직인 평면으로 자른 단면인 직각이등변삼각형의 넓이를 $S(t)$라 하면

$S(t)=\frac{1}{2}\times e^t\sqrt{t}\times e^t\sqrt{t}=\frac{te^{2t}}{2}$

따라서 구하는 부피를 V라 하면

$V=\int_0^{\ln 2} S(t)dt=\int_0^{\ln 2}\frac{te^{2t}}{2}dt$

$=\frac{1}{2}\int_0^{\ln 2} te^{2t}\,dt$

$u(t)=t,\ v'(t)=e^{2t}$으로 놓으면

$u'(t)=1,\ v(t)=\frac{e^{2t}}{2}$이므로

$V=\frac{1}{2}\int_0^{\ln 2} te^{2t}\,dt=\frac{1}{2}\left(\left[\frac{te^{2t}}{2}\right]_0^{\ln 2}-\int_0^{\ln 2}\frac{e^{2t}}{2}dt\right)$

$=\frac{1}{2}\left\{\frac{1}{2}(\ln 2\times e^{2\ln 2}-0)-\left[\frac{e^{2t}}{4}\right]_0^{\ln 2}\right\}$

$=\frac{1}{4}\times\ln 2\times4-\frac{1}{2}\times\frac{1}{4}\times(e^{2\ln 2}-1)$

$=\ln 2-\frac{1}{8}\times(4-1)=\ln 2-\frac{3}{8}$

답 ⑤

42 단면의 넓이를 $S(x)$라 하면

$S(x)=\frac{1}{2}\times\frac{1}{2}\times\frac{2\ln(x+1)}{\sqrt{x+1}}\times\frac{2\ln(x+1)}{\sqrt{x+1}}$

$=\frac{\{\ln(x+1)\}^2}{x+1}$

구하는 입체도형의 부피를 V라 하면

$V=\int_0^{e^2-1}S(x)dx$

$=\int_0^{e^2-1}\frac{\{\ln(x+1)\}^2}{x+1}dx$

$\ln(x+1)=t$로 놓으면 $\frac{dt}{dx}=\frac{1}{x+1}$이고,

$x=0$일 때 $t=0$, $x=e^2-1$일 때 $t=2$이므로

$V=\int_0^{e^2-1}\frac{\{\ln(x+1)\}^2}{x+1}dx$

$=\int_0^2 t^2\,dt=\left[\frac{1}{3}t^3\right]_0^2=\frac{8}{3}$

답 ④

43 그림과 같이 반구의 중심을 O라 하고, 중심으로부터 $x\ (2\sqrt{2}\le x\le 4)$만큼 떨어진 평면으로 자른 단면을 중심이 C이고 지름이 $\overline{AB}$인 원이라 하면 $\overline{OC}=x$, $\overline{OA}=4$에서

$\overline{AC}=\sqrt{16-x^2}$

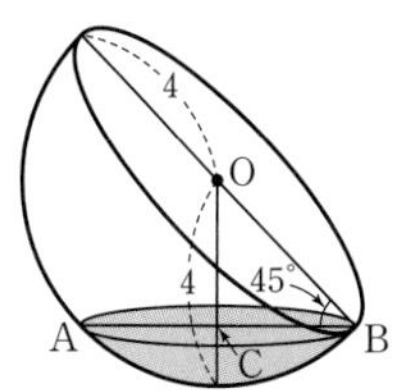

단면의 넓이를 $S(x)$라 하면

$S(x)=\pi\times\overline{AC}^2=\pi(16-x^2)$

따라서 구하는 부피를 V라 하면

$V=\pi\int_{2\sqrt{2}}^4(16-x^2)dx=\pi\times\left[16x-\frac{1}{3}x^3\right]_{2\sqrt{2}}^4$

$=\pi\times\left\{\left(64-\frac{64}{3}\right)-\left(32\sqrt{2}-\frac{16\sqrt{2}}{3}\right)\right\}$

$=\frac{128-80\sqrt{2}}{3}\pi$

따라서 $p=128,\ q=-80$이므로

$p+q=48$

답 48

44 직선 $x=t\ (-1\le t\le 1)$을 포함하고 x축에 수직인 평면으로 입체도형을 자른 단면은 한 변의 길이가 $1-t^2$인 정삼각형이므로 단면의 넓이를 $S(t)$라 하면

$S(t)=\frac{\sqrt{3}}{4}(1-t^2)^2=\frac{\sqrt{3}}{4}(t^4-2t^2+1)$

따라서

$$V_1=\int_{-1}^{1}S(t)dt=\int_{-1}^{1}\frac{\sqrt{3}}{4}(t^4-2t^2+1)dt$$
$$=2\int_0^1\frac{\sqrt{3}}{4}(t^4-2t^2+1)dt$$
$$=\frac{\sqrt{3}}{2}\times\left[\frac{1}{5}t^5-\frac{2}{3}t^3+t\right]_0^1$$
$$=\frac{\sqrt{3}}{2}\times\left(\frac{1}{5}-\frac{2}{3}+1\right)=\frac{4\sqrt{3}}{15}$$

$y=1-x^2$에서

$x<0$이면 $x=-\sqrt{1-y}$이고, $x\geq0$이면 $x=\sqrt{1-y}$이다.

직선 $y=t$ $(0\leq t\leq1)$을 포함하고 y축에 수직인 평면으로 입체도형을 자른 단면은 한 변의 길이가 $2\sqrt{1-t}$인 정삼각형이므로 단면의 넓이를 $T(t)$라 하면

$$T(t)=\frac{\sqrt{3}}{4}\times(2\sqrt{1-t})^2$$
$$=\sqrt{3}(1-t)$$
$$V_2=\int_0^1T(t)dt=\int_0^1\sqrt{3}(1-t)dt$$
$$=\sqrt{3}\times\left[t-\frac{1}{2}t^2\right]_0^1$$
$$=\sqrt{3}\left(1-\frac{1}{2}\right)=\frac{\sqrt{3}}{2}$$

따라서 $\frac{V_1}{V_2}=\frac{\frac{4\sqrt{3}}{15}}{\frac{\sqrt{3}}{2}}=\frac{8}{15}$

답 ④

45 직선 $x=k$ $\left(\frac{1}{e}\leq k\leq1\right)$과 두 곡선 $y=\ln x$, $y=-\ln x$가 만나는 점이 각각 $\text{A}(k, \ln k)$, $\text{B}(k, -\ln k)$이고, $\overline{\text{AB}}=|2\ln k|$이므로 선분 AB를 한 변으로 하는 정사각형의 넓이를 $S(k)$라 하면

$S(k)=(2\ln k)^2=4(\ln k)^2$

따라서

$$V_1=\int_{\frac{1}{e}}^{1}S(k)dk=\int_{\frac{1}{e}}^{1}4(\ln k)^2dk$$
$$=4\int_{\frac{1}{e}}^{1}(\ln k)^2dk$$
$$=4\times\left[(\ln k)^2\times k\right]_{\frac{1}{e}}^{1}-4\int_{\frac{1}{e}}^{1}\left(2\ln k\times\frac{1}{k}\times k\right)dk$$
$$=4\left(0-\frac{1}{e}\right)-8\int_{\frac{1}{e}}^{1}\ln k\,dk$$
$$=-\frac{4}{e}-8\times\left[k\ln k-k\right]_{\frac{1}{e}}^{1}$$
$$=-\frac{4}{e}-8\times\left(-1+\frac{2}{e}\right)$$
$$=8-\frac{20}{e}$$

직선 $x=s$ $(1\leq s\leq e)$와 두 곡선 $y=\ln x$, $y=-\ln x$가 만나는 점이 각각 $\text{C}(s, \ln s)$, $\text{D}(s, -\ln s)$이고, $\overline{\text{CD}}=2\ln s$이므로 선분 CD를 한 변으로 하는 정사각형의 넓이를 $T(s)$라 하면

$T(s)=(2\ln s)^2=4(\ln s)^2$

따라서

$$V_2=\int_1^eT(s)ds=\int_1^e4(\ln s)^2ds$$
$$=4\int_1^e(\ln s)^2ds$$
$$=4\times\left[(\ln s)^2\times s\right]_1^e-4\int_1^e\left(2\ln s\times\frac{1}{s}\times s\right)ds$$
$$=4(e-0)-8\int_1^e\ln s\,ds$$
$$=4e-8\times\left[s\ln s-s\right]_1^e$$
$$=4e-8\times\{0-(-1)\}=4e-8$$

따라서

$$V_1+V_2=\left(8-\frac{20}{e}\right)+(4e-8)$$
$$=4e-\frac{20}{e}=4\left(e-\frac{5}{e}\right)$$

답 ④

46 용기 A의 부피는 $4\times5\times8=160$

용기 B의 밑면에 평행한 평면으로 자른 단면의 넓이를 $S(x)$라 하면

$S(x)=(\sqrt{16+x})^2=16+x$

용기 B에 채워진 물의 높이를 h $(0\leq h\leq10)$이라 하고,

용기 B에 채워진 물의 부피를 V라 하자.

$$V=\int_0^hS(x)dx=\int_0^h(16+x)dx$$
$$=\left[16x+\frac{1}{2}x^2\right]_0^h=16h+\frac{h^2}{2}$$

즉, $16h+\frac{h^2}{2}=160$일 때,

$h^2+32h-320=0$, $(h-8)(h+40)=0$

$0\leq h\leq10$이므로 $h=8$

답 ④

47 $x=t$ $(n\leq t\leq n+1)$일 때, 입체도형의 단면의 넓이를 $S_n(t)$라 하면

$S_n(t)=(\sqrt{t})^2=t$

이 입체도형의 부피 V_n은

$$V_n=\int_n^{n+1}S_n(t)dt=\int_n^{n+1}t\,dt=\left[\frac{1}{2}t^2\right]_n^{n+1}$$
$$=\frac{1}{2}\{(n+1)^2-n^2\}=\frac{2n+1}{2}$$

따라서

$$\sum_{n=1}^{\infty}\frac{1}{V_nV_{n+1}}=\sum_{n=1}^{\infty}\frac{1}{\frac{2n+1}{2}\times\frac{2n+3}{2}}$$
$$=4\times\sum_{n=1}^{\infty}\frac{1}{(2n+1)(2n+3)}$$
$$=4\times\frac{1}{2}\times\sum_{n=1}^{\infty}\left(\frac{1}{2n+1}-\frac{1}{2n+3}\right)$$
$$=2\times\lim_{n\to\infty}\sum_{k=1}^{n}\left(\frac{1}{2k+1}-\frac{1}{2k+3}\right)$$
$$=2\times\lim_{n\to\infty}\left(\frac{1}{3}-\frac{1}{2n+3}\right)=\frac{2}{3}$$

답 ②

48 점 H의 좌표는 $(x, 0)$ $\left(0\le x\le\frac{\pi}{2}\right)$이고,

$\overline{\mathrm{PH}}=\sqrt{\sin x\cos x}$이므로

부채꼴의 넓이를 $S(x)$라 하면

$$S(x)=\frac{1}{2}\times\overline{\mathrm{PH}}^2\times\frac{\pi}{4}$$
$$=\frac{\pi}{8}\sin x\cos x$$

이므로 구하는 입체도형의 부피를 V라 하면

$$V=\int_0^{\frac{\pi}{2}}S(x)dx$$
$$=\frac{\pi}{8}\int_0^{\frac{\pi}{2}}\sin x\cos x\,dx$$

$\sin x=t$로 놓으면 $\frac{dt}{dx}=\cos x$이고,

$x=0$일 때 $t=0$, $x=\frac{\pi}{2}$일 때 $t=1$이므로

$$V=\frac{\pi}{8}\int_0^1 t\,dt=\frac{\pi}{8}\times\left[\frac{1}{2}t^2\right]_0^1$$
$$=\frac{\pi}{8}\times\frac{1}{2}=\frac{\pi}{16}$$

답 ①

49 시각 $t=0$에서의 점 P의 위치가 2이므로

시각 $t=1$에서의 점 P의 위치는

$$a=2+\int_0^1(e^t+1)dt=2+\left[e^t+t\right]_0^1$$
$$=2+\{(e+1)-(1+0)\}$$
$$=e+2$$

또 시각 $t=0$에서 $t=3$까지의 점 P의 위치의 변화량은

$$b=\int_0^3(e^t+1)dt$$
$$=\left[e^t+t\right]_0^3$$
$$=(e^3+3)-(1+0)$$
$$=e^3+2$$

따라서

$$b-a=(e^3+2)-(e+2)=e^3-e$$

답 ④

50 원점에서 출발하여 $t=4$에서의 점 P의 위치는

$$\int_0^4\sin\frac{\pi}{4}t\,dt=\left[-\frac{4}{\pi}\cos\frac{\pi}{4}t\right]_0^4$$
$$=-\frac{4}{\pi}\cos\pi-\left(-\frac{4}{\pi}\cos 0\right)$$
$$=\frac{4}{\pi}+\frac{4}{\pi}=\frac{8}{\pi}$$

원점에서 출발하여 $t=4$에서의 점 Q의 위치는

$$\int_0^4\cos\frac{\pi}{4}t\,dt=\left[\frac{4}{\pi}\sin\frac{\pi}{4}t\right]_0^4$$
$$=0-0=0$$

따라서 두 점 P, Q 사이의 거리는

$$\frac{8}{\pi}-0=\frac{8}{\pi}$$

답 ⑤

51 $\frac{1}{e}\le t\le 1$일 때 $v(t)\le 0$, $1\le t\le e$일 때 $v(t)\ge 0$이므로

구하는 거리는

$$\int_{\frac{1}{e}}^{e}|\ln t|dt$$
$$=\int_{\frac{1}{e}}^{1}(-\ln t)dt+\int_1^e\ln t\,dt$$
$$=\left[-t\ln t+t\right]_{\frac{1}{e}}^{1}+\left[t\ln t-t\right]_1^e$$
$$=\left\{(0+1)-\left(-\frac{1}{e}\ln\frac{1}{e}+\frac{1}{e}\right)\right\}+\{(e\ln e-e)-(0-1)\}$$
$$=\left(1-\frac{2}{e}\right)+(0+1)=2-\frac{2}{e}$$

답 ②

52 점 P가 운동 방향을 바꾼 시각에서의 점 P의 속도가 0이므로

$v(t)=\sin\frac{\pi}{4}t=0$ $(0<t\le 10)$에서

$t=4$ 또는 $t=8$

따라서 처음으로 운동 방향이 바뀌는 시각은 $t=4$이므로

$a=4$

시각 $t=4$에서 $t=6$까지 점 P가 움직인 거리를 l이라 하면 $4\le t\le 6$에서 $v(t)\le 0$이므로

$$l=\int_4^6|v(t)|dt=\int_4^6\left(-\sin\frac{\pi}{4}t\right)dt$$
$$=\left[\frac{4}{\pi}\cos\frac{\pi}{4}t\right]_4^6$$
$$=\frac{4}{\pi}\left(\cos\frac{3}{2}\pi-\cos\pi\right)$$
$$=\frac{4}{\pi}\{0-(-1)\}=\frac{4}{\pi}$$

답 ④

53 점 P가 운동 방향을 바꾼 시각에서의 점 P의 속도가 0이므로

$v(t)=e^{2t}-6e^t+8=0$

$(e^t-2)(e^t-4)=0$

$e^t=2$ 또는 $e^t=4$

$t=\ln 2$ 또는 $t=2\ln 2$

$0<t<\ln 2$일 때 $v(t)>0$, $\ln 2<t<2\ln 2$일 때 $v(t)<0$,

$t>2\ln 2$일 때 $v(t)>0$이므로

시각 $t=\ln 2$일 때 첫 번째로 운동 방향을 바꾸고, 시각 $t=2\ln 2$일 때 두 번째로 운동 방향을 바꾸므로 두 지점 A, B 사이의 거리를 l이라 하면

$$l=\int_{\ln 2}^{2\ln 2}\{-v(t)\}dt$$
$$=\int_{\ln 2}^{2\ln 2}(-e^{2t}+6e^t-8)dt$$
$$=\left[-\frac{e^{2t}}{2}+6e^t-8t\right]_{\ln 2}^{2\ln 2}$$
$$=\left(-\frac{e^{4\ln 2}}{2}+6e^{2\ln 2}-16\ln 2\right)-\left(-\frac{e^{2\ln 2}}{2}+6e^{\ln 2}-8\ln 2\right)$$
$$=(-8+24-16\ln 2)-(-2+12-8\ln 2)$$
$$=6-8\ln 2$$

답 ⑤

54 $x=e^t+e^{-t}$에서 $\frac{dx}{dt}=e^t-e^{-t}$

$y=2t$에서 $\frac{dy}{dt}=2$

$$\left(\frac{dx}{dt}\right)^2+\left(\frac{dy}{dt}\right)^2=(e^t-e^{-t})^2+2^2$$
$$=(e^{2t}-2+e^{-2t})+4$$
$$=e^{2t}+2+e^{-2t}$$
$$=(e^t+e^{-t})^2$$

따라서 시각 $t=1$에서 $t=2\ln 2$까지 점 P가 움직인 거리를 s라 하면

$$s=\int_1^{2\ln 2}\sqrt{\left(\frac{dx}{dt}\right)^2+\left(\frac{dy}{dt}\right)^2}\,dt$$
$$=\int_1^{2\ln 2}\sqrt{(e^t+e^{-t})^2}\,dt$$
$$=\int_1^{2\ln 2}(e^t+e^{-t})dt$$
$$=\left[e^t-e^{-t}\right]_1^{2\ln 2}$$
$$=(e^{2\ln 2}-e^{-2\ln 2})-(e-e^{-1})$$
$$=\left(4-\frac{1}{4}\right)-\left(e-\frac{1}{e}\right)$$
$$=-e+\frac{1}{e}+\frac{15}{4}$$

답 ①

55 $x=1+\cos \pi t$에서 $\frac{dx}{dt}=-\pi\sin \pi t$

$y=1+\sin \pi t$에서 $\frac{dy}{dt}=\pi\cos \pi t$

$$\left(\frac{dx}{dt}\right)^2+\left(\frac{dy}{dt}\right)^2=\pi^2\sin^2\pi t+\pi^2\cos^2\pi t$$
$$=\pi^2(\sin^2\pi t+\cos^2\pi t)$$
$$=\pi^2$$

시각 $t=1$에서 $t=a$까지 점 P가 움직인 거리가 4π이므로

$$\int_1^a\sqrt{\left(\frac{dx}{dt}\right)^2+\left(\frac{dy}{dt}\right)^2}\,dt=4\pi$$

$\int_1^a\sqrt{\pi^2}\,dt=4\pi$, $\int_1^a\pi\,dt=4\pi$

$\left[\pi t\right]_1^a=4\pi$, $(a-1)\pi=4\pi$

따라서 $a=5$

답 ③

56 $x=\frac{1}{2}\left(t+\frac{1}{t}\right)$에서 $\frac{dx}{dt}=\frac{1}{2}\left(1-\frac{1}{t^2}\right)$

$y=\ln t$에서 $\frac{dy}{dt}=\frac{1}{t}$

$$\left(\frac{dx}{dt}\right)^2+\left(\frac{dy}{dt}\right)^2=\frac{1}{4}\left(1-\frac{1}{t^2}\right)^2+\frac{1}{t^2}$$
$$=\frac{1}{4}\left(1+\frac{2}{t^2}+\frac{1}{t^4}\right)$$
$$=\left\{\frac{1}{2}\left(1+\frac{1}{t^2}\right)\right\}^2$$

시각 $t=1$에서 $t=a$까지 점 P가 움직인 거리가 $\frac{15}{8}$이므로

$$\int_1^a\sqrt{\left(\frac{dx}{dt}\right)^2+\left(\frac{dy}{dt}\right)^2}\,dt=\frac{15}{8}$$
$$\int_1^a\sqrt{\left\{\frac{1}{2}\left(1+\frac{1}{t^2}\right)\right\}^2}\,dt=\frac{15}{8}$$
$$\int_1^a\frac{1}{2}\left(1+\frac{1}{t^2}\right)dt=\frac{15}{8}$$
$$\frac{1}{2}\times\left[t-\frac{1}{t}\right]_1^a=\frac{15}{8}$$
$$\frac{1}{2}\times\left\{\left(a-\frac{1}{a}\right)-(1-1)\right\}=\frac{15}{8}$$

$a-\frac{1}{a}=\frac{15}{4}$, $4a^2-15a-4=0$

$(a-4)(4a+1)=0$

$a>1$이므로 $a=4$

답 ⑤

57 $x=\int_0^t f(\theta)\cos\theta\,d\theta$에서 $\frac{dx}{dt}=f(t)\cos t$

$y=\int_0^t f(\theta)\sin\theta\,d\theta$에서 $\frac{dy}{dt}=f(t)\sin t$

$$\left(\frac{dx}{dt}\right)^2+\left(\frac{dy}{dt}\right)^2=\{f(t)\cos t\}^2+\{f(t)\sin t\}^2$$
$$=\{f(t)\}^2(\sin^2 t+\cos^2 t)$$
$$=\{f(t)\}^2$$
$$\sqrt{\left(\frac{dx}{dt}\right)^2+\left(\frac{dy}{dt}\right)^2}=\sqrt{\{f(t)\}^2}$$
$$=|f(t)|$$

$0\le t\le\frac{\pi}{3}$에서 $f(t)=\tan t\ge 0$이므로

시각 $t=0$에서 $t=\frac{\pi}{3}$까지 점 P가 움직인 거리를 l이라 하면

$$l=\int_0^{\frac{\pi}{3}}\sqrt{\left(\frac{dx}{dt}\right)^2+\left(\frac{dy}{dt}\right)^2}\,dt$$
$$=\int_0^{\frac{\pi}{3}}\tan t\,dt$$
$$=\int_0^{\frac{\pi}{3}}\frac{\sin t}{\cos t}\,dt$$
$$=-\int_0^{\frac{\pi}{3}}\frac{(\cos t)'}{\cos t}\,dt$$
$$=-\left[\ln|\cos t|\right]_0^{\frac{\pi}{3}}$$
$$=-\left\{\ln\left(\cos\frac{\pi}{3}\right)-\ln(\cos 0)\right\}$$
$$=-\ln\frac{1}{2}=\ln 2$$

답 ①

58 시각 $t=b$일 때의 점 P의 위치가 $(-2, 3)$이므로

$x=t^3-3t=-2$에서

$t^3-3t+2=0$

$(t-1)^2(t+2)=0$

$t>0$이므로 $t=1$

즉, $b=1$

$y=at^2$에서 $t=1$일 때, $y=3$이므로

$3=a\times 1^2$, $a=3$

$x=t^3-3t$에서 $\dfrac{dx}{dt}=3t^2-3$

$y=3t^2$에서 $\dfrac{dy}{dt}=6t$

$$\left(\frac{dx}{dt}\right)^2+\left(\frac{dy}{dt}\right)^2=(3t^2-3)^2+(6t)^2$$
$$=9t^4+18t^2+9$$
$$=9(t^2+1)^2$$

$$\sqrt{\left(\frac{dx}{dt}\right)^2+\left(\frac{dy}{dt}\right)^2}=\sqrt{9(t^2+1)^2}$$
$$=3(t^2+1)$$

시각 $t=1$에서 $t=2$까지 점 P가 움직인 거리를 l이라 하면

$$l=\int_1^2\sqrt{\left(\frac{dx}{dt}\right)^2+\left(\frac{dy}{dt}\right)^2}\,dt$$
$$=\int_1^2 3(t^2+1)dt$$
$$=\Big[t^3+3t\Big]_1^2$$
$$=(8+6)-(1+3)=10$$

답 ②

59

$x=e^{-t}\cos t$에서

$$\frac{dx}{dt}=-e^{-t}\cos t-e^{-t}\sin t$$
$$=e^{-t}(-\cos t-\sin t)$$

$y=e^{-t}\sin t$에서

$$\frac{dy}{dt}=-e^{-t}\sin t+e^{-t}\cos t$$
$$=e^{-t}(\cos t-\sin t)$$

$$\left(\frac{dx}{dt}\right)^2+\left(\frac{dy}{dt}\right)^2$$
$$=e^{-2t}(\cos^2 t+2\sin t\cos t+\sin^2 t)+e^{-2t}(\cos^2 t-2\sin t\cos t+\sin^2 t)$$
$$=2e^{-2t}(\sin^2 t+\cos^2 t)$$
$$=2e^{-2t}$$

따라서 구하는 곡선의 길이는

$$\int_0^{\ln 2}\sqrt{\left(\frac{dx}{dt}\right)^2+\left(\frac{dy}{dt}\right)^2}\,dt$$
$$=\int_0^{\ln 2}\sqrt{2e^{-2t}}\,dt=\sqrt{2}\int_0^{\ln 2}e^{-t}\,dt$$
$$=\sqrt{2}\Big[-e^{-t}\Big]_0^{\ln 2}=\sqrt{2}\{-e^{-\ln 2}-(-1)\}$$
$$=\sqrt{2}\times\left(-\frac{1}{2}+1\right)=\frac{\sqrt{2}}{2}$$

답 ②

60

$f(x)=\ln x$에서 $f'(x)=\dfrac{1}{x}$이므로

구하는 곡선의 길이를 l이라 하면

$$l=\int_{\sqrt{3}}^{2\sqrt{2}}\sqrt{1+\{f'(x)\}^2}\,dx$$
$$=\int_{\sqrt{3}}^{2\sqrt{2}}\sqrt{1+\frac{1}{x^2}}\,dx=\int_{\sqrt{3}}^{2\sqrt{2}}\frac{\sqrt{x^2+1}}{x}\,dx$$
$$=\int_{\sqrt{3}}^{2\sqrt{2}}\frac{\sqrt{x^2+1}}{x^2}x\,dx$$

$\sqrt{x^2+1}=t$로 놓으면 $x^2+1=t^2$이고, $\dfrac{dt}{dx}=\dfrac{x}{t}$

$x=\sqrt{3}$일 때 $t=2$, $x=2\sqrt{2}$일 때 $t=3$이므로

$$l=\int_{\sqrt{3}}^{2\sqrt{2}}\frac{\sqrt{x^2+1}}{x^2}x\,dx$$
$$=\int_2^3\frac{t^2}{t^2-1}\,dt$$
$$=\int_2^3\left\{1+\frac{1}{2}\left(\frac{1}{t-1}-\frac{1}{t+1}\right)\right\}dt$$
$$=\left[t+\frac{1}{2}\ln|t-1|-\frac{1}{2}\ln|t+1|\right]_2^3$$
$$=\left[t+\frac{1}{2}\ln\left|\frac{t-1}{t+1}\right|\right]_2^3$$
$$=\left(3+\frac{1}{2}\ln\frac{2}{4}\right)-\left(2+\frac{1}{2}\ln\frac{1}{3}\right)$$
$$=1-\frac{1}{2}\ln 2+\frac{1}{2}\ln 3$$
$$=\frac{2+\ln 3-\ln 2}{2}$$

답 ④

61

$f(x)=\ln(\cos x)$에서 $f'(x)=\dfrac{-\sin x}{\cos x}$이므로 곡선의 길이를 l이라 하면

$$l=\int_0^{\frac{\pi}{6}}\sqrt{1+\{f'(x)\}^2}\,dx$$
$$=\int_0^{\frac{\pi}{6}}\sqrt{1+\left(\frac{-\sin x}{\cos x}\right)^2}\,dx$$
$$=\int_0^{\frac{\pi}{6}}\sqrt{\frac{\sin^2 x+\cos^2 x}{\cos^2 x}}\,dx$$
$$=\int_0^{\frac{\pi}{6}}\sqrt{\frac{1}{\cos^2 x}}\,dx$$
$$=\int_0^{\frac{\pi}{6}}\frac{1}{\cos x}\,dx$$
$$=\int_0^{\frac{\pi}{6}}\frac{\cos x}{\cos^2 x}\,dx$$
$$=\int_0^{\frac{\pi}{6}}\frac{\cos x}{1-\sin^2 x}\,dx$$

$l=\displaystyle\int_0^{\frac{\pi}{6}}\frac{\cos x}{1-\sin^2 x}\,dx$에서

$\sin x=t$로 놓으면 $\dfrac{dt}{dx}=\cos x$이고,

$x=0$일 때 $t=0$, $x=\dfrac{\pi}{6}$일 때 $t=\dfrac{1}{2}$이므로

$$l=\int_0^{\frac{1}{2}}\frac{1}{1-t^2}\,dt=\int_0^{\frac{1}{2}}\frac{-1}{t^2-1}\,dt$$
$$=\int_0^{\frac{1}{2}}\frac{-1}{(t-1)(t+1)}\,dt$$
$$=-\frac{1}{2}\int_0^{\frac{1}{2}}\left(\frac{1}{t-1}-\frac{1}{t+1}\right)dt$$
$$=-\frac{1}{2}\times\Big[\ln|t-1|-\ln|t+1|\Big]_0^{\frac{1}{2}}$$
$$=-\frac{1}{2}\left\{\left(\ln\frac{1}{2}-\ln\frac{3}{2}\right)-(0-0)\right\}$$
$$=-\frac{1}{2}\ln\frac{1}{3}=\frac{1}{2}\ln 3$$

답 ⑤

62 $x=2t+1$에서 $\frac{dx}{dt}=2$

$y=\frac{2}{3}t\sqrt{t}+1$에서 $\frac{dy}{dt}=\sqrt{t}$

$\left(\frac{dx}{dt}\right)^2+\left(\frac{dy}{dt}\right)^2=4+t$

이 곡선의 길이를 l이라 하면

$$l=\int_0^5 \sqrt{\left(\frac{dx}{dt}\right)^2+\left(\frac{dy}{dt}\right)^2}\,dt$$
$$=\int_0^5 \sqrt{4+t}\,dt$$
$$=\left[\frac{2}{3}(t+4)^{\frac{3}{2}}\right]_0^5$$
$$=\frac{2}{3}(9^{\frac{3}{2}}-4^{\frac{3}{2}})$$
$$=\frac{2}{3}(27-8)=\frac{38}{3}$$

답 ②

63 $x=\cos t+t\sin t$에서

$\frac{dx}{dt}=-\sin t+\sin t+t\cos t=t\cos t$

$y=\sin t-t\cos t$에서

$\frac{dy}{dt}=\cos t-\cos t+t\sin t=t\sin t$

$$\left(\frac{dx}{dt}\right)^2+\left(\frac{dy}{dt}\right)^2=(t\cos t)^2+(t\sin t)^2$$
$$=t^2(\cos^2 t+\sin^2 t)$$
$$=t^2$$

곡선의 길이를 l이라 하면

$$l=\int_0^a \sqrt{\left(\frac{dx}{dt}\right)^2+\left(\frac{dy}{dt}\right)^2}\,dt$$
$$=\int_0^a \sqrt{t^2}\,dt=\int_0^a t\,dt$$
$$=\left[\frac{1}{2}t^2\right]_0^a=\frac{a^2}{2}$$

$l=8$이므로 $\frac{a^2}{2}=8$, $a^2=16$

$a>0$이므로 $a=4$

답 ④

64 $x=(1-t^2)\cos t$에서

$\frac{dx}{dt}=-2t\times\cos t+(1-t^2)\times(-\sin t)$

$$\left(\frac{dx}{dt}\right)^2=\{-2t\cos t+(t^2-1)\sin t\}^2$$
$$=4t^2\cos^2 t-4t(t^2-1)\sin t\cos t+(t^2-1)^2\sin^2 t$$

$y=(1-t^2)\sin t$에서

$\frac{dy}{dt}=-2t\times\sin t+(1-t^2)\times\cos t$

$$\left(\frac{dy}{dt}\right)^2=\{-2t\sin t+(1-t^2)\cos t\}^2$$
$$=4t^2\sin^2 t+4t(t^2-1)\sin t\cos t+(t^2-1)^2\cos^2 t$$

$$\left(\frac{dx}{dt}\right)^2+\left(\frac{dy}{dt}\right)^2$$
$$=4t^2(\sin^2 t+\cos^2 t)+(t^2-1)^2(\sin^2 t+\cos^2 t)$$
$$=4t^2+(t^4-2t^2+1)$$
$$=t^4+2t^2+1$$
$$=(t^2+1)^2$$

따라서 $0\le t\le a$일 때, 이 곡선의 길이를 l이라 하면

$$l=\int_0^a \sqrt{\left(\frac{dx}{dt}\right)^2+\left(\frac{dy}{dt}\right)^2}\,dt$$
$$=\int_0^a \sqrt{(t^2+1)^2}\,dt=\int_0^a (t^2+1)dt$$
$$=\left[\frac{1}{3}t^3+t\right]_0^a$$
$$=\frac{1}{3}a^3+a$$

$l=12$이므로 $\frac{1}{3}a^3+a=12$

$a^3+3a-36=0$, $(a-3)(a^2+3a+12)=0$

즉, $a^2+3a+12=\left(a+\frac{3}{2}\right)^2+\frac{39}{4}>0$이므로

$a-3=0$

따라서 $a=3$

답 ③

서술형 완성하기

본문 165쪽

01 $\frac{28\sqrt{2}}{9}$	**02** $\frac{8\sqrt{2}}{3}$	**03** 104
04 $\frac{e}{2}-1$	**05** $\frac{\sqrt{3}}{4}$	**06** $2\left(e-\frac{1}{e}\right)$

01 닫힌구간 $[1, 3]$에서 $y\ge 0$이므로

구하는 넓이는 $\int_1^3 \sqrt{3x-1}\,dx$ …… ❶

$3x-1=t$로 놓으면 $\frac{dt}{dx}=3$이고,

$x=1$일 때 $t=2$, $x=3$일 때 $t=8$이므로

$$\int_1^3 \sqrt{3x-1}\,dx=\frac{1}{3}\int_2^8 \sqrt{t}\,dt$$ …… ❷
$$=\frac{1}{3}\left[\frac{2}{3}t^{\frac{3}{2}}\right]_2^8=\frac{2}{9}\left[t^{\frac{3}{2}}\right]_2^8$$
$$=\frac{2}{9}(8\sqrt{8}-2\sqrt{2})$$
$$=\frac{2}{9}\times 14\sqrt{2}=\frac{28\sqrt{2}}{9}$$ …… ❸

답 $\frac{28\sqrt{2}}{9}$

단계	채점 기준	비율
❶	구하는 넓이를 정적분으로 나타낸 경우	30 %
❷	치환적분법을 이용하여 식을 변형한 경우	40 %
❸	넓이를 구한 경우	30 %

02 두 곡선 $y=\sqrt{x}$, $y=\sqrt{4-x}$의 교점의 x좌표는

$\sqrt{x}=\sqrt{4-x}$에서

$x=4-x$, $2x=4$

$x=2$ …… ❶

즉, 두 곡선 $y=\sqrt{x}$, $y=\sqrt{4-x}$의 교점의 x좌표는 2이고, 두 곡선 $y=\sqrt{x}$, $y=\sqrt{4-x}$는 직선 $x=2$에 대하여 대칭이다.

따라서 구하는 넓이는

$\int_0^2 \sqrt{x}\,dx+\int_2^4 \sqrt{4-x}\,dx$ …… ❷

$=\int_0^2 \sqrt{x}\,dx+\int_0^2 \sqrt{x}\,dx=2\int_0^2 \sqrt{x}\,dx$

$=2\times\left[\frac{2}{3}x^{\frac{3}{2}}\right]_0^2$

$=\frac{4}{3}\times 2\sqrt{2}=\frac{8\sqrt{2}}{3}$ …… ❸

답 $\frac{8\sqrt{2}}{3}$

단계	채점 기준	비율
❶	두 곡선의 교점의 x좌표를 구한 경우	30 %
❷	구하는 넓이를 정적분으로 나타낸 경우	30 %
❸	넓이를 구한 경우	40 %

03 밑면에 평행한 평면으로 자른 단면의 넓이를 $S(x)$라 하면

$S(x)=(\sqrt{3x+1})^2=3x+1$ …… ❶

이므로 구하는 물의 부피를 V라 하면

$V=\int_0^8 S(x)dx=\int_0^8 (3x+1)dx$

$=\left[\frac{3}{2}x^2+x\right]_0^8=104$ …… ❷

답 104

단계	채점 기준	비율
❶	단면의 넓이를 구한 경우	40 %
❷	물의 부피를 구한 경우	60 %

04 곡선 $y=f(x)$ 위의 접점 P의 좌표를 $(t,\ f(t))$라 할 때, 접선 l의 방정식은

$y-f(t)=f'(t)(x-t)$, $y-\ln t=\frac{1}{t}(x-t)$

$y=\frac{1}{t}x+(\ln t-1)$ …… ❶

이 직선 l이 원점 $(0,\ 0)$을 지나므로

$0=0+(\ln t-1)$

$t=e$ …… ❷

따라서 직선 l의 방정식은 $y=\frac{1}{e}x$

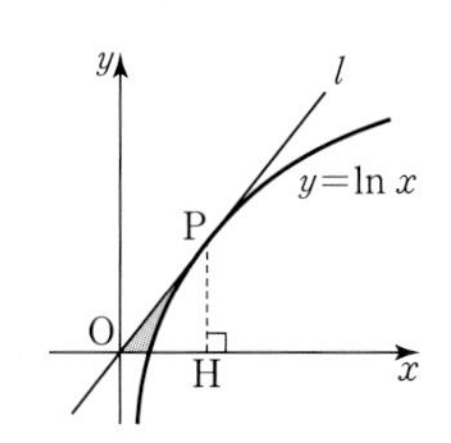

점 P에서 x축에 내린 수선의 발을 H라 할 때, 구하는 넓이는 삼각형 POH의 넓이에서 곡선 $y=f(x)$와 직선 $x=e$ 및 x축으로 둘러싸인 부분의 넓이를 뺀 것과 같다.

따라서 구하는 넓이는

$\frac{1}{2}\times e\times 1-\int_1^e \ln x\,dx$

$=\frac{e}{2}-\left[x\ln x-x\right]_1^e$

$=\frac{e}{2}-\{(e-e)-(0-1)\}$

$=\frac{e}{2}-1$ …… ❸

답 $\frac{e}{2}-1$

단계	채점 기준	비율
❶	접선의 방정식을 구한 경우	40 %
❷	접점의 x좌표를 구한 경우	20 %
❸	넓이를 구한 경우	40 %

05 $x=t\left(0\le t\le\frac{\pi}{2}\right)$일 때, x축에 수직인 평면으로 자른 단면인 정삼각형의 한 변의 길이가 $\sqrt{\cos t}$이므로 단면의 넓이를 $S(t)$라 하면

$S(t)=\frac{\sqrt{3}}{4}\times(\sqrt{\cos t})^2$

$=\frac{\sqrt{3}}{4}\cos t$ …… ❶

따라서 구하는 입체도형의 부피를 V라 하면

$V=\int_0^{\frac{\pi}{2}} S(t)dt=\int_0^{\frac{\pi}{2}} \frac{\sqrt{3}}{4}\cos t\,dt$

$=\frac{\sqrt{3}}{4}\times\left[\sin t\right]_0^{\frac{\pi}{2}}$

$=\frac{\sqrt{3}}{4}\times\left(\sin\frac{\pi}{2}-\sin 0\right)$

$=\frac{\sqrt{3}}{4}$ …… ❷

답 $\frac{\sqrt{3}}{4}$

단계	채점 기준	비율
❶	단면의 넓이를 구한 경우	40 %
❷	입체도형의 부피를 구한 경우	60 %

06 $g(x)=f(x)+\frac{1}{f(x)}$이라 하면 $f(x)=e^{\frac{x}{2}}$이므로

$g(x)=e^{\frac{x}{2}}+e^{-\frac{x}{2}}$

$g'(x)=\frac{1}{2}e^{\frac{x}{2}}-\frac{1}{2}e^{-\frac{x}{2}}=\frac{1}{2}(e^{\frac{x}{2}}-e^{-\frac{x}{2}})$ …… ❶

따라서 구하는 곡선의 길이는

$\int_{-2}^2 \sqrt{1+\{g'(x)\}^2}\,dx$

$=\int_{-2}^2 \sqrt{1+\frac{1}{4}(e^{\frac{x}{2}}-e^{-\frac{x}{2}})^2}\,dx$

$=\int_{-2}^2 \sqrt{\frac{1}{4}(e^{\frac{x}{2}}+e^{-\frac{x}{2}})^2}\,dx$

$$=\int_{-2}^{2}\frac{1}{2}(e^{\frac{x}{2}}+e^{-\frac{x}{2}})dx \quad \cdots\cdots ❷$$

$$=2\times\frac{1}{2}\times\int_{0}^{2}(e^{\frac{x}{2}}+e^{-\frac{x}{2}})dx$$

$$=2\times\left[e^{\frac{x}{2}}-e^{-\frac{x}{2}}\right]_0^2$$

$$=2\{(e-e^{-1})-(1-1)\}$$

$$=2\left(e-\frac{1}{e}\right) \quad \cdots\cdots ❸$$

답 $2\left(e-\frac{1}{e}\right)$

단계	채점 기준	비율
❶	주어진 곡선을 $g(x)$라 두고, 함수 $g(x)$의 도함수를 구한 경우	40 %
❷	$\sqrt{1+\{g'(x)\}^2}$을 간단한 꼴로 나타낸 경우	30 %
❸	곡선의 길이를 구한 경우	30 %

내신 + 수능 고난도 도전

본문 166~168쪽

01 ③	02 ②	03 ⑤	04 ②	05 ②
06 ③	07 ①	08 ⑤	09 ⑤	10 ④
11 ③	12 ⑤			

01 곡선 $y=\ln x$와 두 선분 OA, AB로 둘러싸인 부분의 넓이 $S(n)$은 곡선 $y=\ln x$와 x축 및 직선 $x=e^n$으로 둘러싸인 부분의 넓이와 같으므로

$$S(n)=\int_1^{e^n}\ln x\,dx=\Big[x\ln x-x\Big]_1^{e^n}$$

$$=(e^n\ln e^n-e^n)-(0-1)$$

$$=ne^n-e^n+1$$

곡선 $y=e^x$과 두 선분 BC, CO로 둘러싸인 부분의 넓이 $T(n)$은 곡선 $y=e^x$과 y축 및 직선 $y=e^n$으로 둘러싸인 부분의 넓이와 같고, 함수 $y=\ln x$의 역함수가 $y=e^x$이므로 $S(n)=T(n)$

이때 $R(n)$은 한 변의 길이가 e^n인 정사각형 OABC의 넓이에서 $S(n)+T(n)$을 뺀 것과 같으므로

$R(n)=$(정사각형 OABC의 넓이)$-\{S(n)+T(n)\}$

$=$(정사각형 OABC의 넓이)$-2\times S(n)$

$$=e^n\times e^n-2(ne^n-e^n+1)$$

$$=e^{2n}-2ne^n+2e^n-2$$

따라서

$$\lim_{n\to\infty}\frac{n^2R(n)}{S(n)\times T(n)}=\lim_{n\to\infty}\frac{n^2(e^{2n}-2ne^n+2e^n-2)}{(ne^n-e^n+1)^2}$$

$$=\lim_{n\to\infty}\frac{n^2e^{2n}-2n^3e^n+2n^2e^n-2n^2}{(ne^n-e^n+1)^2}$$

$$=\lim_{n\to\infty}\frac{1-\frac{2n}{e^n}+\frac{2}{e^n}-\frac{2}{e^{2n}}}{\left(1-\frac{1}{n}+\frac{1}{ne^n}\right)^2}=1$$

답 ③

02 닫힌구간 $[n,\ n+1]$에서 $y\ge0$이므로

$$S(n)=\int_n^{n+1}\ln x\,dx$$

$$=\Big[x\ln x-x\Big]_n^{n+1}$$

$$=\{(n+1)\ln(n+1)-(n+1)\}-(n\ln n-n)$$

$$=(n+1)\ln(n+1)-n\ln n-1$$

$S(1)=2\ln 2-0-1$,

$S(2)=3\ln 3-2\ln 2-1$,

$S(3)=4\ln 4-3\ln 3-1$,

⋮

$S(99)=100\ln 100-99\ln 99-1$

이므로

$$\sum_{k=1}^{99}S(k)=S(1)+S(2)+S(3)+\cdots+S(99)$$

$$=100\ln 100-99$$

$$=100\ln 10^2-99$$

$$=200\ln 10-99$$

따라서 $\sum_{k=1}^{99}S(k)=200\ln 10-99$

답 ②

03 $x=t\ (1\le t\le e)$일 때, x축에 수직인 평면으로 자른 단면인 정사각형의 한 변의 길이가 $\sqrt{t}\ln t$이므로 단면의 넓이를 $S(t)$라 하면

$S(t)=(\sqrt{t}\ln t)^2=t(\ln t)^2$

구하는 입체도형의 부피를 V라 하면

$$V=\int_1^e S(t)dt$$

$$=\int_1^e t(\ln t)^2dt$$

$u_1(t)=(\ln t)^2$, $v_1'(t)=t$로 놓으면

$u_1'(t)=\frac{2\ln t}{t}$, $v_1(t)=\frac{1}{2}t^2$이므로

$$V=\int_1^e t(\ln t)^2dt$$

$$=\left[\frac{1}{2}t^2(\ln t)^2\right]_1^e-\int_1^e t\ln t\,dt$$

$$=\frac{e^2}{2}-\int_1^e t\ln t\,dt$$

$\int_1^e t\ln t\,dt$에서 $u_2(t)=\ln t$, $v_2'(t)=t$로 놓으면

$u_2'(t)=\frac{1}{t}$, $v_2(t)=\frac{1}{2}t^2$이므로

$$\int_1^e t\ln t\,dt=\left[\frac{1}{2}t^2\ln t\right]_1^e-\int_1^e\frac{1}{2}t\,dt$$

$$=\frac{e^2}{2}-\left[\frac{1}{4}t^2\right]_1^e$$

$$=\frac{e^2}{2}-\left(\frac{e^2}{4}-\frac{1}{4}\right)=\frac{e^2+1}{4}$$

따라서

$$V=\frac{e^2}{2}-\int_1^e t\ln t\,dt$$

$$=\frac{e^2}{2}-\frac{e^2+1}{4}=\frac{e^2-1}{4}$$

답 ⑤

04 $f'(x)=\frac{x^2-4}{4x}=\frac{1}{4}x-\frac{1}{x}$이므로

$\lim_{n\to\infty}\sum_{k=1}^{n}\frac{1}{n}\sqrt{1+\left\{f'\left(2+\frac{2k}{n}\right)\right\}^2}$

$=\frac{1}{2}\lim_{n\to\infty}\sum_{k=1}^{n}\sqrt{1+\left\{f'\left(2+\frac{2k}{n}\right)\right\}^2}\,\frac{2}{n}$

$=\frac{1}{2}\int_2^4\sqrt{1+\{f'(x)\}^2}dx$

$=\frac{1}{2}\int_2^4\sqrt{1+\left(\frac{1}{4}x-\frac{1}{x}\right)^2}dx$

$=\frac{1}{2}\int_2^4\sqrt{\left(\frac{1}{4}x+\frac{1}{x}\right)^2}dx$

$=\frac{1}{2}\int_2^4\left(\frac{1}{4}x+\frac{1}{x}\right)dx$

$=\frac{1}{2}\times\left[\frac{1}{8}x^2+\ln|x|\right]_2^4$

$=\frac{1}{2}\left\{(2+\ln 4)-\left(\frac{1}{2}+\ln 2\right)\right\}$

$=\frac{3+2\ln 2}{4}$

답 ②

05 $x=t\ (0\le t\le 1)$일 때, x축에 수직인 평면으로 자른 단면인 정사각형의 한 변의 길이가 e^t-t이므로 단면의 넓이를 $S(t)$라 하면

$S(t)=(e^t-t)^2=e^{2t}-2te^t+t^2$

따라서 구하는 입체도형의 부피를 V라 하면

$V=\int_0^1 S(t)dt=\int_0^1(e^{2t}-2te^t+t^2)dt$

$\int te^t\,dt$에서 $u(t)=t$, $v'(t)=e^t$으로 놓으면

$u'(t)=1$, $v(t)=e^t$이므로

$\int te^t\,dt=te^t-\int e^t\,dt$

$=te^t-e^t+C$ (단, C는 적분상수)

$V=\int_0^1(e^{2t}-2te^t+t^2)dt$

$=\left[\frac{1}{2}e^{2t}-2te^t+2e^t+\frac{1}{3}t^3\right]_0^1$

$=\left(\frac{1}{2}e^2-2e+2e+\frac{1}{3}\right)-\left(\frac{1}{2}-0+2+0\right)$

$=\frac{3e^2-13}{6}$

답 ②

06 직선 $y=ax\left(a>\frac{1}{e}\right)$과 x축 및 직선 $x=e$로 둘러싸인 부분의 넓이는 곡선 $y=\ln x$와 x축 및 직선 $x=e$로 둘러싸인 부분의 넓이의 2배와 같다.

직선 $y=ax\left(a>\frac{1}{e}\right)$과 x축 및 직선 $x=e$로 둘러싸인 부분의 넓이는

$\frac{1}{2}\times e\times ae=\frac{ae^2}{2}$이고, 곡선 $y=\ln x$와 x축 및 직선 $x=e$로 둘러싸인 부분의 넓이는

$\int_1^e\ln x\,dx=\left[x\ln x-x\right]_1^e=(e-e)-(0-1)=1$

따라서 $\frac{ae^2}{2}=2\times 1$이므로

$a=\frac{4}{e^2}$

답 ③

07 $\sqrt{x}+\sqrt{y}=k$에서 $\sqrt{y}=k-\sqrt{x}$

$y=k^2-2k\sqrt{x}+x$

$S(k)=\int_0^{k^2}(k^2-2k\sqrt{x}+x)dx$

$=\left[k^2x-\frac{4k}{3}x^{\frac{3}{2}}+\frac{1}{2}x^2\right]_0^{k^2}$

$=k^4-\frac{4k}{3}\times k^3+\frac{1}{2}k^4$

$=k^4-\frac{4}{3}k^4+\frac{1}{2}k^4=\frac{1}{6}k^4$

따라서

$\sum_{k=1}^{8}\sqrt{6\times S(k)}=\sum_{k=1}^{8}\sqrt{6\times\frac{1}{6}k^4}=\sum_{k=1}^{8}k^2$

$=\frac{8\times 9\times 17}{6}=204$

답 ①

08 $y=6-\sqrt{36-x^2}$에서 $y-6=-\sqrt{36-x^2}$

$(y-6)^2=36-x^2$

$x^2+(y-6)^2=36$

즉, 곡선 $y=6-\sqrt{36-x^2}$은 그림과 같이 중심이 $(0,\ 6)$이고 반지름의 길이가 6인 반원의 호이다.

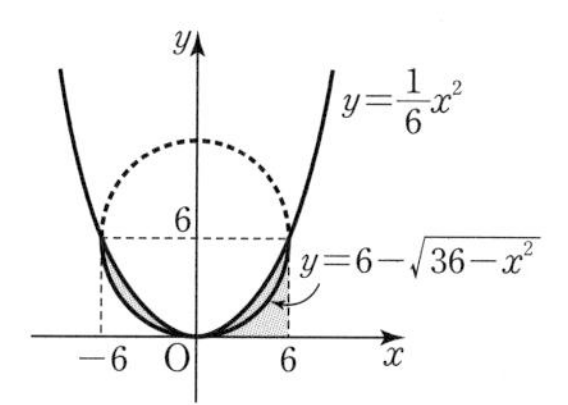

두 곡선 $y=\frac{1}{6}x^2$, $y=6-\sqrt{36-x^2}$은 세 점 $(-6,\ 6)$, $(0,\ 0)$, $(6,\ 6)$에서 만나고, 두 점 $(-6,\ 6)$, $(6,\ 6)$은 y축에 대하여 대칭이다.

곡선 $y=6-\sqrt{36-x^2}$과 x축 및 직선 $x=6$으로 둘러싸인 부분의 넓이를 T라 하면 T는 한 변의 길이가 6인 정사각형의 넓이에서 반지름의 길이가 6인 사분원의 넓이를 빼면 되므로

$T=36-9\pi$

따라서 구하는 넓이는

$2\int_0^6\frac{1}{6}x^2\,dx-2\times T=\frac{1}{3}\times\left[\frac{1}{3}x^3\right]_0^6-2\times(36-9\pi)$

$=24-(72-18\pi)$

$=18\pi-48$

답 ⑤

09 $f(x)=4e^x-e^{2x}$에서

$f'(x)=4e^x-2e^{2x}$

$f'(x)=0$에서 $2e^x(2-e^x)=0$
$e^x>0$이므로 $e^x=2$, 즉 $x=\ln 2$
$x=\ln 2$의 좌우에서 $f'(x)$의 부호가 바뀌므로 함수 $f(x)$는 $x=\ln 2$에서 극값을 갖는다.
$a=\ln 2$
$f''(x)=4e^x-4e^{2x}$
$f''(x)=0$에서 $4e^x(1-e^x)=0$
$e^x>0$이므로 $e^x=1$, 즉 $x=0$
$x=0$의 좌우에서 $f''(x)$의 부호가 바뀌므로 곡선 $y=f(x)$의 변곡점의 x좌표는 0이다.
$b=0$
$0\le x\le \ln 2$에서 $f(x)\ge 0$이므로 곡선 $y=f(x)$와 x축 및 두 직선 $x=0$, $x=\ln 2$로 둘러싸인 부분의 넓이는

$$\begin{aligned}\int_0^{\ln 2} f(x)dx&=\int_0^{\ln 2}(4e^x-e^{2x})dx\\&=\left[4e^x-\frac{1}{2}e^{2x}\right]_0^{\ln 2}\\&=\left(4e^{\ln 2}-\frac{1}{2}e^{2\ln 2}\right)-\left(4-\frac{1}{2}\right)\\&=(8-2)-\frac{7}{2}=\frac{5}{2}\end{aligned}$$

답 ⑤

10 $x=1+\frac{5}{4}t^2$에서 $\frac{dx}{dt}=\frac{5}{2}t$
$y=1+t^{\frac{5}{2}}$에서 $\frac{dy}{dt}=\frac{5}{2}t^{\frac{3}{2}}$

$$\begin{aligned}\left(\frac{dx}{dt}\right)^2+\left(\frac{dy}{dt}\right)^2&=\left(\frac{5}{2}t\right)^2+\left(\frac{5}{2}t^{\frac{3}{2}}\right)^2\\&=\frac{25}{4}t^2+\frac{25}{4}t^3=\frac{25}{4}t^2(t+1)\end{aligned}$$

따라서 시각 $t=0$에서 $t=1$까지 점 P가 움직인 거리를 s라 하면

$$\begin{aligned}s&=\int_0^1\sqrt{\left(\frac{dx}{dt}\right)^2+\left(\frac{dy}{dt}\right)^2}\,dt\\&=\int_0^1\sqrt{\frac{25}{4}t^2(t+1)}\,dt\\&=\int_0^1\frac{5}{2}t\sqrt{t+1}\,dt\end{aligned}$$

$\sqrt{t+1}=u$로 놓으면 $t+1=u^2$, 즉 $t=u^2-1$이고, $\frac{du}{dt}=\frac{1}{2u}$
또한 $t=0$일 때 $u=1$, $t=1$일 때 $u=\sqrt{2}$이므로

$$\begin{aligned}s&=\int_0^1\frac{5}{2}t\sqrt{t+1}\,dt\\&=\frac{5}{2}\times\int_1^{\sqrt{2}}(u^2-1)u\times 2u\,du\\&=\frac{5}{2}\times 2\times\int_1^{\sqrt{2}}(u^4-u^2)du\\&=5\times\left[\frac{1}{5}u^5-\frac{1}{3}u^3\right]_1^{\sqrt{2}}\\&=5\times\left\{\left(\frac{4\sqrt{2}}{5}-\frac{2\sqrt{2}}{3}\right)-\left(\frac{1}{5}-\frac{1}{3}\right)\right\}\\&=5\times\left(\frac{2\sqrt{2}}{15}+\frac{2}{15}\right)=\frac{2(\sqrt{2}+1)}{3}\end{aligned}$$

답 ④

11 직선 $y=x$와 곡선 $y=\sqrt{x}$가 만나는 점의 x좌표는 $x=\sqrt{x}$에서
$x^2=x$, $x(x-1)=0$
즉, $x=0$ 또는 $x=1$
직선 $y=ax$와 곡선 $y=\sqrt{x}$가 만나는 점의 x좌표는
$ax=\sqrt{x}$에서 $a^2x^2=x$, $x(a^2x-1)=0$
즉, $x=0$ 또는 $x=\frac{1}{a^2}$
$0\le x\le 1$에서 $x\ge ax$이므로

$$\begin{aligned}\int_0^1(x-ax)dx&=\int_0^1(1-a)x\,dx\\&=\frac{1-a}{2}\left[x^2\right]_0^1\\&=\frac{1}{2}-\frac{a}{2}\end{aligned}$$

$1\le x\le\frac{1}{a^2}$에서 $\sqrt{x}\ge ax$이므로

$$\begin{aligned}\int_1^{\frac{1}{a^2}}(\sqrt{x}-ax)dx&=\left[\frac{2}{3}x^{\frac{3}{2}}-\frac{a}{2}x^2\right]_1^{\frac{1}{a^2}}\\&=\left(\frac{2}{3a^3}-\frac{1}{2a^3}\right)-\left(\frac{2}{3}-\frac{a}{2}\right)\\&=\frac{1}{6a^3}-\frac{2}{3}+\frac{a}{2}\end{aligned}$$

따라서 두 직선 $y=x$, $y=ax$ $(0<a<1)$과 곡선 $y=\sqrt{x}$로 둘러싸인 부분의 넓이는

$$\left(\frac{1}{2}-\frac{a}{2}\right)+\left(\frac{1}{6a^3}-\frac{2}{3}+\frac{a}{2}\right)=\frac{1}{6a^3}-\frac{1}{6}$$

이므로 $\frac{1}{6a^3}-\frac{1}{6}=\frac{7}{6}$
$\frac{1}{6a^3}=\frac{4}{3}$, $a^3=\frac{1}{8}$
따라서 $a=\frac{1}{2}$

답 ③

12 $y=\int_e^x\sqrt{k\times(\ln t)^2-1}\,dt$에서 양변을 x에 대하여 미분하면
$\frac{dy}{dx}=\sqrt{k\times(\ln x)^2-1}$
$\left(\frac{dy}{dx}\right)^2=k\times(\ln x)^2-1$
곡선의 길이를 l이라 하면

$$\begin{aligned}l&=\int_e^{e^2}\sqrt{1+\left(\frac{dy}{dx}\right)^2}\,dx\\&=\int_e^{e^2}\sqrt{1+\{k\times(\ln x)^2-1\}}\,dx\\&=\int_e^{e^2}\sqrt{k}\ln x\,dx\\&=\sqrt{k}\times\left[x\ln x-x\right]_e^{e^2}\\&=\sqrt{k}\{(e^2\ln e^2-e^2)-(e\ln e-e)\}\\&=\sqrt{k}\{(2e^2-e^2)-(e-e)\}\\&=\sqrt{k}e^2\end{aligned}$$

$l=3e^2$이므로 $\sqrt{k}e^2=3e^2$에서
$k=9$

답 ⑤

EBS 올림포스 유형편

미적분

올림포스
고교 수학
커리큘럼

내신기본	올림포스
유형기본	올림포스 유형편
기출	올림포스 전국연합학력평가 기출문제집
심화	올림포스 고난도

정답과 풀이